中国地质大学(武汉)国家一流本科专业建设规划教材
中国地质大学(武汉)一流课程与教材建设项目资助(2021G11)
勘查地球物理系列教材

浅层地震勘探

QIANCENG DIZHEN KANTAN

汪利民 编著

图书在版编目(CIP)数据

浅层地震勘探 / 汪利民编著. —武汉:中国地质大学出版社,2023.7
勘查地球物理系列教材
ISBN 978-7-5625-5548-3

Ⅰ. ①浅…　Ⅱ. ①汪…　Ⅲ. ①地震勘探—教材　Ⅳ. ①P631.4

中国国家版本馆 CIP 数据核字(2023)第 054071 号

浅层地震勘探　汪利民　编著

责任编辑:韩　骑　选题策划:韩　骑　责任校对:张咏梅

出版发行:中国地质大学出版社(武汉市洪山区鲁磨路 388 号)　邮编:430074
电　话:(027)67883511　传　真:(027)67883580　E-mail:cbb@cug.edu.cn
经　销:全国新华书店　http://cugp.cug.edu.cn

开本:787 毫米×1 092 毫米　1/16　字数:669 千字　印张:27.5
版次:2023 年 7 月第 1 版　印次:2023 年 7 月第 1 次印刷
印刷:武汉精一佳印刷有限公司

ISBN 978-7-5625-5548-3　定价:78.00 元

前　言

浅层地震勘探，通常也被称为工程地震勘探，是勘探地震学的一个重要分支，它在野外资料采集、室内资料整理和处理以及解释反演上，与深层地震勘探方法有着相通之处。但是在勘探目的上，二者有着明显区别。深层地震勘探的主要目的是了解地壳、岩石圈内部结构，探测石油、天然气等能源。浅层地震勘探则以了解浅地表附近约百米以内范围，甚至是地下仅几米内的地质构造、岩土结构、力学性质等为勘探目的。浅层地震勘探能为城市规划建设、工业建设、公共设施建设等提供必要的工程地质依据。本书是中国地质大学(武汉)勘查地球物理系列教材之一，为了区别于其他地震勘探类教材，最终定名为《浅层地震勘探》。

本书作为勘查技术与工程专业“工程地震勘探”课程的专用教材，是为适应勘查技术与工程(地球物理方向)教学需要，并结合现今先进的地球物理勘探技术的研究现状和发展趋势，在对浅层地震勘探领域先进技术成果进行系统总结的基础上编写完成的。

本书包括绪论共计 15 个章节，绪论对浅层地震勘探的发展及特点进行了简要介绍。第 1 章和第 2 章为本书的基础理论篇，对浅层地震勘探所需的勘探地震学基础理论知识进行了系统介绍与论述。第 3 章～第 5 章为常规方法篇，对浅层地震勘探中的常规地震勘探方法，如浅层地震折射波法、浅层地震反射波法、声波探测法的基本理论、野外数据采集、数据处理、反演解释和实际应用等进行了详细介绍。第 6 章～第 13 章为面波方法篇，对目前浅层地震勘探中影响最大、应用最广的面波勘探方法从方法原理、野外工作方法技术、数据处理、正反演原理、实际应用与解释等方面进行了详细讨论。第 14 章为噪声地震学方法篇，笔者在第 14 章中，对最近 10 年来在浅层地震勘探技术发展中最为突出的方法——高频背景噪声面波成像进行了系统性介绍，该方法在浅层地下结构探测特别是在城市地下空间探测中效果极为显著。

为使本书论据充分，更具可读性，编者在书中引用了大量浅层地震勘探领域已发表的论文成果。这些成果包括众多的实际勘探案例，这些案例大部分来自笔者博士后合作导师夏江海教授及其团队成员所完成的研究工作。夏江海教授也是本书中面波方法篇中介绍的主要方法——多道面波分析方法的原创者。在面波方法篇的编写过程中，笔者参考了夏老师主编的《高频面波方法》部分内容，在此对夏老师表示最诚挚的感谢！在第 14 章背景噪声面波成像方法的编写过程中，笔者引用了中国科学院精密测量技术研究院张宝龙副研究员提供的部分实际案例图件，并在该案例的描述中参考了笔者博士生导师徐义贤教授的相关论文内容，在此对张宝龙副研究员和徐义贤教授同样表示诚挚的感谢！

本书由中国地质大学（武汉）一流课程与教材建设项目资助，在此表示感谢！

由于编者水平有限，书中难免存在不妥之处，敬请读者批评指正。

汪利民

2022 年 8 月于武汉南望山下

目　录

第0章 绪 论

一、浅层地震勘探的主要任务、作用与地位

随着我国经济的高速发展，新兴的工业城市、港口城市、经济开发区等不断被开发和规划，老城市的现代化改造也在迅速进行。高层建筑、大型厂房、地铁、高速公路、桥梁、隧道、港口、机场、水坝、核电站、高速铁路等种类繁多，新型、高标准工程建设项目日益增多，这不仅对各种工程基础的地质条件提出了更高的要求，也要求用较少的人力和投资，快速可靠地完成工程勘察任务。作为工程勘察手段之一的地球物理学方法得到了广泛的应用，尤其是浅层地震勘探占有非常重要的地位，各类地震学方法取得了令人瞩目的成效并得到推广和使用。浅层地震勘探在各类地基基础勘察、环境与灾害地质调查以及水资源调查等工程和环境领域发挥了重要的作用，同时还广泛应用在工程质量检测、施工效果评价、混凝土构件质量检测等建筑工程施工保障措施中。

浅层地震勘探方法具有快速、准确的优点，且由于方法简便，适用于大面积测量。各种地震学方法可以用来确定浅部和深部的工程地质指标，以及了解人们所需要的、任何范围内的土层性质。地震学方法无需进行样本采集，不需要破坏岩石连续性和土层的天然结构，就可以确定岩体、土层的工程地质指标，是一类无损检测技术。浅层地震勘探能为工程勘察提供连续的剖面观测或面积性观测的工程设计参数、地下结构信息，可节省大量的钻探施工费用。这些优点使浅层地震勘探在工程地质勘探领域具有提高效率、保障质量、节约资金等重要作用。目前，浅层地震勘探方法在工程地质勘察领域已经成为不可取代的一类勘察方法。

二、浅层地震勘探的方法技术

浅层地震勘探是一种研究由人工震源(如锤击、可控震源、爆炸等)所激发的地震波在地下岩层、土壤或其他介质中传播来解决工程地质问题的方法。其基本原理是当人工震源所激发的地震波在介质中传播时，由于不同的岩层具有不同的弹性性质(如速度、密度等)，当地震波通过这些岩层的分界面时，在分界面附近将产生反射或折射等现象，地震波在地下介质中的这种传播过程，既是一种能量的传播过程，也是一种质点振动的传播过程。根据地震波传播时波的传播方向和所引起的质点振动的振动方向的相对关系，地震波可以分为纵波、横波、面波三种不同类型。在岩层分界面上，除会发生波的反射、透射、折射等现象，不同类型的波之间可能还会存在波型转换现象。不同类型的波具有不同的性质，如传播速度、传播路径、频率和振幅强度。采用一定的仪器设备将各类波的传播时间和波形特征的变化规律记录下来，

并分析解释得到的地震记录，可以推断出有关岩石性质、结构和空间位置等参数，从而达到勘察的目的。

根据地震波的传播特点，常用的浅层地震勘探方法可以分为折射波法、反射波法和透射波法等。根据所使用的波的类型不同，又可将浅层地震勘探方法分为纵波法、横波法、面波法等。

1. 折射波法

折射波法是浅层地震勘探中使用最早，应用最为广泛，也是最为成熟的方法之一。地震波中折射波的存在有一定的先决条件，当上层介质中地震波的传播速度小于下层介质中地震波的传播速度时，若地震波的入射角度达到一定大小（我们称之为临界角），透射波的透射角达到 90°，透射波将沿岩层分界面滑行，同时由于介质是连续的，沿界面滑行的透射波将会引起上层介质质点的震动，由此将在上层介质中产生新的波动，该新的波动就是折射波。根据折射波资料可以非常可靠地确定基岩上覆盖层的厚度和速度，进而根据每层速度值判断地层岩性、压实程度、含水情况及地下潜水面等。用折射波法可以获得基岩面深度信息，这个深度指的是新鲜基岩界面的埋深。当基岩上部风化裂隙发育或风化层较厚时，新鲜基岩面即为一个硬质的、稳定的地下岩层分界面，为工程施工降低产生危险性的可能。另外，还可以根据界面上下层速度值确定地层岩性。利用折射波法可以准确地勾画出低速带，指示出断层、破碎带、岩性接触带等。

2. 反射波法

反射波法同样是在工程勘察中广泛应用的浅层地震勘探方法。与折射波不一样，反射波的存在条件相对宽松多了，在各种存在弹性差异的岩层分界面上均有反射波的产生。反射波法主要是应用于断层探测，确定层状地层的层速度、层厚度等。折射波法的应用有着诸多的限制条件，一般要求地层速度随着深度的增大而增大，另外观测的时候需要在盲区以外观测。反射波法克服了以上的缺点，因此反射波法的应用范围更广。但反射波法在野外工作方法、压制干扰技术、资料处理和解释技术等方面比折射波法要复杂。

3. 透射波法

透射波法主要观测和研究穿透岩层的直达波，多数在钻孔和坑道中进行，根据波的传播时间和波的动力学特征求得地震波在该岩层中的传播速度，并由此计算出岩层的弹性参数。透射波法也是目前浅层地震勘探中测定岩土动力学参数的基本方法。近些年来，随着层析成像技术的发展，透射波法能够用于解决一些难度较大的工程地质问题，该方法也在环境、工程地质勘察上的应用也越来越广泛。

4. 面波法

以瑞利波勘探为主的面波法是近 20 年来迅速发展起来的浅层地震勘探新技术。传统的地震勘探以激发和接收纵波为主，面波在采集的资料中属于强干扰波。然而面波传播的运动学、动力学特征同样包含着地下介质特征的丰富信息。相比于其他的地震勘探方法，面波法具有以下两方面的特点。

(1)浅层分辨率高。瑞利波在浅地表附近一定深度范围内传播,主要用于解决浅地表地层分层等地质问题。例如,在深度 5m 以浅,只需要选择合适的震源,可以利用瑞利波探测到浅地表地层中厚度小于 1m 的薄层,而这是利用其他方法很难解决的一类地质问题。

(2)不受各地层速度关系的影响。折射波法严格要求下伏层速度大于上覆层,反射波法要求上下地层具有波阻抗差异。实际勘探时,以上两种方法要求波速或波阻抗具有较大的差异才能有效分辨地层分层,而面波法只要求波速差异达到 10%左右,便可实现地层分层。

浅层地震勘探具有工作区域面积小、勘探深度浅、探测对象规模小等特点。浅地表附近干扰因素复杂等情况,对浅层地震勘探所采用的仪器装备和使用的野外工作方法、资料处理与解释技术等提出了相应的要求。如,相比于深层地震勘探,浅层地震勘探在勘探精度、分辨率和抗干扰能力以及仪器设备的轻便化等方面均要求更高。

三、浅层地震勘探的发展简史、现状与前景

浅层地震勘探是一门正在蓬勃发展的新学科,许多的方法技术还在不断完善与发展中。20 世纪 30 年代开始,勘探地震学家们就开始将石油地震勘探中的折射波法用于民用工程勘察。到 20 世纪 40 年代,折射波法率先在欧洲成为了工程勘探中的一种常规勘探方法。到了 20 世纪 50 年代,随着地震仪器设备的改进,不论是野外观测方法、室内资料处理和解释技术都有了极大提高。发展至今,折射波法目前仍然是浅层地震勘探应用最为广泛的方法之一。

20 世纪 80 年代初期,随着微电子技术、通信技术、计算机技术的发展,信号增强型浅层地震仪的出现及微型电子计算机的普及,加快了浅层反射波方法技术的发展。早期的反射波勘探应用了数字磁带记录,移植了石油地震勘探数据处理技术。在 20 世纪 80 年代短短的十年里,浅层反射波法就得到了迅速发展,很快进入了生产应用阶段。到 20 世纪 90 年代,数字增强型浅层地震仪的出现,使地震资料数字处理更加方便、快捷,浅层反射波法成为浅层地震勘探的常规方法。目前,浅层反射波法已成为一种成熟的浅层地震勘探方法。浅层高分辨率反射波法勘探技术已取得了明显进展,它采用高频丰富的震源,具有高频检波器、高采样率、高频带接收的特点。另外,还可以利用“最佳窗口”技术、高密度地震映像技术、多次覆盖技术以及横波反射法来解决各种各样的工程地质问题。

面波方法的最初应用是研究天然地震震源机制和地球内部结构。20 世纪 50 年代初,日本学者佐藤等研究利用人工源产生的瑞利波测量浅地表地层面波速度,用来估计岩土层的密度、场地强度等。20 世纪 80 年代,稳态面波仪被成功研制出来,这促进了面波勘探方法的实际应用。20 世纪 90 年代我国自行研制出适宜于工程勘察的地震仪、瞬态和稳态瑞利波测量设备等,同时与之相配套的野外工作方法和数据处理方法也相应得到长足发展,使得面波勘探技术迅速发展,20 年之间,面波方法已经成为了一类常用的岩土工程勘察方法。

随着国产浅层地震仪器设备的研制和生产,地震勘探中的各种方法都得到了发展,而各种方法的相互有机结合,在勘察中也取得了更好的地质效果。

四、浅层地震勘探设备的发展简介

浅层地震仪的发展,和其他地震仪的发展轨迹一样,都经历了由模拟光点记录发展到数

字磁带记录再到完全的数字信号记录，由单道(1～3道)发展至多道(12～48道)，由动态范围较小(80～100dB)的定点放大发展到动态范围较大(100～144dB)的浮点放大的过程。浅层地震仪在设计研发和改进过程中所取得的最为重大的成就就是造出了信号增强型地震仪。浅层地震仪一般使用锤击等机械振动作为震源，这种激发方式产生的地震波的能量较小。信号增强的含义是将每一次锤击所得到的小能量的地震波信号贮存起来，并逐次叠加。经过多次激发和叠加后，得到的有效波信号强度将大大增强。另外，叠加的过程遵循“同相叠加，振幅增强；非同相叠加，振幅削弱”的规则，这使得相同相位的有效波信号叠加后信号被放大，而各种不规则的干扰波信号由于相位具有随机性，在叠加时将会彼此抵消。如今的浅层地震仪均具备信号增强的功能。

随着电子技术和计算机技术的发展，浅层地震仪的发展长期以来非常重视在微机基础上开发整合的数据采集系统，使得现今的浅层地震仪不仅是一种数据采集设备和系统，同时又可以作为计算机使用，用于现场简单的数据处理和图形显示工作，且只需要再配备合适的处理软件，便可以在野外施工现场进行数据处理工作。如今已问世的多数大动态范围的浅层地震仪，既是地震数据采集设备又可作为计算机使用，能在现场进行数据处理，是具有多种功能的综合性地震勘探设备。

目前，工业界所使用的数字信号增强型地震仪型号种类繁多。国产的浅层地震勘探仪器也已经赶上、达到甚至超过世界水平。地震仪器的发展，大大推动了浅层地震勘探理论、现场工作技术及资料解释技术的发展。

五、浅层地震勘探的主要应用领域

浅层地震勘探的应用领域非常广泛，总结起来其主要的应用有以下几个方面。

(1)工程地质勘察。确定地质构造、基岩面深度，对第四系地层分层，确定地层的厚度和弹性波传播速度，确定地基的持力层，探测地层中存在的低速带或软弱夹层，追索潜水面，调查水资源，探测地下空洞及掩埋物。

(2)研究岩土的状态及性质。纵波和横波速度测量，岩土的物理力学参数原位测试，地基加固处理效果评价，岩石速度的各向异性研究，人工改变岩土状态的评价，密实度、孔隙度的测定，饱和砂土层的液化判别。

(3)工程质量检测。公路、机场跑道质量的无损检测，大型混凝土建筑构件检测，隧道衬砌质量检测，夯实坝体质量检测。

(4)环境与灾害地质调查。滑坡体厚度及结构确定，隐伏岩溶塌陷范围调查，采空区及其影响范围调查。

(5)地震工程地质评价。建筑场地卓越周期测定，地震灾害影响程度调查，场地地震响应分析，地震小区划等。

随着国家基础设施建设的投入不断加大，工程建设的需求推动着地震勘探技术不断发展，包括勘探仪器设备、现场数据采集技术、资料处理及解释技术的不断改进与提高，也为浅层地震勘探开拓出了更加广泛的应用领域。

第1章　浅层地震勘探理论基础

第1节　弹性波理论

浅层地震勘探主要研究人工激发的地震波在岩土介质中的传播规律，以探测浅地表地层和构造的分布，或测定岩土的力学参数特征等。为便于理解，研究过程中我们通常把岩土介质看作各向同性的弹性介质，把地震波看作弹性波。这种假设虽然不是完全地符合真实介质情况，但却也有很大的相似性，是科学研究时简化复杂问题的途径之一。在本节我们先简单介绍有关弹性介质的相关概念。

一、弹性介质

任何固体介质在外力作用下，其内部质点的相互位置会发生变化，使得介质的形状或大小发生变化，这就是通常所说的形变。若物体在外力作用下产生了形变，当外力撤掉以后，物体能迅速恢复到受力前的形态和大小，物体的这种性质称为弹性，这样的介质称为弹性介质；反之，若外力撤除后，物体仍保持形变后的某种形态，无法恢复原状，则说明该物体具有塑性。自然界中的大部分物体在外力作用下，既可以显示出弹性，又可以显示出塑性，这取决于介质的物理性质以及外力的大小和作用时间的长短。一般情况下，当作用力小且作用时间较短时，大部分介质都可以近似地看作弹性介质。

地震勘探中，人工震源的激发方式属于脉冲式，作用时间极短，且激发的能量对地下岩层和接收点处介质的作用力较小。因此可以把地下介质看作弹性介质，并用弹性理论来研究地震波在地下介质中的传播过程。在弹性理论中，根据介质的特征可将介质分为各向同性介质和各向异性介质两类。凡是弹性性质与空间方向无关的都称为各向同性介质；反之则称为各向异性介质。研究表明，自然界中大部分的岩土介质在地震勘探中都可以看作各向同性介质，从而使得一些基本的弹性理论可以直接应用到地震波传播的研究中来。

二、应力、应变、弹性参数

为了描述介质的弹性性质，有必要先介绍一些能表示介质弹性性质的参数和有关的概念。这里我们对一个各向同性的圆柱体样品进行拉伸和压缩实验，说明应力、应变和介质的弹性性质等基本概念。

1. 应力与应变

如图 1-1-1(a)所示，圆柱体样品长度为 l，直径为 d，横截面积为 S。用一个较小的力 F 拉伸圆柱体使它产生形变，其长度变为 $l' = l + \Delta l$，直径变为 $d' = d + \Delta d$，在拉伸变形时长度的变化与直径的变化是相反的，因此 Δd 取负值。同时，圆柱体内部分子间会产生内聚力以维持圆柱体的形态稳定和平衡。显然，根据作用力与反作用力原理，圆柱体内每个横截面上的内聚力应和外力 F 相等，但方向相反。若增加外力 F，则形变程度加剧，内聚力也会相应增加；若将 F 逐渐减小到零，该圆柱体样品也能逐渐恢复到原来的形状和体积。这样的形变，我们就称之为弹性形变，组成这种圆柱体的物质被称为弹性介质。

在弹性理论中，将单位长度产生的形变 $\Delta l/l$ 称为应变；将单位横截面积上所产生的内聚力 F/S 称为应力。在该圆柱体的拉伸或压缩实验中，应力和应变的关系曲线如图 1-1-1(b)所示。曲线的第一象限的部分表示拉伸实验部分，第三象限的部分表示压缩实验部分。曲线的这两个部分一般情况下并不完全对称。

2. 杨氏模量和泊松比

图 1-1-1(b)中的 $P'P$ 段近似为一段直线，这表明当外力 F 不大时，应变处于 $-x_1$ 到 x_1 区间内，应力和应变之间成正比关系，遵从胡克定律，该区间为线性弹性形变区或完全弹性形变区。这时的应力与应变的比值称为杨氏模量，也叫拉伸模量，以符号 E 表示。

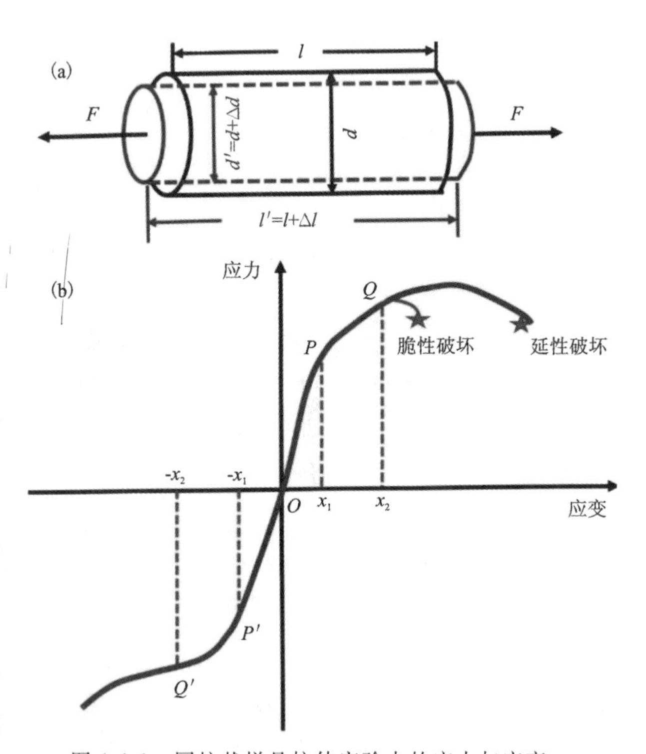

图 1-1-1　圆柱状样品拉伸实验中的应力与应变

由图 1-1-1(a)可以看出，在拉伸形变实验中，样品的横截面积会变小；而在压缩形变实验中，横截面积会增大。因此，在拉伸和压缩形变实验中，圆柱体的纵向增量 Δl 与横向增量 Δd 的变化总是相反的。我们将介质形变过程中的横向应变与纵向应变的比值定义为泊松比，以符号 σ 表示。由此，我们有了描述介质弹性性质的一对基本参数，即杨氏模量 E 和泊松比 σ，它们的具体数学表达式如下：

$$E = \frac{F/S}{\Delta l/l}, \quad \sigma = -\frac{\Delta d/d}{\Delta l/l} \tag{1-1-1}$$

式中，泊松比公式中右方写上负号，是因为纵横向应变的方向总是相反的，为保证泊松比值恒为正，才添加一个负号。根据式(1-1-1)，显然杨氏模量 E 表示应变为 1 时(即 $\Delta l = l$)的应力，其量纲与应力的量纲相同；泊松比 σ 则和应变一样，都是无量纲的纯数。

在线性形变区以外，还存在一个非线性形变区，这时的形变已不能用胡克定律来描述，但是当外力撤除后，圆柱体样品依然能恢复到原来的体积和形状。Q 点是该介质的弹性极限点。当外力 F 很大，以至于应变超出了相应的范围$[-x_2, x_2]$，就会发生永久性的形变。对于脆性材料，当外力超过这个极限，很快就会出现脆性破坏（断裂）；对于延性材料，随着应变绝对值的增加，还有一段不可复原的塑性形变过程，直至材料被拉断或压碎。

3. 体变模量和切变模量

根据弹性力学的理论，任何复杂的形变都可以分为体积形变和形状形变两种简单的形变类型。下面我们用一个小立方体单元受力后的形变情况来说明这两类形变的特征。

图 1-1-2(a)表示一个体积为 V 的立方体样品，在静水压力 p 的挤压下所发生的体积形变情况。即每个正截面的压力均为 p 时，体积缩小了 ΔV 。

图 1-1-2(b)表示上、下两底面积为 S 的立方体样品，由于受到了平行于上、下两底面的剪切力 F 作用后发生形状形变（也称为剪切形变）。此时，立方体的体积并未发生变化，但形状改变了，由原来的正立方体变为了平行六面体，前、后两个侧面错动了一个角度 θ。这个错动的角度一般很小，且因切应变 $\Delta l/l=\tan\theta$，所以可以用 θ 来近似地表示切应变的数值。

关于以上两种形变，我们将其应力与应变的比值分别称为体变模量（也叫压缩模量）和切变模量（也叫刚性模量），用符号 K 和 μ 表示，其数学表达式如下：

$$K=\frac{p}{\Delta V/V},\quad \mu=\frac{F/S}{\Delta l/l}\approx\frac{F/S}{\theta} \tag{1-1-2}$$

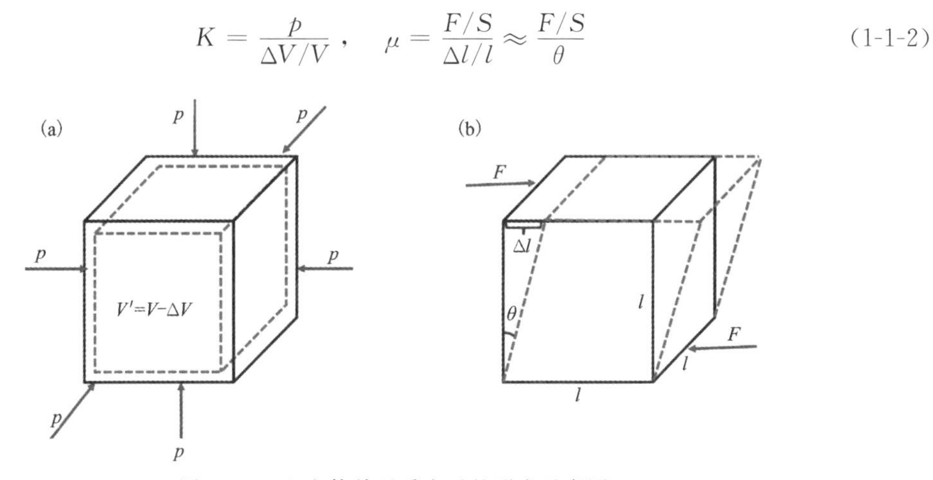

图 1-1-2 立方体单元受力后的形变示意图

4. 拉梅系数

在弹性力学研究体系中，我们总是习惯于用三维直角坐标系来描述物体的应变和应力情况。一般来说，受力物体内部任一点所受的力都可以沿坐标轴分为 3 个分力，每个分力都会引起纵横向的沿 3 个轴的应力和应变，因而每个点有 9 个应力和 9 个应变分量，其中各自有 6 个量是独立的。按照胡克定律，应力和应变之间存在线性关系，可以写出一个线性方程组，于是应有 36 个弹性参数。但对于各向同性的均匀介质来说，这些系数大都对应相等，可归结为应力与应变方向一致和互相垂直时的两个系数 λ 和 μ，合称为拉梅系数。其中，μ 就是剪切模量，其表达式如式(1-1-2)所示，系数 λ 的表达式为

$$\lambda = K - \frac{2}{3}\mu \tag{1-1-3}$$

综上所述，决定各向同性均匀介质弹性性质的参数，理论上只要知道其中 2 个参数，即可求出其余的 3 个参数，各参数之间的关系如下：

$$E = \frac{\mu(3\lambda + 2\mu)}{\lambda + \mu}, K = \lambda + \frac{2}{3}\mu, \sigma = \frac{\lambda}{2(\lambda + \mu)} \tag{1-1-4}$$

这些参数共同表示了介质的抗形变能力，其数值越大，表示该介质越难以产生形变。

介质的泊松比 σ 值在 0 ～ 0.5 之间变化。流体的泊松比 σ 值为 0.5，软沉积物的 σ 值可高达 0.45，大多数岩石介质的 σ 值在 0.25 左右，极其坚硬的刚性岩石的 σ 值可小至 0.05。表 1-1-1为常见的一些岩石和材料介质的弹性参数取值情况。

表 1-1-1　常见介质和岩石的弹性参数

介质	参数					
	E/Pa	K/Pa	μ/Pa	λ/Pa	σ	ρ/(g·cm^{-3})
钢	20	17	8	11	0.30	7.7
铝	7	7.5	2.5	5.5	0.35	2.7
玻璃	7	5	3	3	0.25	～2.55
花岗岩	7	3	2	2.5	0.25	～2.67
石灰岩	5.5	3.5	2	3.5	0.20～0.32	～2.65
砂岩	4.5	3	1.5	2.5	0.23～0.28	～2.45
页岩	3	2	1	1	0.22～0.40	～2.35

三、振动与地震波

1. 弹性振动与弹性波

弹性介质在外力的作用下，介质内部质点会离开其平衡位置发生位移，由此产生形变，当外力撤除后，产生位移的质点在应力的作用下都有一个重新恢复到原始平衡位置的过程，在恢复的过程中，由于惯性的作用，运动的质点不会立刻停止在其原来的平衡位置上，而是向平衡位置的另一方向移动，于是又会产生新的、方向相反的应力，使质点在此向原始的平衡位置移动。在应力和惯性的不断作用下，质点开始围绕其平衡位置发生振动。这样的振动与单摆运动、弹簧、琴弦振动的过程十分相似，我们称这种振动为弹性振动。

另外，由于介质中质点与质点间是连续的，在振动的过程中，振动的质点与其相邻的质点间存在应力联系，一个质点的振动必然会引起相邻质点的振动，这样振动在介质中就会不断传播和扩大，由此便形成了以激发点为中心，以一定速度传播的弹性波。所以，可以说弹性波是振动在介质中的传播形式，同时也是一种能量的传播形式。

2. 地震波的形成

目前在浅层地震勘探中所采用的震源，一般多为锤击、落重等机械震源或炸药爆炸震源，有时也用电火花等其他形式的震源。它们均具有一个共同的特点，那就是激发的形式都为瞬时脉冲式。实践结果表明，不论使用哪种形式的震源，震源激发时，在激发点附近一定区域内所产生的压强将大大超过所在介质的弹性极限，使得震源点附近岩土介质发生破裂或挤压形变等，形成一个塑性和非线性形变区。再向外，由于压强不断地减小，最终周围介质将产生完全的弹性形变。震源点附近的非线性形变区间称为等效空穴，等效空穴的边缘质点在激发脉冲的挤压下，质点围绕其平衡位置产生振动，这样就形成了初始的地震子波。这样的振动是一种阻尼振动，它将在介质中沿着射线的方向往四面八方传播，由此形成了地震波。又由于接收和研究地震波传播的空间一般距离震源点都较远，在接收点处介质受到的力很小，此时介质完全表现为弹性介质的性质，因此通常又将地震波称为弹性波。

第 2 节　地震波传播的基本原理

地震波在岩石中的传播情况与光的传播过程类似，我们可以将光学中的很多原理和定律应用到地震勘探中来。

一、惠更斯-菲涅尔原理

假设地下介质均为弹性均匀介质，在地面上一点激发地震波，地震波将从该点（假设为 O 点，地面上的原点）向各个方向传播。如果把某时刻介质中所有刚刚开始振动的质点连接成曲面，该曲面称为此时刻的波前；如果把同一时刻介质中所有刚刚要停止振动的点连接起来构成类似的曲面，该曲面称为此时刻的波尾，如图 1-2-1 所示，波前和波尾之间的介质质点均在振动状态，该区间称为振动带。

在弹性介质中，若已知 t 时刻的同一波前上的所有质点，我们可以将这些点都看作从该时刻开始产生新子波的新的震源点，经过任意一个 Δt 时刻后，这些子波的包络面就是原地震波在 $t+\Delta t$ 时刻的新的波前。这就是惠更斯原理，它由著名物理学家惠更斯于 1690 年提出。根据惠更斯原理，采用作图的方法，即可由已知的波前求出任意时刻的波前。在均匀介质中，已知某时刻 t 的波前 S_0，波的传播速度为 v，如果需求 $t+\Delta t$ 时刻的波前，则在波前 S_0 上取若干点为圆心，以 $\Delta r = v\Delta t$ 为半径作圆，即可得各子波的波前，这些子波的波前构成的包络面就是 $t+\Delta t$ 时刻波传播到的位置，如图 1-2-2 中的新波前 S 所示。

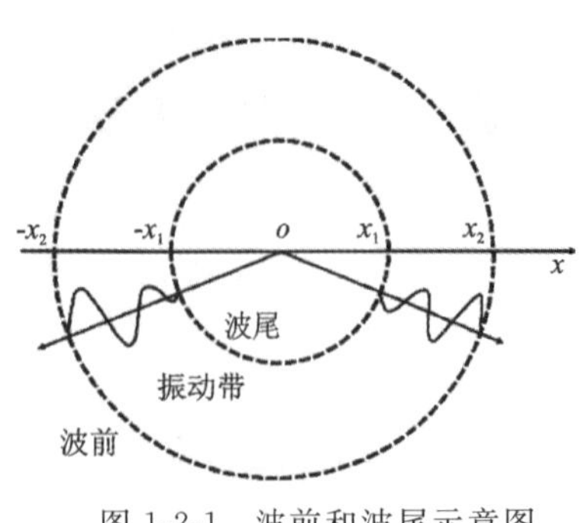

图 1-2-1　波前和波尾示意图

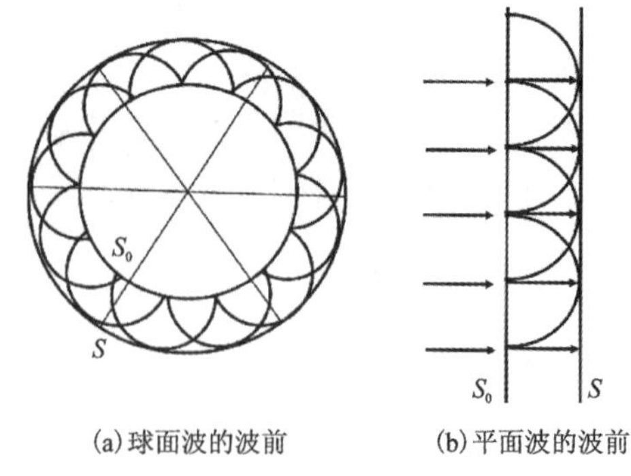

图 1-2-2　球面波和平面波的波前

惠更斯原理的物理意义是：在同一波前的每一个质点，都从它们的平衡状态开始，基本以同一种方式振动，在其相邻的质点上，受力状态由于该波前的振动产生变化，迫使下一个波前的质点振动。因此，已知某一时刻波前的位置，利用惠更斯原理可以确定波前到达介质中任意点的时间。

惠更斯原理给出了地震波传播的空间几何位置，但没有涉及波到达该位置的物理状态。菲涅尔对此进行了补充，他指出，从同一个波阵面上的各质点所发出的子波，经传播而在空间相遇时，可以互相叠加而产生干涉现象，因此在该点观测到的扰动是一种总扰动。这就使惠更斯原理具有了更加明确的物理意义。因此，物理学界将波前原理称为惠更斯-菲涅尔原理，该原理既可以应用于均匀介质，也可以应用于非均匀介质。

既然惠更斯-菲涅尔原理是一种用来构造下一个时刻波前位置的几何方法，那么应用该原理可以构造出反射界面、折射界面等。同样地，应用该原理也可以证明和解释众多的波动现象，如地震波在界面上的反射、折射、透射等现象。显然，一个波的传播可通过某一时刻的波前位置来确定。实际上波的运动也是这样发生的，即波前上的任意一点都沿垂直子波波前的方向前进，这种垂直子波波前的线称为波射线。通过射线的方式描述波的传播现象比用波前的方式更为方便，也更为直观。

各向同性均匀介质中，波射线是直线；在层状均匀介质中，波射线是折线；而在非均匀介质中，波射线是曲线。无论在各向同性均匀介质中还是在非均匀介质中，波射线总是垂直于波前面的。

二、费马原理

费马原理又称为射线原理或最小时间原理，它的含义是地震波总是沿着射线传播，以保证波到达某一点所花费的传播时间最少。显然，在各向同性均匀介质中，地震射线总是一簇从震源出发的直射线，因为地震波只有沿着这样的射线方向从震源点传播到观测点，其旅行时间才是最短的。

根据费马原理和波射线的概念，我们可以确定地震波的传播时间和波前所在空间位置的关系。波前的传播时间可以表示为空间位置的函数。设弹性波在弹性介质内传播，当其传播到某一点 (x,y,z) 时，该点的传播时间 t 可以看作点 (x,y,z) 的函数，即可写成：

$$t = M(x, y, z) \tag{1-2-1}$$

如果能确定上述函数关系，只要知道介质内任一点的空间坐标，就可以确定波前到这一点的时间，从而确定了标量场 $t = M(x, y, z)$，该标量场在地震勘探中也称为时间场。比如在各向同性均匀介质中，点震源激发的地震波传播时间与点位空间坐标间的函数关系为

$$t = \frac{1}{v}\sqrt{x^2 + y^2 + z^2} \tag{1-2-2}$$

此时，地震波的波前是球面。如果依次给出不同的时间值 t_1，t_2，t_3，…，就可以确定一系列等时面 Q_1，Q_2，Q_3，…的空间位置。等时面与某一时刻的波前是等效的概念，均匀介质的等时面是同心球面，等时面与波射线呈正交关系，如图 1-2-3 所示。

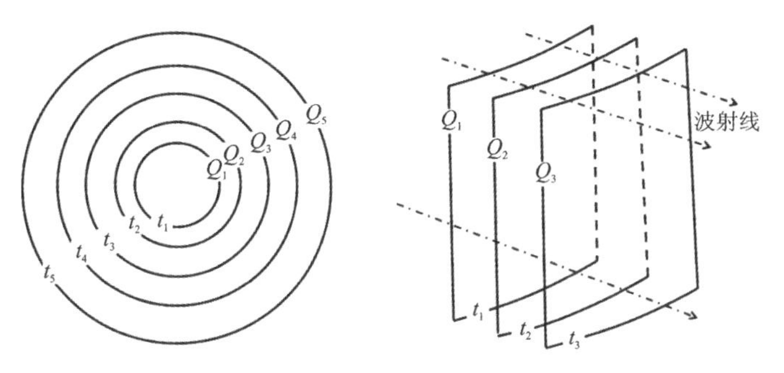

(a) 均匀介质中的同心球面等时面　　(b) 等时面与波射线的正交关系

图 1-2-3　均匀介质中的等时面与波射线的正交关系

引入时间场的概念后，我们既可以利用时间场的等时面，也可以利用时间场的射线表示波在介质中的传播情况。波射线和等时面呈正交关系，因此如果已知地震波射线传播的时间，就可以确定这个时间场。

时间场和波动方程在一定条件下也是可以转换的，一般在解决实际问题时，不一定需要采用求解波动方程的方式求波前，而是可以用惠更斯原理来求波前。用时间场、波射线和波前的关系来研究地震波的传播路径问题的学科，称为几何地震学。

根据场论的知识可知，任何一种场的分布都可以用等值面和力线的方式来表示，时间场也不例外。等时面就是其等值面，而波射线则相当于力线，波射线的方向就是时间的梯度方向。在图 1-2-3(b)中，假设地震波在某时刻 t_1 处于波前 Q_1 的位置，经过 Δt 时刻后于 t_2 时刻($t_2 = t_1 + \Delta t$)到达 Q_2 的位置，Q_1 与 Q_2 之间的距离为 Δs，地震波传播速度为 v，则按照梯度的定义，时间梯度可表示为

$$\mathbf{grad}\ t = \frac{\mathrm{d}t}{\mathrm{d}s} = \frac{1}{v} \tag{1-2-3}$$

在三维直角坐标系中，上述梯度可写成矢量表达式：

$$\mathbf{grad}\ t = \frac{\partial t}{\partial x}i + \frac{\partial t}{\partial y}j + \frac{\partial t}{\partial z}k = \frac{1}{v(x, y, z)} \tag{1-2-4}$$

实际上，速度函数 $v(x, y, z)$ 是空间各点的绝对值，方向是未知的，因此将矢量表达式平方后可以写成其标量式：

$$\left(\frac{\partial t}{\partial x}\right)^2 + \left(\frac{\partial t}{\partial y}\right)^2 + \left(\frac{\partial t}{\partial z}\right)^2 = \frac{1}{v^2(x, y, z)} \tag{1-2-5}$$

式(1-2-5)称为射线方程,是几何地震学的基本方程式,它表示地震波在传播过程中所经过的空间与时间的关系。要求解此方程,首先必须知道地震波的传播速度,$t = t_0$ 时刻的初始条件和一定的边界条件,才能得到确定的解。

比如在各向同性均匀介质中,地震波的传播速度是常数,该方程的解为

$$t = \frac{1}{v}(x^2 + y^2 + z^2)^{1/2} \tag{1-2-6}$$

这是一个典型的球面方程,说明在各向同性均匀介质中地震波的波前是一系列以震源为中心的球面。

三、视速度定理

地震波沿射线方向传播,准确观测地震波的传播速度,也必须在波射线的方向观测,才能得到地震波的真实传播速度 v。但在实际工作中,波射线方向往往不明确,观测方向和波射线方向不一致的情况经常存在。此时所观测到的地震波传播速度并非其真速度,我们将这种沿着观测方向测得的地震波传播速度称为视速度,用 v^* 表示。

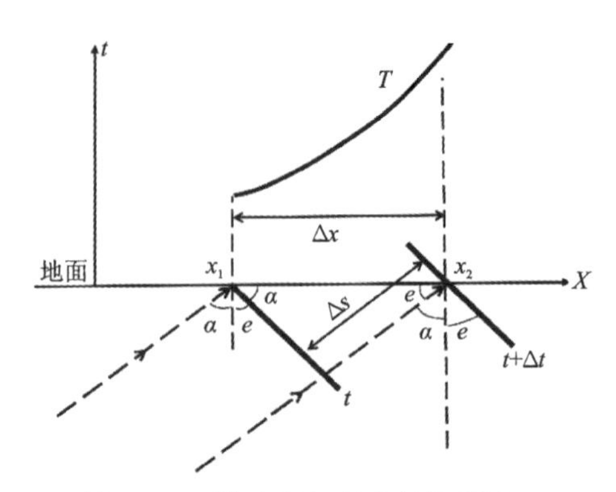

图 1-2-4　视速度与真速度关系图

如图 1-2-4 所示,假设平面波波前在 t 和 $t+\Delta t$ 时刻分别到达地面上的 x_1 和 x_2 点,此时波前传播的距离为 Δs,时间差为 Δt,于是真速度可由下式计算:

$$v = \Delta s / \Delta t \tag{1-2-7}$$

地面上的 x_1 和 x_2 两点间的距离为 Δx,从地面上的观测者角度看,好像地震波传播了 Δx 的距离,所花时间为 Δt,于是在地面上观测到的地震波速度为

$$v^* = \Delta x / \Delta t \tag{1-2-8}$$

从图 1-2-4 中可知,平面波射线与地面法线间的夹角为 α,波前面与地面法线之间的夹角为 e。由此根据图中三角函数关系,可得 $\Delta s = \Delta x \cdot \sin\alpha = \Delta x \cdot \cos e$,因此可得

$$v^* = \frac{v}{\sin\alpha} = \frac{v}{\cos e} \tag{1-2-9}$$

$$v = v^* \cdot \sin\alpha = v^* \cdot \cos e \tag{1-2-10}$$

式(1-2-10)即为地震波真速度和视速度之间的关系,我们称之为视速度定理。根据视速度定理,不难看出:当 $\alpha = 90°$ 时,地震波沿射线方向入射到观测点,传播方向与测线方向重合,$v^* = v$,此时地震波的视速度等于其真速度;当 $\alpha = 0°$ 时,地震波沿垂直测线方向传播,因此 $v^* \to \infty$,此时平面波波前同时到达地面上的各个测点,各个测点间没有时间差,这就使得地震波好像以无穷大的传播速度在沿着测线方向传播;当 α 由 0° 逐渐增大到 90° 时,v^* 则由无穷大逐渐减小至 v。一般情况下,视速度 v^* 都是大于真速度 v 的,即 $v^* > v$。若地震波的真速度 v 不变,那么其视速度 v^* 的变化则表示了地震波入射角度 α 的变化。

第 3 节　地震波的描述

地震波的震动特征及其传播特征，我们可以通过数学物理的方法和图形的表达方式来进行描述。但由于数学物理方法需要较多的数学推演过程，实际应用较为困难，因此实际工作中常用一些比较直观、简便的图形方法来描述。下面我们就几种常见的描述地震波的方法和有关概念展开介绍。

一、振动图

假设在距离震源点位置确定的某点处（如 $x = x_1$ ）观察由地震波引起的该处质点振动位移随时间的变化规律，以时间 t 为横坐标、质点位移 u 为纵坐标作图，可得图 1-3-1(a)所示的图形。从图中可以看出，该质点处地震波振动的位移大小（一般称为振幅值变化）、振动周期 T 、延续时间 Δt 等特征。这种用质点位移 u 和时间 t 为坐标系表示的质点振动位移随时间变化的图形称为地震波的振动图。在实际地震记录中，每一道记录就是一个观测点的振动图[图 1-3-1(b)]。

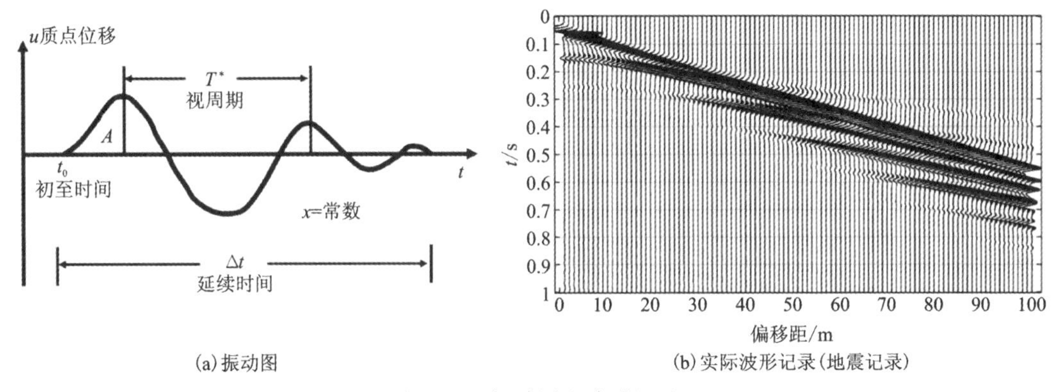

(a)振动图　(b)实际波形记录(地震记录)

图 1-3-1　振动图和波形记录

地震波是一种非周期型脉冲振动，其描述一般用视参数来进行。主要的视参数有以下几种。

(1)视周期和视频率。在振动图上两个相邻极大振幅值之间的间隔称为视周期 T^*（也就是可见周期）。视周期的倒数称为视频率 f^*（即可见频率）。视周期与视频率二者互为倒数关系，即 $T^* = 1/f^*$ 。

(2)视振幅。振动图上质点振幅的极值称为视振幅，它的含义是质点离开其平衡位置的最大位移量。一般而言，振动的能量和振幅的平方成正比，振幅越大，表示波的能量越强。

(3)初至时间与延续时间。在振动图上，质点刚开始振动的时间称为初至时间（图中的 t_0 ）。从该时刻开始直到质点停止振动的时间为延续时间（图中的 Δt ），它表示质点参与振动的时间长度。延续时间的大小与震源性质及传播距离等因素有关。一般而言，浅层反射波的延续时间为其周期的 1～2 倍。

(4)等相位面和同相轴。在同一时刻，介质中不同质点的位移处于不同的振动相位，其中必有某些点是位于相同相位的状态，这些相同相位状态的质点连接起来构成的面称为等相位面。不同观测点(不同偏移距)的振动图相同相位的连线称为同相轴。图 1-3-1(b)中波形变面积显示的波组(波系)中连续的深色波形组成的连线，即为同相轴，图中波组含有多个同相轴。

二、波剖面图

在某一确定的时刻，观察该时刻测线上所有质点的振动位移随距离变化趋势的图形，我们称之为波剖面。波剖面图以距离 x 为横坐标，以质点位移 u 为纵坐标，它的含义是地震波引起的质点位移随距离的变化情况，如图 1-3-2 所示。波剖面表示振动过程中某一时刻不同距离上的质点位移，也就是说波剖面描述的是同一瞬间振动随距离的变化情况，即振动与空间之间的关系，它也是由测线上所有介质质点经过一定位移后组成的图形。

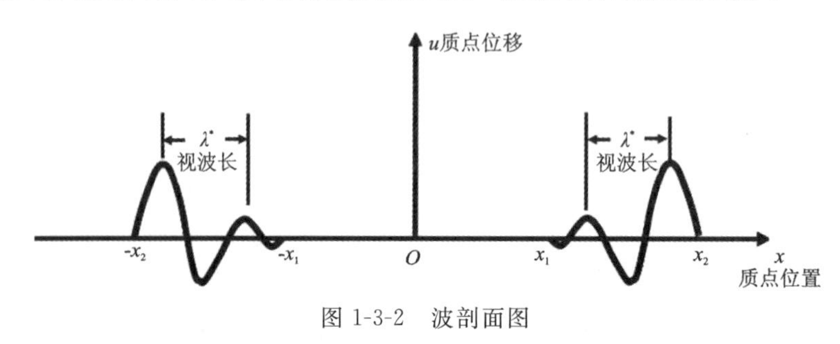

图 1-3-2　波剖面图

利用波剖面描述地震波的视参数主要有视波长和视波数两种。

(1)视波长。在波剖面中最大的正向位移称为波峰，最大的负向位移称为波谷。两个相邻的波峰或波谷间的距离称为视波长，用 λ^* 表示，它也可以表示一个周期内波的传播距离。

(2)视波数。视波长的倒数即为视波数，用 K^* 表示。

视频率 f^* 、视周期 T^* 、视波长 λ^* 、视波数 K^* 和地震波的视速度 v^* 之间存在着如下关系：

$$T^* = 1/f^* , f^* = 1/T^* \tag{1-3-1}$$

$$\lambda^* = 1/K^* , K^* = 1/\lambda^* \tag{1-3-2}$$

$$\lambda^* = v^* T^* , v^* = \lambda^* / T^* = f^* / K^* \tag{1-3-3}$$

振动图和波剖面图二者的形态都依赖于震源强度函数，各固定一个变量来研究质点振动随另一个变量的变化情况。简单地说，振动图是固定质点空间位置，从时间角度研究质点振动情况；波剖面图是在固定的时刻，研究该时刻测线上所有质点的振动情况。二者关系密切，只是从不同的角度来观察地震波传播过程中引起的质点振动规律。振动图和波剖面图可以通过式(1-3-3)互相联系起来。

第 4 节　地震波的反射、透射和折射

实际的地质剖面是由很多不同岩性、不同地质年代的岩层组成的。若把成因和岩性相同

的每一层都看作各向同性的均匀介质，那么所研究的地质剖面即可看作这些均匀介质层的组合。在这类层状介质中，如果各层的产状都是水平的，也就构成了最简单的最常用的水平层状介质模型。对于层状介质，只要了解地震波在一个水平层状介质层界面上的传播特点，就可以推广到所有的界面。水平层状介质模型在自然界中也是最为常见的模型，如沉积盆地中的沉积地层均可以看作水平层状。

地震波在传播过程中遇到不同介质的分界面时，会在界面上产生波的反射和透射现象，其规律和光波在非均匀介质中发生的反射和透射现象十分类似，可以用惠更斯-菲涅尔原理来解释说明。

一、地震波的反射和透射

假设整个弹性空间被界面 R 分成两部分，如图 1-4-1所示。上半空间 W_1 中地震波的传播速度为 v_1，下半空间 W_2 内地震波的传播速度为 v_2。如果在介质中有一平面波前 AB，向分界面 R 以某一个角度 α 入射，当波前到达界面 R 上的 A' 点时，根据惠更斯-菲涅尔原理可以将界面上的 A' 点看作一个新的震源，由该点产生一个新的扰动向四周介质传播。在 W_2 介质中新扰动以 v_2 的速度传播。通过观察可发现在 Δt 时间后，新扰动在 W_1 和 W_2 介质中分别以 v_1 和 v_2 的速度传播，此时波前上 B' 点用Δt时间传播到界面 R 上的 Q 点，于是可以 A' 点为圆心，并以 $r_1=v_1\Delta t$ 为半径在 W_1 中画圆弧，以 $r_2=v_2\Delta t$ 为半径在 W_2 中画圆弧，再从 Q 点作这两个圆弧的切线，分别相切于 S 点和 T 点，QS 和 QT 就是波前面 $A'B'$ 传播到 R 界面时所产生的两个新波前。其中 QS 波前与入射波前 $A'B'$ 在同一介质 W_1 内，我们称之为反射波；QT 波前在入射波的另一侧介质 W_2 中，我们称它为透射波或透过波。

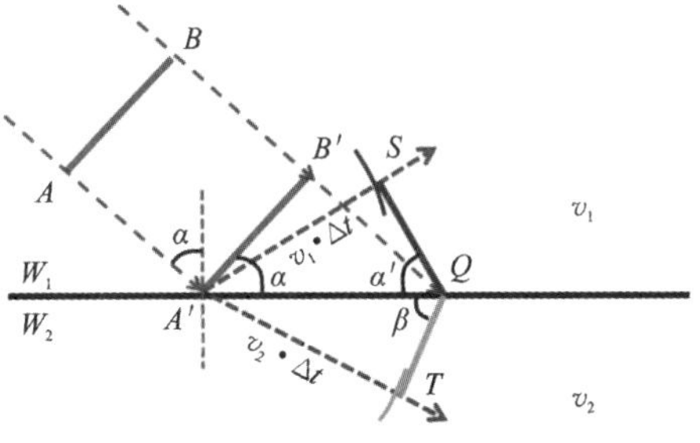

图 1-4-1　平面波的反射和透射示意图

如果令入射波前 $A'B'$、反射波前 QS、透射波前 QT 和界面 R 的夹角分别为 α、α' 和 β，并分别称之为入射角、反射角、透射角，则从图中的几何关系可得

$$
\begin{aligned}
v_1\cdot\Delta t &= \overline{A'Q}\cdot\sin\alpha \\
v_1\cdot\Delta t &= \overline{A'Q}\cdot\sin\alpha' \\
v_2\cdot\Delta t &= \overline{A'Q}\cdot\sin\beta
\end{aligned}
\tag{1-4-1}
$$

于是便有

$$
\frac{\sin\alpha}{v_1}=\frac{\sin\alpha'}{v_1}=\frac{\sin\beta}{v_2}=p \tag{1-4-2}
$$

式(1-4-2)中，参数 p 称为射线常数。该式说明在同一个界面上的入射波、反射波以及透射波都具有相同的射线常数。并且，入射角等于反射角，透射角的大小则由介质 W_2 中地震波的传播速度 v_2 决定，这一关系式我们称之为斯奈尔定律，也叫反射和折射定律。

由于波射线始终垂直于波前面，因此在介质的分界面上，可以用波射线来表示入射波、反射波和透射波三者之间的关系，显然它们也遵循斯奈尔定律。不过，此时入射角 α 、反射角 α' 和透射角 β 的定义稍有改变。在这里，它们分别被定义为波的入射线、反射线、透射线与界面法线 n 之间的夹角，图 1-4-2 所示为 3 种波射线与界面法线 n 的关系。

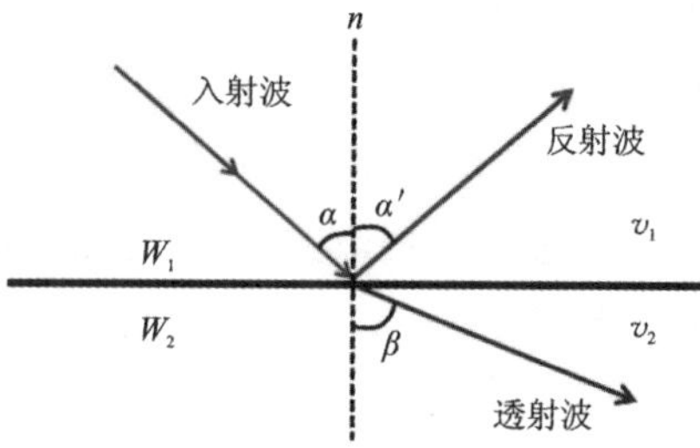

图 1-4-2　入射波、反射波、透射波和界面法线关系图

二、地震波的折射

地震波在传播过程中，当遇到波速不同的地质分界面，且界面以下介质中的地震波速度 v_2 大于界面以上介质中的地震波速度 v_1 时，根据斯奈尔定律，即透射波的透射角必定大于入射波的入射角，即 $\beta > \alpha$ 。随着入射角 α 的增大，透射角 β 也随之增大，当入射角 α 增大到一定大小 i 时，透射角将增大到 $\beta = 90°$ ，这时根据式(1-4-2)有

$$\sin i = \frac{v_1}{v_2} \tag{1-4-3}$$

于是透射波将沿着分层界面滑行，滑行的速度为下层介质中的地震波速度 v_2 ，产生了类似于光学中的全反射现象。这种特殊的透射波通常被称为滑行波。界面上相应的入射点称为临界点，i 角称为临界角。

当滑行波沿着界面传播时，必然引起界面上各质点的振动，根据惠更斯-菲涅尔原理，滑行波所经过界面上的所有质点，都可以看作一个新的振动源。由于界面两侧的介质质点存在着弹性联系，因此滑行波沿着界面传播时，必定会在上覆介质中产生新的波动，新的波动在介质 W_1 中以速度 v_1 传播，这个新的波动我们称为折射波。

根据惠更斯原理，我们还可以进一步讨论折射波的传播方向以及折射波沿地面观测线的视速度 v^* 的特征。设地震波从 O 点到界面上的临界点 R_1 的走时为 t_1 ，从 R_1 开始经过一个 Δt 时刻后，滑行波沿界面滑行到 R_2 处，则有 $R_1R_2 = v_2 \cdot \Delta t$。此时，在 W_1 介质中，折射波传播到距离 R_1 点 $r_1 = v_1 \cdot \Delta t$ 的地方。以 R_1 点为圆心、r_1 为半径画弧线，从 R_2 点对该弧线作切线，切点为 S ，则 R_2S 便是 t_2 时刻的折射波波前，R_1S 为折射波的射线，该射线和界面法线的夹角为 i' 。从图 1-4-3 中可以看出

$$\sin i' = \frac{R_1S}{R_1R_2} = \frac{v_1}{v_2} \text{，即 } i' = i \tag{1-4-4}$$

这说明折射波总是以临界角 i 从界面射出，并在临界点 R_1 处折射波射线与反射波射线重合。若地面与界面平行，则折射波到达地面的入射角也等于 i ，故地面上观测到的折射波的视速度为 v_2 。由于在临界点以内($R_1R'_1$)不产生折射波，故地面 BB' 区间观测不到折射波，这个区间我们称为折射波的观测盲区。在三维空间中，折射波的波前为圆锥台的侧面，当地面与界面平行时，地面的折射波盲区是以 BB' 为直径的一个圆面。此时，若界面埋藏深度为 h ，则盲区半径 $OB = 2h \cdot \tan i$ ，这也说明界面埋深 h 越大，或者 v_1 和 v_2 相差越小，盲区的范围就越大。

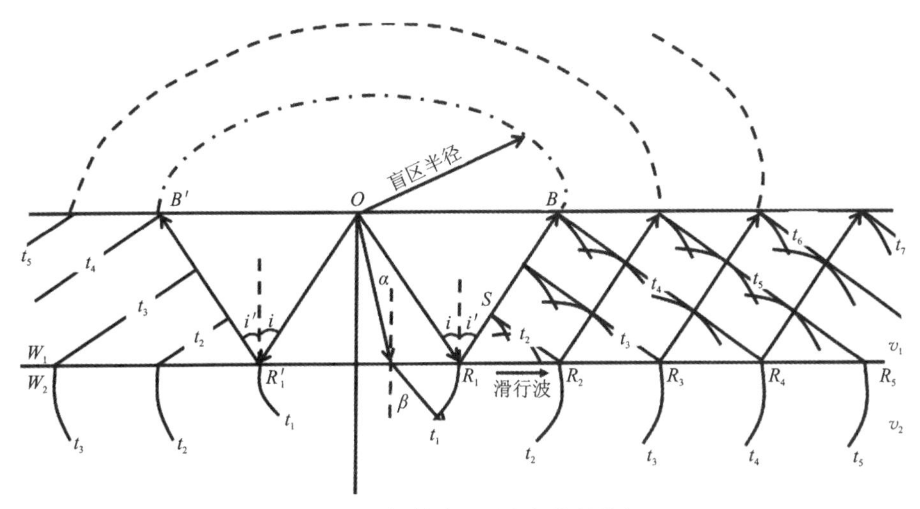

图 1-4-3　折射波的形成与传播特征

由于折射波沿测线的视速度总是比 v_1 大，故在一定的范围之外，来自地下深处的折射波总是会比直达波先到达观测点，以初至波的形式出现，易于被识别，所以早期的浅层地震勘探方法是以折射波方法为主的。图 1-4-4 给出了以波前表示的地震波在传播过程中最先到达地面各不同点的波。比如，在沿测线的 OC 段内，以 v_1 速度传播的直达波最先到达；在 CG 段内，以 v_2 速度传播的折射波最早到达；在 G 点以外，以 v_3 速度传播的深层折射波最早到达。

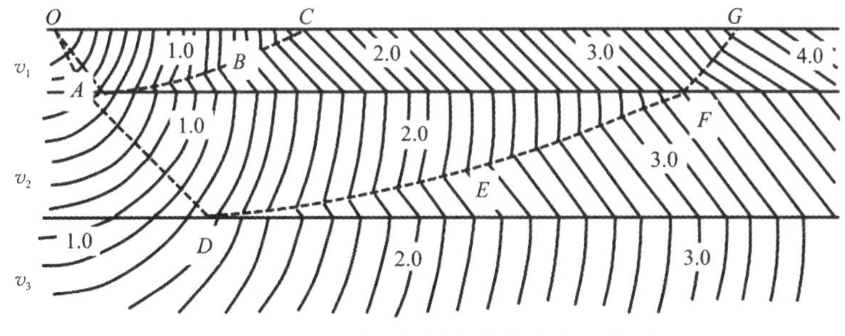

图 1-4-4　不同层折射波波前分布示意图

三、地震波在水平层状介质和速度连续变化介质中的传播特征

假设有一组水平层状介质如图 1-4-5 所示，当地震波从震源点开始以 α_1 角入射时，由于各地层中地震波传播速度不同，地震波将在各分界面上逐层发生反射、透射现象，直至最后第 n 层的底面。那么，按照上述的反射和透射定律，各层中的地震波传播速度 v_i 和入射角 α_i 之间的关系可表示为

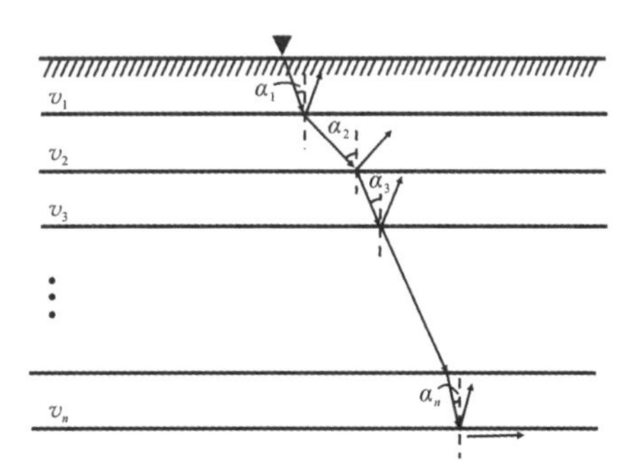

图 1-4-5　地震波在水平层状介质中的传播

$$\frac{v_1}{\sin \alpha_1} = \frac{v_2}{\sin \alpha_2} = \cdots = \frac{v_i}{\sin \alpha_i} = p_a \tag{1-4-5}$$

该式就是斯奈尔定律在多层介质中的表达形式，式中 p_a 表示射线参数。当地层中波速确定时，每一个确定的起始入射角，都有一个与之对应的射线参数。

当多层地层模型的地震波传播速度逐层递增时，可以将这样的地层模型等效为一种速度随深度递增的模型。图 1-4-6 给出了地震波在此类模型中传播的情况。图中显示了起始入射角大小不同的两条波射线。根据斯奈尔定律，起始入射角越小，波的穿透深度越深，反之越浅。并且当入射角 α_i 等于临界角时，即当 $\alpha_i = \sin(v_i/v_{i+1})^{-1}$ 时，地震波将不再继续向下层介质传播。

通常在沉积岩层中，深度每增加 3～5m，岩层中的静压力就会增加一个标准大气压(约 101.325kPa)左右。因此，随着岩层埋藏深度的增大，岩石因上覆压力增大，孔隙度减小而密度增大，从而使得地层中地震波的传播速度也随之增大。

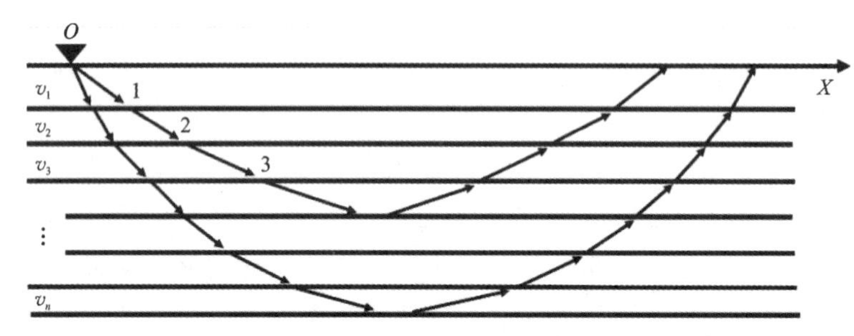

图 1-4-6　地震波速度递增介质中地震波射线示意图

当图 1-4-6 中各地层的厚度无限减小时，此时层状介质就等效为连续变化的介质。在这种介质中，地震波速度随深度的增加而逐渐增大，没有确定的速度分界面。而地震波传播速度随深度变化的规律，有的满足线性递增的关系，有的则符合指数递增的规律。一般而言，地震波传播速度随深度的线性变化规律可表示为

$$v(z) = v_0(1 + \beta z) \tag{1-4-6}$$

式中：z 为深度；v_0 为地震波传播的初始速度；β 为和速度梯度有关的常数，称为速度增长系数。这时，除了垂直入射的情况(入射角为 0°)波射线能保持垂直向下直线传播外，其他波射线则随着入射角的增大而穿透深度减小，到达一定的深度后又折返回地面，形成一组向速度增大方向凸出的光滑曲线型的波射线。这类地震波称为潜射波，也叫回折波，对研究浅地表变速层具有重要意义。

四、弹性分界面上波的转换和能量分配

介质中传播的地震波有多种，总体上可分为体波和面波两类，体波如纵波、横波，面波包含瑞利波和勒夫波等，它们以不同的速度在介质中传播，后面我们会详细介绍各类型波的传播特征。为研究弹性分界面上波的转换与能量分配情况，我们先在这里给出纵、横波传播速度的理论计算公式。

纵波在介质中的传播速度为 $v_P=\sqrt{\dfrac{\lambda+2\mu}{\rho}}$；横波的传播速度为 $v_S=\sqrt{\dfrac{\mu}{\rho}}$ 。

仅考虑地震波中的体波成分的情况，如图 1-4-7 所示，由于弹性分界面两侧的弹性模量不同，在界面两侧的两种介质中存在着 4 种不同的波速，即

$$v_{P1}=\sqrt{\frac{\lambda_1+2\mu_1}{\rho_1}},\ v_{P2}=\sqrt{\frac{\lambda_2+2\mu_2}{\rho_2}},\ v_{S1}=\sqrt{\frac{\mu_1}{\rho_1}},\ v_{S2}=\sqrt{\frac{\mu_2}{\rho_2}} \tag{1-4-7}$$

当纵波入射到界面时，界面上的质点振动可以分为与界面垂直和平行的两个分量，可以产生 4 种波，即反射纵波、反射横波、透射纵波和透射横波。若入射纵波 P_1 在介质 W_1 中以入射角 α 入射到界面上的 A 点，那么在 A 点处将产生两种反射波，即反射纵波 P_{11} 和反射横波 P_{1S1}；两种透射波，即透射纵波 P_{12} 和透射横波 P_{1S2}，如图 1-4-7 所示。

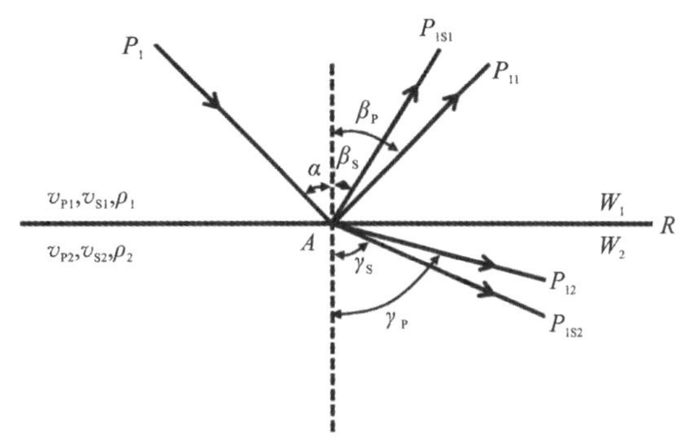

图 1-4-7　纵波入射时在弹性分界面上产生的同类波和转换波

换句话说，包括入射纵波在内，分界面 R 上的 A 点处共有 5 种波动情况，其中两种波动与入射纵波的波型相同，即反射纵波 P_{11} 和透射纵波 P_{12}，这两种波称为入射纵波的同类波。另外两种波动与入射纵波的波型不相同，即反射横波 P_{1S1} 和透射横波 P_{1S2}，这两种波称为转换波。根据斯奈尔定律，可以得出它们之间的关系为

$$\frac{\sin\alpha}{v_{P1}}=\frac{\sin\beta_P}{v_{P2}}=\frac{\sin\beta_S}{v_{S1}}=\frac{\sin\gamma_P}{v_{P2}}=\frac{\sin\gamma_S}{v_{S2}}=P \tag{1-4-8}$$

由入射纵波产生的 4 种波动的能量分配除取决于界面两侧介质的弹性性质差异外，还与入射纵波的入射角度有关。设反射纵波 P_{11}、反射横波 P_{1S1} 与入射纵波 P_1 的振幅比值分别为 R_{PP} 和 R_{PS}，透射纵波 P_{12} 和透射横波 P_{1S2} 与入射纵波 P_1 的振幅比值分别为 T_{PP} 和 T_{PS}，这些比值的大小反映了同类波和转换波间的能量分配关系，我们称它为能量系数。根据斯奈尔定律和界面上应力与位移连续的边界条件，可以推导出纵波以平面谐波的形式入射时各种波能量系数的方程组，其中入射角 α 等于反射纵波的反射角 β_P，能量系数的方程组形式如下：

$$\begin{cases}R_{PP}\cdot\sin\beta_P+R_{PS}\cdot\cos\beta_S-T_{PP}\cdot\sin\gamma_P-T_{PS}\cdot\cos\gamma_S=-\sin\beta_P\\ R_{PP}\cdot\cos\beta_P-R_{PS}\cdot\sin\beta_S+T_{PP}\cdot\cos\gamma_P-T_{PS}\cdot\sin\gamma_S=\cos\beta_P\\ R_{PP}\cdot\sin 2\beta_P+R_{PS}\cdot\dfrac{v_{P1}}{v_{S1}}\cos 2\beta_S+T_{PP}\cdot\dfrac{\rho_2}{\rho_1}\cdot\dfrac{v_{S2}^2}{v_{S1}^2}\cdot\dfrac{v_{P1}}{v_{P2}}\cdot\sin 2\gamma_P+T_{PS}\cdot\dfrac{\rho_2}{\rho_1}\cdot\dfrac{v_{P1}\cdot v_{S2}}{v_{S1}^2}\cdot\cos 2\gamma_S=\sin 2\beta_P\\ R_{PP}\cdot\cos 2\beta_P-R_{PS}\cdot\dfrac{v_{S1}}{v_{P1}}\sin 2\beta_S-T_{PP}\cdot\dfrac{\rho_2}{\rho_1}\cdot\dfrac{v_{P2}}{v_{P1}}\cdot\cos 2\gamma_S+T_{PS}\cdot\dfrac{\rho_2}{\rho_1}\cdot\dfrac{v_{S2}}{v_{P1}}\cdot\cos 2\gamma_S=-\cos 2\beta_S\end{cases} \tag{1-4-9}$$

如果已知入射角和介质弹性参数，则可以根据式(1-4-8)求出同类波和转换波的角度，求解方程组(1-4-9)即可求出同类波和转换波的能量系数，了解地震波在弹性分界面上的能量分配关系。

第5节 地震波的类型及频谱特征

一、地震波的类型

地震波可分为体波和面波两大类。其中,体波是在整个介质体内传播的地震波,根据传播特征(所引起的质点振动特征)的不同,又可将它分为纵波和横波两类,通常纵波又称为P波,横波又称为S波或剪切波。面波则是特指沿着自由界面或者两种不同性质的介质分界面传播的一类波动,根据面波所存在的界面及传播特性的不同,又分为瑞利波(Rayleigh wave)、勒夫波(Love wave)、斯通利波(Stonely wave)和斯科特波(Scholte wave)等4种,其中在浅层勘探中最为常用的两种面波为瑞利波和勒夫波。

(1)纵波。弹性介质发生体积形变(即拉伸或压缩形变)时产生的波动,我们称它为纵波。因此,当纵波在介质中传播时,会形成间隔出现的压缩带和稀疏带,类似于弹簧被拉伸和压缩的状态。因此,纵波又可称为压缩波(P波)。纵波的传播方向和它引起的质点的振动方向一致,如图1-5-1所示。

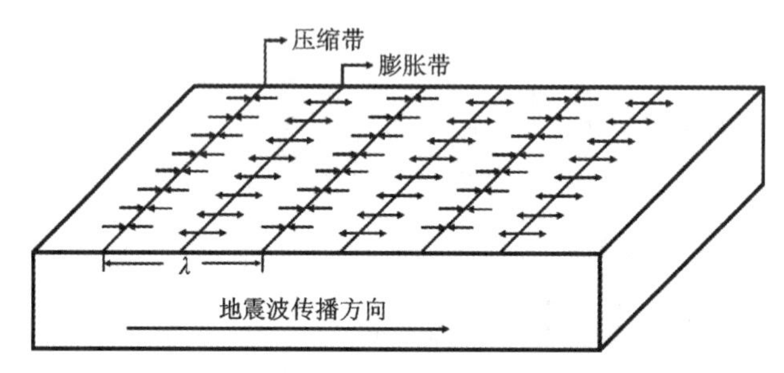

图1-5-1 纵波传播特征示意图

(2)横波。弹性介质发生剪切形变时所产生的波动称为横波,即剪切形变在介质中的传播,因此横波又被称为剪切波(S波)。横波的传播方向与其所引起的质点的振动方向相互垂直。从理论上来说,对于任意的一个传播方向,质点的振动可以有无限多个方向。但研究中,我们通常把横波看作由两个方向的振动组合形成的。一个是质点的振动在垂直平面内的横波分量,该波我们称为SV波;另一个是质点在水平面内振动所形成的横波分量,该横波我们称为SH波。图1-5-2为上述两种横波的传播特征示意图。

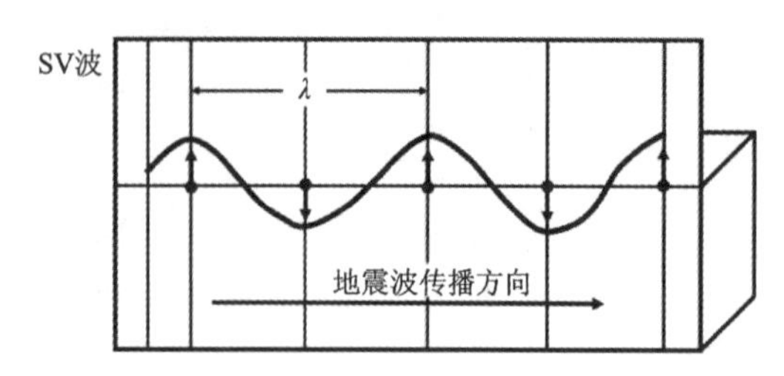

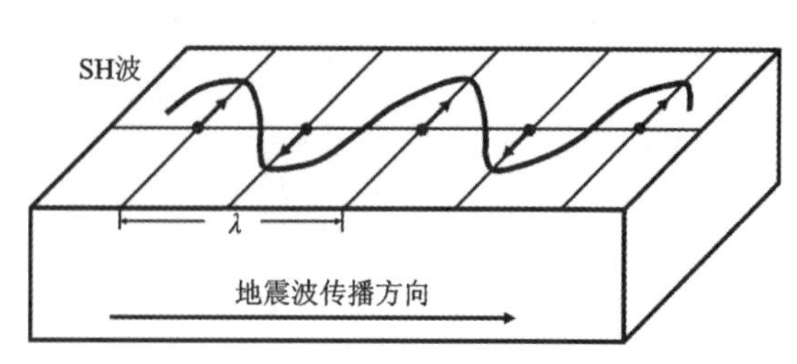

图1-5-2 横波传播特征示意图

(3)面波。根据弹性力学理论,还有一类仅存在于弹性分界面附近的波动,这类波动我们称为面波。它们均是沿着弹性介质和空气接触的自由界面传播的。其中,瑞利波的特点是质点在传播方向的垂直面内沿椭圆轨迹做逆时针或顺时针的运动,椭圆的长轴垂直于自由界面,在其一个波长内,椭圆长短轴之比大致为 3∶2,其强度随深度呈指数衰减,但在水平方向上衰减很慢。在地震勘探中,瑞利波具有频率低、振幅大、衰减慢、速度接近于横波速度等特点。因此,它在常规地震勘探(如折射波法和反射波法)中是一种强干扰波,需要在数据处理中加以滤除。但在浅层地震勘探中,瑞利波又因为前述特点以及在层状介质中的频散特性,被作为面波勘探的有效波加以利用。瑞利波的传播特点如图 1-5-3 所示。

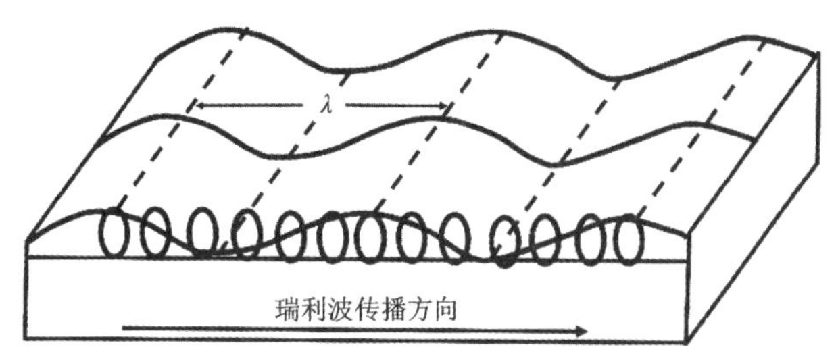

图 1-5-3　瑞利波传播特征示意图

勒夫波是另一种浅地表地震勘探中常用的面波类型。这种波可以看作 SH 波的一种特殊变种类型,它的存在条件与 SH 波折射波的存在条件是一致的。换句话说,勒夫波存在的介质必须为层状速度递增型介质。它本质上是 SH 波及其反射波和折射波在自由界面处经过干涉形成的一种特殊波动。由于勘探地震方法研究早期,在激发和接收 SH 波上存在着一定的难度,因此它的研究与应用远没有瑞利波深远和广泛。但在最近的 20 年里,它的很多出色特性被研究发现,因此在浅层地震勘探中被应用得越来越多,这些我们将在后文中介绍。图 1-5-4 为勒夫波传播特征示意图。

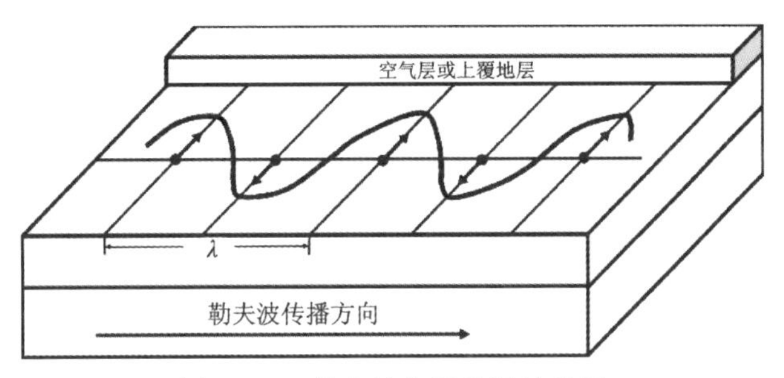

图 1-5-4　勒夫波传播特征示意图

二、地震波的频率和振幅特征

1. 地震波的频谱及其分析方法

任何一种地震波都可以用一个波形函数 $a(t)$ 来描述,该波形函数可以看作由无限多个频率连续变化的谐振动叠加而形成。这些谐振动的振幅和初始相位随频率的改变而变化,其中振幅随频率的变化关系为振幅谱，相位随频率的变化关系为相位谱。振幅谱和相位谱统称为地震波的频谱。

由各种不同类型震源激发的地震波，或者来自不同传播路径的地震波，其波形往往是各异的，也就是说波的频率成分是不相同的。地震波频谱特征分析是地震勘探资料处理技术中一个非常重要的方面，如我们可以根据有效波和干扰波的频谱差异，指导野外工作方法的选择，并给数字滤波处理和资料解释工作提供依据。

地震波的频谱分析方法以傅立叶变换为基础。前面提到的地震波波形函数 $a(t)$ 是把地震信号表示为振幅随时间变化的数学函数，也是地震波在时间域的表达形式，该函数的图形就是前面所介绍的振动图形，一般地震记录都是采用这样的形式表达。为研究地震波的频谱特征，我们可以利用傅立叶变换将波形函数 $a(t)$ 变换到频率域内，得到振幅随频率变化的函数 $A(f)$，这一变换过程我们称为频谱分析，这种方法被称为频谱分析方法。

地震信号在时间域或在频率域表达时，两者是等价的，二者之间的对应关系可由傅立叶变换来表达。其数学表达式如下：

$$A(f) = \int_{-\infty}^{\infty} a(t)\, e^{-i2\pi ft}\, dt \tag{1-5-1}$$

$$a(t) = \int_{-\infty}^{\infty} A(f)\, e^{i2\pi ft}\, df \tag{1-5-2}$$

其中，式(1-5-1)为傅立叶正变换，式(1-5-2)为对应的傅立叶反变换。这一对公式非常相似，但积分变量不同，并且与振动部分相关的指数符号相反。实际计算时，考虑到地震记录为与时间有关的一个离散序列，因此计算时必须采用其离散形式，并采用能有效提高计算速度的方式进行，如快速离散傅立叶变换。上述两式之间具有互相单值对应的关系，也就是说任意一个形态的地震波都单一地对应着它特定的频谱，反之任何一个频谱都确定着唯一的一个地震波形。换句话说，地震波的动力学特征我们既可以用随时间变化的振幅波形来描述，也可以用对应的频谱特性来表述。只是，一个是地震波的时间域表征，一个是地震波的频率域表征。由于它们之间具有单值对应的关系，因此在任何域内研究地震波都是有效的。

式(1-5-2)表示了一个非周期振动和周期的谐和振动之间的关系，其物理意义是：任何一个非周期振动都是由多个不同频率、不同振幅的谐振动构成的。图 1-5-5 表示由 4 阶到 19 阶共计 16 个不同频率、不同振幅、不同初始相位的谐和振动叠加后构成的非周期振动示意图，该图清晰说明了非周期振动的合成过程。

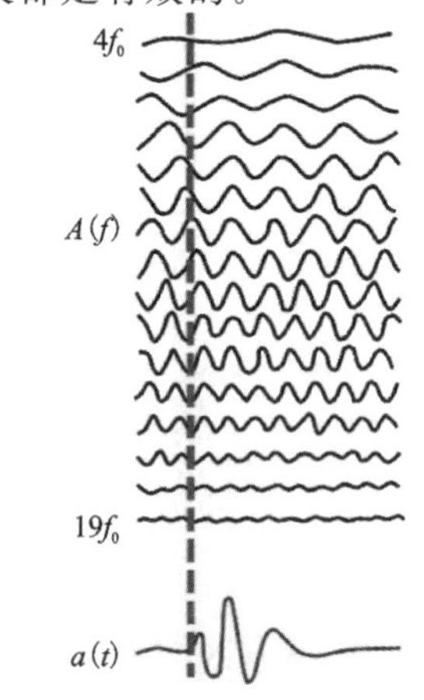

图 1-5-5　由 16 个谐和振动合成一个非周期振动示意图
（横坐标为时间 t）

式(1-5-1)为傅立叶变换的正变换，其物理意义为：对已知的一个非周期信号，求取其频谱特征。它的复数表达式为 $A(f) = c(f) + d(f)i$，其中 $c(f)$ 和 $d(f)$ 分别为复数的实部和虚部。$A(f)$ 的模值 $|A(f)|$ 称为振幅谱，表示每个简谐振动的振幅，也表示每个简谐振动所包含的能量。$A(f)$ 的幅角 $\varphi(f)$ 称为相位谱，表示每个简谐振动分量的初始相位。振幅谱和相位谱的数学表达式如下：

$$|A(f)| = \sqrt{c^2(f) + d^2(f)} \tag{1-5-3}$$

$$\varphi(f) = \tan^{-1}\frac{d(f)}{c(f)} \tag{1-5-4}$$

图 1-5-6 所示为合成地震波 $a(t)$ 非周期脉冲的振幅谱和相位谱。其振幅谱表示不同频率谐波所对应的能量;其相位谱表示不同频率谐波($4f_0 \sim 19f_0$)所对应的初始相位。图中由于相邻谐波间的频率间隔为 f_0 ,所以频谱中的谱线为离散形式。

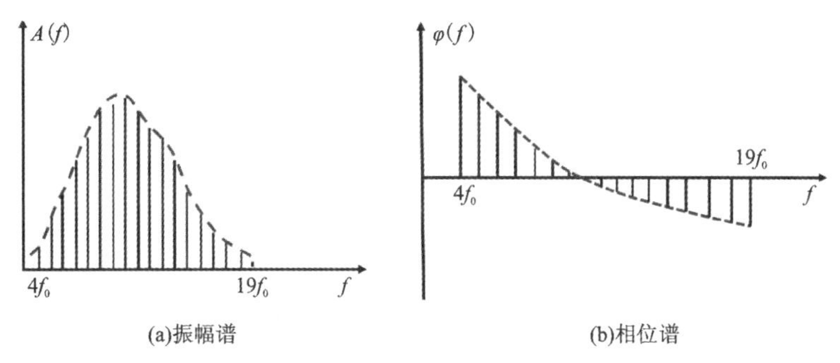

图 1-5-6　合成非周期振动函数 $a(t)$ 振幅谱和相位谱示意图

2. 地震波频谱的表示方式及其应用

地震波是由人工震源激发的振动,是非周期函数,其振幅谱为连续谱。为表示一个地震波振幅谱的特征,我们一般采用主频和频带宽度(也可简称为频宽)两个参数来表示,图 1-5-7 所示为一个反射波的振幅谱,图中 f_0 表示该反射波的主频,即振幅谱上曲线极大值对应的频率值。地震波信号的能量大部分都集中在这个频率附近,以振幅谱曲线极大值 $A(f)$ 为 1,对应于 $A(f) = 0.707$ 处,可以找到两个频率值 f_1 和 f_2 ,把 $\Delta f = f_2 - f_1$ 定义为该振幅谱的频带宽度。f_1 和 f_2 的大小反映了地震波脉冲信号的大部分能量所集中的频率范围,Δf 的大小给出了这个频带范围的宽窄。

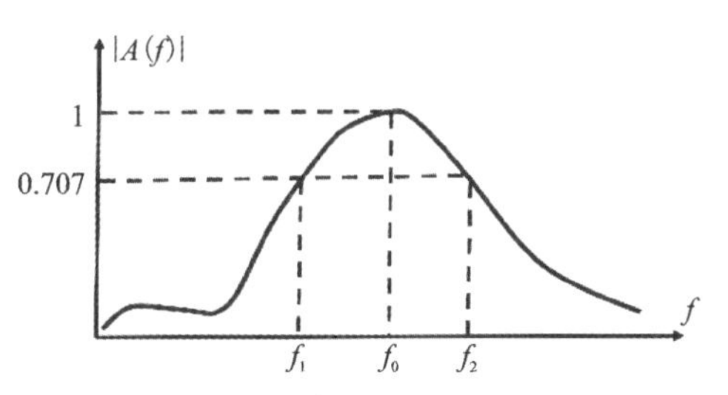

图 1-5-7　振幅谱曲线及其主要参数

频谱在地震勘探中有着广泛的应用。不同种类的地震波,或来自不同界面的地震波,因波形存在差异,它们的频谱也不相同。对某一个波形的任何“改造”,同时也会改变其频谱的形态。纵波、横波、面波等有着不同的频谱特征。另外,在地震波的传播过程中,由于波动能量的扩散与介质的吸收作用,地震波的振幅逐渐减小,且频率越高的简谐振动衰减越快;而来自地下深层的反射波除振幅减小外,它的视周期会相应变大。根据频谱计算表达式,可以计算出实际地震记录的频谱;利用地震波的频谱信息,同样可以计算出它的视波长和视周期。图 1-5-8 为综合地震勘探的各种资料得到的各类地震波的常规频谱特征示意图,从中不难看出,不同类型地震波的能量主要分布频带范围不同。从图中可以看出各不同类型地震波的特征,了解与熟悉这些特征,有助于更好地识别它们,并在地震资料处理时更好地压制干扰波、突出有效波，达到提高资料信噪比的目的。在地震勘探中，这是一项非常重要的工作。

值得一提的是，实际工作中使用的震源不同，或下伏岩层的深度或厚度不同时，也会引起地震波频谱特征的变化。如用大炸药量激发的地震波，其频段比由小药量或锤击等机械震源激发的地震波的频段要低；下伏岩层厚度越大，岩层分界面埋深越深，来自该界面的反射波信号的频段也往往越低。以上这些特征，在浅层地震勘探中需特别注意。

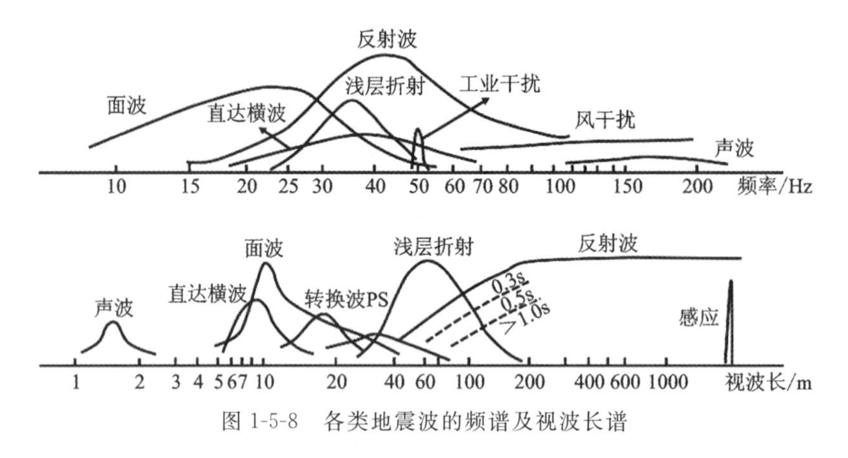

图 1-5-8　各类地震波的频谱及视波长谱

三、地震子波

常规的浅层反射地震勘探中，我们通常用脉冲型点震源来描述纵波震源，这是理想的震源形态。在频率域中，这类脉冲信号有着各个频率成分的分量，且各频率分量都有着相同的振幅，有最宽的频谱。但实际地震震源激发的地震波，并不是严格意义上的脉冲信号。实际震源激发的地震子波形态，受到了震源激发方式、激发强度、震源与地面的耦合情况等因素的综合影响。而为了研究地震波在传播过程中受到的影响及变化，我们首先需要了解最初从震源发出的初始地震波的特征。震源激发后经地下传播，并被在近震源的地面或井中接收到的地震波通常是一个短脉冲振动，采用信号分析领域的广义术语，所接收到的振动信号被称为地震子波，它可以被理解为具有确定起始时间和有限能量且在很短时间内衰减的一个信号。

地震子波振动的一个基本属性为振动是非周期性的，它的动力学参数可以用振幅谱、相位谱等概念来描述。地震子波在地下传播过程中，其特征会发生变化，这种变化受到多种因素的影响，如地层结构和构造、介质的弹性性质、地震勘探的分辨率等。一般而言，我们无法给出一个确切的数学函数来精确地描述地震子波，但根据地震子波的特征，可以用一些数学函数近似地描述这类非周期振动，并利用地震子波来模拟地震记录。地震子波的另一个属性是它具有确定的起始时间和有限的能量，因此振动的持续时间很短，经过一段时间后就很快衰减，它的衰减时间长短也被称为该地震子波的延续时间长度，决定了地震勘探的分辨能力。而且我们很容易证明，地震子波的延续时间长度与它的频谱宽度是成反比的。

第 6 节 地震波的绕射、散射、极化、干涉与衰减

一、地震波的绕射

当地震波通过弹性不连续点时，地层间断点、地层的尖灭点或不整合接触点以及断层的棱角点时，只要这些地质体的大小与地震波的波长大致相当，这种不连续的间断点都可以看作一个新的震源，新震源产生一种新的扰动，向弹性空间四周传播，这种波动在地震勘探中被称为绕射波，这种现象被称为绕射。图 1-6-1 所示为地震波在震源点（O 点）激发后，入射的地震波在遇到地下断层断点（棱点）时产生绕射波的情况。断点 R 将成为新的震源点，所产生的绕射波的波前也是球面波形态。

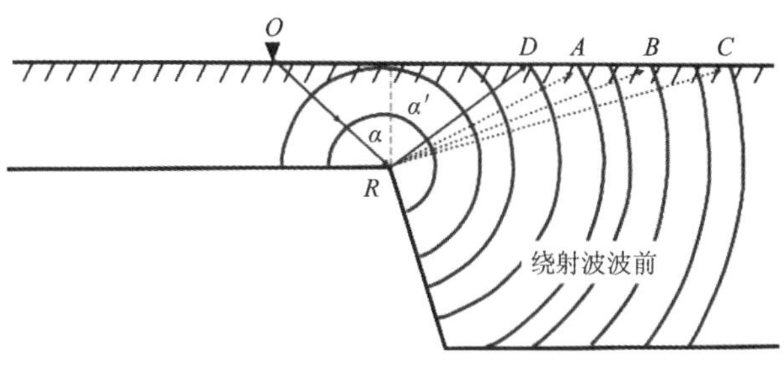

图 1-6-1 在断层断点产生的绕射波特点

绕射波的存在，反映了地下异常地质体的存在，它也是被用于判断断层存在的特征波之一。但绕射波通常在断点附近容易和反射波叠加、干涉形成更为复杂的地震记录。如图 1-6-1 中的 OD 段，我们既可以接收到绕射波，也可以接收到反射波。在 OD 之外的 ABC 段，我们只接收到绕射波。

二、地震波的散射

地震波在地下介质中传播时，当遇到不平滑、粗糙的分界面时，若界面上凹凸不平部分的曲率半径与地震波波长相近，地震波在界面上会被反射向各个方向，形成方向众多的反射波，在地震记录上这类反射杂乱而毫无规律，我们将这种现象称为散射（或漫射），散射的结果使得地震波的能量分散、振幅衰减。在喀斯特地区，灰岩的可溶性较强，溶蚀后灰岩表面往往起伏不平，因此在喀斯特地区开展浅层地震反射波勘探，往往由于散射的原因，造成在地表无法接收到规则的反射波的问题。散射现象如图 1-6-2所示。

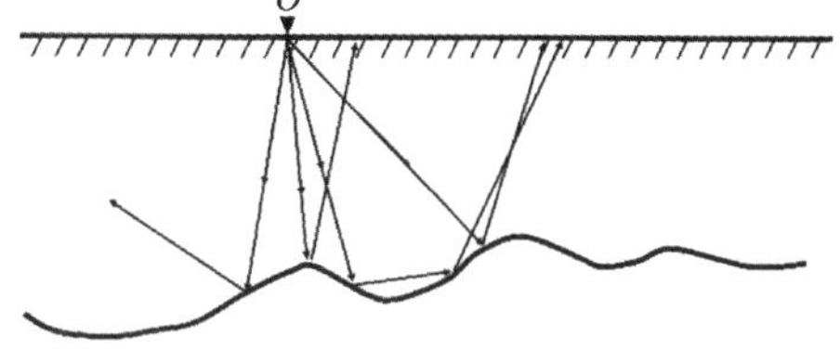

图 1-6-2 地震波的散射示意图

三、地震波的极化

地震波的形态与它所采用的激发震源有着最为直接的关系，使用不同性质的震源激发地震波，将产生不同方向的位移，即不同方向的振动。两个频率相同，但方向不同、相位也不同的

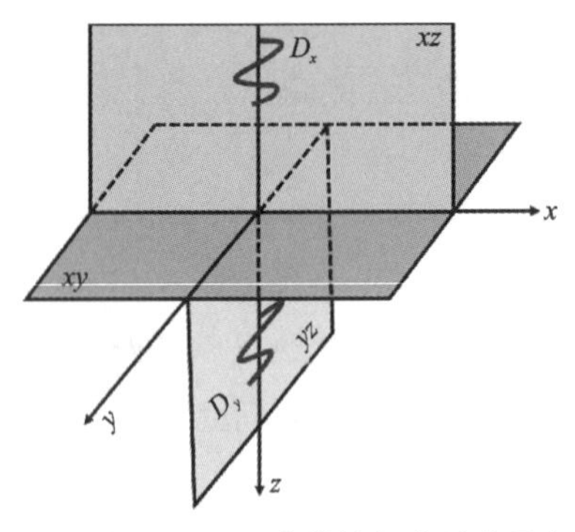

图 1-6-3　两个线性极化波的叠加示意图

振动叠加在一起，就形成了极化波。假设 x 和 y 方向分别有两个线性极化的振动 D_x 和 D_y，他们的扰动分别在 xz 平面和 yz 平面内。这两个振动都向 z 的正方向传播，如图 1-6-3 所示。如果这两个波动有相同的频率和传播速度，但相位不同，那么质点的振动轨迹是 D_x 和 D_y 的矢量叠加，叠加的质点振动轨迹为椭圆。我们将这种叠加的振动称为椭圆极化波，如面波中的瑞利波就是典型的椭圆极化波，它由纵波和横波中 SV 波极化形成。如果振幅相同，而且相位相差 90°，则叠加振动的轨迹为圆形轨迹，此时我们称之为圆极化。

四、地震波的干涉

如果两个地震波在空间中的某一点相遇，该处质点的振动将同时受到两个地震波的影响，这种相互的影响我们称之为干涉。按照叠加原理，如果两个地震波都是简谐波，且频率和波长一样，那么在相位符号一致的点上振幅将得到加强，而在相位符号相反的点上振幅将被削弱甚至完全抵消。一般而言，地震波干涉后产生新波动的能量增强或削弱的程度取决于两地震波间的相位差。产生干涉现象的地震波我们称之为相干地震波，它的振幅随干涉主波的相位差变化而变化。

振幅、相位、频率等参数均不相同的多个地震波相干涉时，会产生非常复杂的波。若它们的相位大体上一致，会产生相长干涉，振幅被增大；而若相位相差较大时，会产生相消干涉，振幅被削弱。

当各个波的频率不相同时，相干波仍然是周期波，而非简谐波。相干波可以通过每一个瞬间各个波的振幅代数相加的方式获得。在地震记录中，各不同类型的波相干涉使得地震记录变得复杂化，很难在时域地震记录中将之区分开来。

五、地震波的能量衰减规律

地震波在地下介质中传播时，由于受到以上各因素的影响，其能量在传播过程中是不断衰减的。这种能量损失的程度是震源和介质物理性质的多元函数。此外，地震波在传播过程中，由于波前扩散，也会引起地震波能量的衰减，这属于正常的衰减情况。按照能量损失的原因，我们将与地震波能量衰减有关的因素归纳为如下几个方面。

1. 波前扩散

地震波由震源激发后将向四周传播，波前面越来越大，同时前进的地震波的振幅也越来越小，这种现象就是地震波的波前扩散。其本质原因是震源所激发形成的地震波能量是有限的，根据能量守恒原则，在不考虑存在任何衰减的情况下，震源激发的能量将随着时间的推移被散布于越来越大面积的波前上。

在各向同性均匀介质中，地震波的波前是以震源为球心的一系列半径不断增加的同心球面。于是在各向同性介质中，地震波按照球面的形式传播。故这种随传播距离增加而引起的地震波振幅减小的现象，又被称作球面扩散或球面发散效应。假设某一时刻，球面波的波前面积为 S，半径为 r，震源激发的总能量为 E，那么单位面积上的能量 ε 的大小为

$$\varepsilon = \frac{E}{S} = \frac{E}{4\pi r^2} \tag{1-6-1}$$

因为能量 E 与振幅 A 的平方成正比，则有

$$A^2 \propto \frac{E}{4\pi r^2} \tag{1-6-2}$$

因此可得振幅与扩散半径间的关系：

$$A = \frac{c}{r} \tag{1-6-3}$$

其中，c 为 $\sqrt{E/4\pi}$ 。由式(1-6-3)可知，在各向同性均匀介质中，地震波的振幅与传播距离成反比，按照 $1/r$ 的规律衰减。在层状介质中，由于深层的速度增大，波前扩散的速度比均匀介质中要快。而折射波的波前扩散是部分形成滑行波的能量以圆锥台面型波前传播的，这样就造成了折射波能量的衰减比球面扩散形式更快的结果。

2. 地震波在介质中的吸收衰减

前面所描述的地震波，以及对它们的传播特性的讨论，都是建立在介质的完全弹性假设条件上的，即使讨论地震波在分界面上的反射、透射、转换等现象时，界面上、下介质也仅被定义为弹性性质有差异的两类完全弹性介质，而这与地震波在实际地层中的传播还是存在很大区别的。实际地层远非理想的完全弹性介质所能描述的，实际地层的弹性性质有着一个非常明显的特点，那就是在外力的作用下，介质出现的形变有随着时间逐渐改变的现象，这种现象我们通常称之为弹性黏滞性。地震波在实际介质中传播时，介质的不同部分之间会出现一种“摩擦力”，被称为“内摩擦力”或“黏滞力”。这种摩擦力导致了一部分的机械能转化为热能，以热能的形式耗散掉。这种机械的弹性能转换为热能的耗散形式的现象称为地震波在地层中的吸收。地震波动最后的消失，完全是由吸收作用造成的。

岩石对地震波的吸收作用，可通过解黏弹性波动方程的方法，从理论上证明地震波的能量(振幅)呈指数衰减。衰减的幅度用吸收系数表示，吸收系数是频率的函数。地震波振幅衰减表达式为

$$A_r = A_0 e^{-\alpha(f) r} \tag{1-6-4}$$

式中：A_r 为传播距离为 r 处的振幅；A_0 为传播距离为 r_0 处的振幅；$\alpha(f)$ 为吸收系数，它的单位为 1/m，表示单位距离内振幅的衰减率，也可以是分贝/波长(dB/λ)，表示单位波长振幅衰减的分贝数。

介质吸收系数的大小与介质的弹性性质有关，对某一种岩石，在相同的频率下，吸收系数为常数。吸收系数的大小与频率有关，频率越高，吸收系数越大。因此，随着传播距离的增大，地震波高频成分很快被吸收，只保留较低的频率成分。这样，地震波在实际介质中传播

时，介质相当于一个低通滤波器，滤除了较高频谱成分的地震波而保留了较低频率的地震波成分，这种作用又被称为大地的低通滤波作用。大地的低通滤波作用，使得浅层地震勘探的地震波视频率较高，而深层地震波的视频率较低，这也是浅层和深层地震勘探的区别之一。

3. 透射损失

透射损失是地震波在传播过程中，部分地震波能量透过地层往更深层传播，无法返回地面被我们接收所造成的能量损失。假设存在两个水平界面，其反射系数分别为 R_1 和 R_2 ，入射波以振幅 A_i 近法线入射(即垂直入射)到第一反射界面时，在该界面会产生反射波和透射波，假设透射波为 A_{id} 。第一界面的透射系数为 $T = 1 - R_1$ ，透射波入射到第二个界面后发生反射，并由下往上第二次透射过第一界面，这时反射系数 R_1 变为负值，透射系数为 $T' = 1 + R_1$ 。地震波两次透过第一界面，我们把两次透射系数的乘积记为双程透射系数，写为

$$T_d = TT' = (1 - R_1)(1 + R_1) = 1 - R_1^2 \tag{1-6-5}$$

其定义域为：$0 \leqslant T_d \leqslant 1$ 。正因为双程透射系数总小于1，表示反射波的振幅总因透射损失而减弱。当波由上向下第一次透过界面时，其振幅为 $A_i(1 - R_1)$ ；当波由下向上，不考虑 R_2 的影响时，第二次过第一界面的透射波振幅 A'' 为 $A_i(1 - R_1^2)$ ，由此可见，地震波两次透射过一个界面，损失掉的振幅成分为 $A_i R_1^2$ 。

4. 反射系数

反射系数是影响反射波振幅的主要因素，它直接反映了反射地震波能量的比例。反射系数的大小本质上取决于上下地层的弹性性质差异，但也与入射角有关，随入射角的变化而变化。即在不同的接收距离上，界面反射回去的能量也是不相同的。

5. 地震波反射记录道的形成

综上所述，地震波在传播过程中的衰减主要表现为地震波振幅和频率的变化。从震源激发出的地震子波受到波前扩散、透射损失、吸收衰减后，根据反射系数的大小反射回地面部分的能量，振幅逐渐减小。而且由于吸收衰减作用的影响，高频成分逐渐损失，地震波的延续时间增大。因此，在地面接收到的地震波是这些作用的综合反映。

假设地下介质为均匀层状介质，包含了 N 个反射界面。在地面可以接收到每一个界面的反射波信号，于是在这样的模型中，实际地震道记录了来自 N 个反射界面的反射波。为了简化分析过程，假设地震波的入射是垂直入射。根据前面的讨论可知，每个反射波的子波波形，由激发震源的波形和介质对它们的滤波改造作用决定。也就是说，每一个反射子波的振幅和波形由波前扩散、介质吸收、透射损失及反射系数大小等因素决定。假定 A_0 为入射波振幅，α 为各层的衰减系数(为简单起见，假设所有的层衰减系数相同)，r 为波的双程传播距离，R_1 、R_2 、…、R_{N-1} 、R_N 为各界面的反射系数，$\varphi(t)$ 为子波。那么在地表下第一个反射界面产生的反射波 $W_1(t)$ 可记为

$$W_1(t) = \frac{A_0}{r_1} e^{-\alpha r_1} R_1 \varphi(t - \frac{r_1}{v_P}) \tag{1-6-6}$$

其中：$\frac{1}{r_1}$ 项表示波前扩散；$e^{-\alpha r_1}$ 表示介质的吸收衰减；R_1 为反射系数。由此，我们可以推知第二个界面的反射波可记为

$$W_2(t)=\frac{A_0}{r_2}e^{-\alpha r_2}(1-R_1^2)R_2\varphi(t-\frac{r_2}{v_P}) \tag{1-6-7}$$

其中：$(1-R_1^2)$ 项表示反射波两次通过界面时的透射损失因子。依次类推，第 N 个界面的反射波可写为

$$W_N(t)=\frac{A_0}{r_N}e^{-\alpha r_N}(1-R_1^2)(1-R_2^2)\cdots(1-R_{N-1}^2)R_N\varphi(t-\frac{r_N}{v_P}) \tag{1-6-8}$$

假设

$$A_N=\frac{A_0}{r_N}e^{-\alpha r_N}(1-R_1^2)(1-R_2^2)\cdots(1-R_{N-1}^2)=\frac{A_0}{r_N}e^{-\alpha r_N}\left\{\prod_{i=1}^{N-1}(1-R_i^2)\right\} \tag{1-6-9}$$

则在地面接收到的第 N 个界面的反射波为

$$W_N(t)=A_NR_N\varphi(t-\frac{r_N}{v_P}) \tag{1-6-10}$$

一方面反射波的到达时间越晚，A_N 越小；另一方面，反射波的到达时间越晚，地震仪的放大倍数越大。综合考虑这两方面因素的影响，忽略介质吸收、透射损失等因素，可以认为第 N 个反射界面的反射波近似为

$$W_N(t)=R_N\varphi(t-\frac{r_N}{v_P}) \tag{1-6-11}$$

该式实际上表达了第 N 个界面的反射系数和地震子波 $\varphi(t)$ 的褶积：

$$W_N(t)=R_N*\varphi(t) \tag{1-6-12}$$

这样在地面接收到的 N 个界面反射波总和的记录道 $x(t)$ 可记为

$$x(t)=\sum_{n=1}^{N}W_n(t)=\sum_{n=1}^{N}R_n*\varphi(t)=R(t)*\varphi(t) \tag{1-6-13}$$

也就是说一个反射记录地震道是地层反射系数序列 $R(t)$ 和地震子波 $\varphi(t)$ 的褶积结果，这就是所谓的地震道褶积模型。地震道褶积模型是简化了的反射地震记录道模型，虽然它忽略了介质吸收、透射损失等诸多因素，但是它的实用性很强。

第2章 浅层地震勘探的地质基础

自然界中,不同类型的岩石往往有不同的物质成分、结构和构造,即使是同一类型的岩石,由于存在环境条件的差异,它们往往也会具有不同的弹性特征。而弹性性质差异,会引起地震波传播条件的变化。当然,这样的差异也正是地震勘探的基础着眼点,地震勘探正是利用地下介质的这种变化来查明地下异常地质问题的。

不同的地区开展地震勘探工作时,由于所处环境的地层、岩性、构造及地表条件等存在差异,地震勘探效果也往往不同。通常来说,地震勘探的地质效果受到两方面条件的限制:一方面是地震仪器设备、震源类型等技术条件;另一方面是客观存在的地质情况及地表环境条件等因素的复杂程度,比如地表环境为沙漠、丘陵或山地,且地下地层构造形态复杂时,不仅地震勘探数据采集现场施工难度较大,而且后期的室内资料处理和解释工作也往往存在着很多的困难。调查并研究这类地层岩性、地质构造及地表条件等因素对地震勘探效果的影响问题,就是地震勘探方法研究中的地质基础问题。

第1节 影响地震波速度的主要因素

一、主要因素

实际的地质剖面均由不同地质年代、不同成因、不同物质成分与结构的岩层组成。地震勘探中所说的地震界面(或称为速度界面)是弹性性质不同的岩层之间的分界面。地震波在地层中的传播速度是地震勘探中最为基本的参数。

地下介质中地震波的传播速度的主要决定因素为岩石的矿物成分与结构、密度、孔隙度、孔隙充填物性质和充填饱和度。表2-1-1为常见的介质或岩石的密度与纵波速度对照表。

表2-1-1 常见介质或岩石的密度与纵波速度参数对照表

序号	介质或岩石名称	密度/($g\cdot cm^{-3}$)	速度/($m\cdot s^{-1}$)	序号	介质或岩石名称	密度/($g\cdot cm^{-3}$)	速度/($m\cdot s^{-1}$)
1	空气	0.0013	310~360	15	石灰岩	2.58~2.80	3400~7000
2	石油	0.60~0.90	1300~1400	16	白云岩	2.75~2.85	3500~6900
3	水	0.98~1.01	1430~1590	17	大理岩	2.75	3750~6940

续表 2-1-1

序号	介质或岩石名称	密度/(g·cm^{-3})	速度/(m·s^{-1})	序号	介质或岩石名称	密度/(g·cm^{-3})	速度/(m·s^{-1})
4	冰	0.97～1.01	3100～4200	18	片麻岩	2.60～2.73	3500～7500
5	砂	1.60～1.90	600～1850	19	花岗岩	2.52～2.82	4750～6000
6	堆石	1.50～2.00	1000～2700	20	闪长岩	2.67～2.78	4600～4880
7	泥岩	1.50～2.50	1100～2500	21	凝灰岩	1.83～2.01	2870～3560
8	白垩	1.94～2.23	2100～4200	22	玄武岩	2.70～3.30	5500～6300
9	泥灰岩	2.25～2.86	2000～3500	23	辉绿岩	2.80～3.11	5800～6600
10	砂岩	2.15～2.70	2100～4500	24	辉长岩	2.85～2.92	6450～6700
11	页岩	2.41～2.81	2700～4800	25	橄榄岩	3.15～3.28	7800～8400
12	石膏	2.31～2.33	2000～3500	26	纯橄榄岩	3.20～3.31	7500～8100
13	盐岩	2.14～2.18	4200～5500	27	铝	2.70	6300～7100
14	硬石膏	2.82～2.93	3500～5500	28	铜	8.96	4820～5960

从表中不难看出，不同的介质或岩石有着不同的地震波传播速度，这与介质或岩石本身的成分和结构等有关。对自然界中存在的三大岩类而言，一般火成岩中的地震波传播速度较高，特别是侵入型的岩浆岩如花岗岩、玄武岩等，但喷发型的火成岩如凝灰岩等，由于孔隙度较高，其地震波速度相对较低。侵入岩中低孔隙度的玄武岩，其地震波传播速度甚至可高达 6300 m/s。在高温高压条件下经过变质作用形成的变质岩，由于发生了重结晶，结构变得更为致密，所以变质岩中的地震波速度一般也是很高的，通常都要大于沉积岩中的地震波速度。虽然通常情况下，沉积岩具有较慢的地震波速度（一般低于岩浆岩和变质岩），但沉积岩的结构复杂，使得沉积岩中的地震波传播速度变化范围很大，即使是同一类型的沉积岩，其地震波速度也会随着沉积环境或岩石组分含量的变化而具有很大的差异。从表中也能看出各种岩性的岩石中地震波传播速度的变化范围都非常宽，且不同岩石中地震波传播速度范围互有重叠，因此，我们不能单凭地震波速度信息来判定地层的岩性信息。准确的岩性判定工作，需要综合其他地球物理属性。

1. 密度的影响

不同类型的介质或岩石，具有不同的密度。介质中地震波传播速度与密度之间呈正比变化，密度的增大会导致地震波传播速度的增大。在前一章中我们讨论过纵波和横波速度表达式的具体形式，从给出的表达式中看，似乎介质中的地震波传播速度与介质的密度之间是成反比变化的，但这只是一种表象。实际上，由于岩石密度的变大，会同步地导致岩石的杨氏模量 E 的更快增加。也因此，岩石密度的增大，会导致其地震波速度的增大而非降低。一般情况下，岩石密度越高（即岩石越致密），其地震波传播速度越高。图 2-1-1 中给出了部分常见岩石类型的地震波速度与其密度的变化关系曲线。图中曲线充分说明，岩石介质中的纵波传播速度随岩石介质的密度增大而增大。

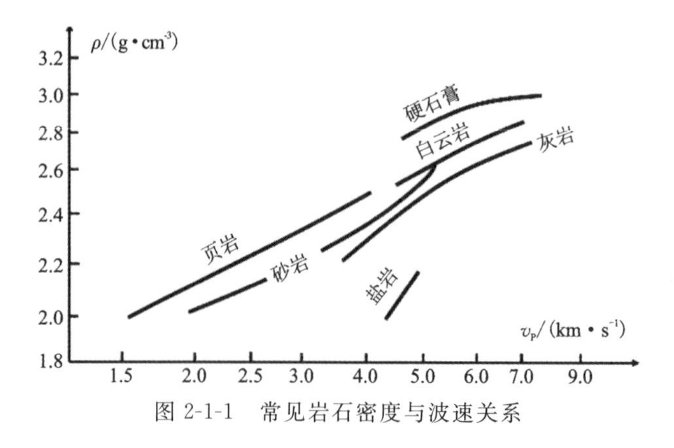

图 2-1-1　常见岩石密度与波速关系

2. 孔隙度的影响

岩石的密度除由岩石本身的组成成分决定外，还与岩石的孔隙度有关。孔隙度影响岩石的密度，也影响其他弹性参数，因此岩石孔隙度是影响岩石中地震波传播速度的重要因素。自然界中大部分岩石都是由颗粒状的各种矿物组成的，这种颗粒状的岩石可以看作由许多不同性质的小球堆积而成，小球与小球之间存在着一定的空隙，一般粗颗粒结构构成的岩石孔隙要大一些，而由细颗粒组成的岩石孔隙要小一些，粗颗粒结构的如砂岩，细颗粒结构的如灰岩等。图 2-1-2 所示为陆源碎屑沉积岩（砂岩）的成岩过程示意图。

图 2-1-2　陆源碎屑沉积岩成岩过程示意图

因此，一切固体岩石从结构上可以分成两个部分：一部分是矿物颗粒本身构成的多孔岩石骨架；另一部分则是充填于孔隙中的气体或流体。我们将这类型的介质定义为双相介质。地震波在这种双相介质中传播时，实际上相当于同时在岩石固体骨架和孔隙充填物中传播。而由于孔隙中填充的一般为气体或流体，气体或流体中的地震波速度一般情况下都低于固体骨架中的地震波速度。因此，综合考虑地震波在固体骨架和孔隙充填物中的传播速度，双相介质中的地震波传播速度与介质孔隙度成反比。用于描述岩石孔隙度与地震波纵波传播速度关系的最简便公式，即时间平均方程，其形式为

$$\frac{1}{v}=\frac{1-\varphi}{v_m}+\frac{\varphi}{v_f} \tag{2-1-1}$$

式中：v 为岩石中纵波传播速度；φ 为岩石的孔隙度；v_m 为岩石骨架中的纵波传播速度；v_f 为孔隙中流体的纵波传播速度。

式(2-1-1)表明地震波在双相介质中的传播时间，是岩石骨架中和孔隙填充介质中地震波传播时间的总和。公式的适用条件是岩石孔隙中只有油、气、水中的一种流体，且流体的压力等于岩石的压力。根据该公式，我们可以模拟出某些岩石的理论关系曲线。图 2-1-3 所示为砂岩、灰岩中地震波传播速度与其孔隙度的关系曲线图。从图中来看，孔隙度从 3%增加到 30%的过程中，速度变化可达到 60%，这说明孔隙度是影响介质中地震波传播速度的主要因素。另外，从图中还可发现，随着孔隙度的增大，地震波传播速度反而减小。而孔隙度的变化，也意味着岩石介质密度的变化，孔隙度与密度呈线性反比关系。

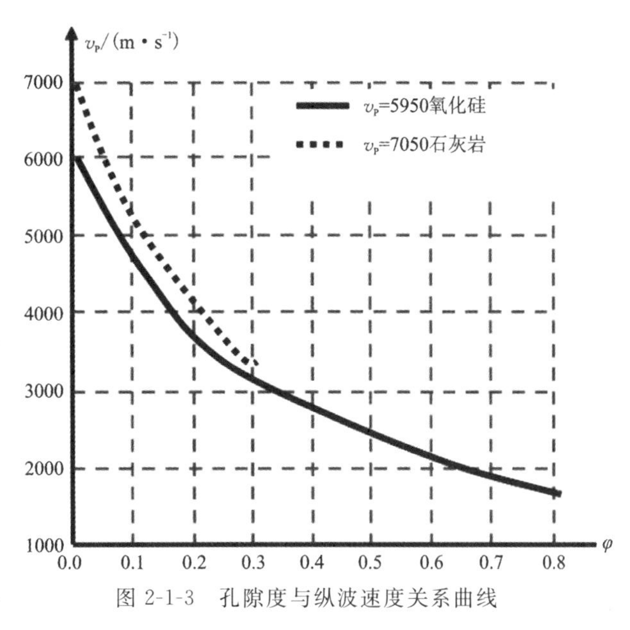

图 2-1-3　孔隙度与纵波速度关系曲线

孔隙中的充填物对地震波速度的影响与充填物的性质有关，如果孔隙中填充物为气体时，地震波传播速度最低；如果充填物为油，地震波传播速度次之；而充填物为水时，地震波传播速度则最高。另外，当岩层含气或含水时，会形成明显的反射界面，形成较强的反射波。比如，在浅层地震勘探中，未固结岩层(土层)中的潜水面和含水层就是明显的强反射界面或折射界面。

3. 压力和温度的影响

岩层所受压力也称地层压力，地层压力不仅作用于岩石的固体骨架，同样也作用于孔隙及其充填物。一般而言，地层压力越大，岩石孔隙度越小，介质的密度增大，其地震波传播速度也随之增大。温度主要影响的是岩石组分的状态，如结晶或熔化等状态，而这将直接或间接地影响到岩石的弹性性质。当然，地层压力和温度对岩石介质中地震波速度的影响，主要针对的是地下深部的岩层，浅地表地层通常可以不考虑这些因素的影响。

4. 埋藏深度和地质年代的影响

相同类型的岩石组成的岩层，埋藏在不同深度时，表现出的地震波速度也存在着差异。通常岩层的埋藏深度越深，受到的上覆地层压力越大，使其孔隙度变小，因而密度增大，密度增大继而引起岩层中地震波传播速度的增大。另外，实际工作中还发现，同样岩性的岩石，当它们形成的地质年代不同时，地震波传播速度也有所差异。岩层中地震波传播速度与地质年代新老关系存在一定的规律可循，一般而言，年代越老的地层，其地震波传播速度也越快。图 2-1-4 所示为各种不同地质年代的岩层中地震波纵波速度随深度的变化关系。若单独针对某一特定地质年代的地层，其地震波传播速度随地层埋深深度的增加而增大；而对于相同埋深的地层，年代更老的地层表现出更高的地震波速度。

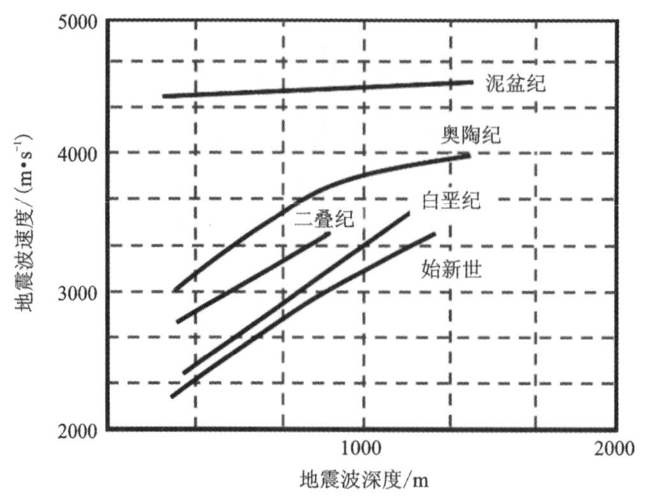

图 2-1-4 各地质年代地层地震波速度随深度变化的关系曲线

5. 其他的因素

除以上影响因素外，地质构造运动、风化侵蚀作用等也会影响到岩层中的地震波传播速度。例如，在强烈的褶皱区域往往观测到地震波速度增大的现象，而在风化侵蚀作用强烈的地区，岩石结构变得不完整、疏松，使得其中的地震波传播速度明显减小。

二、沉积岩、岩浆岩、变质岩中的地震波传播速度特性

沉积岩中地震波传播速度主要取决于岩石的组分及其胶结作用的强弱程度，当然地层压力和成岩的地质年代等也有一定的影响。表 2-1-2 中列举了部分沉积岩中波速和波阻抗的一般范围。

表 2-1-2 部分沉积岩中的波速和波阻抗

岩石或介质	速度 v_P/($m \cdot s^{-1}$)	波阻抗/($g \cdot cm^{-2} \cdot s^{-1}$)	岩石或介质	速度 v_P/($m \cdot s^{-1}$)	波阻抗/($g \cdot cm^{-2} \cdot s^{-1}$)
风化带	100～500	1.2～9	泥质片岩	2700～4800	65～136
干砂、砾石	100～600	2.8～14	灰岩、白云岩	2000～6250	35～180
泥	500～1900	3.8～30	硬石膏、盐岩	4500～6500	110～140
湿砂、砾石	200～2000	3～40	煤	1600～1900	20～35
黏土	1200～2800	15～65	致密砂岩	1800～4300	40～116
疏松砂岩	1500～2500	27～60	白垩	1800～3500	86～90
泥灰岩	2000～4700	20～120	—	—	—

另外，沉积岩普遍具有层状构造，当其层厚度小于地震波的波长时，平行于地层方向传播的地震波速度要大于垂直于地层方向传播的地震波速度。这种同一岩层中地震波传播速度

随方向不同表现出的差异性，我们称为岩层的地震波速度各向异性。

变质岩是沉积岩或岩浆岩在高温高压环境下，发生变质作用产生的新的岩石类型。相比于其原岩，特别是相比于沉积岩为原岩的情况，由于高温高压的变质作用，成岩颗粒变得致密甚至重新结晶，使其弹性模量值增大。因此，变质岩中的地震波传播速度几乎总是大于沉积岩中的地震波传播速度。变质岩中的地震波速度通常与深度间的关系不太密切，仅仅在浅地表附近因受风化的影响，表现出速度随深度明显变化的趋势。岩石物理研究人员根据实验室测定结果，求得结晶片岩的速度在 3100～7500m/s 之间，这种类型的岩石在自然条件下地震波速度大多在 5700～6300m/s 之间，并且显示出随深度微弱增加的特点。结晶片岩则具有较大的各向异性以及较小的吸收系数。

对于岩浆岩而言，一般情况下都具有比沉积岩更快的速度。其中，粗晶结构的侵入岩往往呈现出比细晶结构的喷出岩更高的波速。例如，辉长岩中的地震波速度要比玄武岩中的地震波速度快，而对于多孔隙的凝灰岩，其地震波速度则很慢，大约为 2000m/s。

第 2 节　岩、土层的吸收特征

除了地震波速度以外，地层的吸收系数也是反映岩土介质特征的一个重要参数。岩土介质吸收系数直接影响的是在其中传播的地震波能量的衰减速度，也会改变地震波的波形和振幅。一般而言，疏松破碎的岩土介质，其吸收系数要比固结致密的岩石介质的吸收系数大。因此，浅地表风化层或断裂带内的吸收系数通常都很大，由此我们可以通过观测和分析地震波振幅和波形的衰减及变化特征，来甄别地下是否存在断层及破碎带。表 2-2-1 中列举了部分常见岩石的吸收系数值及相应的测定方法以供参考。

表 2-2-1　部分常见岩石吸收系数 α 和测定方法

岩石	深度/m	α/ ($\times10^{-3}\cdot m^{-1}$)	$K=\frac{\alpha}{f}$/ ($\times10^{-3}\cdot m^{-1}\cdot Hz^{-1}$)	测定方法
土壤	0	15～44	—	面波
泥质风化岩	0～45	4～7	0.08～0.13	测定井口时间
灰岩	3	60, 140	0.18～0.4	折射波
灰岩	10～12	12, 37	0.11～0.15	折射波
灰岩	100～300	0.3	0.02	折射波
湿砂	17	35	0.09	折射波
砂质黏土	20	10, 31	0.08～0.12	折射波
黏土和砂	12～1550	37	0.08	井中测量

实际观测和试验表明，地震波在实际介质中的衰减程度往往比理论计算的要大，这是因为实际岩石介质远非理想的弹性介质所能比拟的。但地震波在实际介质中的衰减规律完全

符合上一章中介绍的指数衰减规律。同样从实际观测和实验室研究结果看，吸收系数除了与岩石本身性质有关外，还与地震波的频率有关。一般而言，介质中传播的地震波频率越高，介质对应的吸收系数越大。但吸收系数与地震波频率间的确切关系则较为复杂，按照胶结摩擦理论，我们认为吸收系数和频率的平方成正比，即 $\alpha = B_1 f^2$ ；但根据弹性理论，则认为吸收系数与频率是线性关系，即 $\alpha = B_2 f$ 。其中，B_1 和 B_2 为与介质性质有关的系数。对致密坚硬的岩石而言，弹性理论给出的关系较为合适，而疏松介质则比较符合胶结摩擦理论给出的平方关系。研究岩石介质对地震波的吸收现象，测定岩石的吸收系数，对于研究岩石的性质、结构和构造特征有一定的意义。因此，勘探地震学界和岩石物理学界会在野外和实验室内对吸收系数 α 和岩石的密度、结构、孔隙度、成分、所受外界压力等性质之间的关系进行测量和研究，以了解地层吸收系数与地质条件之间的关系，并利用吸收系数判断岩石性质，帮助正确开展地震资料的地质解释工作。

更进一步的试验研究表明，纵波的吸收系数 α_P 与横波的吸收系数 α_S 在大多数情况下是不相等的。特别是在一些风化较严重的岩石或浅地表疏松层中，一般 $\alpha_S > \alpha_P$ ，这也表明在疏松介质中横波比纵波要衰减得快。

造成地震波能量衰减的因素是多方面的，由此可知，吸收系数的准确测定工作很难。因为，我们很难在地震波的能量衰减测定中，把吸收作用部分分离开来。另外，由于吸收作用与频率之间的复杂关系，更造成了吸收系数准确测定的困难性。若要准确测定岩石介质的吸收系数，我们需要通过严格的测量，精确地确定振幅和频率的观测值与吸收系数的关系。

自然界中，一般沉积岩的吸收系数大约为 0.5dB/λ；疏松、胶结较差的岩石吸收系数为 1dB/λ；风化层的吸收系数可以达到 10dB/λ 以上。勘探地震学家们根据多年的工作经验，对浅层地震勘探中岩土层的吸收特征进行了总结，归纳起来浅地表岩层介质具有如下吸收特征。

(1)疏松、破碎岩层的吸收系数大于致密、固结岩层的吸收系数。

(2)吸收系数随深度的增大而减小。

(3)吸收系数在风化层和断裂带很大，在此区间地震波的振幅和频率都将发生变化，研究地震波的这些动力学特征，有助于准确确定断裂破碎带的位置。

(4)吸收系数在沼泽地区或覆盖冰碛岩的丘陵地带较大，该类型区域内地震波能量衰减迅速，地震记录质量较差。

(5)沙漠和草原等干旱地区，吸收系数同样较大，会造成地震波的强烈吸收衰减。因此在此类区域开展浅层地震勘探工作，往往需要使用强能量震源，如炸药或大质量重锤。

(6)如前所述，实际介质中纵横波的吸收系数存在明显差异，一般而言，横波的吸收系数较大，因此横波衰减较纵波更为明显。

总之，与速度、密度等参数一样，吸收系数也是岩土介质的重要特征参数。只有充分研究清楚岩土介质吸收系数与其密度、结构、构造等特征之间的关系，才能有效利用地震波的动力学特征，实现地震资料的精确地质解释。

第 3 节　浅层地震地质条件

地震勘探的效果，很大程度上取决于工作区域是否具有开展地震勘探工作的前提条件，也就是本节我们需要介绍的地震地质条件。在浅层地震勘探中，地震地质条件主要指的是岩土介质的性质和地质特征以及浅地表的各类影响因素。

一、地质界面与速度界面

1. 岩土介质中的速度结构

通常情况下，要求取岩层中的地震波速度，需要通过在钻孔中进行波速测量，或者通过反射波法、折射波法及面波方法间接测量求得。在获得速度信息后，就能根据地震记录正确地描绘出界面的深度。这种采用地震学方法描绘深度所确定的界面，我们称之为地震界面或速度界面，它们与真实的地质界面并非完全一一对应，大量的钻孔结果已经证实了这一点。根据地震波在岩层中的传播速度与深度之间的关系，我们可以将实际的岩土介质假定为均匀层状介质或连续介质。如前一章中我们讨论过，均匀层状介质的速度随深度呈层状分布，每一层的地震波速度是恒定的；连续介质的速度随岩层埋深深度的递增而连续变大。在广大的沉积岩区，经过大量的观测后，普遍认为在沉积岩层中地震波速度随深度呈线性增加。因此，可以采用前一章中的式(1-4-6)来描述。这种连续介质中的地震波传播速度可能是从地表开始逐渐增加到某一个稳定的值，也可能在某一岩层中逐渐增加。

2. 速度界面和地质界面之间的关系

如前所述，在浅层地震勘探中，地震界面与地质界面往往不能完全对应。这里，我们以风化层为例，它构成了浅地表地层的最上部。地学上定义的风化带，指的是未风化基岩以上的所有岩层的组合，它包括了风化作用所形成的全、强、弱风化等几种情况下的地层，但这样的界面结果与地震方法确定的低速带并不一致。第一种情况，当位于风化层内的潜水面很高时，潜水面上下因孔隙中分别填充的为空气和水，在这样的含空气和含水的物质之间将出现一个明显的速度突变，但这样的速度突变界面仍然在风化带内。第二种情况，在风化作用和沉积作用的共同作用下，浅地表的岩土层往往由不同粒径和含量的矿物组成，因此各层的地震波速度有很大的差异，但同样地，它们依然在风化带内，属于风化带的一部分。因此，浅层地震勘探中所确定的速度界面，经常和地质意义上的界面不一致，这也造成了地震资料精确地质解释的困难。

当然，绝大多数情况下，地震勘探最容易追踪的第一个界面往往是潜水面或基岩面。在这样的情况下，地震界面的概念就和地质或水文地质上确定的界面概念对应起来了。

另外，对于埋深较深的界面，地质界面和地震界面的反映有时也不一致。这种情况我们可以举例来说明，比如当地质年代较老的沉积岩覆盖于基岩之上时，由于地震波在两者中的传播速度较为接近，那么它们之间的分界面就很难采用地震勘探的方法来确定。而与之相反，当具有相变特征或不整合地层上沉积了年代较新的地层时，由于其地震波速度具有较大的差异，那么采用地震勘探的方法一定能很好地查明这样的地质界面。因此，为实现更加精确的地震资料地质解释，获得测区内完善的地质资料和更丰富的井中速度测量资料是非常重要的。在这些资料的基础上，制作合成地震记录，并将它与实测地震记录对比，有助于正确地开展资料解释工作。

二、浅地表低速层特征

浅地表附近的岩层，由于长期遭受风化作用而变得疏松，地震波在这样的岩层中传播时，不仅衰减快，传播速度也很慢，因此在勘探地震学上，我们也通常将风化带称为浅地表低速层。地震勘探效果的好坏，在很大程度上取决于施工区域是否适合开展地震勘探，即工区是否具备地震勘探的地质条件。工程和环境地质勘查往往是对地下几米至几十米内的地质结构进行探测和研究，其工作的目的层经常位于低速风化带内，因此施工前需准确了解浅地表低速层的特征。浅层地震勘探地质条件主要是指浅地表附近和浅部的地质条件和影响因素。浅地表附近岩土层特征归纳起来主要有以下几个方面。

1. 低速特征

浅地表附近的岩石或土介质，由于长期暴露于地表，受到强烈的风吹、日晒、雨淋等作用，风化现象明显，变得疏松而富含孔隙。地震波在此类介质中传播时，其传播速度比在该层介质之下未风化的岩层中要小得多。低速层中的地震波传播速度随岩层的风化程度、孔隙含水率等因素不同而不同。另外，低速层属于现代未固结的沉积物，当它们非常干燥时，其地震波速度可以极低，甚至能低于空气中的声波速度。

低速层中地震波传播速度的影响因素主要是低速层的含水率，构成低速层的土层通常未固结，孔隙度极高，孔隙中的充填物为空气或水，地震波在空气和水中传播速度差异较大，因此岩土层的含水率是影响地震纵波速度的重要因素，比如湿润的沙土中地震纵波速度要明显高于干燥沙土中的地震纵波速度，饱和水砂砾层中的地震纵波速度甚至可以高达2000m/s。由于液体与气体中均不存在剪切形变，因此浅地表岩土层的含水率对地震波横波传播速度影响较小。通常来说，第四纪地层中地震波纵波速度随着地层含水率的增高而变大，这是在水文地质调查中，利用地震勘探方法寻找潜水面的重要依据。

2. 强吸收特征

多孔隙的低速介质对地震波有着强烈的吸收作用，会造成地震波能量的迅速衰减，特别是地震波中的高频成分损失更为明显，造成了地震波有用信号的能量发生强烈衰减，波形发生畸变。若低速层厚度较大，则当震源位于地表或浅地表介质中时，能量大部分在浅地表低速介质中被吸收衰减，下传的能量较少，无法探测到相对较深的界面。另外，由于高频成分的损失，造成接收到地震信号频率变低，致使地震勘探的分辨率降低。

3. 横向不均匀特征

风化差异等原因造成浅地表低速层介质较大的横向不均匀性，这种不均匀性在岩溶地区最为典型。这种横向的不均匀性，会造成地震勘探时，即使在地面已经经过前期平整后，依然存在检波器排列范围内低速层厚度不均的现象。这种层厚不均会对排列中的检波器产生不同的影响，使接收到的有效信号发生无规律的滞后，从而导致错误的地质解释。

4. 高泊松比、多面波特征

低速层岩土介质具有疏松、多孔特征，因此其泊松比往往较高，比如原始森林中厚实的腐殖质构成的土层介质泊松比甚至能高达 0.47。与浅地表低速层相反，其下伏的未风化的固结岩层泊松比一般在 0.25 左右。在浅地表疏松的低速层中，容易产生高振幅的面波，这不利于浅层反射波勘探以及折射波勘探，但对面波勘探来说却是极为有利的。

5. 多次反射特征

自由表面以上的空气和低速层下部的潜水面或基岩面下方介质，都和低速层介质有着明显的波阻抗差，也都存在较大的反射系数，因此在低速层内容易产生多次反射波。多次反射波的存在，对浅层反射勘探来说是有效反射波识别的强干扰因素。

低速层的存在使得从深部传播回来的深反射波射线，按斯奈尔定律的规则向界面法线方向偏折，因此在浅地表由深层纵波反射信号引起的质点振动方向近乎于垂直地表，这对浅地表纵波反射来说是一个有利的因素，有利于接收来自深层的反射信号。

综上所述，浅地表低速层介质的这些特征是浅层地震勘探效果的主要影响因素，在每一个新的工区开展工作前，我们都需要认真研究工区的浅地表地质条件特别是低速层特征。另外，从上面的讨论可知，浅地表低速层从多方面影响了地震记录的形态，增加了浅层地震勘探的复杂性，增大了勘探的难度。

三、浅地表地质条件

从浅层地震勘探的主要应用领域来看，浅层地震勘探在工程与环境地质调查中应用时，主要解决的是地质分层的问题，比如确定基岩面或潜水面深度、确定岩土层中的地震波传播速度、确定地层中的软弱夹层或薄层厚度与深度、确定滑坡面位置等，这类地质分层问题基于目的层及其上下岩土层间存在一定的速度、密度差异得以成功解决。在目的层具有一定厚度的情况下，可以采用浅层反射波法、折射波法、多道面波分析等面波类方法达到探测的目的。

浅地表低速层的存在，往往使得浅地表覆盖层和下伏基岩之间形成一个明显的速度界面。下伏基岩层中的地震波速度远大于低速覆盖层中的地震波速度，这样就形成了一个良好的弹性差异界面，纵波、横波、面波在此界面上下介质中的波速均存在差异。如果风化层中存在低速软弱薄层，即使在潜水面以下，它与其覆盖层和下伏层间也存在明显的横波和面波速度差异。而风化层内潜水面上下岩土层中地震波速度差异最大，因此潜水面一般是很好的纵波折射界面。

实际的浅层地震地质条件研究，除风化的低速层外，还包括了对地层横向变化及工程勘察中的各类特殊要求，如岩溶塌陷、基岩中的溶洞探测、土层中的隐伏土洞探测、人工土壤改良和加固效果评价等。探测和研究这些问题的前提，依然是这类地质异常体与其围岩之间存在着速度、密度、吸收系数等性质差异，并根据这些性质差异情况，决定选择反射波法还是折射波法，亦或面波方法达到勘探目的。

由于浅地表介质的复杂性，浅层地震地质条件的正确分析是准确选择合适的浅震工作方法技术，很好地解决工程和环境地质问题的关键。

第 3 章　折射波法勘探

浅层地震勘探中，折射波方法是使用最早也是应用最为广泛的成熟勘探方法。折射波法通常用来探测浅地表覆盖层厚度、基岩面的起伏程度、断层及古河道等工程、水文和环境地质问题。截至目前，该方法仍然是水工环地球物理勘探中使用最为广泛的方法之一。然而，随着各种工程、环境勘察任务中难点问题的出现，以及折射波法本身存在的缺陷性，如低分辨率、长测线采集等，使得折射波法无法很好地适应众多的高难度工程和环境勘察问题。好在随着众多信号增强型数字地震仪的出现以及计算机技术的飞速发展，反射波方法和面波方法相应地在浅地表勘探中得以快速发展成熟，并在工程与环境问题勘察上得到广泛应用，取得了众多令人瞩目的成就。这在一定程度上弥补了传统浅层地震勘探仅利用折射波方法的缺点。可以预料的是，随着浅层地震勘探各类技术在工程、环境、水文地质调查领域中应用的广度与深度不断扩大与深入，浅层折射波法也将得到进一步的发展、完善与提高，并将在浅地表地质勘察领域中持续发挥重要作用。

第 1 节　折射波理论时距曲线

折射波传播时间、传播路径和传播速度等特征及关系，可以通过对折射波时距方程及理论时距曲线的研究来获得。地震勘探中，有一种方法是沿着地震波的传播路径，研究传播时间和传播距离的关系，是用于求取地震波传播时距方程的基本方法，这种方法我们称之为射线追踪法。针对任何简单或复杂的地质模型，我们都可以采用该方法来推断地震波在其中传播的时距方程，并绘制相应的时距曲线。

一、直达波时距方程及理论时距曲线特征

直达波从地震震源出发，直接传播到地面测线上各接收点被检波器所接收。假设地震波从震源 O 点出发沿测线以速度 v 传播，经过一定时间后分别到达测线上的 x_1 、x_2 、x_3 、x_4 、x_5 、x_6 等位置被接收，各接收道处直达波的振动记录如图 3-1-1 所示，直达波到达各接收点的时间分别为 t_1 、t_2 、t_3 、t_4 、t_5 、t_6 ，有时为醒目标注也可将所有时间都标注在波峰处（虽然该时间并非实际的波至时间，但并不妨碍我们理解直达波的时距曲线）。在直角坐标系中这些以距离和各自时间为坐标的点组成了一条直线（如图 3-1-1 中过原点的实线所示）。由此，我们可得直达波的到时与接收点距离之间的关系为

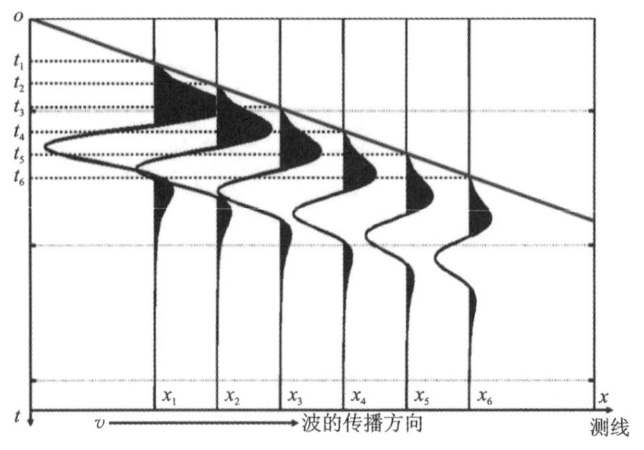

图 3-1-1　直达波时距曲线

$$t = \frac{x}{v} \tag{3-1-1}$$

式(3-1-1)即为直达波的时距方程，它是一条过原点 O 的以 $1/v$ 为斜率的直线。其斜率的倒数为地震波沿测线直接传播的速度，即浅地表附近表层介质中的地震波传播速度。

二、水平层状介质中的折射波时距方程及理论时距曲线

1. 水平两层介质模型

水平两层结构的地层模型如图 3-1-2 所示，假设界面埋深为 h，界面上下地层中地震波传播速度分别为 v_1 和 v_2，且 $v_2 > v_1$，沿激发点 O 至地面某一观测点 D 的距离为 x。折射波的传播路径为 $\overline{OK}$、$\overline{KE}$ 和 $\overline{ED}$ 之和，因此总的传播时间为

$$t = \frac{\overline{OK}}{v_1} + \frac{\overline{KE}}{v_2} + \frac{\overline{ED}}{v_1} \tag{3-1-2}$$

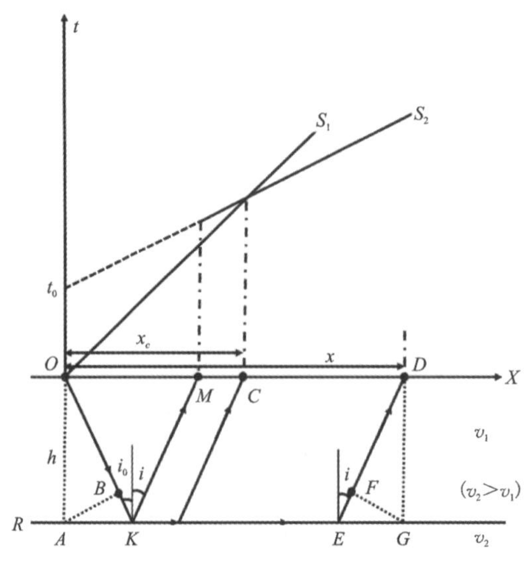

图 3-1-2　水平两层介质模型折射波时距曲线

为了简便起见，我们先作如下证明：从 O 、D 两点分别做界面 R 的垂线，则有 $\overline{OA} = \overline{DG} = h$，再从 A 、G 点分别做 OK ，ED 的垂线，从几何上不难证明 $\angle BAK = \angle EGF = i$，又根据斯奈尔定律，临界角 i 与界面上下地层中的地震波速度 v_1 和 v_2 之间存在 $\sin i = v_1 / v_2$ 的关系。

由图中三角函数关系可知

$$\frac{\overline{BK}}{\overline{AK}} = \frac{\overline{EF}}{\overline{EG}} = \frac{v_1}{v_2} \tag{3-1-3}$$

即

$$\frac{\overline{BK}}{v_1} = \frac{\overline{AK}}{v_2}, \frac{\overline{EF}}{v_1} = \frac{\overline{EG}}{v_2} \tag{3-1-4}$$

因此有

$$\frac{\overline{OK}}{v_1} = \frac{\overline{ED}}{v_1} = \frac{h}{v_1 \cos i}, \frac{\overline{KE}}{v_2} = \frac{x}{v_2} - \frac{2h\tan i}{v_2} \tag{3-1-5}$$

故，式(3-1-2)可写为

$$t = \frac{2h}{v_1 \cos i} + \frac{x}{v_2} - \frac{2h\tan i}{v_2} \tag{3-1-6}$$

继续对式(3-1-6)进行简化，得

$$t = \frac{x}{v_2} + \frac{2h\cos i}{v_1} \tag{3-1-7}$$

式(3-1-7)即为水平两层介质模型中的折射波时距方程，由时距方程可知它对应的时距曲线为直线，直线的斜率为界面下层介质中地震波速度 v_2 的倒数，如图 3-1-2 中 S_2 所示。该直线在时间轴 t 上的截距式间 t_0 为

$$t_0 = \frac{2h\cos i}{v_1} = \frac{2h\sqrt{v_2^2 - v_1^2}}{v_2 \ v_1} \tag{3-1-8}$$

因此，界面埋深 h 的大小为

$$h = \frac{t_0 v_1}{2\cos i} = \frac{t_0}{2} \frac{v_1 v_2}{\sqrt{v_2^2 - v_1^2}} \tag{3-1-9}$$

至此，根据直达波和折射波时距曲线的斜率可以求出折射界面上下地层中的地震波速度 v_1 和 v_2 ，以及折射波截距时间 t_0 ，再根据式(3-1-9)就能计算出折射界面的埋深 h 。

从图 3-1-2 中可知，在测线上存在一段无法接收到折射波的区间(图中点 $O \sim M$ 之间的区域)，这段区间被称为折射波的观测盲区。盲区的大小为

$$OM = 2h\tan i \tag{3-1-10}$$

直达波和折射波的时距曲线存在一个交点，该交点到震源点的距离被称为临界距离 OC ，在临界点上观测，观测到的折射波与反射波重合。联立式(3-1-1)和式(3-1-7)可得

$$OC = 2h\sqrt{\frac{v_2 + v_1}{v_2 - v_1}} \tag{3-1-11}$$

当 $x > OC$ 时，折射波先于直达波到达接收点，这样的区间称为折射波的初至区。在初至区内接收到的折射波称为初至折射波。在浅层地震记录中，初至折射波在平静的背景上出现，不

受其他地震波的干扰，信噪比较高，因此能准确判断折射波的波至时间。这也是折射波方法的优点之一。

2. 三层水平介质模型中折射波时距曲线

三层水平层状结构模型如图 3-1-3 所示，上覆两地层的厚度分别为 h_1 和 h_2，三层介质中的地震波速度关系为 $v_3 > v_2 > v_1$。自界面 R_2 上产生的折射波路径如图 3-1-3 所示，从震源点 O 出发，经由 A、B、E、F 各点到达观测点 D。当入射波在 R_2 界面上 B 点产生折射时，入射射线在界面上必须满足 $\angle i_{23} = \sin^{-1}(v_2/v_3)$ 和 $\angle i_{13} = \sin^{-1}(v_1/v_3)$，应用与水平两层介质模型相似的推导方法，可以导出三层介质的时距方程为

$$t = \frac{x}{v_3} + \frac{2h_1\sqrt{v_3^2 - v_1^2}}{v_3 v_1} + \frac{2h_2\sqrt{v_3^2 - v_2^2}}{v_3 v_2} \tag{3-1-12}$$

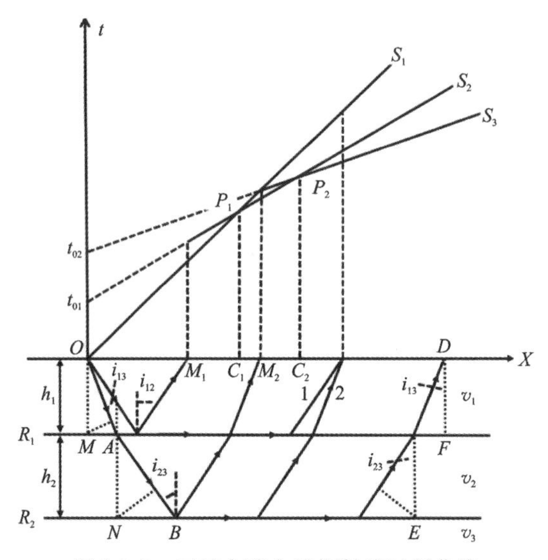

图 3-1-3　三层水平介质折射波时距曲线

显然，该式依然是直线方程，直线的斜率为 v_3 的倒数。其截距时间 t_{02} 为

$$t_{02} = \frac{2h_1\sqrt{v_3^2 - v_1^2}}{v_3 v_1} + \frac{2h_2\sqrt{v_3^2 - v_2^2}}{v_3 v_2} \tag{3-1-13}$$

则

$$h_2 = \frac{1}{2}\left(t_{02} - 2h_1\frac{\sqrt{v_3^2 - v_1^2}}{v_3 v_1}\right)\frac{v_3 v_2}{\sqrt{v_3^2 - v_2^2}} \tag{3-1-14}$$

式中，h_1 可以根据图 3-1-3 中的 S_1、S_2、t_{01}，利用式(3-1-9)求出。从图中可以看出 R_2 界面产生的折射波的盲区 OM_2 为

$$OM_2 = 2h_1 \tan i_{13} + 2h_2 \tan i_{23} \tag{3-1-15}$$

临界距离为 S_2 和 S_3 直线的交点在测线轴上的投影点到震源点的距离，即 OC_2。从时距曲线图上可以看出随着界面深度的增大，临界距离随之增加，初至区远离激发点。因此，界面越深，需要的震源能量越大，需要的测线长度更长。

3. 多层介质中的折射波

对于层数超过三层的水平多层介质情况，只要满足各地层中的地震波速度是逐层递增的关系，就可以逐层产生折射波。换句话说，只要能够满足 $v_n > v_{n-1} > \cdots > v_2 > v_1$，就有 $n-1$ 个折射界面。在第 n 个界面产生的折射波时距方程为

$$t_n = \frac{x}{v_n} + 2\sum_{i=1}^{n-1} \frac{h_i \cos i_n}{v_i} \tag{3-1-16}$$

随着界面的逐渐加深、各层波速的逐渐增大，时距曲线的斜率逐渐减小，各界面折射波初至区距离震源越来越远，所以若需要追踪较深层的折射波，不仅需要在距离震源较远的地方观测，同样也需要一个能量更强的震源。虽然理论上说可以存在任意多个折射界面，但实际工作中，水平四层结构的层状大地介质模型已经被认为是折射波法能够探测的极限了。

三、倾斜界面折射波时距方程及其理论时距曲线

假设存在一地表水平、地层界面 R 倾斜的二层倾斜界面模型如图 3-1-4 所示，界面上下地层中的地震波传播速度满足 $v_2 > v_1$，界面 R 倾斜角为 φ，震源点 O_1 和 O_2 处界面的法线深度分别为 h_1 和 h_2。若分别在震源点 O_1 和 O_2 激发，在测线上 O_1O_2 段接收，可以得到两条方向相反的折射波时距曲线，即在下倾方向接收和在上倾方向接收的曲线 S_u 和 S_d，现讨论如下。

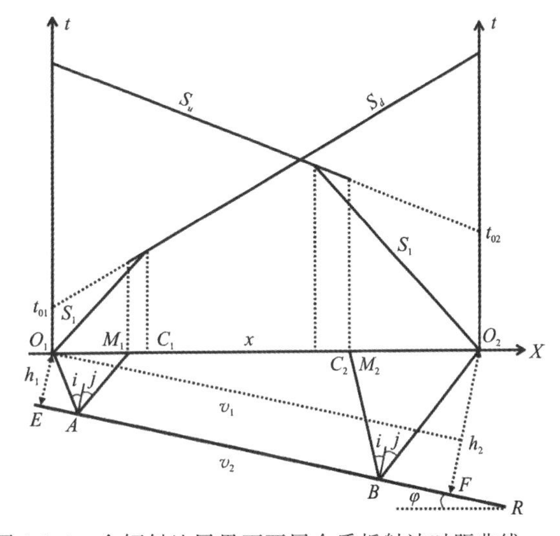

图 3-1-4　含倾斜地层界面两层介质折射波时距曲线

如图 3-1-4 所示，若在 O_1 点激发，在 M_1O_2 段接收。此时接收段相对于震源 O_1 点位于界面的下倾方向，我们以 t_d 表示折射波到达地面接收点 O_2 的走时，则有

$$t_d = \frac{O_1A}{v_1} + \frac{AB}{v_2} + \frac{BO_2}{v_1} \tag{3-1-17}$$

从图中可得几何关系式：$EF = x\cos\varphi$，$h_2 = h_1 + x\sin\varphi$，且根据斯奈尔定律有 $v_2 = v_1/\sin i$，则 $O_1A = h_1/\cos i$，$BO_2 = h_2/\cos i$，$AB = x\cos\varphi - (h_1 + h_2)\tan i$。将这些关系式代入式(3-1-17)中，并利用两角和（或差）的正弦公式［$\sin(\alpha \pm \beta) = \sin\alpha\cos\beta \pm \cos\alpha\sin\beta$］化简，得

$$t_d = \frac{x\cos\varphi\sin i}{v_1} + \frac{2h_1\cos i}{v_1} + \frac{x\sin\varphi\cos i}{v_1} = \frac{x\sin(i+\varphi)}{v_1} + \frac{2h_1\cos i}{v_1} \tag{3-1-18}$$

同理，若从 O_2 激发，可得折射波到达测线上倾方向任意点的时距曲线方程形式为

$$t_u = \frac{x\sin(i-\varphi)}{v_1} + \frac{2h_1\cos i}{v_1} \tag{3-1-19}$$

根据式(3-1-18)和式(3-1-19)可知，在同一接收范围的上倾方向和下倾方向接收的折射

波时距曲线均为直线，如图 3-1-4 中的 S_u 和 S_d 所示，其中 S_u 表示从界面上倾方向观测的折射波时距曲线，S_d 表示从界面下倾方向观测的折射波时距曲线。据此，我们可以对倾斜界面上的折射波时距曲线特征进行分析，归纳如下。

(1)倾斜界面的折射波时距曲线仍然为一条直线，但该直线斜率的倒数不为下层介质中的地震波速度 v_2，斜率的倒数为 $v^* = \Delta x/\Delta t$，称为视速度。在倾斜界面的上倾方向和下倾方向接收到的两支时距曲线的斜率并不相等，其中下倾方向时距曲线的斜率为 $\sin(i+\varphi)/v_1$，上倾方向时距曲线的斜率为 $\sin(i-\varphi)/v_1$。因此，两相比较可知，在倾斜界面下倾方向接收时，时距曲线斜率大，折射波视速度小；在倾斜界面上倾方向接收时，时距曲线斜率小，折射波视速度大。

(2)倾斜界面上从不同方向观测时，折射波的盲区和临界距离大小不同，折射波的盲区和临界距离与界面的法向埋深有关。因此，在倾斜界面上倾方向和下倾方向接收时，折射波初至区间范围也有差异。在倾斜界面的下倾方向接收时，折射波的初至区距离 $\overline{O_1C_1}$ 和盲区 $\overline{O_1M_1}$ 较小；而在上倾方向接收时，折射波的初至区距离 $\overline{O_2C_2}$ 和盲区 $\overline{O_2M_2}$ 较大一些。另外，在界面上倾方向观测时，折射波的截距时间 t_{02} 也较大些。这一特征可以帮助我们在实际工作中判断界面的倾向以及指导野外工作时的测线布置，野外工作时应注意测线上初至区距离的变化情况，并适时调整炮点、检波点之间的距离。

(3)倾斜界面的倾角 φ 较大时，可能出现临界角与界面倾角之和大于 90°的情况（$i+\varphi \geqslant 90°$），此时若在界面下倾方向接收，折射波将无法返回地面，因此盲区无限大，如图 3-1-5(a)所示。而此时若在上倾方向接收，由于入射角总是小于临界角 i，因此无法形成折射波。此时，在野外实际观测时应注意调整测线方向，使界面视倾角与临界角之和小于 90°方可。

(4)在倾斜界面上倾方向接收时，若临界角 i 大于界面倾角 φ，即 $i > \varphi$ 时，折射波视速度 v^* 为正；当 $i = \varphi$ 时，v^* 趋于无穷大，即折射波时距曲线呈水平状，其斜率为零；当 $i < \varphi$ 时，v^* 为负，也就是说此时时距曲线倒转，这也意味着折射波先到达距离震源较远的接收点，而距离震源较近的接收点处折射波反而晚到达。图 3-1-5(b)和(c)中分别表示了 $i = \varphi$ 和 $i < \varphi$ 时的两种情况。

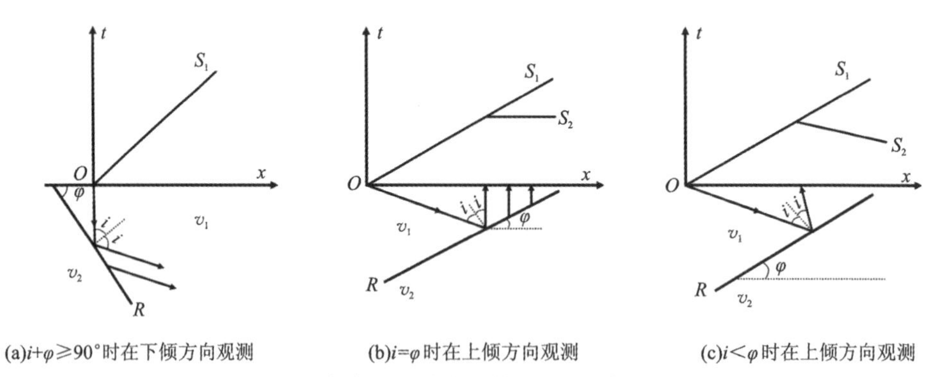

图 3-1-5　界面倾斜时 3 种特殊情况下的折射波时距曲线

(5)根据在倾斜界面上倾方向和下倾方向观测得到的折射波时距曲线计算界面倾角 φ 以及临界角 i。根据式(3-1-18)和式(3-1-19)可分别计算出在界面上倾方向和下倾方向观测时的折射波视速度：

$$\frac{1}{v_u^*}=\frac{\sin(i-\varphi)}{v_1} \tag{3-1-20}$$

$$\frac{1}{v_d^*}=\frac{\sin(i+\varphi)}{v_1} \tag{3-1-21}$$

联立以上两式，可得

$$i=\frac{1}{2}(\arcsin\frac{v_1}{v_d^*}+\arcsin\frac{v_1}{v_u^*}) \tag{3-1-22}$$

$$\varphi=\frac{1}{2}(\arcsin\frac{v_1}{v_d^*}-\arcsin\frac{v_1}{v_u^*}) \tag{3-1-23}$$

因此，若已知倾斜界面以上介质的地震波速度 v_1 ，则可根据相遇时距曲线的视速度 v_u^* 和 v_d^* 求得倾角 φ 以及临界角 i ，进而求得界面以下介质的地震波速度 v_2（ $v_2=v_1/\sin i$ ）。从前面的讨论知地震波速度 v_1 的值为直达波时距曲线斜率的倒数。至此，我们通过折射波实现了倾斜界面的刻画，求取了界面的倾斜度及上下介质中的地震波速度。

更为复杂的多层倾斜界面以及弯曲界面的波射线理论时距方程，同样可以通过以上类似的波射线方法推导，但整体推导过程较为复杂。

四、变速层中的折射波时距曲线

自然界除了存在上述正常的常速层状结构地层外，实际工作中还经常遇到地震波速度随深度变化的地层，如前面所讨论的，这种地层我们称之为变速层，如风化层就是变速层中的典型代表，由于风化程度或湿度随深度变化，因而造成了风化层中的地震波速度随深度变化而变化。这种变化是一种连续性的渐变过程，中间未出现明显的速度界面。但速度随深度变化的情况也可分为两种：一种是速度随深度增加而增大；另一种是速度随深度增大而减小。后一种情况不满足折射波产生条件，因此不予讨论。

因为地震波在变速层中的传播与它在常速地层中的传播表现出不一样的特征，我们通常将变速层中的折射波称为潜射波，它的时距曲线方程可由射线方程和旅行时方程组成。

由于波速在变速层中是随深度连续变化的函数，我们可以近似地将这种连续介质当作无限多个厚度为 Δz 的薄层的组合，如图 3-1-6(a)所示。每层的地震波速度是逐渐递增的，构成一个波速序列 v_0 、v_1 、v_2 、v_3 、v_4 、… 、v_n 。而地震波在各层中的入射角 i_i 也是随着深度变化的。如果层数无限增加，而厚度无限减小，这种无限层状介质就可以等效为连续介质，波射线的轨迹也就由折线形式过渡到圆滑的曲线形式了。

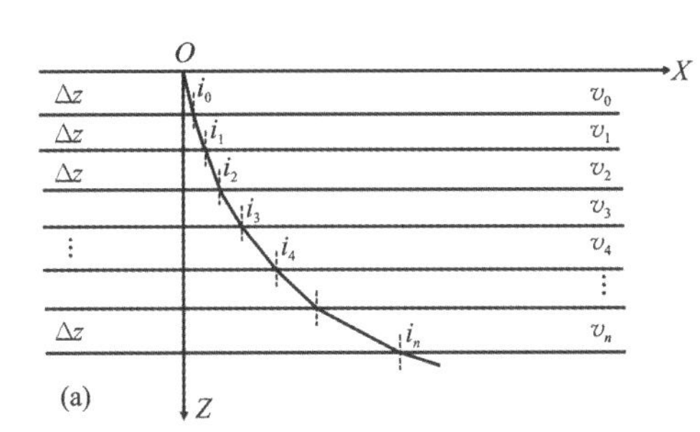

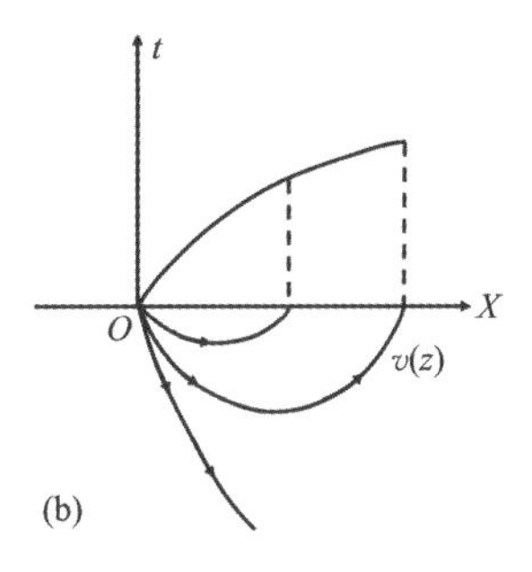

图 3-1-6　潜射波形成(a)及其时距曲线示意图(b)

从这样的近似观点出发，我们可以根据微分原理给出潜射波的射线方程和旅行时方程，分别为

$$x=\frac{2v_0}{\sin i_0}\int_{i_0}^{\frac{\pi}{2}}\frac{\sin i_n}{v_z'}\mathrm{d}i_z \tag{3-1-24}$$

$$t=\frac{2v_0}{\sin i_0}\int_{i_0}^{\frac{\pi}{2}}\frac{1}{v_z\cdot v_z'}\mathrm{d}i_z \tag{3-1-25}$$

式中，i_0 和 i_z 分别为起始临界角及深度为 z 处的临界角。若将非线性形式速度随深度的变化函数 $v_z=v_0(1+\beta z)^{1/n}$（其中，$n\neq 1$）代入式(3-1-24)中，可得此种情形下的潜射波时距方程组为

$$x=\frac{2n}{\beta\sin^n i_0}\int_{i_0}^{\frac{\pi}{2}}\sin^n i_z\mathrm{d}i_z=\frac{2n}{\beta v_0\sin^{n-1}i_0}\int_{i_0}^{\frac{\pi}{2}}\sin^{n-2}i_z\mathrm{d}i_z \tag{3-1-26}$$

根据该方程组可得潜射波时距曲线形态如图 3-1-6(b)所示。从图中不难看出，对速度连续增大的变速层来说，即使深层没有明显确定的速度界面，却同样可以得到一条弯曲的时距曲线。对于这样的弯曲时距曲线，可以对应着多种情形的地层构造，如果我们对变速层的特点认识不清，在解释过程中极容易出现误判，比如将它作为弯曲界面的时距曲线等错误解释。

另外，对于表层介质为风化层等速度随深度增加的变速层，底部为水平层状的未风化基岩层（相当于水平均匀层状地层），在此构造类型上进行折射波勘探，得到的时距曲线图上可以见到变速层的潜射波时距曲线及反映基岩界面的折射波时距曲线的组合曲线（在 $v_2>v_z$ 的情况下），如图 3-1-7所示。

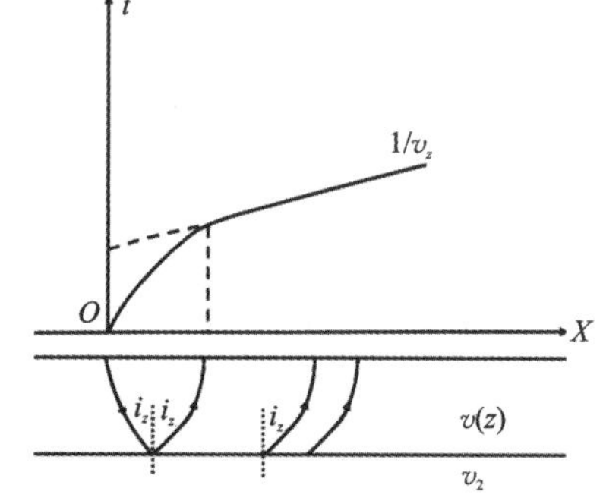

图 3-1-7　变速层下部含均匀介质时的折射波时距曲线

五、层状介质中的隐伏层对折射波勘探的影响

在折射波勘探中，折射波的产生以及接收都有一定的条件，因此有一些地层界面是折射波法不能探测到的，这类型的地层我们称之为隐伏层。根据它产生的原因，可将隐伏层分为两类：一种是层状介质中的低速夹层；另一种是速度正常，但厚度很薄的“薄层”。

1.层状介质中的低速夹层

根据折射波的产生条件可知，只有界面下伏地层中的地震波速度大于其上覆地层中的地震波速度时，在该界面上才可能产生滑行波，并由此产生折返回地面的视速度为下层介质中地震波速度的折射波。但当速度条件不满足折射波的产生条件时，如地层中存在低速层，则在地面观测时，低速层顶界面上因无法产生折射波，从而形成折射波勘探的“隐伏层”。

为方便大家理解，我们以水平三层介质为例进行讨论。如图 3-1-8 所示，从图中模型参数可知，各层速度的关系为 $v_3 > v_1 > v_2$ ，因此根据斯奈尔定律可知，在第二层介质的上表面无法产生折射波。换句话说，从折射波地震记录上，我们不能发现第二层介质的存在，只能得到相当于两层介质模型的折射波时距曲线。

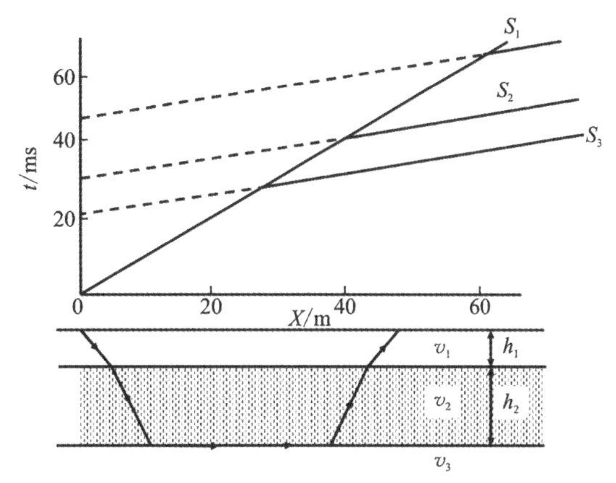

图 3-1-8　水平三层介质含低速夹层模型中的折射波时距曲线示意图

此时，若没有钻孔资料或其他地球物理资料进行检验，极容易将三层介质剖面当作两层介质剖面解释，并把从时距曲线上获得的视速度 v_3 当作第二层介质中的地震波速度，据此求取界面深度，这样的计算结果与实际的第二层和第三层介质之间的界面深度有很大的误差。从若干计算实例看，低速层中的地震波速度越小、地层厚度越大，求解的误差 ε 也就越大，如表 3-1-1 中所列。因此，为获得较为准确的折射波资料解释结果，需要结合钻孔资料、地震测井及其他地球物理资料，以发现和排除低速层的影响。

表 3-1-1　不同速度和厚度的低速夹层对求取界面深度的影响

	$h_1=3\text{m}, v_1=1000\text{m/s}, v_3=4000\text{m/s}$			h_2/m
	$v_2=300\text{m/s}$	$v_2=500\text{m/s}$	$v_2=900\text{m/s}$	
t_0/ms	45.7	29.6	18.8	6
D/m	23.6	15.3	9.7	
ε/%	162	69.9	7.8	
t_0/ms	85.6	53.4	31.8	12
D/m	44.2	27.9	16.4	
ε/%	195	85.9	9.3	

以上结果为水平三层介质中含低速层的理论模型计算结果，四层或更多层的水平层状介质中的低速层也会产生类似的情况，只是层数越多，低速层存在的位置情况越多（地层的排列组合种类越多），计算上更为复杂、烦琐。由于实际折射波勘探时，四层以上的折射界面，探测的难度已经很大，效果不太理想，因此我们不再做过多的讨论。

2. 层状介质中的隐伏“薄层”

这种隐伏“薄层”指的是各地层地震波速度是逐层递增的，即 $v_1 < v_2 < v_3 < \cdots < v_n$ ，满足折射波的生成条件。理论上说，可以接收到每一个折射界面的折射波，但由于其中某一层的厚度较小，从而使得该层界面上产生的折射波到达时间晚于下伏地层界面上的折射波到达

时间，因此该折射波将无法在初至区间中呈现出来。

为便于理解，我们依然采用水平层状三层介质模型来说明该问题。假设三层介质的模型参数为：$v_1 = 500\text{m/s}$，$v_2 = 2v_1$，$v_3 = 5v_1$，$h_1 = 5\text{m}$，设定 h_2 的大小分别为 0.5m，1.0m，2.0m，3.0m，5.0m，7.5m，10.0m，计算其理论时距曲线，结果如图 3-1-9 所示。

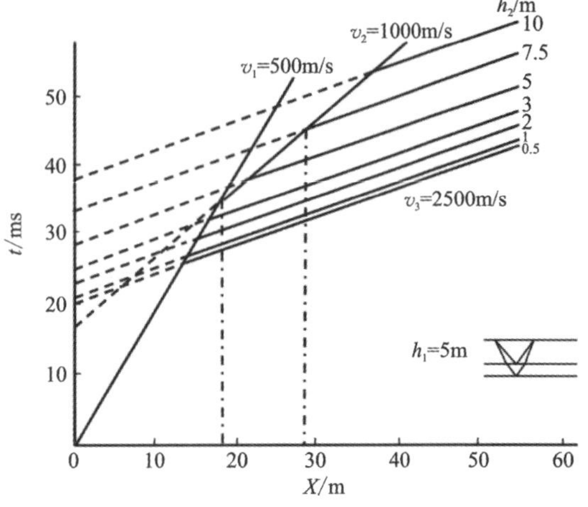

图 3-1-9 三层介质中第二层厚度不同时的时距曲线特征

从图中不难看出，尽管各层的地震波速度满足 $v_1 < v_2 < v_3$ 的折射波产生条件，但当第二层地层厚度较小时（$h_2 \leqslant h_1$），从第二层介质顶界面上产生的折射波不能以初至波的形式出现在地震记录的初至区间内，而只能从续至区间中呈现出来。因而从折射波时距曲线看，此时的三层介质被近似为了假两层介质。这样的特征与低速层类似，在解释的过程中无法分辨，将出现错误的解释，误判地层构造。

六、透镜体和尖灭层对折射波时距曲线的影响

在折射波勘探中，若发现时距曲线出现不正常的滞后段或者突然的“脱节”现象时，很可能是地层中存在局部低速体（或不连续的低速层）。图 3-1-10 为一反应低速透镜体构造存在的折射波时距曲线图。根据相遇的两支时距曲线上滞后时间的异常值范围，可大致确定此透镜体构造沿测线分布的长度。另外根据时距曲线上的滞后时间 Δt，可采用以下公式近似估计透镜体的中心厚度 D_m：

$$D_m = \frac{\Delta t}{\sqrt{v_2^2 - v_3^2}/v_3 v_2 - \sqrt{v_2^2 - v_1^2}/v_1 v_2} \tag{3-1-27}$$

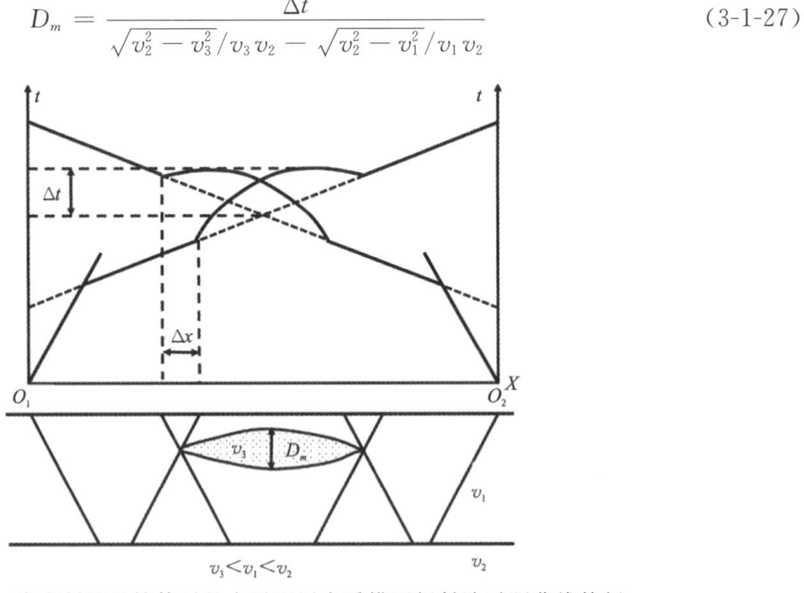

图 3-1-10 存在低速透镜体时的水平两层介质模型折射波时距曲线特征

式中，Δt 是“滞后”时间的最大异常值；v_1，v_2 为第一层和第二层介质中的地震波速度值，这两个值的具体大小可以直接通过时距曲线获得；v_3 是低速透镜体的速度值，为未知量。在实际计算时，我们通常是先给出一个假定的速度值进行试算（$v_3 < v_1$），之后逐次修改 v_3 的值，以求出近似的 D_m 值。

同样地，由上述两支时距曲线开始产生“滞后”时距曲线的空间起始位置距离 Δx，以及第一层和第二层中的地震波速度值，也可以计算获得透镜体近似的埋深深度，计算方式如下：

$$H = \Delta x \frac{\sqrt{v_2^2 - v_1^2}}{2v_1} \tag{3-1-28}$$

式中，Δx 可直接从时距曲线图上量取。

由于风化剥蚀作用在整个地质历史时期广泛存在，因此浅层地震勘探经常会遇到地层尖灭的构造现象。若这类尖灭地层中地震波速度相比于其围岩地层中的地震波速度要低，那么此时会对我们的浅层折射波勘探产生何种影响？下面通过图 3-1-11 所示的水平两层介质的第一层内包含一低速尖灭层的模型来讨论这个问题。很明显，由于低速尖灭地层的存在，当折射波通过该低速层时，在折射波时距曲线上会出现“脱节”现象。该脱节时间 Δt 的大小可以从时距曲线图上量取，根据量取的“脱节”时间利用式（3-1-27）可以估算出该尖灭低速层的厚度。这种间断低速层与透镜体的情况类似，对时距曲线的影响也大致类同。

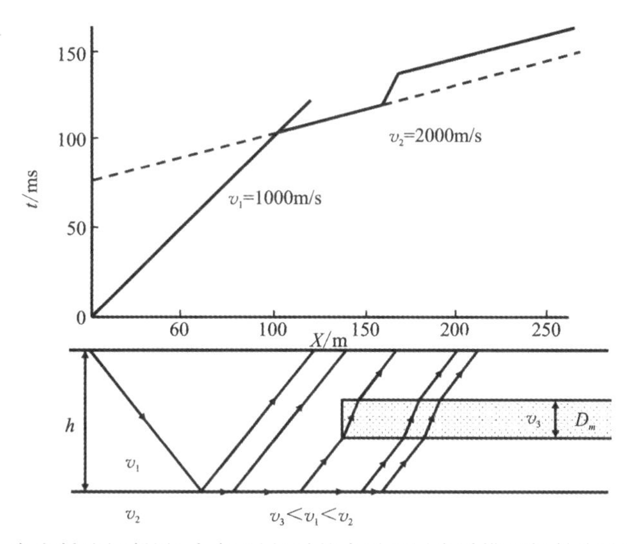

图 3-1-11　存在低速间断层（或尖灭层）时的水平两层介质模型折射波时距曲线特征

七、直立构造对折射波时距曲线的影响

直立构造如陡倾断层在自然界中广泛存在，下面我们通过理论模型来分析这类直立构造对折射波勘探的影响。假设直立构造 W 分隔开了地震波速度分别为 v_2 和 v_3 的两种介质，其上覆层中的地震波速度为 v_1，厚度为 h，如图 3-1-12 所示。

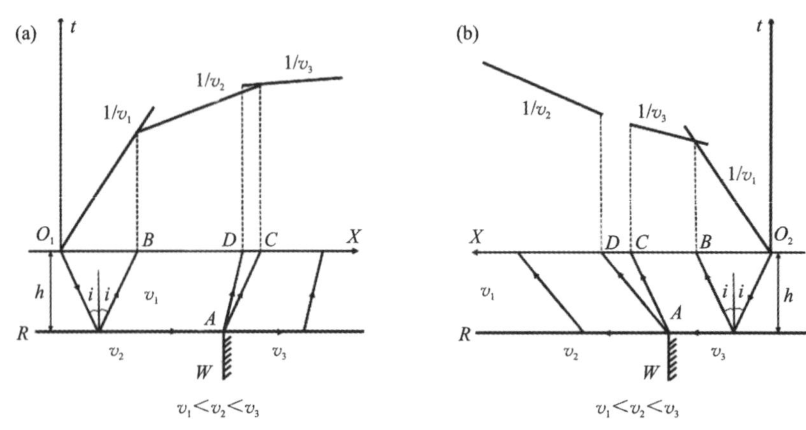

图 3-1-12　含垂直分界面模型上正向(a)、反向(b)折射波时距曲线示意图

当震源点位于速度为 v_2 的介质一端上方时,假定地震波从 O_1 出发,入射到地震波速度分别为 v_1 和 v_2 的界面 R 。由于 $v_2 > v_1$,因此在界面 R 上必定会产生折射波,这时将在 BC 段接收到视速度为 v_2 的折射波。过了垂直分界面所在的 A 点后,进入波速为 v_3 的介质,由于 $v_3 > v_2$,折射波的出射角度随之变大(折射波的出射角等于其入射的临界角)。所以在 D 点以后的区间观测,能记录到视速度为 v_3 的折射波,且在 DC 段将产生折射波的交叉重叠现象。在垂直界面所在的 A 点之后,由于介质中的地震波速度增大,故折射波的时距曲线陡度变小,但其转折点并非位于 A 点之上,而是向波速为 v_3 的介质一方偏折一定的距离,如图 3-1-12(a)所示。此种情况的时距曲线形态与水平三层介质模型中的折射波时距曲线形态极为相似,因此很容易将它误判为水平三层介质模型。为避免解释误判,需要从测线另一方激发并接收反向传播的折射波。

当将激发点移动到波速为 v_3 的介质一侧,根据上述同样的分析方法,可以得出如图 3-1-12(b)所示的时距曲线。此时视速度为 v_3 的折射波先于视速度为 v_2 的折射波出现,情况与图 3-1-12(a)中的相反。另外,在两个折射波时距曲线间存在一段脱节的空白段,这是与常规水平三层介质模型的折射波时距曲线不同的特征。综合图 3-1-12(a)和(b)的结果即可减少实际工作中将这种情况误判为水平三层介质的可能。

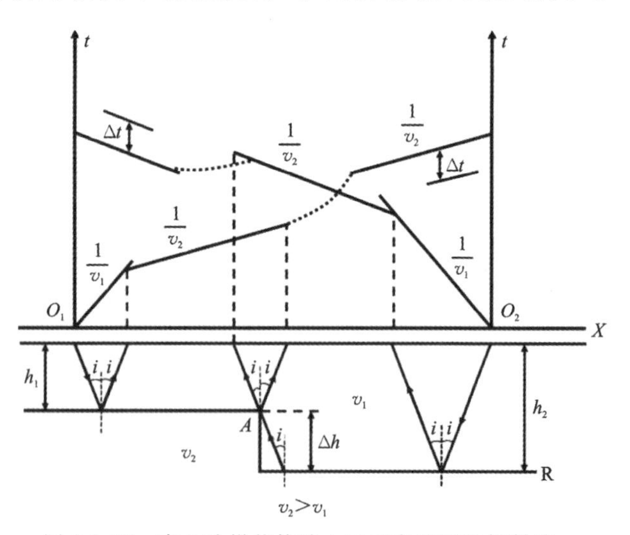

图 3-1-13　直立阶梯状构造上正反向观测的折射波时距曲线

另外一类直立构造是形如断层等构造形成的一种阶梯式界面,如图 3-1-13 所示,这时折射波时距曲线的变化将更为复杂。为简便起见,我们将这类模型进行简化,仅讨论阶梯界面以下介质地震波速度为常速 v_2 的情况。

由图可知，在角点 A 点的上方，两侧时距曲线有较大的脱节，并且在 A 点将产生绕射波。当两支折射波时距曲线脱节时间 Δt 清晰时，可求出阶梯构造的高 Δh 。但当直立阶梯构造两侧介质的地震波速度不相同时，折射波时距曲线除出现脱节现象外，还将出现视速度的变化。

八、弯曲界面的折射波时距曲线

弯曲界面包括了向上凸起和向下凹陷的两类弧形界面，在界面的倾角不大(界面起伏较小)的情况下，入射波以临界角入射到弧形的地层界面上，滑行波将沿着弯曲界面传播，折射波依然按照临界角出射。但由于界面是弧形弯曲的，折射波到达地面的入射点发生变化，其时距曲线发生相应变化，视速度改变，时距曲线的斜率可用下式表达：

$$p=\frac{\mathrm{d}t}{\mathrm{d}x} \tag{3-1-29}$$

根据视速度定律有

$$\frac{\mathrm{d}t}{\mathrm{d}x}=\frac{1}{v^{*}}=\frac{\sin\alpha}{v} \tag{3-1-30}$$

根据式(3-1-30)可知，折射波时距曲线的斜率随折射波到达地面的入射角 α 增加而增大。因此，利用该规则，我们可以定性地绘制出各种形态的弧形界面上产生的折射波时距曲线。对于水平界面而言，折射波在每个观测点的入射角度都是恒定的，因此其时距曲线为直线。对于弯曲的折射界面，当界面凹陷且在其上升方向观测时，α 随着观测距离 x 的增大而减小，所以折射波时距曲线斜率随 x 的增大而减小；当界面凸起，且在其下降方向观测时，情况则恰好相反，斜率随观测距离 x 的增大而增大。根据上述分析可知，弯曲界面的折射波时距曲线形态与弯曲界面形态呈镜像关系(但并非镜像对称)，时距曲线的斜率随界面的形态逐渐发生变化。如图 3-1-14 所示，两段不同斜率的时距曲线分别代表了在凹陷和凸起界面的上升和下降方向观测折射波的情况。

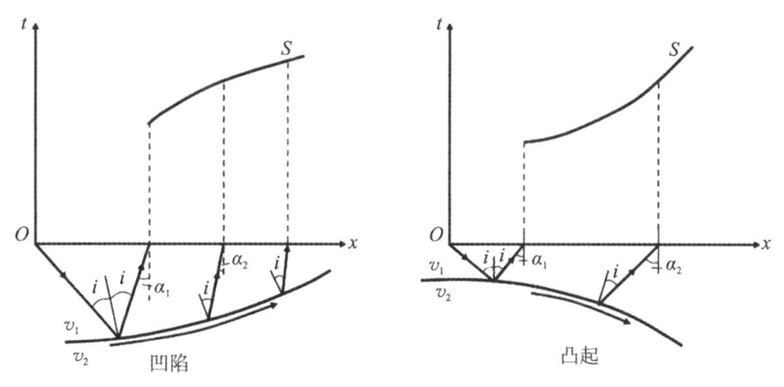

图 3-1-14　弯曲界面的折射波时距曲线

第 2 节　折射波数据采集及野外工作方法

浅层地震折射波勘探效果由三方面因素综合决定，即采集数据的仪器设备、野外数据采集观测系统设计、有关采样参数的选择。

一、激发方式与接收条件

1. 震源激发方式

在浅层地震勘探中，为了采集到所需要的地震波信息，需要选择合适的震源。由于浅层地震勘探探测深度不大，但分辨率要求较高，因此震源的选择非常重要，所选择的震源除能激发适当的能量、安全可靠及便于使用外，还往往需要能够激发足够高频率成分的地震波。按照实际工作需要，目前常用的浅层地震勘探震源有以下几种。

(1)锤击震源。这种震源由大锤、金属或树脂垫板、锤击开关等组成，成本较为低廉，应用较为方便。由于其质量一般来说较轻，能够产生较高频率的地震波，在浅层地震勘探时，若目的层较浅，所要求的激发能量不是太大的情况下，适用性较强，且能取得较好的勘探效果，图 3-2-1(a)所示为人工锤击震源系统。当勘探的目的层较深时，也可采用落重锤的形式，这类重锤质量一般相比于大锤而言要重得多，需要采用工程机械提升其高度，之后利用重锤自由落体的方式锤击地面激发地震波。

图 3-2-1　人工锤击震源(a)和落锤震源(b)

由于重锤质量较大，因此相应地它激发的地震波的频率相比于人工锤击的方式要低，激发的能量较强，勘探的深度相应较深。如图 3-2-1(b)所示，采用图中质量达 360kg 的重锤，用挖掘机挖掘臂将它抬升到 7～8m 的高度后，让重锤以自由落体方式落向并锤击地面激发地震波，中国西北戈壁荒漠区的工作实例表明，这样的地表条件和激发方式，纵波反射的有效深度可达到 1km 以上。

(2)雷管和炸药震源。这类型的震源属于油气地震勘探中常用的震源，一般采用单雷管激发或采用雷管引爆炸药的方式激发，其激发的能量可调范围较大，频带也较宽。但这类型震源，随着炸药量的增大，激发的能量增大的同时，地震波的频率也随之降低，高频成分不足引起的浅层分辨率有限是其缺陷之一。为避免这一问题，采用炸药震源进行浅层折射波勘探时(反射波也是如此)，在激发的能量足够的情况下，应尽量采用小药量的激发方式。出于安全原因，这类型震源较少用于城市浅层地质调查中。

(3)地震震源枪。这是一种类似于猎枪的地震波激发装置，需配有专用的子弹，是浅层地震勘探中效果很好的高频震源。使用时可以先在地面钻设直径 40cm 左右的小孔，并在孔中注入水以增强激发时震源与地面的耦合性能，然后向孔中射击并激发地震波。这种震源在软土层地区适用性较好。出于安全考虑以及我国对枪械的严格管理，此类震源在国内的应用案例并不多见，在国外相对较多，如图 3-2-2 所示。

图 3-2-2　人工霰弹震源枪
(图片来源自网络)

(4)电火花震源。当电容中储存的高压电能通过放置于水中的电极间隙进行瞬间放电时，由于放电瞬间产生的高压、高温等原因，电极间的水介质会被瞬间气化甚至分解而被引爆，从而在水体中激发出很强的纵波振动。这类震源我们称之为电火花震源。电火花震源激发方式、激发的地震波形具有良好的重现性，且电火花震源激发的能量大小是人为可控的，激发方式灵活多变，安全性较高，非常适合在江、河、湖、海等水体中开展地震勘探时使用。陆地勘探使用时，需先期在地面钻孔并注水，施工上比锤击震源复杂，但适用性同样较好，且相比于锤击震源而言，激发的地震波频率可控。图 3-2-3 所示为典型的电火花震源系统。

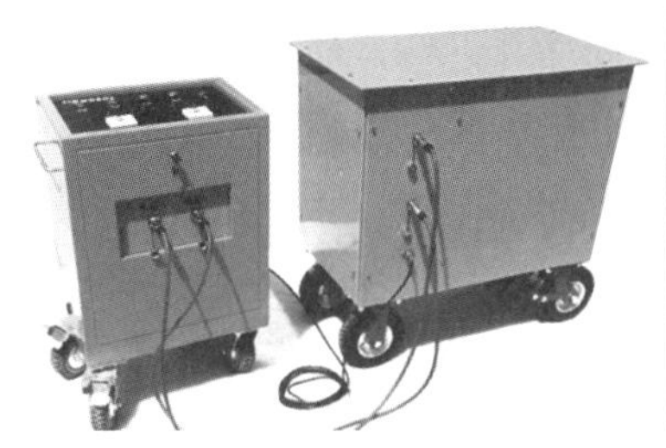

图 3-2-3　电火花震源系统(图片来源自网络)

(5)可控震源。可控震源一般是指可控震源车，是一种振动频率范围和震动持续时间可以调节控制的震源。由于可控震源激发的为频率连续的持续振动，因此其原始记录与常规意义上的单炮记录不同，需要经过互相关处理后才能得到如常规锤击或炸药爆炸方式激发的单炮地震记录。图 3-2-4 所示为常用于油气勘探的大型震源车及国产的小型可控震源车(由骄鹏科技(北京)有限公司研发)。

(a)大型可控震源车　　(b)小型可控震源车

图 3-2-4　可控震源车(图片来源自网络)

另外，还有其他类型的震源用于浅层地震勘探，如一些用于激发横波或面波的专用震源等。

在浅层地震折射波勘探中，上述震源如何选择，需从测区环境及项目施工的技术要求上综合考虑。上述震源的有效接收距离见表 3-2-1。

表 3-2-1　激发方式与有效接收距离

激发方式	有效接收距离/m	激发方式	有效接收距离/m
土 炮	300	人工锤击	100
水 炮	500	夯锤落重	200
井 炮	＞1000	震源枪	200

采用炸药震源时，随着炸药当量的增加，接收距离可以适当延长。而采用人工锤击、夯锤落重或震源枪作为震源，折射波接收距离为 100～200m，更远的距离则需要适当采用信号叠加方法（叠加装置或信号增强装置），以增强远端的折射波信号。

炸药震源多采用普通炸药或爆破索，爆炸可在水中、土中或井中进行。每次施工时放炮的炸药当量因地形地质条件、放炮的方式、干扰强弱程度等因素共同决定。炸药量的大致范围由离开震源点的最大接收距离决定，一般来说与该距离成正比。根据大量勘探实例，勘探地震学家们总结出了折射波勘探时接收距离与炸药量的一套经验关系，如表 3-2-2 所示。

表 3-2-2　炸药量与折射波法有效接收距离

炸药量/kg		0.1	0.2	0.5	1.0	2.0
有效接收距离/km	土 炮	0.1～0.2	0.4～0.7			
	井 炮		0.1～0.2	0.7～1.0	2.5～4.0	7～10

2. 检波器

检波器也叫拾振器，是一种将地震波引起的地面质点微弱振动转换成电信号的换能装置。常规的检波器均基于电磁感应原理，内部组件包括线圈、弹簧片、永久磁钢架等。当地震波传播到地面时，会引起地面附近质点振动，这样的振动同样会引起插在地面的检波器的振动，振动会使得检波器内部的线圈与磁钢架之间发生相对运动而产生与振动周期对应的感应电流信号，再通过专门的仪器设备将这种电流信号记录下来，从而拾取到地震记录。这类型检波器所输出的电流信号电压与检波器振动时的位移速度有关，因此又称为速度检波器，主要用于陆地地震勘探，是浅层地震勘探中常用的检波器类型。此外，还有其他一些类型的检波器，如利用晶体的压电效应制造的晶体检波器，这类检波器的固有频率可高达 1000Hz，能够记录到质点振动时的加速度，因此又称为加速度检波器。

不同的检波器具有不同的中心频率，施工时选择何种主频的检波器，应根据场地试验结果来确定，使选择的检波器能适应工区内的折射波主频，当然也可以根据探测深度来选择合适主频的检波器。

除了主频特性外，检波器还具有方向特性。每种检波器都有响应最为灵敏的方向，而地震波传播过程中引起的质点振动也具有一定的方向，当地震波传播引起的质点振动方向与检波器响应最灵敏的方向一致时，检波器所接收到的信号最强。例如在接收纵波和横波时，由于纵波引起的质点振动方向与纵波的传播方向一致，因此接收纵波的检波器最灵敏的方向应与波的传播方向一致；而由于横波引起的质点振动方向与横波的传播方向垂直，因此接收横波的检波器应将其灵敏度方向垂直于横波的传播方向，才能接收到信号最强的横波。

检波器的安置方式与安置环境对地震记录效果的好坏有着直接的影响，为减小浅地表疏松风化层对地震波的吸收衰减及微震干扰，若条件允许，折射波勘探野外数据采集时，最好能将检波器安置于地表以下 0.2m 深度的浅坑中(即浅掩埋)。另外，更为重要的是检波器与土壤的接触是否密实，这将直接影响到折射波的信噪比，因为只有土壤一检波器构成了一套完整的振动系统，土壤质点的振动才能引起检波器内部线圈和磁性钢架的相对运动，从而将振动信号转化为电信号。这套振动系统的固有频率与土壤的弹性性质、接触的紧密程度、检波器质量等因素有关。

当检波器安置于坚硬的岩石表面时，固有振动的叠加能使记录的波形形态发生强烈的畸变。为避免这种现象的发生，可适当加深埋设检波器的浅坑深度，并增大检波器和土壤的接触面，将检波器埋直、插紧以提高振动系统的固有频率。试验结果表明，土壤-检波器振动系统的频率特性与土壤的成分有关，泥炭土、沙土、黑土的固有频率在 15～80Hz 之间，黏土则在 110～170Hz 之间，石英砂、铁质角页岩、片麻岩、花岗岩等在 200～700Hz 之间。因此，检波器埋设于松软的表土层上时，谐振频率在仪器的通频带内，会使土壤一检波器振动系统在工作中长时间自由振荡而降低其分辨能力。由此可知，检波器最好的埋设条件是致密的土壤层或岩石层。土壤越密实，其密度和地震波速度越大，振动系统的谐振频率越高，地震记录的分辨率越高。当检波器布置于岩石表面时，若需要改变系统的谐振频率，可在检波器下铺设 1～2cm 的薄层湿沙或黏土。在泥炭沼泽区、戈壁荒漠区等对地震波有强烈吸收作用的地区，若条件允许，可将检波器埋设于浅表低速层之下。

3. 浅层地震仪

地震仪是用于将由检波器记录的振动信号转化而来的电信号进行放大、显示并存储下来的专门仪器，一般还兼具滤波、信号放大、信号叠加、高精度计时、数字记录及数据处理等功能。目前常用的浅层地震仪多为 24 通道或 48 通道，如美国 Geometrics 地球物理仪器制造公司、日本应用地质株式会社生产的一系列地震仪，以及我国重庆奔腾数控技术研究所、骄鹏科技(北京)有限公司等生产的国产地震仪。当然还有另一类理论上可以无线扩展通道数的地震仪，称为分布式地震仪，如美国 Geometrics 公司生产的 Geode 系列分布式地震仪。另外，随着微电子技术、电子计算机技术、无线通信技术等的发展，为使浅层地震勘探能适用于更多复杂的施工场地，扩展浅层地震勘探的应用领域，现今的浅层地震仪已经向节点式发展，即每一个节点都是一套单独的检波器和地震仪记录系统，节点与节点之间或节点与可能需要的主机之间通过无线电方式实现实时通信及数据的回收等功能。这样的节点式地震仪，省去了信号传输电缆，使得地震勘探施工更为便捷，已基本不受施工场地的限制。

当前，适用于浅层地震勘探的浅层地震仪一般都具备较为完善的滤波系统，应根据有效波的频率范围，选择并设置合适的滤波器。如声波的主频一般大于 100Hz，而折射波的主频段大致在 40Hz 左右，比声波要低，可以采用地震仪中的低通滤波器装置来压制声波。另外，工业电也会通过电磁感应影响到地震记录质量，所以施工时检波器应尽量布置在远离有强电干扰源的地点，如高压线、电站、变压器等，同时利用地震仪中的滤波器压制工业交流电的干扰。

二、折射波法测线设计、道间距与震源点选择

折射波法野外工作正式开始前，首先需要了解工区的地形、地质、地震地质条件及地下岩层中的地震波传播速度参数等情况。根据调查目的及场地实际情况，设计折射波勘探实验和施工方案，并从试验结果中选择出适合工区具体地震地质条件的最佳折射波勘探参数。需要试验的包括激发条件、接收条件、观测系统、道间距、测线长度等。

1. 测线设计

折射波法的工作目的一般为调查基岩面深度、测量地层厚度等地质问题，测线的布置需要根据工作目的、探测对象、地质构造与地形条件等来确定。一般的布置原则如下。

(1)折射波法测线应尽量布置为直线型测线，且测线尽量垂直于岩层或构造走向布置。以便于最大限度地控制岩层或构造的形态，利于最终的资料整理与分析解释工作。

(2)折射波法测线应尽可能地与其他地球物理方法所布置测线或钻探测线一致，便于资料的综合分析及结合地质资料进行解释。

(3)若要开展面积型观测，测线应尽可能均匀地分布于全测区内，以便于资料的综合对比分析。

(4)当发现测区内地测倾角较大时，应注意实时调整观测方案，改变测线方向，避免勘探盲区过大或接收不到折射波信号。

2. 道间距与排列长度的选择

开展地震勘探工作时，一般我们会沿着测线方向按照一定的次序布置多个检波器和多个震源，实现多点激发和多道接收。我们称布置了检波器的接收测线段为接收排列。每次激发和接收地震记录时，第一个接收道(第一个检波器)到激发点的距离称为偏移距。第一接收道与接收排列最终接收道(最后一个检波器)之间的距离称为排列长度。相邻两个接收道之间的距离为道间距，一般用 Δx 表示。在检波器数量确定或仪器为固定通道的地震仪，此时排列长度的大小就决定于道间距的大小。若设总的检波器道数为 N ，则排列长度 L 为$(N-1)\cdot\Delta x$ 。道间距越大，排列长度越长，相应地也能提高折射波勘探的工作效率。但道间距也并非越大越好，当道间距大到一定程度时，各相邻道之间同一个波的相位追踪和对比工作往往比较困难，不利于有效波的分辨。

另外，由于折射波主要以初至折射波的应用为主，道间距 Δx 的选择应根据实际场地调查试验工作确定，以确保能准确地追踪每一个折射层的初至折射波。当目的测线长度很长时，一个排列无法完成所有的工作，需要移动排列时，应设计一个检波器的重复点，我们称该点为互换点，互换点通常选择为接收排列的最后一个接收道。即当前排列的最后一个接收点是下一个新接收排列的第一接收点，这样有利于折射波的追踪与对比。

最后，设计折射波接收排列长度和道间距大小时，还应考虑地层的倾角大小和断层存在等复杂情况，一般来说折射界面倾角越大、构造越复杂时，接收排列和道间距都应适当设计得小一些。在浅层地震勘探中，一般采用 2～5m 的道间距较为合适。

3. 震源位置及炮距设计

由第一节中关于折射波基本原理的讨论可知，折射波勘探存在着盲区，因此折射波的接收必须在盲区范围之外。但盲区大小并非已知，它随着折射界面埋深、界面倾角以及入射临界角的大小变化而变化。因此，实际工作中要根据场地试验工作确定激发点位置及激发点距离(通常称为炮距)。

对于层状地层结构，两层介质构造情况较为简单，偏移距设计应小于盲区，以设计的排列能同时接收到直达波和折射波为基本原则；炮距的选择应以能连续探测目的折射界面为准则。三层构造相比于两层构造要复杂一点，但基本情况类似，如偏移距的设计要小于盲区。另外，还需要根据场地试验结果，同时考虑来自第二层和第三层的折射波出现范围。来自某一层的折射波在时距曲线上至少应有 3 ～ 4 个点的线段，才能较为准确地估计这一段折射波对应地层的地震波速度。因此，若工作目的要求同时确定至少两个折射界面深度的情况下，应在工作中根据场地试验的具体情况设计合理的激发点间距。

三、折射波法观测系统

浅层地震勘探数据采集过程中，为了压制干扰波，确保对有效波进行可靠的追踪，炮点和检波点组成的排列及各排列间的相对位置应保持一定的规律。我们通常将激发点与接收点之间或测线与测线之间的相对位置关系称为观测系统(图 3-2-5)。根据所选择的方法种类，观测系统设计也各有差别。但也有相同之处，如当激发点和观测点在同一直线上布设时，这类型的观测系统为纵测线观测系统；而若激发点和观测点不在同一直线上时，则为非纵测线观测系统。图 3-2-5 所示为各种不同类型的观测系统示意图。实际工作中，纵测线观测系统是最为常用的，非纵测线观测系统仅在观测场地受限的特殊情况下使用。采用纵测线观测折射波时，根据不同情况，折射波观测系统又可以分为以下几种类型。

1. 单支时距曲线观测系统

这种观测系统一般用于探测地下地层构造较为简单的规则平缓地层界面。其优点是效率高，测线布设简单，但这种观测系统只能获得炮点处界面的深度。其观测系统示意图如图 3-2-6所示，其中激发点 O_1 位置的折射界面深度可以通过其两侧的两支时距曲线计算获得，并可以进行相互校验。该观测系统在折射界面起伏较大或地层构造较为复杂时效果较差，不宜采用。

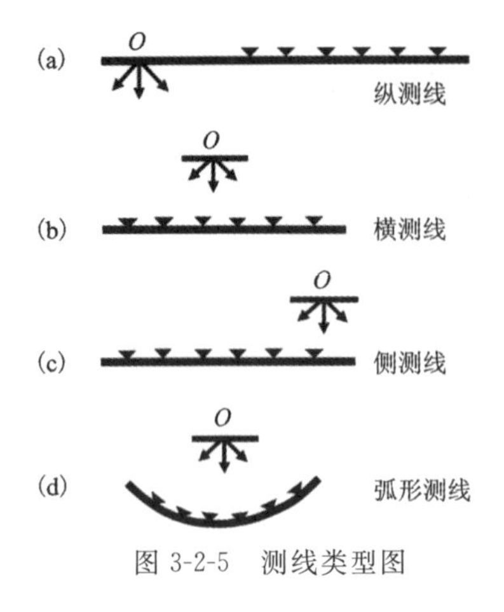

图 3-2-5　测线类型图

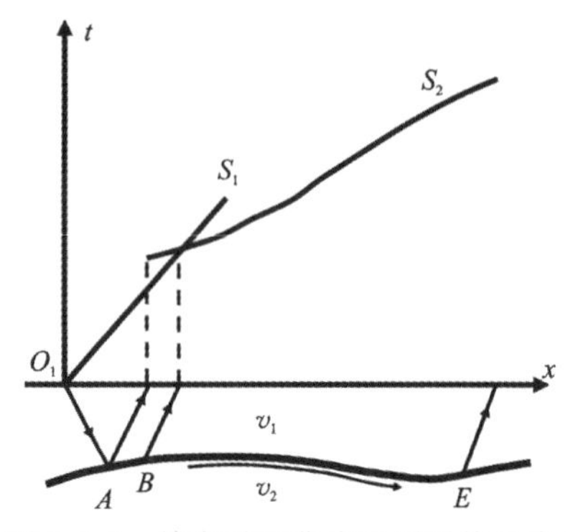

图 3-2-6　单支时距曲线观测系统示意图

2. 相遇时距曲线观测系统

当地下地层构造较为复杂，如地层界面起伏较大或不规则时，如果仅采用某一端激发而在测线上的另外一端接收，仅能获得激发点处的界面深度，无法真实反映界面的起伏情况，使得最终的解释结果出现很大的误差。为了提高解释精度，需要在观测系统的两个端点分别进行激发，从而可以获得两支时距曲线，且两支时距曲线是相互交叉的，如图 3-2-7 所示。其中 O_1 和 O_2 分别为观测剖面两个端点的激发点，S_1 和 S_2 为两支相遇的时距曲线。相遇时距曲线分别反映的是折射界面 BE 和 AC 段，其中 BC 是两支时距曲线所反映的公共区段。S_1 和 S_2 为两支相遇的时距曲线，从不同的方向反映了同一段折射界面的状态。根据相遇时距曲线斜率的变化情况可以判断界面的倾斜与起伏情况，并可以计算出公共段的界面埋深。

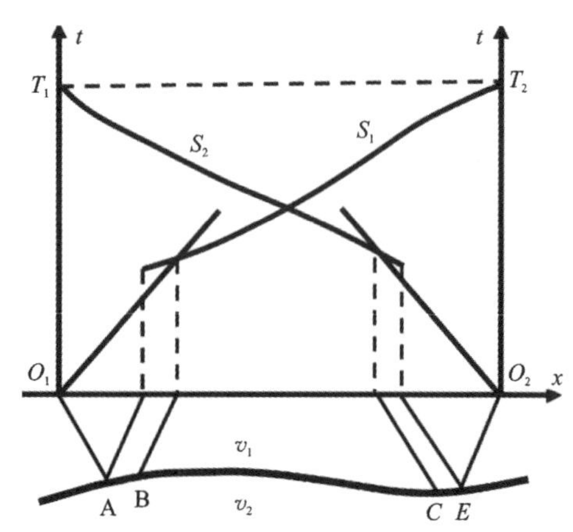

图 3-2-7　相遇时距曲线观测系统示意图

3. 追逐时距曲线观测系统

该观测系统一般用来了解折射界面是否存在穿透现象以及是否存在地震波速度的横向变化，或用来延长某些需要加长的时距曲线。如图 3-2-8 所示，当凸起形态折射界面的曲率半径较小时，地震波并未完全沿着折射界面滑行，而是直接穿过地震波速度为 v_2 的地层回到地震波速度为 v_1 的地层，并最终折射回到地面被接收。此时接收到的折射波时距曲线会发生明显的“畸变”，这种现象是地震波的“穿透现象”。

追逐时距曲线观测系统指的是，在观测得到一段折射波时距曲线 S_1 后，将激发点沿着剖面方向移动一定距离后再次激发，得到新的一段时距曲线 S_2 。这种相互对应的时距曲线，称为“追逐”时距曲线。如图 3-2-8 所示，如果没有发生“穿透现象”，那么通过追逐时距曲线观测

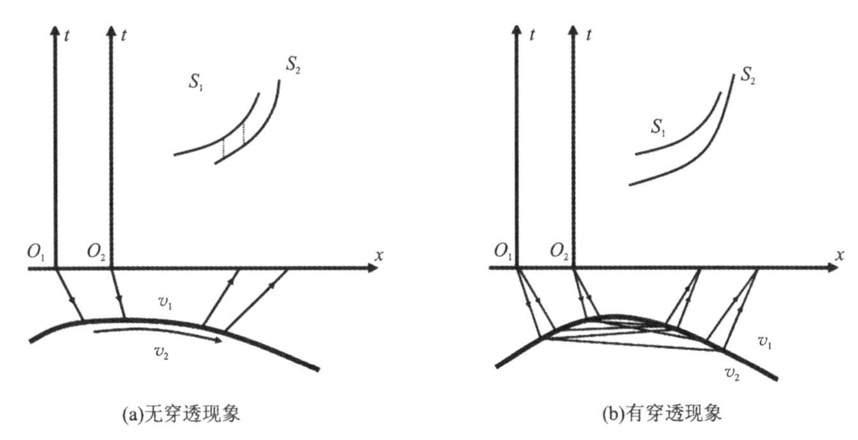

图 3-2-8　追逐时距曲线观测系统

系统得到的两支时距曲线 S_1 和 S_2 是平行的。此时所观测到的折射波时距曲线的形态与折射界面的形态以及界面上下介质中的地震波速度 v_1 和 v_2 有关，与激发点的位置无关。而沿着界面滑行的波，不管激发点距离的远近，射线从折射界面出射的角度是恒定的，换句话说，折射波时距曲线在该点的斜率不变，所以此时 S_1 和 S_2 两支时距曲线是平行的。

当发生"透射现象"时，从不同激发点出发的地震波，穿过界面后的入射角和透射角都将发生变换，使得 S_1 和 S_2 两支时距曲线不再是平行的状态。

除此之外，追逐时距曲线观测系统还可以用来判断地层是否存在横向速度变化的情况。如图 3-2-9 所示，有覆盖层的直立构造的折射波时距曲线形态与水平三层介质模型的折射波时距曲线形态一致，仅凭单支时距曲线观测系统观测，无法将二者很好地区分开来，容易在解释过程中产生误判。图 3-2-10 是两种地质模型的追逐时距曲线，在水平三层介质模型的时距曲线上，两条时距曲线的临界距离只有横向上的位置移动；而在有覆盖层的直立构造模型的时距曲线上，速度突变点上方的临界距离并未发生横向移动，只是随激发点的变化发生时间上的变化，两个激发点产生的时差在曲线拐点的左右两边是相等的。

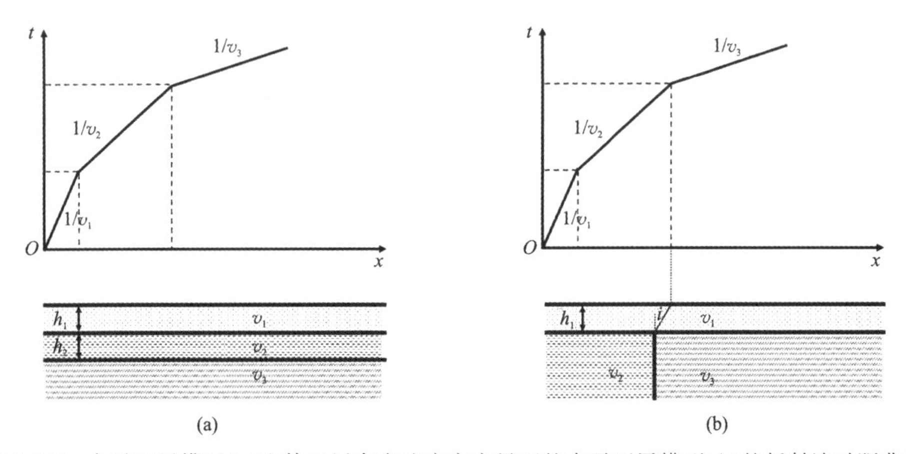

图 3-2-9　水平三层模型(a)和第二层存在速度突变界面的水平两层模型(b)的折射波时距曲线

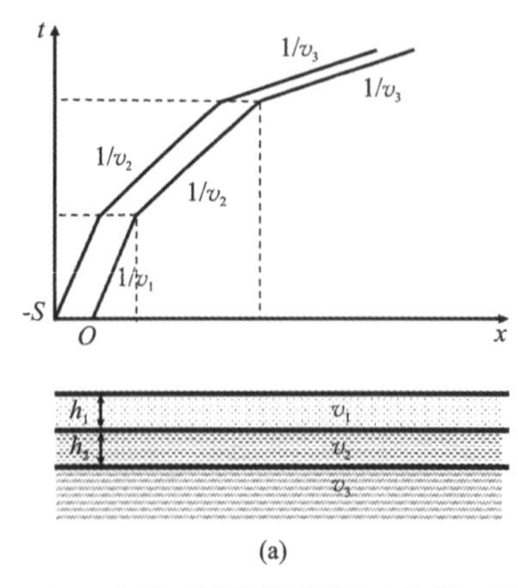

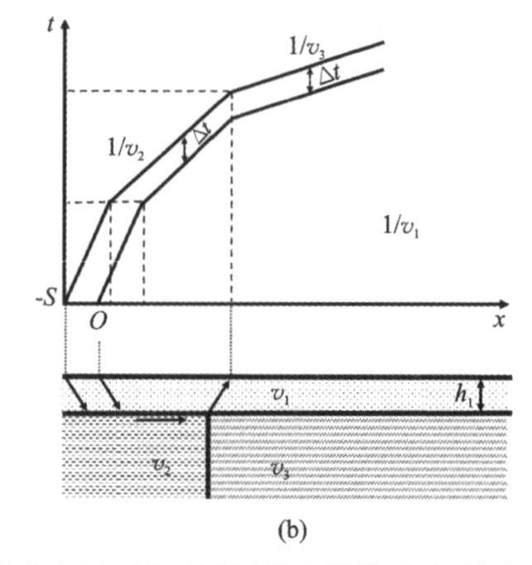

图 3-2-10　水平三层地层模型(a)和第二层存在速度突变界面的水平两层地层模型(b)的追逐时距曲线观测系统下的折射波时距曲线

4. 多重相遇时距曲线观测系统

在浅层地震勘探中，当地表条件较为复杂时，为获得较好的折射波观测效果，可以采用双重相遇时距曲线观测系统，这种观测系统实质上是将追逐时距曲线观测系统和相遇时距曲线观测系统综合起来使用，如图 3-2-11 所示。其实现方式为先在测线的两端分别激发得到一组相遇时距曲线，再将两端的激发点对称地挪动一定的距离后，再次分别激发，即可得到一组追逐的相遇时距曲线。如果要了解地层是否存在地震波速度的横向变化情况，则可适当在观测剖面中增加一个激发点。这种观测系统的工作效率相对较低，但也有其优势，那就是能将远距离激发点的时距曲线平移到近距离激发点的时距曲线上来，以弥补近距离激发点时距曲线的不足。

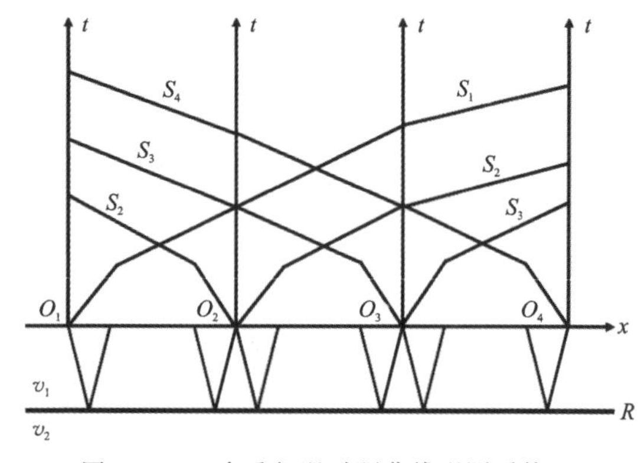

图 3-2-11　多重相遇时距曲线观测系统

四、折射波法非纵测线观测系统

如前所示，当激发点并未设置在剖面测线上时，为非纵测线观测系统。在非纵测线观测系统中，震源点被设置在观测剖面的一侧，与可追踪到所勘探折射界面初至波相隔一定距离。当震源点位于测线的旁侧，我们称之为横测线观测系统，如图 3-2-5(b)所示；若检波器按直测线布置，而震源点位于剖面旁侧的一段，这种观测系统我们称之为侧测线观测系统；若检波器按照弧形测线布置，而震源点位于该弧形测线的旁侧，这类观测系统为弧形观测系统，如图 3-2-5(d)所示。通常来说，非纵测线观测系统应用并不多，但可以利用这类观测系统来研究已被确定的地质对象上地震记录的波形或动力学特征，如地震波的振幅和周期特征等。例如在断层破碎带、古河床、陡立地层接触带等复杂地质体上出现的地震波振幅衰减，在低速局部砂岩透镜体上的折射波到时异常等。

在浅层地震折射波法勘探中，使用非纵测线观测系统，一般出于以下目的。

(1)为划分和确定断层线或断裂构造带，需利用地震波的动力学特征。此时，应采用剖面测线的方向正交于构造预测走向的观测方式。旁测线间距的选择，应以保证可靠地划分和追索两剖面间的断裂为准则。归根结底地说，这取决于具体的地震地质条件。

(2)除横测线外，实际工作中，环形测线或弧形测线也是常被选择用来解决岩石、土壤的速度各向异性，确定异常体范围等特定的地质问题。

采用非纵测线观测系统，理论上可以对所观测到的折射波时距曲线进行定量处理，并勾勒出折射界面的具体形态，但其精度比完整的纵测线观测系统的精度低。

第 3 节　折射波资料处理与解释

浅层地震勘探中无论反射波法还是折射波法，目前资料处理和解释工作早已经能通过计算机实现人机交互式处理，但二者由于方法和原理上存在的差异性，使得两种方法在资料处理与解释上也存在着一定的差异性。本节我们介绍折射波的资料处理和解释的一般过程，所讨论的内容均针对初至折射波而言，未考虑其他复杂的过程。

折射波资料处理和解释主要包括资料的整理、折射界面深度求取、折射界面深度图的绘制等。在进行资料处理和解释前，首先必须对地震记录进行波的对比分析，从中识别并提取有效波的初至时间，绘制相应的时距曲线。该工作可由人工完成，也可以由计算机自动完成。时距曲线绘制完成后，可根据折射波时距曲线的形态特征，选定合适的解释方法完成解释工作。

折射波的资料解释工作具体可分为定性解释和定量解释。定性解释主要是根据已知的时距曲线特征和场地地质条件，对地下折射界面数量进行判定并估计其大致的产状，判断是否存在断层或其他局部地质异常体，为定量解释方法的选择提供参考依据。定量解释则是根据定性解释的结果选用合适的数学方法或作图方法求取各折射界面的埋深和形态参数。实际工作中，为了得到精确的解释结果，有时需要反复多次进行定性与定量解释，最后根据解释结果勾勒推断地质图等成果图件，并编写成果报告。浅层地震折射波资料处理与解释的一般流程如图 3-3-1 所示。

一、资料的整理

折射波的资料整理工作的主要内容为:初至折射波的识别与提取、时距曲线的绘制与校正等。

1. 地震波对比与分析

地震波对比与分析的过程就是在地震记录上判断有规律的同相轴是哪种类型的地震波，是否来自同一界面。地震波的对比与分析需要综合利用地震波的运动学和动力学特征，在地震记录上识别每一个界面的有效波。折射波法的有效波为来自各个折射界面的初至折射波以及表层介质中的直达波。

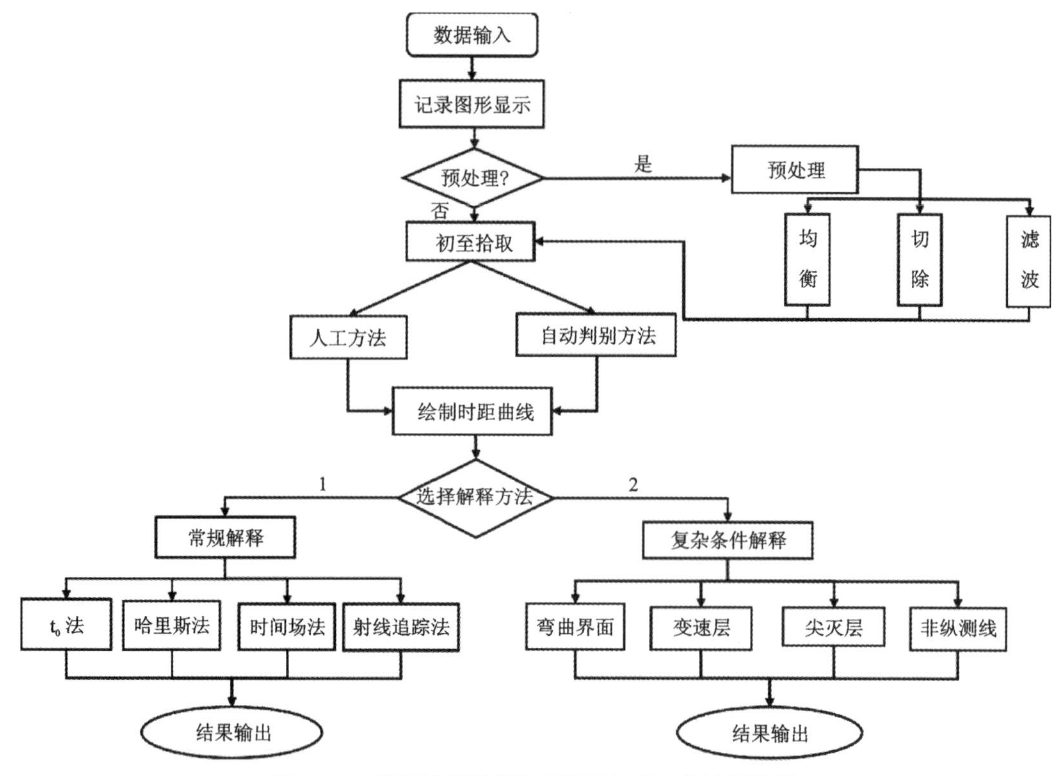

图 3-3-1　浅层地震折射波法资料处理一般流程框图

地震记录图上的各种有效波是来自各个速度界面的，来自同一界面的地震波的形态受该界面的岩性、产状、埋深、覆盖层性质等因素的综合影响。但一般来说，这些因素在较小的一段距离内并不会很大程度上改变有效波的形态。故同一界面的有效波在相邻的两个接收点上的波形是相似的，这是进行有效波对比分析的重要依据。包括折射波、反射波等在内，地震勘探中有效波对比分析的主要标志为：波的同相性、波形的相似性、振幅的规律变化。

(1)有效波的同相性。由于来自同一地震界面的地震波到达相邻较近的两个检波点的路径是相似的，因而有效波的相同相位到达相邻各道的时间也是相近的，在地震记录上这些相同相位的波形形成的波至是平滑有规律的，且延伸较长，我们将这些相同相位的连线称为同相轴。相邻相位的同相轴是平行的。

(2)有效波波形的相似性。来自同一速度界面的地震波，在相邻道上的振动图形是相似的，波形相似的特点反映在波形记录上，即相邻接收道上记录的振动图在视周期、相位数量、振幅大小、振动持续时间等因素上均保持相似性。

(3)振幅的规律变化。在地震记录上，有效波的识别标志之一是其振幅在整个记录图上应较强以便于识别，通常有效波的振幅要大于干扰背景的振幅，否则无法作为有效波识别。有效波开始达到时，地震波振幅应显著增强。而且单独的一组波与较早或随后到达的振动通常也是根据一定的强度差异来区别的。

由于初至折射波最先到达检波器被记录下来，因此在无振动记录的背景上，突然出现的波至最容易被识别。初至折射波对比较为简单，波至比较清晰。但在浅层地震勘探中，浅层折射波的频率较高，且由于浅地表地层风化严重，覆盖层疏松复杂，常常造成地震波的强烈衰减。在确定初至波的真实到达时间时，必须认真分析折射波的衰减和变化，以免得出错误的结论。

在较长测线上追踪某一界面的折射波，应采用多张记录进行对比分析。在相邻排列的记录上，利用互换点上同一界面折射波的传播时间和波形相似的特点进行比对和连接。若需在同一接收排列的记录图上分辨来自不同界面的折射波记录，应特别注意各折射波波至时间连线的斜率变化。

影响折射波对比分析和正确追踪的原因总结起来表述如下：浅层地震折射波勘探的目的层通常位于风化层或未固结成岩的第四纪土层中，折射界面较多，且每一地层的厚度较薄，各层速度差异不大，但浅地表各地层的吸收系数普遍较大。因此，造成了来自第一个界面的折射波急速衰减，很快消失，第二个甚至更下层界面上的折射波成为了初至折射波；而由于地层多且层薄，来自各折射界面的折射波将互相干涉，最终呈现在地震记录上的折射波实际为多层的合成折射记录，其视速度也同时发生相应的畸变。

2. 折射波记录的校正

实际野外数据采集时，并非能完全采用纵测线观测系统。有时由于地形限制的原因，一条测线上的激发点和接收点并不位于同一水平面上，或震源点位于地下一定的深度(如井中放炮时)，这将使折射波的传播路径和到达时间均发生改变，从而直接影响到解释结果。此时，需要对折射波资料进行校正，校正的内容包括接收点的地形校正以及震源点的深度校正等。但一般情况下，仅在由高差引起的相邻道或相邻排列的时间差较大时，才需要进行这类校正。若震源点埋深较浅，且由检波点地形起伏所引起的折射波波至时间差较小时，只需要对折射波时距曲线进行简单的手工圆滑即可，若此时采用前述校正方法，则极易出现误差，引起折射波时距曲线的畸变。

3. 折射波时距曲线的绘制

折射波时距曲线的绘制较为简单。首先从地震记录图中读出各检波点上的初至折射波到达时间；之后将读取的时间值作为纵坐标，以检波器空间位置为横坐标，组成直角坐标系，绘制出折射波时距曲线。在浅层地震勘探中，一般取道间距的值为空间距离的比例尺，时间轴比例尺以折射波时距曲线清晰为基本原则，并无更多限制，具体需要根据实际工作目的和成图要求来定。如图 3-3-2 所示为某实际工程地质调查中基岩面探测的折射波法相遇时距曲线图，它由一组相遇时距曲线经外延和内插形成。

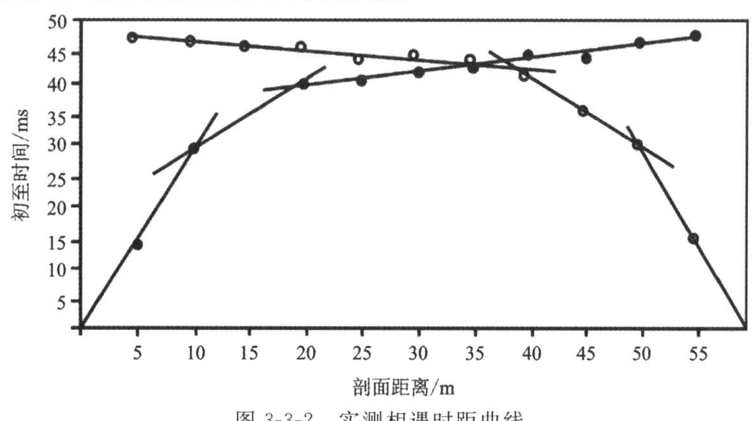

图 3-3-2　实测相遇时距曲线

二、截距时间法求取折射界面埋深

1. 表层速度与折射波视速度求取

在折射界面平缓的情况下，可直接利用直达波和折射波的时距曲线斜率求取表层速度和折射波的视速度，以及震源点下方的折射界面埋深等参数。若浅地表有多个折射界面，而勘探的目的层仅有一个时，常将目的层以上的所有折射层等效为一个地层，以有效速度代替目的层以上所有地层中的地震波速度。之后同样可采用截距时间法求取震源点以下的折射界面埋深。

2. 交点法求初至波速度

假设存在若干个折射层，各地层速度分别为 v_1，v_2，v_3，…，v_n，在地面沿测线观测提取到的初至波时距曲线为 S_1，S_2，S_3，…，S_n，各时距曲线斜率的倒数即为对应地层的层速度。若目的层位在第二层和第三层之间，那么可以将第一层和第二层等效为一个综合层，该综合层的地震波速度 v_{12} 求取方法如图 3-3-3 所示。首先确定时距曲线 S_2 和 S_3 的交点 N，作 N 点到原点 O 的连线。此时，直线 ON 的斜率的倒数即为此综合地层的地震波速度：

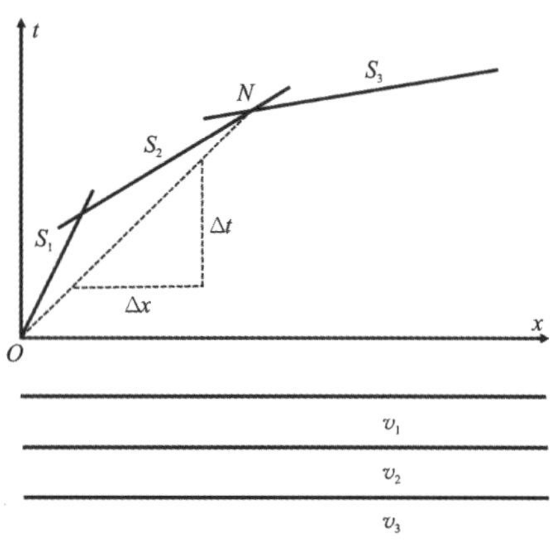

图 3-3-3 交点法求取等效层速度示意图

$$v_{12}=\frac{\Delta x}{\Delta t} \tag{3-3-1}$$

这是一种近似的方法，当折射界面埋深较小且起伏不大时，可以计算得到较为精确的有效速度。但当界面埋深较深或地层倾斜时，求取的有效速度误差较大。对于界面倾斜或起伏不平时，则必须采用相遇时距曲线的两支时距曲线分别计算有效速度，之后取二者的平均值。

3. 截距时间法求取折射界面深度

假设 O_1 和 O_2 为两震源点，分别激发后在 O_1O_2 段观测，得到两支时距曲线 S_1 及 S_2，若折射界面仅为倾斜界面并不存在起伏形态，则此时 S_1 及 S_2 依然为直线段，如图 3-3-4 所示。将 S_1 和 S_2 分别反向延长，与各自的时间轴分别相交于 t_1 和 t_2。根据折射波的截距时间利用式(3-1-9)即可求得 h_1 和 h_2，之后以 O_1 和 O_2 为圆心，分别以 h_1 和 h_2 为半径作圆，再作两圆的公共切线，该公共切线便是待求取的折射界面。以上讨论的为界

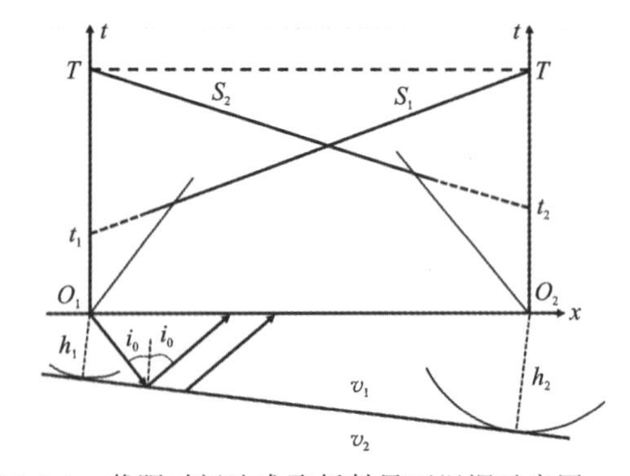

图 3-3-4 截距时间法求取折射界面埋深示意图

面倾斜的情况，若界面为完全的水平界面则计算更为简单。但如果是起伏或弯曲界面的情况，则仅采用截距时间法无法获得精确的解释结果，需要采用其他的解释方法，如 t_0 函数法等。

三、t_0 函数法及 θ 函数法求取折射界面深度

前已述及，当折射界面并非完全的平界面时，无法通过简单的截距时间法准确地求取折射界面深度。而 t_0 函数法和 θ 函数法则是针对起伏界面的深度求取发展起来的有效方法。这类解释方法利用相遇时距曲线观测系统得到正反两支时距曲线，根据相遇时距曲线上各检波点对应的到时信息，求取各检波点下方的折射界面速度和埋深信息。

1. t_0 函数法求界面深度

同样假设 O_1 和 O_2 为两震源点，分别激发后在 O_1O_2 段观测，得到两支时距曲线 S_1 及 S_2，如图 3-3-5(a)所示。对应于测线上的 D 点处的折射波初至时间分别为 t_1 和 t_2，它们可分别表示为

$$t_1 = t_{O_1ABD}\ ,\ t_2 = t_{O_2ECD} \tag{3-3-2}$$

在震源点 O_1 处激发的折射波沿折射界面传播到达 O_2 点的路径与折射波从震源点 O_2 处激发后沿折射界面传播到达 O_1 点的路径相同，但方向相反，因此两次传播的时间是相等的，该时间我们记为互换时间，用 T 表示：

$$T = t_{O_1AB} + t_{BC} + t_{CEO_2} \tag{3-3-3}$$

当折射界面 R 的曲率半径远大于其埋深深度时(折射界面为一宽缓的曲面)，图中的三角形△ BDC 可以近似地等效为等腰三角形。若从检波点 D 处作 BC 段的垂直平分线 DM，DM 的长度也就是 D 点处的折射界面埋深 h，于是有

$$t_{BD} = t_{CD} = h_1 / v_1 \cos i\ ,\ t_{BC} = 2\,t_{BM} = 2h \times \tan i / v_2 \tag{3-3-4}$$

将式(3-3-2)中的 t_1 和 t_2 相加后减去式(3-3-3)，再将式(3-3-4)代入，可得

$$t_1 + t_2 - T = 2h \cdot \cos i / v_1 \tag{3-3-5}$$

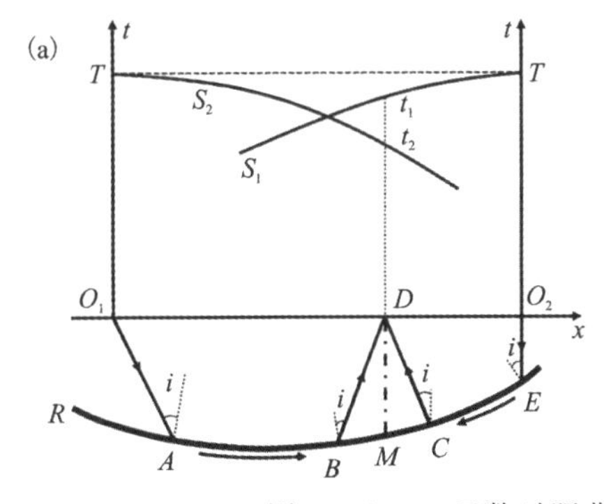

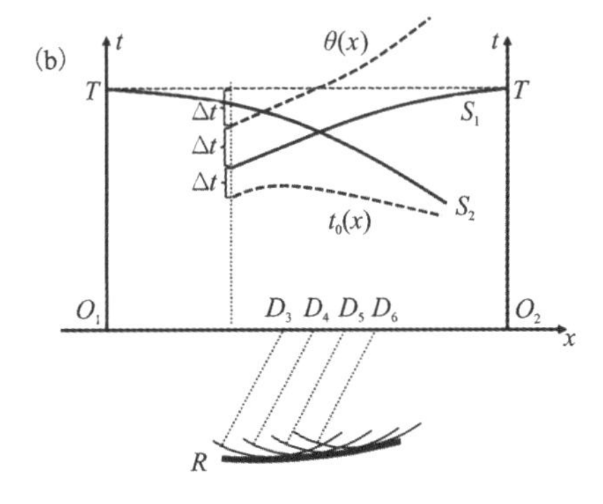

图 3-3-5　t_0 函数时距曲线法求取折射界面埋深示意图

式(3-3-5)便是任意点 D 的 t_0 值公式，据此可求出 D 点的折射界面法线深度 h 为

$$h = (t_1 + t_2 - T) \times v_1 / 2 \times \cos i \tag{3-3-6}$$

令 $t_0 = t_1 + t_2 - T$，$K = v_1/2 \times \cos i$，则式(3-3-6)又可简写为

$$h = K \times t_0 \tag{3-3-7}$$

因此，我们只需要从相遇时距曲线上分别求取各观测点的 t_0 时间和 K 值，就能求得测线上各接收点下的折射界面法向深度 h。从上述公式可以看出，只要从相遇时距曲线上读取出各观测点的折射波到时 t_1 和 t_2 以及互换时间 T，就可以计算出各测点处的 t_0 时间值，并在折射波时距曲线图上绘制出相应的 $t_0(x)$ 曲线图，如图 3-3-5(b)所示。

关于 K 值的求取，根据斯奈尔定律可将其表达式写成如下形式：

$$K = \frac{v_1}{2\cos i} = \frac{v_1 v_2}{\sqrt{v_2^2 - v_1^2}} \tag{3-3-8}$$

由此式可知，只要求得折射界面上下地层中的地震波速度 v_1 和 v_2，则很容易求出 K 值。其中 v_1 的求取较为容易，我们可以根据直达波的速度来确定。因此求取 K 值的关键便在于折射波速度 v_2 的求取。为此，我们引入差数时距曲线方程，以求取折射波速度 v_2。

2. 差数时距曲线法求折射波速度

引入差数时距曲线方程，以 $\theta(x)$ 表示，并令

$$\theta(x) = t_1 - t_2 + T \tag{3-3-9}$$

上式两边求导，可得

$$\frac{\mathrm{d}\theta(x)}{\mathrm{d}x} = \frac{\mathrm{d}t_1}{\mathrm{d}x} - \frac{\mathrm{d}t_2}{\mathrm{d}x} \tag{3-3-10}$$

根据本章第一节中的讨论，可知等式(3-3-10)右边的 $\frac{\mathrm{d}t_1}{\mathrm{d}x}$ 和 $\frac{\mathrm{d}t_2}{\mathrm{d}x}$ 两项，其实际含义为上倾方向和下倾方向接收的时距曲线 S_1 及 S_2 的斜率(视速度 v^* 的倒数)。根据式(3-1-18)和式(3-1-19)，它们有如下具体形式：

$$\frac{\mathrm{d}t_1}{\mathrm{d}x} = \frac{\sin(i-\varphi)}{v_1},\ \frac{\mathrm{d}t_2}{\mathrm{d}x} = -\frac{\sin(i+\varphi)}{v_1} \tag{3-3-11}$$

鉴于 S_2 为反方向接收的时距曲线，故在其视速度表达式前增加一负号。现将式(3-3-11)代入式(3-3-10)中，得

$$\begin{aligned}\frac{\mathrm{d}\theta(x)}{\mathrm{d}x} = \frac{\mathrm{d}t_1}{\mathrm{d}x} - \frac{\mathrm{d}t_2}{\mathrm{d}x} &= \frac{\sin(i-\varphi)}{v_1} + \frac{\sin(i+\varphi)}{v_1} \\ &= \frac{\sin i\cos\varphi - \cos i\sin\varphi}{v_1} + \frac{\sin i\cos\varphi + \cos i\sin\varphi}{v_1} \\ &= \frac{2\sin i\cos\varphi}{v_1} = \frac{2\cos\varphi}{v_2}\end{aligned} \tag{3-3-12}$$

于是可以求得折射波速度 v_2 为

$$v_2 = 2\cos\varphi\,\frac{\mathrm{d}x}{\mathrm{d}\theta(x)} \tag{3-3-13}$$

当折射界面倾角小于 15° 时，$\cos\varphi$ 的值可近似为 1，因此上式可写成近似式：

$$v_2 = 2\,\frac{\Delta x}{\Delta\theta(x)} \tag{3-3-14}$$

所以，我们只需要根据式(3-3-9)在相遇时距曲线图上构造出 $\theta(x)$ 曲线，并求取该曲线的斜率倒数 $\frac{\Delta x}{\Delta\theta(x)}$，即可根据式(3-3-14)求取波速 v_2，进而根据式(3-3-8)求取 K 值。

仔细观察 $t_0(x)$ 和 $\theta(x)$ 的表达式，令 $\Delta t = T - t_2$，则有

$$t_0(x) = t_1 + t_2 - T = t_1 - \Delta t, \theta(x) = t_1 - t_2 + T = t_1 + \Delta t \tag{3-3-15}$$

由此可知，$t_0(x)$ 与 $\theta(x)$ 是关于时距曲线 S_1 镜像对称的两支曲线。因此绘制 $\theta(x)$ 曲线时，可先绘制 $t_0(x)$ 曲线，之后再绘制它关于 S_1 镜像对称的曲线，即可得 $\theta(x)$ 曲线。

在求取了 K 值和各观测点的 t_0 时间后，则可根据式(3-3-7)求得各测点处折射界面的法线深度 h。然后以各测点为圆心，以求取的 h 为半径作圆弧，并对这一系列的圆弧作其公共的切线(即包络线)，这样的包络线即为所求取的折射界面。

对于三层以上的多层折射波时距曲线，同样可以通过类似的方法。如为求取第 n 层的界面速度 v_n 和埋深 h_n，可以用等效层原理求得平均速度 $\bar{v}$，厚度用 $h_n = h_1 + h_2 + \cdots + h_{n-1}$ 代替，使其等效为两层介质，其余处理步骤与前述一致。随后逐层递推即可求取各折射界面的速度及深度等参数。

四、广义互换时间法

广义互换时间法是近年来应用很广泛的折射波资料解释方法，与 t_0 函数时距曲线法类似，广义互换时间法也需要用相遇剖面解释不规则的折射界面，在地层倾角小于 15° 时，误差很小。广义时间互换法设计的函数与 t_0 函数时距曲线法的思路不相同，它引入了最佳 XY 距离的概念，能够较为精准地解决界面深度的问题。

1. 速度分析

用来描述广义互换时间法原理的折射波路线路径如图 3-3-6 所示。假设其中 A 点为正向的激发点，AY 段为正向的折射波接收测线段；B 点为反向激发点，BX 段为反向的折射波接收测线段。XY 段为正反向接收段的公共区段，再假设 G 点为 XY 段的中点。

广义互换时间法通过以下速度分析函数 t_v 实现折射界面速度的求取：

$$t_v(AG, XY) = \frac{t_{AY} - t_{BX} + t_{AB}}{2} \tag{3-3-16}$$

式中，t_{AY} 和 t_{BX} 分别为正、反向沿临界折射路径从一点到另一点的传播时间；t_{AB} 表示互换时间。若 XY 的大小选择如图 3-3-6 所示，则正向和反向传播的折射波在界面上同一点向地面 X 或 Y 点出射，对应的 Z_G 为折射界面在 G 点的深度，能使正反向传播的折射波在界面上同一点出射的 XY 段距离，称为最佳 XY。

将记录点 G 布置于正向检波点 Y 和反向检波点 X 的中点位置，按照式(3-3-16)计算速度分析结果 t_v。于是，与绘制时距曲线一样，我们也可以以 t_v 为纵坐标，以距离为横坐标，绘制出速度分析值曲线。

t_v 具有与时间相同的量纲(s，ms 等)。速度分析函数在任一位置对距离求导数，即可求得折射层在该测点位置相应点的速度的倒数，它在数值上与速度分析值曲线上该点的斜率相

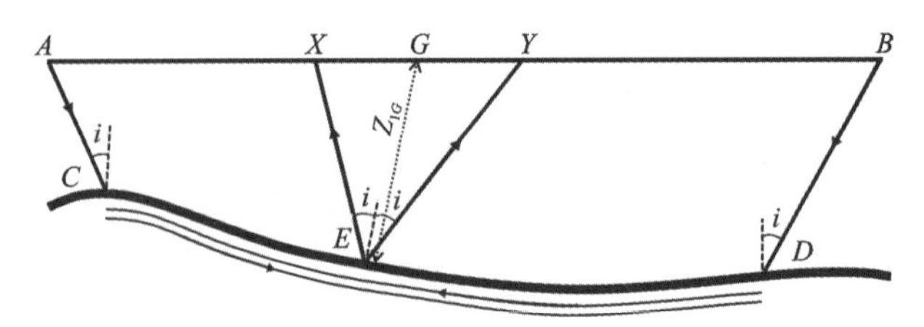

图 3-3-6　最佳 XY 时的射线路径示意图

同。因此，我们可以通过求导的方法，求出测线上每一测点的折射波速度值。

根据式(3-3-16)以及图 3-3-6 不难看出，距离 AY 和 BX 可以分别用距离 XY 和 AG 表示成

$$AY = AG + XY/2\ ,\ BX = AB - AG + XY/2 \tag{3-3-17}$$

因此可知 t_v 是距离 AG 和 XY 的函数，选定不同的 XY 值，按式(3-3-16)进行计算便可得到许多不同的速度分析值曲线。我们可从其中挑选出最光滑的速度分析曲线来确定折射波的速度。这样的曲线一经选择，最佳 XY 距离也便确定了，这个距离将使得正反向激发和传播的折射波在同一点上出射。另外，最佳 XY 值将被利用到广义互换时间法后续的时深偏移处理中。

若 XY 为零，即正反向传播的折射波刚好都从折射界面上的同一点发出，在地面的同一点被接收到。这种情况只有在临界角为零时才能成立，按照斯奈尔定律，这种情况表示折射界面下层介质中的地震波速度无限大。不过当折射界面上下介质存在很大的波速差异时，也可能会出现类似的情况。如非饱和水的冲积层或土壤覆盖在未风化的完整基岩上时，速度比可以低到 0.005，此时临界角不超过 1°，如图 3-3-7 所示。

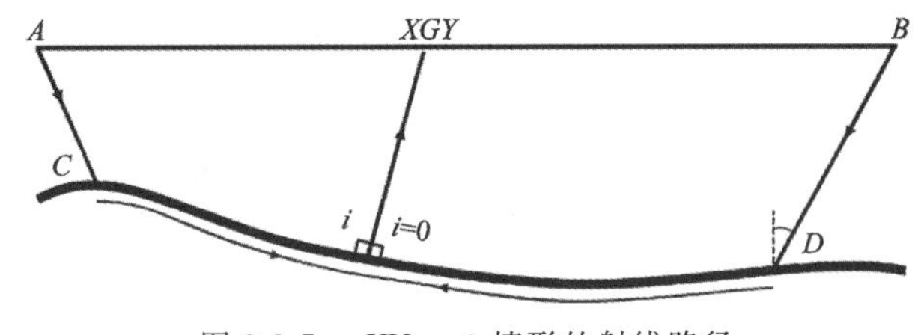

图 3-3-7　$XY = 0$ 情形的射线路径

2. 时深偏移

求取折射界面深度并将深度点从检波点下方的位置偏移至它正确的空间位置上，该过程即为时深偏移过程。

广义互换时间法求折射界面深度的函数为时深函数，时深函数的表达式为

$$t_g(AG, XY) = \frac{t_{AY} + t_{BX} - t_{AB} - XY/\ v_n(AG)}{2} \tag{3-3-18}$$

式中：t_g 为时深函数值；$v_n(AG)$ 为折射界面上每一个 G 点的速度，它可由前述速度分析函数求取。

对于每一个 XY 值均可求得一条时深函数曲线，与速度分析曲线选择依据不同，细节最

为详尽的时深函数曲线所对应的 XY 值为最佳值，此依据与由速度分析曲线获得的最佳 XY 值的原则刚好相反。绘制 t_g 曲线的目的是进一步确定最佳 XY 距离。将两个相反的判断准则分别应用于速度分析曲线簇和时深函数曲线簇，所得出的最佳 XY 距离值应该是相同的。

在由多个折射界面组成多层介质的情况下，在每一个 G 点，时深函数 t_g 和目的层上部各层的厚度及包括目的层在内的各层速度之间的关系，由下式确定：

$$t_g(AG, XY_{\text{best}}) = \sum_{j=1}^{n-1} Z_{jG} \left\{ \frac{[v_n(AG)^2 - v_j(AG)^2]^{1/2}}{v_j(AG) \cdot v_n(AG)} \right\} \tag{3-3-19}$$

式中，t_g 由式(3-3-18)取最佳 XY 值(XY_{best})计算得到。之后利用式(3-3-19)即可求出各 Z_{jG} 的值。具体计算过程为：令 $n=2$，计算出 Z_{1G}；令 $n=3$，进而计算得到 Z_{2G}；依次计算下去，直到计算出 $Z_{(n-1)G}$ 的值。与 t_0 差数时距曲线法的结果类似，$Z_{(n-1)G}$ 的值即为计算点下方折射界面的法向埋深深度。以 $Z_{(n-1)G}$ 为半径做一系列的圆弧，其包络线即为目的折射界面。

广义互换时间法解释折射界面深度的精度与 G 点的间距有关，横向分辨率则依赖于检波器间距。同样地，XY 距离值的准确选取也直接与检波器间距相关。而最终的折射界面深度的求取精度又与 XY 值的正确选择和使用密切相关。因此，实际野外工作时，应尽可能选择小的道间距，并建议在长度为 XY_{best} 的区间内至少应布置 3 个检波器接收信号。当然，考虑到施工经费和施工效率情况，道间距也不可能选得太小，采用较小的道间距虽然能较为准确地选出最佳 XY 距离，并绘制出准确的折射界面，但随之而来的是生产费用的大幅提高和数据采集效率的降低。因此实际工作中，应综合考虑各方面因素，充分权衡后选择合适的道间距开展数据采集工作。

第4章 反射波法勘探

浅层地震勘探的常用方法除折射波方法外，应用较早也较为成熟的还有浅层反射波勘探方法。与折射波的形成条件不一样，反射波的形成没有那么苛刻，当地震波从震源点被激发后向地下介质传播，遇到地下岩层分界面时，只需要介质间存在波阻抗差异，且不管波阻抗是增大还是减小，在这样的岩层分界面上都能产生相应的反射波。另外，如果分界面上下岩层的地震波速度未发生变化，因密度不同，在这样的界面上同样会有地震波的反射现象产生。反射波法能够非常直观地反映地层界面的起伏特征，而且在折射波法无法探测的隐伏低速层、空洞及其他异常体等问题上，反射波法依然能取得较好的效果。因此，实际浅层地震勘探中，反射波方法的适用性比折射波法更强，目前已成为浅地表地质调查的常规地球物理方法。

浅层地震反射波法勘探在工程、环境、水文等浅地表地质调查工作中，其主要目的是对浅地表地层分层，确定自地表几十米至百米深度范围内的较小地质异常构造或局部地质体等，这就决定了对勘探分辨率的要求很高。因此为了获得较高的分辨率，浅层地震反射波法勘探的工作频段要比油气资源勘探和地球深部结构研究上采用的中、深层反射波地震勘探的工作频率要高至少一个数量级，一般都在百赫[兹]级别。

另外，浅层地震反射波法勘探通常还会遇到一些中、深层地震勘探不会遇到的干扰与问题。比如，浅地表物质结构的不均匀性，折射波初至区引起的反射波波至识别难度增大，震源脉冲的持续振动信号造成多种波的叠加和干涉，极强的面波干扰等，以上因素综合造就了浅层反射波勘探的强干扰特点。另外，由于地球浅地表风化剥蚀作用强烈，再加上人类活动对地球浅地表地层的强烈改造作用，使得浅地表地层常常破碎且性质极度不均衡，这些因素都会降低反射波法的勘探质量。

相比于浅层折射波勘探，反射波勘探在数据采集与资料处理上要复杂得多，特别是在诸如城镇等强振动干扰环境中开展浅反射勘探时，极度复杂的外界干扰环境不仅加大了野外数据采集的难度，也对资料的后期处理与解释提出了更高的要求。近年来在高频脉冲激发和接收、可控震源的研发与应用、反射波数据处理和解释、地震仪器设备的分辨率、压制和消除干扰的技术等方面都有了较大的发展和进步，使得浅层反射波法已逐步成为了浅地表地质调查中的重要方法。

第1节 反射波理论时距曲线

与折射波法类似，反射波在介质中的传播时间、传播路径和速度等基本特征，同样可以通过各类介质中的反射波理论时距方程和理论时距曲线的研究获得。本节我们介绍几种典型地层模型上反射波理论时距方程的推导过程及理论时距曲线的形态特征。

一、水平层状两层介质的反射波理论时距曲线

假设有图 4-1-1 所示的水平两层介质模型，该模型上包含一水平的波阻抗界面 R，其埋深为 h，界面上覆地层中的地震波速度为 v_1。在地表 O 点激发的地震波传播到界面 R 后，部分能量穿透界面向下传播成为透射波，部分能量被反射回来，在地面被接收到。在此为便于理解反射现象，我们对模型进行简化，先假设此模型介质为完全的声学介质，在界面上不存在地震波的类型转换。假设在地面上的 D_1、D_2、D_3 等各点依次接收到来自界面的反射波，为了得到反射波的理论时距方程，可以根据光学中的物体和像的关系，先过震源点 O 点作界面 R 的垂线，利用作图法求出震源点 O 关于界面 R 的镜像点 O^*，我们通常称此点为虚震源点。由于 O 点和 O^* 点关于界面 R 镜像对称，因此从 O 点出发的地震波经过界面 R 反射后在地面接收到的反射波，可以看作波速为 v_1 的介质充满整个空间时地震波从 O^* 点出发直接传播到达地面被接收的直达波一样。于是根据图 4-1-1 中的射线关系，我们很容易便能得到该反射波的时距方程为

$$t=\frac{\sqrt{(2h)^2+x^2}}{v_1} \tag{4-1-1}$$

对上式进行移项变形可得

$$\frac{t^2}{(2h/v_1)^2}-\frac{x^2}{(2h)^2}=1 \tag{4-1-2}$$

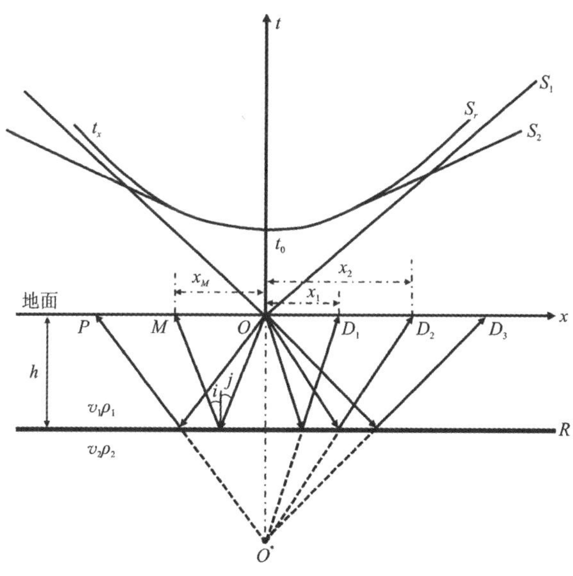

图 4-1-1　水平层状两层介质模型反射波路径及时距曲线示意图

显然，式(4-1-2)为典型的双曲线方程。它对应的双曲线关于时间轴 t 对称，极小值点位于震源点的正上方。在激发点接收的反射波时间 t_0 称为双程垂直旅行时间，即在式(4-1-1)中令 $x=0$ 时的 t 值：

$$t_0 = \frac{2h}{v_1} \tag{4-1-3}$$

因此若已知界面上层介质中的地震波速度 v_1 ,则根据式(4-1-3)便能方便地确定水平界面的埋深。

从式(4-1-2)知,该双曲线的渐近线斜率为 $1/v_1$,即直达波时距曲线是反射波时距曲线的渐近线,当接收点距离震源足够远时(x 足够大),反射波时距曲线与直达波时距曲线将重合。一般而言,直达波是先于反射波到达接收点的。

如果反射界面 R 同时也是折射界面(即 $v_2 > v_1$),则在临界点 x_M 处能同时接收到以临界角入射的射线,此时该射线既是折射波的起始射线也是反射波的射线。所以在 x_M 点上反射波和折射波的时距曲线相互重合,二者在该点的到时相同,也可以说反射波时距曲线和折射波时距曲线在 x_M 点上相切。从以上分析不难看出,在临界点附近,反射波将受到折射波的干扰。

根据反射波时距方程可求得反射波沿测线的视速度变化情况:

$$v^* = \frac{\mathrm{d}x}{\mathrm{d}t} = v_1 \times \sqrt{1 + \left(\frac{2h}{x}\right)^2} \tag{4-1-4}$$

从式(4-1-4)不难看出,在震源点附近($x = 0$),v^* 将趋于无穷大;而在远离震源的地方($x \to \infty$),v^* 将趋于界面以上介质中地震波传播的真实速度 v_1 。反射波视速度变化的原因在于其在反射界面各点产生的反射波的出射角度不同。另外,从式(4-1-4)还可看出,反射界面埋深越大,相应的反射波时距曲线越平缓,双曲线开口越大,反射波视速度越大。

继续对式(4-1-2)进行变形,可得

$$t^2 = \frac{x^2}{v_1^2} + \frac{(2h)^2}{v_1^2} \tag{4-1-5}$$

并以 x^2 为横坐标、t^2 为纵坐标,绘制出 x^2-t^2 关系图,这时反射波时距曲线便由双曲线形态转变为了直线形态,如图 4-1-2 所示。将此直线斜率的倒数开方后即可得到速度值 v_1 ,由此便可确定反射界面 R 之上覆盖层的地震波速度。

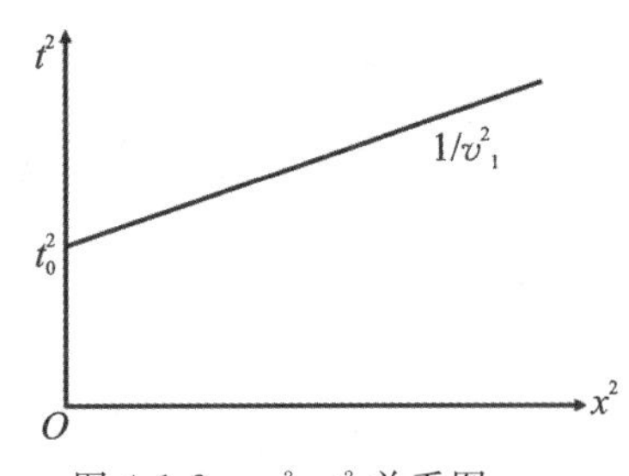

图 4-1-2　x^2-t^2 关系图

二、正常时差的概念

在反射波勘探中,反射波的识别和资料解释经常会用到正常时差的概念。如图 4-1-1 所示,在任意观测点 P 的反射波传播时间 t_x 和该反射界面的双程垂直旅行时 t_0 的差,即为正常时差,常用 Δt 来表示,其一般表达式为

$$\Delta t = \sqrt{\left(\frac{x}{v_1}\right)^2 + t_0^2} - t_0 \tag{4-1-6}$$

当接收点与震源间的距离远小于反射界面埋深时($x \ll 2h$),可以对式(4-1-1)进行二项式展开,展开后形式为

$$t=\frac{2h}{v_1}\left[1+\left(\frac{x}{2h}\right)^2\right]^{\frac{1}{2}}=t_0\times\left[1+\left(\frac{x}{2h}\right)^2\right]^{\frac{1}{2}}=t_0\times\left[1+\frac{1}{2}\left(\frac{x}{v_1t_0}\right)^2-\frac{1}{8}\left(\frac{x}{v_1t_0}\right)^4+\cdots\right] \tag{4-1-7}$$

上式中舍去二次项以上的高次项，正常时差可近似地表示为

$$\Delta t\approx\frac{x^2}{2t_0v_1^2} \tag{4-1-8}$$

上式表明，对同一反射层而言，当覆盖层地震波速度 v_1 和双程垂直旅行时 t_0 为常数时，正常时差与炮间距的平方（x^2）成正比。显然，在反射界面水平的情况下，正常时差是由炮间距的变化而引起的传播时间差。炮间距相同时，来自不同反射层反射波，其覆盖层地震波速度 v_1 和双程垂直旅行时 t_0 也都不同。正常时差与地震波速度的平方成反比，与反射界面的埋深深度（或双程垂直旅行时）也成反比。

正常时差一般可作为判断地震记录上的同相轴是否为正常反射波的标准。采用共中心点水平叠加技术实现反射波信号信噪比增强时，叠加前要先消除正常时差。另外，正常时差也是实现反射波资料处理中速度分析技术的基础。

三、倾斜界面上的反射波时距曲线特征

假设地表水平，地下存在一倾斜反射界面，如图 4-1-3 所示，其倾角为 φ，水平地面与倾斜界面间为地震波速度为 v_1 的均匀介质。在 O 点激发，在 X 方向接收来自倾斜界面 R 的反射波。与水平两层模型反射波时距方程的推导过程类似，同样过震源点 O 作倾斜界面 R 的垂线并反向延长，求得震源点 O 关于倾斜界面 R 的镜像点，即虚震源点 O^*。自震源 O 激发的地震波经界面 R 反射后到达地面 D 处被接收到，该反射波也可近似看成从虚震源点 O^* 出发，以速度 v_1 直接传播到达 D 点的直达波。由图中关系可知，反射波到达 D 点的时间为

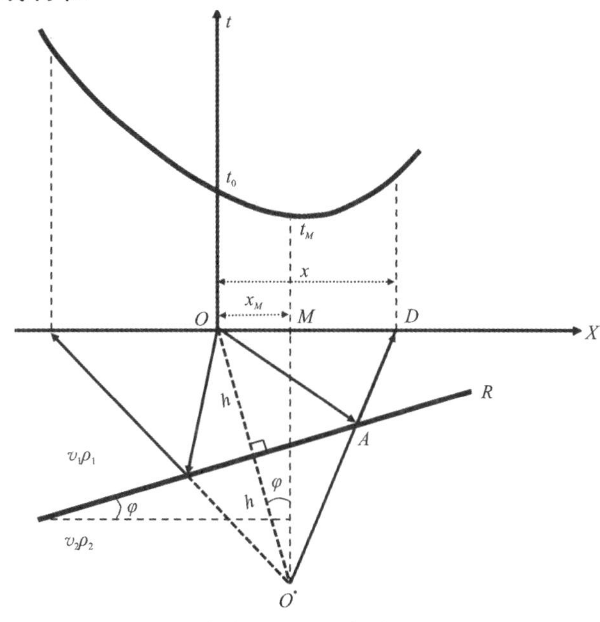

图 4-1-3　倾斜界面的反射波时距曲线

$$t=O^*D/v_1 \tag{4-1-9}$$

其中，$O^*D=\sqrt{O^*M^2+MD^2}$，$O^*M=2h\cos\varphi$，$MD=x-x_M=x-2h\sin\varphi$，因此按余弦定律有

$$t=\frac{1}{v_1}\sqrt{(2h\cos\varphi)^2+(x-2h\sin\varphi)^2}=\frac{1}{v_1}\sqrt{4h^2+x^2-4hx\sin\varphi} \tag{4-1-10}$$

对式(4-1-10)进行简单的变换，可得

$$\frac{t^2}{\left(\frac{2h\cos\varphi}{v_1}\right)^2} - \frac{(x-2h\sin\varphi)^2}{(2h\cos\varphi)^2} = 1 \tag{4-1-11}$$

式(4-1-11)便是倾斜界面的反射波时距曲线方程。由方程的形式看,倾斜界面的反射波时距曲线仍然是双曲线,其极小值点坐标为

$$\begin{cases} x_M = 2h\sin\varphi \\ t_M = \dfrac{2h\cos\varphi}{v_1} \end{cases} \tag{4-1-12}$$

显然,极小值点已经不在震源点 O 的上方,而是向上倾方向偏移了 x_M 的距离。式中界面倾角 φ 的符号可正可负,取决于测线的正方向与界面倾向间的相对关系,当 x 轴指向反射界面的上倾方向时取正号,反之取负。

当 $x=0$ 时,可得到反射波返回震源点的旅行时,在时距曲线图上为反射波时距曲线与时间轴的交点,即

$$t_0 = \frac{2h}{v_1} \tag{4-1-13}$$

t_0 值和界面深度 h 之间的这种关系正是反射波法求反射界面埋深的方法基础。

此外,利用倾角时差可求得倾斜界面的倾角 φ。为此,将式(4-1-11)作二项式展开并略去高次项,可得

$$t = \frac{2h}{v_1}\left[1+(\frac{x^2-4hx\sin\varphi}{4h^2})\right]^{1/2} = t_0(1+\frac{x^2-4hx\sin\varphi}{8h^2}) \tag{4-1-14}$$

在震源的两侧取等距离的两个观测点的传播时间分别为

$$t_{-x} = (1+\frac{x^2+4hx\sin\varphi}{8h^2}) \tag{4-1-15}$$

$$t_x = (1+\frac{x^2-4hx\sin\varphi}{8h^2}) \tag{4-1-16}$$

因此,两个测点的旅行时间差 Δt_d 为

$$\Delta t_d \approx t_0\left(\frac{x\sin\varphi}{h}\right) = \frac{2x\sin\varphi}{v_1} \tag{4-1-17}$$

由此便可求得倾斜界面的倾角 φ,若把两个观测点之间的距离 $2x$ 写成 Δx,则有

$$\sin\varphi = v_1\frac{\Delta t_d}{\Delta x} \tag{4-1-18}$$

当倾角很小时,$\varphi=\sin\varphi$,故倾角时差 Δt_d 正比于界面倾角,若已知界面以上覆盖层中的地震波速度 v_1,即可根据式(4-1-18)由倾角时差求得真倾角 φ。此外,倾角时差与 Δx 成正比时,为了提高测量倾角的精度,应尽可能采用较大的 Δx 值。

四、水平多层介质的反射波时距曲线

假设有一水平多层介质模型,如图 4-1-4 所示。R_1,R_2,R_3,…,R_n 为反射界面;h_1,h_2,h_3,…,h_n 为各反射界面的埋深;v_1,v_2,v_3,…,v_n 为各反射界面上覆地层中的地震波速度。在震源点 O 激发,经过 $n-1$ 个界面后在第 n 个界面反射到达地面 D 点被接收的反射波

的旅行时间为它经过各层的旅行时之和：

$$t = 2\sum_{i=1}^{n} \frac{h_i}{v_i \cos \alpha_i} \tag{4-1-19}$$

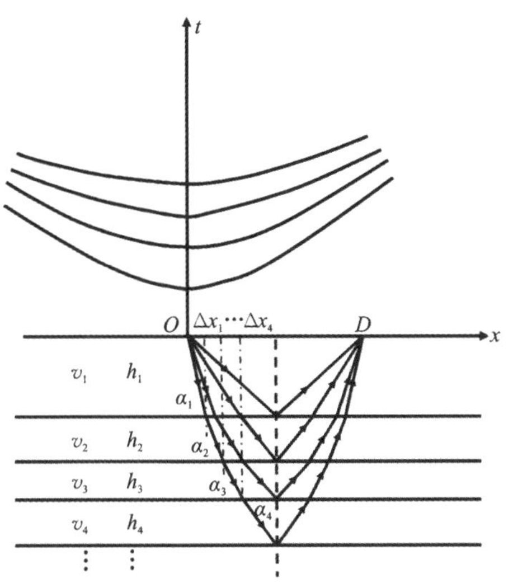

图 4-1-4　水平多层介质反射波时距曲线示意图

根据斯奈尔定律有

$$\frac{\sin \alpha_1}{v_1} = \frac{\sin \alpha_2}{v_2} = \frac{\sin \alpha_3}{v_3} = \cdots = \frac{\sin \alpha_n}{v_n} = p \tag{4-1-20}$$

于是有

$$\sin \alpha_i = p \times v_i \text{ , } \cos \alpha_i = \sqrt{1-(p \times v_i)^2} \tag{4-1-21}$$

将式(4-1-21)代入到式(4-1-19)中，可得

$$t = 2\sum_{i=1}^{n} \frac{h_i}{v_i\sqrt{1-(p \times v_i)^2}} \tag{4-1-22}$$

将上式进行二项式展开，略去高次项并令 $t_i = h_i / v_i$，于是得到第 n 个界面的反射波旅行时近似表达式：

$$t = 2\sum_{i=1}^{n} t_i + \sum_{i=1}^{n} t_i (p \times v_i)^2 \tag{4-1-23}$$

式(4-1-23)右边第一项为第 n 层反射波的双程垂直旅行时，我们用 t_{0n} 表示它，则式(4-1-23)可改写为

$$t = t_{0n} + \sum_{i=1}^{n} t_i (p \times v_i)^2 \tag{4-1-24}$$

另外，从图 4-1-4 中还可以看出，任意观测点 D 距离震源点的距离 x 可表示为

$$x = 2\sum_{i=1}^{n} \Delta x_i = 2\sum_{i=1}^{n} \frac{h_i \times p \times v_i}{\sqrt{1-(p \times v_i)^2}} \tag{4-1-25}$$

式(4-1-24)和式(4-1-25)共同组成了水平多层介质的反射波时距曲线方程组。式中的射线参数 p 是一个未知的常量，若将两式分别平方后，略去 $p \times v_i$ 的高次项，并消去参数 p，可得

$$t^2 = t_{0n}^2 + \frac{x^2}{v_\sigma^2} \tag{4-1-26}$$

式中，v_σ 为多层介质的均方根速度，其具体形式如下

$$v_\sigma = \left[\frac{\sum_{i=1}^{n} t_i v_i^2}{\sum_{i=1}^{n} t_i}\right]^{1/2} \tag{4-1-27}$$

由式(4-1-26)可知，对于水平 n 层介质的反射波时距曲线方程，只要将第 n 个界面以上的各层介质用一个地震波速度为均方根速度 v_σ 的均匀介质来代替，则它和水平两层介质时距曲线方程具有相同的形式，其时距曲线亦为对称于时间轴的双曲线。这样的简化方法，当观测点与震源间的距离 x 与反射界面深度 h 之比（x/h）小于 0.5 时，产生的误差较小。但随着距离 x 的增大，误差将逐渐增大。

另外也有一种更为简便的方法，那就是利用平均速度的方式，把反射界面以上的多层介质简化为均匀介质，在地震波的入射角较小时，简化的时距曲线与实际的时距曲线基本吻合，但同样的问题是随着距离 x 的增大，简化的均匀介质模型结果比真实介质模型的时距曲线开口要更收敛(即更陡)。相比于均方根速度，平均速度的值要小一些。从图 4-1-4 中所显示的水平四层结构的各反射波时距曲线看，当速度逐层递增时，各反射界面上产生的反射波时距曲线斜率在逐渐减小。

至于倾斜多层介质的反射波时距曲线方程则相对更为复杂，但也可以利用虚震源法类似地推导求取，此时的时距曲线是一系列不对称的双曲线。图 4-1-5所示是倾角不相同的多层情况地质模型及各反射界面产生的反射波时距曲线。

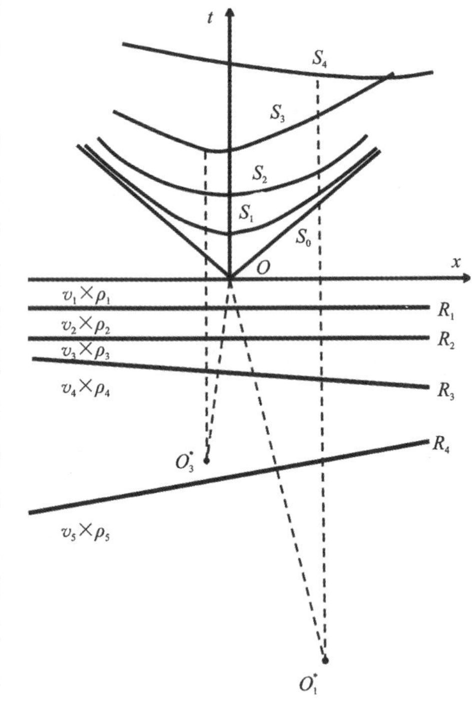

图 4-1-5　倾角不相同时的多层结构模型时距曲线示意图

五、断层和弯曲界面等复杂地质界面上的反射波时距曲线特征

以上讨论的为各类水平层状界面及倾斜界面上的反射波时距曲线特征，当震源附近存在断层或地层分界面是弯曲界面的时候，反射波时距曲线形态就更为复杂了，但利用前述的虚震源方法，依然可以分析出此类特殊情况下的反射波时距曲线的形态特征。

1.断层附近的反射波时距曲线特征

首先讨论最为简单的复杂构造情况，即水平地层结构中包含了垂直断层的情况，如图 4-1-6所示。震源点 O 点在断层下降盘一侧，过震源点 O 作下降盘反射界面 R_1A 的虚震源

点 O_1^*，因界面在 A 点断开，因此来自下降盘反射界面 R_1A 的反射波只能在 D_1 点左方被接收到，在 D_1 点右方则接收不到来自反射界面 R_1A 的反射波。因下盘依然为水平层状介质，故反射波时距曲线呈双曲线形态，极小值点在时间轴 t 上，且与前述水平层状两层介质一样，震源点的双程垂直旅行时 $t_0 = 2h_1/v_1$。

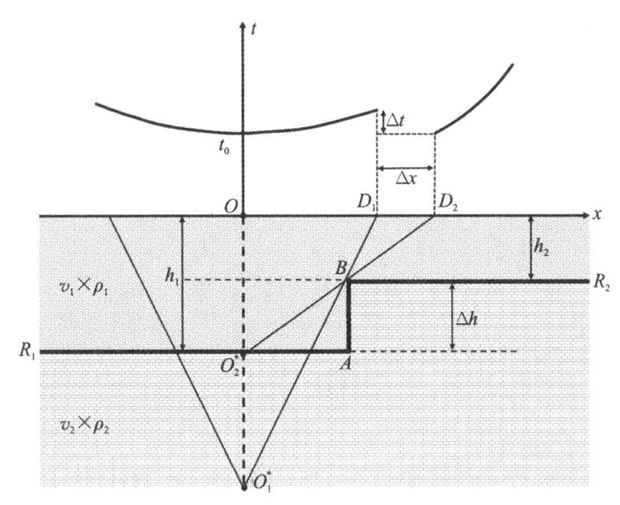

图 4-1-6　断层附近的反射波时距曲线

上盘的反射界面 BR_2 同样可以看作一个单独的反射界面，将它向左延伸后，作震源点 O 关于该界面的虚震源点 O_2^*。由此，我们不难看出来自上盘的反射界面 BR_2 的反射波时距曲线为一段位于 D_2 点右方的一段不完整的双曲线。从图中可知，时距曲线上 D_1 和 D_2 点对应的位置为时距曲线的两个断点，在两个断点之间不存在反射波的"空白区"。另外断点之间存在一个时间差 Δt，该时间差的大小和断层的断距 Δh 有关。若该时间差非常清晰而易于判别，那么可以根据该时间差计算出断层的断距大小。

另外，由于断点的存在，往往在地震记录上还能识别来自断点上的绕射波。实际工作中，在断层附近还可能存在"断面波"（当断层断面倾斜的情况下）。这类特殊波的存在，给断层附近的反射波识别造成了一定的困难。

2. 断层附近的绕射波时距曲线特征

地震波在传播过程中，当遇到断层的棱角、地层尖灭点、不整合面上的凸起点或侵入体边缘等岩石物性发生突变的地方，将发生地震波的绕射现象。根据惠更斯原理，绕射波以这些岩性突变点为震源位置，其波前面以球面的形式向外传播扩散。下面我们考虑最简单的一种情况来研究绕射波的时距曲线方程形式及其时距曲线特征。同样以前述断层模型为例，考虑断点 A 处产生的绕射波到达地面观测点 D 时的到时情况。

如图 4-1-7 所示，从震源点 O 出发的地震波在到达断层点 A 后，以绕射波形式继续传播到达地面 D 点被接收到。显然，可以将该绕射波的旅行时分为两段，第一段为入射波从震源点 O 传播到点 A 的时间

$$t_1 = \frac{OA}{v_1} = \frac{1}{v_1}\sqrt{L^2 + h^2} \tag{4-1-28}$$

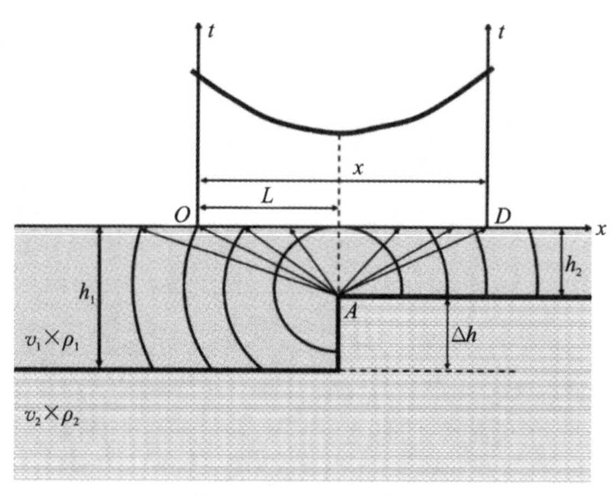

图 4-1-7 绕射波及其时距曲线示意图

另一段是绕射波从 A 点传播到 D 点的时间

$$t_2 = \frac{AD}{v_1} = \frac{1}{v_1}\sqrt{(x-L)^2+h^2} \tag{4-1-29}$$

其中，L 为 A 点在地面的投影点与震源点 O 之间的距离，h 为 A 点埋深深度。于是绕射波的总到时为

$$t = t_1 + t_2 = \frac{1}{v_1}\left(\sqrt{L^2+h^2}+\sqrt{(x-L)^2+h^2}\right) \tag{4-1-30}$$

式(4-1-30)即为绕射波的时距方程，式中第一项 t_1 是常数项。因此，绕射波的时距曲线形态主要由第二项 t_2 来决定，显然这依然是一个双曲线方程，双曲线型时距曲线的极小值点在绕射点到地面的投影位置上。根据该特点，我们可以从绕射波时距曲线图中定性判断断点的水平位置。

3. 弯曲界面时距曲线特征

在反射界面弯曲的情况下，来自弯曲界面上的反射波，其时距曲线的形态与界面的曲率密切相关。一般来说，因为界面弯曲，反射波时距曲线变得非常复杂，但是根据虚震源的概念，我们依然能够定性地勾画出弯曲界面上的反射波时距曲线。图 4-1-8 给出了两种不同类型弯曲界面的反射波时距曲线。从图 4-1-8(a)中可以看出，山谷形态反射界面上的反射波时距曲线呈一个环状，这类型的反射波通常也被称为回转波。而从图 4-1-8(b)中可看出，山脊形态的反射界面上，反射波时距曲线存在明显的脱节现象。图 4-1-9 总结了当反射界面从曲率为正的凸起状态转变为曲率为负的凹陷状态时，反射波时距曲线相应的变化情况。从图中可知，除部分反射界面曲率特殊的情况，一般而言，反射波时距曲线的弯曲方向与界面的凹凸规律相反。当界面为圆弧的一段(圆弧圆心位于震源点 O)时，所有的反射波都将汇聚于震源点，测线上其他位置无法观测到反射波。其他情况的特征，可以类比分析获得。

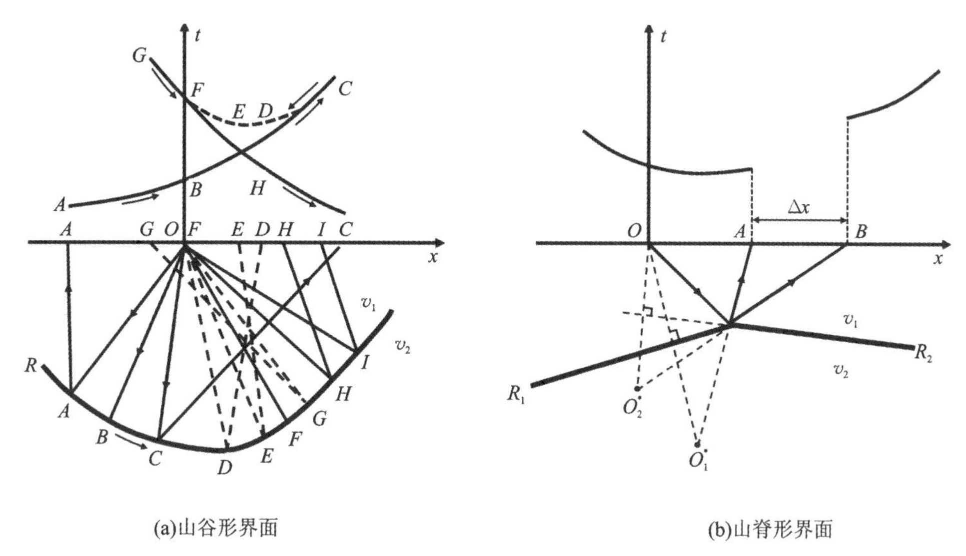

(a)山谷形界面　　(b)山脊形界面

图 4-1-8　弯曲界面时距曲线特征

六、多次反射波的时距曲线

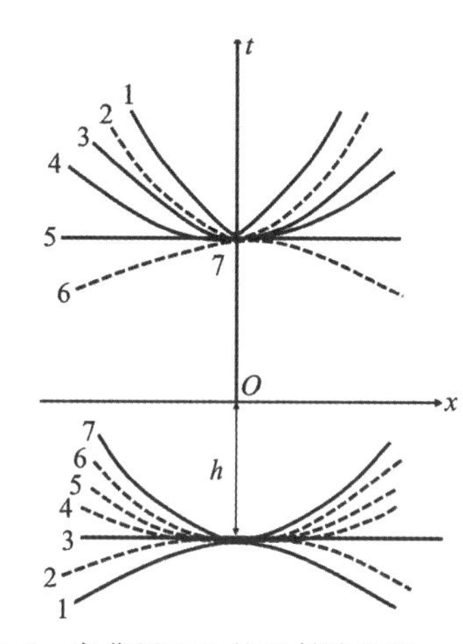

图 4-1-9　弯曲界面上的反射波时距曲线特征与界面曲率的关系

实际勘探中，除了上述的一次反射波外，实际上地震波在地层界面及地面之间经常会发生多次的来回反射，使得实际地震记录上呈现出更多、更为复杂的反射波记录。当反射界面上下地层波阻抗差异较大时，在这类地层界面上极容易发生反射波的反复被反射，形成多次反射波。比如地下介质与空气间的自由表面便是一个非常良好的反射界面，地下从地层界面上传的反射波到达地面后会产生向下的反射波，当该反射波遇到地下的反射界面时又可以再次发生反射，返回地面，如此反复，就形成了多次反射现象。多次反射波的类型有很多种，如图 4-1-10 所示，列举了常见的一些多次波类型及反射过程。整体上，多次反射波可分为两大类：一类为全程多次波；一类为短程多次波。其中，全程多次反射波有着特定的传播规律，会形成与一次反射波形似的明显同相轴，在反射波勘探中是一种规则的干扰波；短程多次波中，一部分是产生于地层夹层间的，没有固定的规律，这类型的多次波往往紧跟在一次反射波后达到接收点，与一次反射波相互干涉，或成为了一次反射波的延续，因而一定程度上改变了一次反射波的形态。多次反射波往往容易掩盖住后续到达的来自更深层反射界面的反射波，因此在解释过程中容易出现错误的地质解释。多次反射波是反射波勘探中的较强干扰之一，在资料处理和解释时应特别予以甄别。

多次反射波因类型较多，故其时距方程形式的推导也比较复杂，但根据前述虚震源法的思想，我们依然能推导给出部分有规律的全程多次反射波的时距方程形式，并据此勾绘出相

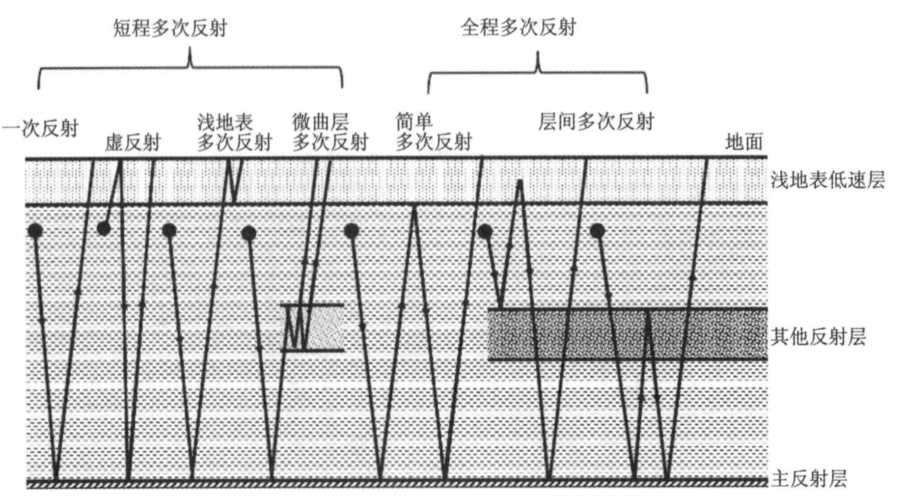

图 4-1-10　多次反射波类型及其射线路径示意图

应的反射波时距曲线。下面我们以推导来自一个倾斜界面的二次全程反射波的时距方程为例,说明全程多次反射波的时距方程推导过程。

假设地表水平,地下存在一倾角为 φ 的反射界面 R,震源点 O 处反射界面 R 的法线深度为 h ,测线与界面在地面的交点假设为 O' ,如图 4-1-11 所示。界面上覆地层中的地震波速度为 v_1 ,下伏地层中的地震波速度为 v_2 。当一次反射波沿路径 OAB 到达地面时,因能量较强,而地面也是良好的反射界面,故该反射信号又会被地面反射产生向下传播的反射波,之后再次到达界面 R 时被反射,形成二次反射波,其射线路径为 BCD 。全程二次反射波按照路径 $OABCD$ 到达距离震源 x 远的接收点 D 处被接收。

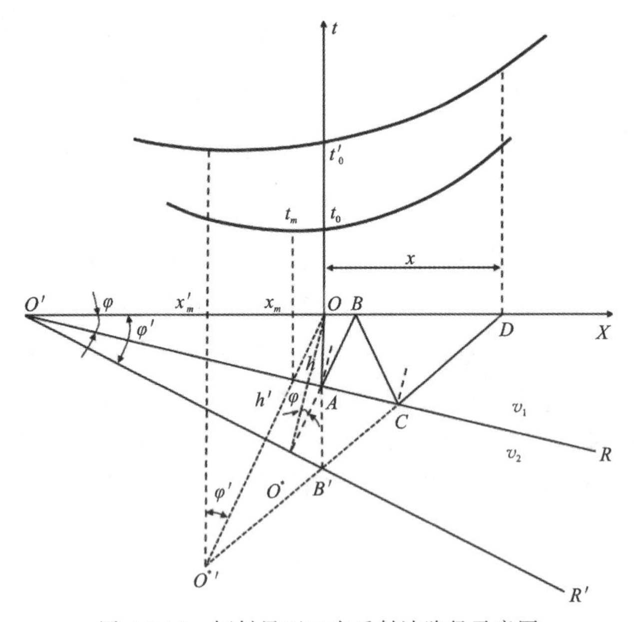

图 4-1-11　倾斜界面二次反射波路径示意图

为求取全程二次反射波的时距方程，我们将地面以一次反射界面为轴作镜像翻转，得到虚拟界面R′，从图中可看出，二次全程反射波的射线路径 $OABCD$ 与路径 $OAB'CD$ 等价。则二次全程反射波的传播时间可以根据虚拟界面R′上的一次反射波计算。因此，我们先作界面R′的虚震源点 $O^{*\prime}$ 。根据图中的简单几何关系，不难看出，R' 的倾角为 $\varphi' = 2\varphi$ 。震源点 O 到R′的法向深度为

$$h' = 2h\cos\varphi = h\,\frac{\sin 2\varphi}{\sin\varphi} \tag{4-1-31}$$

将 v_1 和 h' 代入倾斜界面反射波到时公式，即式(4-1-10)中，便可得二次反射波的时距方程，即

$$t' = \frac{1}{v_1}\sqrt{x^2 + 4\,\frac{\sin^2(2\varphi)}{\sin\varphi}hx + 4\,\frac{\sin^2(2\varphi)}{\sin^2(\varphi)}\,h^2} \tag{4-1-32}$$

从上式可以看出，二次反射波的时距曲线仍然是双曲线，而因二次反射波以速度 v_1 传播，曲线的斜率与一次反射波的相似。当 $x = 0$ 时，有

$$t'_0 = \frac{2\,h'}{v_1} = \frac{2h\sin 2\varphi}{v_1\sin\varphi} = \frac{\sin 2\varphi}{\sin\varphi}\,t_0 \tag{4-1-33}$$

当界面倾斜程度较缓，即 φ 值很小时，$\frac{\sin 2\varphi}{\sin\varphi} \approx 2$ ，则 $t'_0 = 2\,t_0$ ，即二次反射波的双程垂直旅行时 t'_0 是该界面一次反射波的双程垂直旅行时的 2 倍。对于更多次(m 次)的反射，可以同样求得它们的双程垂直旅行时 $t_0(m)$ 与一次反射波 t_0 的关系为

$$t_0(m) = \frac{\sin m\varphi}{\sin\varphi}\,t_0 \approx m\,t_0 \tag{4-1-34}$$

一般情况下，地震波的速度都是随着地层埋深的增大而增大，多次波的正常时差通常大于 t_0 相同的一次反射波的正常时差，这是全程多次反射波与一次反射波之间的重要差异。

第 2 节　反射波资料采集与野外工作方法

反射波法的野外工作方法和施工过程与折射波法类似，可以采用相同的测线设计和布置原则。但反射波作为地震记录中的续至波，其干扰波相比于折射波和面波而言要更为复杂，因此在反射波法数据采集方案设计的过程中，了解震源激发特性、波场分布特征的试验性工作和抗干扰的施工方案设计显得更为重要。施工场地干扰波调查试验是反射波法施工前的重要试验性工作，根据场地调查结果并结合合理的理论分析，才能确定最优的反射波数据采集施工方案。

浅层反射波法野外数据采集时，为有效压制干扰波和突出有效的一次反射波，通常会根据不同的调查结果选择不同类型的观测系统。而使用最多的观测系统有两种：一种是宽角范围观测系统；一种是多次覆盖观测系统。其中宽角范围观测系统是将检波器布置在临界点附近进行观测的一种数据采集方案，因为在此范围内反射波的能量相对比较强，且能有效避开声波和面波的干扰。这种观测方案对波阻抗差异较小的“弱”反射界面效果尤为明显。图 4-2-1所示为来自同一反射界面的反射波信号的振幅随接收位置的变化关系曲线，在折射

波的临界点附近，反射波的能量呈现出明显的增大特征。在实际勘探中，往往不会单独使用宽角范围观测系统，而是将它与多次覆盖观测系统结合使用，以取得最好的观测效果。而临界点附近宽角观测的最佳范围，通常需要根据场地干扰波调查试验来确定。关于多次覆盖观测系统，后面一小节我们将详细介绍，本节主要介绍反射波法观测系统的基本概念，以及基于单次覆盖的观测系统的主要形式。

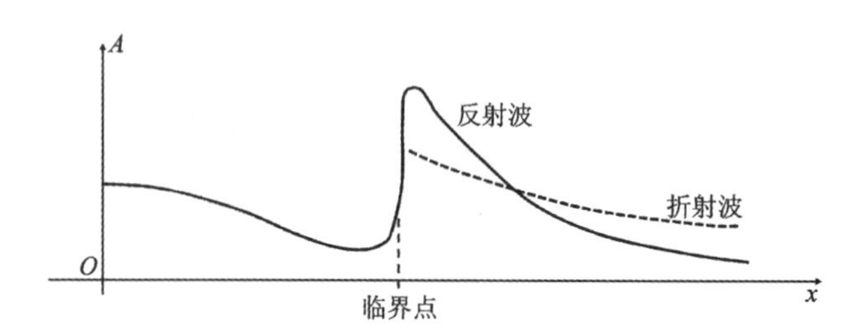

图 4-2-1 同一反射界面的反射波振幅随接收距离的变化关系示意图

为有效追踪目的层位，连续地获得地下构造信息，浅层反射波勘探通常采用的排列类型有中间放炮-双边接收排列和单边放炮-单边接收排列两种。沿测线观测时，最为常规的观测方式是采用单边放炮的方式，沿着一个方向移动炮点和检波器排列。观测过程中若发现地下反射界面倾斜，为保证有效反射波能量较强，便于在地震记录中识别，需实时调整放炮方式，尽量保证在界面下倾方向激发而在上倾方向接收。

根据地震波的反射原理可知，在地面及地下岩层均为水平的情况下，反射波所观测的地下反射界面的范围一般仅为观测排列的一半。这种情况在界面倾斜时有所改变。为了让探测界面的范围覆盖整条测线，必须根据测线的长度和反射波的探测范围设计合适的道间距及炮点间距。

一、反射波法观测系统

1. 反射波法观测系统的图示方法

反射波法的观测系统一般采用时距平面图或综合平面图的方式来表达。时距平面图如图 4-2-2(a)所示，采用时距曲线表示激发点和接收排列的相对位置关系。综合平面图则是将测线绘制于图纸上，从测线的各激发点出发，分别向测线的两个方向作与测线成 45°角的辅助直线，构成菱形坐标网格，并将各测线上的接收段分别投影到通过相应激发点的坐标线（辅助斜线）上，用粗线条突出显示出来，如图 4-2-2(b)所示。

2. 反射波法的观测系统

根据单次覆盖的反射波观测系统追踪地下反射界面，主要有以下几种类型。

(1)简单连续观测系统。该观测系统是浅层反射波法地震勘探中最简单的一种观测系统，其观测方式如图 4-2-2(a)所示。震源首先在 O_1 点激发，在 O_1O_2 段接收，根据反射波的反射原理，此时探测的是反射界面上的 A_1R_1 段。之后，挪动震源点到 O_2 处激发，但依然在 O_1O_2 段接收，而此时探测的是反射界面上的 R_1A_2 段。在这样的观测方式中，类比于折射波

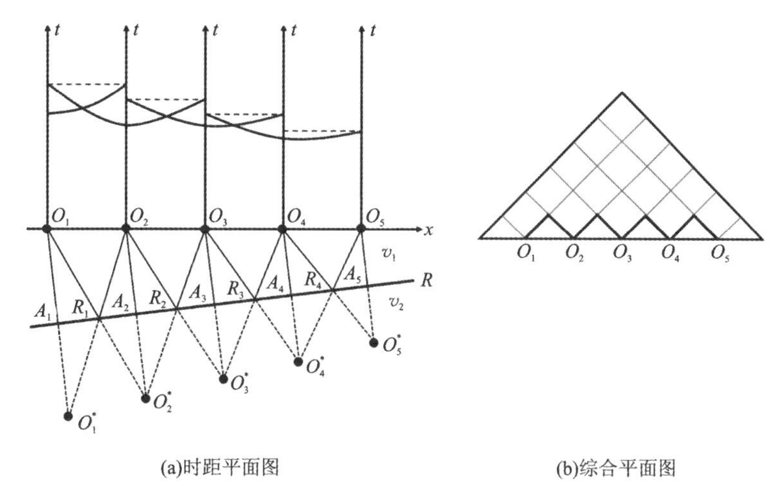

(a)时距平面图　　(b)综合平面图

图 4-2-2　简单连续观测系统示意图

法的观测系统称谓,我们称 O_1 点和 O_2 点为互换点,在这两个震源点激发时,虽然波的射线方向是不同的,但反射波的传播路径并未改变,因此其传播的时间是相等的。在 O_1O_2 段观测完毕后,整体挪动观测排列至 O_2O_3 段,以类似的方式激发地震波和接收来自反射界面的反射波,可依次获得 A_2R_2 和 R_2A_3 段目标反射界面。如此反复,即可完成整个反射界面的观测。这样的观测系统即为简单连续观测系统,所有的接收段都位于震源点附近,野外作业较为方便和简单。观测时因在震源点附近,故较少受到折射波的干扰,但却无法避免声波和强面波的干扰。其观测系统综合平面图如图 4-2-2(b)所示。

(2)间隔连续观测系统。该观测系统的偏移距相比于简单连续观测系统而言,普遍较大。它的观测方式为:震源先在 O_1 点激发,在 O_2O_3 段接收;之后进行位置互换,在 O_3 点激发,而在 O_1O_2 段接收,这样便实现了大偏移距激发和接收。该观测方式的时距平面图和综合平面图如图 4-2-3 所示,通过互换震源点,依然可以实现反射界面的完全观测。这种观测系统,因距离震源点较远,可以用来避开震源点附近的强声波和面波干扰。一般而言,声波速度和面波速度都要远小于地层介质中的纵波速度,所以当接收点距离震源较远时,反射波先于声波和面波到达,不受二者干扰,因而在地震记录上易于识别。

(3)延长时距观测系统。浅层地震勘探时由于受场地的限制,有时无法一次性完整地布设完一条观测线,而只能将测线分成若干段进行观测,如遇到河流、池塘、村庄或居民聚居区时,无法合适地布置观测线,那么此时如何保证地下反射界面被完整地观测到?此时就需要采用所谓的延长时距观测系统。该观测系统的时距平面示意图如图 4-2-4 所示,测点 O_1 和 O_2 之间为河流等无法布设检波器的位置,此时可以在 O_1 点激发地震波,在 O_2B 段接收反射波,得到时距曲线 t_A ,它对应的反射界面段为 CD 。之后更换震源点至 B 点,在 O_1A 段接收,这样得到反射波时距曲线 t_B 及反射界面段 DE 。采用这样的观测方式,即可完美地实现对无法布设检波器的 AB 段下方反射界面的探测。但该观测系统也并非万能,该观测系统不能使障碍物两侧的简单连续观测系统互换对比,另外当障碍物宽度较大时,该观测系统也将失效。

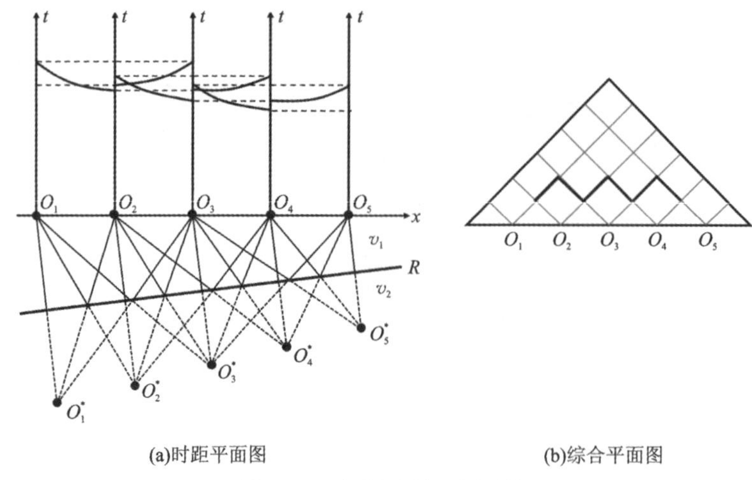

(a)时距平面图　　　　(b)综合平面图

图 4-2-3　间隔连续观测系统

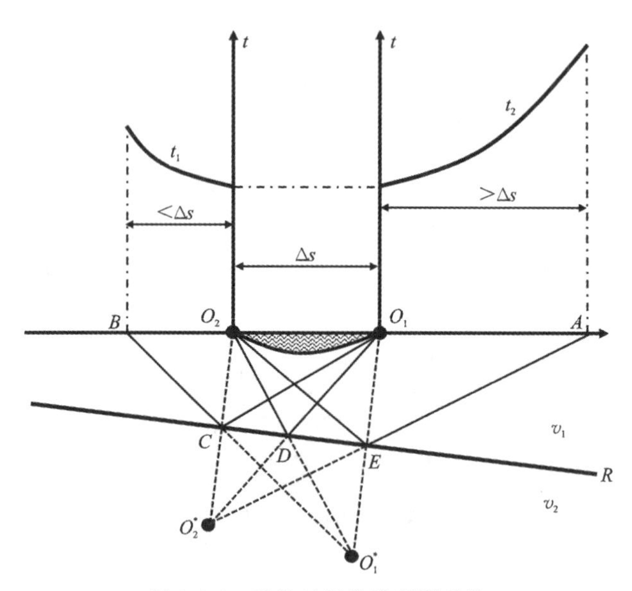

图 4-2-4　延长时距曲线观测系统

二、数据采集参数选择

浅层地震反射波法野外施工时，能否获得高质量的目的层有效反射波，除合理的观测系统设计外，数据采集参数的选择也至关重要。在参数试验工作中，需要设计并试验的参数主要有以下几种。

(1)记录长度与采样间隔。其中记录长度以能够记录到最深目的层有效反射波为准则，且需适当留有一定余地。地震仪上采样点数及采样间隔参数各有几种不同选择项，选定采样点数及采样间隔后，二者的乘积即为采样长度。采样间隔的大小，关系到记录波形的精度，一般而言，采样间隔设置得越小，地震波形的记录精度就越高；若记录长度一定，则数据文件大小越大，地震波形的记录精度越高，反之则相反。在满足记录长度要求的情况下，采样间隔的选择，应以反射波每个视周期内不少于 10 个采样点为标准。

(2)最小偏移距及最大偏移距。最小和最大偏移距分别指第一道检波器和最后一道检波器与震源间的距离。最小与最大偏移距的选择应以目的层反射波尽量不被噪声所掩盖为原则。另外，最大偏移距稍大一些，有利于速度分析工作的开展，但太大也会带来广角反射畸变的影响，其最佳选择的判别依据是使多数重要反射波的同相轴连续且易于识别。根据地震勘探经验，取目的反射深度相近的距离作为最大偏移距大小比较合适，一般而言可将最大偏移距的取值范围定在 0.7 ～ 1.5 倍目的反射层深度。

最小偏移距，通常也直接称为偏移距(offset)。一般而言，反射波法勘探要求最小偏移距尽量选择得小一些，以便于分析各类地震波与时间的关系。但偏移距很小时，位于震源附近的检波点易受到强声波和面波的干扰，这类干扰波的振幅较强，可能会掩盖一切有效反射波信息。因此，最小偏移距的选择，应以能避开强干扰为原则，且整个接收排列应布置在反射波优先于地面噪声及滞后于临界折射波信号到达的测线段为佳(即前述宽角范围内)。

(3)道间距(Δx)。道间距的确定取决于前述最大、最小偏移距，总记录道数，空间采样率和空间分辨率等因素。一般而言，道间距的选择应遵循以下原则。

a. 道间距(Δx)的选择应有利于有效波的对比。假设反射波视速度为 v^*，则根据视速度定理有 $v^* = \Delta x/\Delta t$，Δt 表示相邻两道间反射波到时差，再假设反射波的视周期为 T，则为了有利于有效波的对比，Δx 选择时应满足使其对应的 $\Delta t < T/2$。因此，道间距(Δx)应选择小于 $v^* \cdot T/2$。如 4-2-5(a)中所示，当 $\Delta x/v^* = \Delta t < T/2$ 时，道间距选择较为合适，有利于有效反射波波形的对比识别，而图 4-2-5(b)中，由于 $\Delta x/v^* = \Delta t > T/2$，此时道间距选择过大，不利于波形对比，有效波识别困难。

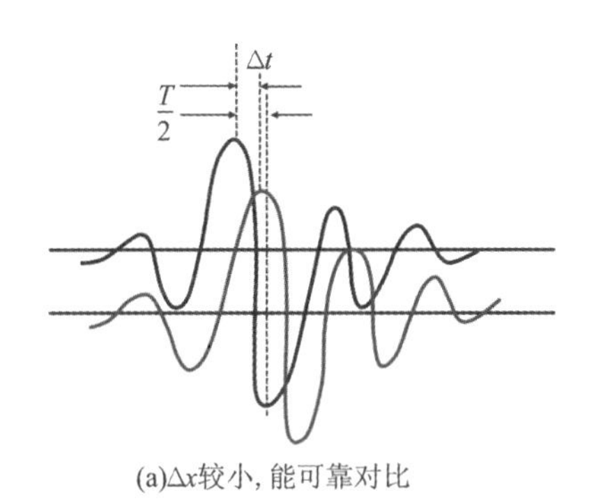

(a)Δx较小, 能可靠对比

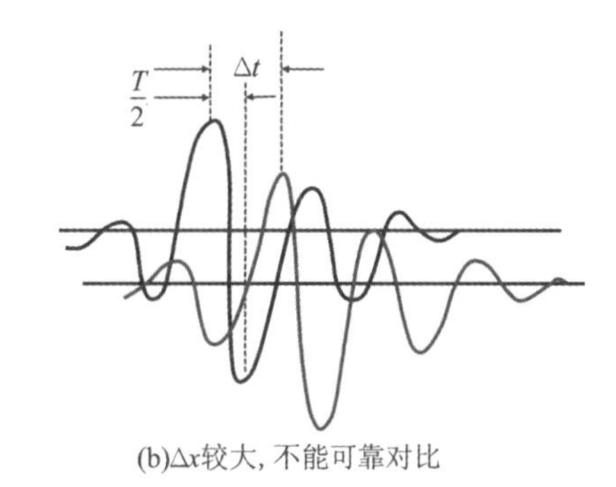

(b)Δx较大, 不能可靠对比

图 4-2-5　道间距的选择原则示意图

b. 道间距(Δx)的选择应保证对目标反射界面进行充分的采样，在地层倾角较大或有断层存在时，应将道间距适当选择得小一些。

c. 道间距(Δx)不宜选择得过大，否则将造成空间采样不足，在某些条件下甚至会出现空间假频。因此，确定道间距时应确保有足够的空间采样率，以便于识别有效反射波。如图 4-2-6 所示，当 Δx 选择过大时，地震波便存在着空间假频，在解释时可将图 4-2-6(a)所示的地震记录解释为图 4-2-6(b)和图 4-2-6(c)两种完全不同的情况。

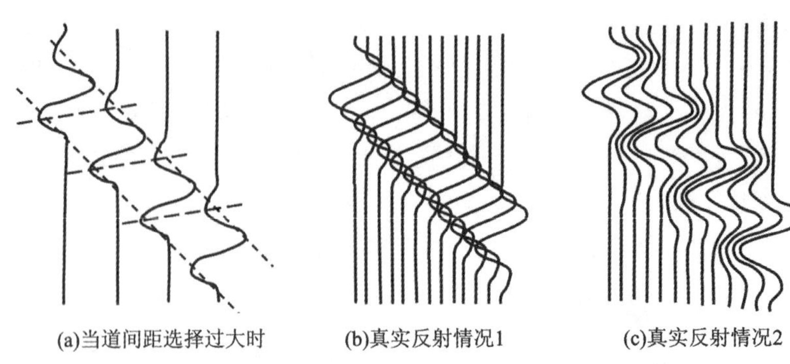

图 4-2-6　空间假频与道间距的关系示意图

三、震源频谱特性

用于反射波法勘探的地震震源需从频率特性、工作效率、激发能量、安全性、施工成本等多方面综合考虑。前面一章中，在介绍折射波法野外工作时，我们已经介绍过浅层地震勘探中常用的震源类型，反射波法勘探和前述折射波法勘探所采用的震源类型基本相同。但反射波法所使用的震源除应能激发一定的地震波能量外，还需具备一定的频率特性，使激发的地震波频谱特性满足分辨率的要求。因此，在这里我们对浅层反射波法中常用的各类型震源的频谱特征给大家做简要的补充介绍。

1. 锤击震源

作为最廉价的震源类型，锤击震源在浅层地震勘探中应用非常多，特别是在勘探深度要求不大的情况下。锤击震源的频谱主要受大锤质量的限制，锤子质量越大，所激发的地震波频率越低。图 4-2-7(a)是 22 磅(1 磅≈0.45kg)重的大锤锤击地面激发后经过多次增强的地震波信号频谱，检波器布设于偏移距为 2m 的位置，由图可知，此锤击方式激发的地震波 100Hz 以下有较强的能量。图 4-2-7(b)是由 1.5 磅重的小铁锤敲击混凝土构件时一次激发的地震波频谱，其接收点距震源 0.6m，从频谱图可知，该激发方式能量主要集中在 600～800Hz 的频段范围。

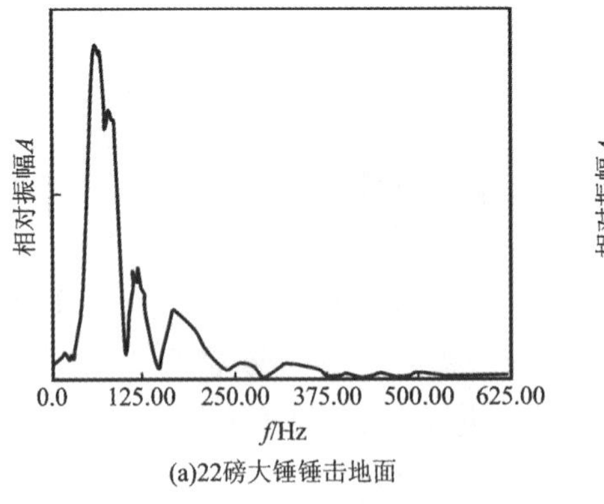

(a)22磅大锤锤击地面

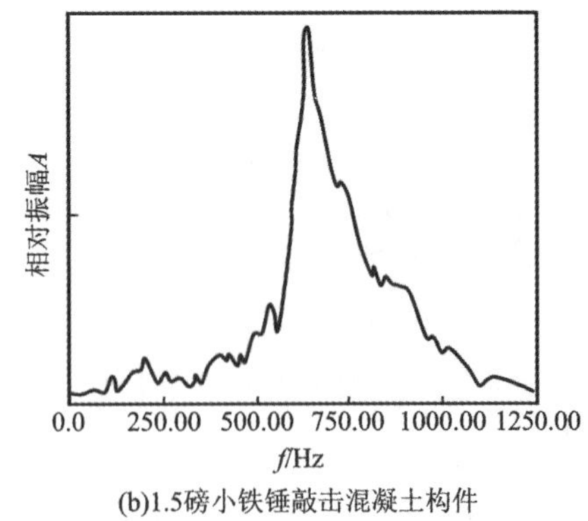

(b)1.5磅小铁锤敲击混凝土构件

图 4-2-7　锤击震源的频谱特征

2. 炸药震源

由炸药或雷管爆破作为震源，能激发较强能量的地震波，且频率成分非常丰富。图 4-2-8 对比分析了锤击震源和炸药震源所激发地震波的频谱特征。图中虚线为炸药震源所激发的地震波频谱，实线为锤击震源激发的地震波频谱曲线。从图中容易看出，相比于锤击震源，炸药震源激发的地震波具有主频高、频带宽的特点。

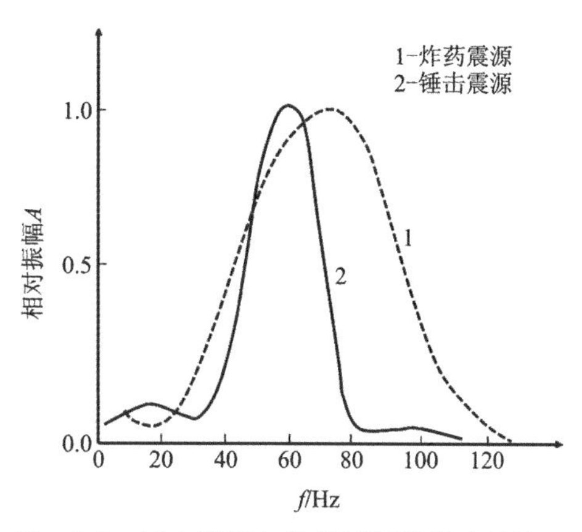

图 4-2-8　锤击震源与炸药震源激发地震波的频谱对比

当然，采用炸药作为震源开展浅层地震勘探时，所激发的地震波主频及振幅与炸药当量有关，使用的炸药量较小时，激发的地震波具有主频高而振幅弱的特点；使用的炸药当量较大时，激发的地震波则具有低主频、高振幅的特点。图 4-2-9 是采用不同炸药当量激发的地震波的频谱曲线，通过对不同炸药量震源所激发的地震波频谱曲线的对比研究，人们发现炸药震源激发的地震波振幅大约与炸药量的 1/3 次方成正比。

地震波的延续时间同样与所用震源类型及激发方式有一定关系。图 4-2-9(a)是采用大当量炸药激发的地震波波形，其振动持续时间大约在 28ms；图 4-2-9(b)是小当量炸药激发的地震波波形，其振动持续时间短了很多，大约在 15ms。显然，采用小药量的炸药激发时，可获得振动持续时间短的类似脉冲信号。地震勘探时，如果地震波的振动持续时间短，那么几个反射波在时间上可充分地分开，信号不至于叠加在一起；而与之相反，若地震波的振动持续时间很长(即视周期长)，几个不同的反射波信号因持续时间长而靠得很近，就极容易发生重叠，以至于难以识别出某个单独的反射波信号，也不易确定反射波的到达时间。所以，震源脉冲的持续时间问题对浅层反射勘探来说比深层反射勘探要更为重要。一方面是因为浅层反射波的持续时间较短，一般比较接近于震源脉冲的持续时间；另一方面，震源脉冲的持续时间还直接关系到浅层反射波勘探的垂直分辨率。因此，在浅层地震反射波勘探时，应尽可能在满足激发足够强能量的前提下，使震源脉冲的持续时间更短。故在高分辨率浅层反射波法勘探时，一般使用小药量的炸药震源。

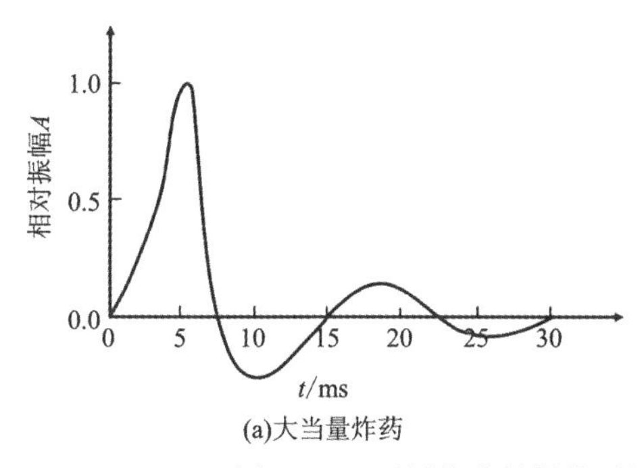

(a)大当量炸药

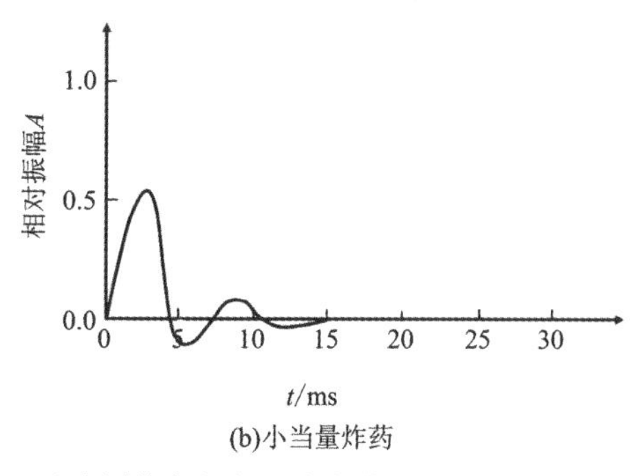

(b)小当量炸药

图 4-2-9　不同炸药量爆炸震源激发的地震波周期与振幅的变化特征

炸药震源中，另一种廉价的爆破物为雷管，雷管可与炸药组合在一起使用，也可以单独作为爆炸物用于激发地震波。图 4-2-10(a)为雷管激发的地震波频谱，由图可见，雷管激发的地震波频带较宽，可从低频一直延伸到 260Hz 以上。

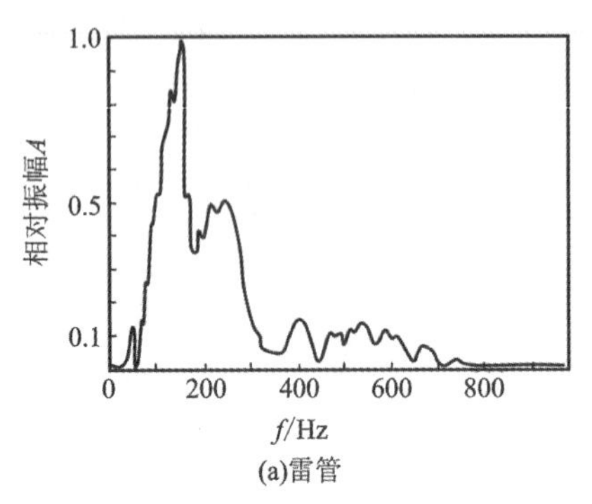

(a)雷管

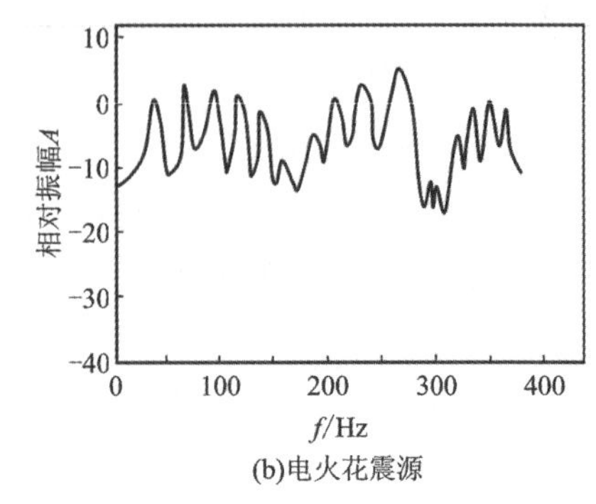

(b)电火花震源

图 4-2-10　雷管和电火花震源激发的地震波频谱特征

3. 电火花震源

电火花震源利用电容器储存高压电能，之后在水中通过相互靠近但不接触的电极进行瞬时脉冲放电的方式激发地震波。该种震源激发的地震波具有较好的重复性，激发方式也较为灵活。在水中激发纵波时，它的能量高于锤击震源，能量大小可调节，使用安全，操作较为方便。图 4-2-10(b)为电火花震源的振幅谱，从该频谱可看出，电火花震源激发的地震波频谱较宽，但能量不太集中。与其他震源激发的地震波频谱相比，低频能量较弱，高频能量较强。

浅层地震勘探时，一般根据工作目的、场地条件、场地调查结果、施工经费等因素和分析结果综合考虑，最终选定合适的震源类型。

四、检波器组合接收

反射波法勘探时，为增强反射波信号，通常会采用检波器组合的方式接收反射波信号。即在同一观测点上，布置两个甚至更多检波器，并将这些检波器接入同一个地震记录道来接收地震波信号。组合检波主要利用的是干扰波与有效反射波之间存在的视速度差异，达到压制干扰、增强有效反射波信号的目的。

如图 4-2-11(a)所示，在某观测点两侧间距为 Δx 的对称位置布置检波器 x_1 和 x_2，在两点距离较近的情况下，可以近似地认为地震波沿相互平行的射线路径到达两检波器处。假设有视速度分别为 v_1^* 和 v_2^* 的面波及地层界面反射波，并分别以不同的入射角到达接收点处。面波在检波器 x_1 和 x_2 处的到达时差为 $\Delta t_1 = \Delta x / v_1^*$，反射波到达时差为 $\Delta t_2 = \Delta x / v_2^*$。从图 4-2-11(a)中可以看出 $v_2^* \gg v_1^*$，因此 $\Delta t_1 \gg \Delta t_2$。所以只需要选择一个合适的 Δx，时间差 Δt_1 可以约等于面波视周期的一半，即 $\Delta t_1 = T_1^* / 2$，则 $\Delta t_2 \ll T_1^* / 2$。此时若将检波器 x_1 和 x_2 接收到的地震信号直接叠加，结果将使得视速度为 v_2^* 的反射波得到加强，而视速度为 v_1^* 的面波受到了压制，如图 4-2-11(b)所示，这样的叠加方式也称为正向组合。若将检波器 x_1 和 x_2 接收到的地震信号反极性后叠加，其结果是视速度为 v_2^* 的反射波被压制，而视速度

为 v_1^* 的面波信号被增强，这种组合叠加方式被称为反向组合。由此可知，选定合适的组合检波间距后，正向组合可以加强视速度很大的地震波信号而压制视速度很小的地震波信号；而反向组合则增强了低视速度的地震波信号，压制了高视速度的地震波信号。因此，在浅层地震勘探中，可以根据有效波和干扰波到达地面的入射角的不同，或者说视速度的差异，选择合适的方式进行组合检波，既可突出有效波，又可压制干扰波。

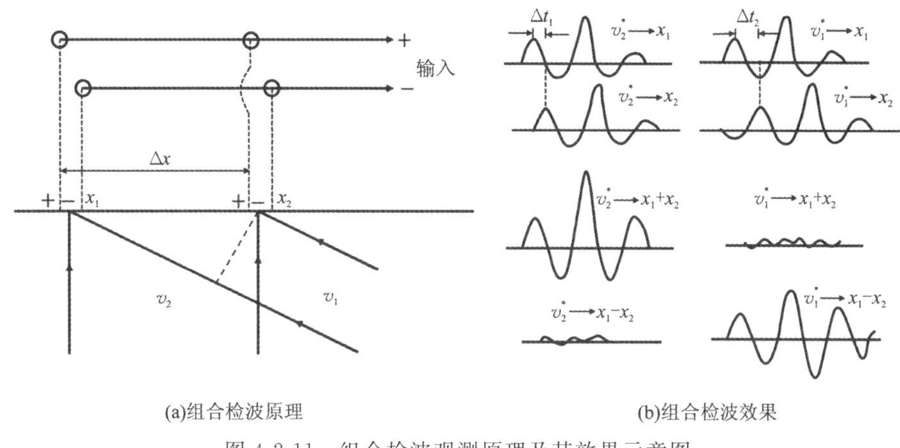

(a)组合检波原理　　(b)组合检波效果

图 4-2-11　组合检波观测原理及其效果示意图

实际浅层反射波法勘探中，通常利用组合检波的办法来压制能量极强、视速度却较低的面波干扰，实际组合检波间距需根据场地试验来确定。实际勘探中，干扰波的种类较多，一般而言，两个检波器的组合检波方式不足以压制所有类型的干扰，此时往往需要采用更多的检波器，并进行合理的组合。另外，需要注意的是组合检波方法有低通滤波的作用，压制干扰波的同时也会压制高频地震波信号。因此，在对分辨率要求较高的情况下，不宜采用组合检波的方法压制干扰波。

五、浅层反射波法干扰波类型及干扰波调查

浅层地震勘探中，地震震源激发后，由于浅层介质的复杂性，受地表及地下各种弹性介质的影响，将产生各种不同类型的地震波。根据具体的地质问题及勘探目的，可以将这些地震波分为有效波和干扰波两类，地震方法不同，有效波和干扰波也不同，在一种方法中的有效波在另一种地震勘探方法中可能为干扰波。浅层反射波法中，反射波为有效波，其他包括折射波和面波在内的波动都被定义为干扰波。根据干扰波的产生规律，可将它分为规则干扰波和非规则干扰波两大类。规则干扰波在浅层反射地震记录上具有一定规律性，能追踪到相对连续的同相轴；而非规则干扰波则在地震记录上表现出完全的随机性，毫无规律可循。规则干扰波包括声波、面波、折射波、多次反射波、侧面波、交流电和通信干扰等；非规则干扰波则包括风吹草动、地震尾波、工地和交通等产生的机械微震噪声等。无论浅层地震勘探还是中深层地震勘探中，以上两类噪声都是同时存在于地震记录中的，因此地震勘探技术从起源之初开始发展至今，始终都面临着压制干扰波的问题。

1. 规则干扰波

(1)声波。声波是震源激发地震信号的同时引起空气质点振动产生的一种纵波波动,该波动从震源出发,沿地面在空气中直接传播到达检波器被接收。无论在坑中或浅井中采用炸药和雷管爆炸的炸药震源还是直接锤击在地面的锤击震源,都能产生较强的声波干扰。声波的传播速度是恒定的,即空气中的声波速度(340m/s)。声波干扰的另一个特点是频率高,延续时间长,在地震记录上常呈现出振幅较强、波形尖锐的同相轴。因此声波在地震记录上有着整齐的同相轴,特征明显,易于识别。但在浅层地震勘探时,若目标层位埋深较浅,声波易与直达波和反射波等相互干涉,导致无法准确地读取其波至时间。

(2)面波。地震震源激发时,不仅仅只激发一种类型的地震波,另外由于地下介质的复杂性,各类地震波还可能发生相互间的类型转换,因此类似于锤击和炸药等震源所激发的地震波同时有纵波和横波成分,而由于纵波与横波在自由地表附近的相长干涉又将形成浅层地震反射波和折射波法勘探中能量最强的干扰波——瑞利波。瑞利波的传播速度略小于地层介质中的横波速度。在浅层勘探中,瑞利波速度范围在100～1000m/s,而其频率相对反射波和折射波而言要低,主频在10～40Hz。瑞利波的能量沿垂直方向迅速衰减,而在水平方向上几乎不衰减,因此属于浅层反射波法和折射波法勘探中的强干扰波。瑞利波还具有频散特性,利用该特性它已成为浅层地震勘探方法中的有效波之一,被广泛应用于浅层地层分层等工作,这些我们将在主被动源面波勘探方法中着重介绍。此外,如锤击等地表撞击源激发地震波时,约有2/3以上的能量转换成了面波,故面波在地震记录中展现出来明显的高振幅、宽波形、长延续时间、多周期的特征。在地震记录中,面波一般呈明显的扫把状。在浅层反射波勘探时,特别在近震源处,面波常常会掩盖反射波信号,致其无法辨识,为主要的干扰波。

(3)工业交流电和通信电讯干扰。地震检波器拾取地震信号的原理是电磁感应,因此当地震测线经过高压线附近时,地震检波器和传输线缆同样会感应到周期为50Hz(或60Hz)的工业交流电,形成在整个地震记录剖面或者部分记录道上出现的正弦型波形记录。工业交流电干扰的振幅大小受到输电电压、输电线缆粗细、检波器测线与输电线的距离、检波器线缆的漏电情况等因素的共同制约。除工业交流电干扰外,如果检波器布置在通信电缆附近,同样会检测到类似于交流电干扰的规律通信电信号。以上两种信号都属于正弦型信号,使得整个记录上的有效反射波记录变得杂乱无章,无法识别。

(4)多次反射波。前面一节我们讨论反射波时距曲线时讨论过多次波的形成及其时距曲线特征,当地下存在强波阻抗界面时,容易产生多次反射波,其特点与一次反射波相似。由于地下介质中地震波传播速度通常随深度的增加而递增,所以多次反射波的传播速度一般低于同时间的正常反射波。多次反射波的正常时差大于一次反射波的正常时差,时距曲线斜率也同样大于一次反射波的时距曲线斜率。在地震单炮记录或剖面上,简单多次波的传播时间与对应的一次有效反射波到达时间近似成倍数关系。

(5)侧面波。在浅层地震勘探中,由于浅地表介质的复杂性,经常会遇到地形剧烈变化或存在陡倾地层的情况,如测线附近存在岩性突变界面、潜藏的旧房屋地基、防空洞、地下管道、陡倾的人工边坡和堤坝等,此时地震记录中将产生明显的来自测线旁侧不均匀地质体的反射干扰，这类反射波型的干扰波，我们称之为侧面波。另外，进行水上浅层地震勘探时，若测线旁侧存在暗礁、沉船等，同样可能产生侧面反射波。

2. 非规则干扰波

(1)地震尾波及微震。与震源激发的地震波无关的地面扰动，包括风吹草动、降雨、海浪、流水、人畜走动、工厂及工地的机械振动、交通噪声、地震尾波等随机干扰波，统称为微动或微震信号。微动信号的特点是强度不一、频带较宽、持续时间长、基本无明显规律性同相轴等。在浅层地震勘探中，这类干扰的统计半径一般为围绕检波器 6～9m 的范围，但也应视施工场地噪声强度具体确定。微动信号在浅层反射波法和折射波法勘探中是无规律的噪声信号，但在无源的情况下，完全接收环境噪声，再经过互相关计算或干涉计算同样能得到有效波记录，这样的被动源方法我们将在后面的章节中给大家做具体的介绍。

(2)低频、高频背景噪声。地震波激发时，若震源所在介质较为疏松，由于这类疏松介质的固有振动频率较低，震源激发时低频成分容易在疏松介质中形成低频的背景波场，这就是低频背景噪声场(频率范围 10～30Hz)。这种现象在沼泽、流沙、泥炭沼泽、沙漠等地区开展浅层地震勘探时较常遇到。与之相反的另一种情况，是当震源在坚硬的地层中激发，如井孔中爆炸时，炸药埋深已达坚硬的岩土层中，而表层土壤含较多砾石或多孔石灰岩，较为疏松和杂乱，当地震波遇到此类浅地表不均匀体时，将产生散射波场，构造出一个高频的背景噪声场，频率 80～200Hz。以上低频和高频背景噪声场的特点是在整个地震记录上出现，且杂乱无章。

3. 干扰波调查

如上所述，浅层反射波法地震勘探的干扰波类型多且复杂，为获得好的观测质量，在一个新的工区开展工作前，必须首先进行场地试验，调查施工场地上存在的主要干扰波类型和强度特征，以便选择能有效压制干扰波、突出有效反射波的观测系统，并设计数据采集的工作参数。另外，试验工作还有一个更为重要的目的，那就是详细了解测区内的地震波传播状态，对有效波和干扰波进行调查，研究能有效区分干扰波和有效波的采集参数设置方式。在地震记录上，有效反射波和干扰波之间的运动学差异主要表现为视速度、波至时间及波形宽度等的差异，而其动力学的差异主要表现在振幅、频率的差异。研究清楚这些差异，可为震源参数设计、地震仪接收参数设计、观测系统设计和数据处理技术等提供相应指导。因此，干扰波调查试验在浅层地震勘探中是必不可少的一项试验性工作，也是地震勘探野外工作中的一个重要步骤，了解施工区内各类型干扰波的特征，对采取一定的措施压制干扰波，获得良好反射地震记录有着重要的作用。同时根据钻孔资料研究这些记录，可以确定记录上相同波至的性质，并为地震记录的正演模拟提供初始计算参数。

浅层反射地震勘探的干扰波调查一般采用小道间距、小偏移距、多个长排列的剖面测量方式。干扰波调查时，所试验的内容主要包括以下几个方面。

(1)检波器主频测试。采用不同中心频率的检波器，在相同排列位置接收地震信号，了解测线下方大地介质的频谱特征以及对不同主频检波器的响应。

(2)地震仪滤波器参数试验。现代浅层地震仪均自带滤波器,通过场地试验对仪器上的滤波器进行试验,以确定最佳滤波参数。

(3)震源类型试验。不同类型的震源具有不同的激发特征,因此具有不同场地响应及勘探效果。

图 4-2-12 所示为某地区浅层地震勘探干扰波调查剖面之一。采集方式为 144 道 38Hz 检波器组成的排列接收,道间距为 5m,震源为图 3-2-1(b)所示的重 360kg 的落锤震源,采用挖掘机挖掘臂抬升至约 7m 高度后使重锤以自由落体方式下落,锤击地面激发地震波,震源位于第 30 道检波器位置(由于场地限制,前 29 道位置挖掘机无法抵达)。很明显,从图中可见,该剖面上存在明显的折射波、反射波、面波及声波等。了解到测区的干扰波类型和特征后,便可设计偏移距、反射波的接收范围、地震仪滤波器类型及滤波参数和道间距、记录长度、采样间隔等参数,并设计组合检波参数等。

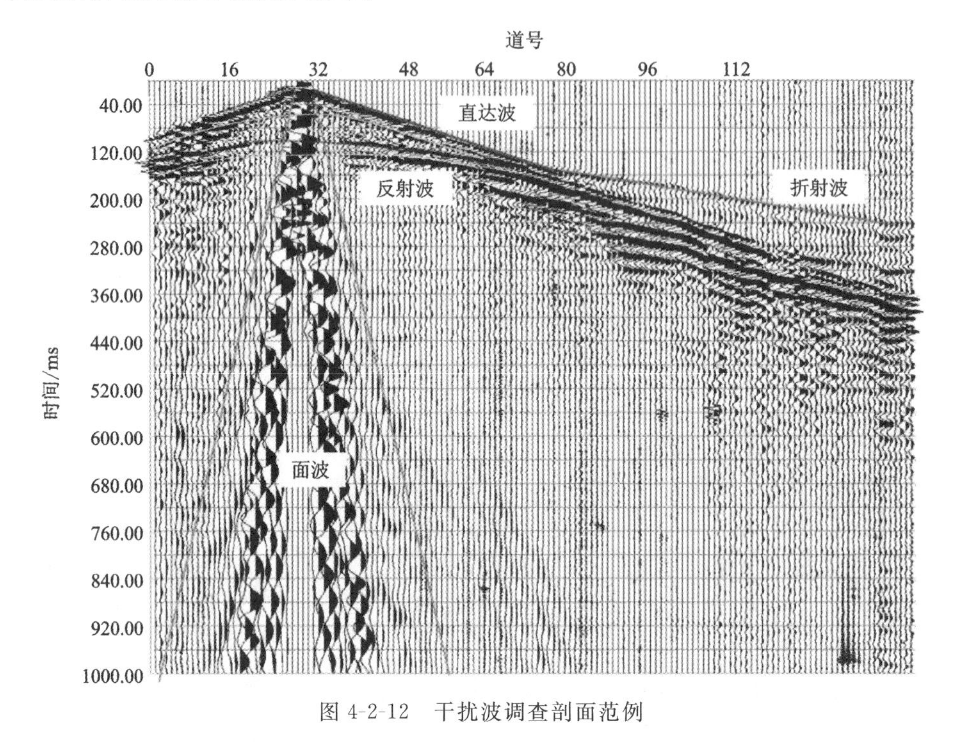

图 4-2-12　干扰波调查剖面范例

第 3 节　共反射点水平叠加与多次覆盖观测技术

浅层反射波勘探时,若对界面上各反射点只进行一次观测(即单次覆盖),根据这样的记录资料获得的浅层反射波时间剖面(单次覆盖剖面)上往往除存在有效的一次反射波外,还存在较强的多次反射波干扰及其他的干扰波,剖面的信噪比较低,质量欠佳,据此剖面进行解释工作误差较大。为了改善反射波时间剖面的质量,提高资料解释的准确度和解释精度,浅层地震勘探时普遍会采用基于共反射点水平叠加的多次覆盖观测技术(简称多次覆盖技术)。

多次覆盖技术的物理含义是对反射界面上的各反射点进行多次重复观测,但每次观测时震源点和检波点位置都不相同。之后，将来自同一反射点上的各反射波信号经过校正后对齐叠加，使得来自该反射点的有效一次反射波信号得到增强，同时使多次反射波信号及其他的干扰信号被有效压制，从而达到提高反射波时间剖面信噪比的目的。

一、共反射点水平叠加的基本原理

1. 水平界面共反射点时距曲线

假设地下存在一水平反射界面 R，其埋深为 h，界面上下均为各向同性均匀介质，其中上层介质中的地震波速度为 v_1，下层介质中的地震波速度为 v_2。如图 4-3-1(a)所示，O_i 和 S_i $(i=1,2,3,\cdots,n)$ 分别为布置在测线上对称于 M 点的震源点和接收点。根据反射定律，此时，在不同的震源点 O_i 激发而在对应的检波器位置接收到的反射波信号，都应当是来自反射界面上的同一反射点 A，而且地面点 M 正是点 A 在地面的投影点。故点 A 称为共反射点或共深度点(common depth point，CDP)，地面的投影点 M 称为共中心点(common middle point，CMP)，所接收到的来自同一共反射点的所有接收道的组合称为共反射点道集或共中心点道集。

将共反射点叠加道的检波点到相应炮点的距离用 x_i 表示($x_i = O_iS_i$)，并用 t_i 表示叠加记录道上来自共反射点的反射波传播时间，由图 4-3-1(a)中的几何关系不难推导得到共反射点时距曲线方程为

$$t_i = \frac{1}{v_1}\sqrt{4h^2 + x_i^2} \tag{4-3-1}$$

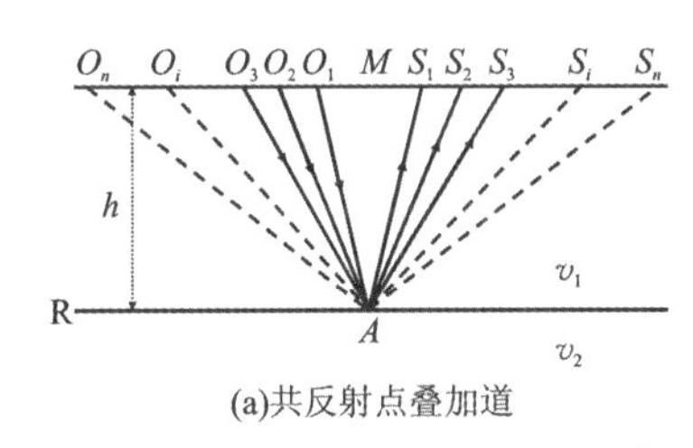

(a)共反射点叠加道

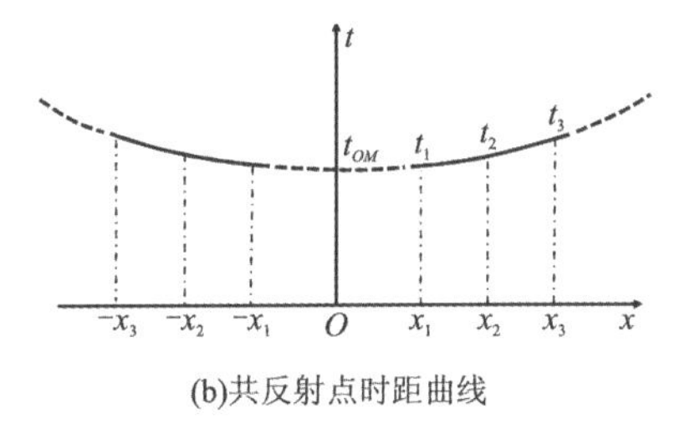

(b)共反射点时距曲线

图 4-3-1　共反射点叠加道集及时距曲线示意图

显然这同样也是一个双曲线方程，在以时间和空间为坐标轴的直角坐标系中绘出它对应的时距曲线，如图 4-3-1(b)所示。由式(4-3-1)可知，共反射点的时距曲线是关于过共中心点 M 的时间轴对称的双曲线。该双曲线上的极小值纵坐标 t_{OM} 为共中心点处的双程垂直旅行时间，其值为

$$t_{OM} = \frac{2h}{v_1} \tag{4-3-2}$$

在这里，为区别于第一节介绍层状介质理论时距曲线中的双程垂直旅行时 t_0，我们用 t_{OM} 来表示共反射点记录的双程垂直旅行时间。从形式上看，水平层状介质中的共反射点时距曲线与共炮点的反射波时距曲线无论是形状、方程式，又或者是双程垂直旅行时间的表达式，两者都完全一致，但实际上二者却有着本质的区别。首先，共炮点反射波时距曲线表示的是同

一震源激发，地下某一段反射界面上的反射波到达地面不同接收点时，反射波到时与检波器、震源间距离之间的关系曲线，时距曲线的长度正比于所对应的反射界面长度；而共反射点时距曲线（又称为共中心点时距曲线）无论长度多长，对应的都是地下反射界面上的同一反射点，并不能反映一段界面。其次，共炮点反射波时距曲线的双程垂直旅行时 t_0 指的是与炮点下方反射界面法向深度有关的地震波双程旅行时间；而共反射点时距曲线中的双程垂直旅行时间 t_{OM}，则与共中心点处的反射界面法向埋深有关。当反射界面完全水平时，二者数值相等。

2. 倾斜反射界面的共中心点时距曲线

当反射界面 R 倾斜时，假设点 M 为测线上震源点 O_i 和检波点 S_i 的对称中心，倾斜界面上下介质均为各向同性均匀介质，其地震波速度分别为 v_1 和 v_2。反射界面视倾角为 φ，O_i^* 为震源 O_i 的虚震源。h_M 和 h_i 分别为中心点 M 和震源点 O_i 的界面法向深度，$O_i^*S_i$ 等价于 O_i 点激发而在 S_i 点接收的反射波射线路径，如图 4-3-2(a)所示。根据图中几何关系，不难推知：

$$h_i = h_M - \frac{x_i}{2}\sin\varphi \tag{4-3-3}$$

$O_i^* S_i$ 的长度可由余弦定理推知：

$$O_i^* S_i = \sqrt{4h_i^2 + x_i^2 + 4h_i x_i \sin\varphi} \tag{4-3-4}$$

将式(4-3-3)代入式(4-3-4)中并整理，可得

$$O_i^* S_i = \sqrt{4h_M^2 + x_i^2 \cos^2\varphi} \tag{4-3-5}$$

由此可知，从震源点 O_i 出发经过倾斜反射界面上的 A_i 点后反射到 S_i 点的反射波到时为：

$$t_i = \sqrt{t_{OM}^2 + \frac{x_i^2 \cos^2\varphi}{v_1^2}} = \sqrt{t_{OM}^2 + \frac{x_i^2}{v_\varphi^2}} \tag{4-3-6}$$

其中，$v_\varphi = \dfrac{v_1}{\cos\varphi}$ 称为倾斜界面以上介质的等效速度，而 $t_{OM} = \dfrac{2h_M}{v_1}$ 是共中心点 M 处的双程垂直旅行时间。

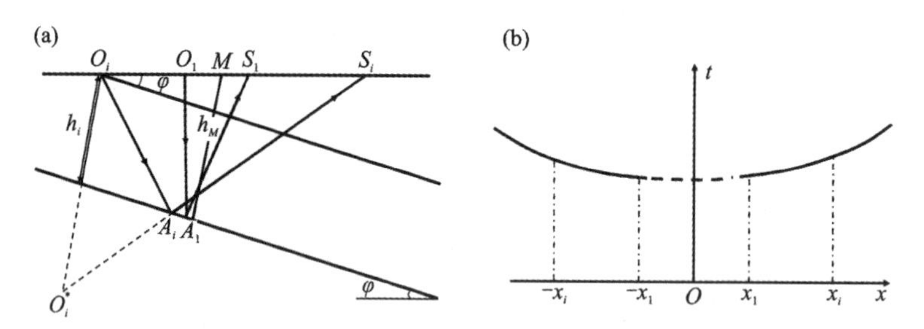

图 4-3-2 倾斜界面共中心点道集(a)及时距曲线(b)示意图

以上为在倾斜反射界面上倾方向激发而在下倾方向接收时所推导的结果。根据互换原理，当激发点与接收点互换位置，所得的结果是相同的，所以在界面下倾方向激发而在上倾方向接收时所推导出的结果与式(4-3-6)相同。且由式(4-3-6)可知，它所表示的时距曲线仍然是以通过共中心点的时间轴为对称轴的双曲线，如图 4-3-2(b)所示，这也是区别于倾斜界面上共炮点反射波时距曲线的特征。

与水平层状介质相比，倾斜反射界面上的共中心点道集所记录的反射时间不是来自界面上同一点的反射，而是来自界面上一小段的反射结果。在 t_0 相等的情况下，由于 $v_\varphi > v_1$ ，所以倾斜界面上的共中心点时距曲线相对要平缓一些。

3. 动校正

由前述描述可知，共反射点各叠加道记录中，来自同一点的反射波传播时间是炮间距的函数。因此在叠加处理前，必须先消除炮间距变化带来的不同接收道上有效反射波到时差异（即正常时差）。这个消除正常时差的过程为动校正。

根据式(4-3-1)和式(4-3-2)可得

$$t_i = \sqrt{t_{OM}^2 + \frac{x_i^2}{v_i^2}} \tag{4-3-7}$$

式(4-3-7)表明了共反射点道集中各道所记录的来自同一反射点的反射波旅行时间随炮检距的变化情况，与 t_{OM} 之间存在着一个时差。我们用 Δt_i 来表示各道 t_i 值与 t_{OM} 之间的时间差，称为正常时差，其表达式为

$$\Delta t_i = t_i - t_{OM} = \sqrt{t_{OM}^2 + \frac{x_i^2}{v_i^2}} - t_{OM} \tag{4-3-8}$$

上式与倾斜界面的正常时差公式完全相同，只是倾斜界面的正常时差公式中的速度值为等效速度值。上式的近似表达式为

$$\Delta t_i = t_i - t_{OM} = t_{OM}\left(\sqrt{1 + \frac{x_i^2}{t_{OM}^2 \cdot v_i^2}} - 1\right) \approx \frac{x_i^2}{2v_1^2 \cdot t_{OM}}, \text{当 } 2h \gg x_i \tag{4-3-9}$$

如此，同理可得倾斜界面上用等效速度表示的正常时差近似值公式。

所谓动校正即正常时差校正，动校正量的大小等于正常时差值。对一次有效反射波而言，只要计算动校正量所采用的速度合适，所计算的动校正量就等于正常时差。此时，经过动校正后，各叠加道的记录时间便都变成了共中心点 M 处的双程垂直旅行时间 t_{OM} 。经过动校正后，一次有效反射波的各道的相同相位被校正对齐，因同相叠加，叠加后该反射波振幅被增强若干倍（理论上该倍数等于覆盖次数），如图 4-3-3 所示。

由式(4-3-6)所计算的动校正量均是在反射界面上覆介质为各向同性均匀介质的假设前提下，根据一次反射波时距关系求得的。所以，凡是与一次反射波时距关系不相符合的地震波，如多次反射波、折射波、侧面反射波、声波等干扰波，在共中心点道集中经过动校正处理后，不能达到同相对齐的效果，叠加后被压制。其根本原因是它们的共中心点时距曲线与一次有效反射波的时距曲线不一样，经过动校正后的共中心点道集上这些波的各道之间依然存在一定的到时差，该时差为剩余时差。正是由于各干扰波在各个叠加道上存在着不一样的剩余时差，所以在叠加的过程中受到压制，振幅被削弱。如图 4-3-3 中的多次反射波 T' 。

下面我们用二次全程反射波的剩余时差形成过程来说明动校正和水平叠加对多次波的压制原理，如图 4-3-4 所示。反射界面 R_d 的全程二次反射波时距曲线为 t_d ，共中心点处的双程垂直旅行时为 t_{0d} ，全程二次反射波的传播速度为 v_d 。假设地下还存在另一个真实的反射界面 R，其共中心点处的一次有效反射波的双程垂直旅行时为 t_0 ，大小与 t_{0d} 相等，来自真实

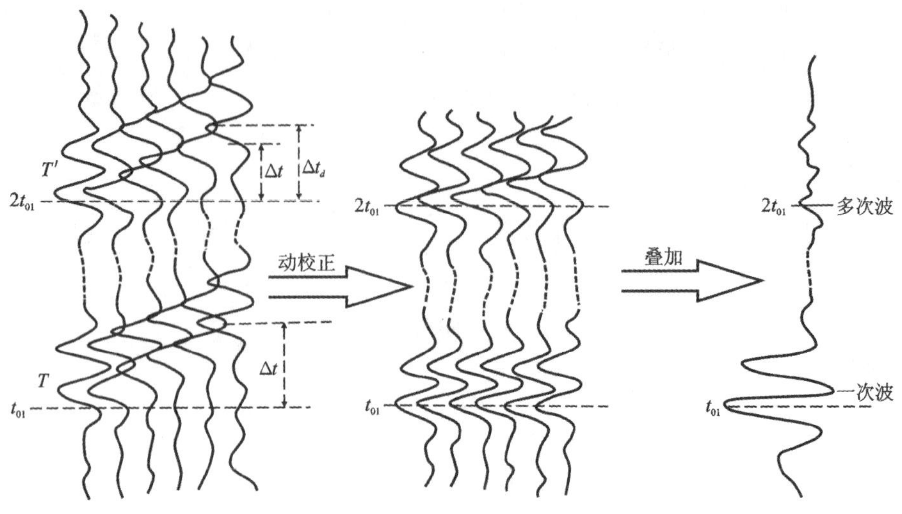

图 4-3-3　动校正过程及其效果示意图

反射界面的反射波的传播速度为 v_σ 。如图所示，全程二次反射波的入射角大于 R 界面上的一次反射波的入射角，故根据视速度定理，$v_\sigma^* > v_d^*$ 。全程二次反射波的斜率也大于一次有效反射波，它们的共中心点道集近似的正常时差为

$$\Delta t \approx \frac{x_i^2}{2v_\sigma^2 t_0} \text{和} \Delta t_d \approx \frac{x_i^2}{2v_d^2 t_{0d}} \tag{4-3-10}$$

对应的剩余时差为

$$\delta t_d \approx \frac{x_i^2}{2t_{0m}}\left(\frac{1}{v_d^2} - \frac{1}{v_\sigma^2}\right) \tag{4-3-11}$$

由上式可知，剩余时差与炮检距和速度差异成正比，一般而言，偏移距和道间距越大，剩余时差越明显；速度差异越大，对多次波的压制效果更好。

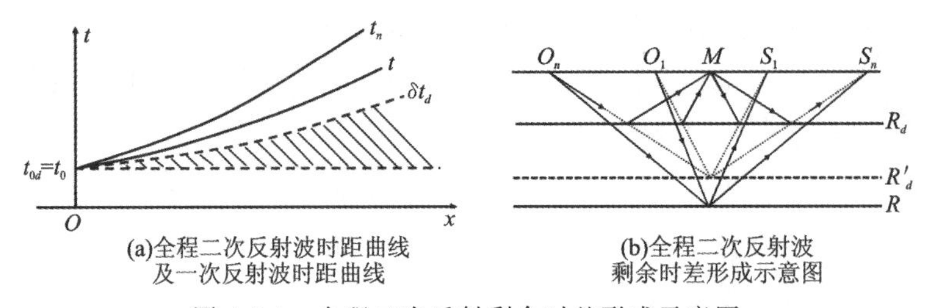

图 4-3-4　全程二次反射剩余时差形成示意图

由此可知，为获得良好的叠加效果，应使计算的动校正量等于正常时差，必须选用合适的速度进行动校正量的计算，通常这样的速度称为叠加速度，用符号 v_σ 表示。在水平层状均匀介质情况下，叠加速度就是介质速度，即 $v_\sigma = v$ ，而在反射界面倾斜时，叠加速度即为等效速度（ $v_\sigma = v_\varphi$ ）。另外，在水平层状介质情况下，叠加速度接近于其均方根速度。叠加速度值可以通过速度谱分析的方法求得，速度分析的过程实际也是对共反射点道集不断进行动校正和叠加的过程，这将在反射波资料处理的章节中具体介绍。

4. 静校正

由于地形起伏不平或低速带厚度不均匀，同样会对各叠加道记录带来反射波传播时间差异，这时的校正过程与动校正的校正过程类似，但含义又不同，我们称为静校正。一般情况下，静校正包含了地形校正、震源深度校正和浅地表低速带校正等。

当地表水平且浅地表低速层横向均衡，不存在厚度的横向变化时，即使存在一定厚度的低速层，实际反射波测量所得到的水平界面共中心点道集时距曲线与式(4-3-1)所确定的理论曲线是吻合的。因此在这种情况下，经过正常时差校正后一次有效反射波能实现同相叠加。但当地形起伏或浅地表低速层存在明显的横向不均衡变化时，会造成实测道集时距曲线的畸变。因此，即使是来自完全水平的反射界面的一次反射波，在动校正后，共中心点道集的各道记录之间也还会存在着一定的时差，因此不能使水平叠加达到预期的叠加效果，为此必须进行静校正。

另外，对于单次反射时间剖面，若不进行静校正消除因地形起伏等因素造成的反射波记录畸变，会使时间剖面中的反射波同相轴产状发生畸变。如图 4-3-5 所示，由于地形起伏的原因，形成了单次时间剖面上的假潜伏褶皱构造。为了消除单次时间剖面中反射波同相轴的畸变，同样需要进行静校正。

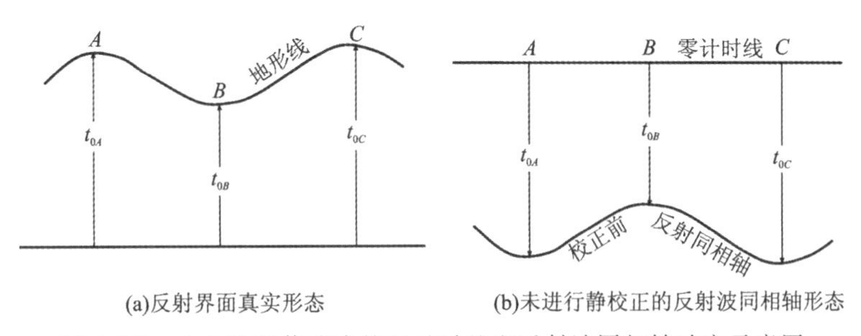

图 4-3-5　由地形起伏造成的记录时差和反射波同相轴畸变示意图

静校正的过程如图 4-3-6 所示，将校正用的基准面 AA' 选在低速带的底部以下，并分别计算炮点静校正量和检波点静校正量两部分，其中炮点静校正量 Δt_i 是从 S 点和 S' 点到反射点 P 的反射波传播时差，S' 点是炮点 S 在基准面上的投影点。检波点静校正量 Δt_j 是从反射点 P 到 R' 点和 R 点的传播时差，其中 R' 点是检波点 R 在基准面上的投影点。于是该记录道总的静校正量为

$$\Delta t_{ij} = \Delta t_i + \Delta t_j \tag{4-3-12}$$

静校正时，我们假设表层的地震波射线是垂直于基准线的，于是从图 4-3-6 中可知，炮点静校正量和检波点静校正量分别为

$$\Delta t_i = \frac{h_i}{v_1}\,,\ \Delta t_j = \frac{h_{j1}}{v_0} + \frac{h_{j2}}{v_1} \tag{4-3-13}$$

式中：h_i 表示炮点到基准面的距离(即 S 点和 S' 点间的距离)；h_{j1} 和 h_{j2} 分别表示实际检波点 R 及其在基准面上的投影点 R' 到低速带底界面的垂直距离；v_0 和 v_1 分别表示低速带中和反射界面以上地层中的地震波速度。

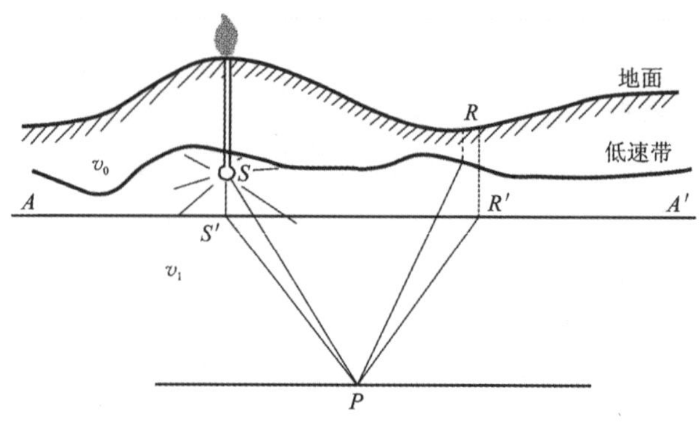

图 4-3-6　静校正过程原理示意图

若基准面定义在低速带内，则上述 Δt_i 和 Δt_j 值的计算方式需另行推导。另外，此时除了炮点静校正和检波点静校正外，还需进行低速层校正。这需要在求得低速层厚度 h 之后，以基准面 AA' 为界面，用中间覆盖层的速度代替基准面以下低速介质中的地震波速度。低速层静校正量为

$$\Delta t_d = h(\frac{1}{v_0} - \frac{1}{v_1}) \tag{4-3-14}$$

实际反射波资料静校正处理时，根据野外资料，对静校正量进行的计算和处理，称为一次静校正。若浅地表条件较为简单，一次静校正就能达到很好的静校正效果。但当地表条件相对复杂时，一次静校正并不能完全消除如地形、厚度不均衡低速层等表层因素的影响，经过一次静校正后仍会有剩余值，且分布零乱。为进一步改善反射时间剖面的质量，还需要利用多次覆盖的资料，根据共炮点线、共中心点线及共中心点道集一次静校正后的剩余值的分布规律进行计算，算出每道的剩余静校正量，完成剩余静校正。

二、多次覆盖观测系统

1. 多次覆盖观测系统图

为通过水平叠加的方式提供高质量的反射波资料，数据采集时必须相应地设计合适的观测系统，并按照这种观测系统进行反射波法野外资料采集施工，依次对反射界面进行观测研究，达到多次覆盖的目的。这种为实现水平叠加而设计的观测系统被称为多次覆盖观测系统。

为规范描述，我们先将多次覆盖观测系统所需用到的参数进行统一。主要的观测系统参数规定如下：道间距为 Δx；最小偏移距为 x_1；最大炮检距为 L；炮间距为 d；炮点序号为 O_i，$i = 1,2,\cdots n$；接收排列检波器道数为 N。

实际反射波勘探中，一般采用下倾方向单边放炮的观测方式开展多次覆盖观测工作。多次覆盖观测系统的总体要求是，必须使目的反射界面上所有反射点都能得到同样的覆盖次数。但由于每一次放炮所能观测的反射界面长度是有限的，因此设计观测系统时需要沿测线

布置多个炮点,依次放炮激发,并在相应的测线段上观测反射波记录。此时,为保证地下反射界面上观测线对应的反射点有着同样的覆盖次数,炮间距 d 、每次放炮后炮点和检波器向后移动的道数 v 应按照下式计算,即

$$d=\frac{S\cdot N}{2n}\cdot\Delta x\ ,\ v=\frac{d}{\Delta x}=\frac{S\cdot N}{2n} \tag{4-3-15}$$

式中:n 表示覆盖次数;S 为常系数,当采用单边放炮方式观测时 $S=1$,采用中间放炮及两边接收的观测方式时,$S=2$ 。相邻炮同一共中心点对应的叠加道的道号相差 $2v$ 。

下面我们用单边放炮 24 道接收的 6 次覆盖观测系统为例,说明多次覆盖观测系统的基本原理及施工方式。图 4-3-7 所示为该观测系统示意图。

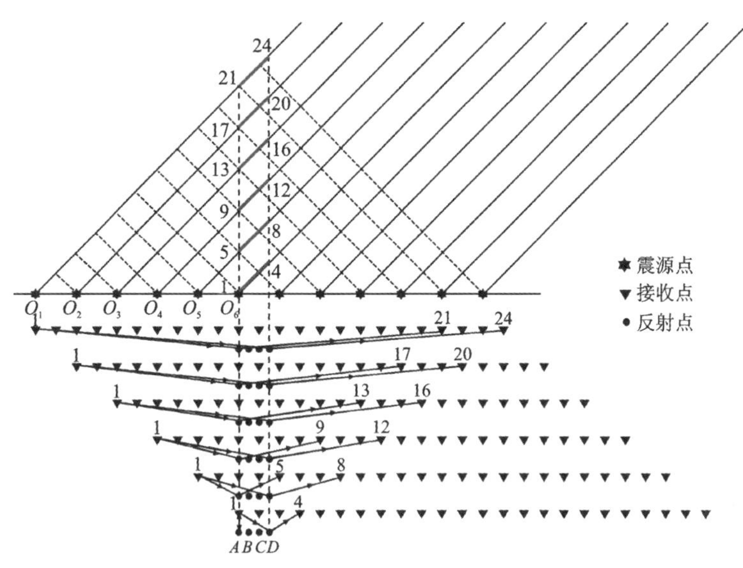

图 4-3-7　单边放炮 24 道接收的 6 次覆盖观测系统

由观测系统图很容易看出,对于 24 道接收的 6 次覆盖观测系统,因为 $2v=4$ 道,也就是说相邻两炮点的同一共中心点对应的叠加道道号相差 4 道。故在 O_1 点放炮时的第 21 至 24 道,在 O_2 点放炮时的第 17 至 20 道,在 O_3 点放炮时的第 13 至 16 道,在 O_4 点放炮时的第 9 至 12 道,在 O_5 点放炮时的第 5 至 8 道,在 O_6 点放炮时的第 1 至 4 道,分别具有相同的中心点和对应的地下共反射点 A ,B ,C ,D 。因此,从各炮中分别抽取对应顺序的 6 道能组成一个共中心点道集,比如抽取 O_1 炮第 21 道,O_2 炮第 17 道,O_3 炮第 13 道,O_4 炮第 9 道,O_5 炮第 5 道,O_6 炮第 1 道,即可组成一共中心点道集。当地下界面水平时,它们对应的地下反射点均为点 A 。其他的共反射点,B 、C 、D 等也能类似地抽道组合出各自对应的共中心点道集。当以此方式从 O_1 至 O_6 放完 6 炮,便可根据上述规则得到地下 4 个共反射点的 6 次覆盖记录。之后每增加一炮,可相应增加 4 个满覆盖次数的共反射点道集。

2. 多次覆盖观测参数选择

设计多次覆盖观测系统时,需特别注意以下几个方面。

(1)由于多次覆盖系统的端点存在部分不能满足满覆盖叠加次数的接收道，因此一般所设计的测线长度要超过所研究的界面长度范围。

(2)实际生产实践和理论计算均已证明了反射地震资料的信噪比与信号的叠加次数成正比，因此，覆盖次数越高，反射地震剖面质量越高。但对于实际反射地震勘探来说，覆盖次数的提高，也就意味着生产成本的增加及生产效率的降低。因此，在实际浅层反射波勘探时，不能单独依靠提高覆盖次数来改善反射地震剖面的质量，还要考虑其他参数的选择及资料处理技术的改进。

(3)多次覆盖方式进行反射波勘探时，接收排列长度必须进行合理的选择。排列长度若太小，则需要的炮点数多，且排列滚动的次数也多，野外工作量大，工作效率低下。但排列长度也不宜太长，太长的接收排列同样会给施工带来困难；且由于远道的动校正量要大于近道的动校正量，因此过长的接收排列会使远道的动校正畸变严重。当然，排列长度的大小由接收道数 n 、道间距 Δx 、最小偏移距 x_1 等参数共同决定。

(4)道间距 Δx 的选择，一定程度上影响了叠加剖面的信噪比及对界面勘探的精细程度。对于一次有效反射波来说，只要叠加速度选择得合适，在动校正后的剩余时差将接近于零，且与道间距 Δx 几乎无关。但对于其他类型的波，由于其视速度与一次有效反射波不同，动校正后存在的剩余时差随道间距 Δx 的增大而增加。因此，增大道间距 Δx 能提高叠加剖面的信噪比，同时也能减少野外工作量，提高野外施工的工作效率。但增大道间距也同时意味着会使界面上共反射点的水平距离增大，而这势必会使目的反射界面勘探精度降低。因此，道间距 Δx 的选择应根据勘探的目的反射界面长度、勘探精度要求、场地干扰波调查结果等综合分析后选定一个合适的值。

第4节　反射波法资料处理

如前所述，浅层反射波法现场数据采集的资料通常都是多次覆盖观测系统得到的共炮点地震记录集，其中除了有效的一次反射波外，往往还包含了各种类型的干扰波，无法根据这些资料直接进行地质解释。因此，必须对这些资料进行滤波、校正、叠加等一系列的处理，去伪存真，取得可靠的反射波时间剖面或深度剖面后，才能进行进一步的地质解释。浅层反射波资料处理系统便是基于此目的而设计产生的。

一、浅层反射波资料处理系统

随着电子计算机技术的发展，国内外各科研机构和生产单位结合浅层地震反射波的传播特点先后开发出各种浅层反射波资料处理和解释系统，并被广泛用于生产实践，取得了较好的科研成果及经济效益。虽然由于处理系统开发单位的不同，各种反射波资料处理软件都有着各自的特色，但归纳起来，反射波资料处理的主要内容和一般流程如图 4-4-1 所示。

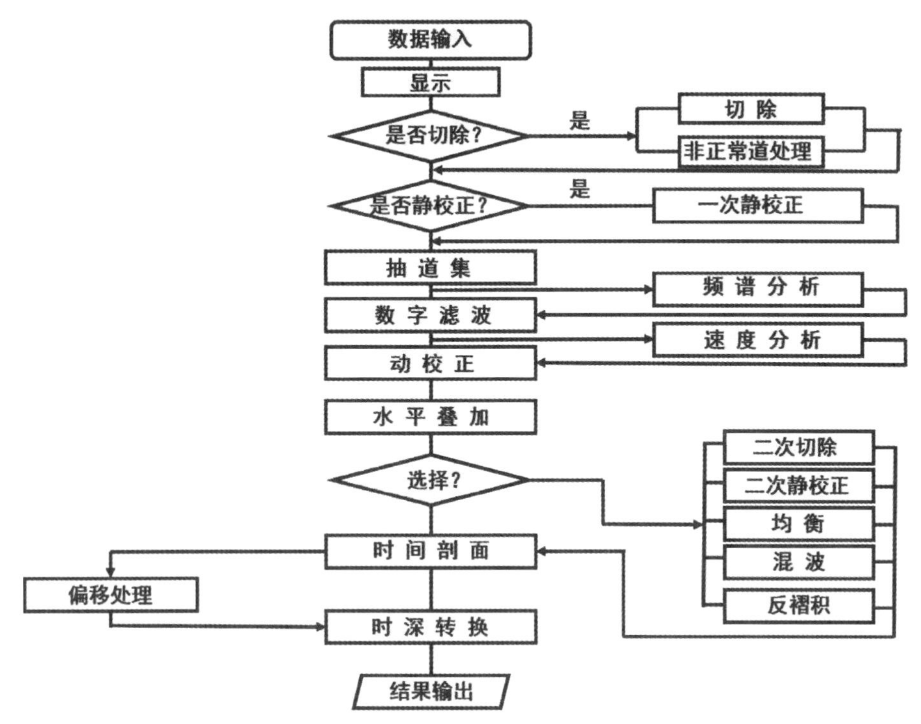

图 4-4-1　浅层反射波勘探资料处理系统一般流程

下面我们对一般流程中各部分主要功能做简要的介绍。部分重要的处理技术还将在后面详细介绍。

1. 数据的输入和显示

各类浅层地震仪所采集的地震记录，数据通常是按道存储的，因此在资料处理前，必须按照软件系统的格式要求，将地震记录依次输入计算机，并将数据的格式和顺序转换成处理系统所要求的格式，之后才能开始相应的各项处理。另外，在输入地震记录后，还能在计算机上将地震记录仪图形的形式显示出来，以检查地震记录质量，为后续的处理方案提供必要的依据。

2. 切除

对记录中一些严重的干扰波和无意义的数据段，以及地震记录中的不正常地震道，都应进行切除处理，以避免它们在后续处理中带来其他的干扰，提高资料处理的质量。数字化的地震记录，从形式上可以看作一个二维的数据矩阵，切除处理从本质上说，是对无意义的矩阵部分进行充零处理。

3. 静校正

如前一节中所介绍的，该部分处理主要用于消除地形起伏及浅地表低速层横向不均匀等引起的反射记录到时“超前”或“滞后”的畸变影响。

4. 频谱分析

根据前述章节的讨论可知，不同类型的地震波一般具有不同的频率成分，当有效一次反射波和干扰波具有明显的频率差异时，则可采用频率滤波的方法来压制干扰波，提高资料信噪比。因此，首先必须清楚地了解各类型地震波出现的频段范围。而地震记录是振幅随时间变化的时间序列，这样的时间序列通过离散傅立叶变换就能从时间域转换到频率域，称为振幅或相位关于频率的函数，其分析过程即为频谱分析。通过频谱分析，能了解地震记录中各类型地震波的频谱特征，从而为压制干扰波进行频率滤波参数的选择提供依据。

5. 抽道、动校正及水平叠加

反射波勘探现场采集的资料为共炮点地震记录，相应的共反射点记录分散在各个不同的单炮地震记录中，进行了前述处理后，为获得能用于地质解释的反射波时间剖面或深度剖面，必须首先将各共反射点道集从共炮点道集中抽选出来，并重新组合形成共反射点道集，之后对共反射点道集进行动校正和水平叠加，叠加后获得一个单道记录，该记录与共反射点上的自激自收地震记录等效，该过程即为动校正后水平叠加的过程。当对所有的共反射点道集进行了该处理后，将得到的叠加道按照其相应的共反射点在测线上的投影点位（或共中心点位置）进行排序，即可获得一张初始的浅层反射波叠后时间剖面。这一过程，前一节中已有详细描述，此处不再赘述。

6. 速度分析

地震波的传播速度是地震勘探的重要参数，也是反射地震资料处理和解释过程中重要的指标性参数。地震波速度的正确与否，直接关系到地震勘探的效果。

施工场地若有钻孔，可以通过地震波测井或声波测井等方法来测定地下地层的地震波速度值。但这样的方式效率并不高，另外如果没有钻孔则无法开展测井工作。除此之外，在地震资料处理阶段，我们也可以通过对反射波资料作速度分析的方式来获得叠加速度谱，从而求取其最佳速度。速度谱的概念是从频谱的概念中借用过来的。它的生成方式是基于动校正的原理，分别采用一系列不同的速度值求取正常时差完成动校正。当给定的用于求取正常时差的速度值是反射波的真实速度时，共中心点道集上有效反射波的时距曲线被拉平，此时进行叠加的话，反射波的振幅将达到最佳增强效果。此时，我们将叠加后获得的叠加道各采样时刻的振幅记录下来，并以采样时间为纵坐标，以叠加速度值为横坐标，作出相应的能量谱图即为速度谱，其中能量最强的能量团对应的速度值为最佳速度。由于速度谱中求取的最佳速度是适用于水平叠加的速度，因此该速度又称为最佳叠加速度。若地层界面水平，该叠加速度的值接近于均方根速度。图 4-4-2 为叠加速度谱示意图。在速度谱图中，每一个强能量团都对应着一个较强的反射信息和相应的最佳叠加速度。

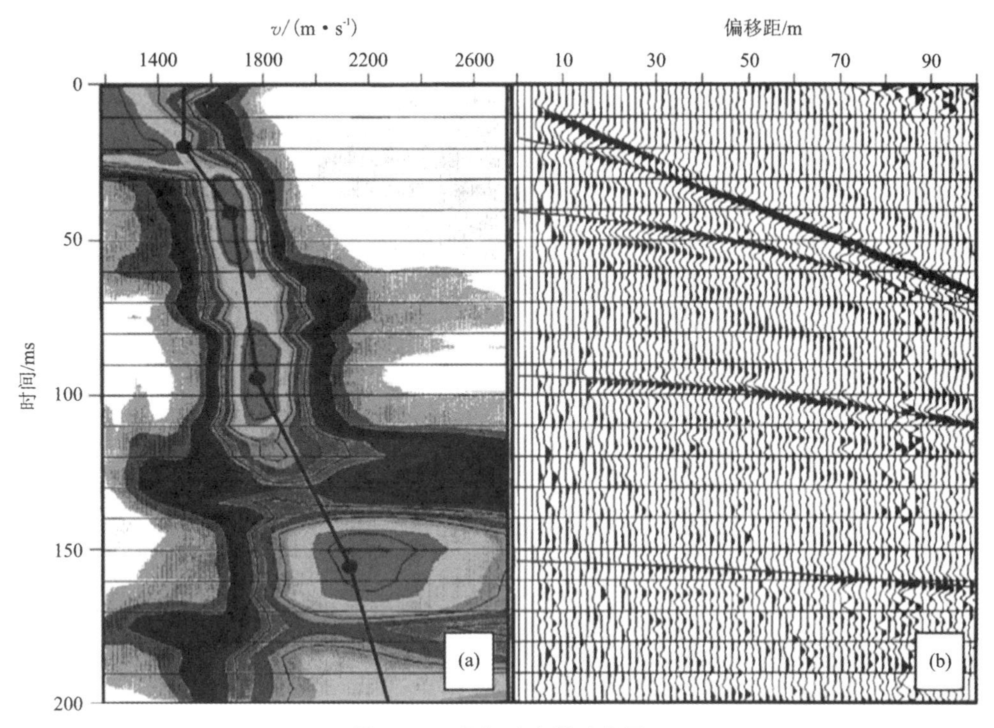

图 4-4-2　叠加速度谱示意图

7. 数字滤波

为压制干扰波、突出有效波，在资料处理阶段，经过频谱分析获得了有效反射波和各类干扰波的频率特征后，便可以根据分析结果设计合理的数字滤波器进行数字滤波。数字滤波相比于地震仪中所携带的电滤波器有着更为灵活多样的功能。对地震资料进行数字滤波时，可使某些频率成分的地震波（如有效的一次反射波）顺利通过而不受损失，而另外一些频率的干扰波则受到极大的压制，即被滤除掉，这种滤波方式也称为频率滤波。当然数字滤波也可以在时间域中进行，只是此时所设计的滤波器不再称为频率滤波，而是褶积滤波。

除此之外，因有效波和干扰波之间并非仅存在频率上的差异，部分干扰波与有效一次反射波之间还存在视速度的差别，因此也可以利用视速度的差异进行滤波处理。这种利用视速度不同进行滤波的方法称为视速度滤波。数字滤波的过程中，还可以将视速度滤波和频率滤波两者结合起来同时进行。这种结合滤波的方式，我们称之为二维滤波，它可以在时间-空间域中进行，也可以在频率-速度域中实现。

前面在地震勘探理论基础章节中我们提及过，地震波在传播、接收和记录的过程中，由于介质性质变化和检波器与地震仪中电子电路对信号的改变等因素的共同影响，地震信号会改变其原始的形态。从广义上讲，这种改变，也是一种"滤波"作用。由于介质性质变化等自然因素引起的滤波效应，往往会使得有效反射波信号的频率变低（也叫"大地的低通滤波"），这将在一定程度上降低反射波的分辨率。为了消除这种低通滤波作用，需要设计相应的滤波器进行反滤波。反射波资料处理中，最常利用的反滤波方法为反褶积。

8.偏移处理

前述水平叠加处理为最常规的叠加处理，这种处理是以地层为水平层状介质的假设为前提的。当反射界面产状变化较大，如倾斜界面、起伏界面、断层等，这时若按照水平层状界面的方式提取共中心点道集，所提取的共中心点道集与共反射点道集并非等价，以至于经过动校正和水平叠加后，水平叠加剖面上的反射界面同相轴形态失真。为使失真的反射波同相轴归位到其真实的形态和位置，需进一步进行相应的处理，这种处理即偏移处理。偏移处理可以在水平叠加的前后进行，其中叠加前进行的称为叠前偏移处理，叠加后进行的称为叠后偏移。图4-4-3展示了一个最为理想的偏移处理效果，通过偏移处理，有效反射波被正确归位，很好地反映了真实界面的形态，而且使得绕射波等干扰波被有效收敛，进一步提高了时间剖面的质量。

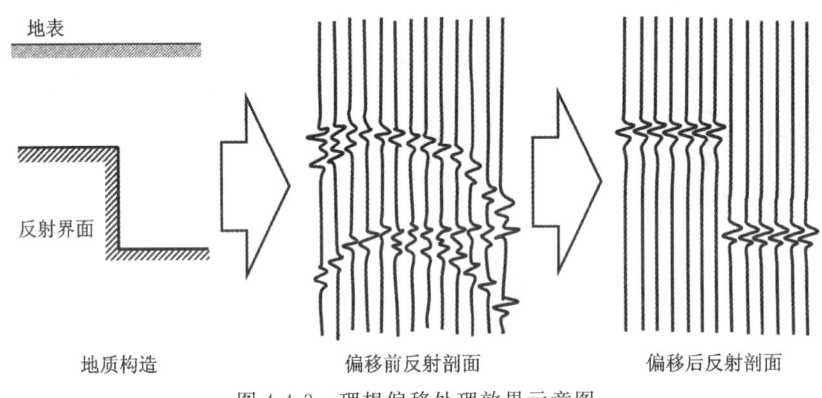

图4-4-3　理想偏移处理效果示意图

9.时深转换

经过水平叠加及偏移归位处理后得到的地震剖面，其纵坐标为时间轴，因此又称为时间剖面。在时间剖面上，反射波同相轴反映的是它在零偏移距时的走时 t_0，虽然这样的剖面已经可以定性地反映出反射界面的形态，但反射界面的确切深度和具体产状等信息却是未知的，因为这与反射波的真实传播速度等信息有关。因此，必须根据速度分析的结果输入相应的速度参数，并逐个计算各反射界面的深度，将时间剖面转换成深度剖面，以便能更准确地进行地质解释。

以上9个方面的内容即为浅层反射波资料处理一般流程中的主要处理过程。资料处理是浅层反射波法勘探必不可少的环节，随着勘探地震技术的不断发展及应用的不断深入，新的处理方法和技术也不断出现，这使得浅层反射地震勘探技术更为成熟和完善，在浅地表地质调查中的应用也更为广泛。

二、地震勘探的分辨率

一般来说，地震勘探的分辨率主要从纵、横两个方向来考虑，其中纵向的分辨率通常称为垂向分辨率或时间分辨率，横向的分辨率又称为水平分辨率或空间分辨率。

1. 垂向分辨率

地震勘探的垂向分辨率指的是在垂直方向上所能分辨的最薄地层的厚度，它的定义方式有两种。第一种是利用在地面同一接收点位接收到的来自薄层顶、底两个反射波的时差与反射波延续时间的比值大小来定义垂向分辨率。如果这个比值大于 1，则证明两个反射波在地震记录中能够分离，即具有较高的分辨率；若比值小于 1，来自薄层顶、底的两个反射波不能分开，即垂直分辨率低。第二种是根据薄层的振幅响应来定义。下面分别从两种定义方式上来讨论浅层反射波法的垂向分辨率。

(1)薄层顶、底反射波时差与反射延续时间比值法。假设存在一水平薄层，其顶界面 R_1 埋深为 h_1，底界面 R_2 埋深为 h_2，薄层厚度为 Δh（即顶底界面埋深差）。来自界面 R_1 的反射地震子波为 $b_1(t)$，它有两个周期，延续时间为 Δt；界面 R_2 上的反射地震子波为 $b_2(t)$，它也有着几乎同样的延续时间。再设反射波在薄层中的双程旅行时间为 τ，$b_1(t)$ 到达接收点的时间为 τ_1，$b_2(t)$ 到达接收点的时间为 τ_2，两者到时差为 $\Delta\tau(\Delta\tau = \tau_2 - \tau_1)$，为顶底反射波的到时差，如图 4-4-4 所示。

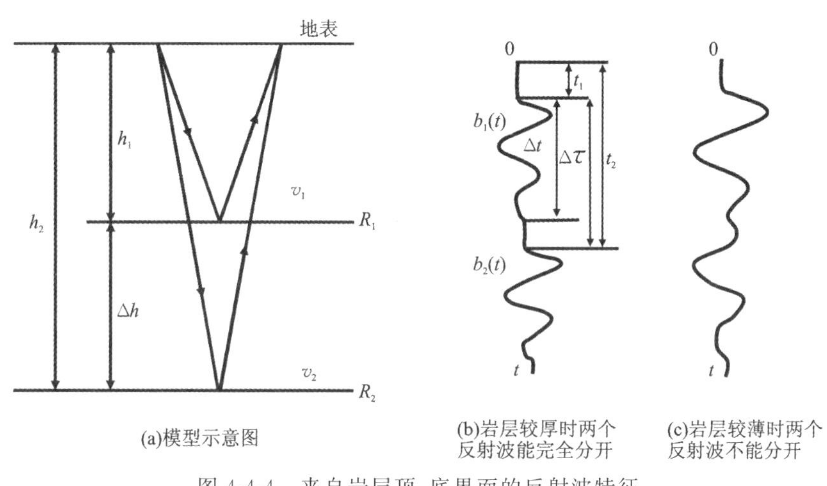

图 4-4-4　来自岩层顶、底界面的反射波特征

当岩层中的地震波传播速度不变时，随着地层厚度的变化，$\Delta\tau$ 与 Δt 之间的相对位置关系将出现两种不同的情况。第一种情况是当 Δh 较大时，可使 $\Delta\tau/\Delta t$ 的值大于 1(即 $\Delta\tau \geqslant \Delta t$)，此时接收点上接收到的来自薄层顶、底界面的两个地震子波可以分开，能各自保留其波形特征，如图 4-4-4(b)所示。第二种情况是当 Δh 较小时，使得 $\Delta\tau < \Delta t$（$\Delta\tau/\Delta t$ 小于 1)，此时接收到的两个波将发生干涉，形成叠加波，如图 4-4-4(c)所示，这样的地震记录已无法再分辨薄层的顶、底界面，故已经无法从记录上识别薄层特征。

根据以上讨论，不难看出反射波勘探垂向分辨率主要与 $\Delta\tau$ 和 Δt 两个参数的大小有关。因此，提高勘探分辨率，可以从两个方面入手考虑。一是当 Δt 的大小一定时，通过增大 $\Delta\tau$ 的方式使 $\Delta\tau \geqslant \Delta t$；二是当 $\Delta\tau$ 一定时，通过减小 Δt 的方式使 $\Delta\tau \geqslant \Delta t$。

假设反射波的延续时间为其周期的两倍，即 $\Delta t = 2T$，则分辨薄层应满足 $\Delta\tau \geqslant 2T$，当薄层顶、底波速几乎相等时有

$$\Delta\tau = \tau_2 - \tau_1 = \frac{2h_2}{v_2} - \frac{2h_1}{v_1} \approx \frac{2\Delta h}{v_2} \tag{4-4-1}$$

所以有

$$\frac{2\Delta h}{v_2} \geqslant 2T \tag{4-4-2}$$

则可分辨的地层厚度为

$$\Delta h \geqslant Tv_2 \text{ 或 } \Delta h \geqslant \lambda \tag{4-4-3}$$

由以上讨论可知，一般情况下，可分辨的地层厚度为地震波的一个波长。而在理想情况下，可假设波的延续时间也为一个周期，因此可得

$$\Delta h \geqslant \lambda/2 \text{ 或 } \Delta h \geqslant T \cdot v_2/2 \text{ 或 } \Delta h \geqslant v_2/(2f) \tag{4-4-4}$$

上式表明，反射波法垂直可分辨的地层厚度为$\frac{1}{2}$的反射波波长，可称为垂向（或时间）可分辨的极限分辨率。

(2)根据薄层的振幅响应定义反射波法垂向分辨率。关于该方式，我们先通过楔形地层模型的物理试验得到相对振幅大小与薄层厚度的关系。如图 4-4-5 所示，假设地下均匀介质的波速为 v_1，其中存在一个地震波速度为 v_2 的楔形介质，且有 $v_1 > v_2$。当楔形地层的厚度从大到小变化直至尖灭，在不考虑透射损失的情况下，模型上下界面的反射系数相等但符号相反。假设上界面反射系数为负值，则下界面的反射系数为正值，当厚度较大时，两个反射子波 $b_1(t)$ 和 $b_2(t)$ 在时间上是可分辨的。但随着楔形厚度的逐渐减小，两个反射子波的时差逐渐变小，波形逐渐靠拢。当时差为周期的一半时（$\Delta\tau = 0.5T$），两个反射子波必然同相叠加在一起。如图 4-4-5 所示，此时子波 $b_1(t)$ 的第二个相位与子波 $b_2(t)$ 的第一个相位同相，因此将出现同相叠加的现象，使得合成波形的振动振幅比单个反射波振幅增强 1 倍，此时的振幅我们称之为调谐振幅。

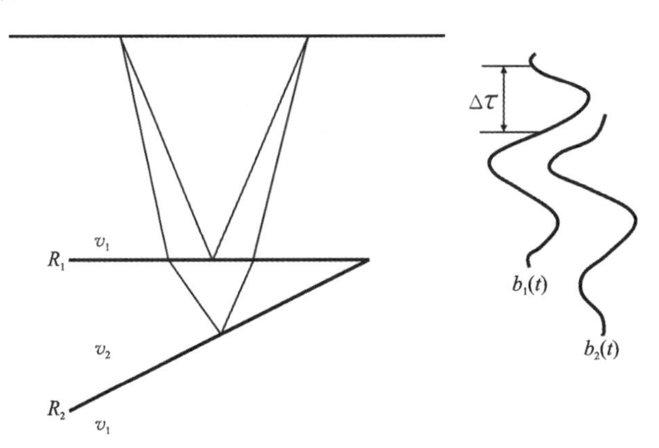

图 4-4-5　楔形地层的调谐振幅示意图

因为有

$$\Delta\tau = 2\Delta h/v_2 = 0.5T \tag{4-4-5}$$

所以

$$\Delta h = v_2 \cdot \frac{T}{4} = \frac{\lambda}{4} = \frac{v_2}{4f} \tag{4-4-6}$$

由上式可知，调谐振幅对应的厚度为波长的$\frac{1}{4}$，因此该厚度又被称为调谐厚度。这里我们定义相对振幅出现极大值（即调谐振幅）的地层厚度（即调谐厚度）为反射波法的垂向分辨率。图 4-4-6 所示为楔形地层厚度逐渐变薄时的波形变化模拟图。

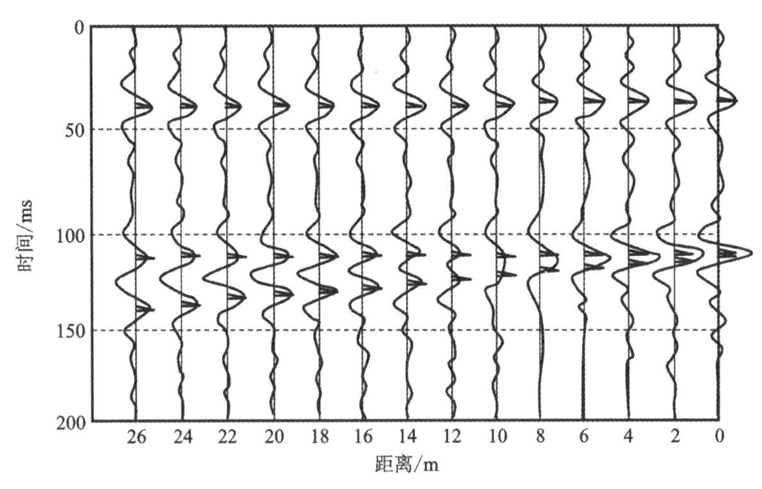

图 4-4-6　楔形地层厚度逐渐变薄时的波形变化模拟图

由以上讨论看，虽然我们有两种不同的方式定义反射波法的垂向分辨率，一般而言，我们会将纵波波长的$\frac{1}{4}$作为反射波法的极限分辨率。另外，我们将厚度小于此值的地层定义为薄层。

通过上述讨论不难看出，垂向分辨率与波长成线性反比，而波长与波速成线性正比，与频率成线性反比。在浅层地震勘探中，由于浅地表地层地震波速小，频率成分高，波长短，分辨能力较强；越往地层深处，地震波波长越长（因地震波速度增大），分辨能力越差。

2. 水平分辨率

水平分辨率是指地震反射波法在横向上能分辨的最小地质体的宽度。浅层地震资料解释时，经常遇到确定透镜体型小地质异常目标体的外部几何形态等问题。因此，在解释工作中，必须首先了解多大宽度的地震相才能在地震剖面中显示出来，进而开展正确的解释工作。但这并非仅由地质异常体的大小决定。例如，异常体的埋深深度会严重影响到小地质异常体的分辨，如同样宽度的古河床，当埋深较浅时，可能被识别；但当埋深较深时，可能就无法被识别。在埋深确定的情况下，当异常体尺寸较大时，可能被识别；而当尺寸较小时，则无法被识别。这主要取决于地震勘探的水平分辨率。

反射波地震勘探中，地表某一检波点接收到的反射信号，根据惠更斯原理，并非只是来自地下某一个点上，而是在来自地下一段反射界面上所有质点振动的叠加结果。如图 4-4-7 所示，假设地面存在一自激自收点 O，地下存在一反射界面 R，反射界面以上介质为地震波速度

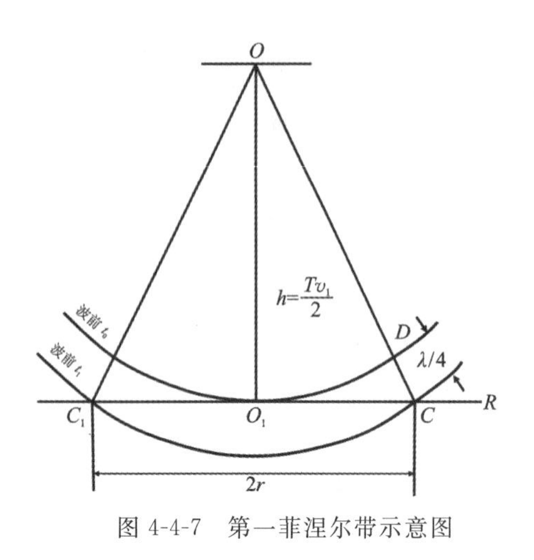

图 4-4-7　第一菲涅尔带示意图

为 v_1 的各向同性均匀介质。当地震波从震源点 O，以球面波的形式向地下半空间传播，其射线为直线。某一时刻，波前 t_0 的半径为 h，与反射界面 R 的交点为 O_1，此时接收点 O 只能接收到反射点 O_1 处的反射信号。地震波继续向前传播半个周期，波前的半径变为 OC（波前 t_1），与反射界面的交点为 C 和 C_1，此两点的反射信号同样在点 O 处被接收到。根据叠加原理，周期不大于$\frac{1}{2}$的地震波在接收点能得到相干增强的合成波形。此时，在接收点 O 接收到的反射波是来自反射界面段 CC_1 上所有质点振动的叠加结果。凡是来自反射界面段 CC_1 以外的反射点上的反射信号则不能参与相干增强叠加，而会出现相消叠加。

把 CC_1 段界面长度用波长形式表示：

$$CC_1 = 2\,O_1C = 2\sqrt{(h+CD)^2 - h^2} \tag{4-4-7}$$

假设在检波点 O 接收到来自反射点 O_1 和 C 的反射波信号时差为反射波周期的$\frac{1}{2}$，则用波长来表示上式中的 CD 段：

$$\frac{2(h+CD)}{v_1} - \frac{2h}{v_1} = \frac{T}{2} \tag{4-4-8}$$

$$CD = \frac{T \cdot v_1}{4} = \frac{\lambda}{4} \tag{4-4-9}$$

由上式可知，当地震波的波长相差小于$\frac{1}{4}$时，波的叠加可以达到相干增强。将式(4-4-9)代入到式(4-4-7)中，得

$$CC_1 = 2\sqrt{\left(h+\frac{\lambda}{4}\right)^2 - h^2} = 2\sqrt{\frac{h\lambda}{2} + \frac{\lambda^2}{16}} \tag{4-4-10}$$

当反射界面埋深大于或等于反射波波长时（即 $h \geqslant \lambda$），忽略上式中根号下的第二项，得

$$CC_1 = 2\sqrt{\frac{h\lambda}{2}} = 2\sqrt{\frac{v_1^2 t}{4f}} = v_1\sqrt{\frac{t}{f}} \tag{4-4-11}$$

式中：v_1 为反射波的平均速度；f 为地震波的主频；λ 为子波波长；t 为双程传播时间。

我们把 CC_1 的宽度称为第一菲涅尔带，它是用来衡量反射波横向分辨率的重要参数，也有人将之称为单位反射段。而 O_1C 被称为菲涅尔带的半径 r（$r = 0.5CC_1$）。反射波法中，一般将菲涅尔带宽度的$\frac{1}{2}$作为横向最小能分辨的尺寸距离，即水平分辨率，可记为

$$r = \frac{v_1}{2}\sqrt{\frac{t}{f}} \tag{4-4-12}$$

根据上式不难看出，反射波法的横向分辨能力主要与反射波波长、反射体埋深深度有关。由于实际测量时，随着埋深深度的增加，地震波速度也相应增大，地震波频率降低，所以也可

以说反射波法的水平分辨率主要与反射波的波长有关。

3. 提高反射波法分辨率的方法

根据以上关于垂向和水平分辨率的讨论，我们能归纳总结出以下几点结论。

(1)反射波法分辨率主要受勘探深度、地震波速度、震源子波频率的影响。分辨率随着目的层埋深的增大(即勘探深度的增大)而降低(分辨效果变差)，但会随着震源频率的增大而随之得到改善。根据前述关于垂直分辨率的讨论可知，浅层反射波分辨率高，能分辨较薄的地层，故浅层反射勘探时，能区分的地层层数可以较多，分辨断层时能分辨的断距较小；而深部反射勘探则与之相反。

(2)关于反射波法垂向分辨率和水平分辨率，所有讨论都是基于地震波的叠加原理展开的。在地面同一点垂直方向接收某一地层顶、底反射波信号，若两个反射子波的时差小于其周期的一半，则这两个反射子波在接收点将相干增强，这时的地层厚度相当于反射波波长的$\frac{1}{4}$，若地层厚度薄于该厚度将不再可分辨。在水平方向上，对于某一反射界面的两端点，在地面同一点接收的反射波的最大时差小于反射波周期的一半时，也能得到相应的相干增强的合成波形。

(3)从前述分析可知，要提高反射波法的勘探分辨率，可以考虑采用具有更高频率、更低地震波速度的地震波来开展反射波法勘探。因此提高反射波法分辨率的第一种途径是考虑采用横波勘探来实现。因为横波速度比纵波速度要低，对于同一薄层，来自顶、底界面的反射波时差，横波的时差要比纵波的大，很容易就能达到 $\Delta\tau \geqslant \Delta t$ 的目的。所以很多情况下，纵波反射无法分辨的薄层顶、底的两个子波，在横波反射中就能很容易地分开，从而相应地提高了勘探的分辨率。

(4)另外一种提高反射波法勘探分辨率的途径，特别是提高纵波反射的分辨率，是缩短地震波的延续时间，即对纵波进行改造，设想将原本延续时间为两个周期的反射子波压缩至一个周期的理想子波状态。但是这样的方式，实际操作时是比较困难的，实际勘探时，由于大地的低通滤波作用，地震波的延续时间总是在变长的。为实现这一目的，勘探地震界常用的方法为缩短激发子波的延续时间(从震源激振上考虑)、补充大地的低通滤波、反褶积处理等。

(5)通过分辨率分析，根据分辨率概念，可用于指导野外反射波资料采集施工以及后期的地震资料解释。如用收集到的工区层速度、平均速度、均方根速度、地震波频谱特征等，计算出相应的分辨率参数。小断层和透镜体等小尺寸目标体，受分辨率限制可能无法采用现有反射波法直接分辨，需更高分辨率的方法来实现探测目的。

三、浅层地震资料中反射波的识别

浅层反射波法勘探中，浅层反射波是在直达波和折射波之后到达检波器的，同时还会受到声波、面波等信号的干扰。因此，利用反射波法实现浅地表地质调查工作，最重要的一步工作，就是从复杂的地震记录中识别出有效的一次反射波信息。

浅层实际反射波地震记录，由于震源特点、介质的吸收衰减作用、界面的反射和透射、检波器和地震仪的特性等的综合影响，反射波的波形和原始的震源子波相差甚远，识别有效反射波的原则和依据与前一章中介绍的折射波的识别类似。如图 4-4-8 为一张清晰的质量良好的浅层反射地震记录，从图中可以看出，来自各界面的反射波波形相似，组成的同相轴连续性好。而对于质量不太好的反射地震单炮记录，要观察反射波同相轴的特征，则需开展一系列的处理，之后才能清晰地识别出有效反射波信息。

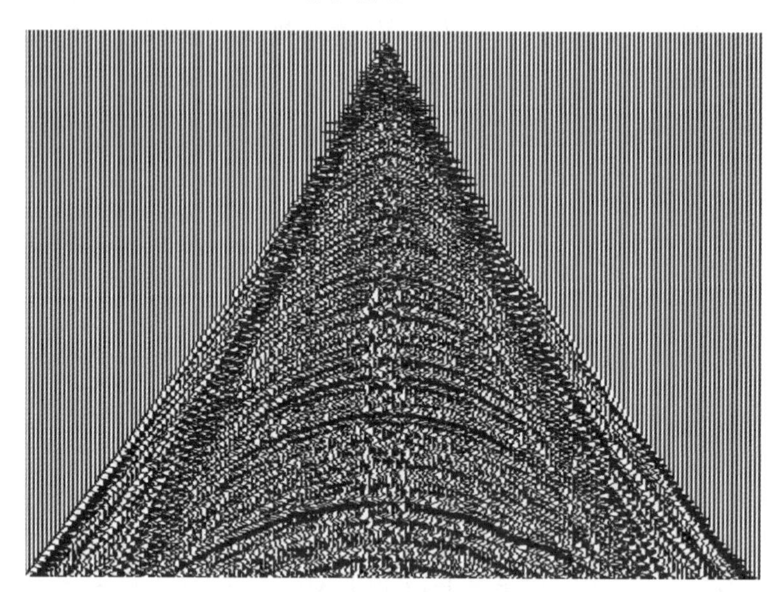

图 4-4-8 反射波法单炮记录(中间放炮方式获得的良好记录剖面)

浅层反射地震剖面上(单炮记录或地震时间剖面)反射波的同相轴具有如下几个特征，可以据此特征来识别反射波。

(1)反射波波形特征的相关性。波形特征是地震波某一特定波形的同相轴所具有的波形形态上的独有特征，这些特征包括了地震波包络的形态、波的周期数(一般而言，来自某界面的反射波信息并非仅含一个周期的波形，而是几个波形的组合)、主频信息，以及由于不同的同相轴或不同的子波间相互干涉和叠加产生的不规则相位信息。通俗地说，波形特征的相关性，指的是各地震记录道记录的波形之间的相似程度及规律性。当一组地震波信号到达接收排列时，通常情况下会在所有的检波器上产生相似的影响，使得排列上不同检波器上记录到的同一组地震波的波形看起来是相似的。道间距合适时，相邻地震道同组地震波的主波峰之间时差较小，很容易识别出它们是同组地震波。而如果相邻两道上对应地震波主波峰之间的时差超过了半个视波长长度，这种相关性就显得模糊不清。当然我们也有更为科学和精确的方法来确定相邻道上地震波的相关性，如后面将会介绍的相关性分析等。

(2)倾角时差和正常时差特征。时差的含义为地震记录道上，不同波形之间的到时差，也是用于判断同相轴质量的重要指标。浅层反射地震记录中的时差包括两种，分别为倾角时差和正常时差。在中间放炮，炮点两侧观测获得的观测记录中，很容易将两种时差区分开，但单边接收的方式区分较为困难。正常时差可用来检测一个道集或一个炮集记录上的同相轴是否为反射波，其实现方式为：根据已有的速度参数对各地震道计算正常时差并完成动校正，如果能将该同相轴校正为一条直线，则记录上的同相轴为反射波，反之不是。

(3)除此之外，也可以根据正演模拟合成记录来对比识别反射波同相轴。对地震记录中的假定反射波同相轴进行动校正，得到垂直时间剖面；再根据干扰波调查结果或测区已知的测井资料中获得的速度资料合成相应的反射地震记录；最后将合成的反射地震记录时间剖面与实际地震记录垂直时间剖面进行对比，对于真实的反射同相轴，二者应该是相似的。

四、地震波速度概念及提取

由前面的讨论我们已经知道用于描述地震反射波在介质中的传播速度有很多种方式，比如平均速度、叠加速度、均方根速度、层速度等。下面我们就这几种速度的概念及提取方式作一个简单的介绍。

(1)层速度及其计算方式。假设地下介质为水平层状介质，每一个地层均可看作各向同性均匀介质，这样每层介质的地震波速度就称为层速度，它的大小与地层的岩性密切相关。层速度可以由地震测井的方式获得

$$v_i = \frac{\Delta h_i}{\Delta t_i} \tag{4-4-13}$$

式中：Δh_i 为第 i 层介质的厚度；Δt_i 为第 i 层介质顶、底反射界面的时差，i 的取值为整数。

在没有钻孔的情况下，无法通过地震波速测井的方式获得层速度信息，但可以通过地震记录由迪克斯公式计算获得。迪克斯公式(Dix formula)是通过均方根速度来计算层速度的公式。根据速度分析的方式获得的地震波速度为叠加速度，在层状介质情况下，也是均方根速度。根据第一节中的讨论，多层介质均方根速度的计算公式为式(4-1-27)，根据该式可知

$$v_{\sigma,n}^2 \sum_{i=1}^{n} t_i = \sum_{i=1}^{n} v_i^2 t_i \tag{4-4-14}$$

$$t_{0,n}\, v_{\sigma,n}^2 - t_{0,n-1}\, v_{\sigma,n-1}^2 = 2\left(\sum_{i=1}^{n} v_i^2\, t_i - \sum_{i=1}^{n-1} v_i^2\, t_i\right) = 2 v_n^2 t_n \tag{4-4-15}$$

上式中

$$t_{0,n} = 2\sum_{i=1}^{n} t_i \text{ , } t_{0,n-1} = 2\sum_{i=1}^{n-1} t_i \tag{4-4-16}$$

因此

$$t_n = (t_{0,n} - t_{0,n-1})/2 \tag{4-4-17}$$

将式(4-4-17)代入式(4-4-15)中，即可推导得到求取第 n 层介质层速度的迪克斯公式：

$$v_n = \left[\frac{t_{0,n}\, v_{\sigma,n}^2 - t_{0,n-1}\, v_{\sigma,n-1}^2}{t_{0,n} - t_{0,n-1}}\right]^{1/2} \tag{4-4-18}$$

(2)平均速度。在水平层状中，取垂直于层理的射线段长度及该长度对应的传播时间的比值，定义为平均速度。它是地震波从地面至地下某一层界面底部的全部介质中垂向传播速度的平均值。其物理意义是，用一个速度为 $\bar{v}$ 的均匀介质代替该层界面以上的所有上覆地层。平均速度的一般计算式为

$$\bar{v} = \frac{H}{t} = \frac{H}{\int_0^H [1/v(z)]\mathrm{d}z} \tag{4-4-19}$$

另外，我们也可以利用迪克斯公式求取平均速度，由于第 n 层底界面以上的平均速度为

$$\bar{v}(n)=\frac{\sum_{i=1}^{n} v_i (t_{0,i}-t_{0,i-1})}{t_{0,n}} \tag{4-4-20}$$

将式(4-4-18)代入式(4-4-20)中，有

$$\bar{v}(n)=\frac{\sum_{i=1}^{n}\left[(t_{0,i}\, v_{\sigma,i}^2-t_{0,i-1}\, v_{\sigma,i-1}^2)(t_{0,i}-t_{0,i-1})\right]^{1/2}}{t_{0,n}} \tag{4-4-21}$$

平均速度也是时间剖面转换为深度剖面的重要参数，求准平均速度对提高解释精度有重要的意义。

(3)均方根速度。均方根速度的概念是对水平多层介质采用多次覆盖技术进行反射波勘探时产生的。在水平层状介质中的均方根速度定义为

$$v_{\sigma,n}=\left[\frac{\sum_{i=1}^{n} v_i^2\, t_i}{\sum_{i=1}^{n} t_i}\right]^{1/2} \tag{4-4-22}$$

其含义是将界面以上的 n 层介质看作均匀介质，此时反射波的射线为直线。而实际上波在层状介质中的传播路径并非完全的直线，而是折线。炮检距越大，偏折情况也越大。因此，对于第 n 层介质而言，它相当于用一个速度为 $v_{\sigma,n}$ 的均匀介质代替该层以上的全部上覆地层。

与平均速度相比，均方根速度强调了层速度高的地层的影响，而相应地削弱了低速地层或薄层的影响，因此在一定程度上无法反映不均匀介质的“折射”效应。一般而言，平均速度小于均方根速度。另外，在水平层状介质条件下，均方根速度的大小与叠加速度的大小一致，此时均方根速度就是叠加速度。

(4)地震波速度的求取方法。反射地震勘探数据处理和剖面解释的精度主要取决于所求取的地震波速度参数的准确性。地震波速度的估计方式一般有以下几种：①利用折射波法求取层速度或平均速度；②利用地震波测井求取层速度或平均速度；③根据反射波时距曲线求取速度，主要有根据正常时差和速度的关系计算的方法，以及 x^2-t^2 法；④根据速度分析的方法求取叠加速度或均方根速度。

其中第四种方法是在没有测井资料的时候，仅根据反射波地震资料求取速度的主要方法，得到的主要是叠加速度和均方根速度。当然最后可以根据均方根速度求取层速度。

五、速度分析

利用地震记录求取反射波叠加速度或动校正速度的方式即为速度分析。速度谱的计算过程是速度分析最为一般的流程。速度谱表示了地震波能量随速度和采样时刻的变化关系。如果以共反射点道集叠加波形的能量来衡量，当动校正使用的速度合适时，各道的相位是相同的(对齐的)，叠加后波形的振幅能量最大(理论上放大的倍数即为覆盖次数)。按照这一原理求取的速度值，即为叠加速度值。

1. 叠加速度谱原理

根据上一节中水平叠加原理可知，共深度点的反射波来自界面上同一点，这些反射波到时与共中心点处 t_0 的时间差，是由各检波点到震源的距离不同引起的，该时间差被称为正常时差，其大小为

$$\Delta t = \sqrt{(x/v)^2 + t_0^2} - t_0 \tag{4-4-23}$$

其中 Δt 就是在动校正过程中需要消除的时差。上式中，炮检距 x 是已知的，对某一反射界面共中心点处的双程旅行时间 t_0 也是已知的，所以动校正量的计算仅与地震波速度有关，速度的精度关系到动校正的效果。对某共深度点道集的时距曲线，根据已知的时间 t_0 及工区的速度资料（或相邻工区的速度资料），分别选用一系列不同的速度值对反射波时距曲线进行动校正。通过这样的方式，总能在其中找到一个速度值，使得时距曲线被完全校正为水平直线，该速度值就是最佳动校正速度，这样的分析方法就是速度分析。时距曲线的校平效果可以通过动校正后道集叠加的振幅能量大小来判断。采用最佳速度计算动校正量，并进行动校正后，反射波时距曲线被拉平，各道一次有效反射波相位相同，叠加后能量达到最强，速度偏大或偏小，都会使叠加能量响应被削弱。类似于频谱的生成方式，把叠加后反射波的能量随速度和采样时间的变化关系表示在 A-v-t 图中（ A 为振幅）。

2. 速度谱制作方法

目前速度谱的制作，已能在计算机上实现快速、自动地计算与图谱生成。速度谱的制作过程主要分为 4 个步骤。

(1)对一共深度点道集的记录设定一系列 t_0 值，并设计好 t_0 计算的时间间隔及反射波时窗采样数 M 。

(2)固定某个 t_0 值，选定一初始校正速度 v_1 ，对选定时窗内的波形进行动校正，并计算叠加能量，得到 $A(v_1)$ 。$A(v)$ 可用平均振幅或振幅加权平均值表示。其中平均振幅为

$$A(v) = \frac{1}{N}\sum_{j=0}^{M}\left|\sum_{i=1}^{N} f_{i,j+ri}\right| \tag{4-4-24}$$

式中：N 为共深度点道集内的道数；M 为反射波采样时窗内的采样点数；$f_{i,j+ri}$ 表示第 i 道，第 $j+ri$ 个样值；ri 表示随着时间 t_0 、炮检距 x 和地震波速度 v 变化的反射波样值序号。之后以一定的增量改变初始速度值，按前述的步骤计算各速度值对应的 $A(v)$ ，得到关于该 t_0 值的一维速度谱值。

(3)改变时间 t_0 ，对一系列的时间 t_0 循环，重复上述过程，得到各时间 t_0 对应的一维速度谱值。

(4)综合所有时间 t_0 对应的一维速度谱值，以速度值为横坐标，以采样时间（时间 t_0 值）为纵坐标，即可生成二维的速度谱图像。

速度谱质量首先取决于原始反射地震资料的信噪比，信噪比高的记录，其速度谱的质量也高。其次，速度谱的质量与数据采集的观测系统有关，采用多次覆盖观测系统时，覆盖次数

越高，共反射点的叠加道数越多，速度谱质量越好。最后，速度谱的质量与地质条件有关，构造简单，速度谱也简单，如果速度谱点的位置正好位于断裂带上，速度谱会变得较为复杂。

3. 叠加速度谱的用途

(1)提供正确的动校正速度、共深度点或共炮点的速度谱资料，可以作为该点附近进行动校正的速度参数，这是叠加速度谱的主要用途。

根据共深度点道集资料计算的叠加速度，不同的地质模型具有不一样的含义。水平层状介质，叠加速度相当于均方根速度；倾斜界面，叠加速度相当于有效速度。但用叠加速度对倾斜界面的共中心点道集时距曲线作动校正，依然可以得到较好的动校正效果。

(2)用于检查时间剖面的质量。在速度谱上可以看出反射波能量强弱以及出现的时间 t_0，如果某时间 t_0 上有较强的反射，在速度谱上必然出现较强的振幅，如果时间剖面上的强反射与速度谱上的强振幅不一致，应查明原因。

(3)识别多次波和绕射波。速度谱中如果在深层出现速度较低的能量团，而时间 t_0 又与速度相近的浅层反射波成倍数关系，则这样的能量团对应的反射波可能是多次反射波。另外，绕射波同样有双曲线型时距曲线，用不同的速度校正叠加后，也会在速度谱上出现对应的强能量团。对这样的能量团要注意识别。

六、数字滤波

浅层地震剖面中，有效波(如一次反射波)和干扰波通常是混合在一起的，为了突出有效波信号、压制干扰波信号、提高信噪比，必须进行滤波处理。数字滤波技术是随着计算机技术的发展和广泛应用而发展起来的，比模拟滤波器的种类更为丰富多样，使用方式也更为灵活，是反射波资料处理中重要的一环。

在地震勘探中，干扰波和有效波主要靠频谱和视速度等特征进行区分。因此，数字滤波器的设计，也就主要从干扰波和有效波在频谱和视速度上的差异来考虑。其中，频率滤波一般来说只需要对单道资料进行运算，因此又称为一维滤波；而视速度滤波则需同时对多道记录进行处理，因此又称为二维视速度滤波。

前面已经提及过，地震波激发后，整个传播和接收的过程从广义上讲都是滤波的过程。在这样的过程中，传播介质和仪器性能等的变化，都会一定程度上改变地震波的形态。而为了恢复或突出某种地震波的原始状态，根据目的设计出了众多不同的数字滤波器。

1. 滤波器的响应特征

在讲解反射地震勘探常用的滤波器之前，有必要对滤波器的通用特征作简单介绍，以便大家更好地掌握滤波器的设计方法。滤波的过程也可以通俗地理解为一个信号通过某一装置后变为一个新的信号的过程。其中的原始信号称为输入信号，新信号称为输出信号，这样的装置即为滤波器。若该装置为数学公式，则称为数字滤波器。

数字滤波器的滤波过程可以用数学公式表示，对输入信号 $x(t)$，施加滤波器 $h(t)$，假设任意时刻 t 的输出信号为 $y(t)$，其褶积运算公式可写为

$$y(t)=\int_{-\infty}^{\infty}h(\tau)*x(t-\tau)\mathrm{d}\tau \tag{4-4-25}$$

若不考虑滤波器内部函数的具体形式，只从输入和输出间的关系定义滤波器的特性，这样的关系称为响应函数。前面已经提及，滤波器的设计既可以在时间域中进行，也可以在频率域中进行。其中，时间域中的响应函数称为脉冲响应，它的定义为一个单位脉冲通过滤波器所产生的响应。时间域滤波器经过傅立叶变换后即可得到其频谱，该频谱即为频率滤波器。频率滤波器对信号频率的影响称为频率响应函数，也叫滤波器的频率特性。

脉冲响应函数是振幅随时间的变化函数，其傅立叶变换即为滤波器的频率响应。所以一个滤波器的特性，无论用脉冲响应描述，还是用频率响应描述，二者是等效且唯一的。时间域和频率域中的滤波机理如图 4-4-9 所示。

数字滤波器用数学公式 $h(\tau)$ 表示，只需改变该数学公式的具体形式就可以改变滤波器的滤波效果。而由于滤波过程可以在时间域和频率域两种域中进行，因此也相应地有两种数字滤波方法。

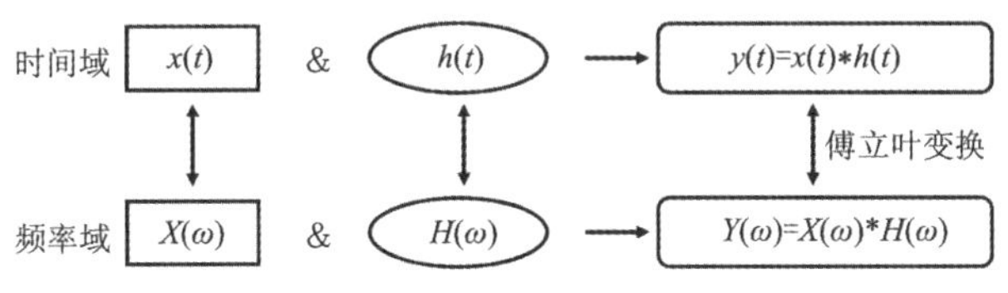

图 4-4-9　时间域及频率域滤波机理示意图

2. 一维频率域数字滤波

最理想的频率域滤波器是令有效一次反射波在其频率范围内完全无畸变地通过，而干扰波被完全压制无法通过。因此，从这样的概念上看，理想的频率滤波器的频率响应函数图形应是一个矩形。地震资料的频率域滤波一般过程分为以下几个步骤。

(1)地震记录的频谱分析，确定有效波与干扰波的频谱特征。若已知地震记录可用时间函数 $x(t)$ 表示，它同时包含了有效波 $s(t)$ 与干扰波 $n(t)$ 的信号，即 $x(t)=s(t)+n(t)$ 。其相应的频谱为 $X(\omega)=S(\omega)+N(\omega)$ 。

(2)设计理想的带通滤波器。根据有效波的频率成分分布范围(假设为 $f_1\sim f_2$)，设计频率函数为 $H(f)$ 的带通滤波器，其在有效波频率范围内的频率函数值为 1，而在其他频率范围内的频率函数值为 0，表达式如下：

$$H(f)=\begin{cases}1, f_1\leqslant f\leqslant f_2\\0, f<f_1 \text{ 或 } f>f_2\end{cases} \tag{4-4-26}$$

(3)频率滤波计算。对地震记录 $x(t)$ 进行傅立叶变换得到其频谱 $X(\omega)$ ，将该频谱与滤波器频率函数 $H(f)$ 相乘，得到了压制过干扰信号的输出信号 $X'(\omega)$ 。这一过程可表示为

$$X'(\omega)=X(\omega)\cdot H(f) \tag{4-4-27}$$

对上式中输出的信号再进行反傅立叶变换即可得到滤波后的地震记录 $x'(t)$ 。滤波的整体过程如图 4-4-10 所示。

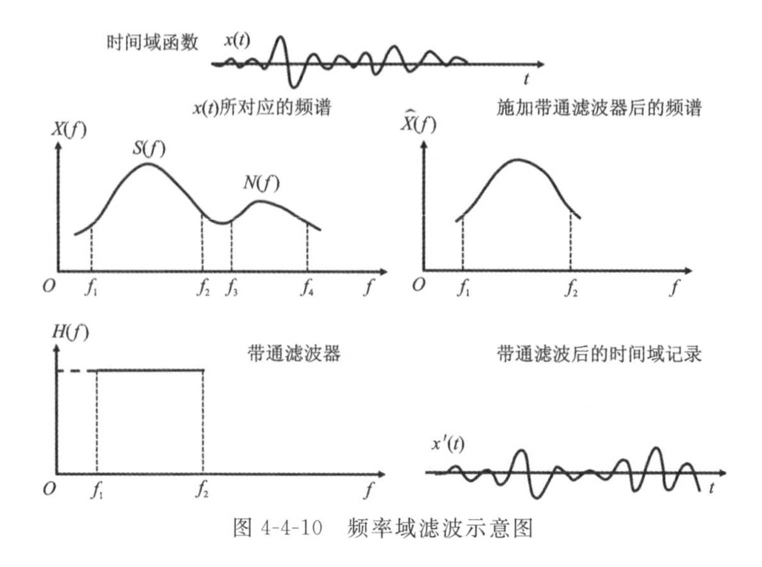

图 4-4-10　频率域滤波示意图

3. 一维时间域数字滤波

时间域数字滤波也叫褶积滤波，它的数学表达式如式(4-4-25)。与频率域滤波方法类似，时间域滤波方法也分为几个步骤：①对地震记录进行频谱分析，确定有效波和干扰波的频率特性；②设计带通滤波器，这与频率域滤波器设计过程一致；③对带通滤波器进行反傅立叶变换，得到滤波器的时间响应函数 $h(t)$ ；④将地震记录 $x(t)$ 和滤波器 $h(t)$ 进行褶积运算，得到滤波处理后的输出 $x'(t)$ 。

时间域滤波时，只对滤波器进行了一次傅立叶变换，其余过程均为离散褶积运算中的简单加法和乘法运算，计算工作量要小于频率域。

在实际计算时，滤波器的长度不可能设计为无限长，且地震记录的采用点数也是有限的，因此所采用的褶积运算方式为离散褶积运算，这样的运算将广义积分式[式(4-4-25)]转变为有限的求和式：

$$y_i = \sum_{\tau=-M}^{M} h_\tau x_{i-\tau} \tag{4-4-28}$$

式中：y_i 和 x_i 分别表示采样序号 i 时的输出与输入信号；i 为整数，最大值为 N ，N 为滤波器计算的总样点数；h_τ 表示滤波器序列，其中 τ 表示滤波器序列的采样序号。

式(4-4-28)表明，离散褶积运算是 h_τ 序列和 x_i 序列按照一定的规则相乘后再相加的运算。计算 t 时刻的输出信号 y_i 时，因滤波因子 h_τ 的下标在 $-M$ 和 M 之间变化，为了使输出信号和输入信号序列一致，可在 x_i 的后面补充 M 个零，如果 $M=2$ ，则滤波因子个数为 5，它和输入信号序列 x_i 的褶积运算过程可用图 4-4-11 表示。

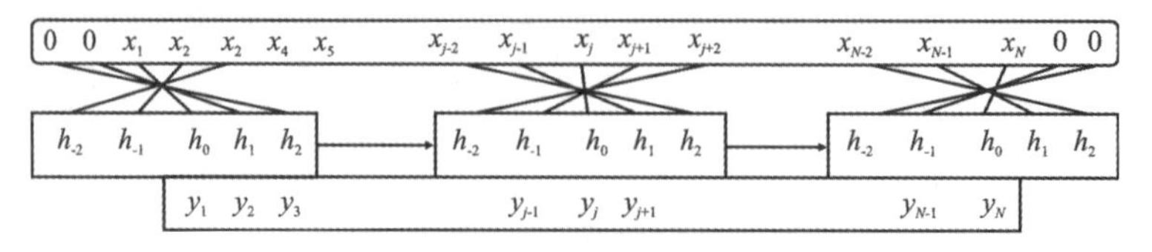

图 4-4-11　离散褶积运算示意图

假设一个理想的低通滤波器的频率特性表示为

$$H(f)=\begin{cases}1, |f|\leqslant f_1\\0, |f|>f_1\end{cases} \tag{4-4-29}$$

其反傅立叶变换后的滤波因子为

$$h(\tau)=\frac{\sin 2\pi f_1 t}{\pi t} \tag{4-4-30}$$

上式可按照输入信号 x_i 的时间采样间隔 Δt 离散为 $h(n\Delta t)$，简写为 h_τ。理想的低通滤波器的频谱、频率因子及其离散采样序列如图 4-4-12 所示。

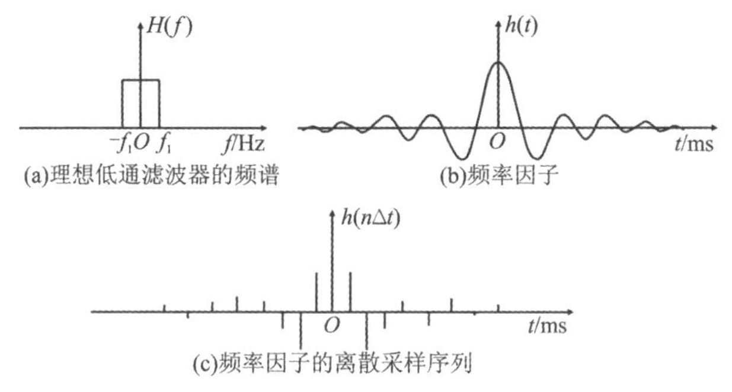

图 4-4-12　理想低通滤波器示意图

当 $h(t)$ 取有限长度时，其对应的频率响应 $H(f)$ 将不再是一个理想的"矩形门"，而是接近门状的一条连续光滑的振动曲线，这种现象通常称为吉普斯效应，如图 4-4-13 所示。在这样的滤波过程中，通放带内的有效波波形会发生畸变，而压制区内的干扰波也无法完全被滤除。因此，在实际滤波器设计时，会在 $H(f)$ 的不连续点处镶接一个连续变化的函数 $g(f)$，使频率响应函数连续地变化。镶边带通滤波器形态如图 4-4-13(c)所示。

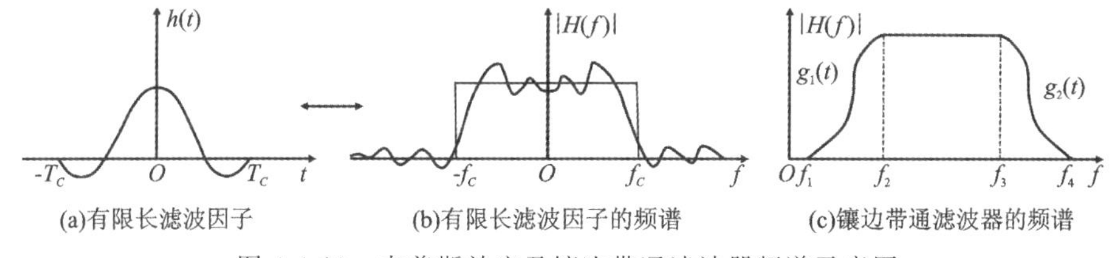

图 4-4-13　吉普斯效应及镶边带通滤波器频谱示意图

同样地，$h(t)$ 按照间隔 Δt 离散采样得到时间序列 $h(n\Delta t)$，而 $h(n\Delta t)$ 对应的频率响应 $H_n(f)$ 是一个以 $1/\Delta t$ 为周期的函数。因此，数字频率滤波器除了有与 $h(t)$ 的频率特性对应的"正门"外，还存在以 $1/\Delta t$ 为周期的无数多个"伪门"。由于"伪门"的存在，某些频率的干扰波可能在"伪门"中通过，而无法达到干净地滤除的目的。为了减少"伪门"的影响，可适当地减小采样间隔 Δt，使得"伪门"出现在干扰波频率之外。

4. 二维视速度数字滤波

以上滤波方法无论在时间域实现还是在频率域实现，其本质都是基于有效波和干扰波之间存在的频谱特征差异。在地震勘探中，有时会存在有效波和干扰波的频谱十分接近甚至完全重合的情况，此时采用上述滤波方法则无法达到理想的滤波效果。这时就需要根据有效波和干扰波之间存在的其他方面的差异来设计滤波器了。如果有效波和干扰波在视速度上存在差异，则可根据视速度差异设计相应的滤波器，实现视速度滤波。与前述滤波方法不同，这种滤波需要同时对若干道地震记录进行计算才能得到有效的输出，是一种二维滤波。

地震记录实际上可以看作一个关于时间和空间的二维函数，当我们固定时间，从空间角度来观察波动现象，这样的图件我们称之为波剖面图；而当我们固定空间位置，观察同一点位的质点随时间的振动变化，所得到的图件为振动图。因此，地震波动可以用振动图和波剖面图两种形式来描述，二者之间通过波数、频率和速度相互联系。由于地震勘探总是沿地面测线观测，所以通常波数和速度分别用波数分量 k_x 和视速度 v^* 表示。因为地震记录既不是单独的时间函数也不是单独的空间函数，而是在空间和时间上存在着紧密的联系，所以单独进行时间或空间维度的滤波，都会同时引起另一维度的特性变化，产生不良的影响。因此，只有根据二者内容上存在的联系，设计出时间-空间域的二维滤波器，才能达到压制干扰波、突出有效波的目的。

二维视速度滤波是建立在二维傅立叶变换的基础上的，对实际测量的多道记录从时间和空间维度进行二维傅立叶变换，能得到其在频率-波数域内的二维能量谱，如图 4-4-14(a)所示。有效波和干扰波被分解为不同成分的简谐波传播，这些波具有不同的视速度，因此在能量谱图中位于不同的区间上。根据该特点，设计二维视速度滤波器，能有效压制干扰波。

从图 4-4-14(a)中可知，有效波和干扰波各分布在一个扇形区间内，因此可以设计扇形滤波器用于滤除干扰波。该类型滤波器的频率函数形式为

$$H(f)=\begin{cases}1, \left|\dfrac{f}{k_x}\right| \geqslant v^*, |f|<f_c; \\ 0, (\text{其他})\end{cases} \tag{4-4-31}$$

该滤波器的通放带在 f- k_x 平面内构成由坐标原点出发，以频率轴 f 和波数轴 k_x 对称的扇形区域，如图 4-4-14(b)所示。将滤波器进行二维反傅立叶变换求出时间域滤波函数，和地震记录进行褶积计算，即可达到压制某些与反射波存在视速度差异的干扰波，如面波等低视速度的地震波。

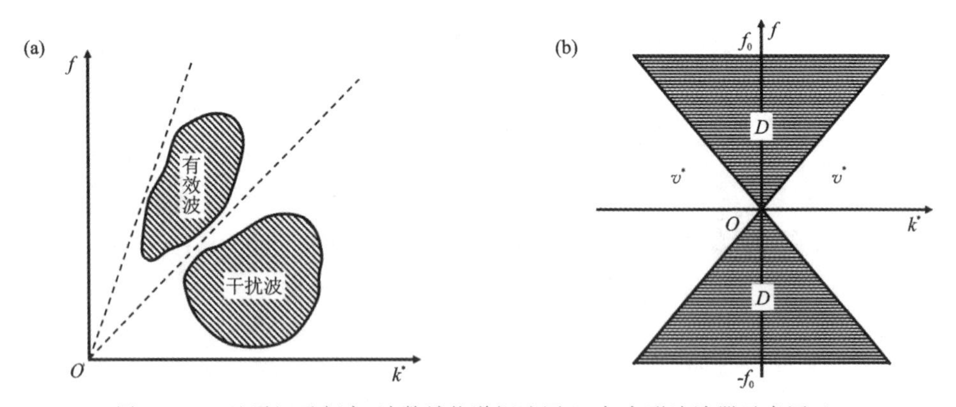

图 4-4-14　地震记录频率-波数域能谱概述图(a)与扇形滤波器示意图(b)

当然，与一维滤波的情况类似，由于二维视速度滤波依然属于数字滤波方法，因此它依然存在吉普斯效应和“伪门”现象。对二维滤波方法，我们同样可以采用镶边法或乘因子法来解决该问题。

数字滤波的效果与地震记录的质量、所设计的数字滤波器性质等因素有关，滤波器形式的选择是其中最为关键的环节，只有选择到浅层地震勘探适用的既能够压制干扰波又不损害有效波的滤波器，才能达到滤波的目的。

七、相关分析

地震波的相关性指的是地震记录之间的相似程度及其内在联系的紧密程度。相关性除可用于对比和滤波的目的外，更多的是用于地震信息的提取。另外，随着目前可控震源技术的发展和应用，相关分析的作用也越来越重要。采用可控震源时，通过相关分析后才能获得常规意义上的单炮地震记录，并用于后续的资料处理和解释。因此，相关分析技术是可控震源地震资料处理技术中最基本也最重要的处理手段。

1. 相关系数和相关函数

在浅层地震资料处理的过程中，经常会遇到需要确定两个波形或两段地震记录是否相似的问题。这样的对比工作，当波形或同相轴明显时，相对较容易，但在资料信噪比不太高的情况下，比较工作就存在着一定的困难了。另外，数据量大时，对比工作已不能完全依靠人力来完成，此时就需要采用计算机来进行自动判别工作。在数字信号处理技术中，常用相关系数和相关函数来定量描述两个信号函数之间的相似程度。因此，我们也可以利用相关系数或相关函数来描述地震波形之间的相似程度。

假设存在两个地震记录 $x(t)$ 和 $y(t)$，它们按照采样间隔 Δt 离散采样，形成两个离散序列 $\{x_n\}$ 和 $\{y_n\}$（$n=1,2,3,\cdots,N$）。这样的两个数列之间的相似度可以用它们之间的均方差来度量和描述。其均方差形式如下：

$$\sigma^2 = \frac{1}{N}\sum_{n=1}^{N}(x_n - y_n)^2 \tag{4-4-32}$$

将上式展开后可得

$$\sigma^2 = \frac{1}{N}\left(\sum_{n=1}^{N}x_n^2 + \sum_{n=1}^{N}y_n^2 - 2\sum_{n=1}^{N}x_n y_n\right) \tag{4-4-33}$$

上式中，等式右端括号中的前两项 $\sum_{n=1}^{N}x_n^2$ 和 $\sum_{n=1}^{N}y_n^2$ 分别表示两道记录的能量，与它们之间的相关性没有关系。因此等式中括号内的第三项 $2\sum_{n=1}^{N}x_n y_n$ 才是与两道记录相关性有关的参数。如果数列 $\{x_n\}$ 和 $\{y_n\}$ 完全相同，则此时均方差为零，第三项的值与两道记录波动能量总和相等，两道记录波形完全相似；若两道记录完全不相同，则 x_n 与 y_n 的乘积有正有负，互相抵消，即 $\sum_{n=1}^{N}x_n y_n \approx 0$，这说明两道记录之间不相关。如果 $\sum_{n=1}^{N}x_n y_n$ 是一个很大的负数，则表明这两个波形记录振动方向相反，这种情况称为负相关。据此，我们知道式(4-4-33)中第三项 $\sum_{n=1}^{N}x_n y_n$ 是决定两个波形函数之间相关性的最重要数值，所以可以定义波形函数序列 $\{x_n\}$ 和 $\{y_n\}$ 之间的相关系数为

$$r_{xy}(0)=\frac{1}{N}\sum_{n=1}^{N}x_n y_n \tag{4-4-34}$$

上式左端括号中的"0"表示相关系数是在两道记录的计时零线对齐(即不存在相对时移)的情况下计算的。但在实际对比两道记录时，往往需要反复地将记录前后挪动，以便寻求记录最相似时的相对位置。对每一个相对时移量 τ，都可以计算相关系数。若时移量 τ 值不断变化，则此时相关系数就变成了以时移量 τ 为自变量的相关函数。所以，在该意义下，序列 $\{x_n\}$ 和 $\{y_n\}$ 之间的互相关函数为

$$r_{xy}(\tau)=\frac{1}{N}\sum_{n=1}^{N}x_{n+\tau}y_n=\frac{1}{N}\sum_{n=1}^{N}x_n y_{n-\tau} \tag{4-4-35}$$

从上式看，互相关函数用了两个形式类似的表达式，但两个表达式表示的移动方式是不同的，其中第一个表达式表示将 $\{x_n\}$ 或 $x(t)$ 向前(左)移动 τ 后进行相关，后一个表达式表示将 $\{y_n\}$ 或 $y(t)$ 向后(即向右)移动 τ 后进行相关，但二者显然是等价的。

下面我们以图 4-4-15 所示的两道信号 $x(t)$ 和 $y(t)$ 为例说明移动前后的函数互相关值的变化情况，原始信号不移动时，其相关系数 $r_{xy}(0)$ 并不大。但若将 $x(t)$ 向右方移动 τ_m 的量变为 $x(t-\tau_m)$，或将 $y(t)$ 向左方移动 τ_m 的量变为 $y(t+\tau_m)$，则两道记录非常相似。

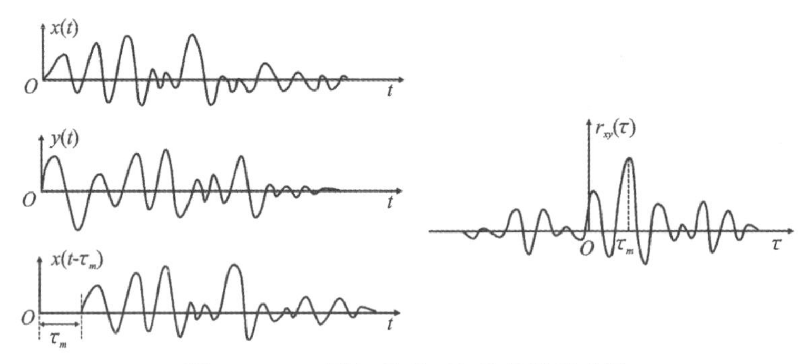

图 4-4-15　两道记录的互相关函数示意图

2. 自相关和互相关函数

如果仅对一道记录 $x(t)$ 或它相应的时间序列 $\{x_n\}$，让它进行自我相关运算，这样的计算称为自相关；而将该记录与另一道记录 $y(t)$ 的相关计算则称为互相关。图 4-4-16(a)和(b)分别示意了自相关函数 $r_{xx}(\tau)$ 和互相关函数 $r_{xy}(\tau)$ 的产生过程。

从图 4-4-16(a)中可知，自相关函数 $r_{xx}(\tau)$ 有以下性质。

(1)当 $\tau=0$ 时，因参与自相关运算的波形是完全相同的，各相位完全对齐，故此时相关系数 $r_{xx}(0)$ 表现为一个极大的峰值。

(2)由于自相关时，两个波形是完全相同的，所以自相关函数 $r_{xx}(\tau)$ 是关于纵轴完全对称

的偶函数。

(3)当 $\tau \to \pm \infty$时，$r_{xx}(\tau) \to 0$ 。

类似地，从图 4-4-16(b)中可知互相关函数的性质如下。

(1)当 $\tau = 0$ 时，互相关函数 $r_{xy}(0)$ 的值不一定能够达到最大值。一般来说，会在某一个不为 0 的 τ 值时达到最大值。

(2)当 $\tau \to \pm \infty$时，两个波形被完全分开，它们一般来说是完全不相似的，所以此时 $r_{xy}(\tau) \to 0$ 。

(3) $r_{xy}(\tau)$ 不是一个偶函数。因为当 $\tau = \tau_1$ 和 $\tau = -\tau_1$ 时，序列 $\{x_n\}$ 和 $\{y_{n-\tau_1}\}$ 的相似度与序列 $\{x_n\}$ 和 $\{y_{n+\tau_1}\}$ 的相似度一般是不相同的。

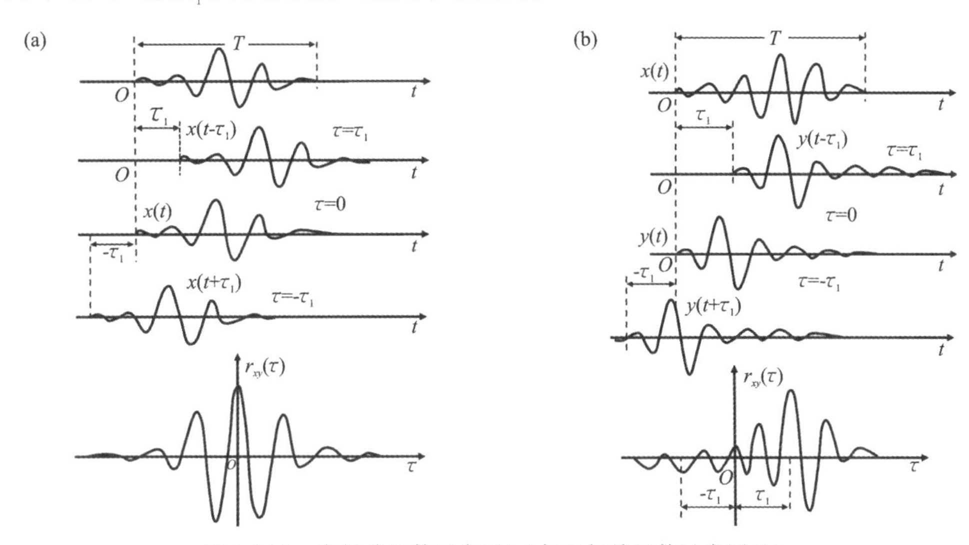

图 4-4-16 自相关函数示意图(a)与互相关函数示意图(b)

3. 相关分析的应用

相关分析技术在地震资料处理中有着非常重要的作用，归纳起来主要有以下几个方面。

(1)利用互相关函数值或互相关系数判断两个地震波或两道地震记录的相似程度。如图 4-4-15 所示的，将 $x(t)$ 向右方移动 τ_m 的量变为 $x(t-\tau_m)$ 后将与 $y(t)$ 最为相似，所以互相关函数在 $r_{xy}(\tau_m)$ 处出现一个极大的峰值。因此，根据两道地震记录的互相关函数的极大值可以确定这两道记录的相似程度。而根据相似程度，可以判断这两个或两组波是否是来自同一反射界面的反射波，或是否为同类型的地震波。

(2)利用互相关系数求取地震子波。根据地震道褶积模型，地震记录的自相关相当于许多地震子波的自相关函数之和。

(3)利用互相关系数进行速度分析。在进行速度分析的过程中，可以利用相关系数评价动校正效果。如果动校正速度正确，动校正后各道将被校平，各道之间波形完全相同，相位对齐，故互相关系数达到最大值。

(4)利用互相关方法求取道间时差。如前所述，若 τ_m 为相关函数有极大值时的时间移动量，则在需要求取道间时差的项目中，当求两道间的正常时差时，可利用互相关法求出 τ_m 值，此时的 τ_m 值即为道间时差值。

第 5 节　反射波法资料解释

野外采集的地震波资料在经过上述的各项处理后，获得的主要成果资料为经过水平叠加（或同时完成了偏移处理）的反射地震时间剖面，它是反射波法地震勘探进行地质解释的基础资料。一般而言，通过对时间剖面上的同相轴对比就可以基本确定地下地层的构造形态、接触关系及断层分布等。

反射地震时间剖面地质解释的准确程度受到了多种因素的影响，归纳起来主要有以下几个方面。

（1）野外资料采集及数据处理的质量。有着较高信噪比的时间剖面是确保解释质量的基本条件。在野外资料采集或数据处理中，若参数或方法选取不恰当，也会影响到时间剖面的质量，甚至会出现假象，影响到解释工作的准确性。

（2）地震剖面的解释质量还受到了分辨率的影响和限制。比如较小的地质体或薄层（相对其波长而言，厚度小于波长的 1/4），在时间剖面上是很难识别的。

（3）解释人员的经验、业务素质等也是直接影响解释工作质量的主要影响因素。

经过数据处理后的浅层地震时间剖面如图 4-5-1 所示，图中纵轴表示双程旅行时间；横坐标值表示各共中心点（CMP）或共深度点（CDP）在地面的位置或投影位置，可以用道号（或站号）表示，也可以用距离表示。但需要注意的是两 CDP 点或 CMP 点间的距离是道间距的$\frac{1}{2}$。

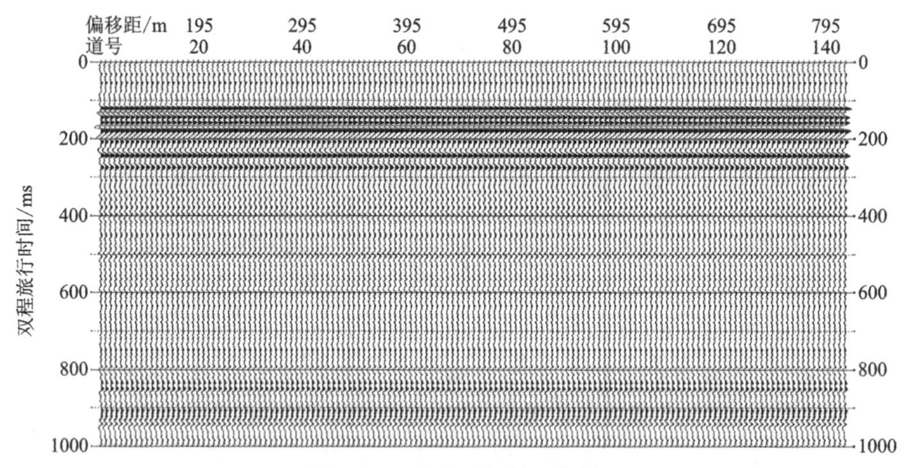

图 4-5-1　地震时间剖面实例

如图所示，每个地震记录道的振动图形都是采用波形线加变面积显示法（将波形正半周部分以涂黑的方式凸显出来）的方式来表示，这样的显示方式既能清楚地显示波形，又能清楚地表示出强弱不同的波动景观特征，便于波形的对比以及同相轴的追踪。

反射界面一般来说总有一定的稳定延续长度，来自同一反射界面的反射波形态也有相应的稳定性，在时间轴中形成延续一定长度的清晰同相轴。另外，地震波的双程旅行时间大致与界面的法线深度成正比，也就是说时间 t_0 越大，其对应的反射界面埋深越深。所以我们可以根据同相轴的变化，定性地了解地下岩层的起伏变化以及地质构造等概况信息。但经过资料处理后获得的时间剖面，并非反射界面的深度剖面，更非地质剖面，必须经过一定的时深转换处理后才能进行定量地质解释工作。

一、反射波的对比和识别原则

反射波时间剖面上，同一岩层界面的反射波常常表现为同相轴的形式。同相轴的含义是在地震记录上具有相同相位的连线。所以，在时间剖面上追踪反射波，实际上是对反射波的同相轴进行追踪和对比。识别和追踪来自同一界面的反射波，可以根据反射波的走时以及波形的相似性特征来进行。

1. 波的对比

来自同一个反射界面的反射波，其形态受到界面的埋深深度、界面上下岩层岩性和产状等因素的影响。如果以上因素在一定的观测范围内变化较小或变化较缓，具有一定的稳定性，这样在相邻两接收道上接收到的来自该反射界面的反射波信号具有非常相似的特点，这样的特点也是我们对比同一反射界面的反射波信息的主要依据。来自同一反射界面的反射波同相轴普遍具有如下特征。

(1)强振幅特性。经过野外数据采集时以及室内数据处理阶段进行的一系列提高资料信噪比的措施以后，地震剖面上反射波信号一般都具有较强的能量，在整个时间剖面上是最为突出的。

(2)波形的相似性和同相性。来自同一反射界面的反射波在相邻两道上的路程是相近的，因而同一反射波的相同相位在相邻接收道的到时也是相近的，故相邻道上接收到的该反射波的波形应是非常相似的，且同一反射波的不同相位的同相轴应是平行的。

以上关于反射波的对比标志，从两个不同方面反映了同一反射波的特征。它们之间并不是孤立的，也不是一成不变的。从前面章节的讨论可知，反射波的波形、振幅、相位等特征与许多因素有关。一般而言，受激发、接收等地表条件的影响，会使反射波同相轴从浅至深发生相似的变化。而它受到的来自地下深部的地震地质条件变化有关的影响，往往只会影响到一个或几个同相轴。所以在进行反射波同相轴对比识别时，要善于分析研究各种影响因素，尽量调查清楚同相轴变化的原因，并严格区分引起该变化的因素是地质因素还是地表条件等其他因素。

2. 特殊波的识别

特殊波是指地震剖面上的绕射波、回转波及断面波等。它们是在特定地质条件下产生的波动，识别和分析这类型波的特点，有助于对反射波叠后的时间剖面或深度剖面进行精确的地质解释。关于绕射波和回转波的特征，我们在前面分析过其理论时距曲线的形态与特征，在这里我们不作过多赘述。断面波的存在条件较为特殊，当断层面两侧地层的岩性存在明显的波阻抗差异，且断层断面较为平整和规则时，此时的断层面本身就可以作为一个良好的反射界面，在这种断面上产生的反射波就被称为断面波。在时间剖面上，断面波的主要特征是同相轴比较陡，且由于断层面产状较陡及断面附近岩层一般较为破碎等原因，可能出现能量时强时弱的现象。

另外，反射波时间剖面上的多次波也是我们需要特别分析的一类特殊干扰波。在产状较为平稳的浅地表地层，较易产生多次波，在时间剖面中往往表现出除浅部出现的有效一次反射波同相轴外，在中、深部通常还会出现它的二次、三次同相轴等。前面我们分析过多次反射波的时距曲线特征，由于多次反射波与一次反射波具有相同的视速度，所以常常发生与有一定倾角的中深层反射波发生斜交干涉造成剖面复杂化的情况，使得反射波信号的对比识别变得更困难。

因此在对时间剖面的反射波波形对比识别时，除了规则的反射波外，对其他各种特殊波的特征也必须有着足够清晰的认识，才能进行正确的地震剖面地质解释。

二、时间剖面的地质解释

1. 标准层的确定与追踪

结合已知地质资料及钻孔资料，在反射地震时间剖面上找出特征明显、易于连续追踪的、具有确切地质意义的反射波同相轴，作为全区时间剖面解释中进行对比识别的标准层，以便于对测区内地震资料进行正确对比和合理解释。

在没有标准层位的地段，则需根据其相邻有关地段的构造特征作为参考来控制与解释，最好能通过钻孔来控制。

2. 断层的识别

寻找浅地表附近断层在浅部的断点位置以及与深大断裂的关联性是浅层地震反射波勘探的一个非常重要的勘探目的（若某断层的断点已达浅地表晚更新世或全新世地层，且断层在深部延伸较深，那么这类断层即为活动断层，存在很大的危害性）。断层在反射波时间剖面上的识别标志主要有以下几个方面。

（1）反射波同相轴错位。该特征根据断层的规模不同，可表现为反射层同相轴的错断和波组波系的错位。在断层两侧，波组关系稳定，波组特征清楚，这一般是存在中、小断层的反映，这类断层的特点是断距较小、延伸较短、破碎带较窄等。

（2）反射波同相轴突然增减或消失，波组间隔突然变化。这样的特征往往反映的是该处存在基底大断层，且这种断层多为长期活动的断层。由于上升盘的基底长期因大幅度的抬升遭受剥蚀，致使其上部沉积层较少（有时甚至未接受过沉积），造成地层变薄或缺失。表现在反射地震时间剖面上，即上升盘一侧反射波同相轴减少、变浅甚至缺失。而与之相反，断层下降盘一侧由于不断地发生大幅度下降，往往容易形成沉降中心，沉积了较厚且全的沉积地层。表现在反射波时间剖面上，其特征是反射同相轴明显增多，反射波信息齐全。

（3）反射波同相轴产状突变，反射凌乱或出现空白带。这种现象是由于断层的错动会引起两侧地层产状突变,有时会有特征明显的牵引构造产生。表现在反射地震时间剖面上,则会使对应的反射波同相轴形状发生突变。且由于断层面的屏蔽作用,可能引起断面以下反射波形态发生畸变及能量减弱,致使断层下的地层反射层次不清、产状紊乱,或出现空白带。

(4)标准反射波同相轴发生分叉、合并、扭曲、强相位转换等。这类特征一般是小断层的反映。但也应该注意,有时这种情况可能是由浅地表条件变化、地层岩性变化或波的干涉等现象所引起。因此,为了加以区别,应综合考虑上下波组的关系,作具体分析。

上述几种类型的同相轴变化特征是识别断层的重要标志,当然断层的存在通常还伴随着其他的一些特征,如绕射波、断面波等的出现等。当断层特征明显,且绕射波和断面波清晰时,可以从时间剖面上确定出断层的产状要素。

图 4-5-2 所示为典型的浅层反射地震剖面上断层存在的勘探实例,从图中可以看到明显的同相轴错位现象。

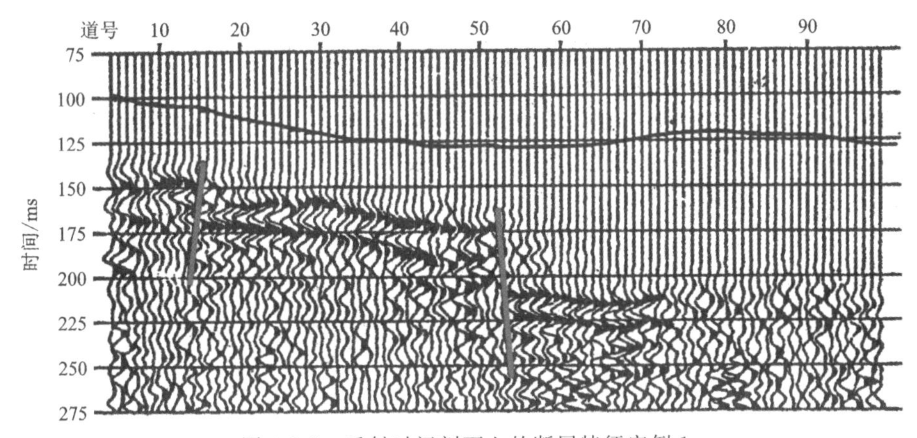

图 4-5-2　反射时间剖面上的断层特征实例 1

图 4-5-3 所示为从某浅层地震剖面中截取的一段,从该反射地震时间剖面上看,断层的特征表现得更为丰富,不仅存在同相轴的错断,同相轴的增多、消失、扭曲、分叉合并等特征在该剖面上都有着对应的体现。

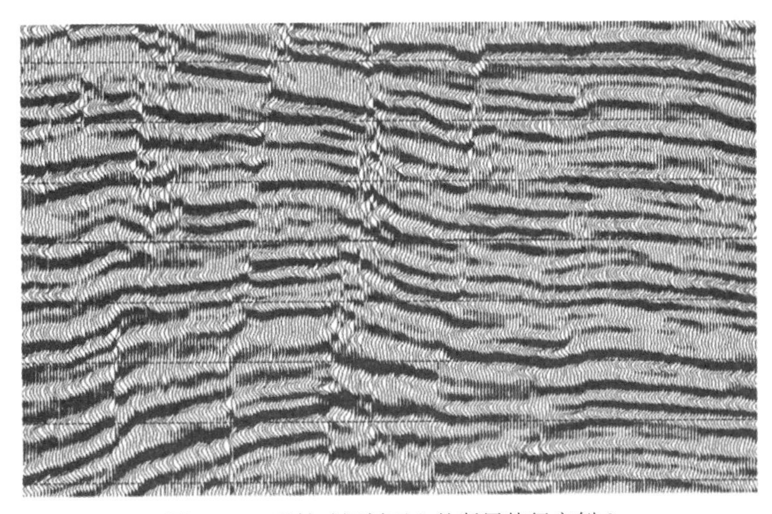

图 4-5-3　反射时间剖面上的断层特征实例 2

3. 不整合面的识别

沉积层中的不整合面往往是由地层抬升遭受侵蚀后再经历沉降和沉积而形成，界面上下地层往往具有较大的波阻抗差，是良好的反射界面，且界面上下地层中反射波波形和振幅特征变化明显。特别是角度不整合构造，其时间剖面上常常会出现多组视速度明显有差异的反射波组，并且沿着水平方向有逐渐合并和尖灭的趋势。图 4-5-4 所示为典型的存在不整合面的(角度不整合)反射波时间剖面。

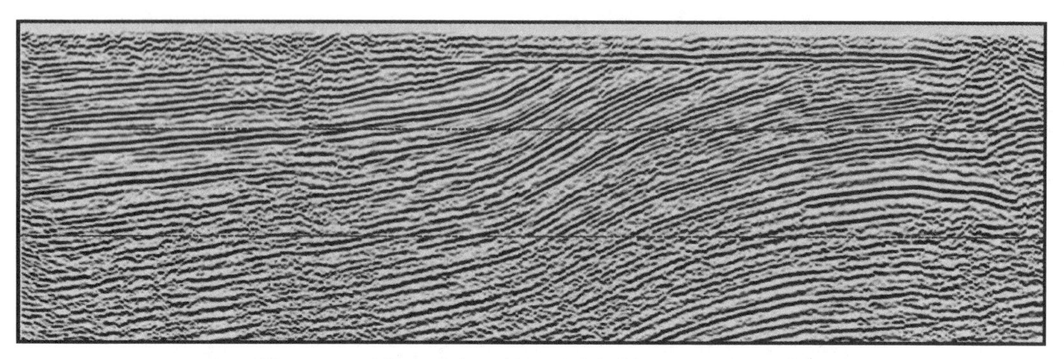

图 4-5-4　不整合面在反射地震时间剖面上的显示特征

最后，需要指出的是，当地震地质条件较为复杂时，或处理中方法、参数的选择不当，特别是动校正速度参数的选择不当时，将会使时间剖面上的同相轴发生变化，甚至造成假象，出现假的构造现象，作出错误的解释，在数据处理和解释的工作中应注意避免这类情况出现。

三、解释成果图件

时间剖面经过对比识别和地质解释之后，就可以绘制深度剖面图和构造图等图件作为资料解释的成果图件。

1. 深度剖面图

深度剖面图的绘制是通过计算，将时间空间域反射地震时间剖面上的反射波同相轴转变成以 x-h 为坐标的地质构造形态，也是我们在前面资料处理系统介绍时提到的时深转换。其原理是，假设时间剖面上的反射波同相轴如图 4-5-5(a)所示，在已知其平均速度为 v 的情况下，按照式(4-5-1)计算出 D_1 、D_2 、D_3 等各点的界面深度，并分别以 D_1 、D_2 、D_3 等点为圆心，以相应的法线深度 h_i 为半径作圆弧，这样的圆弧的包络线就是所求取的反射界面，如图 4-5-5(b)所示。

$$h_i = 0.5 \cdot v \cdot t_{0i} \tag{4-5-1}$$

应该指出的是，由于地震测线在地面上可布置成不同的方位，但反射界面的产状是一定的，因此使得所求取的反射界面深度随着测线方位的不同而有所不同。在计算反射界面深度时，深度的概念包含了多种，如法向深度、视深度、真深度等。图 4-5-6 即为表示上述 3 种深度之间几何关系的示意图。

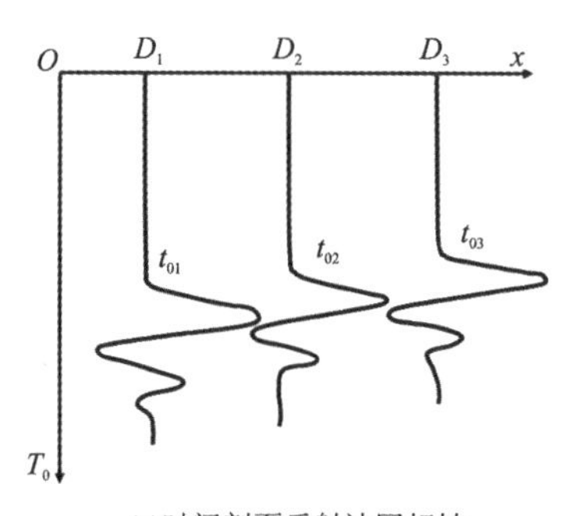

(a)时间剖面反射波同相轴

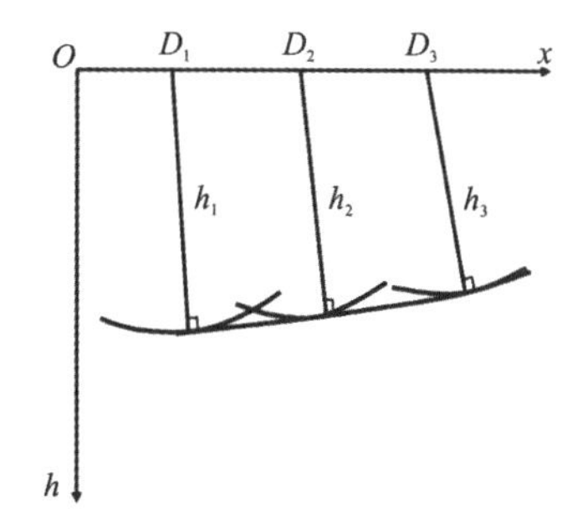

(b)t_0法构造反射界面

图 4-5-5　t_0 法绘制深度剖面示意图

假设 G 为地面，R 是倾角为 φ 的倾斜反射界面，地震剖面测线（x 方向）与 R 界面倾向呈 α 角度相交。根据反射波传播规律，所讨论的反射波是过 x 剖面的射线平面（即图 4-5-6中过 O、M、N 点的平面）的反射波信息。所以当用地震反射波法求剖面上 O 点的深度时，所得到的是射线平面内从 O 点到界面上 M 点的距离，这个距离被称为法向深度，以 h 表示；从 O 点沿射线平面至界面的垂直距离 ON，该距离称为视深度，用 h_x 表示；从 O 点到界面的垂直深度 OP（位于射线平面以外），该深度称为真深度，用 h_z 表示。

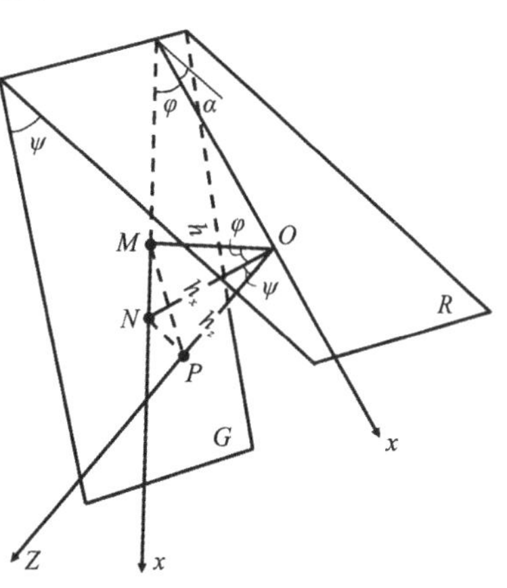

图 4-5-6　法向深度、真深度、视深度几何关系示意图

从图 4-5-6 中可看出，各种深度之间的关系为

$$h_x = h/\cos\varphi \tag{4-5-2}$$

$$h_z = h/\cos\psi \tag{4-5-3}$$

或者

$$h_z = \frac{h_x \cdot \cos\varphi}{\cos\psi} = \frac{h_x \cdot \cos\varphi}{\sqrt{1 - \dfrac{\sin^2\varphi}{\cos^2\alpha}}} \tag{4-5-4}$$

式中：φ 为界面沿 x 方向的视倾角；ψ 为界面真倾角；α 是剖面 x 和界面倾向之间的夹角。

从以上各式可知，当反射界面为水平界面时，有 $\varphi = \psi = 0°$，则有 $h_x = h_z = h$；当反射界面为倾斜界面，且剖面线 x 和界面倾向一致时，有 $\alpha = 0°$ 和 $\varphi = \psi$，则 $h_x = h_z > h$；当剖面线 x 垂直于界面倾向时，有 $\alpha = 90°$ 和 $\varphi = 0°$，$h_x = h < h_z$；当剖面 x 为任意方向时（即 $0° < \alpha < 90°$），则有 $h_z > h_x > h$。

在利用地震资料制作构造图时，必须换算到统一的真深度上来成图，以便更好地反映地质构造的形态和位置。

2. 地震构造图

地震构造图是以地震资料为依据，用等深线或等时间线及地质符号绘制的表示地下某地层界面起伏变化的平面图。它可以反映测区内一定地层的构造形态特征，是进行面积性地震勘探的最终成果图件。

地震构造图的作图方式有两种：一种是用时间剖面数据绘制的 t_0 等值线图，然后经过时深转换校正，转换成真深度的地震构造图；另一种是根据地震深度剖面先绘制等视深度构造图，再进行深度换算，换算成真深度地震构造图。

第5章　声波探测法

声波探测法是通过检测声波在地下岩石介质或混凝土构件内的传播特征来研究岩体或混凝土构件的性质和完整性的方法。与地震勘探对比，两者的主要区别在于工作的频率范围不同。声波探测的信号频率要比地震波信号的频率高得多，通常都在几千赫至几兆赫的范围内。由于信号的频率较高，所以也具有较高的分辨率。但声源的激发能量有限，再加上岩石介质对高频信号的吸收较大，因此声波信号在岩石介质中的传播距离相对较小。故声波探测一般只适用于在小范围内对岩体和混凝土预制件等地质对象进行细致的研究工作。因为声波探测具有便捷快速和对岩石介质无损等优点，目前已成为环境与工程地球物理检测中不可缺少的方法技术之一。

与地震勘探方法类似，声波探测法也可以根据震源的类型和性质分为两大类，主动源声波探测法和被动源声波探测法。主动源声波探测法的声波信号是由声波仪的发射系统或采用锤击等方式激发；被动源声波探测法利用的声波信号是岩体介质受到自然界或其他作用力时，在形变及破坏过程中产生的声波信号。由于两类声波探测方法的声源不同，其应用范围也不相同。归纳起来，目前的声波探测主要应用于以下几个方面。

(1)工程岩体的地质分类主要根据波速等声学参数的变化规律来进行。

(2)开挖造成的围岩松弛带测定，可根据波速随应力状态的变化情况来进行，其结果可为确定合理的衬砌厚度和锚杆长度提供依据。

(3)测定岩石介质的杨氏模量、剪切模量、泊松比等力学参数。

(4)根据岩石介质中的声速或声波幅度的变化规律，评价工程和岩体边坡或地下硐室围岩的稳定性。

(5)断层、溶洞等地质异常体位置及规模探测，张裂隙的延伸方向及长度等的探测。

(6)岩体风化壳分布范围研究。

(7)地层压力监测，天然地震等地质灾害预报。

(8)工程灌浆质量检查。

研究并解决上述各类问题，将为工程项目及时准确地提供设计和施工所需的参数，这对提高施工安全度、缩短工期及降低造价等具有重要的意义。

第1节　声波探测原理及工作方法

一、声波探测原理

声波探测方法和地震勘探的原理是一致的，其物理基础也是岩石介质中的弹性波传播特征。声波本身也属于弹性波中的一种，它在不同类型的介质中具有不同的传播速度。当岩土介质的结构、成分、密度等因素发生变化，声波在其中的传播速度也会相应地发生变化。在弹性性质不同的介质分界面上，声波同样可以发生波的反射、透射和折射等现象。采用声波仪测试声波在岩土介质中的传播速度、频谱特征、振幅特征等，便可推测出被测岩土介质的结构和致密程度，从而评价其稳定性。当对岩土体进行声波探测时，一般可以将发射点和接收点分别置于该岩土体的不同位置，根据发射点和接收点之间的距离 Δx ，以及声波在岩土介质中的传播时间 t ，即可根据下式求出该岩土介质中的声波速度。

$$v = \frac{\Delta x}{t} \tag{5-1-1}$$

另外，根据声波振幅的变化和对声波信号的频谱分析，可以研究了解岩土介质对声波能量的吸收衰减特性等，以评价岩土体的致密程度和稳定性。

二、声波仪

声波仪是用于发射和接收声波信号的一种监测设备，主要由发射系统和接收系统两个部分组成。其中，发射系统包括发射机和发射换能器；接收系统由接收机、接收换能器及用于数据记录、显示和处理的计算机组成(图5-1-1)。声波发射机是一种声波信号发生器，它的主要部件为振荡器，由它产生一定频率的电脉冲，经放大后由发射换能器转换成声波，并向岩土介质中辐射。

电声换能器是一种实现声能和电能相互转换的装置(图5-1-2)。它的主要元件是压电晶

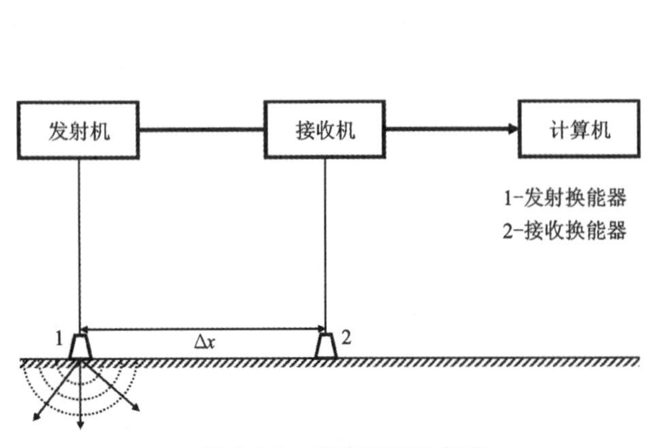

图5-1-1　声波探测示意图

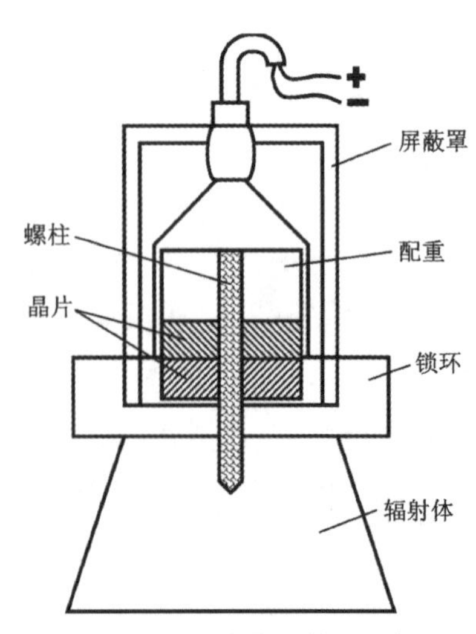

图5-1-2　喇叭式换能器结构示意图

体，一种天然或人工制造的晶体或陶瓷。压电晶体具有独特的压电效应，将一定频率的电脉冲加载到发射换能器的压电晶片时，晶片就会在其法向或径向产生机械振动，从而产生声波，并让声波在地下岩土介质中传播。晶片的机械振动与电脉冲是可逆的，接收换能器接收在岩土介质中传播的声波，使压电晶片振动，则在其表面会产生一定频率的电脉冲并输送至接收机内。

根据工作目的、工作方法和测试对象的不同，换能器也具有多种不同的型号和样式，如喇叭式、增压式、弯曲型、测井换能器、横波换能器等。

接收机是将换能器接收到的电脉冲信号进行放大，并将声波信号显示出来，并能从显示的声波波形上读取声波的波至时间的设备。将接收机与计算机相连，能同时对声波信号进行数字处理，如频谱分析、滤波、初至切除、功率谱计算等。

三、声波探测的主要工作方法

岩土体声波探测的野外数据采集工作，应根据具体的探测目的和要求，合理地布置测网、测线，并确定装置距离，选择合适的测试参数和工作方法。

测网、测线的布置应选择在有代表性的地段，力求以最小的工作量解决较多的地质问题。而测点或测孔应布置在岩性均匀，表面光洁，不存在局部节理、裂隙的地方，避免由于介质不均匀对声波传播的干扰。装置距离则需根据介质的情况、仪器的性能以及接收的波型特点等条件而定。

声波本是纵波的一种，且由于纵波识别和读取较容易，因此当前的声波探测工作主要利用纵波进行波速的测定。在测试的过程中，最常用的是直达波法（即透射波法）和单孔初至折射波法（一发二收或二发四收），如图 5-1-3 所示。反射波法目前仅在井中超声电视测井和水声勘探上应用。

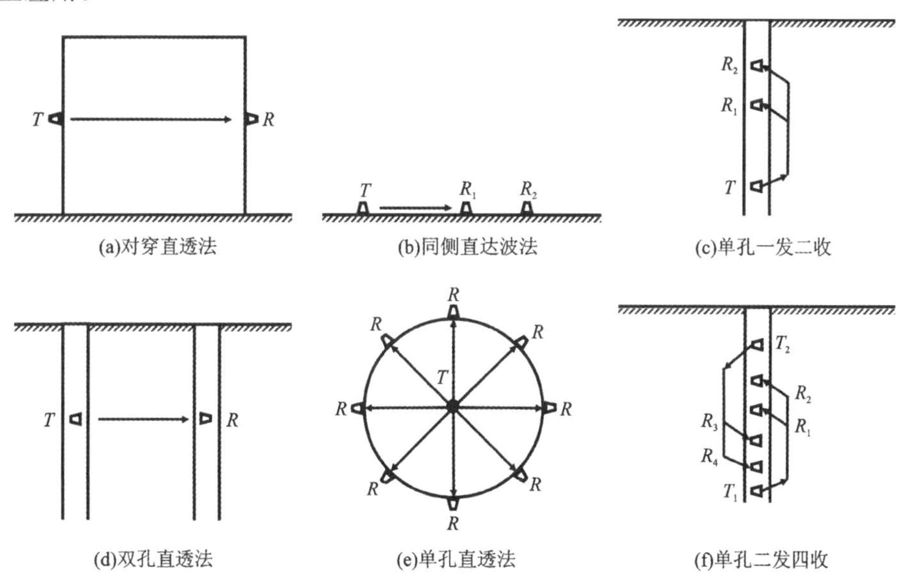

图 5-1-3　声波探测常用工作方式示意图

第2节　声波探测在浅地表勘探中的应用

一、岩体动弹性力学参数的测定

工程地质上常采用静力加压的方式测量岩土体的弹性力学参数，这样的方法称为静力法。通过静力法测量的弹性参数，如静杨氏模量 E_s 、静泊松比 σ_s 、静剪切模量 μ_s 等。这种方式测量的弹性参数与基础荷载条件相近，但是试验设备笨重且需要的测试时间太长，因此一般仅选在有代表性的地段进行少量的测试工作。故其测试的数据仅能反映岩土体的局部变形特征，不能满足工程设计中数据量的要求。

与静力法不同，声波探测与地震勘探测试岩土体的弹性动力学参数是在瞬间加载的情况下完成的，因此这类方法称为动力法。其所测试的弹性参数也称为动弹性参数，如动杨氏模量 E_m 、动泊松比 σ_m 、动剪切模量 μ_m 等。进行动弹性模量测试时，只需要测得岩体的纵波速度 v_P 、横波速度 v_S 、密度 ρ ，便可以根据以下各公式计算出岩土介质的动弹性参数：

$$\begin{cases} E_m = \dfrac{\rho v_S^2(3v_P^2 - 4v_S^2)}{v_P^2 - v_S^2} \\ \sigma_m = \dfrac{v_P^2 - 2v_S^2}{2(v_P^2 - v_S^2)} \\ \mu_m = \rho v_S^2 \end{cases} \tag{5-2-1}$$

动力测试法具有设备轻巧、测试方便、经济迅速、可大规模实施等优点。目前来说，大多数的大型工程施工都需要考虑岩土的动力学特征，因此测量岩体的动弹性参数具有重要的实际意义与工程价值。

但应指出的是，由于动弹性模量测试是在瞬间加载的情况下完成的，且所加载的应力相对较小，因此所测试的动弹性模量与静弹性模量之间是存在一定差异的。由于当前工程勘察界常需要将测得的动弹性模量参数转换成基础荷载条件相近条件下的静弹性参数，因此有必要研究动、静弹性参数之间的关系。但二者的对应关系较为复杂，在不同岩性或不同地区，二者之间会有不同的对应关系。因此实际工作中，通常需要进行一定数量的动、静弹性参数对比测试，才能找出其中的合理对应关系。

二、岩土介质工程地质分类

为了评价岩土体及硐室或巷道围岩的稳定性，为合理设计和选择地下硐室及巷道的开挖位置和开挖方案，以及设计合理的衬砌方案，都需要正确地对岩土体进行工程地质分类。

大量的岩体力学实验表明，岩体的纵波速度与其抗压强度近乎成正比关系。因此，弹性模量大的岩体(强度高)具有较高的声速。另外，岩体的成因、类型、结构特征、风化程度等地质因素，直接影响着岩体的力学性质，而岩体的力学性质又与声波在岩体中的传播规律有着密切的关系，这也是岩体分类能够使用声波探测的方法作为主要手段之一的物理前提。

一般来说，岩土介质中的声波速度与岩土体的新鲜程度、完整程度、坚硬程度、致密度等因素有关。越坚硬、致密的新鲜岩土体，其声波速度越大。利用速度参数能计算出专门用于描述岩体完整性的参数，该参数我们称为岩石介质的完整性系数 K_w，其计算方式为

$$K_w = \left(\frac{v_{P1}}{v_{P2}}\right)^2 \tag{5-2-2}$$

除了完整性系数外，另一个与岩土介质稳定性相关的系数为岩土介质裂隙系数 L_s，计算方式如下

$$L_s = \frac{v_{P2}^2 - v_{P1}^2}{v_{P2}^3} \tag{5-2-3}$$

式(5-2-2)和式(5-2-3)中 v_{P1} 表示有裂隙岩体介质中的纵波速度(或声波速度)，v_{P2} 表示完整的无裂隙的岩石介质中的纵波速度(或声波速度)。需要指出的是，利用上述两式计算岩石完整性和裂隙系数参数时，所测试的岩石标本及岩体测点应在相同的一段内取样。

通过大量的岩石物理实验，根据完整系数和裂隙系数，一般可将岩石介质大致分为 5 个等级，详细描述如表 5-2-1 所示。

表 5-2-1　岩石介质状态分级

等级	岩体品质	岩体状态	完整性系数 K_w	裂隙系数 L_s
A	极好	岩体新鲜、节理不发育，无风化变质	>0.75	<0.25
B	良好	节理稍发育，极少张开，沿节理稍有风化，岩体内部新鲜坚硬	0.5～0.75	0.25～0.5
C	一般	岩体较新鲜，表面稍风化，一部分张开，含有黏土	0.35～0.5	0.5～0.65
D	差	岩块坚硬，节理发育、表面风化，含有泥及黏土	0.25～0.35	0.65～0.8
E	很差	风化变质明显，岩体显著弱化	<0.25	>0.8

岩石的风化程度由风化系数来描述，根据岩体中声波速度随岩体风化而减小的特点，可以将它表示如下

$$\beta = \frac{v_{pn} - v_{pw}}{v_{pn}} \tag{5-2-4}$$

式中：v_{pn} 表示新鲜岩体的声波速度；v_{pw} 表示风化后岩体的声波速度。与前述岩体完整性系数与裂隙系数类似，根据风化系数 β 可将岩体分为 4 个等级，如表 5-2-2 所示。

根据工程地质调查及场地测试试验，对上述参数进行综合分析后，可以获得岩体分类的总体评价表，如表 5-2-3 所示。

表 5-2-2 岩体风化程度分级

风化等级	风化程度	岩体状态描述	风化系数 β
0	未风化	保持着原有岩石结构，除原生裂隙外见不到其他的裂隙	<0.1
Ⅰ	微风化	组织结构未变，沿节理面稍有风化现象，邻近部分的矿物变色，有水锈存在	$0.1\sim0.25$
Ⅱ	弱风化	岩体结构部分被破坏，节理面风化，夹层呈块状或球状构造	$0.25\sim0.5$
Ⅲ	强风化	岩体构造大部分或全部被破坏、矿物变质、结构松散、完整性差，用手可碾碎	>0.5

表 5-2-3 弹性波参数与岩体分类评价

岩体类别		Ⅰ	Ⅱ	Ⅲ	Ⅳ	Ⅴ
弹性波系数	纵波速度 $v_P/(\mathrm{km}\cdot\mathrm{s}^{-1})$	$4.0\sim6.0$	$3.0\sim4.0$	$2.0\sim3.5$	$1.0\sim2.5$	<1.0
	完整性系数 K_w	>0.75	$0.5\sim0.7$	$0.35\sim0.5$	$0.2\sim0.35$	<0.2
	裂隙系数 L_s	<0.25	$0.25\sim0.5$	$0.5\sim0.65$	$0.65\sim0.8$	>0.6
	风化系数 β	<0.1	$0.1\sim0.2$	$0.2\sim0.4$	$0.4\sim0.6$	$0.6\sim1.0$
	纵横波速度比 v_P/v_S	1.7	$2.0\sim2.4$	$2.5\sim3.0$	>3.0	
岩体特征		完整且坚硬	层块状，裂隙稍发育，稍风化	碎裂状、裂隙发育、风化	松散、裂隙很发育、强风化	松散、裂隙极发育、严重风化
稳定性评价		稳定	基本稳定	稳定性较差	不稳定	极不稳定

声波在岩土介质中传播时，除因岩石弹性性质的改变引起的传播速度变化外，其振幅也会不断发生变化。岩石物理实验表明，声波在不连续面上的能量衰减明显，故衰减系数同样可以描述岩体内部裂隙及节理的发育程度。衰减系数的计算式为

$$\alpha=\frac{1}{\Delta x}\ln\frac{A_{\max}}{A_i} \tag{5-2-5}$$

式中：A_i 为固定增益时参与比较的各测点的实测振幅值；$A_{\max}$ 为其中的最大振幅值，单位为mm；Δx 表示收发换能器之间的距离，也就是测试的长度，单位为 cm；衰减系数 α 的实际含义为参与比较的各测试段介质的振幅相对衰减系数，单位为cm^{-1}。

根据式(5-2-5)可知，当 $A_i=A_{\max}$ 时，相对衰减系数 α 的值为零，表明该段岩体各测试段品质均较好。另外，A_i 的值越小，α 的值就越大，表明该段岩体品质较差。因此，衰减系数不仅可以作为岩体分类的指标，还可以用于圈定工程施工中由爆破引起的围岩破裂影响范围。

三、围岩应力松弛带的测定

随着城市化进展的加快，目前各城市地下空间开发利用的程度越来越大，大量的硐室开挖必然会引起地下岩石介质应力状态的改变。在硐室开挖前，岩体中应力处于一个平衡状态；在开挖后，原始的应力状态平衡被打破，并进行了应力的重新分配，导致了应力的释放和集中。这种应力变化与岩体性质、硐室形态、硐室在岩体中的具体位置及硐室尺寸大小等因素有关。

当我们在某各向同性的岩石介质中开挖一个圆形硐室时，在侧压系数等于 1 的条件下，由弹性理论计算可发现，硐室壁上的径向应力 δ_r 等于零，而切向应力 δ_t 会增大到岩体原始应力的 2 倍。径向应力和切向应力分布情况如图 5-2-1 所示，从图中可知硐室开挖完后应力受影响的范围是硐室半径 r 的 3 倍。

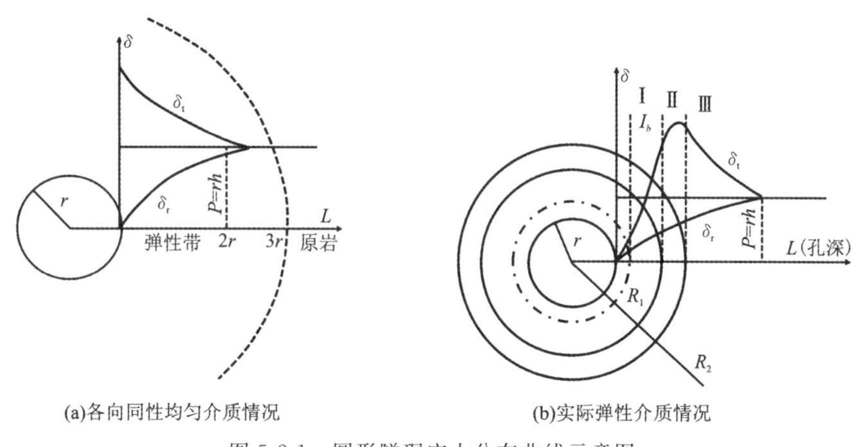

图 5-2-1　圆形隧硐应力分布曲线示意图

由于岩石介质并非理想弹性介质体，因此其强度是有限的，当切向应力在硐室壁附近增大程度超过了岩体强度时，岩体将进入塑性状态或发生破裂。这样就会引起应力下降，使得隧硐附近一定范围内出现比原始应力还要低的应力低区；而岩体内部将形成应力大于原始应力的应力高区；继续向岩体内部一定深度后应力才逐渐恢复到其原始状态。所以在硐室周围岩石的应力分布曲线上将出现一个峰值，如图 5-2-1(b)所示。另外，由于施工(特别是爆破施工)时，会影响岩石的完整性系数，使其完整性系数下降，出现附加的应力松弛现象。这样的由两种因素造成的岩体完整性被破坏和强度下降的总区间范围，称为应力松弛带或松动带。确定该应力松弛带的厚度是评价岩体稳定性程度及进行衬砌设计的重要依据。

在硐室壁应力下降区，岩体裂隙增多，岩体破碎，致使声波速度减小、振幅衰减迅速；与之相反，在应力增高区，应力相对集中，声波速度增大，振幅衰减较慢。故可利用声波速度随孔深的变化曲线来圈定松弛带的范围。其现场工作示意图如图 5-2-2 所示，在垂直于硐室壁布置若干个细的测孔。每组 1～2 个测孔，孔深大致为硐室半径 r 的 1～2 倍。在一个断面上的测孔尽可能选在地质条件相同的方位，以减少资料解释的困难。为保证换能器与岩体的良好耦合，边墙测孔可适当向下倾斜一定的角度(一般 5°～10°)。拱顶处，因钻孔是朝上的，应加载

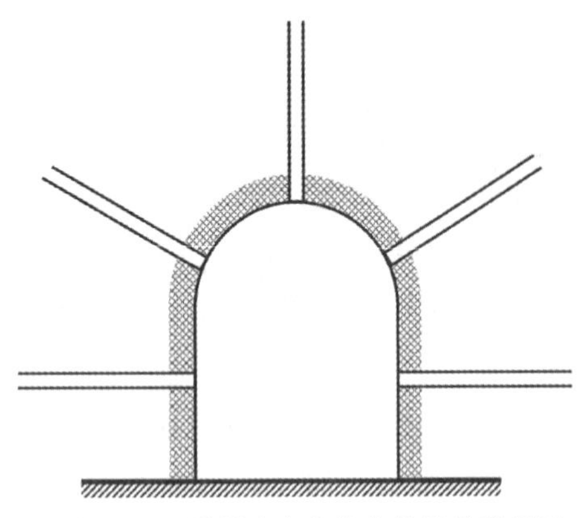

图 5-2-2　隧硐壁应力分布曲线单孔测试工作示意图

止水设备。测试时可利用单孔法(如一发双收的初至折射波法)或两孔法(直透射法)。测试时,先在测孔中注满水作为耦合剂,然后从孔底到孔口,每隔一定的距离测量一次声速值。将最终测量的结果绘制成波速随孔深变化的 v_P-L 曲线,便可进行地质解释。

图 5-2-3 中展示了几种常见的 v_P-L 曲线类型。其中 $v_P > v_0$ 的曲线表明无松弛带;$v_P < v_0$ 的曲线以及多峰值的 $v_P < v_0$ 曲线均表明存在应力松弛带。一般解释时,我们根据 v_P-L 曲线图中 A 点的坐标值 L_1 来确定松弛带的厚度。

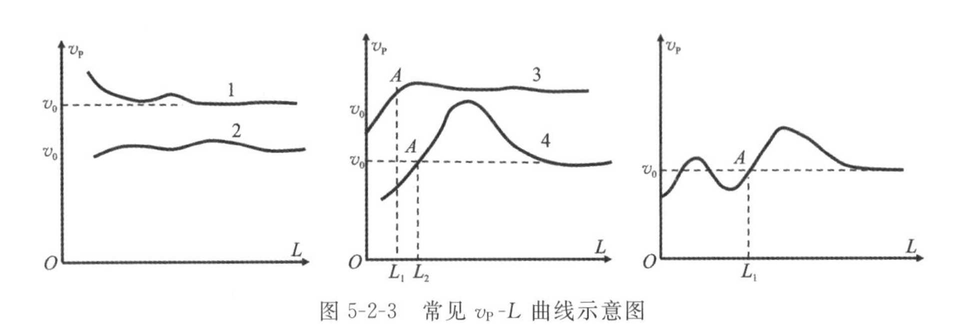

图 5-2-3　常见 v_P-L 曲线示意图

四、滑坡、塌陷等地灾监测

滑坡和地面塌陷等地质灾害的监测工作,一直是工程与环境地球物理研究的重要课题,声波探测方法同样能用于滑坡和地面塌陷等地灾的监测工作。一般这类型的监测工作,都是采用被动源声波检测的方法,也就是利用岩体受力变形或断裂时产生的声波。岩体受力而产生形变或断裂时,会以弹性波的形式释放应变能,这种现象为声发射。如果释放的应变能足够大,甚至能产生可听见的声音。在滑坡、地面塌陷等灾害发生前,由于微裂隙的产生会释放出应变能,这种应变能随裂隙的增多和扩张而增大,利用地音仪对岩体进行监测,就能预报滑坡、塌陷等灾害。

声发射现象的研究包括两个方面的内容:一个是研究岩体声发射信号的时间序列和声发射源的空间分布,即研究声波的运动学特征;另一个是研究声发射信号的频率域岩体形变及破坏特征的关系,即声波的动力学特征。

利用声发射可研究岩体的稳定性,这主要是利用地音仪记录的声发射的频度等参数作为岩体失稳的判断指标。所谓频度是表示单位时间内所记录的能量超过一定量值(背景噪声阈值)的声发射次数,以 N 表示。

某地电厂附近存在一滑坡体,为研究该滑坡体的稳定性,共布置了 11 个钻孔和探测井。其中一个钻孔离滑坡体范围较远,所以在该测孔中布设地音仪接收到的是地下的天然背景噪声，可以此孔作为参考。该孔 $N=0\sim5$ 次的事件出现的概率为 95%，因此可确定 $N\leqslant5$ 的地段岩体是稳定的，否则岩体处于不正常的状态。观测结果还表明，在整个滑坡地带，声发射信号强度都比较大，滑坡前缘比滑坡后缘更大。这反映了在滑坡前缘受滑坡体上部强烈挤压，是应力集中区。另外，还需要注意的是，声发射信号的强弱还与地下水的升降有关，这说明地下水也是促成滑坡的重要因素之一。

第6章　面波勘探概论

城市化程度是一个国家经济发展水平和社会文明进步的重要标志。随着我国经济的高速发展，城市化进程正加速进行，城市急剧膨胀与地面空间有限这一矛盾也日益突出，有效开发利用地下空间的需求越来越迫切。纵观世界发达国家城市和我国城市空间利用现状，向地下要空间、要土地、要资源已成为现代城市发展的必然趋势(李思琪，2018)。2021年12月26日发布的《2021中国城市地下空间发展蓝皮书》显示，经过几年的发展，我国地下空间专用装备制造及相关技术不断创新，打破国外垄断，我国已成为地下空间开发利用的大国。但不可回避的一点是，灾害与事故在城市地下空间开发利用的过程中依然未能避免。媒体公开报道的各类灾害及事故，仅2020年就发生了多达237起，其中又以地质灾害与施工事故为主。合理、有效、安全地开发利用城市地下空间，离不开对城市地下空间地质结构清晰与精确的认知。2017年1月的全国国土资源工作会议就特别强调"要加强城市地质工作，发展地下空间高精度探测技术，科学评估城市地下空间资源潜力和利用前景"。随着城市化进程的发展，城市地下大约200m厚度的物质结构以不同的方式改变了其面貌。我们需要采用必要的地球物理手段，实时并精确地把握住这些变化方方面面的细节，以确保地下和地面建筑设施的稳固、地下空间工程开发的安全进行、清洁水资源的获取等。根据城市环境的特殊性，地球物理学家们研究出了各种不同的城市地下结构成像方法，以满足人们对城市地下空间开发利用的需求。高频多道面波方法自问世以来，即被认为是未来浅地表地球物理特别是城市浅地表地球物理领域重点发展的技术之一。事实证明，因面波的一些独特优势和探测分辨率，该方法是近年来浅地表领域发展最快的地球内部成像技术。面波的固有特性决定了高频多道面波方法在浅地表地层结构刻画上的超强能力。比如面波中最常见、应用最广泛的瑞利波，它是纵波和横波的垂向分量(即SV波)在自由地表附近传播的过程中，通过相长干涉叠加而形成，具有相比于纵波和横波而言更强的能量。这些能量又主要集中在自由界面附近的浅地表地层中，因此通过合适的激发和接收装置激发和接收瑞利波，就能达到高效准确探测浅地表地质情况的目的。下面我们先对高频多道面波方法的提出及整体的发展历程做个简单的介绍，之后再分节介绍该方法的一些理论基础。

在基础工程和土壤机理研究中，指示土层或岩层软硬程度的指标性参数为N值。N值的大小与地下介质的横波速度大小具有直接的相关性(Imai and Tonouchi，1982)。这使得介质中的横波速度参数成为浅地表物质最为关键的地震学物性参数之一。同时，横波速度也是评估浅层地质界面动力学特征和地震区划依据的重要参数(Yilmaz et al.，2006)。为获得浅地表介质横波速度参数，过去常用的方法为横波(SH波)折射法，这是环境与工程地球物理勘查中的常用方法之一，但该方法仅在横向均匀且速度递增的简单水平层状地层模型中适用。若地层界面倾斜或存在低速夹层时，得到的横波速度剖面分辨率低，甚至完全不准确（Xia et al.，2002），无法满足对浅地表介质精细刻画的需求。通过反演地震信号中的面波成分构建地球壳幔尺度横波速度结构的方法最早在 20 世纪 60 年代即被提出（Dorman and Ewing，1962），且已有非常系统的研究（Aki and Richard，1980）。这样的方法技术在 20 世纪 80 年代从全球壳幔尺度或区域尺度逐渐发展至浅地表小尺度工程与环境地球物理勘查中（Song et al.，1989）。

利用面波进行浅地表横波速度结构成像应用研究上，Nazarian 等（1983）在测试公路厚度与弹性模量时提出了表面波谱分析方法（spectral analysis of surface waves，SASW），但使用该方法时，有效波难以从干扰波中分离，且面波频散曲线提取精度较差。为克服这些缺点，美国堪萨斯地质调查局（Kansas Geological Survey，KGS）对瑞利波勘探技术进行深入研究后，提出了面波多道分析法（multichannel analysis of surface waves，MASW）（Xia et al.，1999；Park et al.，1999），充分利用近十几年来的信号处理技术，大大提高了面波的勘探能力。Lin 等（2017）对两种方法进行了详细的比较，比较结果表明 MASW 方法在很多方面要优于 SASW 方法。因此多道面波分析方法自问世后便在环境与工程地球物理界受到了广泛的关注，被认为是获取浅地表横波速度参数的最优方法。相比于在勘探场地通过地质钻孔，用传感器在不同深度接收地面激发的横波从而得到横波速度深度剖面的直接测量法而言，多道面波分析方法具有高效率、低成本、无损、非侵入等明显优势，在城市地下结构精细探测工作中，具有广阔的应用范围和巨大的发展潜力（夏江海等，2015）。目前高频多道面波方法已成为浅地表横波速度成像的主要方法，被成功用于解决一系列的浅地表地球物理和地质问题（杨成林，1993；Miller et al.，1999；Ivanov et al.，2006；Yilmaz et al.，2006）。

高频多道面波方法的数据处理与解释过程主要包含频散曲线的提取与反演两步，为获取高质量的面波频散曲线，众多学者已为此做了大量的研究工作（Park et al.，1998；Forbriger，2003；Lin and Chang，2004；Xia et al.，2007；Luo et al.，2008；Parolai，2009；Askari and Hejazi，2015；Shen et al.，2015；Mun et al.，2015；Verachtert et al.，2017；Kumar and Naskar，2017；Wang et al.，2019；Xi et al.，2021），提出了相移法、频率分解算法、高分辨率线性拉东变换算法、矢量波数变换算法（频率-贝塞尔变换）等优秀的频散曲线提取算法。另外，面波频散曲线反演具有高度非唯一性，为此大量学者在该方面同样进行了大量工作，取得了丰硕的成果（Xia et al.，1999，2003；Ivanov et al.，2006；Lu et al.，2007；Socco and Boiero，2008；Cercato，2009；Maraschini and Foti，2010）。MASW 方法从发展至今 20 多年来，在各个方面均已取得了长足的发展与进步，学者们业已对其展开了较为详尽的评述（Socco et al.，2010；Foti et al.，2011；Xia，2014；Garofalo et al.，2016）。

高频多道面波方法作为浅层地震勘探的一个重要部分，越来越多地被应用于解决浅地表地球物理和地质实际问题。本质上说，高频面波方法与其他面波方法一样，其主要用途是为了确定场地特征而确定横波速度剖面。剪切波速剖面对于研究场地地震反应以及研究地基振动和振动在土壤中的传播是非常重要的。其他应用与沉降预测和土壤-结构相互作用有关。具体来说，高频面波方法可以解决如下浅地表地质问题。

(1)工程地质勘察中进行地层划分。通过对瑞利波和勒夫波频散曲线进行定性及定量解释,得到各地层的厚度及弹性波的传播速度。弹性波速度大小直接反映了地层的“软硬”程度。因此根据弹性波速度大小能有效地对第四系进行分层,并确定地基持力层的深度。而地层中的低速带则是地下赋存有软弱夹层的直接表现,这类地下结构对建筑物危害性较大。高频面波勘探方法可以方便地圈定出这类软弱层的埋深及范围。

(2)地基加固处理效果评价。软地基加固处理的一般方式有强夯、挤密置换、化学处理等,通过这类处理使“软”地基变“硬”。通过高频面波方法实测地基加固前后的横波波速差异,得到处理后的地基相对于处理前其物理力学性质的改善程度。另外可同时对处理后的场地在水平方向上的均匀性进行评价,以及确定加固处理涉及的深度和影响范围。

(3)岩土力学参数原位测试。岩土介质波速的大小与其物理力学参数密切相关,如密度、剪切模量、杨氏模量、体变模量、泊松比等。通过对实测高频面波资料的反演、解释,可以得到岩、土层的S波速度、P波速度及密度等参数,进而由此换算出其他的参数。

(4)道路工程质量无损检测。利用人工激发的高频瑞利波,可以确定机场跑道、高速公路等路面的抗折、抗压强度及路基的载荷能力,以及各结构层厚度。该方法用于机场跑道及高速公路的另一项意义是实现质量随年代变化的连续监控。

(5)地面塌陷区圈定,饱和砂土层的液化判别。较松散的饱和砂土层受到振动的影响会被压实,体积减小,如果砂土层中的水无法排出,则孔隙水压力就会随着振动的持续进行而增高。在持续振动条件下,砂土层内的孔隙水压力增大到一定程度时,孔隙水压力将等于上覆土层压力。这种情况下,砂土层将不再具有抗剪强度而处于类似于液化的状态。饱和砂土层在振动作用下的液化作用与砂土层的密实度密切相关,越松散的砂土层越容易发生液化,反之亦反。反映在地震波速度上,则是低波速砂土层易液化,高波速砂土层不易液化。因此,可以根据一定场地内的饱和砂土层的埋深、地下水位的深浅等地质条件,计算饱和砂土层的液化临界波速值,圈定潜在塌陷危险区域。当实测波速值大于该临界值,则为非液化层;小于该临界值时则为液化层。

(6)地层类型划分及地震区划。通过面积性的面波探测,再结合一定的微动测量,能可靠地划分场地类型和更大范围的地震区域。

(7)补充和协助传统油气勘探。高频多道面波方法可以为油气勘探在浅地表改正等环节中提供准确的浅层地层信息(浅地表低速层信息、静校正量),将浅地表的“毛玻璃”擦干净,从而更清晰地看到地下深处的信息;另外,在以前大量的反射波及折射波数据中,面波一直被视为噪声而存在于那些资料中,我们可以用面波多道分析方法对这些资料进行重新处理,从而获得一些新的信息。

(8)地灾调查方面的应用。滑坡、堤坝危险性、基岩的完整性和桩基入土深度调查等。

另外我们需要提一下高频面波方法的优点与局限性,与其他地球物理方法一样,了解方法的优点及局限性,了解通过该方法能够实现何种工作目的,何种工作目的无法实现,这一点对方法的成功应用是非常重要的。

标准高频面波方法的第一个局限性与基本的地球物理模型有关:横向均匀模型的假设强烈影响着数据处理和反演的过程与结果。通常,使用一维线弹性层状介质模型作为正演模型。单次面波勘探并不能识别横向变化，如果土壤沉积在测线范围内不能合理地近似为一维层状介质，则最终结果是有偏差的。大多数从面波数据构建 2D 和 3D 模型的建议方法仍然基于一系列一维分析，因此使用时应特别小心，并对实际过程有清晰的理解。真正的 2D 或 3D 测试是可能的，但它需要更高级的处理和反演策略。

由于反演问题在数学上是不适定的，解的非唯一性是另一个限制。实际工作中经常存在可以识别出几个产生理论频散曲线的剖面，而这些理论频散曲线与实测频散曲线具有相似的形态。这个问题在地球物理勘探的反演问题中被称为等价性。这意味着最终的横波速度剖面存在一定程度的不确定性。例如，当勘探目标是不同层之间界面的确切位置时，高频面波方法可能不是首选的最优方法。

对最终结果的不确定度的评估对于评估解决方案的可靠性是很重要的。面波法得到的横波速度剖面的分辨率随深度的增加而减小，如果薄层距离地表足够近，则可以分辨，而如果在深处则不能探测到薄层。

尽管存在着一定的局限性，但如果以整体介质为目标，面波方法为土壤类型表征提供了一个极好的工具。其中一项最重要的优势便是该方法的非侵入性，即震源和检波器均布设在地面，而不需要布设在钻孔中。因此，在勘探成本和勘探时间上具有极为明显的优势，特别是在一些特定的不可侵入的场地上（如废弃物填埋场探测），其优势更为明显。

与其他地震类技术相比，面波方法在数据采集方面具有较强的稳健性。与横波折射和反射方法相比，更容易获得高质量的数据。由于面波的高能特性，即使在嘈杂的环境中（例如，城市地区或工业场所）也可以进行采集。在存在背景噪声的情况下，基于初至时间和旅行时间评估的其他地震方法相对更难解释。另外，在面波方法中，背景噪声甚至可以用来作为微震测量的信息来源，我们将在后面的章节中给大家介绍。

面波方法在模型复杂性方面也是稳健的，没有与场地地层有关的限制。该方法能够非常方便地表征沉积介质的分层特点，而不考虑软硬岩层的顺序（即层序）。在速度反差较大及速度光滑变化的模型下均能有效地工作。虽然基于折射的技术在浅地表勘查中的应用也很广泛，但该方法有其内在的局限性，当地层存在速度倒转或潜伏层时，可能会导致解释的模糊性。

从岩土工程的角度，研究人员通过大量的土体试验，才能得到土体堆积的整体动力特性。但用面波测试获得的准确度通常与岩土工程设计中采用的假设和简化是一致的。此外，用于解释的一维模型在许多工程分析和设计程序中也很常见（例如，用于地震场地响应分析的代码 SHAKE）。从勘探地球物理方面来看，面波可以被反演以用于浅地表结构成像，以及由此获得正演面波场，并在反射资料中被很好地滤除，以优化反射剖面结果。

第 1 节　面波的波速特征及与介质的关系

地震波是质点扰动在地下介质中传播的一种表现，同时也是能量传递的一种形式。由于地下介质弹性性质的差异，在不同的弹性介质之间会形成各类型的介质分界面。根据地震波传播过程中引起的质点振动形式特征的不同，可将地震波分为两大类。其中能在整个地下介质体中传播的为体波，它包含了纵波和横波两类波，这两类波在遇到弹性分界面时，会产生反射波和折射波，它们存在于整个地下介质空间体中。与体波不同的是，另外一类波仅存在于特定的弹性分界面附近，在远离弹性分界面的地方，其能量迅速衰减，这样的一类波被称为面波。据目前的研究，自然界中存在的面波主要有4种类型。它们分别是瑞利波（Rayleigh wave）、勒夫面波（Love wave）、斯通利波（Stoneley wave）和Scholte波（Scholte wave）。其中，在浅地表勘探中应用成熟且广泛的主要是前两种波，即瑞利波和勒夫波。

1885年，英国学者瑞利勋爵（Lord Rayleigh）最先从理论上确定瑞利波的存在，因此被命名为瑞利波（Rayleigh，1885）。由于瑞利波传播的特殊性，自其被预测以来，便引起了广大研究人员的兴趣，其研究领域更是涵盖了固体物理、微波工程、岩土工程、无损检测、地震学、地球物理、材料科学、超声声波学等多个学科。尽管这些学科领域间存在着显著的差异，但它们都有着相似的目标，那就是利用沿界面传播的瑞利波来获得关于研究目标体内部的信息，这些信息通常又以一个或多个标量场的形式表现出来。瑞利波沿界面传播时，在垂直于入射方向的垂直面内，受瑞利波的影响，介质质点在其平衡位置附近的运动包含了平行于瑞利波传播方向的水平运动分量，以及垂直于弹性界面的垂直运动分量，两种运动的合成致使瑞利波所引起的介质质点的振动轨迹为椭圆轨迹。在浅地表附近，这种轨迹表现为逆时针旋进的椭圆轨迹特征（图6-1-1）。

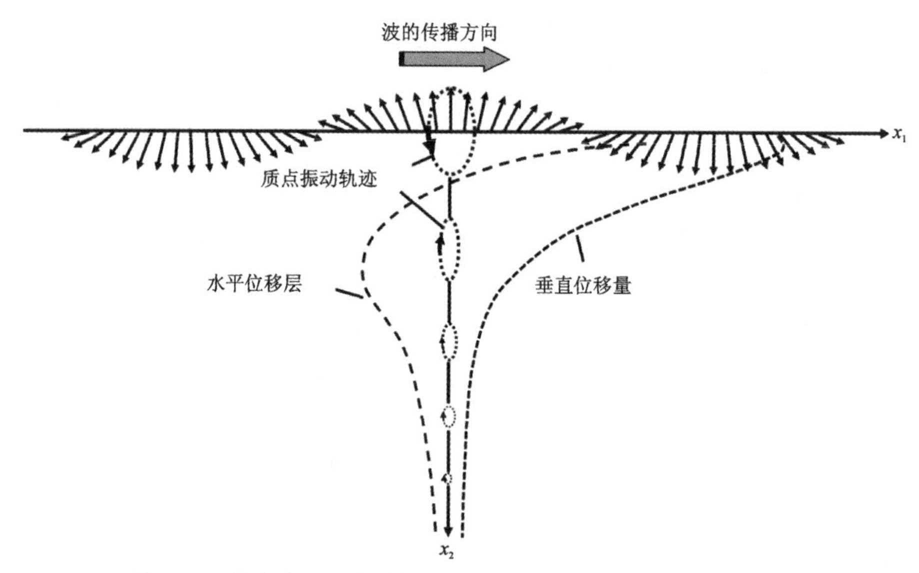

图6-1-1 均匀半空间介质中的瑞利波传播及质点振动轨迹示意图

与瑞利波的发现过程类似，1911年数学家Augustus Edward Hough Love最先在数学上预测了勒夫波的存在，并以其名字Love为之命名（Love，1911），之后勒夫波在实际工作中被发现和验证。勒夫波的存在条件与折射横波中的SH型折射波的存在条件一致，通常当弹性半空间上覆盖有一层有限厚度的松散介质层时，它具备形成勒夫波的基本条件。研究表明，勒夫波是由横波的水平分量（SH波）在弹性分界面上的反射波、折射波、绕射波、直达波等在自由界面处相互干涉而形成。勒夫波传播时，所引起的介质质点运动方式类似于SH波所引起的质点振动形式，即质点在垂直于波传播方向的水平面内做离开其平衡位置的往复运动。

除以上两种常用的面波类型外，在两种不同性质固体介质的分界面上同样存在一种面波，这种波称为斯通利波，于 1924 年由 Robert Stoneley 最先发现并研究，因此以其名字命名。它本质上属于一种波速与两种介质性质相关的变态瑞利波，其存在与两种介质的弹性性质(拉梅系数)及介质密度密切相关。因其存在的条件较为特殊，斯通利波的应用主要在测井领域，作为一种低频散的导波，在评价地层渗透性上具有显著的优势。

在液体与固体介质分界面(常见如海底、湖底、河底等)附近同样存在一类特殊的面波，这种波我们称之为 Scholte 波。它于 1947 年由学者 Scholte 在研究流体覆盖在弹性介质上的声场模型时首先发现，因此以其名字命名(Scholte，1947)。与瑞利波类似，Scholte 波在流体-固体分界面处也具有幅度大、传播距离远、衰减小等特点，且在传播过程中携带了大量与海底浅地表结构相关的信息。另外，Scholte 波的传播速度不因季节、气象水文条件变化，也不会受到水体中波浪起伏及内波等随机因素的干扰。Scholte 波的速度变化仅与水底结构及其介质参数有关，尤其与水底固体介质中的剪切波速度相关。Scholte 波可作为海底振动传感器的探测目标信号，用以弥补在浅海环境中利用甚低频声波探测目标的部分缺点。

一、瑞利波的波速特征及其与介质的关系

在各向同性均匀半无限弹性介质中，瑞利波速度 v_R 、横波速度 v_S 与介质泊松比 σ 间的关系，可通过瑞利方程来求得。首先将纵横波波速比与泊松比间的关系式 $v_S/v_P=\sqrt{(1-2\sigma)/(2-2\sigma)}$ 代入瑞利方程中，可得

$$\left(\frac{v_R}{v_S}\right)^6-8\left(\frac{v_R}{v_S}\right)^4+\left[24-16\left(\frac{v_S}{v_P}\right)^2\right]\left(\frac{v_R}{v_S}\right)^2-16\left[1-\left(\frac{v_S}{v_P}\right)^2\right]=0 \tag{6-1-1}$$

令 $r=\left(\frac{v_R}{v_S}\right)^2$ ，则式(6-1-1)可化简为关于 r 的三阶方程：

$$r^3-8r^2+8\frac{2-\sigma}{1-\sigma}r-\frac{8}{1-\sigma}=0 \tag{6-1-2}$$

分析上式可知，当 $v_R=0$ 时，该式化为 $-16+\left(\frac{v_S}{v_P}\right)^2<0$ ；当 $v_R=v_S$ 时，方程左边等于 1。所以当 v_R 位于 0 和 v_S 之间时，至少有一个实数解。因此，只要在自由界面上进行竖向激振，总能产生瑞利波，其速度 v_R 称为相速度。如当泊松比 $\sigma=0.25$ 时，r 有 3 个根存在，即 4、$2+2/\sqrt{3}$、$2-2/\sqrt{3}$，显然只有最后的根 $2-2/\sqrt{3}$ 满足 $v_R<v_S$ 的条件，即 $v_R=0.919v_S$ 。采用牛顿迭代法，我们可以给出不同的泊松比 σ 值时的 v_R/v_S 值，结果如表 6-1-1 所示。

表 6-1-1　瑞利波相速度和横波速度与泊松比关系表

σ	v_R/v_S	σ	v_R/v_S	σ	v_R/v_S	σ	v_R/v_S
0.00	0.874 032	0.21	0.912 707	0.32	0.930 502	0.43	0.946 303
0.02	0.877 924	0.22	0.914 404	0.33	0.932 022	0.44	0.947 640
0.04	0.881 780	0.23	0.916 085	0.34	0.933 526	0.45	0.948 959

续表 6-1-1

σ	v_R/v_S	σ	v_R/v_S	σ	v_R/v_S	σ	v_R/v_S
0.06	0.885 598	0.24	0.917 751	0.35	0.935 018	0.46	0.950 262
0.08	0.889 374	0.25	0.919 402	0.36	0.936 433	0.47	0.951 549
0.10	0.893 106	0.26	0.921 036	0.37	0.937 936	0.48	0.952 820
0.12	0.896 789	0.27	0.922 654	0.38	0.939 372	0.49	0.954 074
0.14	0.900 422	0.28	0.924 256	0.39	0.940 792	0.50	0.955 313
0.16	0.904 003	0.29	0.925 842	0.40	0.942 195		
0.18	0.907 528	0.30	0.927 413	0.41	0.943 581		
0.20	0.910 995	0.31	0.928 965	0.42	0.944 951		

v_R/v_S 值与泊松比 σ 值的关系曲线图如图 6-1-2 所示，v_P、v_S、v_R 与泊松比间关系则如图 6-1-3所示。从图 6-1-3 中可以看出，随着泊松比的增大，v_P 相对于 v_S 急剧增大，而 v_S 和 v_R 值则趋于相对一致。一般常见岩石的泊松比在 0.25 左右，第四系土层中土壤泊松比相对较大，在 0.4～0.49 间，可以认为对于土体而言，v_R 和 v_S 的值近乎相等，其误差仅 5%左右。

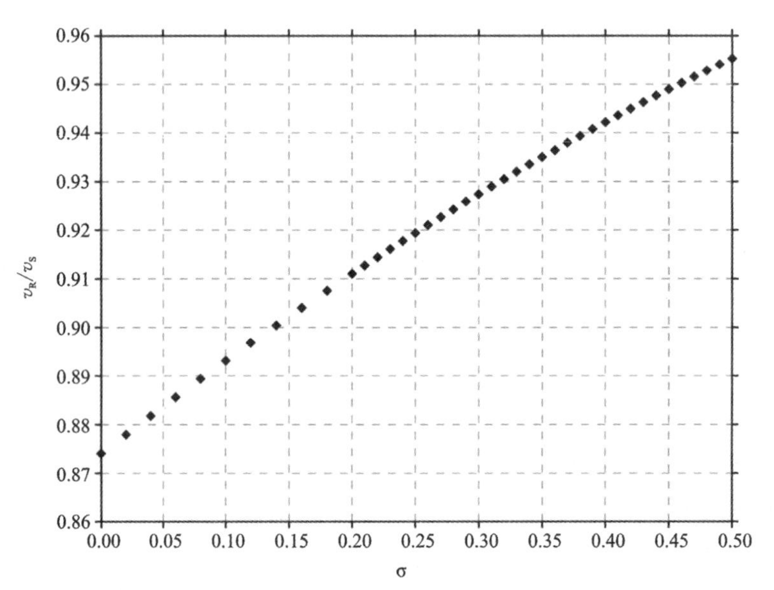

图 6-1-2　各向同性均匀介质中瑞利波与横波速度比和泊松比关系图

以上所讨论的为各向同性均匀半空间介质中瑞利波的速度特征，在这样的前提下瑞利波的传播速度是恒定的，仅与介质的纵横波速度及泊松比有关。对于各向同性非均匀介质，瑞利波速度与介质性质的关系则复杂得多。即便是在最简单的层状介质中，瑞利波的传播速度也是随频率变化而变化的，即具有频散特性。下面我们通过一个简单的二层模型，采用交错网格有限差分法模拟 48 道合成瑞利波记录，并通过高分辨率拉东变换法提取其频散能谱图，从而探究层状介质中瑞利波的频散特征。两层介质模型物性参数设置如下

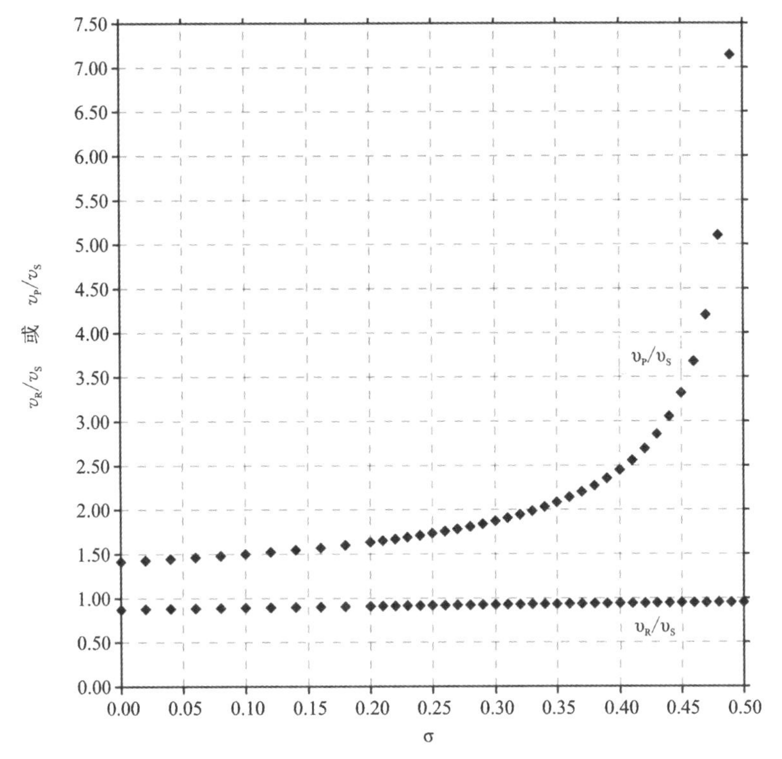

图 6-1-3　各向同性均匀介质中纵波、横波、瑞利波速度与泊松比关系图

$$\begin{cases} h^{(1)} = 10\text{m} & v_S^{(1)} = 200\text{m/s} & v_P^{(2)} = 400\text{m/s} & \rho^{(1)} = 2.0\text{g/cm}^3 \\ h^{(2)} = \infty & v_S^{(2)} = 600\text{m/s} & v_P^{(2)} = 1200\text{m/s} & \rho^{(2)} = 2.0\text{g/cm}^3 \end{cases}$$

所模拟的多道瑞利波记录及从中所提取的频散能谱图如图 6-1-4 和图 6-1-5 所示。

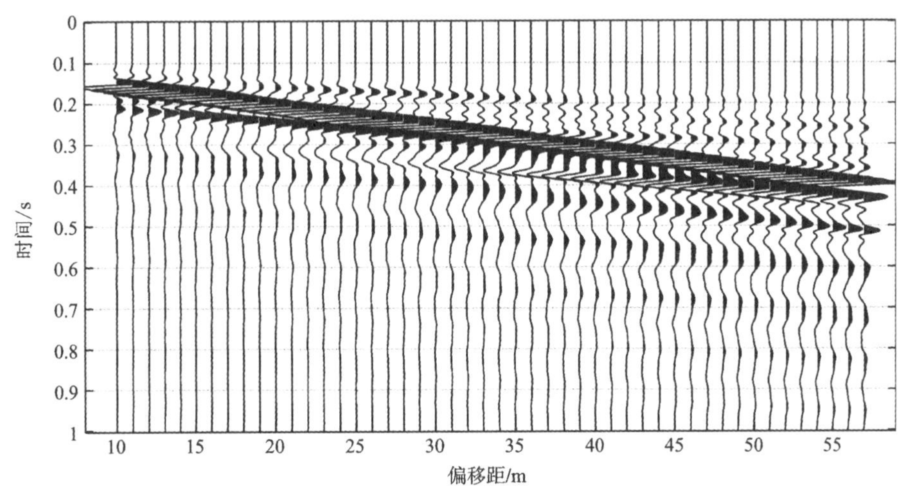

图 6-1-4　水平两层介质模型合成多道瑞利波记录

由图 6-1-5 可知，层状介质中的瑞利波具有频散和多模式的特点。图中 M0 表示的基阶模式波在低频部分的相速度趋近于半空间层横波速度的 0.92 倍左右，高频部分的相速度趋

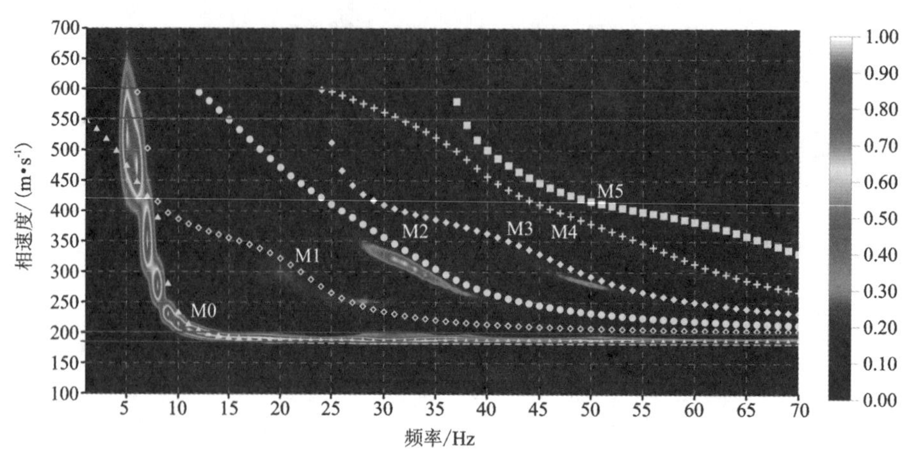

图 6-1-5　水平两层介质模型合成多道瑞利波记录频散能谱图

（实心三角形表示基阶模式，其他符号表示高阶模式）

近于表层介质中横波速度的 0.92 倍左右；M1、M2、M3、M4、M5 等分别表示第一高阶模式波、第二高阶模式波、……、第五高阶模式波，各高阶模式波在高频端的极限相速度值接近表层介质的横波速度，低频端截止频率处的相速度为半空间层介质的横波速度。

二、勒夫面波的波速特征及它与介质的关系

如前所述，勒夫波的存在条件与 SH 折射波的存在条件相同，因此在均匀半空间介质中，勒夫波不存在。勒夫波仅在层状介质且该层状介质为速度随深度递增型的情况，才可能在其中产生勒夫波。采用上述相同的浅地表水平两层介质模型（满足 SH 折射波的形成条件），利用交错网格有限差分法所合成的多道勒夫波记录如图 6-1-6 所示。对该合成多道勒夫波记录，利用高分辨率线性拉东变换算法所提取的频散能谱图如图 6-1-7 所示。从图 6-1-7 中可知，与瑞利波情况不同的是：勒夫波的基阶模式、高阶模式波在低频端和高频端分别趋近于半空间层和表层介质的横波速度。根据这一性质，在反演的过程中能求取一个最为合适的初始模型速度。以上便是勒夫波传播速度与介质性质间的简单关系。

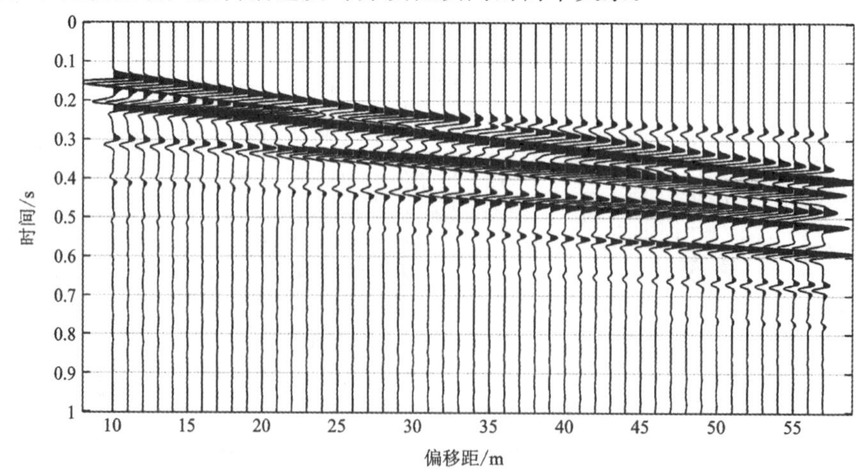

图 6-1-6　水平两层介质模型合成多道勒夫波记录

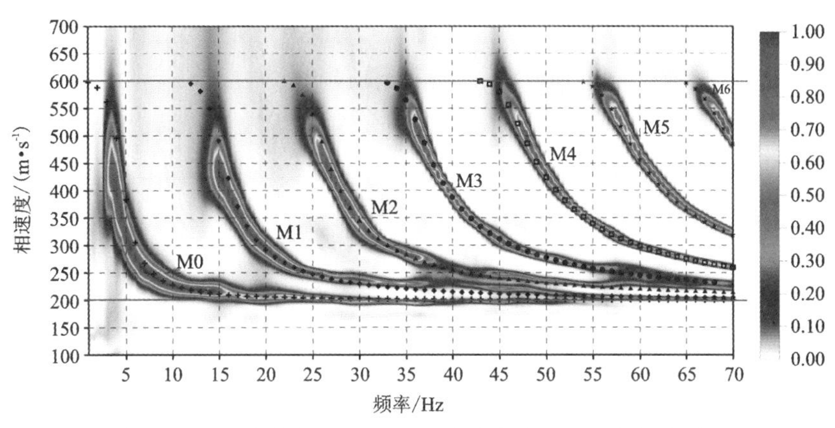

图 6-1-7　水平两层介质模型合成多道勒夫波记录频散能谱图

（十字形表示基阶模式，其他符号表示高阶模式）

三、面波的衰减特征

多道面波勘探利用最多的面波类型，就目前而言依然是瑞利波，它的产生最为容易，只需采用竖向激振即可，这相比于勒夫波的激发而言要简单得多。在地面进行竖向激振时，一般可产生 3 种类型的地震波，分别是纵波、横波以及瑞利波，其中纵波和横波属于体波。在这类点状源激发时，所产生的体波的波前为半球面型，球面的面积正比于其半径 r 的平方（r 也为震源到波前的距离）；而瑞利波的波前约为一高度为 λ_R 的圆柱体，其波前面积正比于柱体半径 r 。因此，体波的振幅反比于波传播的距离，其振幅衰减与 $1/r$ 成正比，而瑞利波的能量衰减则与 $1/\sqrt{r}$ 成正比。即：$A_P \propto \frac{1}{r}$ ，$A_S \propto \frac{1}{r}$ ，$A_R \propto \frac{1}{\sqrt{r}}$ ，其中 A_P 表示纵波振幅，A_S 表示横波振幅，A_R 表示瑞利波振幅。由此可见，瑞利波的衰减要比体波慢得多。在一个圆柱形振板上做上下激振时，所产生的纵波、横波、瑞利波所占相对能量如表 6-1-2 所示。可见瑞利波的能量几乎占所激发的地震能量的 2/3，这是体波所无法比拟的。

表 6-1-2　纵波、横波、瑞利波相对能量比

波的类型	相对全部能量的百分比
纵波(P)	7%
横波(S)	26%
瑞利波(R)	67%

第 2 节　面波勘探方法及其基本流程

一、面波勘探基本原理

以面波中的瑞利波为例，瑞利波沿着自由地表传播，其影响的深度约为瑞利波的一个波长。因此，同一波长的瑞利波的传播特性反映了地质条件在水平方向的变化情况，不同波长的瑞利波的传播特性反映了不同深度的地质情况。在地表沿瑞利波的传播方向，以一定的道间距 Δx 布设 $N+1$ 个检波器，便可检测到瑞利波在排列长度为 $N\Delta x$ 的长度范围内的传播过程，设瑞利波的频率为 f_i ，相邻检波器记录的瑞利波到时差为 Δt ，或相邻道记录的相位差为 $\Delta\varphi$ ，则瑞利波的传播速度为 $v_R = \Delta x/\Delta t$ ，或 $v_R = 2\pi f_i \Delta x/\Delta\varphi$ 。排列长度范围内的瑞利波平均波速为 $v_R = N\Delta x/\sum_{i=1}^{N}\Delta t_i$ ，或者 $v_R = 2\pi f_i N\Delta x/\sum_{i=1}^{N}\Delta\varphi_i$ 。

在同一排列位置，测量出一系列的 v_R 值，就可以得到一条瑞利波相速度 v_R 关于频率变化的曲线（ v_R-f 曲线），即频散曲线。当然，也可以将频率 f 转换为对应的波长 λ_R ，这样得到的曲线为 v_R-λ_R 曲线，转换关系式为 $\lambda_R = v_R/f$ 。v_R-f 曲线和 v_R-λ_R 曲线的变化规律与地下地质条件存在着内在联系，通过对频散曲线进行反演解释，就能得到地下某一深度范围内的地质构造情况，以及不同深度的瑞利波传播速度值 v_R 。另一方面，v_R 值的大小一定程度上与介质的物理性质有关，根据 v_R 值可对岩土介质的物理性质作出评价。

稳态瑞利波法勘探是浅地表面波勘探中应用最早的一种面波勘探方法，该方法通过激振器在地面施加频率为 f_i 的竖向简谐振动，产生的频率同为 f_i 的瑞利波以稳态的形式沿自由地表传播。利用在地面布设的检波器即可测量出相邻道瑞利波的同相位时差，根据公式 $v_R = \Delta x/\Delta t$ ，或 $v_R = 2\pi f_i \Delta x/\Delta\varphi$ ，就可以计算出频率为 f_i 时的瑞利波相速度 v_{Ri} 。改变激振器的频率，当激振器的频率从高向低变化时，就能测得一条 v_R-f 曲线或 v_R-λ_R 曲线。其基本工作原理如图 6-2-1 所示。由公式 $\lambda_R = v_R/f$ 可知，当速度变化不大时，改变频率就可以改变勘探深度，频率越高，波长越小，勘探深度越小，反之则勘探深度越大。这便是最早在工程勘查中使用的面波勘探方法，但由于用于激振的震源设备过于庞大，施工上极为不便，因此该方法在瞬态面波勘探方法兴起后便逐渐退出了工程勘查的舞台。但其相邻道法提取面波频散信息的处理思想，对于提高多道瞬态面波勘探水平分辨率依然有着重要的借鉴作用。

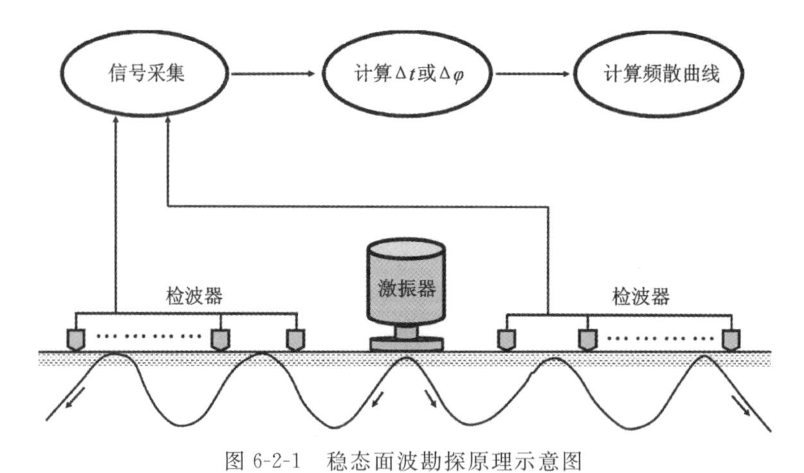

图 6-2-1　稳态面波勘探原理示意图

瞬态面波方法与稳态面波法最大的区别在于所采用的震源装置不同，瞬态面波法所采用的震源是在地面作用一瞬时冲击力，由此将产生一定频率范围内的瑞利波，不同频率的瑞利波是叠加在一起的，且会以脉冲的形式从震源处往外传播。而稳态法每次激发所产生的都是单一频率的瑞利波，因此一次测量就能测得单一频率的瑞利波相速度。瞬态面波法记录的地震波信号，要经过频谱分析、相位分析等处理后，将各个频率的瑞利波分离开来，才能得到一条 v_R-f 曲线或 v_R-λ_R 曲线。图 6-2-2 所示为多道瞬态瑞利波法的工作原理示意图。

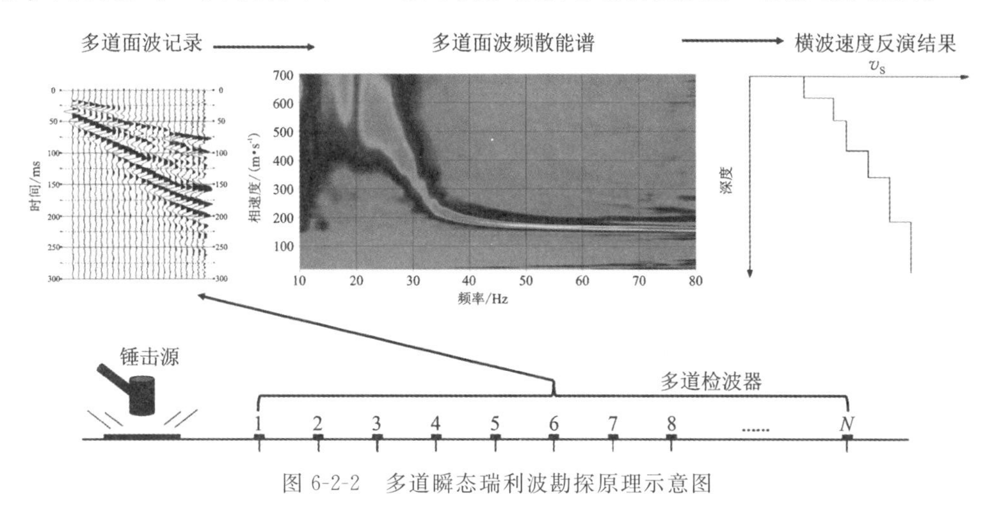

图 6-2-2　多道瞬态瑞利波勘探原理示意图

除人工激发的面波能用于工程勘查外，天然地震中的面波同样能被利用，不过相比较于人工源所激发的面波，天然地震中产生的瑞利波干扰因素较多，且接收时往往传播距离较大。因此，在进行相关的瑞利波频散计算之前，通常需要对记录的地震信号进行较多步骤的预处理。另外，由于天然地震的震源机制往往是未知的，两个地震台站间的距离往往又较大，不易人为改变。但进行预处理后，其计算面波频散曲线的方式和方法基本与人工瞬态面波法相同。图 6-2-3 所示为天然源面波勘探原理示意图。由于天然地震中的瑞利波能量大，频率低

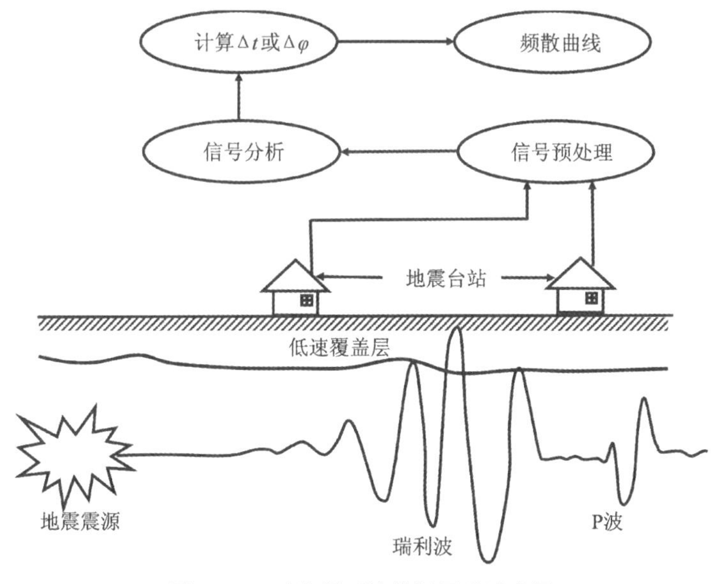

图 6-2-3　天然源面波勘探原理示意图

(可低至0.01Hz),波长 λ_R 可长达数千米甚至数百千米,因此常用于研究地球内部结构。近十几年来,随着高频地震背景噪声成像方法的发展,天然源面波勘探方法开始越来越多地被用于城市地下空间地质结构勘探,且取得了较好的效果。

二、野外工作方法技术

浅地表地球物理勘察方法中,面波方法通常被用于进行工程地质勘察或工程质量的原位无损检测,能够解决诸多地质以及材料检测问题。当然,不同的勘察目的或要求,其勘探的精度是不同的,其野外的工作方法技术也是有差别的。比如在要求高分辨率勘探结果时,勘探的频率间隔应相对选择较小些,同时采样间距(道间距)也应适当选择小一些。又比如,对第四系进行划分的任务与对公路质量进行无损检测的任务相比较,方法技术上显然是有区别的。本节我们将就方法技术上的一些原则性问题进行介绍。

1. 稳态面波法工作布置

与反射波法和折射波法等传统浅层地震勘探方法一样,面波勘探一般也采用纵测线观测系统,即震源激振点和检波器排列均在一条直线上。图6-2-1所示即为利用24道地震仪作为信号采集仪器的标准稳态面波工作布置图。这是一种连续测试的工作布置方式,如果不要求对测线下方地质剖面进行连续观测,而是像钻探一样,以一定的间隔进行观测,则震源两边各放置3~4道检波器即可。

稳态法施工时,为简化后期数据处理上的计算工作,道间距 Δx 一般取为相同的值,因此在稳态等幅激振条件下,Δx 满足:

$$\Delta x \leqslant \lambda_R = v_R / f \tag{6-2-1}$$

但若在稳态变幅激振条件下,Δx 则满足:

$$\Delta x \leqslant N\lambda_R \tag{6-2-2}$$

式中,N 表示激振信号相邻两大振幅间的周期数。

2. 稳态面波法频率范围与频率间隔的选择

稳态面波法的工作频率范围和频率间隔,一般取决于工作目的、要求的分辨率、精度以及地质条件等因素。在确定频率范围时,一般主要考虑勘探目的深度要求来确定;在确定采用的频率间隔时,则主要考虑勘探任务要求的精度与分辨率。由式(6-2-1)可知,波长 λ_R 与测线下介质内瑞利波速成正比,而与频率成反比。勘探深度则与波长成正比,一般有如下关系:

$$H = \beta\lambda_R \tag{6-2-3}$$

式中,β 是波长深度转换系数,其值一般通过构造一定的地层模型频散曲线量板,由量板法来确定。假设 β 取值为0.65,若某场地的勘探深度为0.5~15m,瑞利波速 v_R 假设为150m/s,则频率范围可取6.5~200Hz。

相邻频点差即频率间隔的确定，可采用如下方式确定：假设要求分辨率为 ΔH，波长变化量为 $\Delta \lambda_R = \Delta H/\beta$，则

$$f_{i+1} = \frac{v_R}{\Delta \lambda_R + \lambda_{Ri}} = \beta \frac{v_R}{\Delta H + H_i} \tag{6-2-3}$$

式中，$H_i = \beta v_R / f_i$；f_i，f_{i+1} 为相邻频点，且 $f_i > f_{i+1}$。但这只是用于确定频率范围和频率间隔的一般性方法。绝大多数实际勘探时，地下介质并非完全均匀。在实际工作中，对于 v_R 值变化较大的情况，在其对应的频段上，频点应适当加密。如表 6-2-1 所示为 $\Delta H = 0.5$m 时，勘探深度与激发频率对照表。

表 6-2-1　稳态面波法勘探深度与面波频率对照表

频率 f/Hz	深度 H/m	频率 f/Hz	深度 H/m	频率 f/Hz	深度 H/m	备注
195	0.5	17.7	5.5	9.3	10.5	$v_R = 150$m/s $H = 15$m $\Delta H = 0.5$m
97.5	1.0	16.3	6.0	8.9	11.0	
65	1.5	15.0	6.5	8.5	11.5	
48.8	2.0	13.9	7.0	8.1	12.0	
39	2.5	13.0	7.5	7.8	12.5	
32.5	3.0	12.2	8.0	7.5	13.0	
27.9	3.5	11.5	8.5	7.2	13.5	
24.4	4.0	10.8	9.0	7.0	14.0	
21.7	4.5	10.3	9.5	6.7	14.5	
19.5	5.0	9.8	10.0	6.5	15.0	

3. 稳态面波信号接收

稳态面波信号接收时，使用的检波器适用频带应与所激发的瑞利波激振工作频率相一致。检波器自振频率不同，频带范围也有较大差别，使用前应进行测试，一般可参照表 6-2-2。在安置检波器的过程中，应将检波器垂直植入地面，保证其与地面良好耦合。且在开始正式工作前，应进行相应的测试，记录长度上应保证有 2～3 个信号周期，增益大小上应能使瑞利波振幅显示出 3～5mm 为佳，以便在显示器上进行信号质量的监控。

表 6-2-2　不同自振主频的检波器适用勘探频带

检波器主频(自振频率)/Hz	适用频带/Hz
4.5	5～20
10	15～140
100	100～2000

4. 瞬态法工作布置

1973年，Chang和Ballard等提出利用瞬态瑞利波来研究浅地表地质问题，并在当年的SEG年会上报道了其相关研究成果，该成果引起了勘探地球物理学家的极大兴趣，自此面波勘探进入了瞬态面波勘探时代。1983年，Stoke和Nazarian等提出了著名的面波谱分析方法(spectrum analysis of surface wave，SASW)，该方法的提出让瞬态瑞利波勘探方法在工程地质勘查中取得了巨大的成功。这类非多道的瞬态面波法一般采用两个检波器，在不同道间距情况下接收由撞击源产生的瞬态面波信号。假设道间距为 Δx，为了使得两个检波器接收的信号有足够的相位差，Δx 一般应满足：

$$\frac{\lambda_R}{3} < \Delta x < \lambda_R \tag{6-2-4}$$

则两道信号的相位差 $\Delta\varphi$ 满足：

$$\frac{2\pi}{3} < \Delta\varphi < 2\pi \tag{6-2-5}$$

故随着勘探深度的增大，即 λ_R 的增大，Δx 的距离也相应地增大。

5. 瞬态面波激发

瞬态面波法的勘探结果，主要受激发的瑞利波频率的影响，如表6-2-1中所示，要使得勘探深度达到15m，必须激发包含足够能量的频率下限为6.5 Hz的瑞利波。要达到表6-2-1中的分辨率(0.5m)，相应的频率范围也应为6.5～200Hz，且应该保持足够的连续性。

瞬态面波法所采用的激振方式一般为落重法，即以一定质量 M 的重锤，提升到高度 H 后，自由下落并撞击地面，从而激发瑞利波，这样的震源所激发的地震波频带较宽，其主频 f_0 可用下式表达：

$$f_0 = \frac{1}{2\pi}\sqrt{\frac{4\mu r_0}{M(1-\sigma)}} \tag{6-2-6}$$

式中，r_0 表示重锤底面积的半径(等效半径)。从式中不难看出，所激发的地震波主频 f_0 与重锤质量的平方根成反比，与重锤底面积半径(或有效半径)的平方根成反比。因此，当勘探目的层较浅时，应采用较小铁锤；当勘探深度要求较大时，则需采用大铁锤或落重重锤作为震源。上式虽然给出了震源质量、大小(底面半径)与所激发的地震波主频间的关系，但在实际应用时，须在现场进行测试，根据要求的频率范围及分辨率进行试验，以筛选出合适的震源质量。

6. 多道瞬态面波法

Song等(1989)首次提出利用多道地震仪和高频面波的频散特性估计浅地表横波速度。1995年，为了克服SASW方法中有效波难以从干扰波中分离、高阶模式波不能确定和瑞利波频散曲线计算精度较低的弱点，美国堪萨斯地质调查局的Park和夏江海等(1999，2000，2002)提出了瑞利波多道分析法(multi-channel analysis of surface waves，MASW)。他们的研究成果对瑞利波勘探方法的推广和应用具有深远影响。随后，中国地质大学（武汉）夏江海等(2010，2012)提出勒夫波多道分析法(multi-channel analysis of love waves，MALW)，使得面波勘探方法更加完善，极大地推动了浅层地震勘探的发展。

总体而言，高频主动源面波勘探的一般步骤为：采集高频(≥2Hz)宽频带的面波数据，面波频散曲线的提取，面波频散曲线的反演，最后获得浅地表横波速度(图 6-2-2)。多道面波频散能量分析需要将时间-空间(t-x)域中的二维地震波场变换到频率-相速度(f-v)域。任何一种提取面波频散能量的方法都需要经过至少两个步骤：①从时间域转换至频率域；②从空间域转换到速度域。前者是时间意义上的，后者是空间意义上的，两者相互独立，变换的顺序亦可调换。由于面波能量一般占地震波总能量的 70%，因此，提取频散能量一般不需要特意切除体波等干扰波，可以直接进行分析。分析出面波的频散能量之后，提取出能量团的峰值线便是面波的相速度频散曲线。对提取的面波频散曲线进行反演，即可得到测线下的二维横波速度剖面。本书将在后续的第 7～13 章详细讨论多道面波方法及应用的细节内容。

第 7 章　高频多道面波方法数据采集

前面的章节中，我们对浅层地震折射波法和反射波法，以及声波探测法等做了详细的介绍。同样也简要地介绍了包括稳态面波法和非多道的瞬态面波法的基本原理，及数据采集方式。本章我们将着重就多道面波方法的数据采集设备、观测系统参数设计等进行介绍，希望通过本章的学习能让大家掌握高频多道面波方法的数据采集工作。

第 1 节　多道面波数据采集观测系统

多道面波数据的野外采集过程中，采集的方式与传统地震勘探方法是相似的，如需获得二维测线下方的横波速度剖面，数据采集时一般采用共中心点滚动方式采集，这也是常用的浅层反射波法观测方式。在二维线型观测线上进行多道面波观测时，观测系统包含 3 个观测系统参数，分别为最小偏移距，道间距，排列长度，如图 7-1-1 所示。

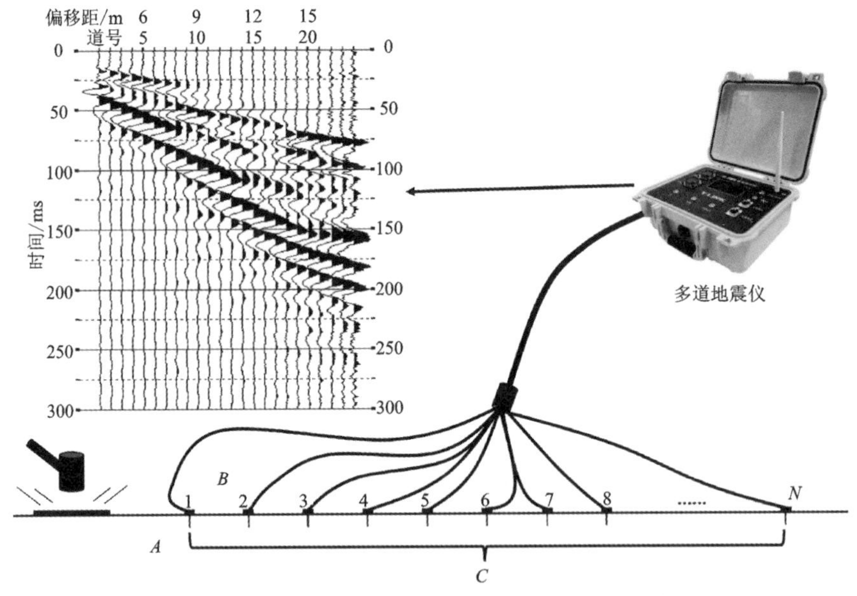

图 7-1-1　常见多道面波观测系统及实际多道瑞利波记录

上图中，A 表示最小偏移距，B 表示道间距，C 表示排列长度。多道面波记录及其对应的频散能谱质量由这 3 个参数决定，本节接下来将详细讨论它们对多道面波记录及其频散能谱的影响。

一、最小偏移距及其对多道面波频散能谱提取的影响

从众多浅层地震勘探实例中发现，为取得较好的勘探效果，当使用较小的震源激发地震波时，由于激发的能量有限，震源点与第一道检波器间的距离，通常称为最小偏移距，其取值要取得较小一点。而当使用的震源加大，激发的能量较强时，通常最小偏移距取值则较大一些。其根本原因在于，不同大小的震源，所激发地震波的频带范围不相同。一般震源越重，所激发的地震波频率越低，而震源越轻所激发的地震波主频越高。

前一章中我们已经提到过，面波勘探的震源类型一般为地表撞击型震源，这类震源激发的地震波中面波成分丰富，即使在震源附近也能观测到瑞利波。但由于地下介质的复杂性，地震波刚激发时，一般是以球面波或更复杂的形式存在。我们的研究对象瑞利波是纵波和横波在自由表面相长干涉形成的一种次生波，在距离震源较近的位置，瑞利波波前发育并不完全，且即使是发育完全的瑞利波，在近源处其波前面是以圆柱侧面的形式呈现的。而后续的面波分析方法，其前提是地震波均被假设为了平面波，只有在平面波的意义下，才能进行后续的数据处理与分析。因此，近震源处接收的瑞利波，在浅地表地震勘探中并不具有实用意义。通过大量实践工作，人们总结出了一系列用于确定面波勘探最佳偏移距的方法。Stoke 等(1994)指出多道面波勘探的最小偏移距应至少为勘探所需瑞利波波长的一半，此时勘探所需波长的面波成分才能以平面波的形式出现。另外，有的勘探地震专家认为应基于多道面波频散模式的能量最大规则来确定最小偏移距。多道面波分析方法的原创单位，美国堪萨斯大学和堪萨斯地质调查局经过大量的实际工作，总结并提出多道面波方法数据采集时最小偏移距的选择应根据施工场地浅地表物性情况来确定，并给出了相应的一些经验关系，如表 7-1-1 所示。

表 7-1-1　浅地表介质横波速度与瞬态多道面波方法最小偏移距选择的经验关系

浅地表介质表观属性(软硬表现)及横波速度/(m·s^{-1})	最小偏移距/m
非常软($v_S < 100$)	1～5
软($100 < v_S < 300$)	5～10
硬($200 < v_S < 500$)	10～20
非常硬($v_S > 500$)	20～40

以上所提到的经验方法，在一定的勘探条件下是比较有效的，但经验关系对使用者的要求较高，那么是否有一些定量关系式能用来确定最小偏移距？另外，大量的野外观测资料结果也表明，在近震源处观测时，多道面波记录主要为基阶模式瑞利波，缺少高阶瑞利波的能量。同时记录中还包含了较多的体波成分，这对数据处理中提取频散能谱将有着较大的影响。那么实际勘探中，若事先无法获知施工场地浅地表介质横波速度参数的情况下，可否通过多道面波分析方法提取的频散能谱质量来判断并选择最优的最小偏移距？关于这个问题，

我们可以通过两个数值模拟实例来解答并分析。

面波在均匀半空间中无频散现象，因此均匀半空间中的瑞利波速度是恒定的。现假设存在一均匀半空间模型，其纵波速度为 600m/s，横波速度为 320m/s，介质密度为 1.8g/cm^3，则根据前一章中介绍的横波速度与瑞利波速度间的关系式 $v_R = 0.919\,v_S$，可计算得该模型中的瑞利波理论相速度为 $v_R = 294$ m/s。采用交错网格有限差分法进行数值模拟获得合成地震记录如图 7-1-2 所示。数值模拟所用震源函数为 20Hz 主频，延迟时间 0.1s 的高斯一阶导数函数。合成道集共计 48 道，道间距均为 1m，最小偏移距分别设置为 1m、10m、30m、60m。采用高分辨率线性拉东变换法（该方法将在第八章中介绍）提取的频散能谱图如图 7-1-3 所示。图中菱形点线为该均匀介质模型中的瑞利波理论相速度。

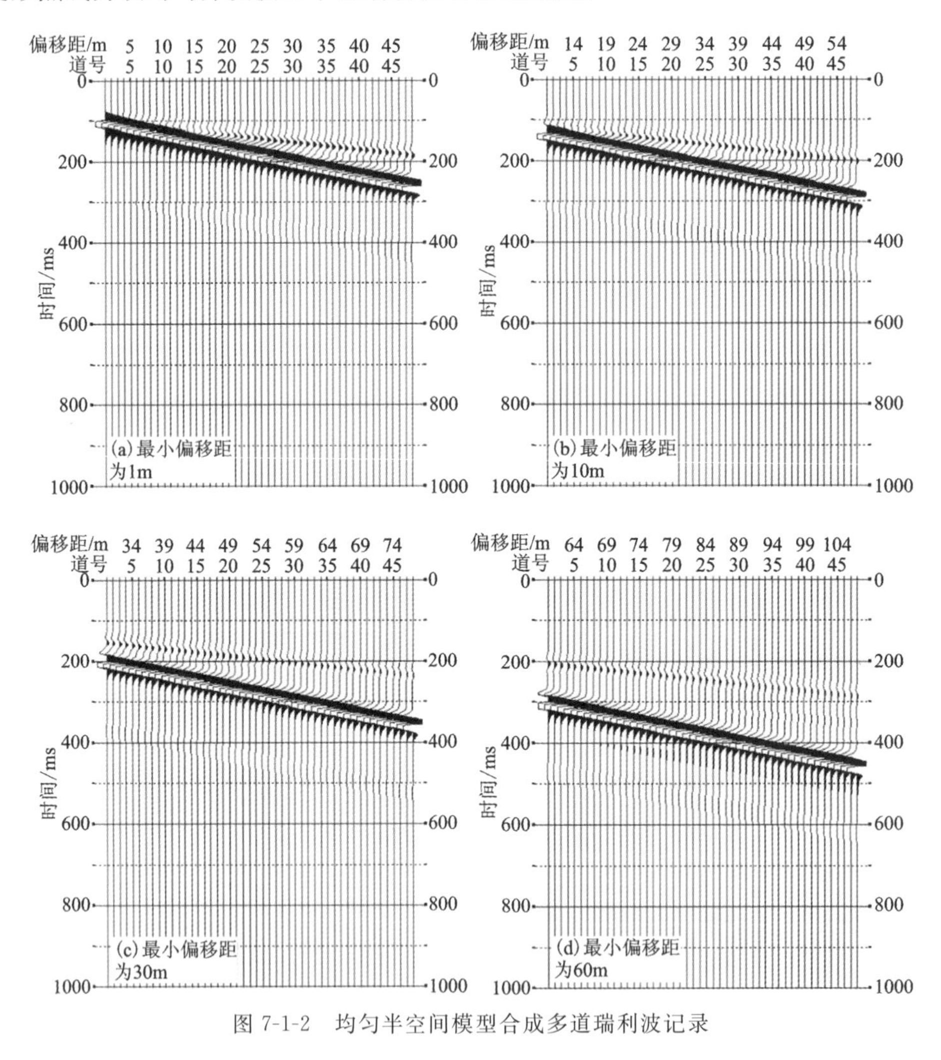

图 7-1-2 均匀半空间模型合成多道瑞利波记录

由图 7-1-3 可知，最小偏移距值越小，瑞利波低频部分发育得越不完整，面波能谱图中低频部分的能量峰值与理论值完全不对应。当最小偏移距增大到 30m 时，从合成多道瑞利波记录[图 7-1-2(c)]中提取的频散能谱图[图 7-1-3(c)]中能量峰值与该均匀半空间介质理论瑞利波相速度完全拟合。继续增大最小偏移距到 60m 时，频散能谱图[图 7-1-3(d)]中低频部分并未见有明显的改善。从该数值模拟结果可知，当最小偏移距取值较小时，瑞利波低频部分发育不完全，容易造成多道记录中提取的频散能谱图在低频部分出现伪频散现象。这种由最小偏移距过小所造成的面波低频部分发育不完全的现象，又称之为“近道效应”。

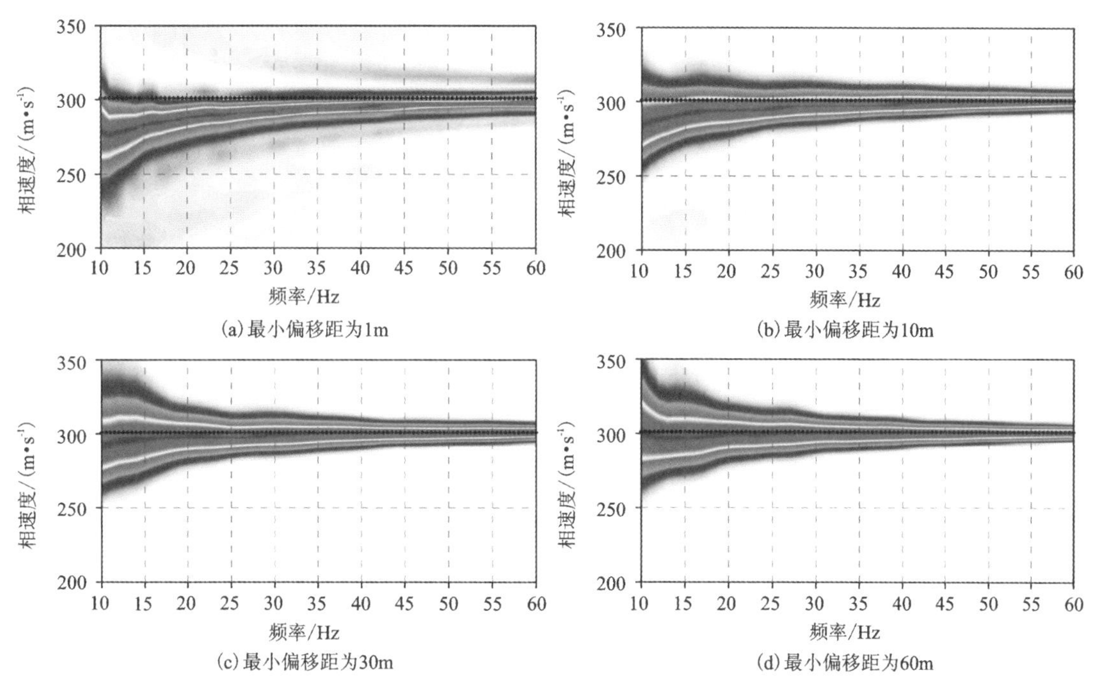

图7-1-3　均匀半空间模型合成多道瑞利波记录频散能谱图

（图中菱形点线为均匀半空间介质理论瑞利波相速度）

以上均匀半空间模型模拟结果说明，最小偏移距的选择会严重影响到多道面波记录频散能谱低频部分频散曲线拾取的准确度，但却依然无法给出一个确切的理论计算公式用于解答观测瑞利波的最短距离问题。接下来我们尝试从两层介质模型中寻找解决的办法。上述数值模拟结果表明在均匀半空间介质中瑞利波并未发生频散，且仅存在一个模态的波，即基阶模式波。面波的频散方程（将在第九章详细介绍）表明面波的速度是与频率有关的函数。用于描述波速与频率间关系问题的方法有很多种，但归纳起来无非是对称与不对称两种模式。从实际应用的角度上考虑，我们更应关注的是在什么样的距离上能够观测到面波，而不是面波的具体形成机制问题。

在用于研究地震波传播的基本理论——传统几何射线理论中，考虑一个两层介质模型，其包含了一个表层与一个均匀半空间层，纵波（P）和横波（SV）的干涉在自由界面上除震源点外的任意点上都可发生。这样的干涉包含了两种较为特殊的情况：第一种是当SV波以较低的速度沿自由界面传播到某点后与从层界面处反射（或折射）回来的以较高速度传播的P波相遇发生干涉；第二种是以较低速度传播的纵波（P）沿自由界面在某点与从层界面处反射（或折射）回来的横波（SV）波相遇并发生干涉，如图7-1-4所示。Xu等（2006）对这两种情况进行了详细的讨论，并由此给出了在自由地表接收瑞利波的最小偏移距计算公式。

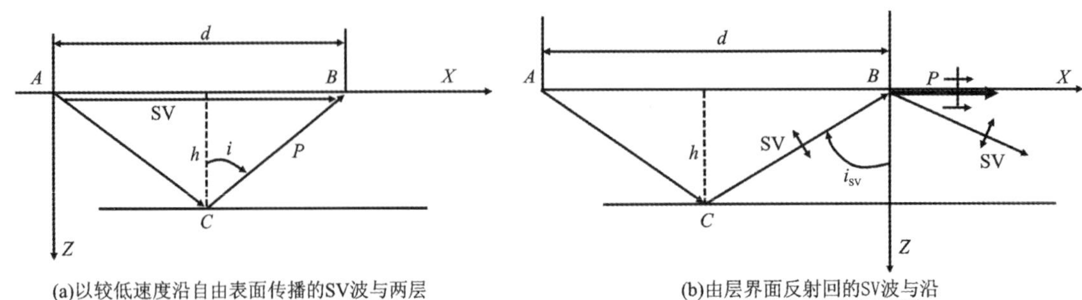

(a)以较低速度沿自由表面传播的SV波与两层界面反射的以较高速度传播的P波相遇干涉

(b)由层界面反射回的SV波与沿自由表面传播的P波相遇干涉

图 7-1-4　瑞利波的干涉形成机制示意图

对第一种情况，如图 7-1-4(a)所示，假设震源点位于 A 点，SV 波沿自由界面传播，在自由界面上的 B 点与 P 波相遇并发生干涉，产生瑞利波。假设 AB 间距离为 d，地层界面埋深为 h，则根据图中几何关系，瑞利波能量可以被观测的最短距离可以通过下式计算获得：

$$\frac{AC+CB}{v_P}=\frac{d}{v_S}\text{，}AC=CB=\frac{h}{\cos i} \tag{7-1-1}$$

其中

$$\tan i = d/2h \tag{7-1-2}$$

联立式(7-1-1)和式(7-1-2)，可得 $\sin i = v_S/v_P$，所以：

$$\cos i=\sqrt{1-\sin^2 i}=\sqrt{1-(v_S/v_P)^2} \tag{7-1-3}$$

故联立式(7-1-1)和式(7-1-3)，可得

$$d=\frac{2h}{\sqrt{(v_P/v_S)^2-1}} \tag{7-1-4}$$

以上求得的 A、B 两点间的距离 d 便是此种情况下能观测到瑞利波的最短距离。

对第二种情况，首先 B 点被假设为可以观测到瑞利波的最近观测点，由图 7-1-4(b)中的几何关系可知

$$d=2h\tan i_{SV} \tag{7-1-5}$$

式中，h 为 SV 波以临界角反射处的界面埋深。将临界角 $i_{SV}=\sin^{-1}\frac{v_S}{v_P}$ 代入上式中，可得

$$d=\frac{2h}{\sqrt{(v_P/v_S)^2-1}} \tag{7-1-6}$$

可以看出，第二种情况获得的观测瑞利波的最短距离与第一种情况下计算的是一致的。

最小偏移距是高频多道面波方法数据采集时获取有效高频面波的一个重要参数。高频多道面波勘探中，实际工作时，在很近的小偏移距处并不能观测到瑞利波，式(7-1-4)和式(7-1-6)给出了获取瑞利波的最小偏移距的极限。对于浅地表介质而言，纵横波波速比大致在 2～5 的范围内，所以 d 和 h 的比值一般在 0.4～1.2 之间。比如在浅地表环境中，对大多数松散覆盖层，纵横波速度比 v_P/v_S 可以取值为 4，这是非常常见的情况，此时能观测到瑞利波的最小偏移距 d 近似等于界面埋深 h 的一半。这说明，在这种情况下，瑞利波会在大于表层厚度的一半距离以外开始出现。当表层介质中的纵横波波速比减小时，可发现能观测到瑞利波

的最小偏移距会逐渐增大，直至与表层厚度相当。实际多道面波勘探时，若已知 v_P/v_S 值与表层厚度，则一般选择的最小偏移距要比式(7-1-4)和式(7-1-6)中所计算的 d 值大，此时效果更好。

通过一个简单的两层介质模型的数值模拟结果，我们便能看出在层状模型中，最小偏移距是如何影响到多道面波频散能谱的提取质量。假设一表层厚度为 12m，纵横波速度分别为 800m/s 和 200m/s，半空间层纵横波速度分别为 1200m/s 和 400m/s，上下层介质密度均为 2.0g/cm³ 的双层介质模型。采用交错网格有限差分法数值模拟合成多道瑞利波记录(60 道，道间距 1m)，最小偏移距分别取 1m、6m、12m、24m，并采用高分辨率线性拉东变换算法提取相应的频散能谱，如图 7-1-5 所示。由图可知，当最小偏移距为 1m 时，基阶模式频散能谱能量极值趋势在低频段与理论计算的该双层模型频散曲线拟合程度不佳，很明显此时从多道记录中所提取的瑞利波相速度要小于理论瑞利波相速度。这样的结果容易造成所提取的频散曲线用于反演时，低估半空间介质横波速度的后果。而当最小偏移距增大到 6m 时，即目的层厚度的一半时，基阶模式频散能谱低频段能量极值趋势已经能与理论基阶模式频散曲线完全拟合，改善效果极为明显。但随着最小偏移距的继续增大，基阶模式频散能谱能量极值趋势与理论频散曲线的拟合情况并不会继续得到改善。此时，随着偏移距的增大，高阶模式频散曲线能量幅值会有相应的增强。

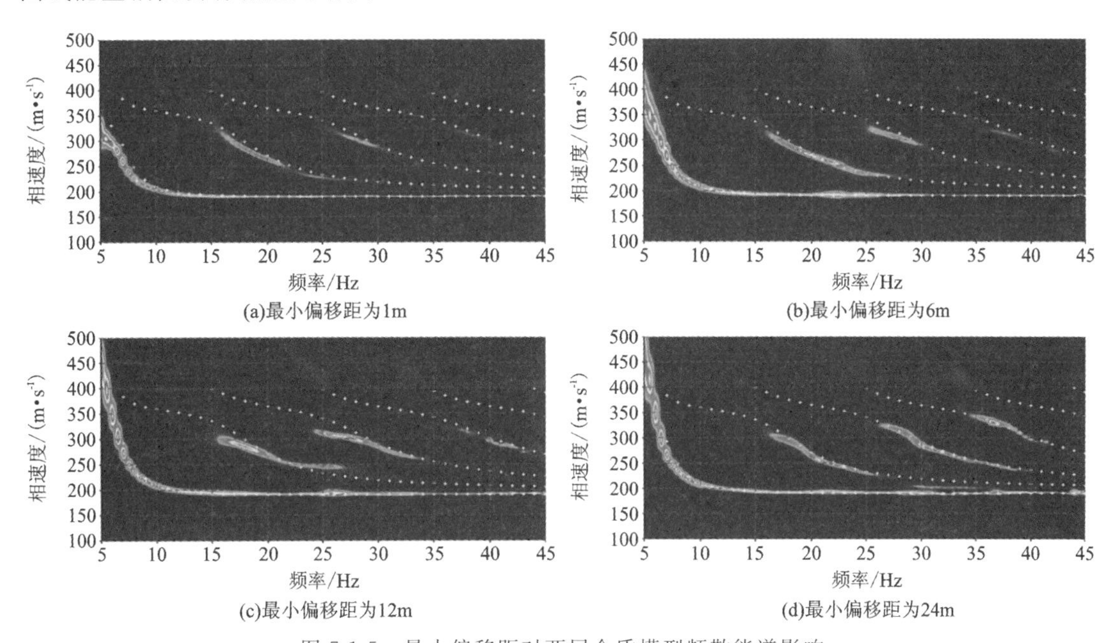

图 7-1-5　最小偏移距对两层介质模型频散能谱影响

(图中点线表示采用快速 Schwab-Knopoff 算法所计算的理论频散曲线)

由以上分析可知，在进行多道面波数据采集时，根据已知先验地质信息，在偏移距小于由式(7-1-6)所计算的最小偏移距范围内不宜布设检波器接收面波。这样的理论计算方式，使得实际浅地表工作中有限的勘探设备能够以最大效率被利用。但由于多道面波方法所采用的震源为瞬态震源，接收的面波为多频率的面波，因此上述理论计算公式并不一定能为所有频率成分的面波提供一个最佳的最小偏移距参数。显而易见，长波长的瑞利波相比于短波长的瑞利波需要用更长的观测时间和偏移距，以便其能完全地发育为平面波。为解决该问题，Zhang 等(2004)基于大量的野外试验及理论分析给出的基于层状介质模型的最佳偏移距计算公式为

$$A=\frac{\lambda_{\max}\cdot(v_{\mathrm{R}})_{\min}}{4\cdot\Delta v_{\mathrm{R}}} \tag{7-1-7}$$

式中：A 表示野外数据采集时的最佳偏移距；$\lambda_{\max}$ 表示从试验炮集中提取的瑞利波最大波长；$(v_{\mathrm{R}})_{\min}$ 表示能提取的瑞利波最小相速度；Δv_{R} 表示瑞利波最大和最小相速度之间的差。

图 7-1-6(a)为某地开展高频多道面波测试时采集的现场数据。该数据采集时，并不清楚地下介质速度情况，试验时使用 8 磅铁锤竖直锤击地面作为震源激发地震波，采用最小偏移距为 4.5m，道间距为 0.6m 的观测系统，用 24 道 14Hz 垂直分量检波器接收地震信号。从图中黑框所示位置看，此处所记录的面波记录振幅不均衡，记录断续明显，这显然将会影响到所提取的频散能谱质量。图 7-1-7(a)所示为采用相移法(将在下一章中介绍)所提取的频散能谱图。从频散能谱图中，不难获知在频率约 25Hz 处该记录上基阶模式波的相速度达到最大值，为 500m/s；而图中显示的最低瑞利波相速度约为 180m/s。由此可知，能识别的瑞利波最大波长 $\lambda_{\max}=(v_{\mathrm{R}})_{\max}/f_{\min}=20\mathrm{m}$，$\Delta v_{\mathrm{R}}=500-180=320\mathrm{m/s}$，代入式(7-1-7)中，可得 $A=2.8\mathrm{m}$。因此，最佳偏移距设置成 2.8m 左右时，对于该试验场地，多道面波资料效果应是最佳的。故第二次采集时，将最小偏移距修改为 3.0m，所采集的多道面波炮集如图 7-1-6(b)所示。很明显，图中黑框所示区域的面波记录相比于图 7-1-6(a)中的对应部分振幅均衡性上有了明显的改善。这样的改善体现在频散能谱图中，可见基阶模式频散能量更为聚焦，连续性更好，有效频带宽度也变宽。

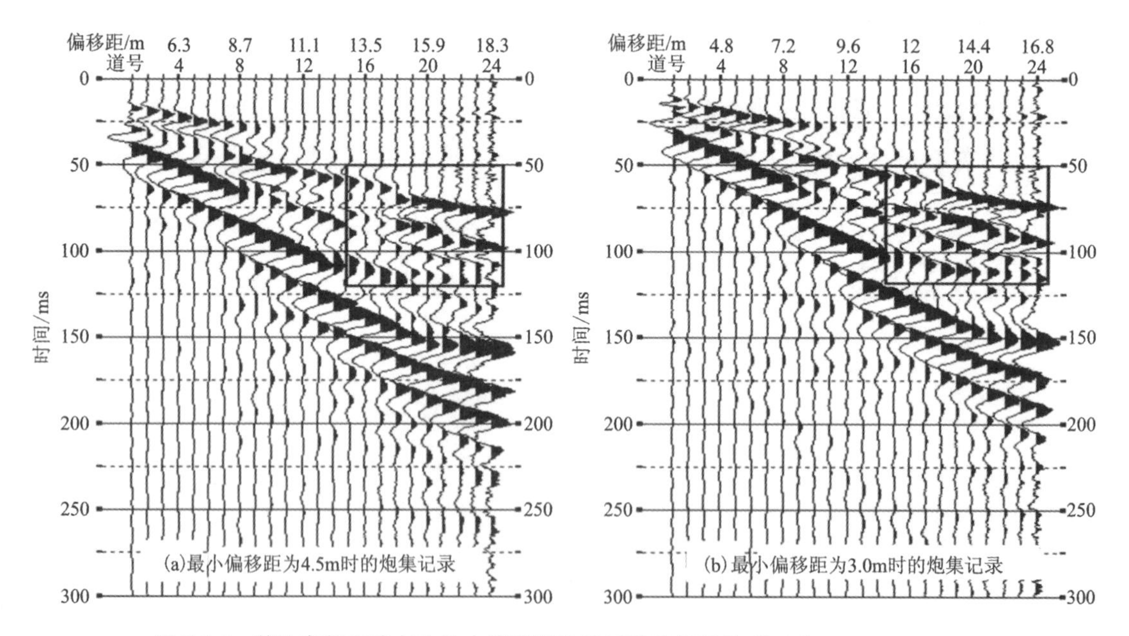

图 7-1-6 某地高频面波方法最小偏移距选择试验单炮记录(修改自 Xia et al., 2006)

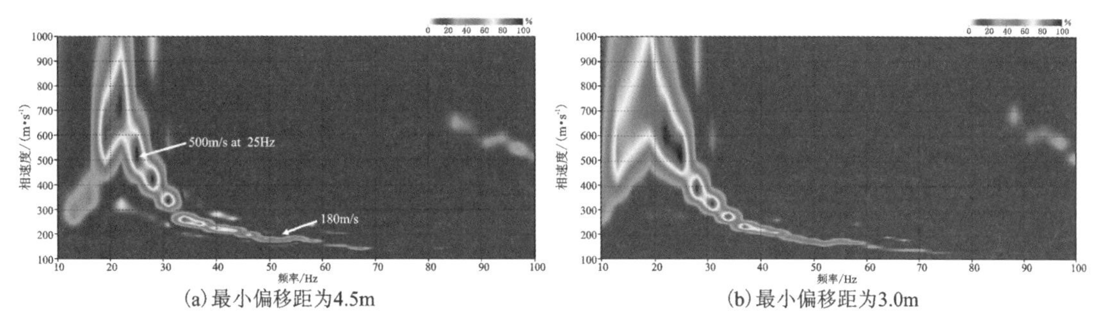

(a)最小偏移距为4.5m　　(b)最小偏移距为3.0m

图 7-1-7　某地高频面波方法最小偏移距选择试验频散能谱(修改自 Xia et al.,2006)

Pan 等(2013)在前人研究基础上,对式(7-1-6)的结果进行了进一步的推导,给出了如下关系式:

$$d = 2h\sqrt{1-2\sigma} \tag{7-1-8}$$

式中,σ 为表层介质的泊松比。由于介质泊松比的取值范围在 0～0.5 之间,因此 d 的取值是小于 $2h$ 的。由此,Pan 等(2013)认为,在进行面波数值模拟时,最小偏移距最好选择设置为勘探深度的 2 倍。此时,模拟多道记录所提取的频散能谱上,基阶模式频散谱质量不受影响,但高阶模式波能谱质量明显得到改善,如图 7-1-5(d)所示。而实际数据采集时,最佳偏移距应根据式(7-1-7)来确定。

二、道间距及其对多道面波频散能谱提取的影响

高频多道面波方法数据采集中的第二个参数为道间距,即两个相邻检波器间的距离。道间距的选择应满足尼奎斯特采样定律,即道间距的大小决定了采样数据中的最小波长。同时道间距在高频多道面波方法中也被用于确定反演模型的极限分辨率,决定了反演模型的最小层厚度。因此在实际工作中,道间距的选择可根据具体地质任务所要求的地层分辨率来确定,即道间距应与地层模型中最薄地层的厚度基本一致,否则不足以探测出最薄地层。道间距选择过大,除会影响到地层的分辨情况外,对高频多道面波记录频散能谱质量也会有一定的影响。下面我们同样通过数值模拟实例来揭示道间距对多道面波频散能谱的影响。设置的地层模型与前述用于讨论偏移距影响时使用的两层介质模型一致。此时,固定最小偏移距为表层厚度的一半(即 6m)不变,且固定排列长度为 85m 不变(最大道数 86 道),分别数值模拟道间距为 1m、6m、12m、21m 时的多道瑞利波记录,如图 7-1-8 所示。通过高分辨率线性拉东变换算法提取各多道记录的频散能谱图,如图 7-1-9 所示。从数值模拟结果知,在保证最小偏移距及排列长度固定不变时,随着道间距的增大,瑞利波频散能谱的质量变差。道间距从 1m 增加到 6m 后,频散能谱高频段出现明显的杂乱能量团块,而这样的杂乱能量团块会随着偏移距的进一步增大而增强,且逐渐呈现出一定的规律性。在偏移距增大到 12m 时,这样的规律性更加明显,整体呈现出一条能量强度与基阶模式波强度相当的曲线,这条曲线便是我们常说的假频能量。这样的假频能量会随着偏移距的进一步增大,而呈现出更多的数量。另外,从频散能谱图中可以发现,这些假频能量对高阶模式波频散能量的影响要强于对基阶模式波的影响。整体上,基阶模式波的频散能谱并未受到道间距增大的影响,或者说影响不太明显。

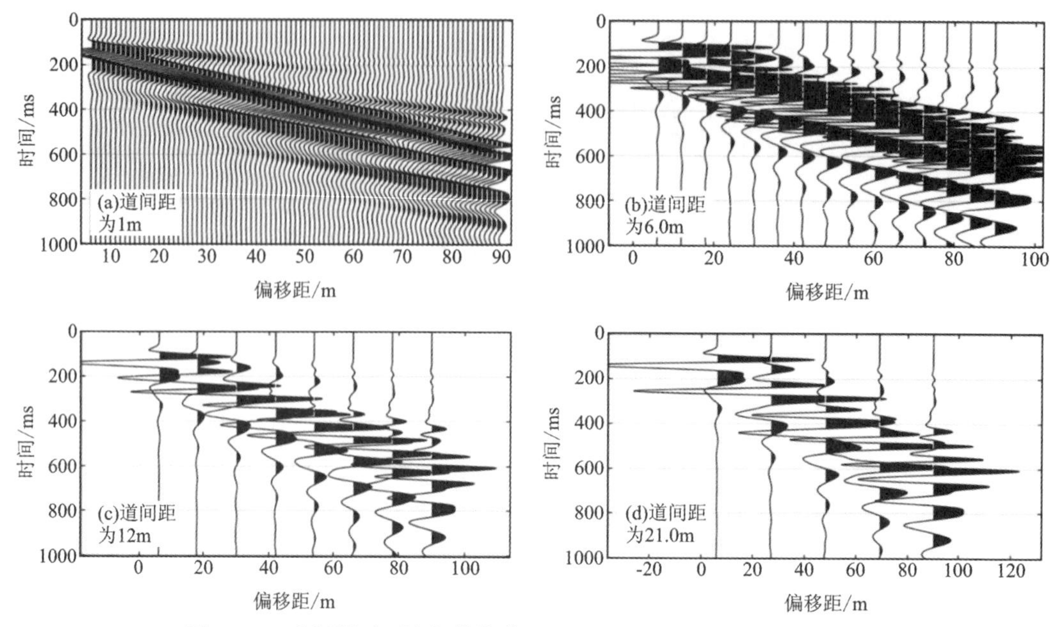

图 7-1-8 道间距对面波频散能谱影响试验中合成的多道瑞利波记录

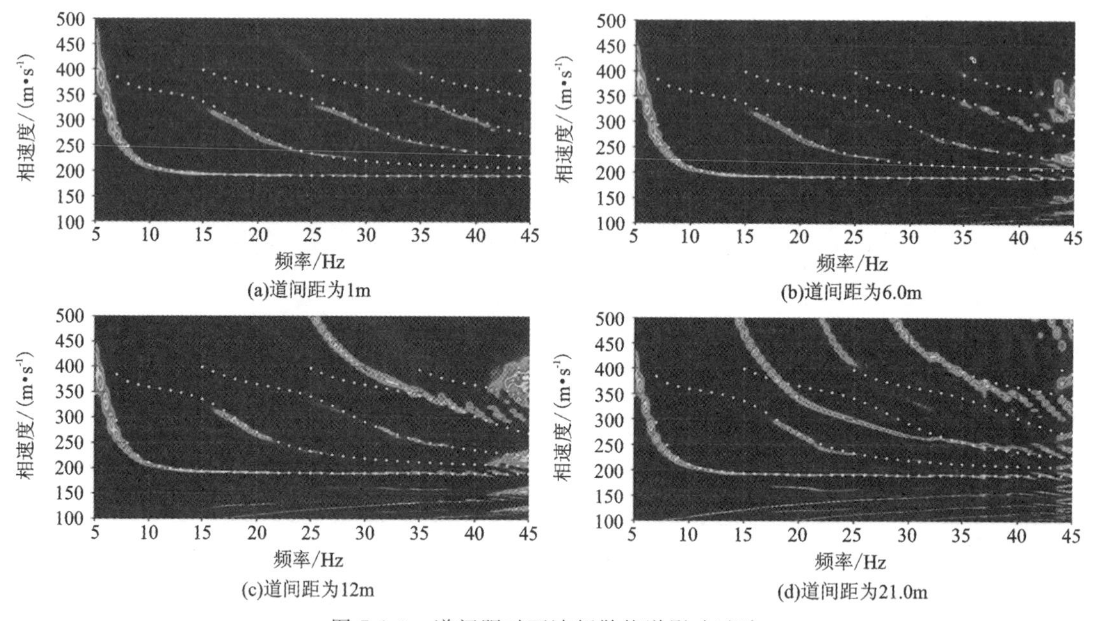

(a)道间距为1m　(b)道间距为6.0m

(c)道间距为12m　(d)道间距为21.0m

图 7-1-9 道间距对面波频散能谱影响试验

(图中点线为快速 Schwab-Knopoff 法计算的理论瑞利波频散曲线)

三、排列长度及其对多道面波频散能谱提取的影响

高频多道面波方法数据采集的最后一个关键性参数是所使用的检波器排列长度,与道间距类似,检波器排列长度的选择,决定了数据采集时能采样记录到的最长波长的信号。同时,所能采样到的该最长波长的信号也决定了半空间层以上所有能够有效探测到的地层总厚度。

当然，与道间距一样，检波器排列长度也同样要首先满足尼奎斯特采样定律。

在地震波传播过程中，由于面波的高频成分相比于对应的低频成分衰减得更快，因此在大偏移距处（如排列的远震源端），部分面波的高频成分容易受到高频体波成分的"污染"，使得高频端频散能谱成像不清晰，图形杂乱，甚至出现较多杂乱能量团块。这样的现象称之为"远道效应"。因此，为了保证多道面波记录频散能谱成像质量，检波器排列长度并非越长越好，该长度被远道效应所限制。

多道面波记录在频率-相速度域（f-v 域）频散能谱的分辨率，一般用各频点上频散能量团的宽度来度量，宽度越小分辨率越高，反之则反。Forbriger（2003）的研究指出，f-v 域中频散能量的宽度分别与频率及接收该多道面波记录的检波器排列长度成反比。频散能量团宽度 d 与频率 f 和排列长度 C 存在以下关系：

$$d = \frac{1}{fC} \tag{7-1-9}$$

式中，频散能量团宽度 d 是在 f-v 域中频散能量分辨率的相对数值，通常用极大值对应的波形宽度的一半来表示。

采用前述同样的双层介质模型（图 7-1-5 对应的介质模型），通过交错网格有限差分法合成多道瑞利波记录，可用于揭示检波器排列长度对多道面波记录频散能谱提取质量的影响。在此数值模拟实验中，固定最小偏移距为 6m，道间距 1m 等不变，分别选择不同数量的接收道使得检波器排列长度分别为 6m、12m、24m、48m。数值模拟记录对应的由高分辨率线性拉东变换法所提取的频散能谱如图 7-1-10 所示。

从图 7-1-10 看，当检波器排列长度为 6m 时，频散能谱图上[图 7-1-10(a)]仅有一个模式

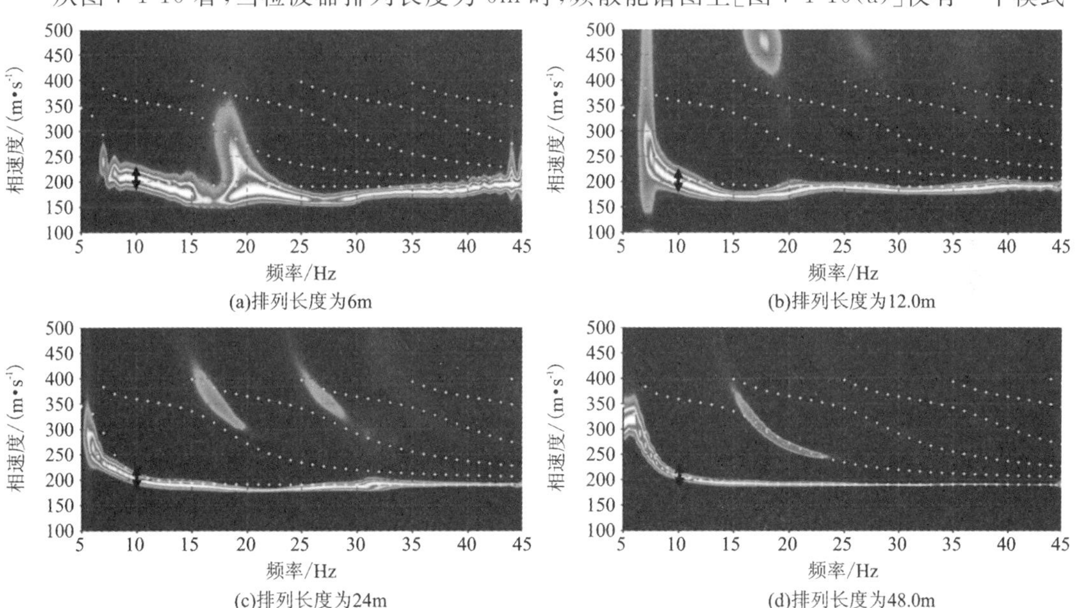

(a)排列长度为6m　(b)排列长度为12.0m

(c)排列长度为24m　(d)排列长度为48.0m

图 7-1-10　检波器排列长度对面波频散能谱影响试验

（图中点线为快速 Schwab-Knopoff 法计算的理论瑞利波频散曲线；

黑色双箭头表示排列长度为 6m 时 10Hz 处频散能量宽度）

存在，为基阶模式波。但基阶模式波频散能谱能量聚焦趋势较差，在15～20Hz附近存在明显的干扰能量团块。分析认为这是由于排列长度太短，使得频散能谱成像结果上，基阶模式波和可能存在的高阶模式波无法分离，高阶模式波干扰基阶模式波所引起。随着排列长度的增大，高阶模式波与基阶模式波间的区分度越来越明显，相互干扰程度逐渐减小。且随着排列长度的增大，各阶模式的频散能谱分辨率都在相应地提高。从模拟结果看，当排列长度与目的层厚度相当时（此模型为12m），频散能谱图上各阶模式波已基本不再相互干扰。因此实际工作中，为获得质量相对优良的频散能谱图，检波器排列长度至少应等于目的层深度。而数值模拟结果表明，当接收排列长度为目的层深度的2～4倍时，频散能谱分辨率才会较为明显地改善。这也表明在一定的范围内，接收排列越长，频散曲线提取质量越好。

第2节　多道面波方法数据采集设备

多道面波数据的野外采集过程中，除检波器以外，所使用的采集仪器设备与浅层折射波勘探和浅层反射波勘探是相同的。但又由于面波的传播特征与体波存在一定的差异，在仪器设备上又相应具有一些不同于体波勘探的要求。归纳地说，高频多道面波数据采集的仪器系统，主要包含了3个部分：其一是能产生“丰富”的面波能量的震源装置；其二是用于接收面波的低频检波器；其三是存储和显示面波记录的地震仪。

一、地表撞击震源

面波勘探中，不论是稳态面波法，还是瞬态面波法，所使用的地震震源均属于地表撞击类震源。这类型震源能够产生“丰富”的面波记录，这里“丰富”的含义是指所激发的面波成分波长均匀地覆盖探测目的层所在的深度范围。假设在地表覆盖层之下为基岩的地质模型上采用地表撞击源激发地震波，在距离震源一定距离以外的某点接收所产生的地震波，如图7-2-1(a)所示。这一次地表撞击所激发的地震波类型众多，包括了声波、直达波、反射波、折射波等体波，以及面波瑞利波。而所激发的这一系列的地震波成分中，体波能量占比大约仅30%，而剩下的约70%均为面波，如图7-2-1(b)中所示意的。这同样可以从实际记录中揭示出，图7-2-1(c)所示为一次地表锤击激发后所记录的多道地震记录，在该记录图中，我们能够看到的明显的同相轴信息均为面波成分，且是包含了高阶成分的多阶模态面波。直达波、反射波、折射波等体波成分，在记录图中几乎无法显示。

那么采用地表撞击源作为主要激振方式用于高频多道面波勘探的原因，除了该方式激发的能量大部分为面波外，是否还有其他方面的考量？其实这还与面波的形成机制有一定的关系。1925年日本地震学家Nakano在研究半空间介质中的地震波传播时发现，当纵横波速度（v_P和v_S）、瑞利波速度（v_R）、震源深度（h）、观测点距震中距离（x）满足如下关系时，将无法产生瑞利波：

$$x < \frac{v_R h}{\sqrt{v_P^2 - v_R^2}} \quad 或 \quad x < \frac{v_R h}{\sqrt{v_S^2 - v_R^2}} \tag{7-2-1}$$

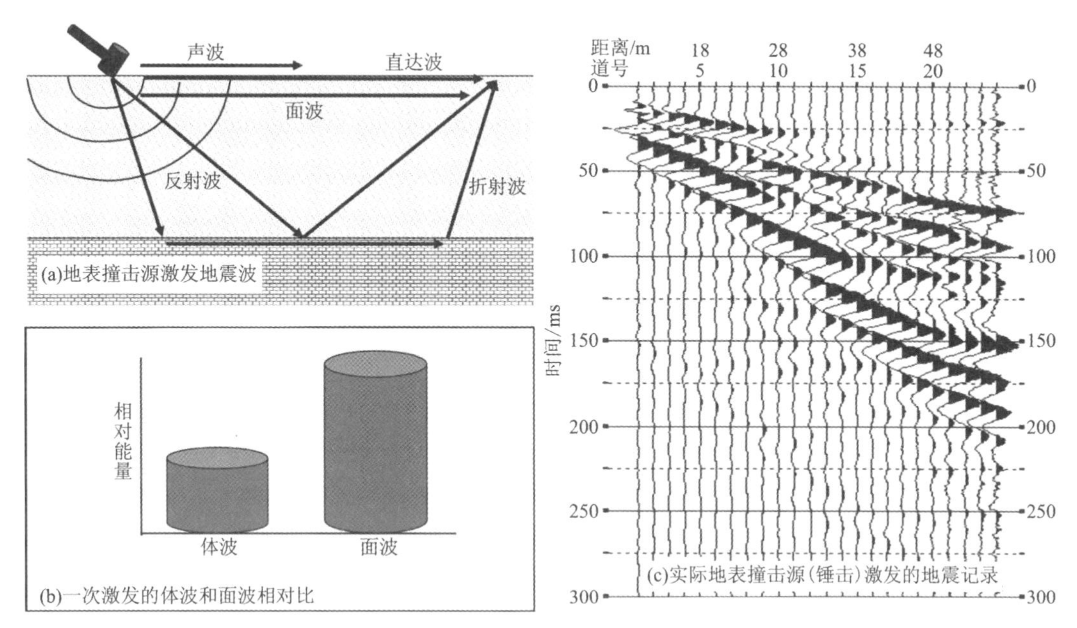

图 7-2-1　地表撞击源激发的地震波类型及特点

也就是说瑞利波的形成存在着盲区,而该盲区与震源深度及介质中的纵横波速度和瑞利波速度等参数有关。观察式(7-2-1),若震源深度 h 为零,即震源位于地表,那么此时无论距离震源多远的位置,瑞利波都会发育。因此,该式从理论上确定了在高频多道面波方法中使用地表撞击源作为激振方式的正确性与合理性。

常见的地表撞击震源有很多种,如在浅层地震勘探中使用最为广泛也是最简单的锤子(4～6kg)和平板组成的人工锤击震源(图 7-2-2)、由几十千克至几百千克重锤与抬升装置组成的落重震源(图 7-2-3)、可控震源(图 7-2-4)等。这些震源根据其质量的不同,具有不同的勘探深度与分辨率。如人工锤击震源勘探深度在 15m 左右,最低可分辨 0.5m 厚地层;可控震源,有效勘探深度可达 30m,其最低分辨地层厚度在 1m 左右;落重震源根据重锤质量不同,其勘探深度略有差别,理论勘探深度比人工锤击震源和可控震源勘探深度均要大。

图 7-2-2　锤子和平板组成的人工锤击震源

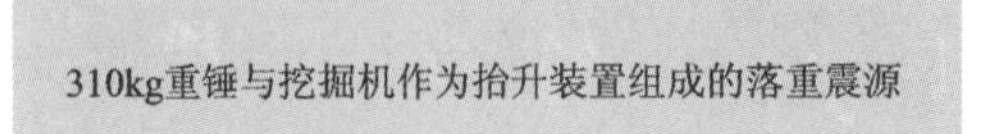

图 7-2-3　重锤与抬升装置组成的落重震源

图 7-2-4　28t 大型可控震源车(a)及国产小型可控震源车(b)

二、低频检波器

相比于直达波、反射波、折射波等体波成分而言，面波成分属于低频波，因此在高频多道面波勘探中，用于接收地震信号的检波器，通常使用的是主频较低的检波器，如主频为4.5Hz、14Hz 等(如图 7-2-5)。这类型的检波器比反射波勘探和折射波勘探中使用的检波器主频要低得多，因此能有效拾取面波信号，而在一定程度上压制相应的体波干扰。

三、地震仪

高频多道面波勘探用于存储及显示地震记录的地震仪与传统浅层地震勘探方法所用仪器设备是相同的，目前绝大多数浅层地震仪器均具备进行多方法勘探的功能。图 7-2-6 所示为由美国 Geometrics 公司所生产的 Geode 系列分布式地震仪及我国国产的浅层地震仪(湖南奥成科技有限公司所生产的智能型面波仪)。

近些年来随着电子计算机技术及电气化工业技术的不断进步，浅层地震勘探早已不满足于传统的需要大量电缆用于传输信号的采集方式，由此国内外众多地震仪研发单位开始将精

(a)主频4.5Hz检波器

(b)主频14Hz检波器

图 7-2-5　高频面波勘探常用的检波器

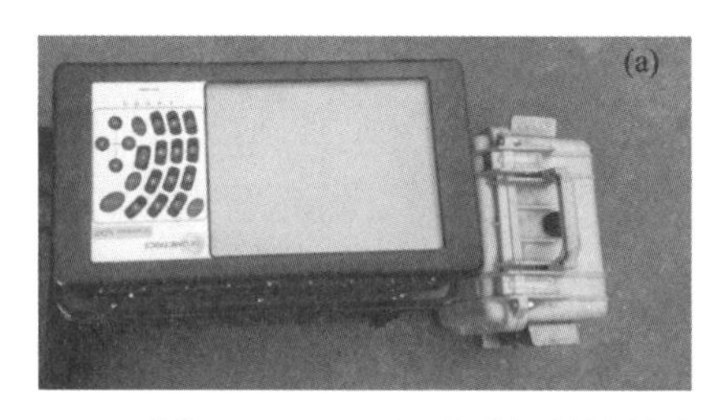

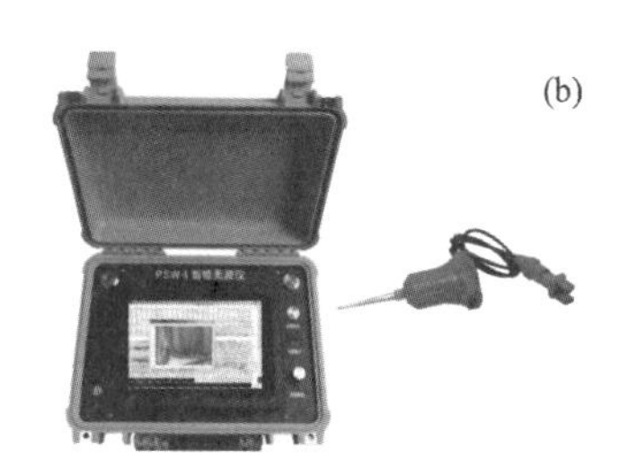

图 7-2-6　Geode 系列轻便浅层地震仪(a)与国产浅层地震仪(b)

力投入到节点式、无缆地震仪的研发中。目前已有多款国内外优秀的无缆节点式地震仪投入市场,图 7-2-7 所示为部分国内外无缆地震仪。这为浅层地震勘探,特别是城市浅层地震勘探的施工提供了极大的便利。

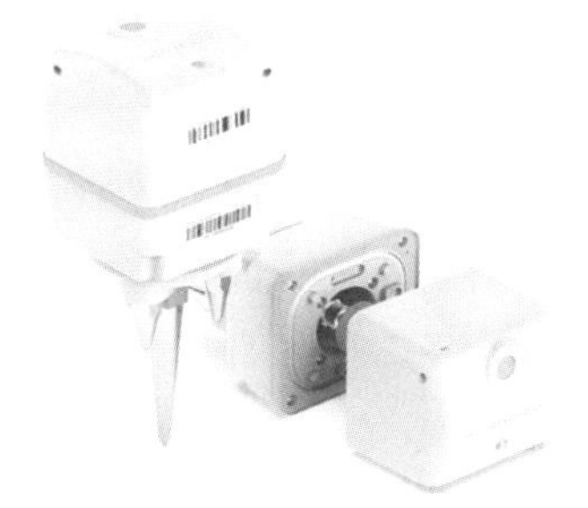

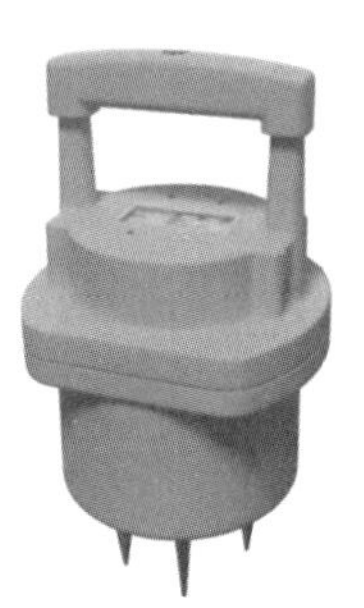

图 7-2-7　国内外部分无线节点式地震仪展示

第3节　多道面波方法排列中点假设

高频多道面波方法对拾取的频散曲线进行反演,可获得一个地下一维横波速度结构,是横波速度随深度变化的一维曲线。因数据采集使用的是多道检波器,检波器排列具有一定的长度,故所提取的频散曲线受到整个检波器排列下方地质结构的影响,反演的横波速度结构也是检波器排列下方地质结构的综合响应。而这样的反演结果应位于接收排列的何处最合适?另外,反演结果是否与震源和检波器排列之间的地下结构有关?这些问题在高频多道面波分析方法问世之初,方法的原创团队便给出了答案。Xia等(1999)认为,对多道地震记录提取的面波频散曲线进行反演,反演结果等效于排列中点处的一维横波速度结构,而与震源位置以及震源与检波器之间(最小偏移距范围)的地下地质结构无关。这便是高频多道面波方法的排列中点假设。Luo等(2009)和Wang等(2012)通过设置的几个典型的数值模型实例,验证了排列中点假设。

为了说明和验证高频多道面波方法排列中点假设的正确性与合理性,根据前述研究,设置了二维台阶模型以及自由地表水平和倾斜情况的两种两层楔形地层模型,采用交错网格有限差分法数值模拟合成多道面波记录,分析其频散特征。

一、含垂直断坎的二维两层介质模型

图7-3-1所示为二维含垂直断坎的两层介质模型,垂直断坎将该模型分为两个部分:左边部分表层厚度为10m;右边部分表层厚度为5m。模型表层纵横波速度分别设置为800m/s和200m/s,半空间层纵横波速度分别设置为1200m/s和400m/s。在模型的自由表面上布置了共计49道检波器(实心倒三角,道间距为1m)组成的接收排列,其中第25道正好位于断坎断点在自由表面的投影点处。这样接收排列的1～24道正好位于断坎的左边,26～49道正好位于断坎的右边部分。在自由表面另设计震源点4个,如图7-3-1中标注 $S1$ 、$S2$ 、$S3$ 、$S4$ 的六角星所示,各震源点距离接收排列第一道的距离分别为5m、10m、15m、20m。以主频为10Hz,延迟时间为0.1s的高斯一阶导函数为震源函数,采用交错网格有限差分法数值模拟该模型中的瑞利波传播过程。合成的多道瑞利波记录垂直分量如图7-3-2所示,从图中可以看出,尽管各炮集记录的最小偏移距不同,但由于接收排列位置并未改变,因此记录除到时上有所差别外,形态上差别较小。且由于断坎位于接收排列正中心的下方,因此记录中均可发现有明显的面波绕射记录。下面我们将接收记录按照1～24道和26～49道分成两个部分,分别提取各不同偏移距记录的频散能谱图,并将其与对应的层状模型理论瑞利波频散曲线进行比对,由此验证高频多道面波方法中排列中点假设的正确性。

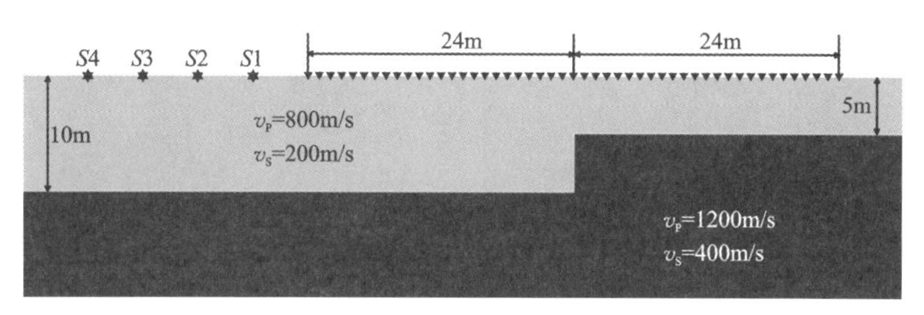

图 7-3-1　含垂直断坎的两层介质模型

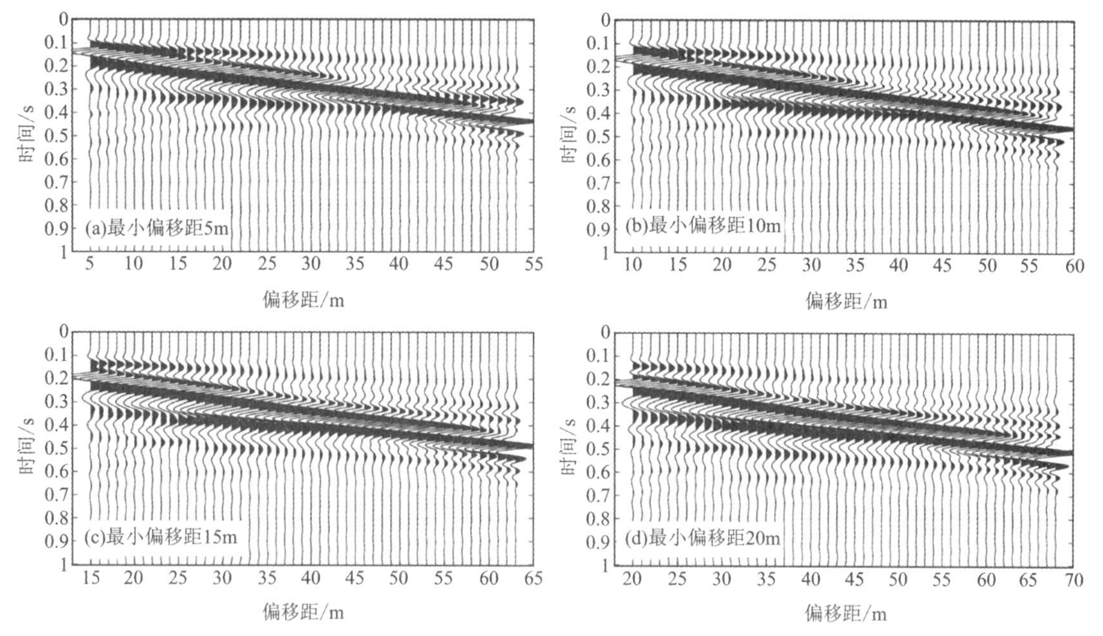

图 7-3-2　含垂直断坎的两层介质模型的合成多道瑞利波记录

合成多道瑞利波记录中，1～24 道记录位于断坎左边，这些记录道下方对应的地层模型为表层厚度 10m 的两层介质模型。采用高分辨率线性拉东变换算法分别提取各不同最小偏移距合成多道记录的频散能谱图，如图 7-3-3 所示。图 7-3-3(a)～(d)分别表示最小偏移距为 5m、10m、15m、20m 时左边 24 道记录提取的频散能谱图。图中实心菱形、星形、圆形点线分别表示断坎左边表层厚度为 10m 的两层介质模型的基阶模式、一阶高阶模式、二阶高阶模式理论相速度频散曲线。从频散能谱图可知，由于断坎的存在，前 24 道记录由于存在绕射及反射瑞利波，频散能谱图中存在较多的干扰能量团，特别是在高频段。且随着偏移距的增大，这种干扰对基阶模式波和高阶模式波的影响程度也不尽相同。对于所生成的基阶模式波频散能谱而言，其能谱极值趋势与理论基阶模式频散曲线拟合程度均较好。按照该频散能谱拾取基阶模式频散曲线，与理论频散曲线间的平均相对误差分别为4.2%、5.8%、4.5%和5.6%。这类大小的误差完全在可接受的范围内，反演得到的横波速度的正确率在 90%以上。位于断坎左边的前 24 道记录的频散能谱结果，表明不同偏移距情况的频散曲线结果是一致的。

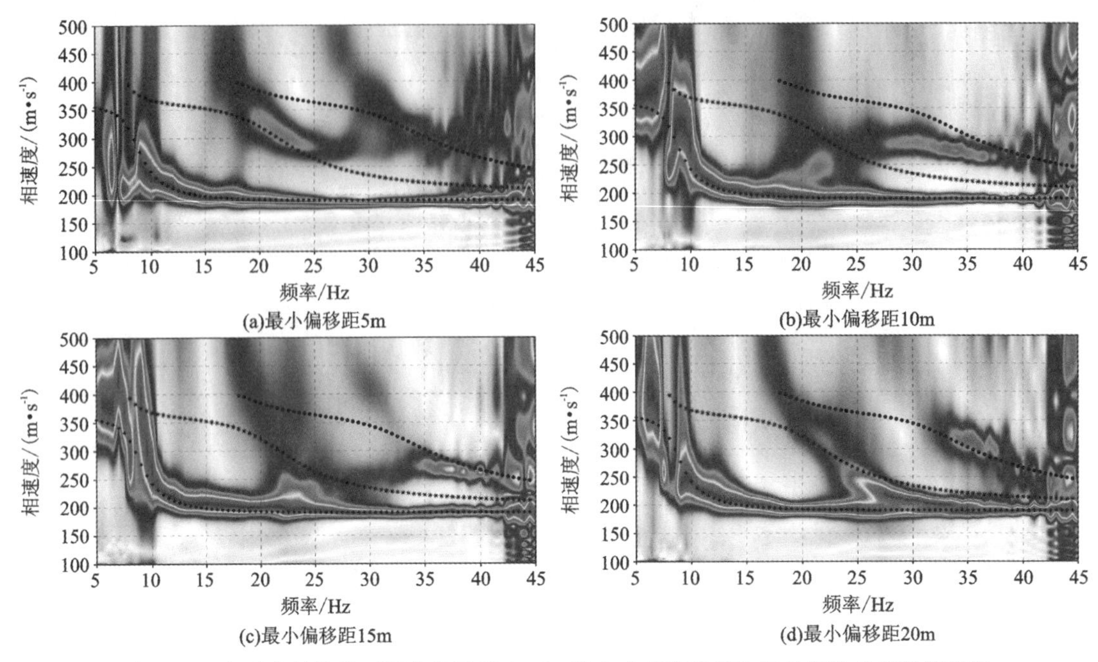

(a)最小偏移距5m (b)最小偏移距10m

(c)最小偏移距15m (d)最小偏移距20m

图 7-3-3　含垂直断坎的两层介质模型 1～24 道合成多道瑞利波记录提取的频散能谱图

位于断坎右边的接收排列后 24 道(第 26～49 道)所提取的频散能谱图如图 7-3-4 所示。此时,7-3-4(a)～(d)分别对应着最小偏移距为 29m、34m、39m、44m 的 4 种情况。图中实心菱形、星形点线分别表示断坎右边表层厚度为 5m 的两层介质模型的基阶模式、一阶高阶模式理论相速度频散曲线。由图可知,接收排列后 24 道记录提取的频散能谱,以基阶模式为主,仅在

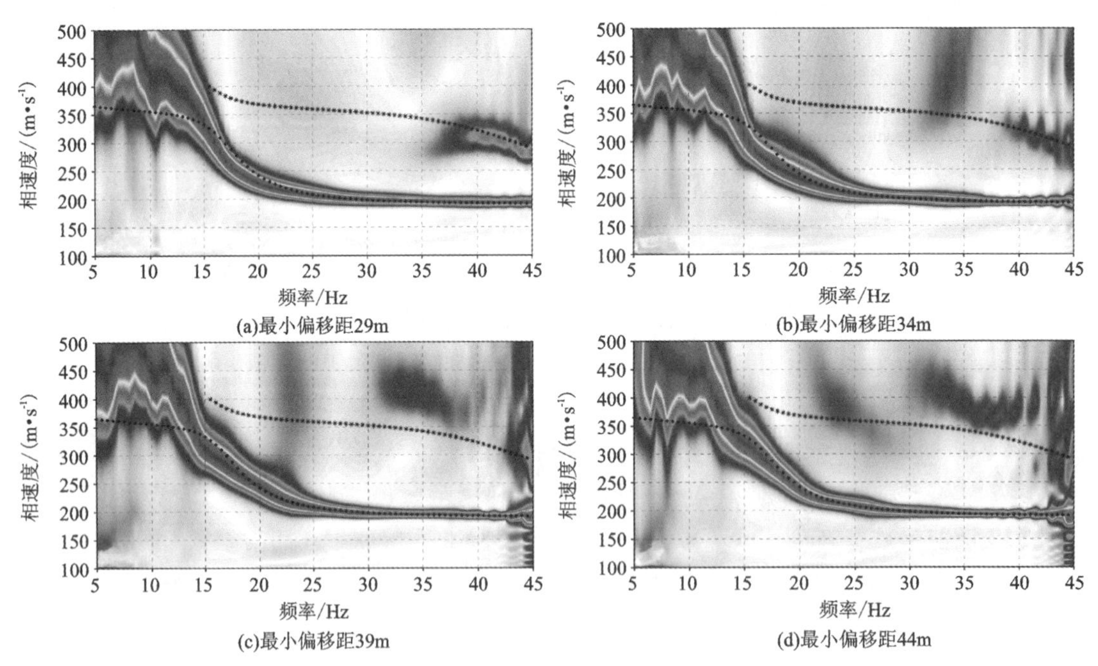

(a)最小偏移距29m (b)最小偏移距34m

(c)最小偏移距39m (d)最小偏移距44m

图 7-3-4　含垂直断坎的两层介质模型 26～29 道合成多道瑞利波记录提取的频散能谱图

部分高频段可识别出一阶高阶模式波频散能谱。不管偏移距大小是多少，基阶模式波频散能谱的能量极值趋势与理论基阶模式频散曲线拟合程度均较好。按照该频散能谱图拾取基阶模式频散曲线，它与理论基阶模式频散曲线的相对平均误差均在 6％以内。由此可见，断坎右边部分检波器对应多道记录的频散能谱主要受检波器下方地质结构影响，而与震源位置以及最小偏移距所在区间的地下地质结构无关。

最后我们提取各偏移距下 49 道全记录的频散能谱图，如图 7-3-5 所示。图 7-3-5(a)～(d)分别对应着最小偏移距为 5m、10m、15m、20m 时的频散能谱。图中菱形点线表示的是表层厚度为 10m 的水平两层介质模型（对应断坎左边部分的层状模型）的理论基阶模式频散曲线；星形点线表示的是表层厚度为 5m 的水平两层介质模型（对应断坎右边部分的层状模型）的理论基阶模式频散曲线。由图可知，图中的频散能谱是两个表层厚度不同的层状模型频散能谱的平均结果。

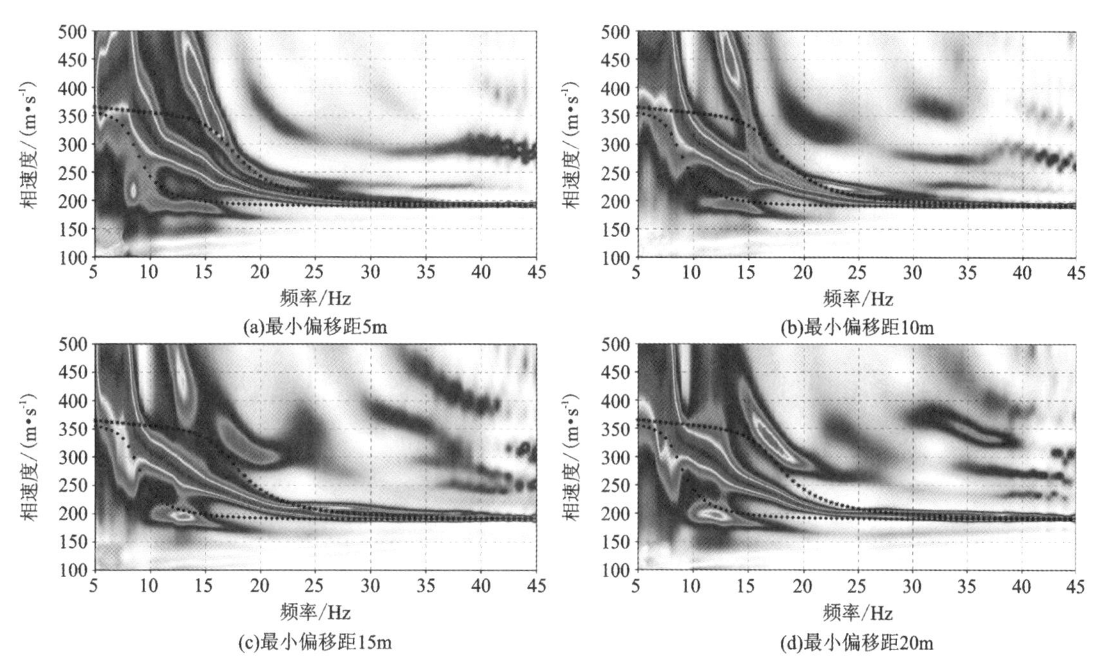

图 7-3-5　含垂直断坎的两层介质模型合成多道瑞利波记录频散能谱图(49 道全记录)

通过以上数值模拟结果，我们简单验证了高频多道面波方法的排列中点假设。该结果进一步说明，多道面波方法反演所获得的一维横波速度结构是检波器排列下方物性的综合平均。该结果与震源点位置无关，同样也与震源与检波器排列之间的地下结构性质无关。

二、含楔形表层的二维两层介质模型

为进一步验证以上结论的正确性，分别设置自由表面倾斜的含楔形表层两层介质模型和水平自由地表下地层界面倾斜的含楔形表层的两层介质模型，如图 7-3-6(a)和 7-3-6(b)所示。楔形表层及半空间介质物性参数与前述模型实验相同，两种含楔形表层的两层介质模型中倾斜自由表面与倾斜地表界面的倾角均设置为 10°，震源处表层厚度设置为 10m。接收的检波器

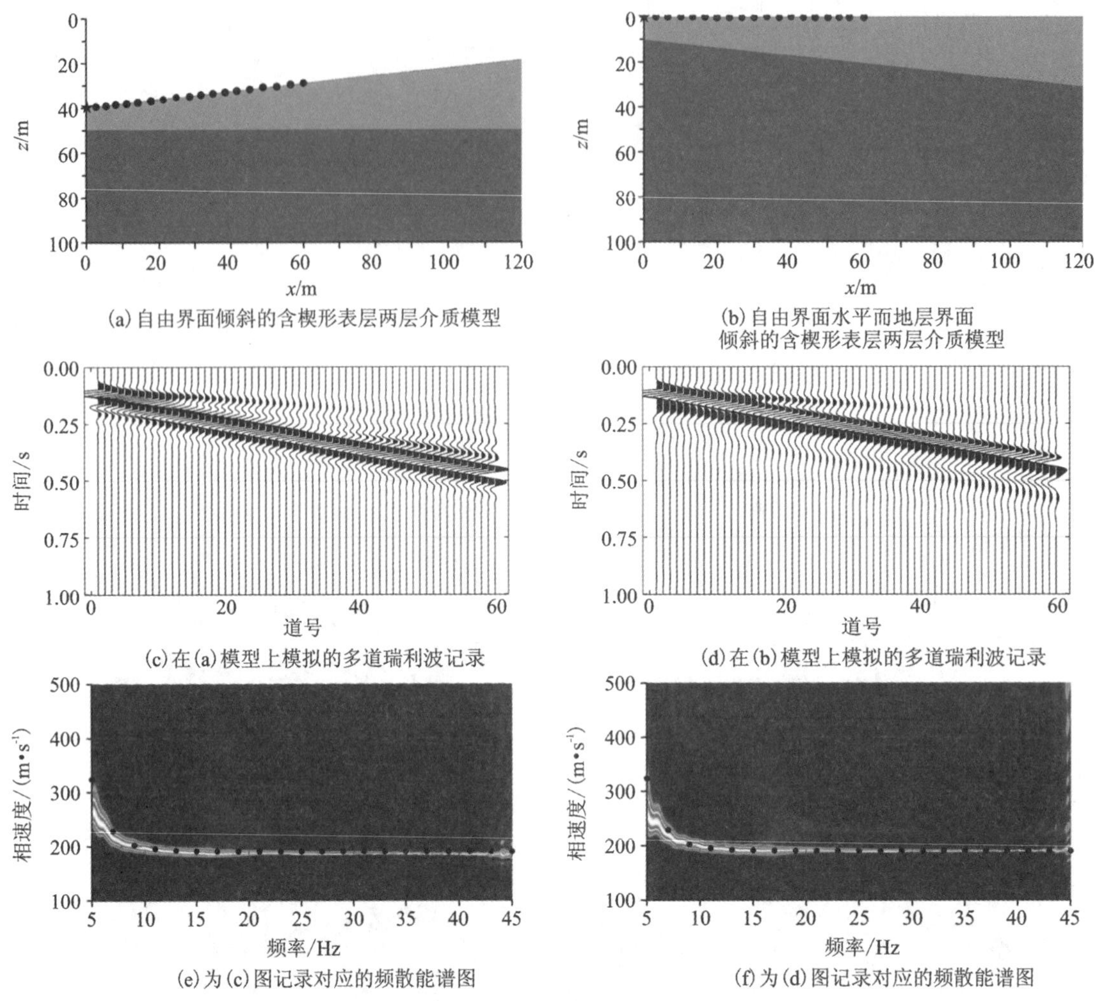

(a)自由界面倾斜的含楔形表层两层介质模型

(b)自由界面水平而地层界面倾斜的含楔形表层两层介质模型

(c)在(a)模型上模拟的多道瑞利波记录

(d)在(b)模型上模拟的多道瑞利波记录

(e)为(c)图记录对应的频散能谱图

(f)为(d)图记录对应的频散能谱图

图 7-3-6 含楔形表层的二维两层介质模型及其数值模拟多道瑞利波记录与对应的频散能谱图

(模型示意图中,五角星表示震源位置,黑色圆点表示检波器位置)

共计 60 道,其水平道间距均设置为 1m。因此根据模型图中的几何关系,可知接收排列中点处的模型真厚度为 15m(两种模型情况相同)。数值模拟的多道瑞利波记录分别如图 7-3-6(c)和(d)所示,其所提取的频散能谱图如图 7-3-6(e)和(f)所示。频散能谱图中的黑色点线表示基于接收排列中点处表层厚度(15m)所计算的两层介质模型理论基阶模式频散曲线。显然,频散能谱能量极值趋势与理论频散曲线完全重合。该结果进一步证明了多道面波方法排列中点假设的正确性,同时也验证了该假设不仅对物性变化平缓的水平层状模型成立,对物性在横向上缓慢变化的模型也同样成立。

三、实际案例

2009 年 1 月中国地质大学(武汉)地空学院徐义贤教授团队在武汉市江夏区某平整好但尚未开工建设的工地上,开展了一次验证浅层地震勘探方法的综合试验。试验中设计了两条垂直相交的“十”字形接收排列,分别在排列的两端采用锤击的方式激发地震波,希望通过获取的实际观测数据，验证高频多道面波方法排列中点假设的正确性。图 7-3-7 为观测现场照片；图 7-3-8 为观测系统示意图。此试验每个接收排列由 48 道道间距为 0.5m 的 4.5Hz 检波器组成。两垂直相交的检波器排列分别沿正东西向和正南北向布设。震源点分别布置在接收排列的两端，距离其最近的检波器 4m 和 8m 处，如观测系统图 7-3-8 中 *E*4 震源点表示位于东西向测线东端、距离接收排列的最小偏移距为 4m 的震源点。由此，在两个垂直的接收排列上，我们共获得了在排列正反两端放炮的 8 个多道面波单炮记录。

图 7-3-7　排列中点假设实例验证数据采集现场

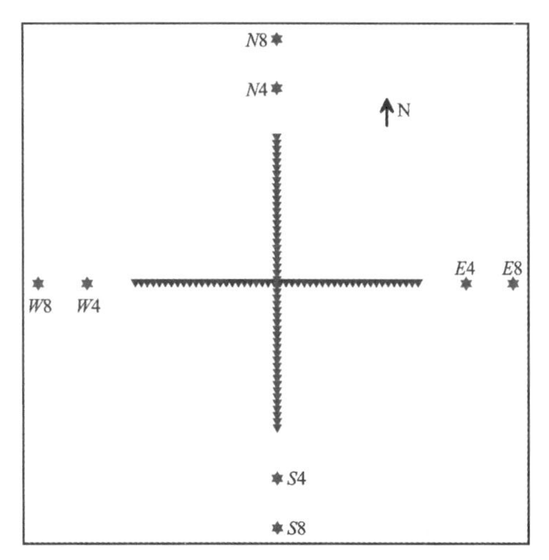

图 7-3-8　排列中点假设实例验证数据采集观测系统示意图(图中 *E*4、*E*8、*W*4、*W*8、*N*4、*N*8、*S*4、*S*8 等表示震源点位置，其中的字母代表震源点与接收排列的相对位置关系，数字代表震源点距离其最近的接收道的距离)

图 7-3-9 所示为东西方向布设的排列 4 次激发获得的多道面波记录图，其中(a)、(b)、(c)、(d)分别对应着炮点位于 *E*4、*E*8、*W*4、*W*8 位置时的多道记录。从多道记录图中看，4 次激发的地震记录信噪比较高，瑞利波同相轴连续性较好。在接收排列两端观测的等偏移距记录，形态上相似度较高。采用高分辨率线性拉东变换算法提取各记录频散能谱图，如图 7-3-10所示。

图 7-3-10 所示的频散能谱图显示，由于接收排列的位置并未挪动，虽然激发地震波的震源点位置不同，但所得到的 4 个频散能谱图形态非常相似，均表现出以基阶模式波为主导，在所显示的频段(5～60Hz)内，有明显的一阶高阶波存在等特征。各阶模式频散能谱形态均非常相似，从中按照频散能谱能量极值趋势所拾取的基阶模式频散曲线总体相对误差可在 5% 的范围内。这一结果进一步说明，多道面波方法所提取的瑞利波频散曲线，是接收排列下方介质性质对瑞利波传播影响的综合体现，与震源点的位置无关，与震源点和接收排列间的地下介质性质也无关。

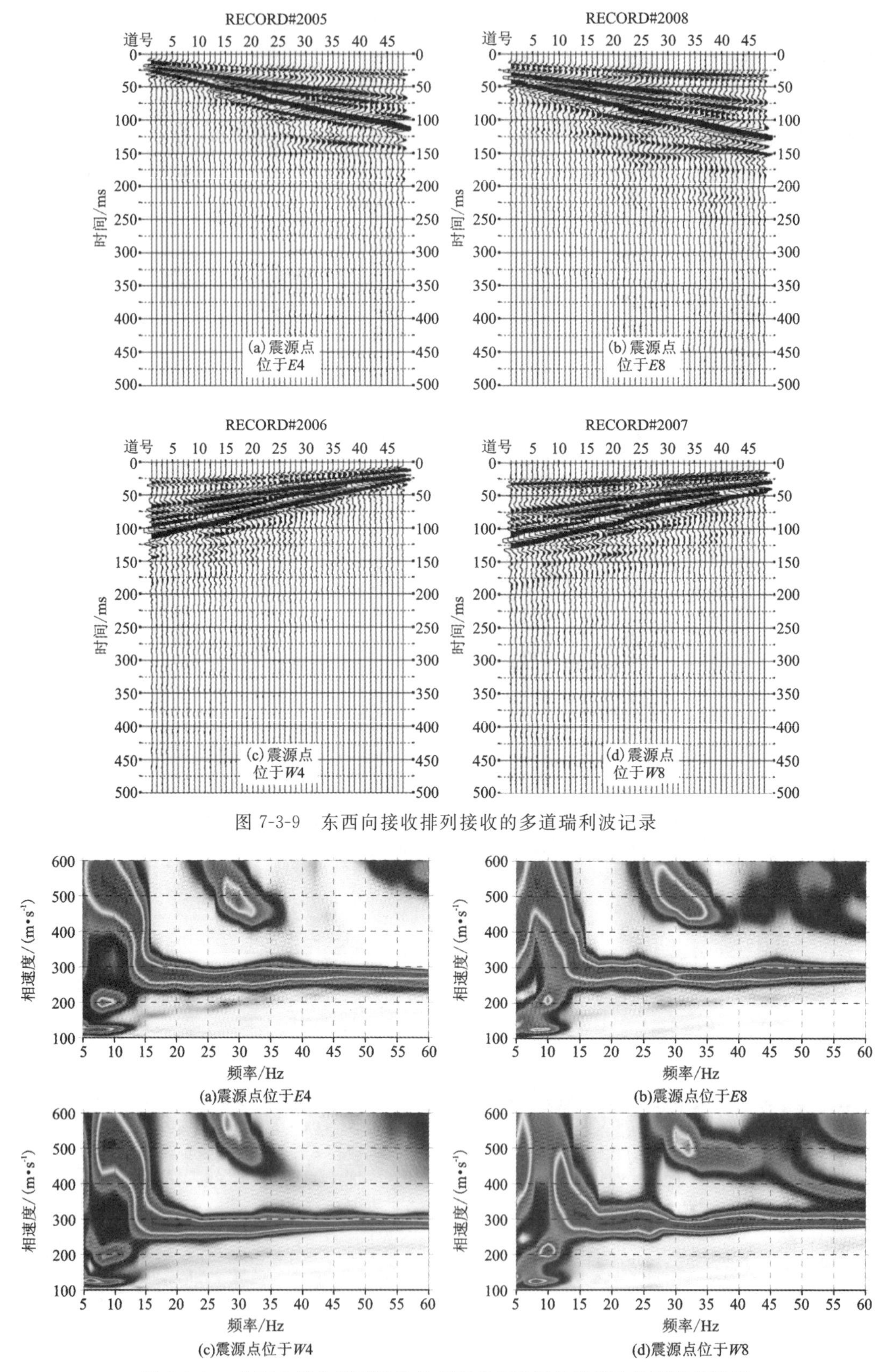

图 7-3-9　东西向接收排列接收的多道瑞利波记录

图 7-3-10　东西向接收排列接收的多道瑞利波记录所提取的频散能谱图

以上结果同样能从南北向布置的接收排列所获得的地震记录及频散能谱中获得。图7-3-11所示为从南北向布置的接收排列获得的不同震源位置的四炮多道瑞利波记录。其中图7-3-11(a)、(b)、(c)、(d)分别为震源点位于 $N4$、$N8$、$S4$、$S8$ 位置时的多道面波记录。同样采用高分辨率线性拉东变换算法提取的频散能谱图，如图7-3-12所示。很显然，与图7-3-10所展示的频散能谱图一样，该接收排列所提取的频散能谱也具有类似的特征。首先均表现出以基阶模式波为主导，但在所显示的频段(5～60Hz)内，有明显的一阶高阶波存在等特征。其次各阶模式频散能谱形态均非常相似，特别是基阶模式波的频散能谱。按照基阶模式频散能谱的能量极值趋势拾取频散曲线进行反演，获得的横波速度结构的相对误差可保证在5%以内，这样的结果可以认为4个不同震源点上获得的同一接收排列处的多道瑞利波记录反演得到的一维横波速度结构是相同位置处的横波速度结构。这些结果足以再次从实际案例上证明高频多道面波方法的排列中点假设的正确性。

对比图7-3-10与图7-3-12可知，二者具有极高的相似性。从两图所给出的8幅频散能谱图中，按照基阶模式波频散能量极值趋势拾取的频散曲线如图7-3-13所示。整体上看，8条频散曲线虽然由于手动拾取的原因，存在一定的差别，但其基本趋势完全一致，且相对误差较小。因此，可以说这些频散曲线所反映的地下结构特征是同一个点上的特征。

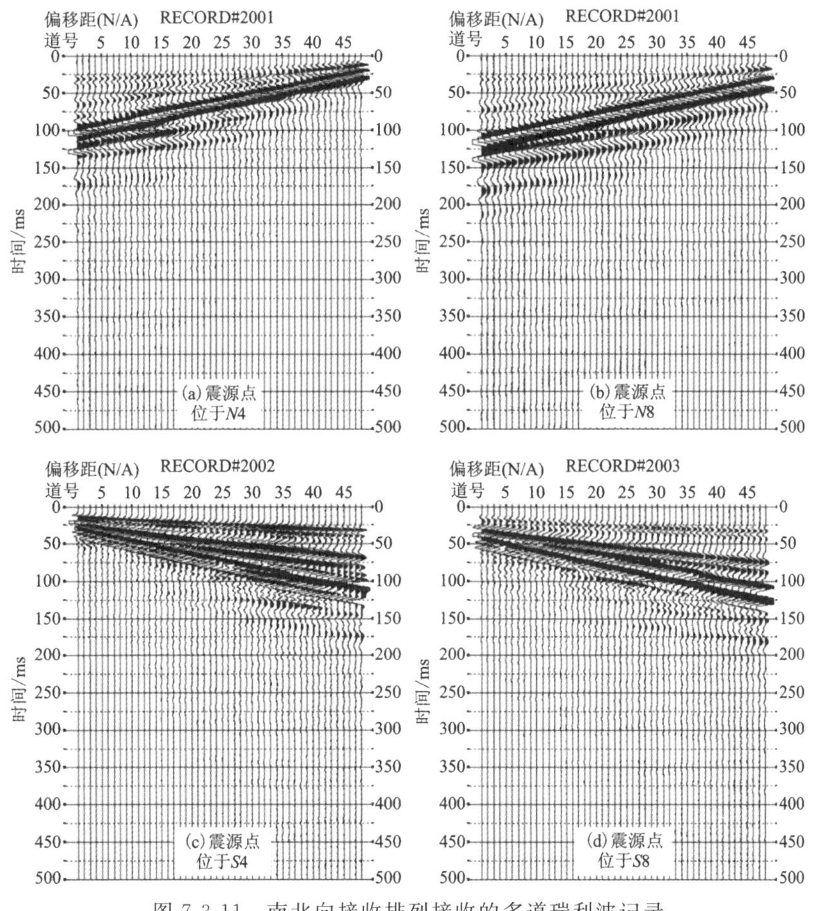

图7-3-11　南北向接收排列接收的多道瑞利波记录

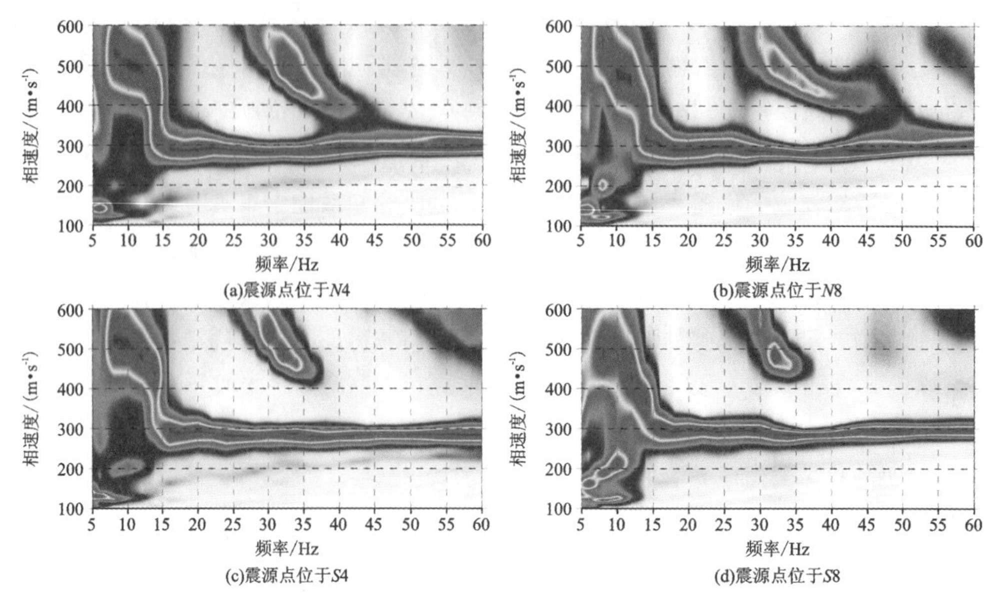

图 7-3-12　南北向接收排列接收的多道瑞利波记录所提取的频散能谱图

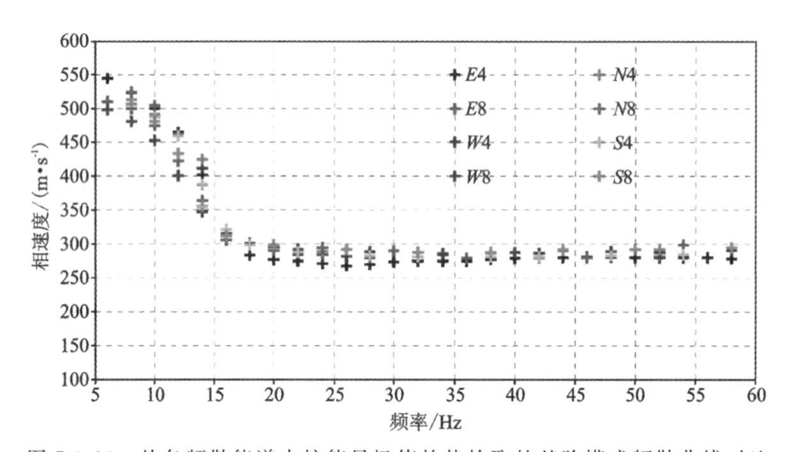

图 7-3-13　从各频散能谱中按能量极值趋势拾取的基阶模式频散曲线对比

第8章　高频多道面波记录频散能量成像

我们在前一章中已经提到，高频多道面波方法采集的地震信号中，面波信号的能量约占整个波场能量的70%，即地震记录中的绝大多数能量为面波能量。正是这一原因使得高频多道面波分析方法在进行多道记录的频散能谱分析前，几乎不需要进行任何的数据预处理，如直达波和干扰波的切除与滤波处理等。原始的多道面波记录可以不加以任何处理便直接用来进行频散能谱分析，沿频散能谱图上的能量团峰值趋势提取的曲线便是多道面波记录的频散曲线。频散曲线是面波勘探的重要应用基础，如何采用有效的信号分析手段从高信噪比的多道面波记录中提取出高精度的频散曲线，是面波方法后续反演解释成功与否的关键因素之一。

面波频散能谱分析处理的本质是将原本位于时间-空间域（t-x 域）内的多道地震记录，采用一定的数学方法进行坐标变换，将其转换到频率-相速度域（f-v_R 域）中。不管中间环节如何实现，任何一种频散能谱提取方法都需要至少经过两个步骤：一个步骤是将数据从时间域转换到频率域；另一步骤是将已转换到频率域的数据继续转换到相速度域中。这两个步骤，前一个是时间意义上的变换，后一个是空间意义上的变换，两者顺序并不固定，允许调换。

通过众多学者多年来的研究，提出了许多先进的信号处理技术和算法，并均取得了良好的应用效果。目前主要的高频多道面波记录频散曲线提取算法有：τ-p 变换算法（倾斜叠加变换算法）、f-k 变换算法（频率波数变换算法）、相移法（phase shift），拉东变换算法、频率分解算法和频率-贝塞尔变换算法等。Mechan 和 Yedlin（1981）最早成功将倾斜叠加变换算法（τ-p 变换法）应用到瑞利波地震波场分离中。宋先海（2003）利用改进的 τ-p 变换算法成功提取了瞬态瑞利波频散曲线，探讨了瑞利波探测低速软弱夹层路基结构的有效性。刘江平（2003）利用 τ-p 变换进行波场分离，并提出了相邻道瑞利波法，大大提高了瑞利波的纵横向分辨率，并将该方法成功应用于防渗墙和高速公路无损检测中。Gabriels（1987）第一次利用 f-k 算法进行波场变换提取了瑞利波多模式频散曲线。刘云祯等（1996）经过多年的研究，成功开发出多道瞬态面波勘探系统（surface wave sounding，SWS），使用 f-k 变换算法提取频散曲线，取得较好应用效果。Park 等（1998）在 SEG 年会上首先提出相移法（频率-速度法），该算法能在 f-v_R 域内产生分辨率相对较高的多模式瑞利波频散曲线图像，成果直观可靠，因此在 MASW 法中得到广泛应用。Song 和 Gu（2007）利用相移法使用 24 道实测瑞利波地震记录直接产生了一高分辨率三阶模式频散曲线图像，并通过泰勒级数展开取一阶近似提出了一个在 f-v_R 域内定量评价瑞利波频散曲线分辨率的公式。Luo 等（2008）在前人研究的基础上成功将高分辨率线性拉东变换算法引入到瑞利波频散曲线提取中来，提高了瑞利波频散曲线提取的精度和分辨率。Xia 等（2007）提出基于频率分解的倾斜叠加算法（frequency decomposition and slant stack）。该方法先将时域内的原始共炮点道集瑞利波地震记录分解为扫频数据（frequency-sweep data），然后对产生的扫频数据进行 τ-p 变换，通过这两步运算后得到频率-速度域内的频散能量图像。该方法的最大优点就是不同于其他方法要求采集时检波器必须在一条直线上且等间隔分布，适用于任何几何形状参数采集的地震数据。可不在一条直线上布设检波器，并且可不等间距分布，因此该方法对于三维瑞利波法勘探具有很大的应用潜力和研究价值。为了充分利用高阶模式面波在横波速度成像上的优势，陈晓非院士团队基于对检波器和震源之间格林函数进行频率-贝塞尔变换所提出的矢量波数变换法（后定名为频率-贝塞尔变换法），有效地提高了多道面波分析过程中高阶模式频散能谱的成像质量（王建楠，2017；杨振涛等，2019；Wang et al.，2019）。该方法不仅适用于主动源多道面波分析，同样也适用于背景噪声面波场的频散能谱成像。

在本章中，我们将分别讲解上述各方法的基本原理和实现步骤，并通过几个数值模拟的多道面波记录来验证各方法提取面波频散能谱的可行性及提取精度。

第1节　面波频散能量成像早期方法

一、τ-p 变换法

τ-p 变换是勘探地震数据处理中的一种常用变换方法。该方法于1978年由 Chapman 最先研究并给出，之后众多的研究人员开展了 τ-p 变换方法及其应用的研究。早期，τ-p 变换主要应用于油气地震资料处理中，使反射波和折射波产生有机联系，增加信息维数，以及将时空域信息转换为平面场的数据从而满足偏移成像。由于进行 τ-p 变换后平面波反射系数和炮检距或射线参数的关系变得明确，因此对地震勘探资料解释及岩性分析有着重要的作用。1984年 Tatham 等提出利用 τ-p 变换法进行地震波场分离的思想，通过理论分析与实际数据案例证明了通过该变换能有效分离地震波场中的纵横波分量。这一思想的提出也为多道瞬态面波频散能谱成像提供了一种新的方法和途径。

τ-p 变换的实现途径有多种，其中原理上最简单清晰的方式是通过倾斜叠加的方式实现。以炮检距 x 和地震波旅行时 t（一般理解为双程旅行时）显示的地震资料，可以通过 τ-p 变换转换为用射线参数和截距时间（双程垂直旅行时间）τ 来表示，变换的公式为

$$\tau = t - px \tag{8-1-1}$$

$$p = \mathrm{d}t/\mathrm{d}x \tag{8-1-2}$$

若将地震记录写为函数 $t = f(x)$ 的形式，则式(8-1-1)的本质是一条以 τ 为截距、p 为斜率的直线，即将时间-空间域内的地震波形按照不同的截距时间 τ 和慢度 p 作倾斜直线。之后沿着这条直线，将落在直线上的所有地震记录值进行叠加，由此将地震信号投影到了截距-慢度域，即 τ-p 域。因此，若令面波波场表示为时间空间函数 $s(x,t)$ 的形式，其中 x 表示偏移距（检波器与震源点间的距离），t 为面波走时。假设频率为 f 的面波相速度为 v，接收排列中检波器沿测线均匀分布，道间距为 d，则相邻两道地震数据之间的面波初至信号时差为 $t =$

d/v。该单频率面波波场从某一时刻开始，以某一速度逐渐向远道方向传播，其同相轴应为一倾斜直线，如图 8-1-1 所示。沿这个方向将每一道对应的振幅进行倾斜叠加后，取叠加后的结果为 τ-p 域的值[图 8-1-2(a)]。根据上述描述，由于实际地震记录为离散二维数组形式，则 τ-p 变换的正变换公式可根据级数格式记为

$$\mathrm{d}(p,\tau) = \sum_{i=1}^{N} s(x, t = \tau + p x_i) \tag{8-1-3}$$

式中：N 为接收排列总道数；射线参数 p 的物理意义为水平方向上视速度的倒数(即慢度)，此处表示频率为 f 的面波的相速度的倒数($1/v$)；参数 τ 表示时间轴上的截距。

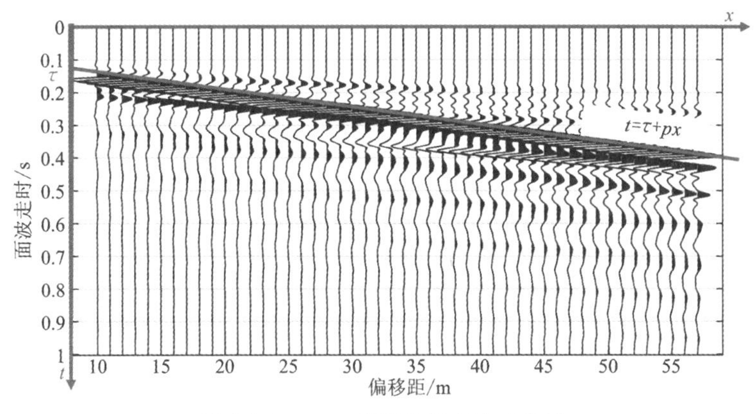

图 8-1-1　τ-p 变换叠加方向示意图

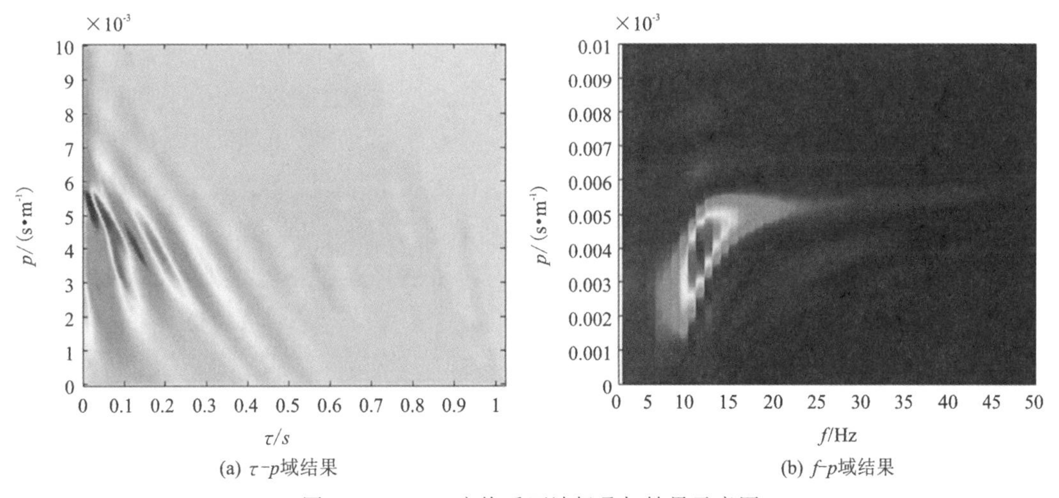

图 8-1-2　τ-p 变换后面波场叠加结果示意图

从时间域转换到频率域，只需对叠加后的 τ-p 域数据，在时间维度 τ 的方向上进行一次一维傅立叶变换即可，这样 τ-p 域结果就被映射到 f-p 域了[图 8-1-2(b)]。最后再根据面波传播的相速度与相慢度间的倒数映射关系 $p = 1/v$，便可将其继续转换到 f-v 域，从而获得需要的频散能谱图。

但采用该方法实现多道面波记录频散能谱成像时，有以下几个细节问题需要注意。

(1)由于从慢度域(p 域)变换到速度域(v 域)时的映射关系为倒数关系，这会导致等间

隔的慢度 p 被映射到速度域时，速度 v 间隔为不等间距的情况。因此在速度域成像时，需要进行额外的插值计算，使速度值等间隔网格化。但这样的插值计算，必然会带来一些不必要的假信号。在实际编程实现时，往往是预先在需要的速度范围内计算出等间隔的速度点，再根据速度值计算出其对应的慢度值，最后完成 τ-p 变换。

(2)由于采集到的地震数据是离散化的(可视为以到时和偏移距为坐标维度的二维数组)，因此在进行 τ-p 变换的过程中，倾斜叠加的线可能会存在不能正好通过某个数据网格点的情况。此时为解决正确获取叠加值的问题，一般的作法是取其相邻时间点上的振幅值进行平均，或根据相邻时间点上的振幅值进行插值计算。

(3)在进行倾斜叠加扫描时，若扫描到数据记录的末端(采集时间将结束)时，远道对应的截距时间 τ 值可能会超出炮集记录总的记录长度，引起相应的端点效应。同样，在进行慢度方向的扫描时，也应在合适的范围内进行，否则可能出现假频现象。

图 8-1-3 所示为本章节中用于验证各频散能谱成像方法所设置的含硬夹层的水平 4 层介质模型。该模型各层的厚度分别设置为 3m、4m、4m 及无穷厚；各层介质横波速度分别设置为 200m/s、800m/s、400m/s、600m/s；各层介质纵波速度分别设置为 800m/s、2000m/s、1200m/s、1800m/s；各层介质密度分别设置为 1.82g/cm^3、2.0g/cm^3、1.86g/cm^3、1.91g/cm^3。数值模拟过程中，采用主频 20Hz、延迟时间 0.1s 的高斯一阶导函数作为垂向力源模拟地表撞击源激发地震波。接收排列设置最小偏移距为 4.0m，道间距为 1m 的 48 个接收点位，记录数值模拟波场中各点处的质点振动速度的垂直分量 v_z，模拟实际瑞利波勘探中采用垂直检波器接收的情况。合成多道瑞利波记录如图 8-1-4 所示，从图中可看到发生明显频散现象的瑞利波。整个波场能量几乎全由面波场所占据，体波分量在记录中强度很弱。

利用该合成多道瑞利波记录，采用 τ-p 变换法生成的频散能谱图如图 8-1-5 所示。从该频散能谱图中，不难看出 τ-p 变换法在多道瑞利波频散能谱图成像上能够较为准确地给出模型对应的瑞利波传播特征，如基阶模式波能谱在这样的模型中占主导地位，高阶模式波的能量有所体现，但整体幅度较弱，且仅提取出一个高阶模式能量团；基阶模式波在高频端有明显的相速度趋势，该趋势接近表层的瑞利波相速度。由于硬夹层的影响，基阶模式波低频端的速度趋势不太明显。综合来看，τ-p 变换法生成高频多道面波记录频散能谱效果并未达到浅层地震勘探理想的效果，这和方法本身的局限性有关。

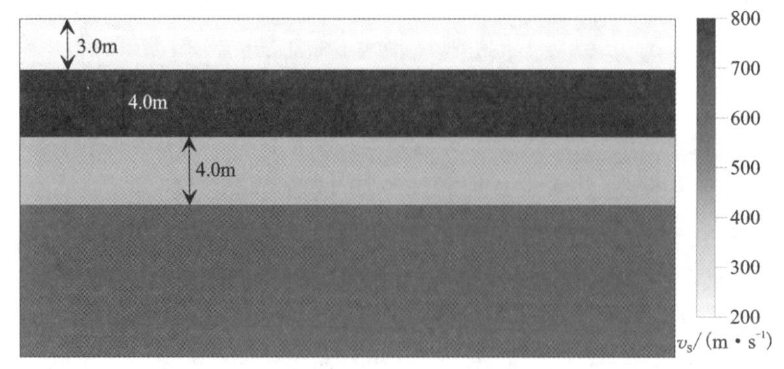

图 8-1-3　含硬夹层的水平 4 层介质模型示意图

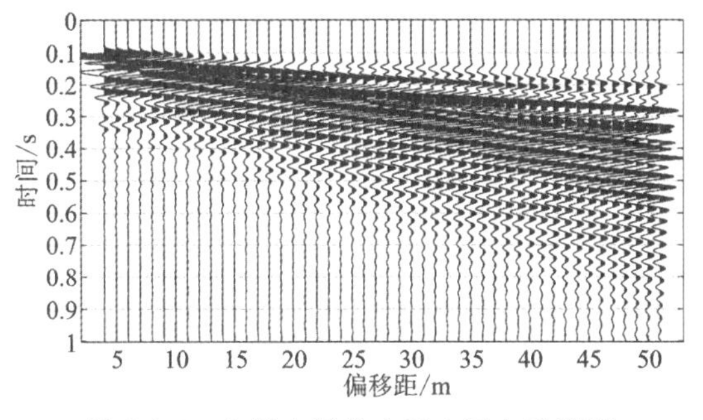

图 8-1-4　含硬夹层的水平 4 层介质模型合成多道瑞利波记录

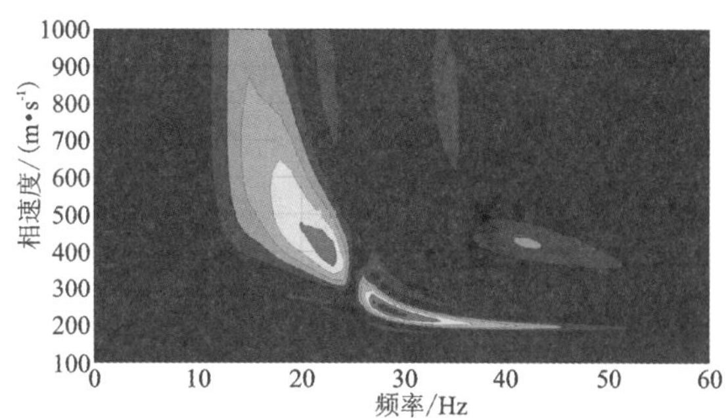

图 8-1-5　采用 τ-p 变换法生成的含硬夹层水平 4 层介质模型多道瑞利波频散能谱图

鉴于前述在 x-t 域实现传统 τ-p 变换时容易出现端点效应和 p 值选择不当引起假频现象等问题，宋先海等(2003)在分析端点效应与假频产生原因后，给出了一种简单实用的改进 τ-p 变换算法。新的算法在 τ-p 变换前预先加载了一个双曲线速度滤波(HVF)的滤波器算子，而在反变换时应用滤波法，二者联合运用便达到了压制变换中的假频和端点效应，达到提高 τ-p 变换结果质量的目的。改进的 τ-p 变换算法实施过程如下。

(1)在 τ-p 变换前施加双曲线速度滤波(HVF)，HVF 是随时间和偏移距变化的一种滤波形式，采用一个近似叠加速度 v_{Rms} 来确定地下介质叠加速度的变化范围 $(v_{\min}, v_{\max})$，进而用下式来确定与真实界面射线参数相关的 p 值变化范围：

$$\frac{x}{tv_{\max}^{2}} < p < \frac{x}{tv_{\min}^{2}} \tag{8-1-4}$$

式中，$v_{\max}/v_{\min} = (1 \pm k/100)v_{\mathrm{Rms}}$；$k$ 表示速度带半宽百分率。按照式(8-1-4)给定的 p 值范围，切除输入道集中位于该 p 值范围以外的点，使其不参与 τ-p 变换叠加。

(2)在 τ-p 变换叠加计算的过程中结合滤波法。滤波法利用的是诊断医学中计算机层析滤波反投影技术的思想，在 τ-p 变换时将下述滤波算子 G 作用于 $\Psi(p,\tau)$ 上，然后再进行求和叠加：

$$G(m\Delta t) = \begin{cases} \dfrac{1}{4(\Delta t)^{2}}, & m = 0 \\ 0, & m = \text{偶数} \\ -\dfrac{1}{m^{2}\pi^{2}(\Delta t)^{2}}, & m = \text{奇数} \end{cases} \tag{8-1-5}$$

式中，Δt 为采样间隔。

二、f-k 变换法

f-k 变换本质上是一种二维傅立叶变换，是进行多道地震信号处理的基础(Yilmaz，1987)，用以识别和压制噪声及加强信号。一维傅立叶变换将时间域信号转换为频率域信号或对应的周期信号，输出的结果以频率(或周期)为维度，包含了波动组分的振幅和相位信息。类似地，若沿着空间维度进行一次一维傅立叶变换，则可得到地震信号在空间尺度上不同频度(一般称为波数)波动组分的振幅和相位信息。依次在时间和空间维度上实现两次一维傅立叶变换,便可分析一个多道地震记录在频率-波数域(f -k 域)内的能量分布情况。这便是二维傅立叶变换,形成的 f -k 平面本质上代表了在 t -x 域地震剖面的 2D 振幅谱。Gabriels (1987)最早将 f -k 变换用于多道面波记录频散能谱成像。下面我们简要介绍该方法的实现过程。

一条测线上采集的多道地震记录 $d(x,t)$ 是一个时空域(x -t)的函数,它的每一道都代表一个单独的时间函数,不同的记录道代表了空间不同位置测点上的时间函数。因此可以利用如下二维傅立叶变换公式将其映射到频率-波数域内(f-k):

$$D(k,f)=\int_{-\infty}^{+\infty}\int_{-\infty}^{+\infty}d(x,t)\,\mathrm{e}^{-2\pi i(ft+kx)}\,\mathrm{d}t\mathrm{d}x \tag{8-1-6}$$

其对应的反变换可将频率-波数域内的信号 $D(k,f)$ 重新映射成时间-空间域信号 $d(x,t)$,形式如下:

$$d(x,t)=\int_{-\infty}^{+\infty}\int_{-\infty}^{+\infty}D(k,f)\,\mathrm{e}^{2\pi i(ft+kx)}\,\mathrm{d}f\mathrm{d}k \tag{8-1-7}$$

式(8-1-7)也说明,瑞利波地震记录 $d(x,t)$ 可以看作是由无数个圆频率为 $\omega=2\pi f$ 、波数为 k 的平面简谐波所叠加组成。故波场函数 $d(x,t)$ 的二维傅立叶变换结果 $D(k,f)$ 表明了这个波场中各个频率和波数简谐成分的能量谱,如图 8-1-6 所示。二维傅立叶变换也可以通过两次一维傅立叶变换来实现,即在时间域进行一次傅立叶变换后,再对时间域傅立叶变换后的信号在空间域进行一次傅立叶逆变换来实现;或者是先在空间域进行傅立叶变换后,再从时间域对信号进行傅立叶逆变换来实现。时间域和空间域进行一维傅立叶变换并无先后次序的限制。

由于傅立叶变换的对称性,其第一象限和第四象限、第二象限和第三象限是对称的。根据面波的传播特性,面波只能从震源方向传播向检波器的方向,此时的波数为正。负波数的含义表示波从相反方向传播而来,即从检波器往震源传播,这在面波勘探中是不具备实际物理意义的。因此,在进行频率-波数变换时,一般只需要分析第一象限(即频率和波数均为正)的情况即可。根据面波相速度 v_R 、频率 f 、波数 k 三者之间存在的相互关系,可知

$$v_R=f\times\lambda=f\div k \tag{8-1-8}$$

根据式(8-1-8)即可将各频点对应的波数 k 转换为相速度 v_R ,从而映射到 f- v_R 域。

上述映射过程中,从波数域映射到速度域是倒数映射,这将导致等间隔的波数被映射成不等间隔的相速度值,映射点位呈放射状(图 8-1-7),其中每一条斜直线对应着一个波数。这样的映射方式,将造成数据的低利用率以及频散能量的低分辨率。且当接收排列道数较少时,容易造成 f- v_R 域靠近坐标轴的区域出现大片扇形区域数据缺失现象。这样的非网格化数据,需要进一步插值才能最终实现频散能谱成像。如图 8-1-8 所示,为前述水平 4 层介质含硬夹层模型上的 48 道合成瑞利波记录通过常规的 f-k 变换法提取的频散能谱图。很明显这样的频散能谱结果分辨率较差,且在坐标轴临近区域出现大片扇形的数据空缺区。

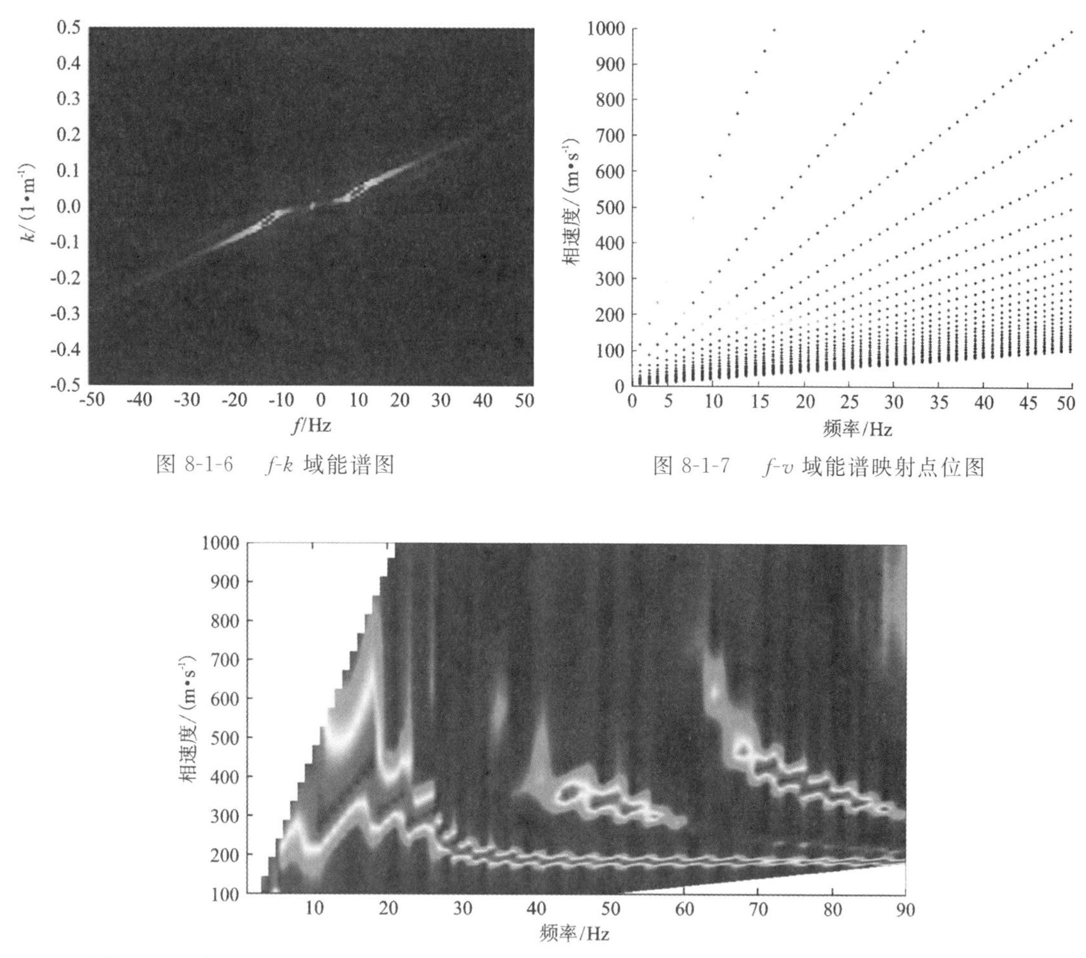

图 8-1-6　f-k 域能谱图

图 8-1-7　f-v 域能谱映射点位图

图 8-1-8　水平 4 层介质含硬夹层模型 48 道合成瑞利波记录 f-k 变换法提取的频散能谱图

为了同时提高频率 f 和波数 k 两个方向上频散能谱的分辨率，需增加地震记录在时间和空间上的记录长度。最简单的一种方式是同时增加记录道数并延长各道记录时间，并在所有扩充的道集及延长的记录时刻上对记录的波场值赋零值。这样即便进行了时间延展和空间扩展的情况下，也不会影响到真实记录的形态与意义。另据大量的研究结果表明，空间上的道数扩充作用更为重要，一般建议在道数较少的情况下，尽量将道数扩充到 128 道以上。其实，这样的时间延展和空间扩展并充零的作法，本质上相当于在 $f-v_R$ 域对能量图像进行插值。如图 8-1-9 所示，为前述水平 4 层介质含硬夹层模型 48 道合成地震记录扩充道数到 128 道后采用 f-k 变换法提取的频散能谱图，与图 8-1-8 比较，分辨率改善效果十分明显。

由以上结果可知，f-k 变换法原理简单，不需要最小偏移距信息，且能相对准确地把握面波能量分布的明显特点，在道数较少的情况下，也能在低频段获得较高分辨率的频散能谱，编程实现也极为容易。但由于该方法是基于傅立叶变换的，因此对数据采集的要求相对较高，所使用的数据，采集时检波器必须是沿测线按等间距排列（即等道间距），不能有空道或缺道现象存在，否则频散能谱提取效果将大打折扣。

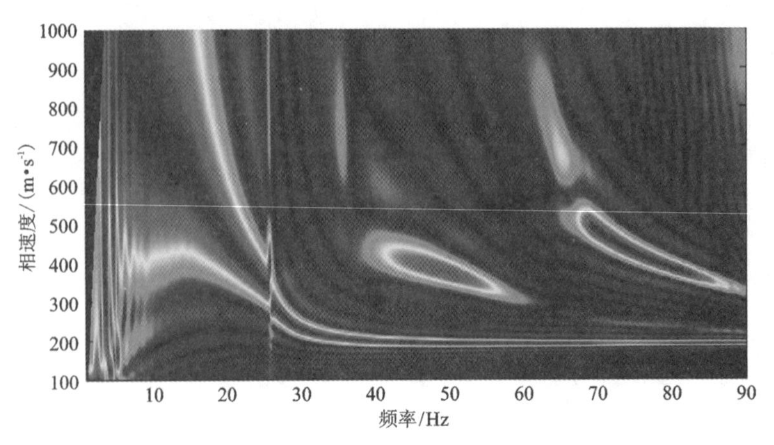

图 8-1-9 扩充后采用 f-k 变换法提取的频散能谱图

三、相移法

相移法(phase-shift approach),也称之为 f-v_R 法(频率-相速度法),它由堪萨斯地质调查局 Park 等于 1990 年提出,并在 1998 年的 SEG 年会上进行了报道。这是一种较为优秀的高频多道面波记录频散能谱成像方法,目前已在工业界获得了大量的成功应用。下面我们简要介绍该算法的实现过程。

1. 振幅谱与相位谱的生成

对时间-空间(t-x)域内的多道面波炮集记录 $d(x,t)$,在时间维度上进行一维傅立叶变换,即可获得各道的频谱 $D(x,\omega)$:

$$D(x,\omega) = \int d(x,t)\,\mathrm{e}^{i\omega t}\,\mathrm{d}t \tag{8-1-9}$$

式中频谱 $D(x,\omega)$ 可以表示为两个子项的乘积形式,即

$$D(x,\omega) = P(x,\omega)A(x,\omega) \tag{8-1-10}$$

式中: $A(x,\omega)$ 表示振幅谱; $P(x,\omega)$ 表示相位谱。通过傅立叶变换,多道面波记录中的各频率分量被相互分离开来。振幅谱 $A(x,\omega)$ 中包含着面波场衰减及几何扩散(球面扩散)等信息。相位谱 $P(x,\omega)$ 则包含了所有频率成分的旅行时信息。因此,面波频散相关的信息被保存在了多道面波记录频谱函数 $D(x,\omega)$ 的相位谱 $P(x,\omega)$ 中。故频谱 $D(x,\omega)$ 可被重新定义为

$$D(x,\omega) = \mathrm{e}^{-i\Phi x}A(x,\omega) \tag{8-1-11}$$

式中: $\Phi = \omega / v_R$, ω 表示圆频率, v_R 表示面波的相速度。

面波的频散特性表示不同频率成分的面波以各自的相速度传播。对一个二维单频平面波,其一般形式为

$$u(f,k) = \cos\,(2\pi ft + 2\pi kx + \varphi_0) \tag{8-1-12}$$

式中: f 表示频率; t 表示记录时间(时刻); k 表示波数; x 表示偏移距; φ_0 表示信号的初相位。如果对该信号进行傅立叶变换,其相位谱表示的相位为各频率简谐波在时间原点时的相

位，即 $2\pi kx + \varphi_0$ 。故相位谱只与偏移距 x 有关，随接收道位置的变化而变化，与初至时间无关，对均匀介质而言，这种变化是线性的，故频谱又可以写成如下形式：

$$D(x,\omega) = e^{-i\Phi x + \varphi_0} A(x,\omega) \tag{8-1-13}$$

由式(8-1-13)可知，将某一频率面波的各道相位依次连线将组成一条近似直线，如图 8-1-10 所示。

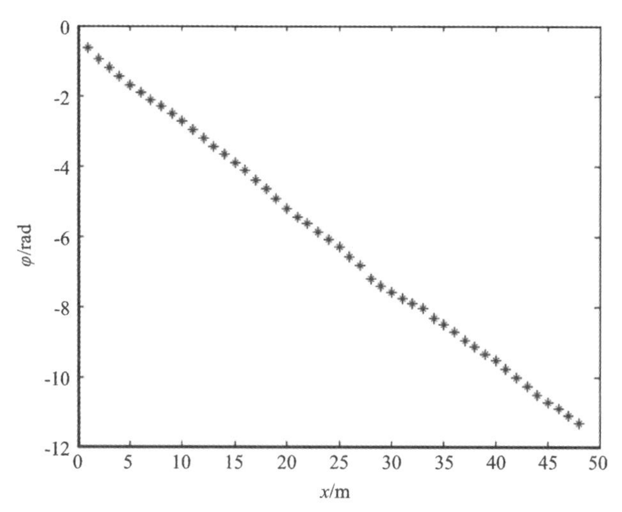

图 8-1-10　某一频率面波在不同道上的相位

2. 频散能谱的产生

对式(8-1-13)进行积分变换，可得

$$V(\varphi,\omega) = \int e^{i\varphi x} \left[\frac{D(x,\omega)}{|D(x,\omega)|} \right] dx = \int e^{-i(\Phi - \varphi)x - \varphi_0} \left[\frac{A(x,\omega)}{|A(x,\omega)|} \right] dx \tag{8-1-14}$$

该积分可以看作是对式(8-1-13)中的某一频率的波经过一定的相位移动和振幅归一化后沿炮检距方向进行叠加。对于给定的频率 ω，当 Φ 和 φ 非常接近时，即

$$\varphi \approx \Phi = \frac{\omega}{v_R} \tag{8-1-15}$$

此时，叠加复数 $e^{-i\Phi_0}$ 对积分结果取模值之后应有极大值。反之，若 Φ 和 φ 相差较大时，所叠加的复数在复平面内伸展方向不一，则取模之后模值较小。这一叠加的物理意义是用不同斜率的直线扫描来尝试拟合某一频率面波关于偏移距的相位变化曲线。也可以从以下角度来理解其物理意义，因面波是沿着自由表面传播的，故面波按照估计的速度从震源出发传播到检波器位置所产生的相位的总变化应为

$$\varphi x = \frac{\omega}{v_\omega} x = \omega \frac{x}{v_\omega} = \omega t \tag{8-1-16}$$

在设定的频率范围内，分别用不同的 φ 值进行搜索和积分，就可以得到 $V(\varphi,\omega)$ 能谱图。为确保在频散能谱成像过程中，不同偏移距的记录都有相同的权重，故在积分式(8-1-14)中对频谱 $D(x,\omega)$ 进行了振幅归一化处理，用来补偿面波能量衰减和球面扩散等的影响。

得到的 $V(\varphi,\omega)$ 能谱图为地震记录在 φ - ω 域内的能量分布情况，之后再利用面波传播相

速度 v_ω 和频率 f 以及相位 φ 之间的关系：

$$v_\omega = \frac{\omega}{\varphi} = \frac{2\pi f}{\varphi} = \frac{2\pi}{\varphi} f \tag{8-1-17}$$

即可实现坐标变换，将能量谱变换到 f-v 域，形成频散能谱。如图 8-1-11 所示，为前述水平 4 层介质含硬夹层模型上的 48 道合成瑞利波记录采用相移法生成的频散能谱图。从图中看，基阶模式波在整个面波场中占主导地位，但部分频段能识别出成像效果非常好的高阶模式波频散能谱。这说明当记录中包含有高阶面波时，通过这样的搜索和积分的方法，能够成像出多个极大值，从而提取到相应的高阶面波。对于该类多极值能谱，可能会存在基阶和高阶模式波混叠的现象，这也是相移法提取多道面波频散能谱不足的地方。

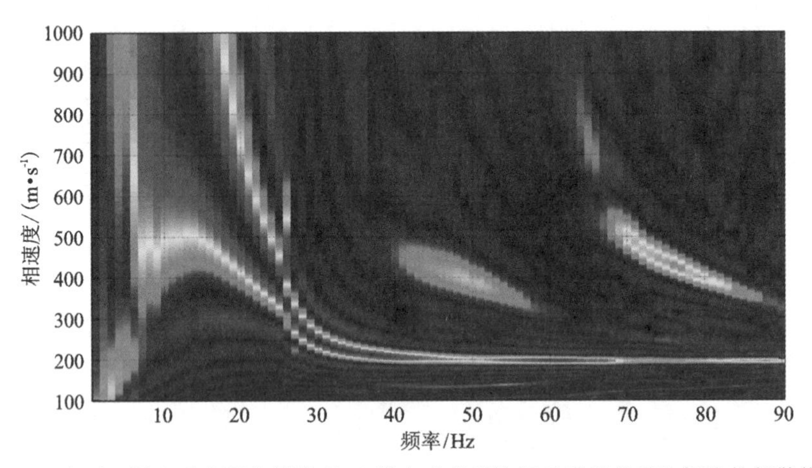

图 8-1-11　水平 4 层介质含硬夹层模型 48 道合成瑞利波记录采用相移法提取的频散能谱图

在实际工作中，其实我们可以不生成中间的位于 φ-ω 域内的能量谱 $V(\varphi,\omega)$ 结果，而是直接进行等间隔相速度扫描，从而直接得到 ω-v_R 域的能量谱，再根据圆频率 ω 与频率 f 间的关系（$\omega = 2\pi f$），便可进行坐标变换，将 ω-v_R 域的能量谱映射到 f-v_R 域，得到多道面波记录的频散能谱。

整体来说，相移法是一个实现原理简单、计算量小的优秀频散能谱提取算法，它不要求检波器排列一定为等间距的，因此在工业界运用较为广泛和成熟。该方法的思想本质上源于 τ-p 变换，但在叠加的过程中进行了一次归一化运算，使得最终的频散能谱图分辨率有了较大的提高。由于傅立叶变换的原因，每个频点理论上只能得到一个相位值，如果产生记录的面波包含了多阶模式，则所计算的相位可能为基阶模式波相位和高阶模式波相位的一个耦合值，因此相移法对高阶模式面波的提取效果略差。

第 2 节　基于频率分解的倾斜叠加法

基于频率分解的倾斜叠加算法于 2007 年由堪萨斯地质调查局夏江海教授等（Xia et al.，2007）提出，这是一种全新的算法，适用于任意几何形状的检波器接收阵列。该方法利用一个频率扫描函数，将它与多道面波记录进行时间域卷积运算实现频率分解，并将采样时间与频率对应起来(将时间转换到频率),之后采用与 τ-p 变换中倾斜叠加的类似方式进行线性叠加,得到每个速度和频率值对应的叠加能量值,从而获得最终的频散能谱。这样的直接方式原理简单,通过以下两个步骤达到直接成像频散能谱的目的。

第一步:多道面波共炮点记录数据的频率分解。首先建立一个包含了所需输出频段的所有有效频率的扫描模型函数 $S(t)$,也称为扫描样本函数,其形式为

$$S(t) = \mathrm{Im}\left\{\exp\left[i2\pi\int_0^T f(t)\mathrm{d}t\right]\right\} \tag{8-2-1}$$

式中:T 为分解后虚源炮集最大记录时间;t 为采用时刻;Im 表示取大括号中复函数结果的虚部;$f(t)$ 为瞬时频率函数,该函数将采样时刻(时间)与波场成分频率组成一一对应的映射关系,其具体形式为 $f(t) = a + bt$,a 和 b 均为实系数。a 值取值为输出的频散能谱中的最小频率,该值也是频率分解记录中的最小频率值;b 值为频率输出间隔,即在所计算的频段内每单位时间上的频点数,可用最大输出频率减去 a 值后除以虚源炮集的最大记录时间 T 来求取。

确定扫描模型函数之后,用该函数与所采集的多道面波单炮记录进行卷积运算,从而实现在频率上对原始数据的分解,此过程将原始炮集数据"拉伸"成一个连续频率扫描的"虚炮集记录",或者称之为"虚源记录",其实现公式如式(8-2-2)所示,式中 $*$ 代表卷积运算,$S(t)$ 为式(8-2-1)所描述的扫描样本函数,$d(x,t)$ 为所采集的多道面波单炮记录,$D(x,t)$ 为频率分解后的"虚源记录"。频率分解过程示意图如图 8-2-1 所示。

$$D(x,t) = S(t) * d(x,t) \tag{8-2-2}$$

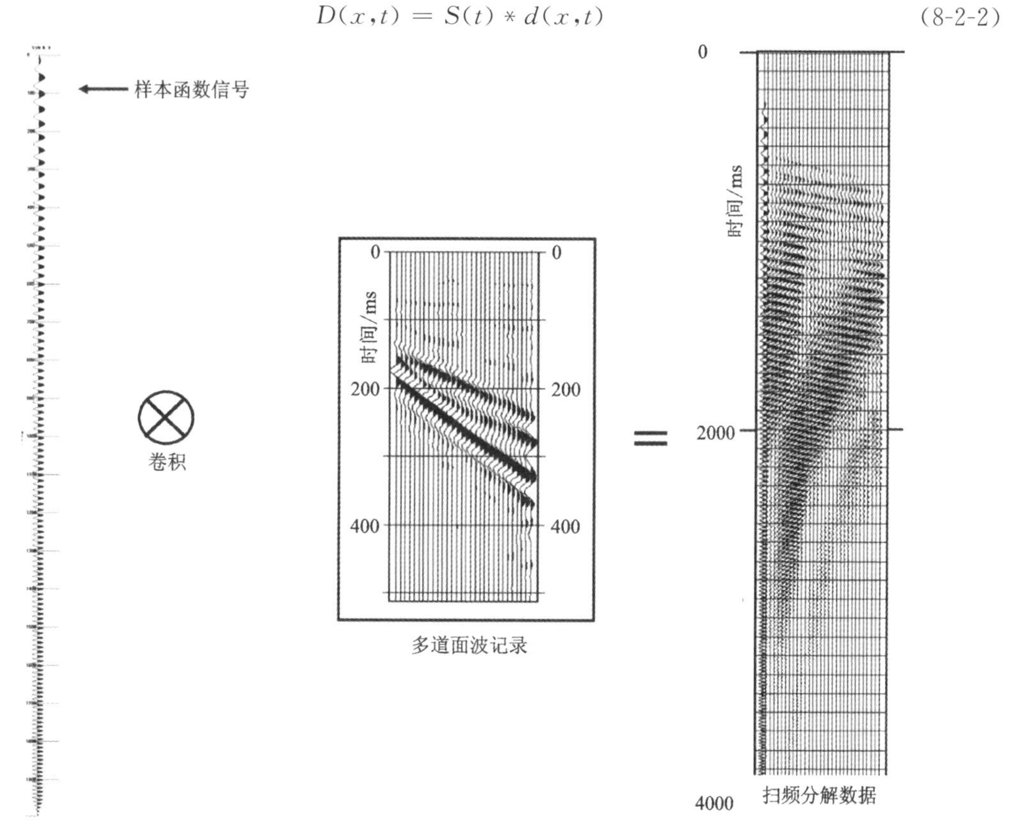

图 8-2-1　频率分解过程示意图

通过频率分解后，便将原始多道面波单炮集记录转换成各频率成分相互独立的虚源记录，按照不同时间段分段显示后的记录如图 8-2-2 所示。在这样的记录上，每个时间点的记录都单独地对应着一个特定的频率[这是由瞬时频率函数 $f(t)$ 所确定的]，因此这一步骤实质上已经将记录从 x-t 域映射到了 x-f 域。图 8-2-2 中每一条同相轴均代表着一个单频成分的面波，根据同相轴宽度不难判断，4 幅图中的单频面波频率分布是由低频到高频的，频率越高，同相轴宽度越窄，同相轴分布越密集。

第二步：频率分解后的虚炮集记录线性动校正与倾斜叠加。倾斜叠加的方式类似于 τ-p 变换中的叠加，即从连续频率扫描数据的不同起始点位置出发，用对应不同斜率的斜直线进行叠加（对应采用不同的叠加速度进行叠加），即可获得 τ-v 域的能谱图。这样的叠加过程，本质上与反射地震资料处理中的叠加速度谱生成过程是一致的。与之有所区别的是所采用的动校正的方式，在此处的动校正为线性动校正，因动校正的对象为一系列不同斜率的斜直线。

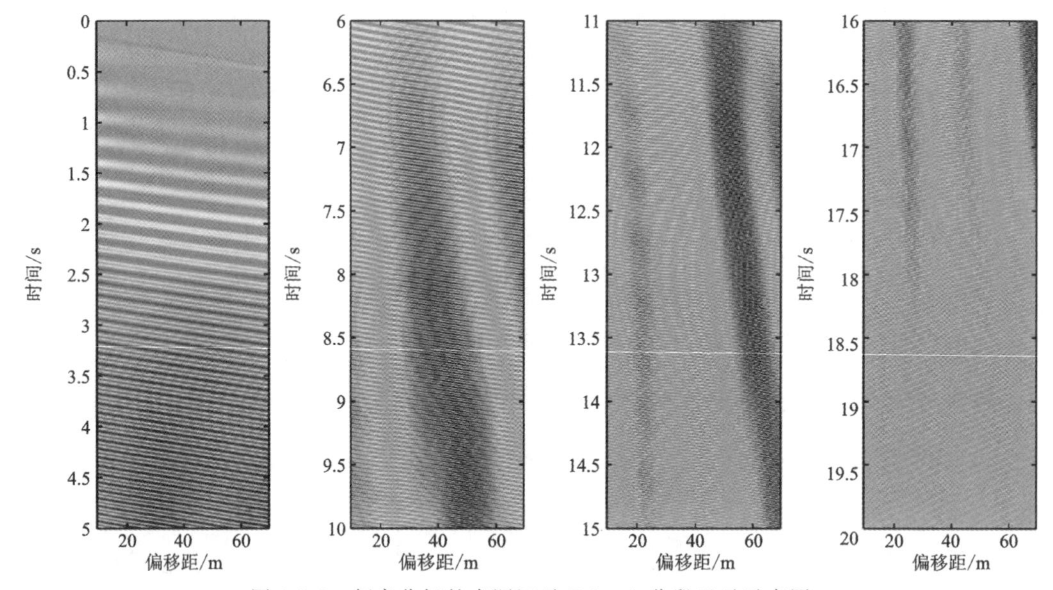

图 8-2-2 频率分解的虚源记录 $D(x,t)$ 分段显示示意图

线性动校正由 Claerbout 在 1987 年给出，其校正公式为：$\tau = t - d/v$ 。显然，经过该校正后，频率分解结果 $D(x,t)$ 中斜率为 $1/v$ 的同相轴将变为一条水平直线，这样将各道记录叠加会达到同相叠加振幅增强的目的，而其他斜率非 $1/v$ 的同相轴则无法达到这种效果，反倒会削弱叠加的振幅。按照给定的速度范围以及速度扫描间隔，不断重复上述步骤，直到整个速度范围内的所有速度值均扫描叠加完毕，得到的结果即为 τ-v 域的能谱图。根据瞬时频率公式 $f(t) = a + bt$ 可知，在频率分解的过程中，时间 t 便和频率 f 一一关联起来了。实际操作过程中，只需对计算结果再进行一次重采样即可。需要重采样的原因在于，通过线性扫描函数的卷积运算后，采样时间数（同样也代表着频点数）会被细分（变为原来的 b 倍），例如当瞬时频率函数选择为 $f(t) = 10 + 10t$ 时，虚源数据记录的长度将是原来的 10 倍，而采样率不变，这会使得频点数远超频散能谱成像所需要的数量，因此需要进行重采样。

基于频率分解的倾斜叠加法可以看作相移法的延伸，能够更精细地将面波各频率成分分离，再将各频率的准确相速度搜索出来。与相移法相区别的是，这里的叠加是在时间域进行的，而相移法的叠加是在频率域进行的，因此基于频率分解的倾斜叠加法更为直观。其倾斜叠加的方式和 τ-p 变换法类似，但由于频率分解过程，使得叠加过程单一，不受其他波形（体波、泄露模式波和其他阶模式波）的影响，提高了精度。而且，由于多阶模式面波在虚源记录中也能分离开来，故该方法对高阶模式面波能量的分析也有很好的效果。

图 8-2-3 所示为前述水平 4 层介质含硬夹层模型 48 道合成瑞利波记录采用基于频率分解的倾斜叠加算法所提取频散能谱图。计算时瞬时频率函数选择为 $f(t)=2+4.4t$，输出频段范围为 2～90Hz。从图中可看出，不管是基阶模式波还是高阶模式波均成像效果优良。对比图 8-1-11 相移法所提取的频散能谱图，可明显发现，高阶模式成像效果改善明显，有效成像频段更宽，且整体频散能谱能量聚焦趋势更集中，这对于准确拾取频散曲线，减少反演误差，有着重要的作用。但在低频段，由于"模式接吻"的影响，低频段该方法提取的频散能谱分辨率依然较低。

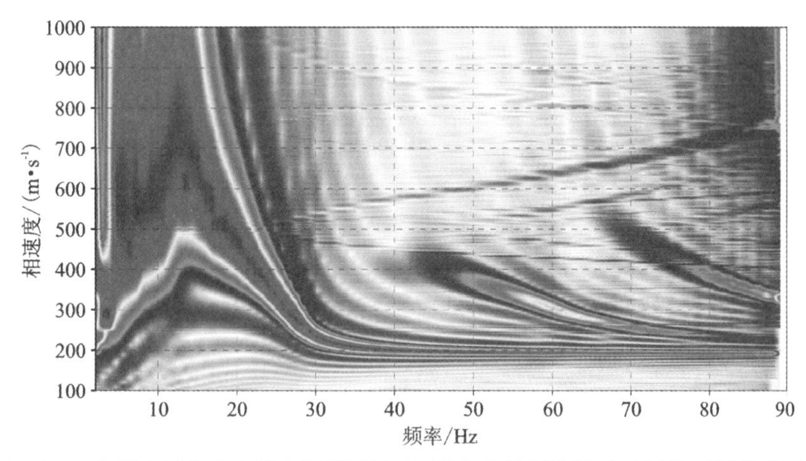

图 8-2-3　水平 4 层介质含硬夹层模型的 48 道合成瑞利波记录采用基于频率分解的倾斜叠加算法所提取的频散能谱图

前已述及，水平两层介质模型经常作为勘探地震方法研究时用以方法验证的标准模型，接下来我们在水平两层介质模型上数值模拟多道面波记录，并采用该方法提取频散能谱。所采用的水平两层介质模型的表层厚度为 10m，纵横波速度分别为 800m/s 和 200m/s，半空间层的纵横波速度分别为 1200m/s 和 400m/s。根据交错网格有限差分法数值模拟合成的 60 道瑞利波记录如图 8-2-4 所示。

针对该合成多道面波记录，给定瞬时频率函数 $f(t)=2+2.4t$，经过频率分解后，记录由原始记录的 1s 被延展至 20s 长，分解出的单频面波成分的频率从 2Hz 至 50Hz。图 8-2-5 所示为按照 2s 一段分段显示的前 8s 长的频率分解结果。图中的纵坐标表示拉伸后的时间，横坐标表示接收道号。从图中看，2～50Hz 的各单频面波成分被分离开来，图中的每一个同相轴代表了一个单频面波记录。由于单频率成分面波的传播相速度是恒定的，因此图中显示出的各单频面波记录的同相轴均为线型。低频成分的面波，在图中时间较短的一端，其同相轴宽度较宽；高频成分的面波则分布在时间较长的一端，且宽度较窄，分布密度较大。我们用线条标注的 4 条斜直线上，清晰地显示出不同频率的单频面波同相轴具有不同的斜率，这些直

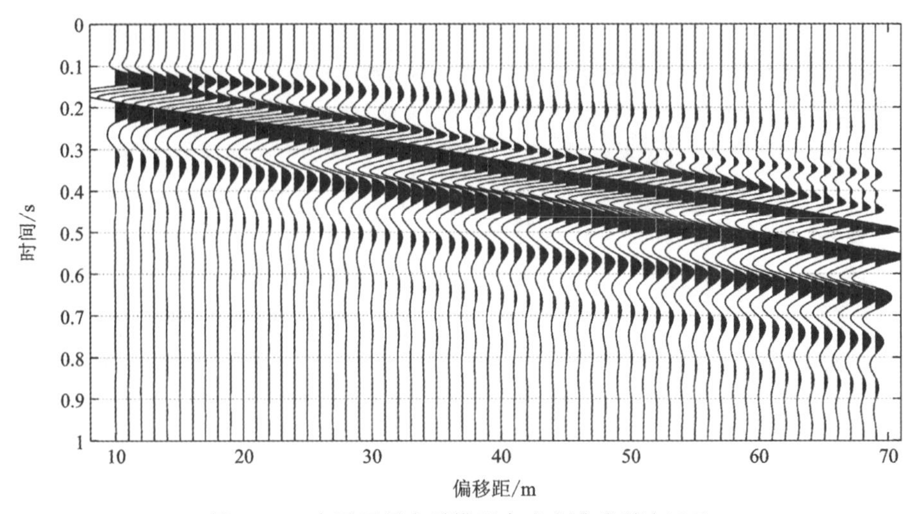

图 8-2-4　水平两层介质模型合成多道瑞利波记录

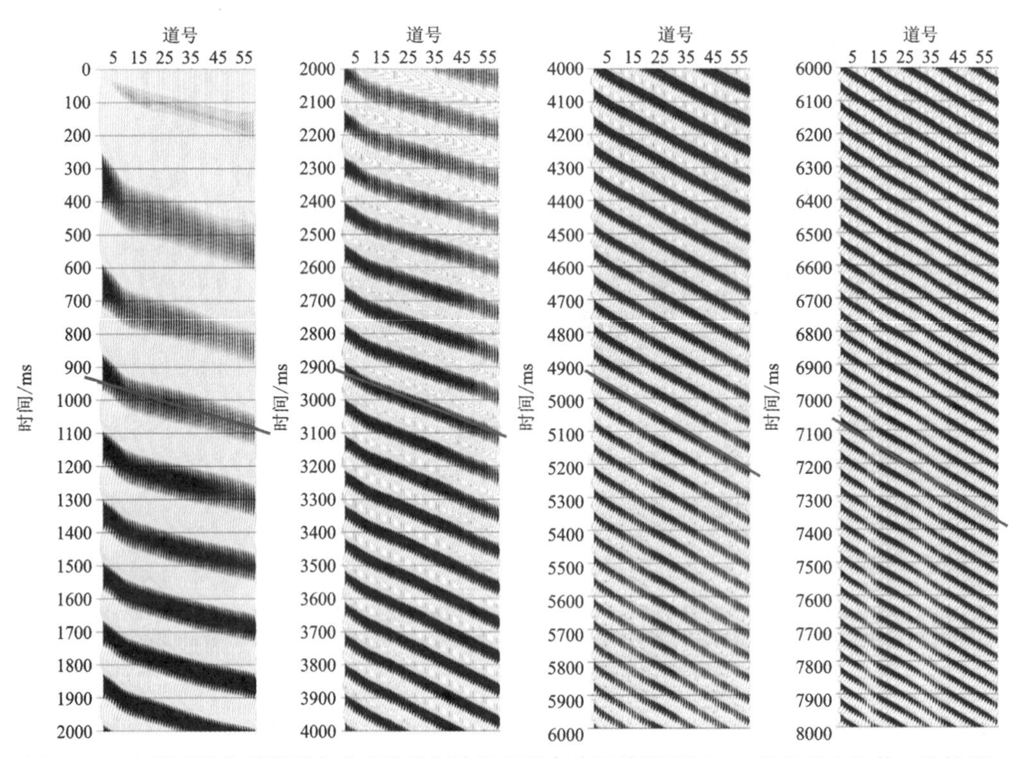

图 8-2-5　水平两层介质模型合成多道瑞利波记录频率分解结果(以 2s 一段显示出的前 4 段结果)

线斜率的大小预示着面波传播速度的大小。显然,低频面波的传播速度较快,而高频成分的面波相速度较低,传播较慢。这样的结果完全符合水平两层模型中的面波传播特征。之后,设定扫描速度范围从 100m/s 至 700m/s,间隔 5m/s,按照这样的速度进行线性动校正及水平叠加计算,得到的 f-v 域的频散能谱如图 8-2-6 所示。频散能谱图中的黑色点线代表采用快速 Schwab-Knopoff 法所计算的该水平两层介质模型理论频散曲线。采用基于频率分解的倾斜叠加算法所提取的频散能谱图能量极值趋势与理论频散曲线拟合良好,由此验证了该方法的可靠性与准确性。

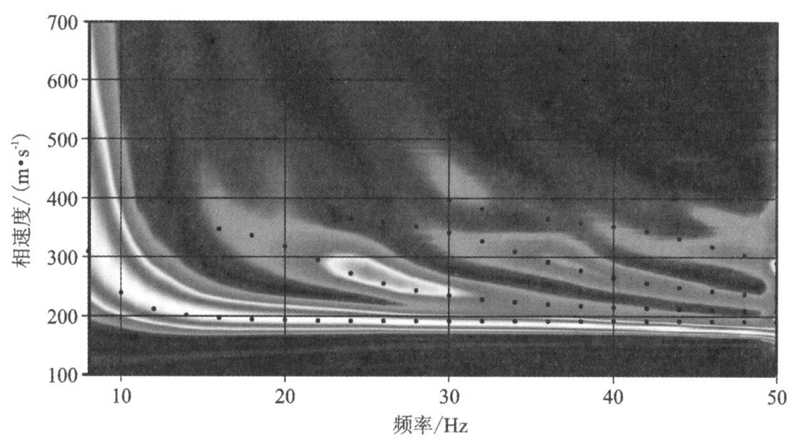

图 8-2-6　水平两层介质模型合成多道瑞利波记录采用基于频率分解的倾斜叠加法提取的频散能谱图

接下来我们利用一个实际数据来验证该方法在实际资料上的应用效果。为便于查证，所使用的数据来自佛罗里达州维吉尼亚岛的 24 道地震记录（Xia et al.，2006，2007）。该数据采集时，接收检波器采用主频 14Hz 的垂直分量检波器，震源为 3.5kg 的锤子和金属板，检波器间距被设置为 0.6m，最小偏移距被设置为 4.5m，采样率设置为 1ms，采样时长 300ms。原始地震记录如图 8-2-7(a)所示。应用 $f(t)=10+10t$ 的瞬时频率函数对记录进行频率分解，得到的虚源记录如图 8-2-7(b)～(e)所示。该频率扫描函数将原来的 300ms 原始记录延展至 10s 长度，给出的虚源记录中单频面波成分的频率分布范围为 10～110Hz。之后，以 5m/s 为速度增量，从 20m/s 开始进行速度扫描，实现线性动校正和水平叠加，直到达到 700m/s 的相速度极限，获得的频散能谱图如图 8-2-8 所示。从频散能谱图中可知，该数据基阶模式波的有效频段为 10～80Hz，另外在 50～90Hz 可见清晰的一阶高阶模式频散能谱，更高阶模式频散能谱也有所显示。

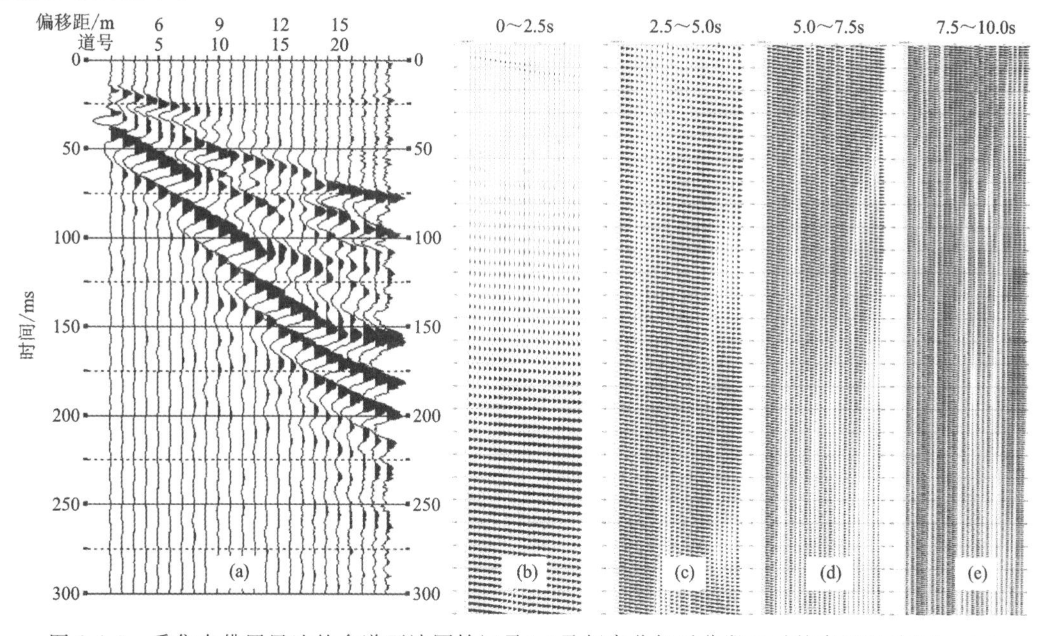

图 8-2-7　采集自佛罗里达的多道面波原始记录(a)及频率分解后分段显示的虚源记录(b)～(e)

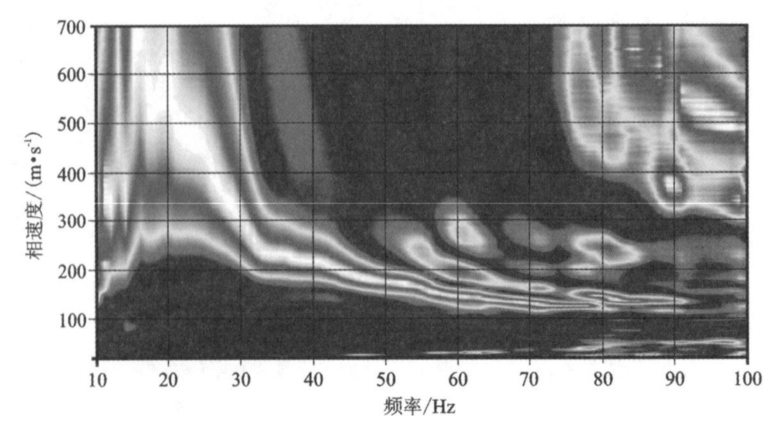

图 8-2-8 采用基于频率分解的倾斜叠加算法提取的佛罗里达州多道面波数据频散能谱图

第3节 高分辨率线性拉东变换算法

在 f-v 域产生一个可靠的频散能谱图像是高频多道面波分析方法(MASW)数据处理中最关键和重要的一步,这直接关系到最终反演的一维或二维横波速度剖面的可靠性与精确度。前述包括 τ-p 变换法、f-k 变换法、相移法、基于频率分解的倾斜叠加法等4种方法,在本质上均属于标准离散线性拉东变换的4种不同形式。线性拉东变换(linear radon transform,LRT)方法是通过对数据应用线性时差校正后,再对幅度进行求和运算,从而实现平面波分解的一种技术(Yilmaz, 1987)。经过 LRT 变换后 Radon 平面的数据 $m(p,\tau)$ 将被转换成时空平面内的多道地震记录 $d(x,t)$,其转换公式为

$$d(x,t)=\sum_{p_{\min}}^{p_{\max}} m(p,\tau=t-px) \tag{8-3-1}$$

式中,p 和 τ 分别表示 Radon 平面内的慢度和零偏移距截距时间。上式对应的伴随变换形式为

$$m(p,\tau)=\sum_{x_{\min}}^{x_{\max}} d(x,t=\tau+px) \tag{8-3-2}$$

式中:τ 为截距时间;t 为采样时间;x 表示偏移距(各道距离震源的距离)。显然,式(8-3-2)给出的积分路径为线性时的 Radon 伴随变换即为 τ-p 变换。

利用短时傅立叶变换,可计算每一个瞬时频率 f 对应的 Radon 变换结果,计算式及其伴随变换式如下:

$$d(x,f)=\sum_{p_{\min}}^{p_{\max}} m(p,f)\,\mathrm{e}^{i2\pi fpx} \tag{8-3-3}$$

$$m(p,f)=\sum_{x_{\min}}^{x_{\max}} d(x,f)\,\mathrm{e}^{-i2\pi fpx} \tag{8-3-4}$$

式中的频率 f 为瞬时频率,是关于时间 t 的函数 $f(t)$。

式(8-3-3)和式(8-3-4)可用矩阵形式来表达，其中线性拉东变换可表示为

$$\boldsymbol{d}=\boldsymbol{L}\boldsymbol{m} \tag{8-3-5}$$

其伴随变换表示为

$$\boldsymbol{m}_{adj}=\boldsymbol{L}^{\mathrm{T}}\boldsymbol{d} \tag{8-3-6}$$

式(8-3-5)中，$\boldsymbol{L}=\mathrm{e}^{i2\pi fpx}$ 表示 Radon 正变换算子。根据矩阵理论，$\boldsymbol{L}$ 应为保范算子，故 $\boldsymbol{L}^{\mathrm{T}}$ 并非表示 Radon 变换正算子的共轭算子或反算子，而是其转置或伴随算子。$\boldsymbol{m}_{adj}$ 表示根据伴随算子 $\boldsymbol{L}^{\mathrm{T}}$ 计算的低分辨率 Radon 变换结果。以上关系用图形形式表达如图 8-3-1 所示。

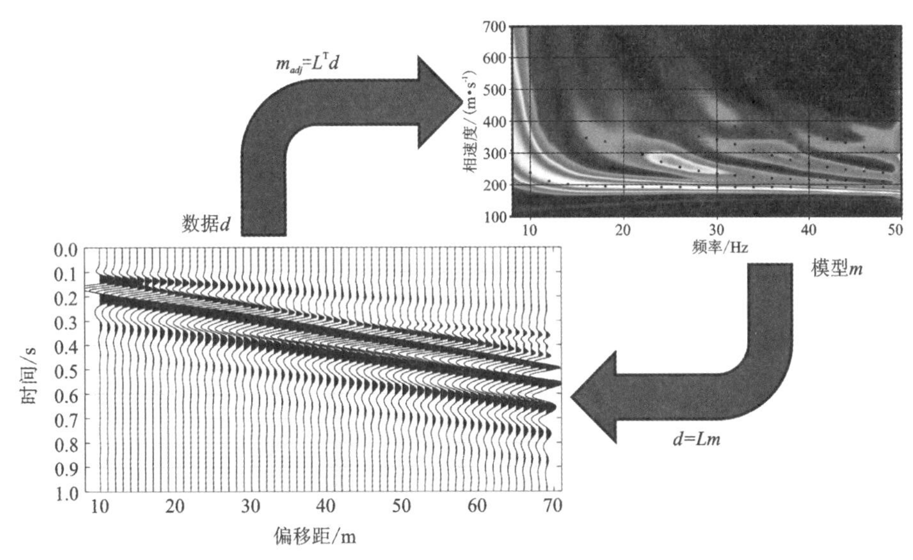

图 8-3-1　低分辨率 Radon 变换及其伴随变换示意图

对于从模型到数据的拉东正变换 $\boldsymbol{d}=\boldsymbol{L}\boldsymbol{m}$，为获得更高分辨率的模型结果，Thorson 和 Claerbout(1985)提出可以采用反演的方式进行求解，而不是采用一个低分辨率的 LRT 伴随算子 $\boldsymbol{L}^{\mathrm{T}}$ 来计算。将 LRT 作为在运算符 $\boldsymbol{L}$ 的作用下生成数据的模型的反演，我们可以从反演理论中找到大量可用的工具。比如最小二乘法，其基本思想是搜索一个合适的模型 $\boldsymbol{m}$ 使得目标函数值最小化：

$$\boldsymbol{J}=\|\boldsymbol{d}-\boldsymbol{L}\boldsymbol{m}\|^{2} \tag{8-3-7}$$

上述问题的解即为通常意义上的最小二乘解，其具体形式为

$$\boldsymbol{m}=(\boldsymbol{L}^{\mathrm{T}}\boldsymbol{L})^{-1}\boldsymbol{L}^{\mathrm{T}}\boldsymbol{d} \tag{8-3-8}$$

当然，为使上述反演过程稳定，需在反演过程中引入阻尼因子 λ。因此求解上述反演问题我们一般采用阻尼最小二乘法(Levenberg-Marquardt)实现：

$$\boldsymbol{m}=(\boldsymbol{L}^{\mathrm{T}}\boldsymbol{L}+\lambda\boldsymbol{I})^{-1}\boldsymbol{L}^{\mathrm{T}}\boldsymbol{d} \tag{8-3-9}$$

通常，上述阻尼最小二乘法能够实现 Radon 域内模型的高分辨率重构，从而更好地实现信号与噪声的分离。然而，其副作用也很明显，那就是假频信号的振幅明显增强。这种假频信号的增强会对频散能量成像过程中体波压制及多模式分离产生强烈干扰。

高分辨率的 Radon 变换是指利用最少的模型空间参量代表 Radon 域模型 $\boldsymbol{m}$ 来拟合数据 $\boldsymbol{d}$。为获取高分辨率的 Radon 模型，通常需利用稀疏条件进行约束。我们只需获取正演算子

及对应的伴随算子，采用共轭梯度法即可实现稀疏矩阵的求解（Claerbout，1992）。Luo 等（2008）利用加权预条件共轭梯度法进行高分辨率线性 Radon 变换（Sacchi and Ulrych，1995）。通过右预条件，反演问题变为 $\boldsymbol{d}=\boldsymbol{L}\boldsymbol{W}_m^{-1}\boldsymbol{W}_m\boldsymbol{m}$。因此，最优化问题变为（Trad et al.，2002，2003）

$$\boldsymbol{J}=\|\boldsymbol{W}_d(\boldsymbol{d}-\boldsymbol{L}\boldsymbol{W}_m^{-1}\boldsymbol{W}_m\boldsymbol{m})\|^2+\lambda\|\boldsymbol{W}_m\boldsymbol{m}\|^2 \tag{8-3-10}$$

式中：$\boldsymbol{W}_d$表示数据加权矩阵，通常为对角矩阵，对角元素为残差 $\boldsymbol{L}\boldsymbol{W}_m^{-1}\boldsymbol{W}_m\boldsymbol{m}-\boldsymbol{d}$ 的标准差；$\boldsymbol{W}_m$表示模型加权矩阵，该矩阵对线性 Radon 变换分辨率的提高起主要作用，决定了模型的分辨率及平滑程度；参数 λ 用于平衡数据拟合差和模型加权。其计算过程可利用 Ethan 和 Matthias（2006）提出的实验计算公式，表达式为

$$\lambda=\alpha\frac{\left(\sum_{j=1}^{M}[\boldsymbol{W}_m^{-1}\boldsymbol{L}^{\mathrm{T}}\boldsymbol{L}]_{1j}\right)^2}{\sum_{j=1}^{M}[\boldsymbol{W}_m^{-1}\boldsymbol{L}^{\mathrm{T}}\boldsymbol{L}]_{1j}^2} \tag{8-3-11}$$

式中：M 表示总时差调整量（以采样时间点表示）；下标中的 1 表示算子矩阵$\boldsymbol{W}_m^{-1}\boldsymbol{L}^{\mathrm{T}}\boldsymbol{L}$ 的第一行；α 表示预白化系数，其值近似按照算子的条件数比例缩放。右预条件的主要作用是实现模型加权而不是在目标函数中施加因子，加权算子的主要作用是使得潜在解的空间聚焦为最优解子空间（或称为稀疏解）而不是减小矩阵的条件数。其对应的解为以下方程最小时的根，即

$$(\boldsymbol{W}_m^{-\mathrm{T}}\boldsymbol{L}^{\mathrm{T}}\boldsymbol{W}_d^{\mathrm{T}}\boldsymbol{W}_d\boldsymbol{L}\boldsymbol{W}_m^{-1}+\lambda\boldsymbol{I})\boldsymbol{W}_m\boldsymbol{m}=\boldsymbol{W}_m^{-\mathrm{T}}\boldsymbol{L}^{\mathrm{T}}\boldsymbol{W}_d^{\mathrm{T}}\boldsymbol{W}_d\boldsymbol{d} \tag{8-3-12}$$

式中：$\boldsymbol{I}$ 表示单位矩阵；$\boldsymbol{W}_m^{-\mathrm{T}}$ 是$\boldsymbol{W}_m^{-1}$ 的转置矩阵。上式可采用共轭梯度法高效地求取（Sacchi and Ulrych，1995；Trad et al.，2002，2003）。

高分辨率线性拉东变换法将频散分析过程设想为一个反演系统。前述的 f-k 方法等4 种频散分析方法虽然步骤不同，但实质上均属于标准拉东变换，只能得到频散能量的最小二乘解，故分辨率不够高。而高分辨率线性拉东变换利用了一个预加权的共轭梯度算法，一种合适的加权可以降低含噪声模型的数据限制，计算得到频散能量的稀疏解，使得分辨率有了显著提高。在反演迭代过程中，该算法不断地修改预加权矩阵，使得频散能量的分辨率逐步提高，最终获得高分辨率的频散能量。图 8-3-2 所示为高分辨率线性拉东变换及其伴随变换过程示意图。

归纳来说，利用高分辨率线性拉东变换算法（high-resolution linear radon transform，HRLRT）采用两步直截了当地将数据成像为频散能谱。第一步，首先将炮集记录 $d(x,t)$ 进行傅立叶变换，从时间域变换到频率域；第二步，利用上述的 HRLRT 算法反演计算每个频率切片的成像结果，最后综合所有频率切片结果，即可得到最终的频散能谱图。

为验证该方法的成像效果，我们首先利用前述基于频率分解的倾斜叠加算法所使用过的水平两层介质模型合成多道瑞利波记录，采用 HRLRT 算法提取其频散能谱，并将其与基于频率分解的倾斜叠加方法结果进行比较，如图 8-3-3 所示。从图中可见，采用 HRLRT 算法后，频散能谱分辨率有了明显的提高，高阶模式波截止频率位置也更加清晰。这些特点在实际数据结果上同样能明显地体现出来，如图 8-3-4 所示。

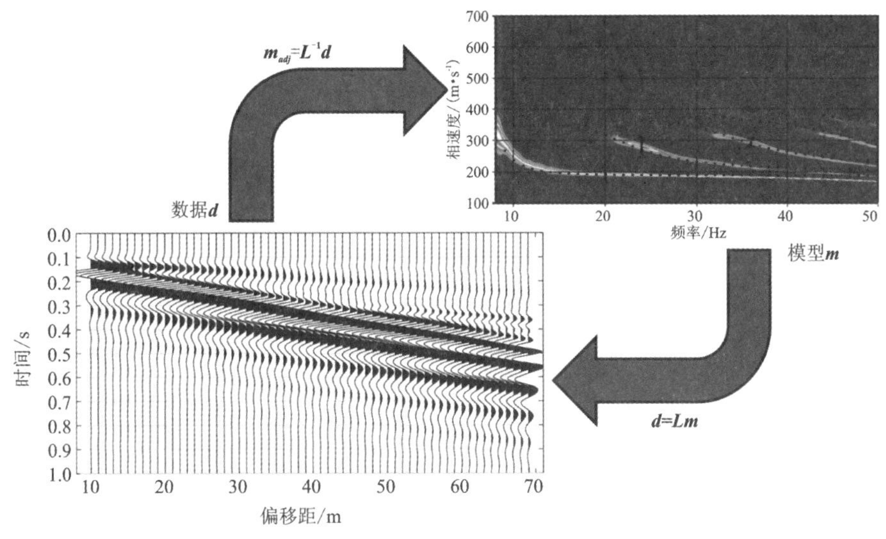

图 8-3-2　高分辨率线性 Radon 变换及其伴随变换示意图

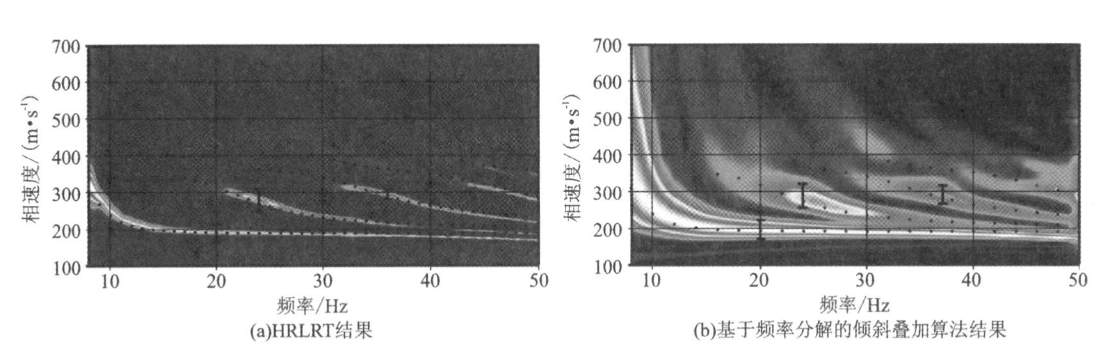

图 8-3-3　水平两层介质模型合成多道瑞利波记录采用 HRLRT 算法及基于频率分解的倾斜叠加算法所提取的频散能谱对比

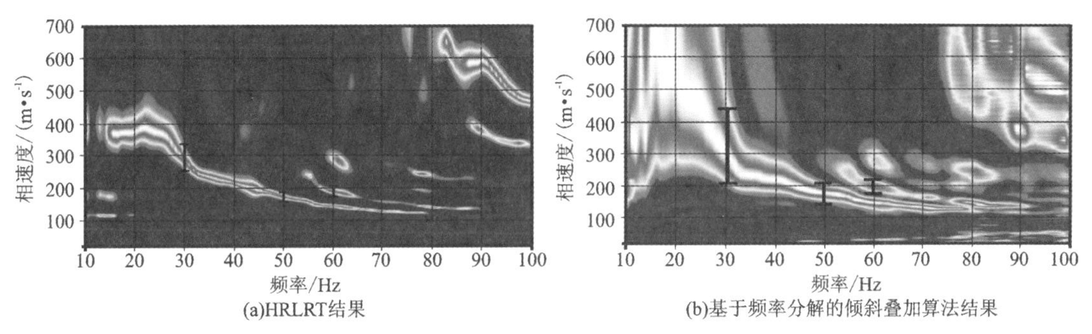

图 8-3-4　采集自佛罗里达州维吉尼亚岛的多道瑞利波记录采用 HRLRT 算法及基于频率分解的倾斜叠加算法所提取的频散能谱对比

由图 8-3-2 所示的高分辨率线性拉东变换算法正变换及伴随变换实现过程示意图，我们可通过反演的方式实现数据到频散能谱的高分辨率成像，同样我们也能通过正变换的形式将频散能谱重新转换为时间-空间域的数据。因此，在生成的频散能谱图上选择需要的模式，去除其他区域的能量后，通过正变换即可实现多阶模式波分离。这是高分辨率线性拉东变换算法的另一个优势所在。进行高频面波记录模式分离的目的或作用有3个：第一，能有效提高多道面波方法的水平分辨率，经过模式分离后，我们有望采用多道面波分析的方法从少至一对地震记录中提取出高分辨率的频散曲线；第二，拾取到高分辨率的多模式频散曲线，因此有望增加可能的勘探深度；第三，模式分离后能准确地确定高阶模式波的截止频率，帮助精确拾取高阶模式频散曲线。

采用HRLRT方法实现多模式面波模式分离工作需要两个步骤：①在生成的频散能谱图上，选择模式（可分别选择基阶模式及各阶高阶模式）；②将不同模式频散能谱变换回时间-空间域，得到单模式多道面波记录。如图8-3-5所示，为模式分离前和模式分离后重构的水平两层介质模型合成多道面波记录的频散能谱图对比结果。从图中看，模式分离后重构的频散能谱图，各阶模式波能量更加均衡，高阶模式波频散能谱低频截止频点清晰、易判别。

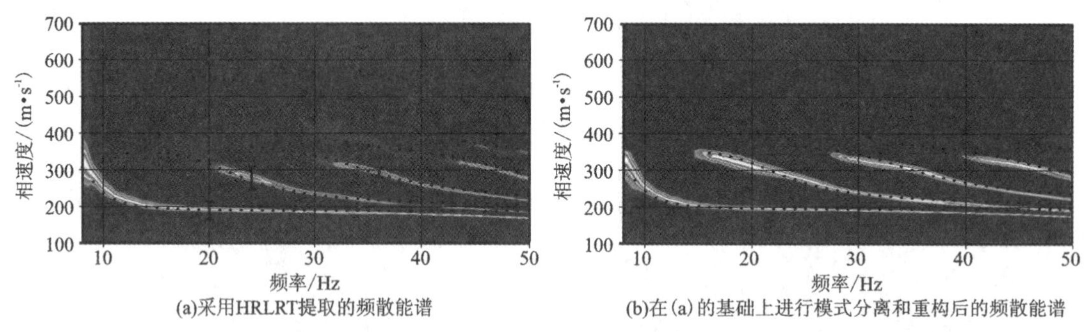

图8-3-5 水平两层介质模型合成多道瑞利波记录频散能谱模式分离前与分离重构后结果对比

通过以上结果，可知高分辨率线性拉东变换算法在高频多道面波频散能谱提取中效果优良，和倾斜叠加算法相比，频散能谱的图像分辨率提高了大约50%。HRLRT方法成功地在拉东域实现了多阶模式的分离和重建工作，扩展了高阶模式频散能量的频率范围，这不仅增加了可能的探测深度，而且为确定正确的截断频率提供了一个可行的方法。

第4节 频率-贝塞尔变换法

频率-贝塞尔变换法（frequency-bessel transform method）也叫矢量波数变换法（vector waveform transform method），是陈晓非院士团队在近几年所提出的一种用于提取多道面波记录频散能谱的优秀算法（杨振涛等，2019；Wang et al.，2019）。该算法不仅能用于高频多道面波分析，在高频背景噪声面波频散成像上也有着优良的效果。该方法的最大优点在于高阶模式波成像结果更精细与准确。本节我们简要介绍该方法的基本原理与实现步骤，并通过前述水平4层含硬夹层模型数值模拟的48道合成瑞利波记录，提取频散能谱图，验证方法的可行性与提取精度。

一、方法基本原理

假设水平层状各向同性介质的地层中，$f(t)$为作用在地表$z=0$和$x=0$（坐标原点）处的垂向点力源的时间函数，则在地表某点x处观测到的垂直分量地震波场记录$u_z(x,t)$可表

示为

$$u_z(x,t)=f(t)*g_{zz}(x,t) \tag{8-4-1}$$

式中：$g_{zz}(x,t)$ 表示震源与接收点间的格林函数；$f(t)$ 表示震源子波函数。对上式进行傅立叶变换，可得

$$U(x,\omega)=F(\omega)G(r,\omega) \tag{8-4-2}$$

式中，$G(r,\omega)$ 表示格林函数的傅立叶变换结果，即格林函数在频率域的表达式 $r=|x|$ 。

根据水平层状介质中的地震波传播理论，在地表接收，距离为 r 的格林函数在频率域的计算公式为

$$G(r,\omega)=\int_0^{+\infty} g(\omega,k)J_0(kr)k\,\mathrm{d}k \tag{8-4-3}$$

式中：$g(\omega,k)$ 为核函数；$J_0(kr)$ 为零阶第一类贝赛尔函数。对观测波场的频谱进行矢量波数变换，可得

$$V(\omega,k)=\frac{1}{2\pi}\int_{-\infty}^{+\infty}\int_{-\infty}^{+\infty}U(r,\omega)\,\mathrm{e}^{ik\cdot x}\mathrm{d}\Sigma(x) \tag{8-4-4}$$

当波场频谱 $U(r,\omega)$ 在空间域是各向同性时，其矢量波数变换也为各向同性，即仅依赖波数矢量的模 k ，即 $k=|K|$ ，与波数矢量的方向无关。因此，式(8-4-4)可表示为

$$V(\omega,k)=\int_0^{+\infty}U(r,\omega)\,J_0(kr)r\mathrm{d}r \tag{8-4-5}$$

将 $U(r,\omega)$ 在频率域的表达式代入式(8-4-5)后，可得

$$\int_0^{+\infty}U(r,\omega)\,J_0(kr)r\mathrm{d}r=F(\omega)\int_0^{+\infty}\int_0^{+\infty}g(k,\omega)J_0(\kappa r)J_0(kr)r\kappa\,\mathrm{d}\kappa\mathrm{d}r \tag{8-4-6}$$

根据贝塞尔函数的正交性：

$$\int_0^{+\infty}J_0(kr)J_0(kr)r\,\mathrm{d}r=\frac{1}{\sqrt{k\kappa}}\delta(k-\kappa) \tag{8-4-7}$$

将其代入式(8-4-6)中，有

$$\int_0^{+\infty}U(r,\omega)\,J_0(kr)r\mathrm{d}r=F(\omega)g(k,\omega) \tag{8-4-8}$$

式中，核函数 $g(k,\omega)$ 的值反比于确定面波频散特性的久期函数值。也正是利用核函数的这一特性，我们便可根据上式来提取多道面波记录的频散能谱。

二、方法实现步骤

(1)首先将多道面波记录变换到频率域，然后通过式(8-4-7)左边的波场贝塞尔函数变换积分公式，通过对多道观测记录的加权获得贝塞尔变换的近似。

(2)在 f-k 域对波场贝塞尔变换的近似公式进行扫描，获得近似核函数图。利用图像识别的方法在核函数图上获得基阶模式和高阶模式频散曲线。

三、方法验证

基于前述水平4层含硬夹层模型的48道合成瑞利波记录，根据本方法的原理及实现步

骤，我们提取了其频散能谱图，如图 8-4-1 所示。从该图中可知，该方法提取的频散能谱图分辨率较高，这体现了其优秀的提取效果。另外，该方法的最大优势在于，对高阶模式频散能谱的形态有着更加精细的刻画。相比于其他的方法，从该图中，我们能够识别出更多的高阶模式波，且可发现各模式间存在的模式“接吻”现象。

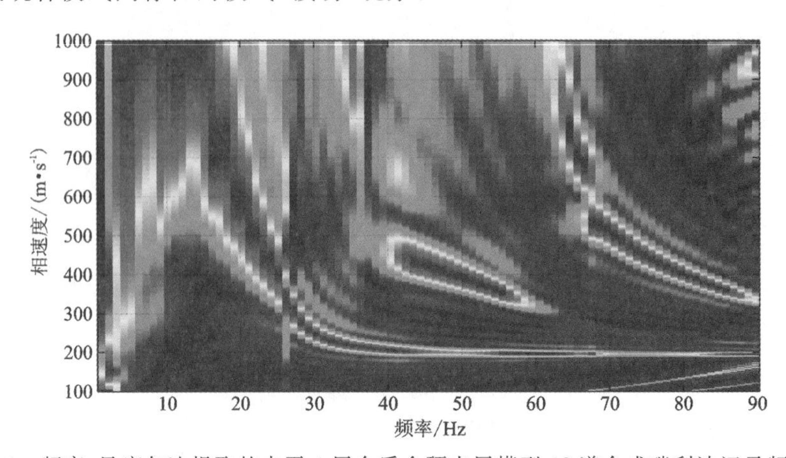

图 8-4-1　频率-贝塞尔法提取的水平 4 层介质含硬夹层模型 48 道合成瑞利波记录频散能谱

第 9 章 高频面波频散曲线正演计算

地层介质弹性参数与瑞利波相速度或群速度之间的频散关系，可从弹性波波动理论出发建立，这样的关系方程在均匀弹性半空间模型中通常称为瑞利方程，在多层介质模型中一般称为频散方程或特征方程。针对特定层状模型，建立并求解这类方程是利用瑞利波频散性质进行勘探的正演问题。

Thomson(1950)和 Haskell(1953)等最早研究了面波在多层介质中的频散特性，他们在直角坐标系中，根据平面波理论，结合相邻层界面位移应力连续条件和自由界面边界条件以及无穷远处辐射条件，导出了层状介质中的瑞利波频散方程的矩阵形式。但该算法在计算高频端相速度时，容易出现数值溢出、精度丢失和不稳定等问题(Rosebaum, 1964; Thrower, 1965)。为解决这些问题，1960 年以来，研究者们对频散方程的求解方法付出了诸多努力。Harkrider(1964)研究了 3 种不同类型激励源下的瑞利波传播问题，同时建立了相应的频散方程。相对于各向同性层状介质而言，复杂介质中瑞利波传播机理研究，可从 Biot(1956a, 1956b)建立流体饱和多孔介质中地震波传播理论谈起，该理论建立后旋即成为研究多孔介质波动理论的基础。Jones(1961)根据 Biot 理论，研究并推导了三维饱和孔弹性介质中的频散方程，证明了瑞利波在饱和多孔介质中的存在，但因其仅考虑了一种压缩势，因此得到的并不是问题的通解(John, 1961)。Chiang 等(1981)对饱和土中瑞利波进行了和 John(1961)类似的研究。但之后 Tajuddin(1984)的研究却给出了与 John(1961)不同的结果。采用解析法和有限单元法，夏唐代等(1994)研究了流体/固体介质中的瑞利波传播问题，推导了相应的频散及位移计算公式。另外，夏唐代等(1992,1996)还研究了各向异性成层地基中勒夫波和瑞利波的频散特性。陈龙珠等(1998)根据其提出的饱和土中的弹性波动方程，推导出了饱和地基中的瑞利波频散方程，并对瑞利波速度和衰减性与振动频率、土渗透因子等因素之间的关系进行了较为详细的分析。

与其他地球物理反演问题一样，正演是反演的基础，如何提高频散曲线正演计算的速度和精度，成为提高面波反演速度和分辨能力的关键因素之一。求解频散方程得到面波频散解的方法有两种，即传统解析法和数值解法。目前，在实际工程应用中，采用最多的模型为均匀水平层状介质模型，解析法为求解其频散方程的主要方法，其中应用最为广泛是传播矩阵法，包括 Thomson-Haskell 方法(Thomson, 1950; Haskell, 1953)、Schwab-Knopoff 方法(Knopoff, 1964)、**δ** 矩阵方法(Thrower, 1965; Waston, 1970)、Abo-Zena 方法(Abo-Zena, 1979; Menke, 1979)、**RT** 矩阵方法(Kennett, 1974)等。Knopoff(1964)和 Thrower(1965)分别针对频散方程求解过程中的高频有效数字损失等严重问题进行了深入研究，并提出了 **δ** 矩阵算法。Abo-Zena(1979)同样对高频有效数字损失问题进行了深入研究,并提出了另一种新型算法,他通过一系列与特征函数密切相关的 4×4 阶反对称矩阵的循环计算得到相应频散方程,使得该算法能有效解决高频数值不稳定的问题,且有着很快的计算速度,但美中不足的是计算频率存在上限,仅为 20 Hz,无法满足浅层高分辨勘探的要求。也在同年,Menke(1979)对前者提出的反对称矩阵的物理含义进行了解释,在引入了 $\boldsymbol{D}$ 矩阵和 $\boldsymbol{E}$ 向量后导出了新的面波频散特征方程。该方法能具有较快的计算速度,同时有效地避免高频有效数字损失问题。之后,不少研究者均对传播矩阵法进行了改进,提出的改进算法使运算步骤得以简化,大大提高了运算速度(李幼铭和束沛镒,1982)。陈云敏和吴世明(1991)对结合 $\boldsymbol{\delta}$ 矩阵算法特点,对 Abo-Zena 算法进一步改进,改进的 Abo-Zena 算法计算效率高,且将 $\boldsymbol{\delta}$ 矩阵型算法的各项优点包含在内。

Chen(1993)提出广义反射-透射系数法,这是一种能同时计算多层半空间介质面波频散曲线和本征函数的系统性有效方法。相比于前述方法,该算法有着极大的优势。首先,它是一种简单而完备的算法,可以同时确定相速度和相应的特征函数。其次,由于采用反射-透射系数,从本质上排除了增长项,所以该算法不仅像 Kennett(1983)那样展示了简正模式形成的物理机制即相长干涉,而且在高频稳定性上优势明显。此外,该算法还很好地给出了基阶模式波的高频渐近解。张碧星等在 Abo-Zena 算法和 Menke 算法的基础上,考虑面波的柱面波特性,在柱坐标系下对层状介质中的面波频散问题进行了研究。他们采用 3 个矩阵的乘积形式表示 Menke 算法中的 $\boldsymbol{E}$ 矢量和传递矩阵 $\boldsymbol{F}$,大大简化了矩阵运算,且能有效避免高频数值不稳定的问题(张碧星等,1997;欧阳联华和王家林,2002)。凡友华和刘家琦(2001)对前述各类算法进行细致研究和分析后,基于 $\boldsymbol{\delta}$ 矩阵算法的传递思想,提出了柱坐标下的一种快速稳定的传递算法,并称之为快速标量算法。该方法仅需进行系列标量的传递与计算,不存在对复数的求解与传递,因此有效提高了运算速度,同时将计算频率的稳定上限提高到 20 kHz 以上。何耀锋等(2006)在 Chen(1993)提出的广义反射-透射系数法的基础上,利用该算法探讨了含低速夹层模型中瑞利波频散曲线的求解相关问题。Gao 等(2014)同样利用广义反射-透射系数法及波场数值模拟方法,探讨了高泊松比介质中出现非几何波的情况,并证明了这类非几何波即泄漏模式面波,其速度约为均匀半空间横波速度的 1.9 倍。

相较于均匀层状介质模型,任意复杂介质中瑞利波频散特性正演问题远没有解决。少数研究者试图在均匀层状介质的矩阵法基础上进行拓展,大多数研究工作由求解精确的解析解转向求解近似的数值解,如采用 boundary element 方法、FE 方法、FD 方法、线性化散射方法、射线方法等进行数值模拟。而且,求解问题的广度也随之拓宽,已不仅仅局限于特征方程的求解,对瑞利波振幅和 3D 瑞利波散射等问题的研究也有所涉及。

第 1 节　分层介质中的面波传播理论

本节我们将在线性弹性和小应变假设的基础上,从弹性应力应变关系出发,叙述波动方程的面波解问题,由此给出面波的一些基本传播特性。

一、应力应变关系及波动方程

由第一章的基础知识，我们知道应力是弹性介质受外力影响而发生弹性形变后，由于介质内部质点间的弹性联系而产生的一种抵抗这种形变的内力。在笛卡尔坐标系中弹性体内某点的应力状态，一般而言可以用应力张量 $\boldsymbol{\tau}$ 来表示：

$$\boldsymbol{\tau}=\begin{bmatrix}\tau_{xx} & \tau_{xy} & \tau_{xz}\\ \tau_{yx} & \tau_{yy} & \tau_{yz}\\ \tau_{zx} & \tau_{zy} & \tau_{zz}\end{bmatrix} \tag{9-1-1}$$

式(9-1-1)中各元素均含有两个脚标，其中第一个脚标表示应力分量的作用方向，第二个脚标表示应力分量作用面的法线方向。对于无旋的平衡体该矩阵为对称矩阵，仅有 6 个相互独立的分量。

应变则是当物体介质受到外力作用时，大小和形状的相对改变量。由于在弹性限度范围内，弹性介质的形变量都非常小，因此我们可以对其采用泰勒级数展开后取一阶近似，再经过适当的变形即可将其化为一个对称矩阵和反对称矩阵之和，其中的对称矩阵即为应变张量，而反对称矩阵则是旋转张量：

$$\boldsymbol{e}=\begin{bmatrix}e_{xx} & e_{xy} & e_{xz}\\ e_{yx} & e_{yy} & e_{yz}\\ e_{zx} & e_{zy} & e_{zz}\end{bmatrix} \tag{9-1-2}$$

其中

$$\begin{cases}e_{xx}=\dfrac{\partial u_x}{\partial x}\\ e_{yy}=\dfrac{\partial u_y}{\partial y}\\ e_{zz}=\dfrac{\partial u_z}{\partial z}\\ e_{xy}=e_{yx}=\dfrac{1}{2}(\dfrac{\partial u_x}{\partial y}+\dfrac{\partial u_y}{\partial x})\\ e_{xz}=e_{zx}=\dfrac{1}{2}(\dfrac{\partial u_x}{\partial z}+\dfrac{\partial u_z}{\partial x})\\ e_{yz}=e_{zy}=\dfrac{1}{2}(\dfrac{\partial u_z}{\partial y}+\dfrac{\partial u_y}{\partial z})\end{cases} \tag{9-1-3}$$

式(9-1-3)中 u_x 、u_y 、u_z 分别表示 x 、y 、z 三个方向的位移分量。

在一定范围内，弹性体中的应力与应变呈线性关系，三维空间中，这样的关系称之为广义胡克定律。在此限度之外，虽然介质可能依然属于弹性介质，但应力与应变关系已经不是简单的线性关系了。当然这显然也已不在地震勘探研究的范畴内了。地震勘探对应的情况，均满足广义胡克定律，各向异性介质中的应力与应变关系可用下式表示：

$$\begin{bmatrix}\tau_{xx}\\\tau_{yy}\\\tau_{zz}\\\tau_{yz}\\\tau_{xz}\\\tau_{xy}\end{bmatrix}=\begin{bmatrix}C_{11}&C_{12}&C_{13}&C_{14}&C_{15}&C_{16}\\C_{21}&C_{22}&C_{23}&C_{24}&C_{25}&C_{26}\\C_{31}&C_{32}&C_{33}&C_{34}&C_{35}&C_{36}\\C_{41}&C_{42}&C_{43}&C_{44}&C_{45}&C_{46}\\C_{51}&C_{52}&C_{53}&C_{54}&C_{55}&C_{56}\\C_{61}&C_{62}&C_{63}&C_{64}&C_{65}&C_{66}\end{bmatrix}\begin{bmatrix}e_{xx}\\e_{yy}\\e_{zz}\\e_{yz}\\e_{xz}\\e_{xy}\end{bmatrix}\tag{9-1-4}$$

关于以上系数矩阵，勒夫曾给出详细证明，证明其为对称矩阵。所以实际介质的弹性常数仅为21个。而对于各向同性介质，则仅有两个弹性参数，即拉梅系数 λ 和 μ ，它们之间满足如下关系：

$$\begin{cases}C_{12}=C_{13}=C_{21}=C_{23}=C_{31}=C_{32}=\lambda\\C_{44}=C_{55}=C_{66}=2\mu\\C_{11}=C_{22}=C_{33}=\lambda+2\mu\end{cases}\tag{9-1-5}$$

将式(9-1-5)代入式(9-1-4)中，化简后可得

$$\begin{cases}\tau_{xx}=\lambda(e_{xx}+e_{yy}+e_{zz})+2\mu e_{xx}\\\tau_{yy}=\lambda(e_{xx}+e_{yy}+e_{zz})+2\mu e_{yy}\\\tau_{zz}=\lambda(e_{xx}+e_{yy}+e_{zz})+2\mu e_{zz}\\\tau_{xy}=2\mu e_{xy}\\\tau_{xz}=2\mu e_{xz}\\\tau_{yz}=2\mu e_{yz}\end{cases}\tag{9-1-6}$$

在各向同性介质中，拉梅系数 λ 和 μ 足以用于表述弹性介质的弹性性质，在地震学中由于可以用介质密度 ρ ，纵横波速度 v_{P} 和 v_{S} 来导出拉梅系数，因此弹性波波速也代表着弹性介质的性质：

$$v_{\mathrm{P}}=\sqrt{\frac{\lambda+2\mu}{\rho}},\ v_{\mathrm{S}}=\sqrt{\frac{\mu}{\rho}}\tag{9-1-7}$$

除此之外，常用的弹性参数还有杨氏模量 E ，泊松比 σ ，体变模量 κ 等。拉梅常数中的 μ 又称为剪切模量，但 λ 并没有被赋予确切的物理意义，有部分学者认为该参数可用于表述横向拉应力与纵向拉应变之比。各弹性参数的详细定义及相互之间的换算关系，可参看第一章。根据第一章中关于泊松比的定义，纵横波速度之间的关系同样可以用泊松比来表示：

$$\sigma=\frac{v_{\mathrm{P}}^2-2v_{\mathrm{S}}^2}{2(v_{\mathrm{P}}^2-v_{\mathrm{S}}^2)}=\frac{(v_{\mathrm{P}}/v_{\mathrm{S}})^2-2}{2(v_{\mathrm{P}}/v_{\mathrm{S}})^2-2}\tag{9-1-8}$$

物理学中，参数的量纲对于正确理解该参数的物理含义有着重要的作用。应力的量纲是帕(Pa)，应变是无量纲的相对量值，拉梅系数，杨氏模量，体变模量等的量纲与应力相同。在弹性力学与地震学中，牵引力以拉力为正，这与岩石力学中的符号规定相反，在此提醒大家注意。

$$1\mathrm{Pa}=1\mathrm{N}\cdot\mathrm{m}^{-2}=1\mathrm{kg}\cdot\mathrm{m}^{-1}\cdot\mathrm{s}^{-2}\tag{9-1-9}$$

以弹性介质体内部小微元体为研究对象，该弹性体除了受到表面的牵引力作用外，还受

到如重力、震源作用力等体力的作用。假设力密度在 x 、y 、z 三个方向上的分量分别为 f_x 、f_y 、f_z 。以 x 轴方向为例，根据牛顿第二定律（ $F = ma$ ）有如下关系：

$$\left(\tau_{xx} + \frac{\partial \tau_{xx}}{\partial x}\mathrm{d}x\right)\mathrm{d}y\mathrm{d}z + \left(\tau_{xy} + \frac{\partial \tau_{xy}}{\partial y}\mathrm{d}y\right)\mathrm{d}x\mathrm{d}z + \left(\tau_{xz} + \frac{\partial \tau_{xz}}{\partial z}\mathrm{d}z\right)\mathrm{d}y\mathrm{d}x -$$

$$(\tau_{xx}\mathrm{d}x\mathrm{d}y + \tau_{xy}\mathrm{d}x\mathrm{d}z + \tau_{xz}\mathrm{d}x\mathrm{d}y) + f_x\rho\mathrm{d}x\mathrm{d}y\mathrm{d}z = \rho\mathrm{d}x\mathrm{d}y\mathrm{d}z\frac{\partial^2 u_x}{\partial t^2} \tag{9-1-10}$$

对上式化简后可得

$$\rho\frac{\partial^2 u_x}{\partial t^2} = \frac{\partial \tau_{xx}}{\partial x} + \frac{\partial \tau_{xy}}{\partial y} + \frac{\partial \tau_{xz}}{\partial z} + \rho f_x \tag{9-1-11}$$

同理可得沿 x 轴和 y 轴方向波的运动方程为

$$\rho\frac{\partial^2 u_y}{\partial t^2} = \frac{\partial \tau_{yx}}{\partial x} + \frac{\partial \tau_{yy}}{\partial y} + \frac{\partial \tau_{yz}}{\partial z} + \rho f_y \tag{9-1-12}$$

$$\rho\frac{\partial^2 u_z}{\partial t^2} = \frac{\partial \tau_{xz}}{\partial x} + \frac{\partial \tau_{zy}}{\partial y} + \frac{\partial \tau_{zz}}{\partial z} + \rho f_z \tag{9-1-13}$$

将式(9-1-6)中的应力分量表达式和式(9-1-3)所示的应变分量表达式代入至式(9-1-11)～式(9-1-13)中，即可得均匀完全弹性介质中的运动方程：

$$\begin{cases} \rho\dfrac{\partial^2 u_x}{\partial t^2} = (\lambda + \mu)\dfrac{\partial \theta}{\partial x} + \mu\nabla^2 u_x + \rho f_x \\ \rho\dfrac{\partial^2 u_y}{\partial t^2} = (\lambda + \mu)\dfrac{\partial \theta}{\partial y} + \mu\nabla^2 u_y + \rho f_y \\ \rho\dfrac{\partial^2 u_z}{\partial t^2} = (\lambda + \mu)\dfrac{\partial \theta}{\partial z} + \mu\nabla^2 u_z + \rho f_z \end{cases} \tag{9-1-14}$$

式中，$\theta = \frac{\partial u_x}{\partial x} + \frac{\partial u_y}{\partial y} + \frac{\partial u_z}{\partial z} = \mathrm{div}u = \nabla\cdot u = e_{xx} + e_{yy} + e_{zz}$ ，$\nabla^2 = \frac{\partial^2}{\partial x^2} + \frac{\partial^2}{\partial y^2} + \frac{\partial^2}{\partial z^2}$ 表示拉普拉斯算子。

地震勘探中，体力源与震源及介质体自身重力，人工源地震震源一般为炸药、重锤、落重等，震源力函数可以用脉冲函数近似，因此在离震源较远处研究地震波的传播问题时可认为体力为零。天然地震的发生过程也是极为短暂的，虽然在近源处震源体力会有较大的影响，但对介质的研究一般在远场接收信号，此时一般认为体力已消失。关于体力中的重力分量，在研究深部结构时，重力属于地应力中较大的来源而不可忽略，但实际上重力对介质中质点的运动并不会产生作用，其主要效果在于使介质体积发生变化，且在局部区域重力大小一般不易发生变化。因此实际研究时，我们一般只需考虑弹性体中的偏应力对介质质点运动的影响，所以研究介质中地震波传播时，运动方程中可忽略体力项。常用的均匀介质中波动方程的矢量形式为

$$\rho\ddot{\boldsymbol{u}} = (\lambda + 2\mu)\nabla\nabla\cdot\boldsymbol{u} - \mu\nabla\times\nabla\times\boldsymbol{u} \tag{9-1-15}$$

式中：$\boldsymbol{u}$ 为位移矢量；$\ddot{\boldsymbol{u}}$ 为位移对时间的二阶导数。

地质勘察的目的是对地下介质的非均匀性质进行研究与定位，在进行运动方程(9-1-14)推导时，通常情况下将拉梅系数假设为常数，若考虑其为空间位置的函数，我们将得到另外一种形式的结果，以 z 方向分量为例，在不考虑体力项时，其形式如下：

$$\rho\frac{\partial u_z}{\partial t^2}=\frac{\partial\lambda}{\partial z}\theta+\frac{\partial\mu}{\partial x}\left(\frac{\partial u_x}{\partial z}+\frac{\partial u_z}{\partial x}\right)+\frac{\partial\mu}{\partial y}\left(\frac{\partial u_y}{\partial z}+\frac{\partial u_z}{\partial y}\right)+2\frac{\partial\mu}{\partial z}\frac{\partial u_z}{\partial z}+(\lambda+\mu)\frac{\partial\theta}{\partial z}+\mu\nabla^2 u_z \tag{9-1-16}$$

其矢量形式可表示为

$$\rho\ddot{\boldsymbol{u}}=\nabla\lambda(\nabla\cdot\boldsymbol{u})+\nabla\boldsymbol{\mu}\cdot[\nabla\boldsymbol{u}+(\nabla\boldsymbol{u})^{\mathrm{T}}]+(\lambda+2\mu)\nabla\nabla\cdot\boldsymbol{u}-\mu\nabla\times\nabla\times\boldsymbol{u} \tag{9-1-17}$$

上式等号右边前两项涉及拉梅系数的空间梯度，在非均匀介质中这两项是非零的，然而包含这两项后，快速有效地求解上述方程就变得非常困难，故通常情况下前两项是被忽略的，这就有了式(9-1-15)。关于非均匀问题一般有两种方式进行求解。第一种方式适合当速度仅是深度的函数的情况，此时我们可将研究对象近似为均匀层状介质，这也是目前大多数问题的处理方式，每一层内介质均匀，边界处可通过计算反射、透射系数的方式处理。对于面波而言，这种方式非常合适。但对于高频体波而言，这样的方式并不合适，更多的是采用第二种射线理论来求解。

为求解方程式(9-1-15)可分别对方程两边求散度得到 P 波项，对方程两边求旋度得到 S 波项。其中 P 波项为

$$\frac{\partial^2(\nabla\cdot\boldsymbol{u})}{\partial t^2}=\frac{\lambda+2\mu}{\rho}\nabla^2(\nabla\cdot\boldsymbol{u}) \tag{9-1-18}$$

将式(9-1-7)中的纵波速度项代入可化为

$$\nabla^2(\nabla\cdot\boldsymbol{u})-\frac{1}{v_{\mathrm{P}}^2}\frac{\partial^2(\nabla\cdot\boldsymbol{u})}{\partial t^2}=0 \tag{9-1-19}$$

S 波项为

$$\frac{\partial^2(\nabla\times\boldsymbol{u})}{\partial t^2}=-\frac{\mu}{\rho}\nabla\times\nabla\times(\nabla\times\boldsymbol{u}) \tag{9-1-20}$$

将式(9-1-7)中的横波速度项代入可化为

$$\nabla^2(\nabla\times\boldsymbol{u})-\frac{1}{v_{\mathrm{S}}^2}\frac{\partial^2(\nabla\times\boldsymbol{u})}{\partial t^2}=0 \tag{9-1-21}$$

根据 Helmholtz 势分解理论，位移可以用纵波标量势函数 φ 和横波的矢量势函数 $\boldsymbol{\Psi}$ 表示，即

$$\boldsymbol{u}=\nabla\varphi+\nabla\times\boldsymbol{\Psi} \tag{9-1-22}$$

其中，$\nabla\cdot\boldsymbol{\Psi}=0$。则可得

$$\nabla\cdot\boldsymbol{u}=\nabla^2\varphi \tag{9-1-23}$$

$$\nabla\times\boldsymbol{u}=\nabla\times\nabla\times\boldsymbol{\Psi}=\nabla\nabla\cdot\boldsymbol{\Psi}-\nabla^2\boldsymbol{\Psi}=-\nabla^2\boldsymbol{\Psi} \tag{9-1-24}$$

因此，我们可将式(9-1-19)和式(9-1-21)写成势的形式：

$$\nabla^2\varphi-\frac{1}{v_{\mathrm{P}}^2}\frac{\partial^2\varphi}{\partial t^2}=0 \tag{9-1-25}$$

$$\nabla^2\boldsymbol{\Psi}-\frac{1}{v_{\mathrm{S}}^2}\frac{\partial^2\boldsymbol{\Psi}}{\partial t^2}=0 \tag{9-1-26}$$

为有效地推导出层状介质中的面波解，我们先给出平面波和极化的概念，这在面波解的推导过程中是非常重要的。平面波指位移只随波传播方向变化的波动方程的解，在垂直于传播方向的位移无变化为常数。这一概念在后续面波解的推导过程中是极为有用的。在平面

波的假设前提下，容易推知 P 波和 S 波均为线性极化波，其中 P 波是纵向极化波，S 波是垂向极化波。极化的概念在光学中称为偏振，地震学中理解极化可以借助偏振的概念。由于纵横波的不同极化方式，我们可以分别据此给出纵横波的位移分量形式。其中，纵波位移项为

$$\begin{cases} u_x = \dfrac{\partial \varphi}{\partial x} \\ u_y = 0 \\ u_z = 0 \end{cases} \tag{9-1-27}$$

横波位移项为

$$\begin{cases} u_x = (\nabla \times \boldsymbol{\Psi})_x = \dfrac{\partial \Psi_z}{\partial y} - \dfrac{\partial \Psi_y}{\partial z} = 0 \\ u_y = (\nabla \times \boldsymbol{\Psi})_y = \dfrac{\partial \Psi_x}{\partial z} - \dfrac{\partial \Psi_z}{\partial x} = -\dfrac{\partial \Psi_z}{\partial x} \\ u_z = (\nabla \times \boldsymbol{\Psi})_z = \dfrac{\partial \Psi_y}{\partial x} - \dfrac{\partial \Psi_x}{\partial y} = \dfrac{\partial \Psi_y}{\partial x} \end{cases} \tag{9-1-28}$$

沿 x 轴传播的平面波位移不随 y 、z 变化，故有以上结果。横波位移中沿 y 轴的分量为 SH 极化波，沿 z 轴的分量为 SV 极化波。

二、均匀无限半空间介质中的瑞利波方程

在均匀无限半空间介质中，自由表面的边界条件是应力为零，即在介质体靠近空气的一侧可以认为没有对固体介质质点振动的约束，应变是自由的。此时，波动方程[式(9-1-15)]存在一个解，该解最早由英国学者 Rayleigh 勋爵发现，由此命名为瑞利波(Rayleigh wave)，它是在介质分界面附近存在的、由 P 波和 SV 波相互耦合干涉而形成的一种次生波动。我们可以 x 轴方向传播的平面波为例来求解 Rayleigh 波并给出其相应的一些基本性质。

建立以平面波传播方向为 x 轴正方向，竖直向下为 z 轴正方向的笛卡尔坐标系。xOy 为水平自由界面。假设 Rayleigh 波解位移的位移势分别为 φ 和 $\boldsymbol{\Psi}$。瑞利波由纵波及横波中的 SV 波在自由界面附近相长干涉形成，因此根据式(9-1-27)和式(9-1-28)，瑞利波的解可以由纵波位移标量势和 SV 波有关的矢量势分量形式表示，如下所示：

$$\begin{cases} \varphi = f(z)\mathrm{e}^{i(k_\mathrm{R} - \omega t)} \\ \Psi_y = g(z)\mathrm{e}^{i(k_\mathrm{R} - \omega t)} \end{cases} \tag{9-1-29}$$

式中，Ψ_y 为 $\boldsymbol{\Psi}$ 的 y 方向分量。将式(9-1-29)代入波动方程势函数表达式(9-1-25)和(9-1-26)中可得

$$\begin{cases} \dfrac{\mathrm{d}^2 f(z)}{\mathrm{d}z^2} - (k_\mathrm{R}^2 - k_\mathrm{P}^2) f(x) = 0 \\ \dfrac{\mathrm{d}^2 g(z)}{\mathrm{d}z^2} - (k_\mathrm{R}^2 - k_\mathrm{S}^2) g(x) = 0 \end{cases} \tag{9-1-30}$$

其中，$k_\mathrm{P} = \dfrac{\omega}{v_\mathrm{P}}$，$k_\mathrm{S} = \dfrac{\omega}{v_\mathrm{S}}$，$k_\mathrm{R} = \dfrac{\omega}{v_\mathrm{R}}$，上式的解为

$$\begin{cases} f(x) = A\mathrm{e}^{-az} + C\mathrm{e}^{az} \\ g(x) = B\mathrm{e}^{-bz} + D\mathrm{e}^{bz} \end{cases} \tag{9-1-31}$$

其中，$\begin{cases} a = \sqrt{(k_R^2 - k_P^2)} \\ b = \sqrt{(k_R^2 - k_S^2)} \end{cases}$，在无穷远处，即 $z \to \infty$时，C 、D 若不为 0，则不满足收敛条件，所以 C 、D 为 0，则：

$$\begin{cases} \varphi = A\mathrm{e}^{-az} \ \mathrm{e}^{i(k_R x - \omega t)} \\ \Psi_y = B\mathrm{e}^{-bz} \ \mathrm{e}^{i(k_R x - \omega t)} \end{cases} \tag{9-1-32}$$

对 P 与 SV 平面波，$\frac{\partial}{\partial y}$ 和 u_y 是 0，而根据自由界面边界条件，在自由界面处应力为 0，即

$$\begin{cases} \tau_{zz}\big|_{z=0} = \lambda\left(\frac{\partial u_x}{\partial x} + \frac{\partial u_z}{\partial z}\right) + 2\mu\frac{\partial u_z}{\partial z} = 0 \\ \tau_{xz}\big|_{z=0} = \mu\left(\frac{\partial u_x}{\partial z} + \frac{\partial u_z}{\partial x}\right) = 0 \end{cases} \tag{9-1-33}$$

P 波位移可表示为

$$\begin{cases} u_x^P = \frac{\partial \varphi}{\partial x} \\ u_z^P = \frac{\partial \varphi}{\partial z} \end{cases} \tag{9-1-34}$$

S 波位移可表示为

$$\begin{cases} u_x^S = -\frac{\partial \Psi_y}{\partial z} \\ u_z^S = \frac{\partial \Psi_y}{\partial x} \end{cases} \tag{9-1-35}$$

式(9-1-33)中有

$$\begin{cases} u_x = u_x^P + u_x^S = \frac{\partial \varphi}{\partial x} - \frac{\partial \Psi_y}{\partial z} \\ u_z = u_z^P + u_z^S = \frac{\partial \varphi}{\partial z} + \frac{\partial \Psi_y}{\partial x} \end{cases} \tag{9-1-36}$$

根据纵横波速度表达式[式(9-1-7)]可知

$$\begin{cases} \lambda = \rho(v_P^2 - v_S^2) \\ \mu = \rho v_S^2 \end{cases} \tag{9-1-37}$$

将式(9-1-36)和式(9-1-37)代入式(9-1-33)中可得

$$\begin{cases} \left[v_P^2 \nabla^2\varphi + 2v_S^2\left(\frac{\partial^2 \Psi_y}{\partial x \partial y} - \frac{\partial^2 \varphi}{\partial x^2}\right)\right]\Big|_{z=0} = 0 \\ \left[2\frac{\partial^2 \varphi}{\partial x \partial z} + \frac{\partial^2 \Psi_y}{\partial x^2} - \frac{\partial^2 \Psi_y}{\partial z^2}\right]\Big|_{z=0} = 0 \end{cases} \tag{9-1-38}$$

将式(9-1-32)代入式(9-1-38)中，经化简后得

$$\begin{cases} v_P^2(a^2 - k_R^2)\varphi + 2v_S^2(k_R^2\varphi - ik_R b\Psi_y) = 0 \\ -ik_R a\varphi - k_R^2\Psi_y - b^2\Psi_y = 0 \end{cases} \tag{9-1-39}$$

根据 k_P 和 k_S 的定义，代入 $z = 0$ ，得

$$\begin{cases}(2k_R^2-k_S^2)A-2ik_R\sqrt{k_R^2-k_S^2}B=0\\2ik_R^2\sqrt{k_R^2-k_P^2}A+(2k_R^2-k_S^2)B=0\end{cases}\tag{9-1-40}$$

为满足方程有解，则 A、B 不为零，故上述线性方程组的系数行列式为零，即

$$\begin{vmatrix}2k_R^2-k_S^2 & -2ik_R\sqrt{k_R^2-k_S^2}\\2ik_R^2\sqrt{k_R^2-k_P^2} & 2k_R^2-k_S^2\end{vmatrix}=0\tag{9-1-41}$$

或

$$(2k_R^2-k_S^2)^2-4k_R^2\sqrt{k_R^2-k_P^2}\ \sqrt{k_R^2-k_S^2}=0\tag{9-1-42}$$

由于 $\frac{k_R^2}{k_S^2}=\frac{v_S^2}{v_R^2}$，$\frac{k_P^2}{k_S^2}=\frac{v_S^2}{v_P^2}$，则可得

$$\left[2-\left(\frac{v_R}{v_P}\right)^2\right]-4\sqrt{1-\left(\frac{v_R}{v_P}\right)^2}\sqrt{1-\left(\frac{v_R}{v_S}\right)^2}=0\tag{9-1-43}$$

上式即为均匀无限大弹性半空间介质中的 Rayleigh 方程，式中 v_R 为瑞利波的相速度。从式(9-1-43)可知，在均匀半空间介质中瑞利波相速度不依赖于频率变化，也就是说在均匀介质中瑞利波不具备频散特性。

为分析瑞利波的极化，将式(9-1-32)代入式(9-1-36)中并消去 B。根据用复指数表示解的规定，进行物理解释时复指数解取实部，故对分解式取实部即可得到瑞利波位移分量如下：

$$\begin{cases}u_x=Ak_R\left(e^{-az}-\frac{2ab}{2k_R^2-k_S^2}e^{-bz}\right)\sin(\omega t-k_Rx)\\u_z=Ak_R\left(-\frac{a}{k_R}e^{-az}+\frac{2k_R^2-k_S^2}{2bk_R}e^{-bz}\right)\cos(\omega t-k_Rx)\end{cases}\tag{9-1-44}$$

根据纵横波速度比与泊松比间的关系[式(9-1-8)]，以及瑞利波相速度和横波速度及泊松比的关系：

$$v_R=\frac{0.87+1.12\sigma}{1+\sigma}v_S\tag{9-1-45}$$

当介质泊松比为 $\sigma=0.25$ 时，$v_R=0.92v_S$，代入式(9-1-31)可得

$$\begin{cases}a=0.8473k_R\\b=0.3919k_R\end{cases}\tag{9-1-46}$$

将式(9-1-46)代入式(9-1-44)中得

$$\begin{cases}u_x=Ak_R(e^{-0.8473k_Rz}-0.5757e^{-0.3919k_Rz})\sin(\omega t-k_Rx)\\u_z=Ak_R(-0.8473e^{-0.8473k_Rz}+1.4718e^{-0.3919k_Rz})\cos(\omega t-k_Rx)\end{cases}\tag{9-1-47}$$

令 $u_x=M\sin(\omega t-k_Rx)$，$u_z=N\cos(\omega t-k_Rx)$，从上式不难看出：

$$\left(\frac{u_x}{M}\right)^2+\left(\frac{u_z}{N}\right)^2=1\tag{9-1-48}$$

上式表明，瑞利波在自由表面附近的质点运动轨迹为椭圆，这种极化方式称为椭圆极化，质点的垂直位移分量比水平位移分量超前 $\pi/2$。如图 9-1-1 所示，为瑞利波垂直位移与水平位移分量随深度变化图。从图中可知在深度小于 0.2 倍瑞利波波长时，位移分量同号，两者合成为一逆时针转动的椭圆形态，随深度增加逐渐过渡为顺时针转动的椭圆。瑞利波能量主要集中在一个波长范围内。从式(9-1-47)可以看出，位移沿 z 方向呈指数衰减。

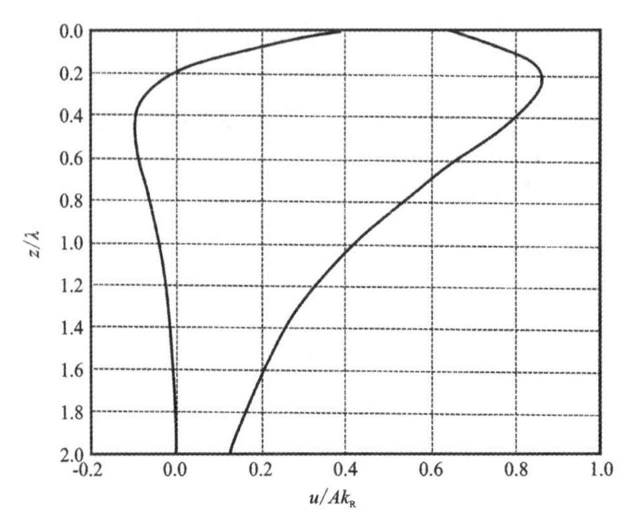

图 9-1-1 瑞利波水平位移与垂直位移随深度变化关系

三、均匀水平层状各向同性半空间介质中的面波频散方程

关于水平层状均匀半空间介质，最简单的情况就是在半空间介质上覆盖了一层有限厚度的水平层状介质，如果采用前述方法进行求解，我们将得到一个 6 阶齐次线性方程组。通过系数形式可发现，该方程组的解不仅与介质弹性参数有关，也与频率有关，这就是层状介质中的面波频散特性。不难发现，即使是两层介质模型，求解的方程都是如此繁琐，对于层数更多的情况，采用这样的方式求解，其方程形式将变得异常繁杂而难以正常求解。因此，该问题在 1950 年代之前无法实现模型计算。直到 1953 年，Haskell 对 Thomson 于 1950 年提出的传递矩阵算法进行修正，使其适合于计算机计算，该问题才得以真正得到解决，之后传播矩阵类算法经过众多学者的不断改进，已成为工程计算中的成熟算法。接下来，我们将按照 Aki 和 Richard《定量地震学》中介绍的方式，简单说明传递矩阵算法的基本原理。

假设沿 x 轴方向传播的平面波的方程为

$$\boldsymbol{u}(x,y,z,t)=\boldsymbol{Z}(z)\,\mathrm{e}^{i(kx-\omega t)} \tag{9-1-49}$$

对于上式，必须满足 $z=0$ 处牵引力为零的自由界面边界条件和在 $z=\infty$处位移振幅为零的辐射条件，以及波动方程。在这些条件下，对于给定的角频率 ω，若 k 取一稳定值如 $k_n(\omega)$，则有意义的解可能存在，这是一个本征问题。可能遇到对于给定的频率 ω，有不止一个 k 的值保证面波方程(9-1-49)成立，因此我们用脚标的形式 $k_n(\omega)$ 来表示，此处 $k_n(\omega)$ 是一个本征值，其中 $n=0,1,2,3,\cdots$，其相应的解 $u_n(z)$ 是一个本征函数，$n=0$ 时的解为面波的基阶模态（也称为基阶振型），其他情况为高阶模态。

由震源产生的脉冲信号在介质中传播时，不同频率的面波以各自的速度传播，这个速度称之为面波的相速度；而各个频率的面波成分在传播的过程中总会存在相遇叠加的现象，叠加后会形成一组能量团，以能量团的形式传播，这种代表能量团波包的传播速度称之为面波的群速度。为了让大家理解面波群速度和相速度的关系，可以两个简谐波的叠加来说明：

$$u(x,t)=\cos(\omega_1 t-k_1 x)+\cos(\omega_2 t-k_2 x) \tag{9-1-50}$$

假设两个谐波的平均角频率为 ω ,平均波数为 k ,即

$$\begin{cases}\omega_1 = \omega - \delta\omega, k_1 = k - \delta k \\ \omega_2 = \omega + \delta\omega, k_2 = k + \delta k\end{cases} \tag{9-1-51}$$

于是有

$$u(x,t) = \cos[(\omega t - kx) - (\delta\omega t - \delta kx)] + \cos[(\omega t - kx) + (\delta\omega t - \delta kx)]$$

应用三角公式可得

$$u(x,t) = 2\cos(\omega t - kx)\cos(\delta kx - \delta\omega t)$$

上式显示了一个平均频率为 ω 的信号被一个周期更长(频率为 $\delta\omega$)的波调制。其中,短周期波的速度是 ω/k ,长周期包络的传播速度为 $\delta\omega/\delta k$ 。前者就是波的相速度 c ,后者则为波包的群速度 U 。在 $\delta\omega$ 和 δk 极限趋于 0 时,则有

$$U = \frac{\mathrm{d}\omega}{\mathrm{d}k} \tag{9-1-52}$$

根据谐波参数间的关系,群速度可以化为以下形式:

$$U = \frac{\mathrm{d}\omega}{\mathrm{d}k} = c + k\frac{\mathrm{d}c}{\mathrm{d}k} = c\left(1 - k\frac{\mathrm{d}c}{\mathrm{d}\omega}\right)^{-1} \tag{9-1-53}$$

根据上式,我们可以由相速度计算群速度。但在实际求解过程中,该微分公式往往容易造成严重的数值不稳定问题,需要采用面波的变分原理将微分过程转变为积分过程,才能有效解决数值求解过程中的不稳定问题。

考虑竖向非均匀的、各向同性的弹性介质中的面波,在 $z > 0$ 的半空间中,介质的弹性参数 $\lambda(z)$ 、$\mu(z)$ 和密度 $\rho(z)$ 都是深度 z 的函数。在此,我们仅讨论沿 x 方向传播的水平面波。由于频散的原因,面波水平波数 k 和频率间的关系比较复杂,因此将 k 作为一个明确的符号而不分解为 ω 与水平慢度的乘积。

对 Love 波(SH 波),运动方程[式(9-1-15)]有如下形式的解:

$$\begin{cases}u_x = 0 \\ u_y = l_1(k,\omega,z)\exp[i(kx - \omega t)] \\ u_z = 0\end{cases} \tag{9-1-54}$$

与上述位移对应的应力分量为

$$\begin{cases}\tau_{xx} = \tau_{yy} = \tau_{zz} = \tau_{zx} = 0 \\ \tau_{yz} = \mu\dfrac{\mathrm{d}\,l_1}{\mathrm{d}z}\exp[i(kx - \omega t)] \\ \tau_{xy} = ik\mu\, l_1\exp[i(kx - \omega t)]\end{cases} \tag{9-1-55}$$

将式(9-1-54)和式(9-1-55)代入运动方程[式(9-1-15)]中可得如下形式的运动方程:

$$-\omega^2\rho(z)\, l_1 = \frac{\mathrm{d}}{\mathrm{d}z}\left[\mu(z)\frac{\mathrm{d}\,l_1}{\mathrm{d}z}\right] - k^2\mu(z)\, l_1 \tag{9-1-56}$$

显然,Love 波就是以上运动方程满足自由界面边界条件、无穷远处辐射条件、层界面处应力和位移连续条件时的一个解。在应力分量 τ_{yz} 连续的条件下,我们可以导出一个新的函数来描述 τ_{yz} 和 z 的关系:

$$\tau_{yz} = l_2(k,z,\omega)\exp[i(kx - \omega t)] \tag{9-1-57}$$

于是,式(9-1-55)和式(9-1-56)可以化为一组一阶常微分方程:

$$\begin{cases}\dfrac{\mathrm{d}\,l_1}{\mathrm{d}z}=\dfrac{l_2}{\mu(z)}\\[2ex]\dfrac{\mathrm{d}\,l_2}{\mathrm{d}z}=[k^2\mu(z)-\omega^2\rho(z)]\,l_1\end{cases}\tag{9-1-58}$$

即

$$\frac{\mathrm{d}}{\mathrm{d}z}\begin{pmatrix}l_1\\l_2\end{pmatrix}=\begin{bmatrix}0&\mu(z)^{-1}\\k^2\mu(z)-\omega^2\rho(z)&0\end{bmatrix}\begin{pmatrix}l_1\\l_2\end{pmatrix}\tag{9-1-59}$$

我们称 $(l_1,l_2)^T$ 为 Love 波的运动-应力向量(motion-stress vector),Rayleigh 波的运动-应力向量可以用类似的方式得到

$$\begin{cases}u_x=r_1(k,z,\omega)\exp[i(kx-\omega t)]\\u_y=0\\u_z=ir_2(k,z,\omega)\exp[i(kx-\omega t)]\end{cases}\tag{9-1-60}$$

对应的应力分量为

$$\begin{cases}\tau_{yz}=\tau_{xy}=0\\[1ex]\tau_{xx}=i\left[\lambda\dfrac{\mathrm{d}r_2}{\mathrm{d}z}+k(\lambda+2\mu)\,r_1\right]\exp[i(kx-\omega t)]\\[2ex]\tau_{yy}=i\left[\lambda\dfrac{\mathrm{d}r_2}{\mathrm{d}z}+k\lambda r_1\right]\exp[i(kx-\omega t)]\\[2ex]\tau_{zz}=i\left[(\lambda+2\mu)\dfrac{\mathrm{d}r_2}{\mathrm{d}z}+k\lambda r_1\right]\exp[i(kx-\omega t)]\\[2ex]\tau_{zx}=\mu\left(\dfrac{\mathrm{d}r_1}{\mathrm{d}z}+kr_2\right)\exp[i(kx-\omega t)]\end{cases}\tag{9-1-61}$$

与 Love 波一样,应力分量 τ_{zx} 和 τ_{zz} 可以写成

$$\begin{cases}\tau_{zx}=r_3(k,z,\omega)\exp[i(kx-\omega t)]\\\tau_{zz}=i\,r_4(k,z,\omega)\exp[i(kx-\omega t)]\end{cases}\tag{9-1-62}$$

于是,从式(9-1-60)和式(9-1-61)可得到运动-应力向量 $(r_1,r_2,r_3,r_4)^{\mathrm{T}}$ 的微分方程为

$$\frac{\mathrm{d}}{\mathrm{d}z}\begin{pmatrix}r_1\\r_2\\r_3\\r_4\end{pmatrix}=\begin{bmatrix}0&k&\mu(z)^{-1}&0\\-k\lambda(z)\,[\lambda(z)+2\mu(z)]^{-1}&0&0&[\lambda(z)+2\mu(z)]^{-1}\\k^2\xi(z)-\omega^2\rho(z)&0&0&k\lambda(z)\,[\lambda(z)+2\mu(z)]^{-1}\\0&-\omega^2\rho(z)&-k&0\end{bmatrix}\begin{pmatrix}r_1\\r_2\\r_3\\r_4\end{pmatrix}\tag{9-1-63}$$

其中,$\xi(z)=4\mu(z)[\lambda(z)+\mu(z)]/[\lambda(z)+2\mu(z)]$。

运动-应力向量表示形式最早由 Alterman 等在 1959 年提出。式(9-1-59)和式(9-1-63)中的矩阵形式上看起来非常简单,$\lambda(z)$、$\mu(z)$ 和密度 $\rho(z)$ 都是深度 z 的函数,但它们并未包含介质参数的空间梯度,这也就为数值计算带来了巨大的优势,可有效避免在解中包含微分求解所带来的误差。另外,应力和位移在介质中都是连续的,从而使这种形式自动满足数值积分的过程。

面波场的边界条件可简单地描述为在自由界面($z=0$)处牵引力为零,以及在无限远处无运动,即

$$\begin{cases} r_3 = r_4 = l_2 = 0, (z = z_0) \\ r_1, r_2, l_1 \to 0, (z \to \infty) \end{cases} \tag{9-1-64}$$

对于给定的频率 ω ，在式(9-1-64)表示的条件下，仅对有限的 $k = k_n(\omega)$ 值，式(9-1-59)和式(9-1-63)存在非零解。于是，我们可以求得对应模态的相速度 $\omega / k_n(\omega)$ ，并根据运动-应力向量的解给出 z 和该振型的依赖关系。

第 2 节　面波频散计算的传递矩阵算法

求解第一节中给出的本征值和本征向量问题的方法有很多，如数值积分法和传递矩阵法。传递矩阵法是分层均匀半空间介质面波频散方程求解的常用方法，目前已经在工业界广泛应用。下面我们介绍其实现原理和过程。

对于运动-应力向量，可推广到矩阵形式：

$$\frac{\mathrm{d}\boldsymbol{f}(z)}{\mathrm{d}z} = \boldsymbol{A}(z)\boldsymbol{f}(z) \tag{9-2-1}$$

这里 $\boldsymbol{f}(z)$ 是一个 $n \times 1$ 的列向量，$\boldsymbol{A}(z)$ 是一个 $n \times n$ 的矩阵；对 Love 波而言 $n = 2$ ，对 Rayleigh 波而言 $n = 4$ 。

传递矩阵(矩阵子)的定义如下：

$$\boldsymbol{P}(z, z_0) = \boldsymbol{I} + \int_{z_0}^{z} \boldsymbol{A}(\xi_1)\mathrm{d}\,\xi_1 + \int_{z_0}^{z} [\boldsymbol{A}(\xi_1)\int_{z_0}^{z} \boldsymbol{A}(\xi_2)\mathrm{d}\,\xi_2]\mathrm{d}\,\xi_1 + \cdots \tag{9-2-2}$$

其中，$\boldsymbol{I}$ 是单位矩阵。

令 $\boldsymbol{f}(z) = \boldsymbol{P}(z, z_0)$ ，显然满足式(9-2-1)，即 $\frac{\mathrm{d}\boldsymbol{P}(z, z_0)}{\mathrm{d}z} = \boldsymbol{A}(z)\boldsymbol{P}(z, z_0)$ ，根据式(9-2-2)有 $\boldsymbol{P}(z_0, z_0) = \boldsymbol{I}$ ，则 $\boldsymbol{f}(z_0) = \boldsymbol{I}\boldsymbol{f}(z_0) = \boldsymbol{P}(z_0, z_0)\boldsymbol{f}(z_0)$。于是可令 $\boldsymbol{f}(z) = \boldsymbol{P}(z, z_0)\boldsymbol{f}(z_0)$ 代入式(9-2-1)中，方程成立。

综上，我们将某个深度 z 处的运动-应力向量表示为边界 z_0 上运动-应力向量与传递矩阵的乘积形式。对于多层介质模型(含有多个边界)，则可写成链式法则形式：

$$\boldsymbol{f}(z_2) = \boldsymbol{P}(z_2, z_1)\boldsymbol{f}(z_1) = \boldsymbol{P}(z_2, z_1)\boldsymbol{P}(z_1, z_0)\boldsymbol{f}(z_0) \tag{9-2-3}$$

令 $z_2 = z_0$ ，对任意 $\boldsymbol{f}(z_0)$ 应用式(9-2-2)，可得

$$\boldsymbol{I} = \boldsymbol{P}(z_0, z_1)\boldsymbol{P}(z_1, z_0) \tag{9-2-4}$$

由上式可知，矩阵 $\boldsymbol{P}(z_1, z_0)$ 的逆矩阵是 $\boldsymbol{P}(z_0, z_1)$ 。根据 Thomson 和 Haskell 的假设，对于给定的层，$\boldsymbol{A}(z)$ 是与深度 z 无关的常数，则传递矩阵可根据写成

$$\boldsymbol{P}(z, z_0) = \boldsymbol{I} + (z - z_0)\boldsymbol{A} + \frac{1}{2}(z - z_0)^2\boldsymbol{A}\boldsymbol{A} + \cdots = \mathrm{e}^{(z - z_0)\boldsymbol{A}} \tag{9-2-5}$$

对于一个具有不同本征值 $\lambda_k (k = 1, 2, 3, \cdots, n)$ 的方阵 $\boldsymbol{A}$ ，矩阵 $\boldsymbol{A}$ 的函数可按照 Sylvester 公式展开：

$$F(A) = \sum_{k=1}^{n} F(\lambda_k) \frac{\prod_{r \neq k} (A - \lambda_r I)}{\prod_{r \neq k} (\lambda_k - \lambda_r)} \tag{9-2-6}$$

也正是该式规定了式(9-2-5)最后一部分的意义。对于 Love 波：

$$\boldsymbol{A} = \begin{bmatrix} 0 & \mu^{-1} \\ k^2\mu - \omega^2\rho & 0 \end{bmatrix} \tag{9-2-7}$$

为求本征值，解 $|\boldsymbol{A}-\lambda\boldsymbol{I}|=0$，得 $\lambda=\pm\sqrt{k^2-\omega^2/v_S^2}=\pm\nu$，将结果代入式(9-2-4)中，可得

$$\boldsymbol{P}(z,z_0) = \mathrm{e}^{(z-z_0)\boldsymbol{A}} = \begin{bmatrix} \cosh[\nu(z-z_0)] & \dfrac{1}{\mu\nu}\sinh[\nu(z-z_0)] \\ \nu\mu\sin[\nu(z-z_0)] & \cosh[\nu(z-z_0)] \end{bmatrix} \tag{9-2-8}$$

当 z 和 z_0 两者都在同一层内时，通过 $l(z_0)$ 可以计算出运动-应力向量 $l(z)$ 。对于层状介质，当 $z_k > z > z_{k-1}$ 时，传递矩阵为 $\boldsymbol{P}(z,z_0)$，则有

$$f(z) = \boldsymbol{P}(z,z_{k-1})\boldsymbol{P}(z_{k-1},z_{k-2})\cdots\boldsymbol{P}(z_1,z_0) = \boldsymbol{P}(z,z_0)f(z_0) \tag{9-2-9}$$

所以

$$\boldsymbol{P}(z,z_0) = \mathrm{e}^{(z-z_{k-1})A_k}\prod_{l=1}^{k-1}\mathrm{e}^{(z_l-z_{l-1})A_l} \tag{9-2-10}$$

与此类似，Rayleigh 波的层矩阵，可以求得 $\boldsymbol{A}$ 的本征值为 $\pm\gamma=\pm\sqrt{(k^2-\omega^2/v_P^2)}$ 和 $\pm\nu=\pm\sqrt{(k^2-\omega^2/v_S^2)}$ 。则 $\boldsymbol{P}(z,z_0)$ 给出 z 和 z_0 两者都在同一层内时的传递矩阵元素：

$$\boldsymbol{P}(z,z_0) = \begin{bmatrix} P_{11} & P_{12} & P_{13} & P_{14} \\ P_{21} & P_{22} & P_{23} & P_{24} \\ P_{31} & P_{32} & P_{33} & P_{34} \\ P_{41} & P_{42} & P_{43} & P_{44} \end{bmatrix} \tag{9-2-11}$$

其中矩阵各元素分别为

$$\begin{cases}
P_{11} = P_{33} = 1 + \dfrac{2\mu}{\omega^2\rho}\left\{2k^2\sinh^2\left[\dfrac{\gamma(z-z_0)}{2}\right] - (k^2+\nu^2)\sinh^2\left[\dfrac{\nu(z-z_0)}{2}\right]\right\} \\
P_{12} = -P_{43} = \dfrac{k\mu}{\omega^2\rho}\left\{(k^2+\nu^2)\dfrac{\sinh[\gamma(z-z_0)]}{\gamma} - 2\nu\sinh[\nu(z-z_0)]\right\} \\
P_{13} = \dfrac{1}{\omega^2\rho}\left\{k^2\dfrac{\sinh[\gamma(z-z_0)]}{\gamma}\nu\sinh[\nu(z-z_0)]\right\} \\
P_{14} = -P_{23} = \dfrac{2k}{\omega^2\rho}\left\{\sinh^2\left[\dfrac{\gamma(z-z_0)}{2}\right] - \sinh^2\left[\dfrac{\nu(z-z_0)}{2}\right]\right\} \\
P_{21} = -P_{34} = \dfrac{k\mu}{\omega^2\rho}\left\{(k^2+\nu^2)\dfrac{\sinh[\nu(z-z_0)]}{\nu} - 2\gamma\sinh[\gamma(z-z_0)]\right\} \\
P_{22} = P_{44} = 1 + \dfrac{2\mu}{\omega^2\rho}\left\{2k^2\sinh^2\left[\dfrac{\nu(z-z_0)}{2}\right] - (k^2+\nu^2)\sinh^2\left[\dfrac{\gamma(z-z_0)}{2}\right]\right\} \\
P_{24} = \dfrac{1}{\omega^2\rho}\left\{k^2\dfrac{\sinh[\nu(z-z_0)]}{\nu} - 2\gamma\sinh[\gamma(z-z_0)]\right\} \\
P_{31} = \dfrac{\mu^2}{\omega^2\rho}\left\{4k^2\gamma\sinh[\gamma(z-z_0)] - (k^2+\nu^2)^2\dfrac{\sinh[\nu(z-z_0)]}{\nu}\right\} \\
P_{32} = -P_{41} = 2\mu^2(k^2+\nu^2)P_{14} \\
P_{42} = \dfrac{\mu^2}{\omega^2\rho}\left\{4k^2\nu\sinh[\nu(z-z_0)] - (k^2+\nu^2)\dfrac{\sinh[\gamma(z-z_0)]}{\gamma}\right\}
\end{cases} \tag{9-2-12}$$

以上便是面波传递矩阵的形式。

下面将运动-应力向量和半空间中的上行波和下行波联系起来考虑，在均匀半空间层中，对 SH 波有

$$\begin{pmatrix} l_1 \\ l_2 \end{pmatrix} = \begin{pmatrix} e^{-\nu z} & e^{\nu z} \\ -\nu\mu e^{-\nu z} & \nu\mu e^{\nu z} \end{pmatrix} \begin{pmatrix} S_d \\ S_u \end{pmatrix} = \boldsymbol{FW}$$

$$\nu = (k^2 - \omega^2 / v_S^2)^{1/2}, v_S = (\mu/\rho)^{1/2} \tag{9-2-13}$$

式中：S_d 表示下行横波位移振幅常数；S_u 表示上行横波位移振幅常数；$\boldsymbol{F}$ 是位移振幅的常数。对式(9-2-13)的第一个方程求逆可得

$$\boldsymbol{W} = \begin{pmatrix} S_d \\ S_u \end{pmatrix} = \frac{1}{2\nu\mu} \begin{pmatrix} \nu\mu e^{\nu z} & -e^{-\nu z} \\ \nu\mu e^{\nu z} & e^{-\nu z} \end{pmatrix} \begin{pmatrix} l_1 \\ l_2 \end{pmatrix} = \boldsymbol{F}^{-1} \begin{pmatrix} l_1 \\ l_2 \end{pmatrix} \tag{9-2-14}$$

将 $z=0$ 处的位移-应力向量代入，可得

$$\boldsymbol{W}_{n+1} = \boldsymbol{F}_{n+1}^{-1} \boldsymbol{P}(z_n, 0) \boldsymbol{L}(0) = \boldsymbol{BL}(0) \tag{9-2-15}$$

因在最后的半空间无上行波，且自由界面上需满足自由界面边界条件[$S_u^{n+1} = 0, l_2(0) = 0$]，所以有

$$\begin{pmatrix} S_d^{n+1} \\ 0 \end{pmatrix} = \begin{pmatrix} B_{11} & B_{12} \\ B_{21} & B_{22} \end{pmatrix} \begin{pmatrix} l_1(0) \\ 0 \end{pmatrix} \tag{9-2-16}$$

对于上式，要使解有意义必须满足：

$$B_{21} = 0 \tag{9-2-17}$$

式(9-2-17)就是 *Love* 波在均匀层状半空间的频散方程，通过给定 ω，尝试 k 值，进行求解。求出本征值 k 后代入式(9-2-10)可计算本征函数。

采用类似的方式，可以推导出 *Rayleigh* 波的频散方程：

$$\begin{pmatrix} r_1 \\ r_2 \\ r_3 \\ r_4 \end{pmatrix} = \boldsymbol{FW} = \boldsymbol{F} \begin{pmatrix} P_d \\ S_d \\ P_u \\ S_u \end{pmatrix} \tag{9-2-18}$$

矩阵 $\boldsymbol{F}$ 可写成

$$\boldsymbol{F} = \omega^{-1} \times \begin{pmatrix} v_P k & v_S \nu & v_P k & v_S \nu \\ v_P \gamma & v_S k & -v_P \gamma & -v_S k \\ -2v_P \mu k \gamma & -v_S \mu (k^2 + \nu^2) & 2v_P \mu k \gamma & v_S \mu (k^2 + \nu^2) \\ -v_P \mu (k^2 + \nu^2) & -2v_S \mu k \nu & -v_P \mu (k^2 + \nu^2) & -2v_S \mu k \nu \end{pmatrix} \times$$

$$\begin{pmatrix} e^{-\gamma z} & 0 & 0 & 0 \\ 0 & e^{-\nu z} & 0 & 0 \\ 0 & 0 & e^{\gamma z} & 0 \\ 0 & 0 & 0 & e^{\nu z} \end{pmatrix} \tag{9-2-19}$$

$\boldsymbol{F}$ 的逆矩阵为

$$\boldsymbol{F}^{-1}=\begin{pmatrix} e^{\gamma z} & 0 & 0 & 0 \\ 0 & e^{\nu z} & 0 & 0 \\ 0 & 0 & e^{-\gamma z} & 0 \\ 0 & 0 & 0 & e^{\nu z} \end{pmatrix}\times\frac{v_S}{2v_S\mu\gamma\nu\omega}\times$$

$$\begin{pmatrix} 2v_S\mu k\gamma\nu & -v_S\mu\omega(k^2+\nu^2) & -v_Sk\nu & v_S\gamma\nu \\ -v_P\mu\gamma(k^2+\nu^2) & 2v_P\mu k\gamma\nu & v_P\gamma\nu & -v_Pk\gamma \\ 2v_S\mu k\gamma\nu & v_S\mu\omega(k^2+\nu^2) & v_Sk\nu & v_S\gamma\nu \\ -v_P\mu\gamma(k^2+\nu^2) & -2v_P\mu k\gamma\nu & -v_P\gamma\nu & -v_Pk\gamma \end{pmatrix} \tag{9-2-20}$$

$\boldsymbol{W}$、$\boldsymbol{F}$、$\boldsymbol{F}^{-1}$的每一个元素都是层内介质弹性参数的函数，应用与前述 Love 波一样的边界条件我们可得到 Rayleigh 波的频散方程。多层介质模型半空间中不同类型波的振幅可表示为

$$\boldsymbol{W}_{n+1}=\boldsymbol{F}_{n+1}^{-1}\boldsymbol{P}(z_n,0)\boldsymbol{r}(0)=\boldsymbol{Br}(0) \tag{9-2-21}$$

即

$$\begin{pmatrix} P_d^{n+1} \\ S_d^{n+1} \\ 0 \\ 0 \end{pmatrix}=\begin{bmatrix} B_{11} & B_{12} & B_{13} & B_{14} \\ B_{21} & B_{22} & B_{23} & B_{24} \\ B_{31} & B_{32} & B_{33} & B_{34} \\ B_{41} & B_{42} & B_{43} & B_{44} \end{bmatrix}\begin{pmatrix} r_1(0) \\ r_2(0) \\ 0 \\ 0 \end{pmatrix} \tag{9-2-22}$$

则 Rayleigh 波的频散方程为

$$\begin{vmatrix} B_{31} & B_{32} \\ B_{41} & B_{42} \end{vmatrix}=0 \tag{9-2-23}$$

以上公式在实际计算过程中是存在很大的数值不稳定问题的，这些问题经过众多学者不断的研究被发现并被改进，形成了各种不同的矩阵传递算法，如 Schwab-Knopoff 法、Menke 矩阵法、反射-透射系数法等。至今，仍有很多学者在对传递矩阵算法的数值计算过程进行研究。后面我们将分别介绍快速矢量及快速标量传递算法、广义反射-透射系数算法、快速 Schwab-Knopoff 算法等优秀的频散曲线计算方法。

第 3 节　快速矢量及标量传递算法

一、无量纲实数传递矩阵算法

如式(9-1-15)所示的均匀介质中的弹性波矢量波动，根据 Helmholtz 势分解定理，将位移用势函数分解，引入位移势函数：

$$\vec{u}=\nabla\varphi+\nabla\times(\chi\vec{e_z})+\nabla\times\nabla\times(\psi\vec{e_z}/k) \tag{9-3-1}$$

分解后如下所示：

$$\begin{cases}\nabla^2\varphi = \dfrac{1}{v_{\mathrm{P}}^2}\dfrac{\partial^2\varphi}{\partial t^2}\\ \nabla^2\chi = \dfrac{1}{v_{\mathrm{S}}^2}\dfrac{\partial^2\chi}{\partial t^2}\\ \nabla^2\psi = \dfrac{1}{v_{\mathrm{S}}^2}\dfrac{\partial^2\psi}{\partial t^2}\end{cases} \tag{9-3-2}$$

其中，φ、χ、ψ 表示质点的位移势，他们分别代表着 P、SH、SV 波型。其通解形式可写为

$$\begin{cases}\varphi = A\mathrm{e}^{iaz} + B\mathrm{e}^{-iaz}\\ \psi = C\mathrm{e}^{ibz} + D\mathrm{e}^{-ibz}\\ \chi = E\mathrm{e}^{ibz} + F\mathrm{e}^{-ibz}\end{cases} \tag{9-3-3}$$

式中：$a = k_{\mathrm{P}}^2 - k^2$、$b = k_{\mathrm{S}}^2 - k^2$、$k_{\mathrm{P}} = \omega^2/v_{\mathrm{P}}^2$、$k_{\mathrm{S}} = \omega^2/v_{\mathrm{S}}^2$；$A$、$B$、$C$、$D$、$E$、$F$ 为待定常数；$k = \omega/v_r$ 表示面波的水平波数。由于瑞利波是由 P 波和 SV 波在自由表面处相互干涉而形成，现仅考虑 P 波和 SV 波的方程。假设介质由 n 层均匀各向同性弹性水平层状介质构成，如图 9-3-1所示，我们先考虑瑞利波的频散曲线，瑞利波的频散曲线仅与地层的横波速度、纵波速度、密度、层厚度等参数有关。

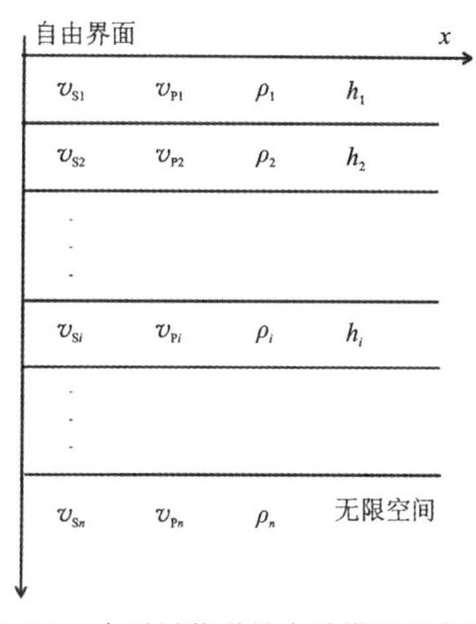

图 9-3-1　水平层状弹性介质模型示意图

将位移势通解[式(9-3-3)]代入柱坐标系统，对于频率为 ω，相速度为 v_{R} 的轴对称柱面瑞利波，考虑其轴对称性，由各层介质的 Navier 方程引入 Helmholtz 势分解可得到以下的位移与应力关系式：

$$\begin{cases}u_r = \left[k\varphi + \dfrac{\partial\psi}{\partial z}\right]H_0^{(1)'}(kr)\,\mathrm{e}^{i\omega t}\\ u_\theta = 0\\ u_z = \left[k\psi + \dfrac{\partial\varphi}{\partial z}\right]H_0^{(1)}(kr)\,\mathrm{e}^{-i\omega t}\\ \tau_{rz} = 2\mu k\left[\gamma k\psi + \dfrac{\partial\varphi}{\partial z}\right]H_0^{(1)'}(kr)\,\mathrm{e}^{i\omega t}\\ \tau_{\theta z} = 0\\ \tau_{zz} = 2\mu k\left[\gamma k\varphi + \dfrac{\partial\psi}{\partial z}\right]H_0^{(1)}(kr)\,\mathrm{e}^{i\omega t}\end{cases} \tag{9-3-4}$$

式中：u_r、u_θ、u_z、τ_{rz}、$\tau_{\theta z}$、τ_{zz} 分别表示位移及应力矢量在柱坐标系下的各个分量，$H_0^{(1)}$ 和 $H_0^{(1)'}$ 分别表示第一类零阶汉克尔函数及其导数，k 为面波的水平波数。根据前述纵横波通解形式有

$$\begin{cases}\varphi = \varphi(z) = A\mathrm{e}^{i\gamma_{\mathrm{P}}kz} + B\mathrm{e}^{-i\gamma_{\mathrm{P}}kz}\\ \psi = \psi(z) = C\mathrm{e}^{i\gamma_{\mathrm{S}}kz} + D\mathrm{e}^{-i\gamma_{\mathrm{S}}kz}\end{cases} \tag{9-3-5}$$

$$\begin{cases}\gamma_{\mathrm{P}}=\sqrt{\dfrac{v_r^2}{v_{\mathrm{P}}^2}-1}\\ \gamma_{\mathrm{S}}=\sqrt{\dfrac{v_r^2}{v_{\mathrm{S}}^2}-1}\\ \gamma=1-\dfrac{v_r^2}{2v_{\mathrm{S}}^2}\end{cases} \tag{9-3-6}$$

A、B、C、D 依然为待定常数。

定义位移应力矢量为 $\boldsymbol{S}=(U_1,U_2,P_1,P_2)^{\mathrm{T}}$，其中 U_1、U_2、P_1、P_2 由下式来确定：

$$\begin{cases}u_r=U_1H_0^{(1)'}(kr)\mathrm{e}^{-i\omega t}\\ u_z=U_2H_0^{(1)}(kr)\mathrm{e}^{-i\omega t}\\ \tau_{rz}=2\mu kP_1H_0^{(1)'}(kr)\mathrm{e}^{-i\omega t}\\ \tau_{zz}=2\mu kP_2H_0^{(1)}(kr)\mathrm{e}^{-i\omega t}\end{cases} \tag{9-3-7}$$

定义势矢量为 $\boldsymbol{\Phi}=\left[k\varphi(z),k\psi(z),\dfrac{\partial\varphi(z)}{\partial z},\dfrac{\partial\psi(z)}{\partial z}\right]^{\mathrm{T}}$。因此有

$$\boldsymbol{S}=\begin{bmatrix}k\varphi+\dfrac{\partial\psi}{\partial z}\\ k\psi+\dfrac{\partial\varphi}{\partial z}\\ \gamma k\psi+\dfrac{\partial\varphi}{\partial z}\\ \gamma k\varphi+\dfrac{\partial\psi}{\partial z}\end{bmatrix},\boldsymbol{M}=\begin{bmatrix}1&0&0&1\\0&1&1&0\\0&\gamma&1&0\\ \gamma&0&0&1\end{bmatrix},\boldsymbol{\Phi}=\begin{bmatrix}k\varphi\\ k\psi\\ \dfrac{\partial\varphi}{\partial z}\\ \dfrac{\partial\psi}{\partial z}\end{bmatrix} \tag{9-3-8}$$

即 $\boldsymbol{S}=\boldsymbol{M\Phi}$。

设各层的上、下界面位移应力矢量和势矢量分别为 $\boldsymbol{S}_{\mathrm{u}}^i$、$\boldsymbol{\Phi}_{\mathrm{u}}^i$、$\boldsymbol{S}_{\mathrm{d}}^i$、$\boldsymbol{\Phi}_{\mathrm{d}}^i$，$i$ 表示层号。现在我们假设第 i 层层厚为 h，其下界面埋深为 z（上界面埋深为 $z-h$），则由势矢量通解形式及指数函数的导数运算法则[$(\mathrm{e}^{ax})'=a\mathrm{e}^{ax}$]可得该地层上、下界面上的势矢量 $\boldsymbol{\Phi}_{\mathrm{u}}^i$ 与 $\boldsymbol{\Phi}_{\mathrm{d}}^i$ 的具体形式为

$$\boldsymbol{\Phi}_{\mathrm{d}}^i=\begin{bmatrix}k\varphi_{\mathrm{d}}^i\\ k\psi_{\mathrm{d}}^i\\ \partial\varphi_{\mathrm{d}}^i/\partial z\\ \partial\psi_{\mathrm{d}}^i/\partial z\end{bmatrix}=\begin{bmatrix}k(A\mathrm{e}^{i\gamma_{\mathrm{P}}kz}+B\mathrm{e}^{-i\gamma_{\mathrm{P}}kz})\\ k(C\mathrm{e}^{i\gamma_{\mathrm{S}}kz}+D\mathrm{e}^{-i\gamma_{\mathrm{S}}kz})\\ i\gamma_{\mathrm{P}}k(A\mathrm{e}^{i\gamma_{\mathrm{P}}kz}-B\mathrm{e}^{-i\gamma_{\mathrm{P}}kz})\\ i\gamma_{\mathrm{S}}k(C\mathrm{e}^{i\gamma_{\mathrm{S}}kz}-D\mathrm{e}^{-i\gamma_{\mathrm{S}}kz})\end{bmatrix} \tag{9-3-9}$$

$$\boldsymbol{\Phi}_{\mathrm{u}}^i=\begin{bmatrix}k\varphi_{\mathrm{u}}^i\\ k\psi_{\mathrm{u}}^i\\ \partial\varphi_{\mathrm{u}}^i/\partial z\\ \partial\psi_{\mathrm{u}}^i/\partial z\end{bmatrix}=\begin{bmatrix}k(A\mathrm{e}^{i\gamma_{\mathrm{P}}k(z-h)}+B\mathrm{e}^{-i\gamma_{\mathrm{P}}k(z-h)})\\ k(C\mathrm{e}^{i\gamma_{\mathrm{S}}k(z-h)}+D\mathrm{e}^{-i\gamma_{\mathrm{S}}k(z-h)})\\ i\gamma_{\mathrm{P}}k(A\mathrm{e}^{i\gamma_{\mathrm{P}}k(z-h)}-B\mathrm{e}^{-i\gamma_{\mathrm{P}}k(z-h)})\\ i\gamma_{\mathrm{S}}k(C\mathrm{e}^{i\gamma_{\mathrm{S}}k(z-h)}-D\mathrm{e}^{-i\gamma_{\mathrm{S}}k(z-h)})\end{bmatrix}=\begin{bmatrix}k(A\mathrm{e}^{i\gamma_{\mathrm{P}}kz}\mathrm{e}^{-i\gamma_{\mathrm{P}}kh}+B\mathrm{e}^{-i\gamma_{\mathrm{P}}kz}\mathrm{e}^{i\gamma_{\mathrm{P}}kh})\\ k(C\mathrm{e}^{i\gamma_{\mathrm{S}}kz}\mathrm{e}^{-i\gamma_{\mathrm{S}}kh}+D\mathrm{e}^{-i\gamma_{\mathrm{S}}kz}\mathrm{e}^{i\gamma_{\mathrm{S}}kh})\\ i\gamma_{\mathrm{P}}k(A\mathrm{e}^{i\gamma_{\mathrm{P}}kz}\mathrm{e}^{-i\gamma_{\mathrm{P}}kh}-B\mathrm{e}^{-i\gamma_{\mathrm{P}}kz}\mathrm{e}^{i\gamma_{\mathrm{P}}kh})\\ i\gamma_{\mathrm{S}}k(C\mathrm{e}^{i\gamma_{\mathrm{S}}kz}\mathrm{e}^{-i\gamma_{\mathrm{S}}kh}-D\mathrm{e}^{-i\gamma_{\mathrm{S}}kz}\mathrm{e}^{i\gamma_{\mathrm{S}}kh})\end{bmatrix} \tag{9-3-10}$$

令 $p=\gamma_{\mathrm{P}}kh$ 、$q=\gamma_{\mathrm{S}}kh$ ，则根据欧拉公式：$e^{ix}=\cos x+i\sin x$ 、$e^{-ix}=\cos x-i\sin x$ ，$\boldsymbol{\Phi}_{\mathrm{u}}^{i}$ 的表达式可进一步分解为

$$\boldsymbol{\Phi}_{\mathrm{u}}^{i}=\begin{bmatrix} k[Ae^{i\gamma_{\mathrm{P}}kz}(\cos p-i\sin p)+Be^{-i\gamma_{\mathrm{P}}kz}(\cos p+i\sin p)] \\ k[Ce^{i\gamma_{\mathrm{S}}kz}(\cos q-i\sin q)+De^{-i\gamma_{\mathrm{S}}kz}(\cos q+i\sin q)] \\ i\gamma_{\mathrm{P}}k[Ae^{i\gamma_{\mathrm{P}}kz}(\cos p-i\sin p)-Be^{-i\gamma_{\mathrm{P}}kz}(\cos p+i\sin p)] \\ i\gamma_{\mathrm{S}}k[Ce^{i\gamma_{\mathrm{S}}kz}(\cos q-i\sin q)-De^{-i\gamma_{\mathrm{S}}kz}(\cos q+i\sin q)] \end{bmatrix}$$

$$=\begin{bmatrix} \cos p\cdot k(Ae^{i\gamma_{\mathrm{P}}kz}+Be^{-i\gamma_{\mathrm{P}}kz})-i\sin p\cdot k(Ae^{i\gamma_{\mathrm{P}}kz}-Be^{-i\gamma_{\mathrm{P}}kz}) \\ \cos q\cdot k(Ce^{i\gamma_{\mathrm{S}}kz}+De^{-i\gamma_{\mathrm{S}}kz})-i\sin q\cdot k(Ce^{i\gamma_{\mathrm{S}}kz}-De^{-i\gamma_{\mathrm{S}}kz}) \\ \cos p\cdot i\gamma_{\mathrm{P}}k(Ae^{i\gamma_{\mathrm{P}}kz}-Be^{-i\gamma_{\mathrm{P}}kz})+\gamma_{\mathrm{P}}\sin p\cdot k(Ae^{i\gamma_{\mathrm{P}}kz}+Be^{-i\gamma_{\mathrm{P}}kz}) \\ \cos q\cdot i\gamma_{\mathrm{S}}k(Ce^{i\gamma_{\mathrm{S}}kz}-De^{-i\gamma_{\mathrm{S}}kz})+\gamma_{\mathrm{S}}\sin q\cdot k(Ce^{i\gamma_{\mathrm{S}}kz}+De^{-i\gamma_{\mathrm{S}}kz}) \end{bmatrix}$$

$$=\begin{bmatrix} \cos p & 0 & -\sin p/\gamma_{\mathrm{P}} & 0 \\ 0 & \cos q & 0 & -\sin q/\gamma_{\mathrm{S}} \\ \gamma_{\mathrm{P}}\sin p & 0 & \cos p & 0 \\ 0 & \gamma_{\mathrm{S}}\sin q & 0 & \cos q \end{bmatrix}\begin{bmatrix} k(Ae^{i\gamma_{\mathrm{P}}kz}+Be^{-i\gamma_{\mathrm{P}}kz}) \\ k(Ce^{i\gamma_{\mathrm{S}}kz}+De^{-i\gamma_{\mathrm{S}}kz}) \\ i\gamma_{\mathrm{P}}k(Ae^{i\gamma_{\mathrm{P}}kz}-Be^{-i\gamma_{\mathrm{P}}kz}) \\ i\gamma_{\mathrm{S}}k(Ce^{i\gamma_{\mathrm{S}}kz}-De^{-i\gamma_{\mathrm{S}}kz}) \end{bmatrix} \tag{9-3-11}$$

再令

$$\boldsymbol{\lambda}=\begin{bmatrix} \cos p & 0 & -\sin p/\gamma_{\mathrm{P}} & 0 \\ 0 & \cos q & 0 & -\sin q/\gamma_{\mathrm{S}} \\ \gamma_{\mathrm{P}}\sin p & 0 & \cos p & 0 \\ 0 & \gamma_{\mathrm{S}}\sin q & 0 & \cos q \end{bmatrix} \tag{9-3-12}$$

因此可得 $\boldsymbol{\Phi}_{\mathrm{u}}^{i}$ 与 $\boldsymbol{\Phi}_{\mathrm{d}}^{i}$ 之间的传递关系为 $\boldsymbol{\Phi}_{\mathrm{u}}^{i}=\lambda\boldsymbol{\Phi}_{\mathrm{d}}^{i}$ ，进而由 $\boldsymbol{S}=\boldsymbol{M\Phi}$ 得位移应力矢量 $\boldsymbol{S}_{\mathrm{u}}^{i}$ 与 $\boldsymbol{S}_{\mathrm{d}}^{i}$ 间的传递关系为

$$\boldsymbol{S}_{\mathrm{u}}^{i}=\frac{1}{1-\gamma}\boldsymbol{M\lambda N S}_{\mathrm{d}}^{i} \tag{9-3-13}$$

式(9-3-13)推导过程如下。

根据前述定义的位移应力矢量 S 的形式及其势函数通解形式(φ 和 ψ)有

$$\boldsymbol{S}_{\mathrm{d}}^{i}=\begin{bmatrix} k\varphi_{\mathrm{d}}^{i}+\dfrac{\partial\psi_{\mathrm{d}}^{i}}{\partial z} \\ k\psi_{\mathrm{d}}^{i}+\dfrac{\partial\varphi_{\mathrm{d}}^{i}}{\partial z} \\ \gamma k\psi_{\mathrm{d}}^{i}+\dfrac{\partial\varphi_{\mathrm{d}}^{i}}{\partial z} \\ \gamma k\varphi_{\mathrm{d}}^{i}+\dfrac{\partial\psi_{\mathrm{d}}^{i}}{\partial z} \end{bmatrix}=\begin{bmatrix} k(Ae^{i\gamma_{\mathrm{P}}kz}+Be^{-i\gamma_{\mathrm{P}}kz})+i\gamma_{\mathrm{S}}k(Ce^{i\gamma_{\mathrm{S}}kz}-De^{-i\gamma_{\mathrm{S}}kz}) \\ k(Ce^{i\gamma_{\mathrm{S}}kz}+De^{-i\gamma_{\mathrm{S}}kz})+i\gamma_{\mathrm{P}}k(Ae^{i\gamma_{\mathrm{P}}kz}-Be^{-i\gamma_{\mathrm{P}}kz}) \\ \gamma k(Ce^{i\gamma_{\mathrm{S}}kz}+De^{-i\gamma_{\mathrm{S}}kz})+i\gamma_{\mathrm{P}}k(Ae^{i\gamma_{\mathrm{P}}kz}-Be^{-i\gamma_{\mathrm{P}}kz}) \\ \gamma k(Ae^{i\gamma_{\mathrm{P}}kz}+Be^{-i\gamma_{\mathrm{P}}kz})+i\gamma_{\mathrm{S}}k(Ce^{i\gamma_{\mathrm{S}}kz}-De^{-i\gamma_{\mathrm{S}}kz}) \end{bmatrix} \tag{9-3-14}$$

$$\boldsymbol{S}_u^i=\begin{bmatrix} k\varphi_u^i+\dfrac{\partial\psi_u^i}{\partial z} \\ k\psi_u^i+\dfrac{\partial\varphi_u^i}{\partial z} \\ \gamma k\psi_u^i+\dfrac{\partial\varphi_u^i}{\partial z} \\ \gamma k\varphi_u^i+\dfrac{\partial\psi_u^i}{\partial z}\end{bmatrix}=\begin{bmatrix} k(Ae^{i\gamma_P k(z-h)}+Be^{-i\gamma_P k(z-h)})+i\gamma_S k(Ce^{i\gamma_S k(z-h)}-De^{-i\gamma_S k(z-h)}) \\ k(Ce^{i\gamma_S k(z-h)}+De^{-i\gamma_S k(z-h)})+i\gamma_P k(Ae^{i\gamma_P k(z-h)}-Be^{-i\gamma_P k(z-h)}) \\ \gamma k(Ce^{i\gamma_S k(z-h)}+De^{-i\gamma_S k(z-h)})+i\gamma_P k(Ae^{i\gamma_P k(z-h)}-Be^{-i\gamma_P k(z-h)}) \\ \gamma k(Ae^{i\gamma_P k(z-h)}+Be^{-i\gamma_P k(z-h)})+i\gamma_S k(Ce^{i\gamma_S k(z-h)}-De^{-i\gamma_S k(z-h)})\end{bmatrix} \tag{9-3-15}$$

式(9-3-15)继续分解得

$$\boldsymbol{S}_u^i=\begin{bmatrix} k(Ae^{i\gamma_P k(z-h)}+Be^{-i\gamma_P k(z-h)})+i\gamma_S k(Ce^{i\gamma_S k(z-h)}-De^{-i\gamma_S k(z-h)}) \\ k(Ce^{i\gamma_S k(z-h)}+De^{-i\gamma_S k(z-h)})+i\gamma_P k(Ae^{i\gamma_P k(z-h)}-Be^{-i\gamma_P k(z-h)}) \\ \gamma k(Ce^{i\gamma_S k(z-h)}+De^{-i\gamma_S k(z-h)})+i\gamma_P k(Ae^{i\gamma_P k(z-h)}-Be^{-i\gamma_P k(z-h)}) \\ \gamma k(Ae^{i\gamma_P k(z-h)}+Be^{-i\gamma_P k(z-h)})+i\gamma_S k(Ce^{i\gamma_S k(z-h)}-De^{-i\gamma_S k(z-h)})\end{bmatrix}$$
$$=\begin{bmatrix} k(Ae^{i\gamma_P kz}\,e^{-i\gamma_P kh}+Be^{-i\gamma_P kz}\,e^{i\gamma_P kh})+i\gamma_S k(Ce^{i\gamma_S kz}\,e^{-i\gamma_S kh}-De^{-i\gamma_S kz}\,e^{i\gamma_S kh}) \\ k(Ce^{i\gamma_S kz}\,e^{-i\gamma_S kh}+De^{-i\gamma_S kz}\,e^{i\gamma_S kh})+i\gamma_P k(Ae^{i\gamma_P kz}\,e^{-i\gamma_P kh}-Be^{-i\gamma_P kz}\,e^{i\gamma_P kh}) \\ \gamma k(Ce^{i\gamma_S kz}\,e^{-i\gamma_S kh}+De^{-i\gamma_S kz}\,e^{i\gamma_S kh})+i\gamma_P k(Ae^{i\gamma_P kz}\,e^{-i\gamma_P kh}-Be^{-i\gamma_P kz}\,e^{i\gamma_P kh}) \\ \gamma k(Ae^{i\gamma_P kz}\,e^{-i\gamma_P kh}+Be^{-i\gamma_P kz}\,e^{i\gamma_P kh})+i\gamma_S k(Ce^{i\gamma_S kz}\,e^{-i\gamma_S kh}-De^{-i\gamma_S kz}\,e^{i\gamma_S kh})\end{bmatrix} \tag{9-3-16}$$

令 $p=\gamma_P kh$，$q=\gamma_S kh$，则上式可继续分解为

$$\begin{bmatrix} k[Ae^{i\gamma_P kz}(\cos p-i\sin p)+Be^{-i\gamma_P kz}(\cos p+i\sin p)]+i\gamma_S k[Ce^{i\gamma_S kz}(\cos q-i\sin q)-De^{-i\gamma_S kz}(\cos q+i\sin q)] \\ k[Ce^{i\gamma_S kz}(\cos q-i\sin q)+De^{-i\gamma_S kz}(\cos q+i\sin q)]+i\gamma_P k[Ae^{i\gamma_P kz}(\cos p-i\sin p)-Be^{-i\gamma_P kz}(\cos p+i\sin p)] \\ \gamma k[Ce^{i\gamma_S kz}(\cos q-i\sin q)+De^{-i\gamma_S kz}(\cos q+i\sin q)]+i\gamma_P k[Ae^{i\gamma_P kz}(\cos p-i\sin p)-Be^{-i\gamma_P kz}(\cos p+i\sin p)] \\ \gamma k[Ae^{i\gamma_P kz}(\cos p-i\sin p)+Be^{-i\gamma_P kz}(\cos p+i\sin p)]+i\gamma_S k[Ce^{i\gamma_S kz}(\cos q-i\sin q)-De^{-i\gamma_S kz}(\cos q+i\sin q)]\end{bmatrix}$$

$$=\begin{bmatrix} \cos p\cdot k(Ae^{i\gamma_P kz}+Be^{-i\gamma_P kz})+\cos q\cdot i\gamma_S k(Ce^{i\gamma_S kz}-De^{-i\gamma_S kz})-\sin p\cdot ik(Ae^{i\gamma_P kz}-Be^{-i\gamma_P kz})+ \\ \sin q\cdot\gamma_S k(Ce^{i\gamma_S kz}+De^{-i\gamma_S kz}) \\ \cos q\cdot k(Ce^{i\gamma_S kz}+De^{-i\gamma_S kz})+\cos p\cdot i\gamma_P k(Ae^{i\gamma_P kz}-Be^{-i\gamma_P kz})-\sin q\cdot ik(Ce^{i\gamma_S kz}-De^{-i\gamma_S kz})+ \\ \sin p\cdot\gamma_P k(Ae^{i\gamma_P kz}+Be^{-i\gamma_P kz}) \\ \cos q\cdot\gamma k(Ce^{i\gamma_S kz}+De^{-i\gamma_S kz})+\cos p\cdot i\gamma_P k(Ae^{i\gamma_P kz}-Be^{-i\gamma_P kz})-\sin q\cdot i\gamma k(Ce^{i\gamma_S kz}-De^{-i\gamma_S kz})+ \\ \sin p\cdot\gamma_P k(Ae^{i\gamma_P kz}+Be^{-i\gamma_P kz}) \\ \cos p\cdot\gamma k(Ae^{i\gamma_P kz}+Be^{-i\gamma_P kz})+\cos q\cdot i\gamma_S k(Ce^{i\gamma_S kz}-De^{-i\gamma_S kz})-\sin p\cdot i\gamma k(Ae^{i\gamma_P kz}-Be^{-i\gamma_P kz})+ \\ \sin q\cdot\gamma_S k(Ce^{i\gamma_S kz}+De^{-i\gamma_S kz})\end{bmatrix}$$

$$=\begin{bmatrix} \cos p\cdot k(Ae^{i\gamma_P kz}+Be^{-i\gamma_P kz})+\cos q\cdot i\gamma_S k(Ce^{i\gamma_S kz}-De^{-i\gamma_S kz})-\sin p\cdot ik(Ae^{i\gamma_P kz}-Be^{-i\gamma_P kz})+ \\ \sin q\cdot\gamma_S k(Ce^{i\gamma_S kz}+De^{-i\gamma_S kz}) \\ \cos q\cdot k(Ce^{i\gamma_S kz}+De^{-i\gamma_S kz})+\cos p\cdot i\gamma_P k(Ae^{i\gamma_P kz}-Be^{-i\gamma_P kz})-\sin q\cdot ik(Ce^{i\gamma_S kz}-De^{-i\gamma_S kz})+ \\ \sin p\cdot\gamma_P k(Ae^{i\gamma_P kz}+Be^{-i\gamma_P kz}) \\ \cos q\cdot\gamma k(Ce^{i\gamma_S kz}+De^{-i\gamma_S kz})+\cos p\cdot i\gamma_P k(Ae^{i\gamma_P kz}-Be^{-i\gamma_P kz})-\sin q\cdot i\gamma k(Ce^{i\gamma_S kz}-De^{-i\gamma_S kz})+ \\ \sin p\cdot\gamma_P k(Ae^{i\gamma_P kz}+Be^{-i\gamma_P kz}) \\ \cos p\cdot\gamma k(Ae^{i\gamma_P kz}+Be^{-i\gamma_P kz})+\cos q\cdot i\gamma_S k(Ce^{i\gamma_S kz}-De^{-i\gamma_S kz})-\sin p\cdot i\gamma k(Ae^{i\gamma_P kz}-Be^{-i\gamma_P kz})+ \\ \sin q\cdot\gamma_S k(Ce^{i\gamma_S kz}+De^{-i\gamma_S kz})\end{bmatrix}$$

$$
=\begin{bmatrix}
\cos p\cdot k\varphi_{\mathrm{d}}^{i}+\cos q\cdot\dfrac{\partial\psi_{\mathrm{d}}^{i}}{\partial z}-\sin p/\gamma_{\mathrm{P}}\cdot\dfrac{\partial\varphi_{\mathrm{d}}^{i}}{\partial z}+\sin q\cdot\gamma_{\mathrm{S}}k\psi_{\mathrm{d}}^{i}\\
\cos q\cdot k\psi_{\mathrm{d}}^{i}+\cos p\cdot\dfrac{\partial\varphi_{\mathrm{d}}^{i}}{\partial z}-\sin q/\gamma_{\mathrm{S}}\cdot\dfrac{\partial\psi_{\mathrm{d}}^{i}}{\partial z}+\sin p\cdot\gamma_{\mathrm{P}}k\varphi_{\mathrm{d}}^{i}\\
\cos q\cdot\gamma k\psi_{\mathrm{d}}^{i}+\cos p\cdot\dfrac{\partial\varphi_{\mathrm{d}}^{i}}{\partial z}-\sin q/\gamma_{\mathrm{S}}\cdot\gamma\dfrac{\partial\psi_{\mathrm{d}}^{i}}{\partial z}+\sin p\cdot\gamma_{\mathrm{P}}k\varphi_{\mathrm{d}}^{i}\\
\cos p\cdot\gamma k\varphi_{\mathrm{d}}^{i}+\cos q\cdot\dfrac{\partial\psi_{\mathrm{d}}^{i}}{\partial z}-\sin p/\gamma_{\mathrm{P}}\cdot\gamma\dfrac{\partial\varphi_{\mathrm{d}}^{i}}{\partial z}+\sin q\cdot\gamma_{\mathrm{S}}k\psi_{\mathrm{d}}^{i}
\end{bmatrix}
=\begin{bmatrix}1&0&0&1\\0&1&1&0\\0&\gamma&1&0\\\gamma&0&0&1\end{bmatrix}
\begin{bmatrix}
\cos p\cdot k\varphi_{\mathrm{d}}^{i}-\sin p/\gamma_{\mathrm{P}}\cdot\dfrac{\partial\varphi_{\mathrm{d}}^{i}}{\partial z}\\
\cos q\cdot k\psi_{\mathrm{d}}^{i}-\sin q/\gamma_{\mathrm{S}}\cdot\dfrac{\partial\psi_{\mathrm{d}}^{i}}{\partial z}\\
\sin p\cdot\gamma_{\mathrm{P}}k\varphi_{\mathrm{d}}^{i}+\cos p\cdot\dfrac{\partial\varphi_{\mathrm{d}}^{i}}{\partial z}\\
\sin q\cdot\gamma_{\mathrm{S}}k\psi_{\mathrm{d}}^{i}+\cos q\cdot\dfrac{\partial\psi_{\mathrm{d}}^{i}}{\partial z}
\end{bmatrix}
$$

$$
=\frac{1}{1-\gamma}\begin{bmatrix}1&0&0&1\\0&1&1&0\\0&\gamma&1&0\\\gamma&0&0&1\end{bmatrix}
\begin{bmatrix}
\cos p(1-\gamma)\cdot k\varphi_{\mathrm{d}}^{i}-\sin p/\gamma_{\mathrm{P}}(1-\gamma)\cdot\dfrac{\partial\varphi_{\mathrm{d}}^{i}}{\partial z}\\
\cos q(1-\gamma)\cdot k\psi_{\mathrm{d}}^{i}-\sin q/\gamma_{\mathrm{S}}(1-\gamma)\cdot\dfrac{\partial\psi_{\mathrm{d}}^{i}}{\partial z}\\
\gamma_{\mathrm{P}}\sin p(1-\gamma)\cdot k\varphi_{\mathrm{d}}^{i}+\cos p(1-\gamma)\cdot\dfrac{\partial\varphi_{\mathrm{d}}^{i}}{\partial z}\\
\gamma_{\mathrm{S}}\sin q(1-\gamma)\cdot k\psi_{\mathrm{d}}^{i}+\cos q(1-\gamma)\cdot\dfrac{\partial\psi_{\mathrm{d}}^{i}}{\partial z}
\end{bmatrix}
$$

$$
=\frac{1}{1-\gamma}\begin{bmatrix}1&0&0&1\\0&1&1&0\\0&\gamma&1&0\\\gamma&0&0&1\end{bmatrix}
\begin{bmatrix}
\cos p(k\varphi_{\mathrm{d}}^{i}-\gamma k\varphi_{\mathrm{d}}^{i})-\sin p/\gamma_{\mathrm{P}}(\dfrac{\partial\varphi_{\mathrm{d}}^{i}}{\partial z}-\gamma\dfrac{\partial\varphi_{\mathrm{d}}^{i}}{\partial z})\\
\cos q(k\psi_{\mathrm{d}}^{i}-\gamma k\psi_{\mathrm{d}}^{i})-\sin q/\gamma_{\mathrm{S}}(\dfrac{\partial\psi_{\mathrm{d}}^{i}}{\partial z}-\gamma\dfrac{\partial\psi_{\mathrm{d}}^{i}}{\partial z})\\
\gamma_{\mathrm{P}}\sin p(k\varphi_{\mathrm{d}}^{i}-\gamma k\varphi_{\mathrm{d}}^{i})+\cos p(\dfrac{\partial\varphi_{\mathrm{d}}^{i}}{\partial z}-\gamma\dfrac{\partial\varphi_{\mathrm{d}}^{i}}{\partial z})\\
\gamma_{\mathrm{S}}\sin q(k\psi_{\mathrm{d}}^{i}-\gamma k\psi_{\mathrm{d}}^{i})+\cos q(\dfrac{\partial\psi_{\mathrm{d}}^{i}}{\partial z}-\gamma\dfrac{\partial\psi_{\mathrm{d}}^{i}}{\partial z})
\end{bmatrix}
$$

$$
=\frac{1}{1-\gamma}\begin{bmatrix}1&0&0&1\\0&1&1&0\\0&\gamma&1&0\\\gamma&0&0&1\end{bmatrix}
\begin{bmatrix}\cos p&0&-\sin p/\gamma_{\mathrm{P}}&0\\0&\cos q&0&-\sin q/\gamma_{\mathrm{S}}\\\gamma_{\mathrm{P}}\sin p&0&\cos p&0\\0&\gamma_{\mathrm{S}}\sin q&0&\cos q\end{bmatrix}
\begin{bmatrix}
k\varphi_{\mathrm{d}}^{i}-\gamma k\varphi_{\mathrm{d}}^{i}\\
k\psi_{\mathrm{d}}^{i}-\gamma k\psi_{\mathrm{d}}^{i}\\
-\gamma\dfrac{\partial\varphi_{\mathrm{d}}^{i}}{\partial z}+\dfrac{\partial\varphi_{\mathrm{d}}^{i}}{\partial z}\\
-\gamma\dfrac{\partial\psi_{\mathrm{d}}^{i}}{\partial z}+\dfrac{\partial\psi_{\mathrm{d}}^{i}}{\partial z}
\end{bmatrix}
$$

$$
=\frac{1}{1-\gamma}\begin{bmatrix}1&0&0&1\\0&1&1&0\\0&\gamma&1&0\\\gamma&0&0&1\end{bmatrix}
\begin{bmatrix}\cos p&0&-\sin p/\gamma_{\mathrm{P}}&0\\0&\cos q&0&-\sin q/\gamma_{\mathrm{S}}\\\gamma_{\mathrm{P}}\sin p&0&\cos p&0\\0&\gamma_{\mathrm{S}}\sin q&0&\cos q\end{bmatrix}
\begin{bmatrix}1&0&0&-1\\0&1&-1&0\\0&-\gamma&1&0\\-\gamma&0&0&1\end{bmatrix}
\begin{bmatrix}
k\varphi_{\mathrm{d}}^{i}+\dfrac{\partial\psi_{\mathrm{d}}^{i}}{\partial z}\\
k\psi_{\mathrm{d}}^{i}+\dfrac{\partial\varphi_{\mathrm{d}}^{i}}{\partial z}\\
\gamma k\psi_{\mathrm{d}}^{i}+\dfrac{\partial\varphi_{\mathrm{d}}^{i}}{\partial z}\\
\gamma k\varphi_{\mathrm{d}}^{i}+\dfrac{\partial\psi_{\mathrm{d}}^{i}}{\partial z}
\end{bmatrix}
$$

$$
=\frac{1}{1-\gamma}\boldsymbol{M\lambda NS}_{\mathrm{d}}^{i} \tag{9-3-17}
$$

其中

$$
\boldsymbol{M}=\begin{bmatrix}1&0&0&1\\0&1&1&0\\0&\gamma&1&0\\\gamma&0&0&1\end{bmatrix},\ \boldsymbol{\lambda}=\begin{bmatrix}\cos p&0&-\sin p/\gamma_{\mathrm{P}}&0\\0&\cos q&0&-\sin q/\gamma_{\mathrm{S}}\\\gamma_{\mathrm{P}}\sin p&0&\cos p&0\\0&\gamma_{\mathrm{S}}\sin q&0&\cos q\end{bmatrix},
$$

$$\boldsymbol{N}=\begin{bmatrix}1 & 0 & 0 & -1\\0 & 1 & -1 & 0\\0 & -\gamma & 1 & 0\\-\gamma & 0 & 0 & 1\end{bmatrix},\boldsymbol{S}_{\mathrm{d}}^{i}=\begin{bmatrix}k\varphi_{\mathrm{d}}^{i}+\dfrac{\partial\psi_{\mathrm{d}}^{i}}{\partial z}\\k\psi_{\mathrm{d}}^{i}+\dfrac{\partial\varphi_{\mathrm{d}}^{i}}{\partial z}\\\gamma k\psi_{\mathrm{d}}^{i}+\dfrac{\partial\varphi_{\mathrm{d}}^{i}}{\partial z}\\\gamma k\varphi_{\mathrm{d}}^{i}+\dfrac{\partial\psi_{\mathrm{d}}^{i}}{\partial z}\end{bmatrix}$$

设下一层(第 $i+1$ 层)上界面处的位移应力矢量为 $\boldsymbol{S}_{\mathrm{u}}^{i+1}$，则由界面处位移应力连续条件(界面处上下介质内质点位移和应力大小相等)及柱坐标系下的位移-应力方程形式可得

$$\boldsymbol{S}_{\mathrm{d}}^{i}=\boldsymbol{R}\boldsymbol{S}_{\mathrm{u}}^{i+1}\tag{9-3-18}$$

进而由式(9-3-17)，可得

$$\boldsymbol{S}_{\mathrm{u}}^{i}=\boldsymbol{T}\boldsymbol{S}_{\mathrm{u}}^{i+1}\tag{9-3-19}$$

其中，$\boldsymbol{R}=\mathrm{diag}(1,1,l,l)$，$l=\mu_{i+1}/\mu_i$，$\boldsymbol{T}=\dfrac{1}{1-\gamma}\boldsymbol{M\lambda NR}$。进而，我们可以推导得到自由界面(第一层上界面)与半空间层上界面的位移应力矢量传递关系为

$$\boldsymbol{S}_{\mathrm{u}}^{1}=\boldsymbol{T}(1,n)\boldsymbol{S}_{\mathrm{u}}^{n}\tag{9-3-20}$$

其中 $\boldsymbol{T}(1,n)$ 为第 n 层上界面到自由界面的位移应力矢量的传递矩阵，它是各层传递矩阵的连乘结果，即

$$\boldsymbol{T}(1,n)=\boldsymbol{T}(1,2)\boldsymbol{T}(2,3)\boldsymbol{T}(3,4)\cdots\boldsymbol{T}(n-1,n)\tag{9-3-21}$$

根据自由界面边界条件(自由界面处牵引力为零)有

$$\tilde{\boldsymbol{I}}\boldsymbol{S}_{\mathrm{u}}^{1}=0\tag{9-3-22}$$

根据无穷远处的辐射条件有

$$\boldsymbol{S}_{\mathrm{u}}^{n}=\boldsymbol{J}\begin{bmatrix}k\varphi_{\mathrm{u}}^{n}\\k\psi_{\mathrm{u}}^{n}\end{bmatrix}\tag{9-3-23}$$

其中，边界矩阵 $\tilde{\boldsymbol{I}}$ 和 $\boldsymbol{J}$ 形式如下：

$$\tilde{\boldsymbol{I}}=\begin{bmatrix}0 & 0 & 1 & 0\\0 & 0 & 0 & 1\end{bmatrix},\boldsymbol{J}=\begin{bmatrix}1 & i\gamma_{\mathrm{P}} & i\gamma_{\mathrm{P}} & \gamma\\i\gamma_{\mathrm{S}} & 1 & \gamma & i\gamma_{\mathrm{S}}\end{bmatrix}\tag{9-3-24}$$

显然，$\boldsymbol{J}$ 是关于第 n 层(半空间)的 γ_{P}、γ_{S}，以及 γ 的矩阵，n 是总层数。

因为 $\tilde{\boldsymbol{I}}\boldsymbol{T}(1,n)\boldsymbol{J}\begin{bmatrix}k\varphi_{\mathrm{u}}^{n}\\k\psi_{\mathrm{u}}^{n}\end{bmatrix}=0$ 存在非零解，所以，对于均匀 n 层水平层状弹性介质模型，瑞利波频散方程可以写为

$$\Delta\left[\tilde{\boldsymbol{I}}\boldsymbol{T}(1,n)\boldsymbol{J}\right]=0\tag{9-3-25}$$

频散函数的表达式可写为

$$\boldsymbol{D}(v_r,k)=\Delta\left[\tilde{\boldsymbol{I}}\boldsymbol{T}(1,n)\boldsymbol{J}\right]\tag{9-3-26}$$

将前面定义的各量值(M，λ，N，R，γ)代入传递矩阵中，可得传递矩阵 $\boldsymbol{T}$ 的明确表达式为

$$T=\frac{1}{g}\begin{bmatrix} a-b\gamma & ds-e\gamma & -(e+ds)l & (b-a)l \\ er+d\gamma & b-a\gamma & (a-b)l & -(er+d)l \\ er+d\gamma^2 & (b-a)\gamma & (a-b\gamma)l & -(er+d\gamma)l \\ (a-b)\gamma & ds-e\gamma^2 & -(e\gamma+ds)l & (b-a\gamma)l \end{bmatrix} \tag{9-3-27}$$

其中：$g=1-\gamma=v_R^2/(2v_S^2)$，$r=\gamma_P^2$，$s=\gamma_S^2$，$l=\mu_{i+1}/\mu_i$，$a=\cos p$，$b=\cos q$，$e=\sin p/\gamma_P$，$d=\sin q/\gamma_S$。由此，我们得到了计算层状介质中瑞利波频散曲线的无量纲实数矩阵传递算法。该算法和一般的传递矩阵法(即矩阵法)的思想是一致的。

算法分析：在该无量纲实矩阵传递算法中，我们注意到式(9-3-24)中的边界矩阵 $\tilde{\boldsymbol{I}}$、$\boldsymbol{J}$，其中 $\tilde{\boldsymbol{I}}$ 显然为实矩阵；对于瑞利波而言其相速度 v_R 小于介质横波速度 v_S($v_R<v_S$)，由式(9-3-6)可得 $i\gamma_S$、$i\gamma_P$ 为实数，故 J 矩阵同样为实矩阵。对于各层对应的传递矩阵 $\boldsymbol{T}$，无论 γ_P 和 γ_S 是实数还是虚数，a、b、e、d、r、s 恒为实数，显然 l 和 g 也为实数，故由式(9-3-27)可知传递矩阵 T 同样为实矩阵。这样构成频散函数[式(9-3-26)]的矩阵均为实矩阵，这使得求解算法避免了一些不必要的虚数运算，大大提高了计算的稳定性。

另外，a、b、e、d、r、s 以及 l、g、γ、γ_P、γ_S 等量均为无量纲量值，因此由式(9-3-24)得到的边界矩阵 $\tilde{\boldsymbol{I}}$、$\boldsymbol{J}$ 以及各层对应的传递矩阵 $\boldsymbol{T}$ 中的所有元素均为无量纲量。其好处在于传递矩阵 $\boldsymbol{T}$ 各元素之间的数量级差异相比以往传递矩阵算法(有量纲)有巨大的降低(数值对比实验详见(凡友华，2001))。另外，在传递矩阵 $\boldsymbol{T}$ 中，比例因子 $1/g$ 恒为正值，计算中并不会影响频散方程的求根，因此可以在计算过程中将其从传递矩阵中去掉。

二、快速矢量传递矩阵算法和快速标量传递算法

为了进一步提高无量纲实矩阵传递算法的计算速度、计算精度及高频数值稳定性，凡友华(2001)在提出无量纲实矩阵传递算法后继续对其进行了改进，随后提出快速矢量传递算法和快速标量传递算法，这两种算法同样有效避免了高频数值精度丢失问题和高频数值溢出问题。快速矢量传递算法除了具有无量纲实矩阵传递算法的优点外，相比以往的传统矩阵传递算法不仅具有更快的计算速度，而且形式上更简单明了。快速标量传递算法是在快速矢量传递算法上的进一步改进，在快速矢量传递算法的基础上提高了计算速度，是目前计算层状介质中瑞利波频散曲线的算法中最为快速的算法，为瑞利波频散曲线反演研究及其工程应用奠定基础。

1. 快速矢量传递算法

在无量纲实矩阵传递算法中，传递矩阵 $\boldsymbol{T}$ 中因子 $1/(1-\gamma)$ 以及 l 均为正数，因此可以将传递矩阵改写为：$\boldsymbol{T}=\frac{1}{\sqrt{l}}\boldsymbol{M\lambda NR}$，这样的改进不影响频散方程的正常求根。由于频散函数 $\boldsymbol{D}(v_R,k)$ 是一个 2×2 阶矩阵的行列式，实际上等价于此 2×2 阶矩阵的二阶 $\boldsymbol{\delta}$ 矩阵，即 $\boldsymbol{D}(v_R,k)=\overline{\boldsymbol{IT}(1,n)\boldsymbol{J}}$，其中矩阵正上方加一条横线表示其二阶 $\boldsymbol{\delta}$ 矩阵。由于多个矩阵乘积后的 $\boldsymbol{\delta}$ 矩阵等于各矩阵的 $\boldsymbol{\delta}$ 矩阵的乘积，因此可以得到新的频散函数表达式，如式(9-3-28)所示：

$$\boldsymbol{D}(v_{R},k)=\boldsymbol{UF}(1,n)\boldsymbol{V} \tag{9-3-28}$$

其中，

$$\boldsymbol{U}=[0\quad 0\quad 0\quad 0\quad 0\quad 1],\boldsymbol{V}=\begin{bmatrix}1+\gamma_{P}\gamma_{S}\\ \gamma+\gamma_{P}\gamma_{S}\\ i\gamma_{S}g\\ -i\gamma_{P}g\\ -\gamma-\gamma_{P}\gamma_{S}\\ -\gamma^{2}-\gamma_{P}\gamma_{S}\end{bmatrix}_{n} \tag{9-3-29}$$

上式中矢量$\boldsymbol{V}$的表达式下角标n表示其中的介质参数属于第n层介质，g、γ、γ_{P}、γ_{S}前文已经定义过。传递矩阵$\boldsymbol{F}(1,n)=\boldsymbol{F}(1,2)\boldsymbol{F}(2,3)\cdots\boldsymbol{F}(n-1,n)$，其中各层的传递矩阵为$\boldsymbol{F}=\boldsymbol{M}_{1}\boldsymbol{L}\boldsymbol{M}_{2}$，且有

$$\boldsymbol{M}_{1}=\begin{bmatrix}1&1&0&0&-1&-1\\ \gamma&1&0&0&-\gamma&-1\\ 0&0&g&0&0&0\\ 0&0&0&g&0&0\\ -\gamma&-\gamma&0&0&1&1\\ -\gamma^{2}&-\gamma&0&0&\gamma&1\end{bmatrix},\boldsymbol{M}_{2}=\begin{bmatrix}1/l&-1&0&0&1&-l\\ -\gamma/l&1&0&0&-\gamma&1\\ 0&0&g&0&0&0\\ 0&0&0&g&0&0\\ \gamma/l&-\gamma&0&0&1&-l\\ -\gamma/l&\gamma&0&0&-\gamma&l\end{bmatrix},$$

$$\boldsymbol{L}=\begin{bmatrix}ab&0&-ad&be&0&ed\\ 0&1&0&0&0&0\\ ads&0&ab&eds&0&-be\\ ber&0&edr&ad&0&ad\\ 0&0&0&0&1&0\\ edrs&0&ber&-ads&0&ab\end{bmatrix} \tag{9-3-30}$$

其中：a、b、d、e、r、s、l在前文中已定义。

对应各层介质均可定义6阶矢量$E^{(i)}$(其中i表示第i层介质，$1\leqslant i\leqslant n$)，使得它满足传递关系，即$\boldsymbol{E}^{(n)}=\boldsymbol{V}$，$\boldsymbol{E}^{(i)}=\boldsymbol{FE}^{(i+1)}$。则频散方程可转化为

$$\boldsymbol{E}_{6}^{(1)}=0 \tag{9-3-31}$$

其含义为第一层介质对应的$\boldsymbol{E}$矢量的第六个元素为0。

式(9-3-29)、式(9-3-30)中矢量$\boldsymbol{V}$(即$\boldsymbol{E}^{(n)}$)以及各层介质对应的矩阵$\boldsymbol{M}_{1}$、$\boldsymbol{M}_{2}$、$\boldsymbol{L}$具有如下性质：

$$E_{2}^{(i)}+E_{5}^{(i)}=g(E_{2}^{(i+1)}+E_{5}^{(i+1)})$$

$$V_{2}+V_{5}=0$$

$$E_{2}+E_{5}=0$$

$$
\begin{aligned}
M_{1(i,2)} + M_{1(i,5)} &= g\,[0 \quad 1 \quad 0 \quad 0 \quad 1 \quad 0]^{\mathrm{T}} \\
M_{1(2,j)} + M_{1(5,j)} &= g\,[0 \quad 1 \quad 0 \quad 0 \quad 1 \quad 0]^{\mathrm{T}} \\
M_{2(i,2)} + M_{2(i,5)} &= g\,[0 \quad 1 \quad 0 \quad 0 \quad 1 \quad 0]^{\mathrm{T}} \\
M_{2(2,j)} + M_{2(5,j)} &= g\,[0 \quad 1 \quad 0 \quad 0 \quad 1 \quad 0]^{\mathrm{T}} \\
L_{(i,2)} + L_{(i,5)} &= [0 \quad 1 \quad 0 \quad 0 \quad 1 \quad 0]^{\mathrm{T}} \\
L_{(2,j)} + L_{(2,j)} &= [0 \quad 1 \quad 0 \quad 0 \quad 1 \quad 0]^{\mathrm{T}}
\end{aligned}
\tag{9-3-32}
$$

式中，$M_{1(i,2)}$ 表示 $\boldsymbol{M}_1$ 矩阵的第 2 列各元素，其他符号含义可以此类推。

根据式(9-3-32)中的这些性质，可进一步将六阶传递矩阵简化为五阶传递矩阵：

$$
\boldsymbol{F}' = \boldsymbol{M}_1'\boldsymbol{L}'\boldsymbol{M}_2' \tag{9-3-33}
$$

其中

$$
\boldsymbol{M}_1' = \begin{bmatrix} 1 & 2 & 0 & 0 & -1 \\ \gamma & 1+\gamma & 0 & 0 & -1 \\ 0 & 0 & g & 0 & 0 \\ 0 & 0 & 0 & g & 0 \\ -\gamma^2 & -2\gamma & 0 & 0 & 1 \end{bmatrix},\ \boldsymbol{M}_2' = \begin{bmatrix} 1/l & -2 & 0 & 0 & -l \\ -\gamma/l & 1+\gamma & 0 & 0 & l \\ 0 & 0 & g & 0 & 0 \\ 0 & 0 & 0 & g & 0 \\ -\gamma^2/l & 2\gamma & 0 & 0 & l \end{bmatrix},
$$

$$
\boldsymbol{L}' = \begin{bmatrix} ab & 0 & -ab & bc & -1 \\ 0 & 1 & 0 & 0 & 0 \\ ads & 0 & ab & eds & -be \\ -ber & 0 & edr & ab & ad \\ edr & 0 & ber & -ads & ab \end{bmatrix} \tag{9-3-34}
$$

矩阵中各元素中的变量均与前述定义相同。因此频散方程可进一步表示为

$$
E_5'^{(1)} = 0 \tag{9-3-35}
$$

上述五阶矢量 E_5' 是参考六阶矢量 E_6 所定义的，它和前述六阶矢量间具有如下关系：

$$
\boldsymbol{E}'^{(n)} = [V_1 \quad V_2 \quad V_3 \quad V_4 \quad V_6]^{\mathrm{T}},\ \boldsymbol{E}'^{(i)} = \boldsymbol{F}'\boldsymbol{E}'^{(i+1)},\ (i = 1,2,\cdots,n-1) \tag{9-3-36}
$$

其中，V_i 为矢量 $\mathbf{V}$ 的第 i 个元素。

根据式(9-3-33)和式(9-3-34)可以给出传递矩阵 $\boldsymbol{F}'$ 的具体形式，如下：

$$
\boldsymbol{F}' = \begin{bmatrix}
[ab(1+\gamma^2) - ed(rs+\gamma^2) - 2\gamma]/l & 2(1-ab)(1+\gamma) + 2ed(r+s\gamma) & -(ad+ber)g & (ads+be)g & [2(1-ab)+ed(rs+1)]/l \\
[(ab-1)(\gamma+\gamma^2) - ed(rs+\gamma^3)]/l & -4ab\gamma + 2ed(rs+\gamma^2) + (1+\gamma)^2 & -(ad\gamma+ber)g & (ads+be\gamma)g & [(1-ab)(1+\gamma)+ed(rs+\gamma)]/l \\
(ads+be\gamma^2)g/l & -2(ads+be\gamma)g & abg^2 & edsg^2 & -(ads+be)gl \\
-(ad\gamma^2+ber)g/l & 2(ab\gamma+ber)g & edrg^2 & abg^2 & (ad+ber)gl \\
[2(1-ab)\gamma^2 + ed(rs+\gamma^4)]/l & 2(ab-1)(\gamma+\gamma^2) - 2ed(rs+\gamma^3) & (ad\gamma^2+ber)g & -(ads+be\gamma^2)g & [ab(1+\gamma^2)-ed(rs+\gamma^2)-2\gamma]l
\end{bmatrix} \tag{9-3-37}
$$

至此,我们便得到了计算层状介质中瑞利波频散曲线的快速矢量传递算法,其中式(9-3-35)为频散方程,初始矢量 $\boldsymbol{E}'^{(n)}$ 和传递矩阵 $\boldsymbol{F}'$ 分别由式(9-3-36)和式(9-3-37)给出,且传递矩阵也可写成 3 个形式简单的五阶矩阵的乘积。由上述推导过程可知,快速矢量传递算法的基本思想是对无量纲实矩阵传递算法的传递矩阵 $\boldsymbol{T}$ 求取二阶 $\boldsymbol{\delta}$ 矩阵,实质上也是一种 $\boldsymbol{\delta}$ 矩阵法。

在快速矢量传递算法的传递矩阵中所有元素均为实数无量纲量,而且各元素的组成变量(a 、b 、e 、d 、r 、s 、γ 、g 、l)也都是实数无量纲量,所以计算过程中避免了不必要的虚数运算,这样使得快速矢量传递算法相比于常规的 $\boldsymbol{\delta}$ 矩阵法(含虚数有量纲量算法)在计算稳定性、计算精度上均有较大改善。

2. 快速标量传递算法

以上快速矢量传递算法在传递过程中,数值计算上的计算量还可以进一步降低,凡友华(2001)在给出快速矢量传递算法后,又采用标量的传递形式重新组织了传递过程,进一步降低了计算量,加快了传递矩阵计算的速度。具体过程如下所述。

假设有 5 个标量值 x_1 、x_2 、x_3 、x_4 、x_5 ,分别由矢量 $\boldsymbol{V}$ 中的元素给出其初始值(对应第 n 层介质):

$$x_1 = V_1 \text{ , } x_2 = V_2 \text{ , } x_3 = V_6 \text{ , } x_4 = V_3 \text{ , } x_5 = V_4 \tag{9-3-38}$$

其中 x_3 取 V_6 ,以及 x_5 取 V_4 并无特殊意义,仅为了让后续的传递形式更美观而已。

之后按照各层的介质参数从第 n 层开始到第 1 层对 5 个标量依次进行传递计算,每次传递的过程为

$$\begin{cases} x_1 = x_1/l \\ x_3 = l x_3 \end{cases} \tag{9-3-39}$$

$$\begin{cases} p_1 = x_1 - 2x_2 - x_3 \\ p_2 = -\gamma^2 x_1 + 2\gamma x_2 + x_3 \\ p_3 = g x_4 \\ p_4 = g x_5 \\ p_5 = -\gamma x_1 + (1+\gamma)\, x_2 + x_3 \end{cases} \tag{9-3-40}$$

$$\begin{cases} q_1 = abp_1 + edp_2 - adp_3 + bep_4 \\ q_2 = edrsp_1 + abp_2 + berp_3 - adsp_4 \\ q_3 = adsp_1 - bep_2 + adp_3 + edsp_4 \\ q_4 = -berp_1 + adp_2 + edrp_3 + abp_4 \end{cases} \tag{9-3-41}$$

$$\begin{cases} x_1 = q_1 - q_2 + 2p_5 \\ x_2 = \gamma q_1 - q_2 - (1+\gamma)\, p_5 \\ x_3 = -\gamma^2 q_1 + q_2 - 2\gamma p_5 \\ x_4 = gq_3 \\ x_5 = gq_4 \end{cases} \tag{9-3-42}$$

由以上传递过程,最后得到第 1 层介质对应的 5 个标量,令此时的 x_3 为 $x_3^{(1)}$,则频散

方程为

$$x_3^{(1)} = 0 \tag{9-3-43}$$

以上由式(9-3-38)～式(9-3-43)所确定的算法即为快速标量传递算法，其基本思想是将矩阵运算转化为标量运算，因此快速标量传递算法在数值计算上不仅具有很好的稳定性，而且相比目前的各种算法具有最为快速的计算速度。

第 4 节　广义反射-透射系数法

Chen 于 1993 年提出了一种系统而有效的方法来计算多层半空间介质中简正波的频散曲线和本征函数。该方法在以下几个方面优于之前的传统传递矩阵类方法。首先，它是一种简单而完备的算法，可以同时确定相速度和相应的本征函数。根据简正波是自由弹性动力学方程在适当边界条件下的非平凡解的基本原理，自然地导出了相速度和特征函数。其次，由于使用了反射/透射系数，本质上排除了增长项，所以该算法不仅能展示出简正波形成的物理机制，即相长干涉，而且对于高频情况，算法在数值上更稳定。此外，该算法还给出了基阶瑞利波模态的高频渐近解。因此，该方法可以在任何频率范围内提供高效和准确的解。

考虑图 9-3-1 所示的层状介质模型，其任一介质层的位移项 $[U^{(j)}(z) \quad V^{(j)}(z) \quad W^{(j)}(z)]$ 和应力项 $[P^{(j)}(z) \quad S^{(j)}(z) \quad T^{(j)}(z)]$ 在 P-SV 波体系中(考虑瑞利波)满足如下关系：

$$\frac{\mathrm{d}}{\mathrm{d}z}\begin{bmatrix} U^{(j)} \\ V^{(j)} \\ P^{(j)} \\ S^{(j)} \end{bmatrix} = \begin{bmatrix} 0 & k & 1/\mu^{(j)} & 0 \\ -k\lambda^{(j)}\xi^{(j)} & 0 & 0 & \xi^{(j)} \\ k^2\zeta^{(j)} - \omega^2\rho^{(j)} & 0 & 0 & k\lambda^{(j)}\xi^{(j)} \\ 0 & -\omega^2\rho^{(j)} & -k & 0 \end{bmatrix}\begin{bmatrix} U^{(j)} \\ V^{(j)} \\ P^{(j)} \\ S^{(j)} \end{bmatrix} \tag{9-4-1}$$

式中：k 表示水平波数；ω 表示圆频率；$\lambda^{(j)}$ 和 $\mu^{(j)}$ 表示第 j 层介质的拉梅系数；$\rho^{(j)}$ 表示第 j 层介质密度。$\xi^{(j)}$ 和 $\zeta^{(j)}$ 的表达式如下：

$$\begin{cases} \zeta^{(j)} = 4\mu^{(j)}(\lambda^{(j)} + \mu^{(j)})/(\lambda^{(j)} + 2\mu^{(j)}) \\ \xi^{(j)} = 1/(\lambda^{(j)} + 2\mu^{(j)} \end{cases} \tag{9-4-2}$$

令位移-应力矢量为 $f^{(j)} = [U^{(j)} \quad V^{(j)} \quad P^{(j)} \quad S^{(j)}]^{\mathrm{T}}$，则式(9-4-1)可简化为

$$\frac{\mathrm{d}}{\mathrm{d}z} f_z^{(j)}(z) = A^{(j)} f^{(j)}(z) \tag{9-4-3}$$

根据自由边界条件，在自由边界处牵引力为零，因此有

$$\begin{bmatrix} P^{(j)} \\ S^{(j)} \end{bmatrix} = \begin{bmatrix} 0 \\ 0 \end{bmatrix} \tag{9-4-4}$$

再根据层界面处的位移应力连续条件有

$$f^{(j)}(z^{(j)}) = f^{(j+1)}(z^{(j)}) \tag{9-4-5}$$

而当 $j = N+1$，$z \to \infty$时，在无穷远处根据辐射条件有

$$f^{(N+1)}(z) \to 0 \tag{9-4-6}$$

在每一介质层内部，式(9-4-3)可以进一步写为

$$f^{(j)}(z) = \boldsymbol{E}^{(j)}\boldsymbol{\Lambda}^{(j)}(z)\boldsymbol{C}^{(j)},\ j = 1,2,\cdots,n+1 \tag{9-4-7}$$

其中的矩阵 $\boldsymbol{E}^j$ 和 $\boldsymbol{\Lambda}^j$ 均为已知矩阵，$\boldsymbol{C}^j$ 未知。对瑞利波而言，它们表达式如下：

$$\boldsymbol{E}^{(j)} = \begin{bmatrix} v_{\mathrm{P}}^{(j)}k & v_{\mathrm{S}}^{(j)}\nu^{(j)} & v_{\mathrm{P}}^{(j)}k & v_{\mathrm{S}}^{(j)}\nu^{(j)} \\ v_{\mathrm{P}}^{(j)}\gamma^{(j)} & v_{\mathrm{S}}^{(j)}k & -v_{\mathrm{P}}^{(j)}\gamma^{(j)} & -v_{\mathrm{S}}^{(j)}k \\ -2v_{\mathrm{P}}^{(j)}\mu^{(j)}k\gamma^{(j)} & -v_{\mathrm{S}}^{(j)}\mu^{(j)}\chi^{(j)} & 2v_{\mathrm{P}}^{(j)}\mu^{(j)}k\gamma^{(j)} & v_{\mathrm{S}}^{(j)}\mu^{(j)}\chi^{(j)} \\ -v_{\mathrm{P}}^{(j)}\mu^{(j)}\chi^{(j)} & -2v_{\mathrm{S}}^{(j)}\mu^{(j)}k\nu^{(j)} & -v_{\mathrm{P}}^{(j)}\mu^{(j)}\chi^{(j)} & -2v_{\mathrm{S}}^{(j)}\mu^{(j)}k\nu^{(j)} \end{bmatrix} \tag{9-4-8}$$

$$\boldsymbol{\Lambda}^{(j)} = \begin{bmatrix} e^{-\gamma^{(j)}z} & 0 & 0 & 0 \\ 0 & e^{-\nu^{(j)}z} & 0 & 0 \\ 0 & 0 & e^{\gamma^{(j)}z} & 0 \\ 0 & 0 & 0 & e^{\nu^{(j)}z} \end{bmatrix} \tag{9-4-9}$$

其中，$\gamma_{\mathrm{P}} = \sqrt{1 - v_{\mathrm{R}}^2/v_{\mathrm{P}}^2}$，$\gamma_{\mathrm{S}} = \sqrt{1 - v_{\mathrm{R}}^2/v_{\mathrm{S}}^2}$；$v_{\mathrm{P}}$、$v_{\mathrm{S}}$ 分别表示介质中的纵横波速度。

$$\gamma = k\gamma_{\mathrm{P}} = \sqrt{k^2(1 - v_{\mathrm{R}}^2/v_{\mathrm{P}}^2)},\ \nu = k\gamma_{\mathrm{S}} = \sqrt{k^2(1 - v_{\mathrm{R}}^2/v_{\mathrm{S}}^2)},\ \chi = k^2 + \nu^2 \tag{9-4-10}$$

对式(9-4-7)，考虑 P-SV 波方程时，其有着如下显示形式：

$$\begin{bmatrix} \boldsymbol{D}^{(j)}(z) \\ \boldsymbol{\Sigma}^{(j)}(z) \end{bmatrix} = \begin{bmatrix} \boldsymbol{E}_{11}^{(j)} & \boldsymbol{E}_{12}^{(j)} \\ \boldsymbol{E}_{21}^{(j)} & \boldsymbol{E}_{22}^{(j)} \end{bmatrix} \begin{bmatrix} \boldsymbol{\Lambda}_{\mathrm{d}}^{(j)}(z) & 0 \\ 0 & \boldsymbol{\Lambda}_{\mathrm{u}}^{(j)}(z) \end{bmatrix} \begin{bmatrix} \boldsymbol{C}_{\mathrm{d}}^{(j)} \\ \boldsymbol{C}_{\mathrm{u}}^{(j)} \end{bmatrix} \tag{9-4-11}$$

其中 $\boldsymbol{E}_{11}^{(j)}$、$\boldsymbol{E}_{12}^{(j)}$、$\boldsymbol{E}_{21}^{(j)}$、$\boldsymbol{E}_{22}^{(j)}$ 为由式(9-4-8)所确定的 2×2 阶子矩阵。$\boldsymbol{D}^{(j)}(z)$ 和 $\boldsymbol{\Sigma}^{(j)}(z)$ 则分别表示位移与应力矢量：

$$\boldsymbol{D}^{(j)}(z) = \begin{bmatrix} U^{(j)}(z) \\ V^{(j)}(z) \end{bmatrix},\ \boldsymbol{\Sigma}^{(j)}(z) = \begin{bmatrix} \boldsymbol{P}^{(j)}(z) \\ \boldsymbol{S}^{(j)}(z) \end{bmatrix} \tag{9-4-12}$$

$\boldsymbol{\Lambda}_{\mathrm{d}}^{j}(z)$ 和 $\boldsymbol{\Lambda}_{\mathrm{u}}^{j}(z)$ 则分别对应地表示由式(9-3-52)所确定的 2×2 阶对角子矩阵，形式如下：

$$\begin{aligned} \boldsymbol{\Lambda}_{\mathrm{d}}^{(j)}(z) &= \mathrm{diag}\{\mathrm{e}^{[-\gamma^{(j)}(z-z^{(j-1)})]}, \mathrm{e}^{[-\nu^{(j)}(z-z^{(j-1)})]}\} \\ \boldsymbol{\Lambda}_{\mathrm{u}}^{(j)}(z) &= \mathrm{diag}\{\mathrm{e}^{[-\gamma^{(j)}(z^{(j)}-z)]}, \mathrm{e}^{[-\nu^{(j)}(z^{(j)}-z)]}\} \end{aligned} \tag{9-4-13}$$

$\boldsymbol{C}_{\mathrm{d}}^{(j)}$ 和 $\boldsymbol{C}_{\mathrm{u}}^{(j)}$ 分别代表第 j 层介质中下行波和上行波系数，当 $j = 1,2,3,\cdots,N$ 时式(9-4-7)被写为式(9-4-11)的形式，当 $j = N+1$ 时，则有

$$\begin{bmatrix} \boldsymbol{D}^{(N+1)}(z) \\ \boldsymbol{\Sigma}^{(N+1)}(z) \end{bmatrix} = \begin{bmatrix} \boldsymbol{E}_{11}^{(N+1)}\boldsymbol{\Lambda}_{\mathrm{d}}^{(N+1)}(z)\boldsymbol{C}_{\mathrm{d}}^{(N+1)} \\ \boldsymbol{E}_{21}^{(N+1)}\boldsymbol{\Lambda}_{\mathrm{d}}^{(N+1)}(z)\boldsymbol{C}_{\mathrm{d}}^{(N+1)} \end{bmatrix} \tag{9-4-14}$$

由第 j 层界面上位移-应力连续条件 $\boldsymbol{S}^{(j)}(z^{(j)}) = S^{(j+1)}(z^{(j)})$，整理可得

$$\begin{bmatrix} \boldsymbol{C}_{\mathrm{d}}^{(j+1)} \\ \boldsymbol{C}_{\mathrm{u}}^{(j)} \end{bmatrix} = \begin{bmatrix} \boldsymbol{E}_{11}^{(j+1)} & -\boldsymbol{E}_{12}^{(j)} \\ \boldsymbol{E}_{21}^{(j+1)} & -\boldsymbol{E}_{22}^{(j)} \end{bmatrix}^{-1} \begin{bmatrix} \boldsymbol{E}_{11}^{(j)} & -\boldsymbol{E}_{12}^{(j)} \\ \boldsymbol{E}_{21}^{(j)} & -\boldsymbol{E}_{22}^{(j)} \end{bmatrix} \begin{bmatrix} \boldsymbol{\Lambda}_{\mathrm{d}}^{(j)}(z^{(j)}) & 0 \\ 0 & \boldsymbol{\Lambda}_{\mathrm{u}}^{(j)}(z^{(j)}) \end{bmatrix} \begin{bmatrix} \boldsymbol{C}_{\mathrm{d}}^{(j)} \\ \boldsymbol{C}_{\mathrm{u}}^{(j+1)} \end{bmatrix} \tag{9-4-15}$$

对于第 j 层界面上的修正反射-透射系数(R/T) $\boldsymbol{R}_{\mathrm{ud}}^{(j)}$ 、$\boldsymbol{R}_{\mathrm{du}}^{(j)}$ 、$\boldsymbol{T}_{\mathrm{u}}^{(j)}$ 、$\boldsymbol{T}_{\mathrm{d}}^{(j)}$,由下式定义:

$$\begin{cases} \boldsymbol{C}_{\mathrm{d}}^{(j+1)} = \boldsymbol{T}_{\mathrm{d}}^{(j)} \boldsymbol{C}_{\mathrm{d}}^{(j)} + \boldsymbol{R}_{\mathrm{ud}}^{(j)} \boldsymbol{C}_{\mathrm{u}}^{(j+1)} \\ \boldsymbol{C}_{\mathrm{u}}^{(j)} = \boldsymbol{R}_{\mathrm{du}}^{(j)} \boldsymbol{C}_{\mathrm{d}}^{(j)} + \boldsymbol{T}_{\mathrm{u}}^{(j)} \boldsymbol{C}_{\mathrm{u}}^{(j+1)} \end{cases}, j = 1,2,\cdots,N-1 \tag{9-4-16}$$

当 $j = N$ 时,在第 N 层内只有下行波存在,上行波不存在,即

$$\begin{cases} \boldsymbol{C}_{\mathrm{d}}^{(N+1)} = \boldsymbol{T}_{\mathrm{d}}^{(N)} \boldsymbol{C}_{\mathrm{d}}^{(N)} \\ \boldsymbol{C}_{\mathrm{u}}^{(N)} = \boldsymbol{R}_{\mathrm{du}}^{(N)} \boldsymbol{C}_{\mathrm{d}}^{(N)} \end{cases} \tag{9-4-17}$$

代入界面连续条件,可获得 $\boldsymbol{R}_{\mathrm{du}}$ 、$\boldsymbol{R}_{\mathrm{ud}}$ 、$\boldsymbol{T}_{\mathrm{u}}$ 、$\boldsymbol{T}_{\mathrm{d}}$ 的显示表达形式,如下:

$$\begin{bmatrix} \boldsymbol{T}_{\mathrm{d}}^{(j)} & R_{\mathrm{ud}}^{(j)} \\ \boldsymbol{R}_{\mathrm{du}}^{(j)} & \boldsymbol{T}_{\mathrm{u}}^{(j)} \end{bmatrix} = \begin{bmatrix} \boldsymbol{E}_{11}^{(j+1)} & -\boldsymbol{E}_{12}^{(j)} \\ \boldsymbol{E}_{21}^{(j+1)} & -\boldsymbol{E}_{22}^{(j)} \end{bmatrix} \begin{bmatrix} \boldsymbol{E}_{11}^{(j)} & -\boldsymbol{E}_{12}^{(j+1)} \\ \boldsymbol{E}_{21}^{(j)} & -\boldsymbol{E}_{22}^{(j+1)} \end{bmatrix} \begin{bmatrix} \boldsymbol{\Lambda}_{\mathrm{d}}^{(j)}(z^{(j)}) & 0 \\ 0 & \boldsymbol{\Lambda}_{\mathrm{u}}^{(j+1)}(z^{(j)}) \end{bmatrix} \tag{9-4-18}$$

其中,$j = 1,2,3,\cdots,N-1$ 。当 $j = N$ 时,有

$$\begin{bmatrix} \boldsymbol{T}_{\mathrm{d}}^{(N)} \\ \boldsymbol{R}_{\mathrm{du}}^{(N)} \end{bmatrix} = \begin{bmatrix} \boldsymbol{E}_{11}^{(N+1)} & -\boldsymbol{E}_{12}^{(N)} \\ \boldsymbol{E}_{21}^{(N+1)} & -\boldsymbol{E}_{22}^{(N)} \end{bmatrix} \begin{bmatrix} \boldsymbol{E}_{11}^{(N)} \boldsymbol{\Lambda}_{\mathrm{d}}^{(N)}(z^{(N)}) \\ \boldsymbol{E}_{21}^{(N)} \boldsymbol{\Lambda}_{\mathrm{d}}^{(N)}(z^{(N)}) \end{bmatrix} \tag{9-4-19}$$

故定义广义反射-透射系数如下

$$\begin{cases} \boldsymbol{C}_{\mathrm{d}}^{(j+1)} = \hat{\boldsymbol{T}}_{\mathrm{d}}^{(j)} \boldsymbol{C}_{\mathrm{d}}^{(j)} \\ \boldsymbol{C}_{\mathrm{u}}^{(j)} = \hat{\boldsymbol{R}}_{\mathrm{du}}^{(j)} \boldsymbol{C}_{\mathrm{d}}^{(j)} \end{cases}, j = 1,2,3,\cdots,N \tag{9-4-20}$$

当 $j = N$ 时,比较式(9-4-17)和式(9-4-20),可发现

$$\hat{\boldsymbol{T}}_{\mathrm{d}}^{(N)} = \boldsymbol{T}_{\mathrm{d}}^{(N)}, \hat{\boldsymbol{R}}_{\mathrm{du}}^{(N)} = \boldsymbol{R}_{\mathrm{du}}^{(N)} \tag{9-4-21}$$

当 $j = 1$ 时,对自由界面有

$$\boldsymbol{C}_{\mathrm{d}}^{(1)} = \hat{\boldsymbol{R}}_{\mathrm{ud}}^{(0)} \boldsymbol{C}_{\mathrm{u}}^{(1)} \tag{9-4-22}$$

又因为在自由界面处牵引力为零,因此有

$$\hat{\boldsymbol{R}}_{\mathrm{ud}}^{(0)} = -(\boldsymbol{E}_{21}^{(1)})^{-1} \boldsymbol{E}_{22}^{(1)} \boldsymbol{\Lambda}_{\mathrm{u}}^{(1)}(0) \tag{9-4-23}$$

在第 1 层介质中有

$$\begin{cases} \boldsymbol{C}_{\mathrm{u}}^{(1)} = \hat{\boldsymbol{R}}_{\mathrm{du}}^{(1)} \boldsymbol{C}_{\mathrm{d}}^{(1)} \\ \boldsymbol{C}_{\mathrm{d}}^{(1)} = \hat{\boldsymbol{R}}_{\mathrm{ud}}^{(0)} \boldsymbol{C}_{\mathrm{u}}^{(1)} \end{cases} \tag{9-4-24}$$

由此可得

$$(\boldsymbol{I} - \hat{\boldsymbol{R}}_{\mathrm{ud}}^{(0)} \hat{\boldsymbol{R}}_{\mathrm{du}}^{(1)}) \boldsymbol{C}_{\mathrm{d}}^{(1)} = 0 \tag{9-4-25}$$

因此,瑞利波的频散方程可表示为

$$\Delta(\boldsymbol{I} - \hat{\boldsymbol{R}}_{\mathrm{ud}}^{(0)} \hat{\boldsymbol{R}}_{\mathrm{du}}^{(1)}) = 0 \tag{9-4-26}$$

上式左端表示久期函数(也称频散函数或特征函数),对于给定的频率 f ,其根就是瑞利波在该频点处的相速度值 v_{R} 。

第 5 节　快速 Schwab-Knopoff 算法

如本章第 2 节所述,层状介质中瑞利波频散的常规算法中,相速度对波长的依赖关系是

由某一行列式为零的形式来表示的。该行列式的元素是相速度、波长、各层的密度和弹性模量的函数。如果有 n 层(包括假定为半无限空间的最后一层),则需要满足 $4n+2$ 个边界条件:每个界面上两个位移分量和两个应力分量连续,自由面上两个应力分量为零,无限半空间下界面两个位移分量和两个应力分量均消散为零。由此导出了 $4n+2$ 个齐次联立方程来确定相等数量的未知常数。只有当系数的行列式为零时,才存在解。虽然这个 $4n+2$ 阶行列式的许多元素都是零,但确定根所涉及的计算工作量是巨大的,以至于似乎没有人尝试用这种方法来处理层数超过两层的介质模型案例。

Schwab 和 Knopoff(Schwab and Knopoff, 1970)在 Thomson 和 Haskell 的传递矩阵基础上,提出了 Knopoff 法及改进的快速 Schwab-Knopoff 算法,该算法沿用了 Haskell 所给出的系列符号,这些符号记法消除了瑞利波计算中消除复杂矩阵元素和复杂频散函数的基础,用法简单,因此本节在给出该算法瑞利波频散函数行列式之前,继续使用这些符号并先给出多层介质模型界面的子矩阵。

考虑在由 N 层水平、均匀、各向同性介质组成的半无限空间中角频率为 ω,水平相速度为 v_{R} 的瑞利波传播情况。先考虑所有界面均为固-固界面的情况,含固-液界面的情况后续再讨论。图 9-3-1 中,x 轴方向平行于地层界面,z 方向垂直于地层面竖直向下。由于此节仅考虑瑞利型面波的情况,因此此处不考虑 y 方向的位移情况。对第 m 层介质,层参数定义为:密度 $\rho^{(m)}$,厚度 $d^{(m)}$,拉梅系数 $\lambda^{(m)}$、$\mu^{(m)}$,纵波速度 $v_{\mathrm{P}}^{(m)}$,横波速度 $v_{\mathrm{S}}^{(m)}$,水平波数 $k^{(m)}$,x 和 z 方向的位移分量 $u^{(m)}$、$w^{(m)}$,正应力 $\sigma^{(m)}$,剪应力 $\tau^{(m)}$。部分参数间有如下关系:$v_{\mathrm{P}}^{(m)}=[(\lambda^{(m)}+2\mu^{(m)})/\rho^{(m)}]^{1/2}$,$v_{\mathrm{S}}^{(m)}=[\mu^{(m)}/\rho^{(m)}]^{1/2}$,$k^{(m)}=\dfrac{\omega}{v_{\mathrm{R}}}$。另,定义

$$
\begin{cases}
r_{\alpha m}=\begin{cases}+[(v_{\mathrm{R}}/v_{\mathrm{P}}^{(m)})^2-1]^{1/2}, v_{\mathrm{R}}>v_{\mathrm{P}}^{(m)}\\ -i[1-(v_{\mathrm{R}}/v_{\mathrm{P}}^{(m)})^2]^{1/2}, v_{\mathrm{R}}<v_{\mathrm{P}}^{(m)}\end{cases}\\
r_{\beta m}=\begin{cases}+[(v_{\mathrm{R}}/v_{\mathrm{S}}^{(m)})^2-1]^{1/2}, v_{\mathrm{R}}>v_{\mathrm{S}}^{(m)}\\ -i[1-(v_{\mathrm{R}}/v_{\mathrm{S}}^{(m)})^2]^{1/2}, v_{\mathrm{R}}<v_{\mathrm{S}}^{(m)}\end{cases}\\
r_m=2(v_{\mathrm{S}}^{(m)}/v_{\mathrm{R}})^2
\end{cases}
\tag{9-5-1}
$$

一、界面子矩阵的初始公式

根据 Haskell 的符号记法,第 m 层介质中的运动分量由下式给出:

$$
\begin{cases}
v_{\mathrm{R}}\dot{u}^{(m)}=\cos p_m A_m-i\sin p_m B_m+r_{\beta m}\cos q_m C_m-i r_{\beta m}\sin q_m D_m\\
v_{\mathrm{R}}\dot{w}^{(m)}=-i r_{\alpha m}\sin p_m A_m+r_{\alpha m}\cos p_m B_m+i\sin q_m C_m-\cos q_m D_m\\
\sigma^{(m)}=\rho^{(m)}(r_m-1)\cos p_m A_m-i\rho^{(m)}(r_m-1)\sin p_m B_m+\\
\qquad \rho^{(m)}r_m r_{\beta m}\cos q_m C_m-i\rho^{(m)}r_m r_{\beta m}\sin q_m D_m\\
\tau^{(m)}=i\rho^{(m)}r_m r_{\alpha m}\sin p_m A_m-\rho^{(m)}r_m r_{\alpha m}\cos p_m B_m-\\
\qquad i\rho^{(m)}(r_m-1)\sin q_m C_m+\rho^{(m)}(r_m-1)\cos q_m D_m
\end{cases}
\tag{9-5-2}
$$

其中

$$\begin{cases} A_m = -(v_P^{(m)})^2(\Delta'_m + \Delta''_m) \\ B_m = -(v_P^{(m)})^2(\Delta'_m - \Delta''_m) \\ C_m = -2(v_S^{(m)})^2(\Omega'_m - \Omega''_m) \\ D_m = -2(v_S^{(m)})^2(\Omega'_m + \Omega''_m) \end{cases} \tag{9-5-3}$$

$$\begin{cases} p_m = k r_{\alpha m}[z - z^{(m-1)}] \\ q_m = k r_{\beta m}[z - z^{(m-1)}] \end{cases} \tag{9-5-4}$$

Δ'_m、Δ''_m、Ω'_m、Ω''_m 等均为常数，分别来自纵波 Δ_m 和横波解 Ω_m：

$$\begin{cases} \Delta_m = (\partial u/\partial x) + (\partial w/\partial z) = e^{[i(\omega t - kx)]}[\Delta'_m e^{(-ikr_{\alpha m}z)} + \Delta''_m e^{(ikr_{\alpha m}z)}] \\ \Omega_m = (1/2)[(\partial u/\partial x) - (\partial w/\partial z)] = e^{[i(\omega t - kx)]}[\Omega'_m e^{(-ikr_{\beta m}z)} + \Omega''_m e^{(ikr_{\beta m}z)}] \end{cases} \tag{9-5-5}$$

上式中，Δ'_m 项表示当 $r_{\alpha m}$ 为实数时，传播方向与 z 轴正方向呈 $\cot^{-1}(r_{\alpha m})$ 角度的平面波，以及当 $r_{\alpha m}$ 为虚数时，在 x 轴正方向传播，在 z 轴正方向振幅呈指数衰减的平面波。类似地，Δ''_m 项表示当 $r_{\alpha m}$ 为实数时一个与 z 轴负方向呈 $\cot^{-1}(r_{\alpha m})$ 角度的平面波，以及当 $r_{\alpha m}$ 为虚数时，在 x 轴正方向传播且在 z 轴正方向上振幅呈指数衰减的平面波。Ω'_m 项与 Ω''_m 含义类似。

对多层固体介质半空间模型，需满足自由界面边界条件，在自由界面上应力消失，因此有

$$\begin{cases} -\rho^{(1)}(r_1 - 1)A_1 - \rho^{(1)} r_1 r_{\beta 1} C_1 = 0 \\ \rho^{(1)} r_1 r_{\alpha 1} B_1 - \rho^{(1)}(r_1 - 1) D_1 = 0 \end{cases} \tag{9-5-6}$$

因此 Knopoff 子矩阵表达如下：

$$\Lambda_{\text{Continental}}{}^{(0)} = \begin{bmatrix} -\rho^{(1)}(r_1 - 1) & 0 & -\rho^{(1)} r_1 r_{\beta 1} & 0 \\ 0 & \rho^{(1)} r_1 r_{\alpha 1} & 0 & -\rho^{(1)}(r_1 - 1) \end{bmatrix} \tag{9-5-7}$$

若多层介质模型表层为液体层（海洋模型），则根据自由界面边界条件，需满足

$$A_0 = 0 \tag{9-5-8}$$

结合以上结果与界面处位移和应力的法向分量连续条件及自由界面处应力切向分量消失，可得

$$r_{\alpha 0}\cos P_0 B_0 - r_{\alpha 1} B_1 + D_1 = 0 \tag{9-5-9}$$

$$i\rho^{(0)}\sin P_0 B_0 - \rho^{(1)}(r_1 - 1)A_1 - \rho^{(1)} r_1 r_{\beta 1} C_1 = 0 \tag{9-5-10}$$

$$\rho^{(1)} r_1 r_{\alpha 1} B_1 - \rho^{(1)}(r_1 - 1)D_1 = 0 \tag{9-5-11}$$

其中，$P_0 = k r_{\alpha 0} d^{(0)}$。如果将式(9-5-9)乘因子并加上式(9-5-10)，所得的结果方程与式(9-5-10)和式(9-5-11)一起，将构成频散函数行列式的前三行（Knopoff，1964），此时行列式可以按照第一列展开。如果忽略由 $r_{\alpha 0}\cos P_0 = 0$ 给出的根，含固液界面模型（海洋模型）的行列式将与大陆模型的行列式具有相同的形式，即

$$\boldsymbol{\Lambda}_{\text{Oceanic}}^{(0)} = \begin{bmatrix} -\rho^{(1)}(r_1 - 1) & i\rho^{(0)} r_{\alpha 1}\tan P_0 / r_{\alpha 0} & -\rho^{(1)} r_1 r_{\beta 1} & -i\rho^{(0)}\tan P_0 / r_{\alpha 0} \\ 0 & \rho^{(1)} r_1 r_{\alpha 1} & 0 & -\rho^{(1)}(r_1 - 1) \end{bmatrix} \tag{9-5-12}$$

由第 m 界面处的位移与应力连续条件可得

$$\cos P_m A_m - i\sin P_m B_m + r_{\beta m}\cos Q_m C_m - i r_{\beta m}\sin Q_m D_m - A_{m+1} - r_{\beta(m+1)} C_{m+1} = 0$$

$$-i r_{\alpha m}\sin P_m A_m + r_{\alpha m}\cos P_m B_m + i\sin Q_m C_m - \cos Q_m D_m - r_{\alpha(m+1)} B_{m+1} + D_{m+1} = 0$$

$$\rho^{(m)}(r_m - 1)\cos P_m A_m - i\rho^{(m)}(r_m - 1)\sin P_m B_m + \rho^{(m)} r_m r_{\beta m}\cos Q_m C_m - i\rho^{(m)} r_m r_{\beta m}\sin Q_m D_m - \rho^{(m+1)}(r_{m+1} - 1)A_{m+1} - \rho^{(m+1)} r_{m+1} r_{\beta(m+1)} C_{m+1} = 0$$

$$i\rho^{(m)} r_m r_{\alpha m}\sin P_m A_m - \rho^{(m)} r_m r_{\alpha m}\cos P_m B_m - i\rho^{(m)}(r_m - 1)\sin Q_m C_m + \rho^{(m)}(r_m - 1)\cos Q_m D_m + \rho^{(m+1)} r_{m+1} r_{\alpha(m+1)} B_{m+1} - \rho^{(m+1)}(r_{m+1} - 1)D_{m+1} = 0$$

其中，$P_m = k r_{\alpha m} d_m$，$Q_m = k r_{\beta m} d_m$。这些表达式可用于构造 4×8 阶 Knopoff 界面子矩阵，另外注意到当 $\boldsymbol{A}_N = \boldsymbol{B}_N$ 和 $\boldsymbol{C}_N = \boldsymbol{D}_N$ 时，用于表达第 $N-1$ 个界面的 4×6 阶子矩阵同样能被构造出来。如果这些子矩阵与式(9-5-7)和式(9-5-12)一起用于构造频散函数的行列式形式；如果 $4i-2$ 列中的元素除以 $r_{\alpha i}$ $(i=1,2,\cdots,N-1)$；如果紧随其后的列中的元素除以 $r_{\beta i}$，则行列式将由元素 y_{ij} 组成，当其不等于零时，如果 $i+j$ 为偶数，则其为纯实数，如果 $i+j$ 为奇数，则其为纯虚数。子矩阵现在具有以下形式：

$$\boldsymbol{\Lambda}^{(0)}_{\text{Continental}} = \begin{bmatrix} -\rho^{(1)}(r_1 - 1) & 0 & -\rho^{(1)} r_1 & 0 \\ 0 & \rho^{(1)} r_1 & 0 & -\rho^{(1)}(r_1 - 1) \end{bmatrix} \tag{9-5-13}$$

$$\boldsymbol{\Lambda}^{(0)}_{\text{Oceanic}} = \begin{bmatrix} -\rho^{(1)}(r_1 - 1) & i\rho^{(0)}\tan P_0 / r_{\alpha 0} & -\rho^{(1)} r_1 & -i\rho^{(0)}\tan P_0 / r_{\alpha 0} \\ 0 & \rho^{(1)} r_1 & 0 & -\rho^{(1)}(r_1 - 1) \end{bmatrix} \tag{9-5-14}$$

$$\boldsymbol{\Lambda}^{(m)} = \begin{bmatrix} \cos P_m & -i\sin P_m / r_{\alpha m} & \cos Q_m & -i r_{\beta m}\sin Q_m & -1 & 0 & -1 & 0 \\ -i r_{\alpha m}\sin P_m & \cos P_m & i\sin Q_m / r_{\beta m} & -\cos Q_m & 0 & -1 & 0 & 1 \\ \rho^{(m)}(r_m - 1)\cos P_m & -i\rho^{(m)}(r_m - 1)\sin P_m / r_{\alpha m} & \rho^{(m)} r_m \cos Q_m & -i\rho^{(m)} r_m r_{\beta m}\sin Q_m & -\rho^{(m+1)}(r_{m+1} - 1) & 0 & -\rho^{(m+1)} r_{m+1} & 0 \\ i\rho^{(m)} r_m r_{\alpha m}\sin P_m & -\rho^{(m)} r_m \cos P_m & -i\rho^{(m)}(r_m - 1)\sin Q_m / r_{\beta m} & \rho_m (r_m - 1)\cos Q_m & 0 & \rho^{(m+1)} r_{m+1} & 0 & -\rho^{(m+1)}(r_{m+1} - 1) \end{bmatrix} \tag{9-5-15}$$

$$\boldsymbol{\Lambda}^{(N-1)} = \begin{bmatrix} * & * & * & * & -1 & -r_{\beta N} \\ * & * & * & * & -r_{\alpha N} & 1 \\ * & * & * & * & -\rho^{(N)}(r_N - 1) & \rho^{(N)} r_N r_{\beta N} \\ * & * & * & * & \rho^{(N)} r_N r_{\alpha N} & -\rho^{(N)}(r_N - 1) \end{bmatrix} \tag{9-5-16}$$

其中，式(9-5-16)中矩阵前四列的元素与式(9-5-15)的前四列元素形式相同，只需令 $m = N-1$ 即可。

以上界面子矩阵的初始公式为后续给出瑞利波及勒夫波的频散方程行列式奠定了基础，同时也证明了 Thomson-Haskell 算法中关于 $\boldsymbol{\delta}$ 矩阵的扩展研究结果实际上也同样包含在了 Knopoff 算法中，可以直接从其公式中获得而不需要再次借助 $\boldsymbol{\delta}$ 矩阵理论。

二、Knopoff 算法与 Thomson-Haskell 算法中的 δ 矩阵扩展方式比较

如果瑞利波频散方程的行列式形式(Knopoff，1964)由式(9-5-13)～式(9-5-16)来构造，且表 9-5-1 中列出的第一组运算被应用于行列式，则子矩阵可以采用 Thomson-Haskell 算法中转置的层矩阵 $\boldsymbol{a}_m{}^{\mathrm{T}}$ 来表示，则频散函数具有如下形式：

表 9-5-1　式(9-5-13)至式(9-5-16)构造瑞利波频散函数的处理方式

第一组运算：
1、将行 $4i-1$ 和行 $4i$ 乘 $\rho^{(i)}$，$(i=1,2,\cdots,N-1)$； 2、将列 $4i-2$ 加到列 $4i$ 上，并将列 $4i$ 替换； 3、将列 $4i-3$ 减去列 $4i-1$，并用结果替换 $4i-3$ 列； 4、将列 $4i-3$ 乘 r_i，并将结果加到列 $4i-1$ 上，用叠加结果代替列 $4i-1$； 5、将列 $4i$ 乘 r_i，并将乘积结果从列 $4i-2$ 中减去，用运算结果代替列 $4i-2$； 6、将列 $4i-3$ 和列 $4i$ 分别除以 $\rho^{(i)}$； 7、互换第 1 行和第 2 行、第 $4i-1$ 行和第 $4i+2$ 行、第 $4i$ 行和第 $4i+1$ 行； 8、互换第 $4i$ 列和第 $4i-3$ 列； 9、互换第 $4i$ 列和第 $4i-2$ 列； 10、互换第 $4i$ 列和第 $4i-1$ 列； 11、将第 $4i-3$ 列和第 $4i-2$ 列乘 -1，第 $4i-1$ 列和第 $4i$ 列乘 v_{R}^2，将第 $4i+1$ 行和第 $4i+2$ 行乘 $[\rho^{(i)} v_{\mathrm{R}}^2]^{-1}$； 12、将最后两列(第 $4N-3$ 列和第 $4N-2$ 列)乘 v_{R}^2； 13、将第 $4N-3$ 列乘 $-r_{\beta N}$，并将乘积结果加到第 $4N-2$ 列上； 14、将第 $4N-2$ 列乘 $-(r_N-1)/r_{\beta N}$，并将乘积结果加到第 $4N-2$ 列上； 15、将第 $4N-2$ 列除以 $-r_N r_{\alpha N} r_{\beta N} v_{\mathrm{R}}^2 [\rho^{(N)}]^2 [v_{\mathrm{P}}^{(N)}]^2$，并替换该列。
第二组运算：
1、将第 1 行第 2 行除以 $-\rho^{(1)}$，第 $4i+1$ 行和第 $4i+2$ 行除以 $\rho^{(i)}$； 2、将第 $4i-1$ 行乘 $-(r_i-1)$，并将乘积结果加到第 $4i+1$ 行上替换该行； 3、将第 $4i$ 行乘 r_i，并将结果加到第 $4i+2$ 行上替换该行； 4、将第 $4i+1$ 行乘 -1，并将结果加到第 $4i-1$ 行上替换该行； 5、将第 $4i+2$ 行乘 -1，并将结果加到第 $4i$ 行上替换该行； 6、将最后一列乘 $(-1)^{N-1}(\rho^{(1)})^2 v_{\mathrm{R}}^2 / r_N r_{\alpha N} r_{\beta N} (\rho^{(N)})^2 (v_{\mathrm{P}}^{(N)})^2$。

$$\Delta_{\mathrm{R}} = \begin{bmatrix} \boldsymbol{\Lambda}^{(0)} & & & & & & & & \\ \boldsymbol{a}_1^{\mathrm{T}} & \boldsymbol{I}_2 & & & & & & & \\ & \boldsymbol{a}_2^{\mathrm{T}} & \boldsymbol{I}_2 & & & & & & \\ & & & \boldsymbol{I}_2 & & & & & \\ & & & & \cdot & & & & \\ & & & & & \cdot & & & \\ & & & & & & \cdot & & \\ & & & & & & \boldsymbol{a}_{N-2}^{\mathrm{T}} & \boldsymbol{I}_2 & \\ & & & & & & & \boldsymbol{a}_{N-1}^{\mathrm{T}} & \boldsymbol{I}_3 \end{bmatrix} \tag{9-5-17}$$

上式中空白元素位置均由零填充,对角线元素中:

$$\boldsymbol{\Lambda}^{(0)} = \begin{bmatrix} -1 & 0 & 0 & 0 \\ 0 & -1 & q & 0 \end{bmatrix}, \boldsymbol{I}_2 = \begin{bmatrix} -1 & 0 & 0 & 0 \\ 0 & -1 & 0 & 0 \\ 0 & 0 & -1 & 0 \\ 0 & 0 & 0 & -1 \end{bmatrix}, \boldsymbol{I}_3 = \begin{bmatrix} -e_{11}/e_{51} & e_{31} \\ 0 & -e_{51} \\ e_{31}/e_{51} & e_{61} \\ -1 & 0 \end{bmatrix}$$

层矩阵 a_m 为 4×4 阶矩阵,其各元素为

$$\begin{cases} (a_m)_{11} = r_m \cos P_m - (r_m - 1)\cos Q_m \\ (a_m)_{12} = i[(r_m - 1)\, r_{\alpha m}^{-1} \sin P_m + r_m\, r_{\beta m} \sin Q_m] \\ (a_m)_{13} = -(\rho^{(m)} v_{\mathrm{R}}^2)^{-1}(\cos P_m - \cos Q_m) \\ (a_m)_{14} = i(\rho^{(m)} v_{\mathrm{R}}^2)^{-1}(r_{\alpha m}^{-1} \sin P_m + r_{\beta m} \sin Q_m) \\ (a_m)_{21} = -i[r_m\, r_{\alpha m} \sin P_m + (r_m - 1)\, r_{\beta m}^{-1} \sin Q_m] \\ (a_m)_{22} = -(r_m - 1)\cos P_m + r_m \cos Q_m \\ (a_m)_{23} = i(\rho^{(m)} v_{\mathrm{R}}^2)^{-1}(r_{\alpha m} \sin P_m + r_{\beta m}^{-1} \sin Q_m) \\ (a_m)_{24} = (a_m)_{13} \\ (a_m)_{31} = \rho^{(m)} v_{\mathrm{R}}^2\, r_m (r_m - 1)(\cos P_m - \cos Q_m) \\ (a_m)_{32} = i\rho^{(m)} v_{\mathrm{R}}^2 [(r_m - 1)^2\, r_{\alpha m}^{-1} \sin P_m + r_m^2\, r_{\beta m} \sin Q_m] \\ (a_m)_{33} = (a_m)_{22} \\ (a_m)_{34} = (a_m)_{12} \\ (a_m)_{41} = i\rho^{(m)} v_{\mathrm{R}}^2 [r_m^2\, r_{\alpha m} \sin P_m + (r_m - 1)^2\, r_{\beta m}^{-1} \sin Q_m] \\ (a_m)_{42} = (a_m)_{31} \\ (a_m)_{43} = (a_m)_{21} \\ (a_m)_{44} = (a_m)_{11} \end{cases} \tag{9-5-18}$$

矩阵 $\boldsymbol{\Lambda}^{(0)}$ 中的 q 值对于陆地模型而言为零,对海洋模型则由 $i\rho^{(0)} v_{\mathrm{R}}^2 \tan P_0 / r_{\alpha 0}$ 给出。量值 e_{i1} 的定义方式如下:

$$\begin{cases} e_{11} = [r_N + (r_N - 1)^2 / r_N r_{\alpha N} r_{\beta N}] v_R^2 / v_P^2 \\ e_{21} = (\rho^{(N)} v_P^2 r_{\alpha N} r_{\beta N})^{-1} \\ e_{31} = [1 + (r_N - 1)/r_N r_{\alpha N} r_{\beta N}] / \rho^{(N)} v_P^2 \\ e_{41} = e_{31} \\ e_{51} = -(\rho^{(N)} v_p^2 r_{\alpha N} r_{\alpha N})^{-1} \\ e_{61} = -(1 + 1/r_{\alpha N} r_{\beta N}) / (\rho^{(N)})^2 v_P^2 v_R^2 r_N \end{cases} \tag{9-5-19}$$

当从行列式分解为矩阵的乘积时，频散函数形式变为

$$\Delta_R = \boldsymbol{T}^{(0)} \overline{\boldsymbol{F}}^{(1)} \boldsymbol{F}^{(2)} \overline{\boldsymbol{F}}^{(3)} \cdots \begin{cases} \overline{F}^{(N-2)} F^{(N-1)}, \text{当 } N-1 \text{ 为偶数} \\ F^{(N-2)} \overline{F}^{(N-1)}, \text{当 } N-1 \text{ 为单数} \end{cases} \tag{9-5-20}$$

上式具有如下简单的符号矩阵形式：$\Delta_R = [1\times 6][6\times 6]\cdots[6\times 6][6\times 1]$。元素 $\boldsymbol{T}^{(0)}$ 可通过矩阵 $\boldsymbol{\Lambda}^{(0)}$ 获得

$$\begin{cases} T_{11}^{(0)} = \Lambda_{11}^{(0)} \Lambda_{22}^{(0)} - \Lambda_{21}^{(0)} \Lambda_{12}^{(0)} \\ T_{12}^{(0)} = \Lambda_{11}^{(0)} \Lambda_{23}^{(0)} - \Lambda_{21}^{(0)} \Lambda_{13}^{(0)} \\ T_{13}^{(0)} = \Lambda_{11}^{(0)} \Lambda_{24}^{(0)} - \Lambda_{21}^{(0)} \Lambda_{14}^{(0)} \\ T_{14}^{(0)} = \Lambda_{12}^{(0)} \Lambda_{23}^{(0)} - \Lambda_{22}^{(0)} \Lambda_{13}^{(0)} \\ T_{15}^{(0)} = \Lambda_{12}^{(0)} \Lambda_{24}^{(0)} - \Lambda_{22}^{(0)} \Lambda_{14}^{(0)} \\ T_{16}^{(0)} = \Lambda_{13}^{(0)} \Lambda_{24}^{(0)} - \Lambda_{23}^{(0)} \Lambda_{14}^{(0)} \end{cases} \tag{9-5-21}$$

因此

$$\boldsymbol{T}^{(0)} = [1 \quad -q \quad 0 \quad 0 \quad 0 \quad 0] \tag{9-5-22}$$

界面矩阵 $\boldsymbol{F}^{(m)}$ 和 $\overline{\boldsymbol{F}}^{(m)}$ 的元素，通过将 $F_{ijkl}^{(m)}$ 量定义为子矩阵 $\boldsymbol{\Lambda}^{(m)} = [\boldsymbol{a}_m{}^{\mathrm{T}} \quad \boldsymbol{I}_2]$ 的第 i、第 j、第 $k+4$ 和第 $l+4$ 列来获得。当 $1 \leqslant m \leqslant N-2$ 时，这些量在界面矩阵中的位置和符号形式如下：

$$\boldsymbol{F}^{(m)} = \begin{bmatrix} F_{1212}^{(m)} & F_{1213}^{(m)} & F_{1214}^{(m)} & F_{1223}^{(m)} & F_{1224}^{(m)} & F_{1234}^{(m)} \\ F_{1312} & F_{1313} & F_{1314} & F_{1323} & F_{1324} & F_{1334} \\ F_{1412} & F_{1413} & F_{1414} & F_{1423} & F_{1424} & F_{1434} \\ F_{2312} & F_{2313} & F_{2314} & F_{2323} & F_{2324} & F_{2334} \\ F_{2412} & F_{2413} & F_{2414} & F_{2423} & F_{2424} & F_{2434} \\ F_{3412} & F_{3413} & F_{3414} & F_{3423} & F_{3424} & F_{3434} \end{bmatrix} \tag{9-5-23}$$

$$\overline{\boldsymbol{F}}^{(m)} = \begin{bmatrix} F_{3434}^{(m)} & -F_{3424}^{(m)} & F_{3423}^{(m)} & F_{3414}^{(m)} & -F_{3413}^{(m)} & F_{3412}^{(m)} \\ -F_{2434} & F_{2424} & -F_{2423} & -F_{2414} & F_{2413} & -F_{2412} \\ F_{2334} & -F_{2324} & F_{2323} & F_{2314} & -F_{2313} & F_{2312} \\ F_{1434} & -F_{1424} & F_{1423} & F_{1414} & -F_{1413} & F_{1412} \\ -F_{1334} & F_{1324} & -F_{1323} & -F_{1314} & F_{1313} & -F_{1312} \\ F_{1234} & -F_{1224} & F_{1223} & F_{1214} & -F_{1213} & F_{1212} \end{bmatrix} \tag{9-5-24}$$

$\boldsymbol{F}^{(N-1)}$ 为由式(9-5-23)的第一列给出的 6×1 阶矩阵，$\overline{\boldsymbol{F}}^{(N-1)}$ 则是由式(9-5-24)的最后一列所给

出的 6×1 阶矩阵。当 $\boldsymbol{\Lambda}^{(m)}=[\boldsymbol{a}_m^{\mathrm{T}} \quad \boldsymbol{I}_2]$,$(1\leqslant m\leqslant N-2)$,以及 $\boldsymbol{\Lambda}^{(N-1)}=[\boldsymbol{a}_{N-1}^{\mathrm{T}} \quad \boldsymbol{I}_3]$ 时,界面子矩阵形式如下:

$$\boldsymbol{F}^{(m)}=\begin{bmatrix} f_{16}^{(m)} & -f_{15}^{(m)} & f_{14}^{(m)} & f_{13}^{(m)} & -f_{12}^{(m)} & f_{11}^{(m)} \\ f_{15} & -f_{25} & f_{24} & f_{23} & -f_{22} & f_{21} \\ f_{14} & -f_{24} & (f_{33}-1) & f_{33} & -f_{32} & f_{31} \\ f_{13}^{||} & -f_{23}^{||} & f_{33} & (f_{33}-1) & -f_{42}^{||} & f_{41}^{||} \\ f_{12} & -f_{22} & f_{32} & f_{42} & -f_{52} & f_{51} \\ f_{11} & -f_{21} & f_{31} & f_{41} & -f_{51} & f_{61} \end{bmatrix} \tag{9-5-25}$$

$$\overline{\boldsymbol{F}}^{(m)}=\begin{bmatrix} f_{61}^{(m)} & -f_{51}^{(m)} & f_{41}^{(m)} & f_{31}^{(m)} & f_{21}^{(m)} & f_{11}^{(m)} \\ -f_{51} & -f_{52} & -f_{42} & -f_{32} & -f_{22} & -f_{12} \\ f_{41} & f_{42} & (f_{33}-1) & f_{33} & f_{23} & f_{13} \\ f_{31}^{||} & f_{32}^{||} & f_{33} & (f_{33}-1) & -f_{24}^{||} & f_{14}^{||} \\ -f_{21} & -f_{22} & -f_{23} & -f_{24} & -f_{25} & -f_{15} \\ f_{11} & f_{12} & f_{13} & f_{14} & -f_{15} & f_{16} \end{bmatrix} \tag{9-5-26}$$

$$\boldsymbol{F}^{(N-1)}=\begin{bmatrix} \xi_1 \\ \xi_2 \\ \xi_3 \\ || \\ \xi_4 \\ \xi_5 \\ \xi_6 \end{bmatrix} \tag{9-5-27}$$

$$\overline{\boldsymbol{F}}^{(N-1)}=\begin{bmatrix} \xi_6 \\ -\xi_5 \\ \xi_4 \\ || \\ \xi_3 \\ -\xi_2 \\ \xi_1 \end{bmatrix} \tag{9-5-28}$$

其中 || 表示对称性,矩阵的其他各元素计算方式为

$$\begin{cases} \xi_1=e_{11}\,g_{16}+e_{21}\,g_{15}+e_{31}\,g_{14}+e_{41}\,g_{13}+e_{51}\,g_{12}+e_{61}\,g_{11} \\ \xi_2=e_{11}\,g_{15}+e_{21}\,g_{25}+e_{31}\,g_{24}+e_{41}\,g_{23}+e_{51}\,g_{22}+e_{61}\,g_{21} \\ \xi_3=e_{11}\,g_{14}+e_{21}\,g_{24}+e_{31}(g_{33}-1)+e_{41}\,g_{33}+e_{51}\,g_{32}+e_{61}\,g_{31} \\ \xi_4=\xi_3=e_{11}\,g_{13}+e_{21}\,g_{23}+e_{31}\,g_{33}+e_{41}(g_{33}-1)+e_{51}\,g_{42}+e_{61}\,g_{41} \\ \xi_5=e_{11}\,g_{12}+e_{21}\,g_{22}+e_{31}\,g_{32}+e_{41}\,g_{42}+e_{51}\,g_{52}+e_{61}\,g_{51} \\ \xi_6=e_{11}\,g_{11}+e_{21}\,g_{21}+e_{31}\,g_{31}+e_{41}\,g_{41}+e_{51}\,g_{51}+e_{61}\,g_{61} \end{cases} \tag{9-5-29}$$

$f_{ij}^{(m)} = (a_m^{\Delta})_{ij}$ ，$g_{ij} = (a_{N-1}^{\Delta})_{ij}$ ，$\boldsymbol{\delta}$ 矩阵的独立元素 a_m^{Δ} 由 Schwab 和 Knopoff 给出(Schwab and Knopoff，1970)，具体形式如下：

$$(a_m^{\Delta})_{ij} = (a_m)_{11}(a_m)_{i+1,j+1} - (a_m)_{i+1,1}(a_m)_{1,j+1} \tag{9-5-30}$$

以及

$$\begin{aligned}
(a_m^{\Delta})_{15} &= (a_m)_{12}(a_m)_{24} - (a_m)_{22}(a_m)_{14} \\
(a_m^{\Delta})_{16} &= (a_m)_{13}(a_m)_{24} - (a_m)_{23}(a_m)_{14} \\
(a_m^{\Delta})_{25} &= (a_m)_{12}(a_m)_{34} - (a_m)_{32}(a_m)_{14} \\
(a_m^{\Delta})_{51} &= (a_m)_{21}(a_m)_{42} - (a_m)_{41}(a_m)_{22} \\
(a_m^{\Delta})_{52} &= (a_m)_{21}(a_m)_{43} - (a_m)_{41}(a_m)_{23} \\
(a_m^{\Delta})_{61} &= (a_m)_{31}(a_m)_{42} - (a_m)_{41}(a_m)_{32}
\end{aligned} \tag{9-5-31}$$

此时瑞利波频散方程的六阶表达式则由式(9-5-20)、式(9-5-22)、式(9-5-25)、式(9-5-26)、式(9-5-27)、式(9-5-28)所定义。根据式(9-5-25)～式(9-5-28)所表达的矩阵中指出的对称性，上述表达可进一步简化为五阶矩阵形式，并获得相同的频散函数。新的五阶矩阵形式如下：

$$\boldsymbol{T}^{(0)} = [1 \quad -q \quad 0 \quad 0 \quad 0] \tag{9-5-32}$$

$$\boldsymbol{F}^{(m)} = \begin{bmatrix} f_{16}^{(m)} & -f_{15}^{(m)} & f_{13}^{(m)} & -f_{12}^{(m)} & f_{11}^{(m)} \\ f_{15} & -f_{25} & f_{23} & -f_{22} & f_{21} \\ 2f_{13} & -2f_{23} & 2f_{33}-1 & -2f_{32} & 2f_{31} \\ f_{12} & -f_{22} & f_{32} & -f_{52} & f_{51} \\ f_{11} & -f_{21} & f_{31} & -f_{51} & f_{61} \end{bmatrix} \tag{9-5-33}$$

$$\overline{\boldsymbol{F}}^{(m)} = \begin{bmatrix} f_{61}^{(m)} & f_{51}^{(m)} & f_{31}^{(m)} & f_{21}^{(m)} & f_{11}^{(m)} \\ -f_{51} & -f_{52} & -f_{32} & -f_{22} & -f_{12} \\ 2f_{31} & 2f_{32} & (2f_{33}-1) & 2f_{23} & 2f_{13} \\ -f_{21} & -f_{22} & -f_{23} & -f_{25} & -f_{15} \\ f_{11} & f_{12} & f_{13} & f_{15} & f_{16} \end{bmatrix} \tag{9-5-34}$$

$$\boldsymbol{F}^{(N-1)} = \begin{bmatrix} \xi_1 \\ \xi_2 \\ 2\xi_3 \\ \xi_5 \\ \xi_6 \end{bmatrix} \tag{9-5-35}$$

$$\overline{\boldsymbol{F}}^{(N-1)} = \begin{bmatrix} \xi_6 \\ -\xi_5 \\ 2\xi_3 \\ -\xi_2 \\ \xi_1 \end{bmatrix} \tag{9-5-36}$$

基本界面矩阵乘法的形式为

$$\begin{bmatrix} \boldsymbol{R} & \boldsymbol{I} & \boldsymbol{R} & \boldsymbol{I} & \boldsymbol{R} \end{bmatrix} \begin{bmatrix} \boldsymbol{R} & \boldsymbol{I} & \boldsymbol{R} & \boldsymbol{I} & \boldsymbol{R} \\ \boldsymbol{I} & \boldsymbol{R} & \boldsymbol{I} & \boldsymbol{R} & \boldsymbol{I} \\ \boldsymbol{R} & \boldsymbol{I} & \boldsymbol{R} & \boldsymbol{I} & \boldsymbol{R} \\ \boldsymbol{I} & \boldsymbol{R} & \boldsymbol{I} & \boldsymbol{R} & \boldsymbol{I} \\ \boldsymbol{R} & \boldsymbol{I} & \boldsymbol{R} & \boldsymbol{I} & \boldsymbol{R} \end{bmatrix}$$

矩阵中的 $\boldsymbol{R}$ 位置为纯实数量值，$\boldsymbol{I}$ 位置为纯虚数量值。因此 Schwab 和 Knopoff 提出的避免使用和处理复数的技术可以直接应用于该五阶公式。

由式(9-5-20)、式(9-5-22)、式(9-5-25)、式(9-5-26)、式(9-5-27)、式(9-5-28)所定义的瑞利波频散方程的六阶表达式相当于原始 Thomson-Haskell 公式的完整六阶 $\boldsymbol{\delta}$ 矩阵的延伸。而由式(9-5-20)、式(9-5-32)、式(9-5-33)、式(9-5-34)、式(9-5-35)、式(9-5-36)等所定义的五阶瑞利波频散函数表达式则相当于对五阶简化 $\boldsymbol{\delta}$ 矩阵的延伸。虽然从 Knopoff 方法导出的矩阵不需要 $\boldsymbol{\delta}$ 矩阵理论，但这些矩阵包含 $\boldsymbol{\delta}$ 矩阵扩展的结果。事实上，从 Knopoff 方法得到的六阶表达式正好是 $\boldsymbol{\delta}$ 矩阵的延伸，本质上是一种转置形式。通过应用以下一系列操作可以轻松地演示这一点。

从由 Knopoff 方法导出的六阶表达式开始，形成乘积形式 $\boldsymbol{T}^{(0)}\ \overline{\boldsymbol{F}}^{(1)}$ 给出：

$$\begin{bmatrix} h_{61}+qh_{51} & h_{51}+qh_{52} & h_{41}+qh_{42} & h_{31}+qh_{32} & h_{21}+qh_{22} & h_{11}+qh_{12} \end{bmatrix}$$

其中，$h_{ij}=(a_1^{\Delta})_{ij}$ 。除了 $(f_{33}^{(m)}-1)$ 中的负号之外，所有负号都可以从矩阵定义[式(9-5-25)]和[式(9-5-26)]中移除，如果适用的话，还可以从[式(9-5-28)]中移除，因为在这个特定的矩阵表达式中，形式 $\boldsymbol{F}^{(m)}\ \overline{\boldsymbol{F}}^{(m+1)}$ 的乘积不会因移除而改变；无论 $\boldsymbol{F}^{(N-1)}$ 和 $\overline{\boldsymbol{F}}^{(N-1)}$ 中的哪一个适用，都应该写成 6×6 矩阵和 $[e_{11}\quad e_{21}\quad e_{31}\quad e_{41}\quad e_{51}\quad e_{61}]$ 的乘积；矩阵 $[\boldsymbol{T}^{(0)}\ \overline{\boldsymbol{F}}^{(1)}]$、$\overline{\boldsymbol{F}}^{(3)}$、$\overline{\boldsymbol{F}}^{(5)}$、…可以用它们在第三列和第四列之间的反映来代替，以及 $\boldsymbol{F}^{(2)}$、$\boldsymbol{F}^{(4)}$ 等同样可以用它们在第三行和第四行之间反映来代替，因为这些操作不影响乘积 $[\boldsymbol{T}^{(0)}\ \overline{\boldsymbol{F}}^{(1)}]\boldsymbol{F}^{(2)}$ 或形如 $\overline{\boldsymbol{F}}^{(m)}\ \boldsymbol{F}^{(m+1)}$ 的乘积(其中 $3\leqslant m\leqslant N-2$)。如果作为标量的 Δ_R 是它自己的转置，则这一系列运算的结果可以根据 $(\boldsymbol{AB}\cdots\boldsymbol{CD})^{\mathrm{T}}=\boldsymbol{D}^{\mathrm{T}}\ \boldsymbol{C}^{\mathrm{T}}\cdots\ \boldsymbol{B}^{\mathrm{T}}\ \boldsymbol{A}^{\mathrm{T}}$ 进行转置，并且 Δ_R 将采用 Thomson-Haskell 公式的确切的 $\boldsymbol{\delta}$ 矩阵扩展形式。因此，两个六阶形式和两个五阶形式仅仅是完全相同的频散函数的不同矩阵表示。所有这些表示都包含精度损失控制功能。两个六阶矩阵表示的计算速度是相同的。五阶表示法也具有相同的计算速度，但比相应的频散函数的六阶表示法快约7%。

此小节内容给出了 Knopoff 算法构造瑞利波频散函数的详细步骤，并证明了 Knopoff 算法包含了后来的 $\boldsymbol{\delta}$ 矩阵扩展结果。瑞利波频散函数的五阶矩阵表示是从 Knopoff 方法导出的，它与原始 Thomson-Haskell 算法的降阶 $\boldsymbol{\delta}$ 矩阵扩展形式具有相同的功能，但在计算机上编程实现时，却也远不是最优表示，但采用 Knopoff 方法构造更适合编程实现的形式是可能的。这种方法非常灵活，在分解成矩阵的乘积之前，可以对频散函数的行列式形式进行任意的行和列操作，这将导致频散函数的最终表达式被极大地简化。下面我们将利用这样的灵活性来构造出比之前的五阶矩阵表达的瑞利波频散函数更加方便计算的新的矩阵表达式，即快速 Schwab-Knopoff 算法的表达形式。

三、快速 Schwab-Knopoff 算法

从子矩阵式(9-5-13)入手，重新构造频散方程的行列式形式，对该行列式施加表 9-5-1 中的第二组运算规则。这样就得到了如下所示的新的子矩阵：

$$\boldsymbol{\Lambda}_{\text{Continental}}^{(0)}=\begin{bmatrix}(r_1-1) & 0 & r_1 & 0\\ 0 & -r_1 & 0 & (r_1-1)\end{bmatrix} \tag{9-5-37}$$

$$\boldsymbol{\Lambda}_{\text{Oceanic}}^{(0)}=\begin{bmatrix}(r_1-1) & -i\rho^{(0)}\tan P_0/\rho^{(1)}\ r_{\alpha 0} & r_1 & i\rho^{(0)}\tan P_0/\rho^{(1)}\ r_{\alpha 0}\\ 0 & -r_1 & 0 & (r_1-1)\end{bmatrix} \tag{9-5-38}$$

$$\boldsymbol{\Lambda}^{(m)}=\begin{bmatrix}\cos P_m & -i\sin P_m/r_{\alpha m} & 0 & 0\\ -i\,r_{\alpha m}\sin P_m & \cos P_m & 0 & 0\\ 0 & 0 & \cos Q_m & -i\,r_{\beta m}\sin Q_m\\ 0 & 0 & i\sin Q_m/r_{\beta m} & -\cos Q_m\end{bmatrix}\begin{bmatrix}-\epsilon_3^{(m)} & 0 & -\epsilon_1^{(m)} & 0\\ 0 & \epsilon_2^{(m)} & 0 & -\epsilon_4^{(m)}\\ \epsilon_4^{(m)} & 0 & \epsilon_2^{(m)} & 0\\ 0 & -\epsilon_1^{(m)} & 0 & \epsilon_3^{(m)}\end{bmatrix} \tag{9-5-39}$$

$$\boldsymbol{\Lambda}^{(N-1)}=\begin{bmatrix}* & * & * & * & -\epsilon_3^{(N-1)} & -\epsilon_1^{(N-1)}r_{\beta N}\,\epsilon\\ * & * & * & * & \epsilon_2^{(N-1)}r_{\alpha N} & -\epsilon_4^{(N-1)}\,\epsilon\\ * & * & * & * & \epsilon_4^{(N-1)} & \epsilon_2^{(N-1)}r_{\beta N}\,\epsilon\\ * & * & * & * & -\epsilon_1^{(N-1)}r_{\alpha N} & \epsilon_3^{(N-1)}\,\epsilon\end{bmatrix} \tag{9-5-40}$$

其中用星号表示的前四列表示与式(9-5-39)中的相同，只需令 $m=N-1$ 即可。量值ϵ的计算方式如下：

$$\epsilon=[(-1)^{N-1}\ (\rho^{(1)})^2 v_{\mathrm{R}}^2]/[r_N\ r_{\alpha N}\ r_{\beta N}\ (\rho^{(N)})^2 v_{\mathrm{P}}^2] \tag{9-5-41}$$

量 $\epsilon_1^{(m)}$ 、$\epsilon_2^{(m)}$ 、$\epsilon_3^{(m)}$ 、$\epsilon_4^{(m)}$ 等由表 9-5-2 给出。将频散函数的行列式形式分解为矩阵[式(9-5-20)]的乘积，使用关系式(9-5-21)从式(9-5-37)和式(9-5-38)获得矩阵 $\boldsymbol{T}^{(0)}$ 的元素：

$$\boldsymbol{T}^{(0)}=[-r_1(r_1-1),\quad 0,\quad (r_1-1)^2,\quad r_1^2,\quad q/v_{\mathrm{R}}^2\rho^{(1)},\quad r_1(r_1-1)]$$

界面矩阵 $\boldsymbol{F}^{(m)}$ 和 $\overline{\boldsymbol{F}}^{(m)}$ 式(9-5-23)和式(9-5-24)定义，其中 $F_{ijkl}^{(m)}$ 以前面概述的方式从式(9-5-39)中获得。表 9-5-2 给出了当 $1\leqslant m\leqslant N-2$ 时的 $F_{ijkl}^{(m)}$ 定义估计结果。$\boldsymbol{F}^{(N-1)}$ 则由式(9-5-23)的第一列给出，而 $\overline{\boldsymbol{F}}^{(N-1)}$ 取值自式(9-5-24)中矩阵的最后一列，其中：

$$F_{1212}^{(N-1)}/\epsilon=\epsilon_{13}^{(N-1)}+\epsilon_6^{(N-1)}\ r_{\alpha N}\ r_{\beta N}\,,$$

$$F_{3412}^{(N-1)}/\epsilon=-F_{1212}^{(N-1)}/\epsilon,$$

$$\begin{bmatrix}F_{1312}^{(N-1)}/\epsilon\\ F_{1412}^{(N-1)}/\epsilon\\ F_{2312}^{(N-1)}/\epsilon\\ F_{2412}^{(N-1)}/\epsilon\end{bmatrix}=\begin{bmatrix}F_{1313}^{(N-1)} & F_{1314}^{(N-1)} & F_{1323}^{(N-1)} & F_{1324}^{(N-1)}\\ F_{1413}^{(N-1)} & F_{1414}^{(N-1)} & F_{1423}^{(N-1)} & F_{1424}^{(N-1)}\\ F_{2313}^{(N-1)} & F_{2314}^{(N-1)} & F_{2323}^{(N-1)} & F_{2324}^{(N-1)}\\ F_{2413}^{(N-1)} & F_{2414}^{(N-1)} & F_{2423}^{(N-1)} & F_{2424}^{(N-1)}\end{bmatrix}$$

上述矩阵中的各元素取值参见表 9-5-2。

表 9-5-2　量值$F_{ijkl}^{(m)}$($1 \leqslant m \leqslant N-2$)的表达方式

ij \ kl	12	13	14	23	24	34
12	$-\epsilon_8^{(m)}$	0	$\epsilon_{13}^{(m)}$	$\epsilon_6^{(m)}$	0	$\epsilon_{10}^{(m)}$
13	$-i(\epsilon_{11}\zeta_9+\epsilon_7\zeta_{10})$	$\epsilon_{15}\zeta_{14}$	$i(\epsilon_{14}\zeta_9+\epsilon_{12}\zeta_{10})$	$i(\epsilon_9\zeta_9+\epsilon_5\zeta_{10})$	$-\epsilon_{15}\zeta_7$	$i(\epsilon_{11}\zeta_9+\epsilon_7\zeta_{10})$
14	$\epsilon_{11}\zeta_7-\epsilon_7\zeta_{12}$	$i(\epsilon_{15}\zeta_{10})$	$-\epsilon_{14}\zeta_7+\epsilon_{12}\zeta_{12}$	$-\epsilon_9\zeta_7+\epsilon_5\zeta_{12}$	$i(\epsilon_{15}\zeta_8)$	$-\epsilon_{11}\zeta_7+\epsilon_7\zeta_{12}$
23	$-\epsilon_{11}\zeta_{15}+\epsilon_7\zeta_7$	$i(\epsilon_{15}\zeta_9)$	$\epsilon_{14}\zeta_{15}-\epsilon_{12}\zeta_7$	$\epsilon_9\zeta_{15}-\epsilon_5\zeta_7$	$i(\epsilon_{15}\zeta_{11})$	$\epsilon_{11}\zeta_{15}-\epsilon_7\zeta_7$
24	$-i(\epsilon_{11}\zeta_{11}+\epsilon_7\zeta_8)$	$-\epsilon_{15}\zeta_7$	$i(\epsilon_{14}\zeta_{11}+\epsilon_{12}\zeta_8)$	$i(\epsilon_9\zeta_{11}+\epsilon_5\zeta_8)$	$\epsilon_{15}\zeta_{13}$	$i(\epsilon_{11}\zeta_{11}+\epsilon_7\zeta_8)$
34	ϵ_{10}	0	$-\epsilon_{13}$	$-\epsilon_6$	0	$-\epsilon_8$

$\epsilon_0^{(m)}=\rho^{(m+1)}/\rho^{(m)}$	$\epsilon_8^{(m)}=\epsilon_1^{(m)}\epsilon_4^{(m)}$	$\zeta_1^{(m)}=\cos P_m$	$\zeta_9=\zeta_1\zeta_6$
$\epsilon_1=r_m-\epsilon_0 r_{m+1}$	$\epsilon_9=\epsilon_2^2$	$\zeta_2=\cos Q_m$	$\zeta_{10}=\zeta_2\zeta_3$
$\epsilon_2=\epsilon_1-1$	$\epsilon_{10}=\epsilon_2\epsilon_3$	$\zeta_3=r_{\alpha m}\sin P_m$	$\zeta_{11}=\zeta_2\zeta_4$
$\epsilon_3=\epsilon_1+\epsilon_0$	$\epsilon_{11}=\epsilon_2\epsilon_4$	$\zeta_4=\sin P_m/r_{\alpha m}$	$\zeta_{12}=\zeta_3\zeta_5$
$\epsilon_4=\epsilon_2+\epsilon_0$	$\epsilon_{12}=\epsilon_3^2$	$\zeta_5=r_{\beta m}\sin Q_m$	$\zeta_{13}=\zeta_4\zeta_5$
$\epsilon_5=\epsilon_1^2$	$\epsilon_{13}=\epsilon_3\epsilon_4$	$\zeta_6=\sin Q_m/r_{\beta m}$	$\zeta_{14}=\zeta_3\zeta_6$
$\epsilon_6=\epsilon_1\epsilon_2$	$\epsilon_{14}=\epsilon_4^2$	$\zeta_7=\zeta_1\zeta_2$	$\zeta_{15}=\zeta_4\zeta_6$
$\epsilon_7=\epsilon_1\epsilon_3$	$\epsilon_{15}=-\epsilon_0$	$\zeta_8=\zeta_1\zeta_5$	
	$\epsilon_{16}=\epsilon_8+\epsilon_{10}$		

基本界面矩阵乘法具有符号矩阵形式$[1\times 6][6\times 6]$,其中1×6矩阵的第六个元素始终是第一个元素的负数。6×6矩阵的对称性,如下所示:

$$
\begin{aligned}
&[\boldsymbol{U}^{(m+1)} \quad i\boldsymbol{V}^{(m+1)} \quad \boldsymbol{W}^{(m+1)} \quad \boldsymbol{R}^{(m+1)} \quad i\boldsymbol{S}^{(m+1)} \quad -\boldsymbol{U}^{(m+1)}] \\
&=[\boldsymbol{U}^{(m)} \quad i\boldsymbol{V}^{(m)} \quad \boldsymbol{W}^{(m)} \quad \boldsymbol{R}^{(m)} \quad i\boldsymbol{S}^{(m)} \quad -\boldsymbol{U}^{(m)}]
\begin{bmatrix}
\delta & 0 & \nu & \nu & 0 & \eta \\
i\kappa & * & * & * & * & -i\kappa \\
\theta & * & * & * & * & -\theta \\
\varphi & * & * & * & * & -\varphi \\
i\iota & * & * & * & * & -i\iota \\
\eta & 0 & -\nu & -\nu & 0 & \delta
\end{bmatrix}
\end{aligned}
$$

这就是1×6矩阵在界面矩阵乘积的过程中保持这一性质的原因。6×6矩阵的第2列和第5列的第一个和最后一个元素消失,这意味着在形成1×6乘积矩阵的相应元素时涉及的是四阶而不是六阶矩阵乘法。由于1×6矩阵的第一个和最后一个元素的性质,乘积矩阵的其余4个元素仅涉及五阶乘法。由于乘积矩阵的第一个和最后一个元素除符号外都相同,因此只需要计算这两个元素中的一个。每个矩阵乘积有2个四阶乘法和3个五阶乘法,这比原来的

6 个六阶乘法有了很大的改进。如果这 5 个乘积矩阵元素被解析地写出来，那么可以看到，通过简单的代数因式分解，仍然有相当大的可能简化。这种因式分解的结果允许以非常简单的形式写出乘积矩阵的元素。当 $m+1$ 为偶数时有

$$\boldsymbol{U}^{(m+1)}=-\epsilon_{16}^{(m+1)}\boldsymbol{U}^{(m)}+\epsilon_{11}^{(m+1)}\boldsymbol{K}^{(m+1)}+\epsilon_{7}^{(m+1)}\boldsymbol{L}^{(m+1)} \tag{9-5-42}$$

$$\boldsymbol{V}^{(m+1)}=\epsilon_{15}^{(m+1)}(\zeta_{14}^{(m+1)}\boldsymbol{V}^{(m)}+\zeta_{10}^{(m+1)}\boldsymbol{W}^{(m)}+\zeta_{9}^{(m+1)}\boldsymbol{R}^{(m)}-\zeta_{7}^{(m+1)}\boldsymbol{S}^{(m)}) \tag{9-5-43}$$

$$\boldsymbol{W}^{(m+1)}=-\epsilon_{14}^{(m+1)}\boldsymbol{K}^{(m+1)}-\epsilon_{12}^{(m+1)}\boldsymbol{L}^{(m+1)}+2\epsilon_{13}^{(m+1)}\boldsymbol{U}^{(m)} \tag{9-5-44}$$

$$\boldsymbol{R}^{(m+1)}=-\epsilon_{9}^{(m+1)}\boldsymbol{K}^{(m+1)}-\epsilon_{5}^{(m+1)}\boldsymbol{L}^{(m+1)}+2\epsilon_{6}^{(m+1)}\boldsymbol{U}^{(m)} \tag{9-5-45}$$

$$\boldsymbol{S}^{(m+1)}=\epsilon_{15}^{(m+1)}(-\zeta_{7}^{(m+1)}\boldsymbol{V}^{(m)}+\zeta_{8}^{(m+1)}\boldsymbol{W}^{(m)}+\zeta_{11}^{(m+1)}\boldsymbol{R}^{(m)}+\zeta_{13}^{(m+1)}\boldsymbol{S}^{(m)}) \tag{9-5-46}$$

其中

$$K^{(m+1)}=\zeta_{9}^{(m+1)}\boldsymbol{V}^{(m)}+\zeta_{7}^{(m+1)}\boldsymbol{W}^{(m)}-\zeta_{15}^{(m+1)}\boldsymbol{R}^{(m)}+\zeta_{11}^{(m+1)}\boldsymbol{S}^{(m)} \tag{9-5-47}$$

$$\boldsymbol{L}^{(m+1)}=\zeta_{10}^{(m+1)}\boldsymbol{V}^{(m)}-\zeta_{12}^{(m+1)}\boldsymbol{W}^{(m)}+\zeta_{7}^{(m+1)}\boldsymbol{R}^{(m)}+\zeta_{8}^{(m+1)}\boldsymbol{S}^{(m)} \tag{9-5-48}$$

当 $m+1$ 为奇数时有

$$\boldsymbol{U}^{(m+1)}=-\epsilon_{16}^{(m+1)}\boldsymbol{U}^{(m)}+\epsilon_{11}^{(m+1)}\boldsymbol{X}^{(m+1)}+\epsilon_{7}^{(m+1)}\boldsymbol{Z}^{(m+1)} \tag{9-5-49}$$

$$\boldsymbol{V}^{(m+1)}=\epsilon_{15}^{(m+1)}(\zeta_{13}^{(m+1)}\boldsymbol{V}^{(m)}-\zeta_{11}^{(m+1)}\boldsymbol{W}^{(m)}-\zeta_{8}^{(m+1)}\boldsymbol{R}^{(m)}-\zeta_{7}^{(m+1)}\boldsymbol{S}^{(m)}) \tag{9-5-50}$$

$$\boldsymbol{W}^{(m+1)}=\epsilon_{9}^{(m+1)}\boldsymbol{X}^{(m+1)}+\epsilon_{5}^{(m+1)}\boldsymbol{Z}^{(m+1)}-2\epsilon_{6}^{(m+1)}\boldsymbol{U}^{(m)} \tag{9-5-51}$$

$$\boldsymbol{R}^{(m+1)}=\epsilon_{14}^{(m+1)}\boldsymbol{X}^{(m+1)}+\epsilon_{12}^{(m+1)}\boldsymbol{Z}^{(m+1)}-2\epsilon_{13}^{(m+1)}\boldsymbol{U}^{(m)} \tag{9-5-52}$$

$$\boldsymbol{S}^{(m+1)}=\epsilon_{15}^{(m+1)}(-\zeta_{7}^{(m+1)}\boldsymbol{V}^{(m)}-\zeta_{9}^{(m+1)}\boldsymbol{W}^{(m)}-\zeta_{10}^{(m+1)}\boldsymbol{R}^{(m)}+\zeta_{14}^{(m+1)}\boldsymbol{S}^{(m)}) \tag{9-5-53}$$

其中

$$\boldsymbol{X}^{(m+1)}=\zeta_{11}^{(m+1)}\boldsymbol{V}^{(m)}+\zeta_{15}^{(m+1)}\boldsymbol{W}^{(m)}-\zeta_{7}^{(m+1)}\boldsymbol{R}^{(m)}+\zeta_{9}^{(m+1)}\boldsymbol{S}^{(m)} \tag{9-5-54}$$

$$\boldsymbol{Z}^{(m+1)}=\zeta_{8}^{(m+1)}\boldsymbol{V}^{(m)}-\zeta_{7}^{(m+1)}\boldsymbol{W}^{(m)}+\zeta_{12}^{(m+1)}\boldsymbol{R}^{(m)}+\zeta_{10}^{(m+1)}\boldsymbol{S}^{(m)} \tag{9-5-55}$$

表达式(9-5-42)至式(9-5-55)中的所有量均为实数。

频散函数由纯实数量形成：

$$\begin{cases}\boldsymbol{U}^{(0)}=-r_1(r_1-1)\\ \boldsymbol{V}^{(0)}=0\\ \boldsymbol{W}^{(0)}=(r_1-1)^2\\ \boldsymbol{R}^{(0)}=r_1^2\\ \boldsymbol{S}^{(0)}=\begin{cases}0 & \text{陆地模型}\\ \rho^{(0)}\tan P_0/\rho^{(1)}r_{\alpha 0} & \text{海洋模型}\end{cases}\end{cases} \tag{9-5-56}$$

通过重复应用式(9-5-42)～式(9-5-46)，或式(9-5-49)～式(9-5-53)，直到将频散函数传递到第 $N-2$ 个界面：

$$\begin{aligned}&[\boldsymbol{U}^{(N-2)}\quad i\boldsymbol{V}^{(N-2)}\quad \boldsymbol{W}^{(N-2)}\quad \boldsymbol{R}^{(N-2)}\quad i\boldsymbol{S}^{(N-2)}\quad -\boldsymbol{U}^{(N-2)}]\\ &=\boldsymbol{T}^{(0)}\overline{\boldsymbol{F}}^{(1)}\boldsymbol{F}^{(2)}\cdots\begin{cases}\boldsymbol{F}^{(N-2)}, & \text{当}(N-2)\text{为偶数}\\ \overline{\boldsymbol{F}}^{(N+2)}, & \text{当}(N-2)\text{为奇数}\end{cases}\end{aligned}$$

完整的频散函数由下式给出：

$$
\Delta_R=[\boldsymbol{U}^{(N-2)}\quad \boldsymbol{V}^{(N-2)}\quad \boldsymbol{W}^{(N-2)}\quad \boldsymbol{R}^{(N-2)}\quad \boldsymbol{S}^{(N-2)}]\begin{cases}\begin{bmatrix}F_{1212}^{(N-1)}-F_{3412}^{(N-1)}\\ -\mathrm{Im}(F_{1312}^{(N-1)})\\ F_{1412}^{(N-1)}\\ F_{2312}^{(N-1)}\\ -\mathrm{Im}(F_{2412}^{(N-1)})\end{bmatrix} & \text{当}(N-1)\text{为偶数}\\ \begin{bmatrix}F_{3412}^{(N-1)}-F_{1212}^{(N-1)}\\ \mathrm{Im}(F_{2412}^{(N-1)})\\ F_{2312}^{(N-1)}\\ F_{1412}^{(N-1)}\\ \mathrm{Im}(F_{1312}^{(N-1)})\end{bmatrix} & \text{当}(N-1)\text{为奇数}\end{cases}
$$

(9-5-57)

由于式(9-5-42)～式(9-5-57)均仅涉及纯实数，因此在构造瑞利波频散函数的过程中完全避免了复数的使用与运算。这也使得相比于前面述及的五阶表达式，新的频散函数计算方式快了约 38%，且比 Thomson-Haskell 法中最快的算法也要快将近 12%，因此该算法被称为快速 Schwab-Knopoff 算法。

第 6 节　勒夫波频散曲线正演

一、广义反射-透射系数法

与瑞利波的推导方式类似，可以采用同样的推导方式给出层状介质中的勒夫波广义反射-透射系数解法，即考虑 SH 波的情况，式(9-4-7)中的矩阵 $\boldsymbol{E}$ 和 $\boldsymbol{\Lambda}$ 有如下显示形式：

$$
\boldsymbol{E}^{(j)}=\begin{bmatrix}1 & 1\\ -\mu^{(j)}\nu^{(j)} & \mu^{(j)}\nu^{(j)}\end{bmatrix} \tag{9-6-1}
$$

$$
\boldsymbol{\Lambda}^{(j)}(z)=\begin{bmatrix}e^{(-\nu^{(j)}z)} & 0\\ 0 & e^{(\nu^{(j)}z)}\end{bmatrix} \tag{9-6-2}
$$

以上两式中，$j=1,2,\cdots,N$ 。由此，式(9-4-7)可写成以下显示形式：

$$
\begin{bmatrix}\boldsymbol{W}^{(j)}(z)\\ \boldsymbol{T}^{(j)}(z)\end{bmatrix}=\begin{bmatrix}\boldsymbol{E}_{11}^{(j)} & \boldsymbol{E}_{12}^{(j)}\\ \boldsymbol{E}_{21}^{(j)} & \boldsymbol{E}_{22}^{(j)}\end{bmatrix}\begin{bmatrix}\boldsymbol{\Lambda}_{\mathrm{d}}^{(j)}(z) & 0\\ 0 & \boldsymbol{\Lambda}_{\mathrm{u}}^{(j)}(z)\end{bmatrix}\begin{bmatrix}\boldsymbol{C}_{\mathrm{d}}^{(j)}\\ \boldsymbol{C}_{\mathrm{u}}^{(j)}\end{bmatrix} \tag{9-6-3}
$$

其中

$$
\begin{cases}\boldsymbol{\Lambda}_{\mathrm{d}}^{(j)}(z)=\mathrm{e}^{[-\nu^{(j)}(z-z^{(j-1)})]}\\ \boldsymbol{\Lambda}_{\mathrm{u}}^{(j)}(z)=\mathrm{e}^{[-\nu^{(j)}(z^{(j)}-z)]}\end{cases},j=1,2,\cdots,N \tag{9-6-4}
$$

且当 $j=N+1$ 时

$$\begin{bmatrix} \boldsymbol{W}^{(N+1)}(z) \\ \boldsymbol{T}^{(N+1)}(z) \end{bmatrix} = \begin{bmatrix} \boldsymbol{E}_{11}^{(N+1)} \boldsymbol{\Lambda}_{\mathrm{d}}^{(N+1)}(z) \boldsymbol{C}_{\mathrm{d}}^{(N+1)} \\ \boldsymbol{E}_{21}^{(N+1)} \boldsymbol{\Lambda}_{\mathrm{d}}^{(N+1)}(z) \boldsymbol{C}_{\mathrm{d}}^{(N+1)} \end{bmatrix} \tag{9-6-5}$$

其中

$$\boldsymbol{\Lambda}_{\mathrm{d}}^{(N+1)}(z) = e^{[-\nu^{(N+1)}(z-z^{(N)})]} \tag{9-6-6}$$

在推导式(9-6-5)和式(9-6-6)中，需要结合无穷远处辐射条件，使得在第 $N+1$ 层(底层的半空间)解必须衰减至零，因此：

$$\boldsymbol{C}_{\mathrm{u}}^{(N+1)} = 0 \tag{9-6-7}$$

要注意的是，$\boldsymbol{\Lambda}_{\mathrm{d}}^{(j)}(z)$ 和 $\boldsymbol{\Lambda}_{\mathrm{u}}^{(j)}(z)$ 分别通过乘以常数因子 $e^{[\nu^{(j)} z^{(j-1)}]}$ 和 $e^{[-\nu^{(j)} z^{(j)}]}$ 进行了修改，以便排除指数增长解的情况发生。因此，未知系数 $\boldsymbol{C}_{\mathrm{d}}^{(j)}$ 和 $\boldsymbol{C}_{\mathrm{u}}^{(j)}$ 吸收了这些因素。需要指出的是，项 $\boldsymbol{\Lambda}_{\mathrm{d}}^{(j)}(z)$ 和 $\boldsymbol{\Lambda}_{\mathrm{u}}^{(j)}(z)$ 分别表示第 j 层内的下行和上行波，而 $\boldsymbol{C}_{\mathrm{d}}^{(j)}$ 和 $\boldsymbol{C}_{\mathrm{u}}^{(j)}$ 是这些下行和上行波的对应系数。

与 P-SV 系统类似，对于第 j 层界面上的修正反射-透射系数 $\boldsymbol{R}_{\mathrm{ud}}^{(j)}$ 、$\boldsymbol{R}_{\mathrm{du}}^{(j)}$ 、$\boldsymbol{T}_{\mathrm{u}}^{(j)}$ 、$\boldsymbol{T}_{\mathrm{d}}^{(j)}$ 由下式定义：

$$\begin{cases} \boldsymbol{C}_{\mathrm{d}}^{(j+1)} = \boldsymbol{T}_{\mathrm{d}}^{(j)} \boldsymbol{C}_{\mathrm{d}}^{(j)} + \boldsymbol{R}_{\mathrm{ud}}^{(j)} \boldsymbol{C}_{\mathrm{u}}^{(j+1)} \\ \boldsymbol{C}_{\mathrm{u}}^{(j)} = \boldsymbol{R}_{\mathrm{du}}^{(j)} \boldsymbol{C}_{\mathrm{d}}^{(j)} + \boldsymbol{T}_{\mathrm{u}}^{(j)} \boldsymbol{C}_{\mathrm{u}}^{(j+1)} \end{cases}, j = 1,2,\cdots,N-1 \tag{9-6-8}$$

当 $j = N$ 时，有：

$$\begin{cases} \boldsymbol{C}_{\mathrm{d}}^{(N+1)} = \boldsymbol{T}_{\mathrm{d}}^{(N)} \boldsymbol{C}_{\mathrm{d}}^{(N)} \\ \boldsymbol{C}_{\mathrm{u}}^{(N)} = \boldsymbol{R}_{\mathrm{du}}^{(N)} \boldsymbol{C}_{\mathrm{d}}^{(N)} \end{cases} \tag{9-6-9}$$

根据连续性条件[式(9-4-5)]，式(9-6-3)可用以下等式代替：

$$\begin{bmatrix} \boldsymbol{E}_{11}^{(j)} & \boldsymbol{E}_{12}^{(j)} \\ \boldsymbol{E}_{21}^{(j)} & \boldsymbol{E}_{22}^{(j)} \end{bmatrix} \begin{bmatrix} \boldsymbol{\Lambda}_{\mathrm{d}}^{(j)}(z^j) & 0 \\ 0 & 1 \end{bmatrix} \begin{bmatrix} \boldsymbol{C}_{\mathrm{d}}^{(j)} \\ \boldsymbol{C}_{\mathrm{u}}^{(j)} \end{bmatrix} = \begin{bmatrix} \boldsymbol{E}_{11}^{(j+1)} & \boldsymbol{E}_{12}^{(j+1)} \\ \boldsymbol{E}_{21}^{(j+1)} & \boldsymbol{E}_{22}^{(j+1)} \end{bmatrix} \begin{bmatrix} 1 & 0 \\ 0 & \boldsymbol{\Lambda}_{\mathrm{u}}^{(j+1)}(z^j) \end{bmatrix} \begin{bmatrix} \boldsymbol{C}_{\mathrm{d}}^{(j+1)} \\ \boldsymbol{C}_{\mathrm{u}}^{(j+1)} \end{bmatrix} \tag{9-6-10}$$

对上式格式进行重排，并与式(9-6-8)和式(9-6-9)相比较，可发现

$$\begin{bmatrix} \boldsymbol{T}_{\mathrm{d}}^{(j)} & \boldsymbol{R}_{\mathrm{ud}}^{(j)} \\ \boldsymbol{R}_{\mathrm{du}}^{(j)} & \boldsymbol{T}_{\mathrm{u}}^{(j)} \end{bmatrix} = \begin{bmatrix} \boldsymbol{E}_{11}^{(j+1)} & -\boldsymbol{E}_{12}^{(j)} \\ \boldsymbol{E}_{21}^{(j+1)} & -\boldsymbol{E}_{22}^{(j)} \end{bmatrix}^{-1} \begin{bmatrix} \boldsymbol{E}_{11}^{(j)} & -\boldsymbol{E}_{12}^{(j+1)} \\ \boldsymbol{E}_{21}^{(j)} & -\boldsymbol{E}_{22}^{(j+1)} \end{bmatrix} \begin{bmatrix} \boldsymbol{\Lambda}_{\mathrm{d}}^{(j)}(z^j) & 0 \\ 0 & \boldsymbol{\Lambda}_{\mathrm{u}}^{(j+1)}(z^j) \end{bmatrix} \tag{9-6-11}$$

其中，$j = 1,2,\cdots,N-1$ 。类似地，当 $j = N$ 时，对底部半空间层，联系连续性条件[式(9-4-5)]与式(9-6-5)，并将之与式(9-6-9)相比较，可得 $\boldsymbol{T}_{\mathrm{d}}^{(N)}$ 和 $\boldsymbol{R}_{\mathrm{du}}^{(N)}$ 的显示表达形式：

$$\begin{bmatrix} \boldsymbol{T}_{\mathrm{d}}^{(N)} \\ \boldsymbol{R}_{\mathrm{du}}^{(N)} \end{bmatrix} = \begin{bmatrix} \boldsymbol{E}_{11}^{(N+1)} & -\boldsymbol{E}_{12}^{(N)} \\ \boldsymbol{E}_{21}^{(N+1)} & -\boldsymbol{E}_{22}^{(N)} \end{bmatrix}^{-1} \begin{bmatrix} \boldsymbol{E}_{11}^{(N)} \boldsymbol{\Lambda}_{\mathrm{d}}^{(N)}(z^{(N)}) \\ \boldsymbol{E}_{21}^{(N)} \boldsymbol{\Lambda}_{\mathrm{d}}^{(N)}(z^{(N)}) \end{bmatrix} \tag{9-6-12}$$

至此，我们得到了用于计算所有界面上的修正反射-透射系数[式(9-6-11)和式(9-6-12)]。在确定了修正反射-透射系数后，即可给出各界面的反射-透射系数的定义：

$$\begin{cases} \boldsymbol{C}_{\mathrm{d}}^{(j+1)} = \hat{\boldsymbol{T}}_{\mathrm{d}}^{(j)} \boldsymbol{C}_{\mathrm{d}}^{(j)} \\ \boldsymbol{C}_{\mathrm{u}}^{(j)} = \hat{\boldsymbol{R}}_{\mathrm{du}}^{(j)} \boldsymbol{C}_{\mathrm{d}}^{(j)} \end{cases}, j = 1,2,\cdots,N \tag{9-6-13}$$

在自由界面上有

$$\boldsymbol{C}_{\mathrm{d}}^{(1)} = \boldsymbol{R}_{\mathrm{ud}}^{(0)} \boldsymbol{C}_{\mathrm{u}}^{(1)} \tag{9-6-14}$$

需要注意的是，$\{\boldsymbol{T}_{\mathrm{d}}^{(N)},\boldsymbol{R}_{\mathrm{du}}^{(N)}\}$ 与 $\{\hat{\boldsymbol{T}}_{\mathrm{d}}^{(N)},\hat{\boldsymbol{R}}_{\mathrm{du}}^{(N)}\}$ 定义相同，这就意味着 $\hat{\boldsymbol{R}}_{\mathrm{du}}^{(N)}=\boldsymbol{R}_{\mathrm{du}}^{(N)}$ 及 $\hat{\boldsymbol{T}}_{\mathrm{d}}^{(N)}=\hat{\boldsymbol{T}}_{\mathrm{d}}^{(N)}$。

如上所述，在求出修正的反射-透射系数的显式表达式时，我们使用了每个界面的连续条件和下半空间的辐射条件。而为了得到广义反射-透射系数的计算公式，还需在第一层介质顶界面施加自由界面边界条件(牵引力为零)。第一层介质顶界面处($z=0$)的自由界面边界条件表达如下：

$$\boldsymbol{T}^{(1)}(0)=\boldsymbol{E}_{21}^{(1)}\boldsymbol{C}_{\mathrm{d}}^{(1)}+\boldsymbol{E}_{22}^{(1)}\boldsymbol{\Lambda}_{\mathrm{u}}^{(1)}(0)\boldsymbol{C}_{\mathrm{u}}^{(1)}=0 \tag{9-6-15}$$

由此可得

$$\hat{\boldsymbol{R}}_{\mathrm{ud}}^{(0)}=-(\boldsymbol{E}_{21}^{(1)})^{-1}\boldsymbol{E}_{22}^{(1)}\boldsymbol{\Lambda}_{\mathrm{u}}^{(1)}(0) \tag{9-6-16}$$

最后将式(9-6-13)代入式(9-6-8)中，便可得到用于计算其他广义反射-透射系数的递推公式：

$$\begin{cases}\hat{\boldsymbol{T}}_{\mathrm{d}}^{(j)}=[1-\boldsymbol{R}_{\mathrm{ud}}^{(j)}\hat{\boldsymbol{R}}_{\mathrm{ud}}^{(j+1)}]^{-1}\boldsymbol{T}_{\mathrm{d}}^{(j)}\\ \hat{\boldsymbol{R}}_{\mathrm{du}}^{(j)}=\boldsymbol{R}_{\mathrm{du}}^{(j)}+\boldsymbol{T}_{\mathrm{u}}^{(j)}\hat{\boldsymbol{R}}_{\mathrm{du}}^{(j+1)}\hat{\boldsymbol{T}}_{\mathrm{d}}^{(j)}\end{cases},j=1,2,\cdots,N-1 \tag{9-6-17}$$

根据式(9-6-13)，一旦表层介质中的系数 $\boldsymbol{C}_{\mathrm{d}}^{(1)}$ 和 $\boldsymbol{C}_{\mathrm{u}}^{(1)}$ 确定了，便可确定其他的未知系数，因此，首先必须确定系数 $\boldsymbol{C}_{\mathrm{d}}^{(1)}$ 和 $\boldsymbol{C}_{\mathrm{u}}^{(1)}$。在表层介质内部，根据式(9-6-13)和式(9-6-14)，可得

$$\begin{cases}\boldsymbol{C}_{\mathrm{u}}^{(1)}=\hat{\boldsymbol{R}}_{\mathrm{du}}^{(1)}\boldsymbol{C}_{\mathrm{d}}^{(1)}\\ \boldsymbol{C}_{\mathrm{d}}^{(1)}=\hat{\boldsymbol{R}}_{\mathrm{ud}}^{(0)}\boldsymbol{C}_{\mathrm{u}}^{(1)}\end{cases} \tag{9-6-18}$$

联立两关系式，可知

$$(1-\hat{\boldsymbol{R}}_{\mathrm{ud}}^{(0)}\hat{\boldsymbol{R}}_{\mathrm{du}}^{(1)})\boldsymbol{C}_{\mathrm{d}}^{(1)}=0 \tag{9-6-19}$$

因此由 SH 波动方程非平凡解的存在导出了如下频散方程：

$$1-\hat{\boldsymbol{R}}_{\mathrm{ud}}^{(0)}\hat{\boldsymbol{R}}_{\mathrm{du}}^{(1)}=0 \tag{9-6-20}$$

对于给定的频率，只有一组有限数目的相速度[$v_n,n=0,1,2\cdots,M(\omega)$]，它们是久期函数($1-\hat{R}_{\mathrm{ud}}^{(0)}\hat{R}_{\mathrm{du}}^{(1)}$)的根，满足频散方程[式(9-6-20)]。根据式(9-6-19)，取任意非零值，在没有任何共性损失下进行统一，可获得如下关系：

$$\begin{cases}\boldsymbol{C}_{\mathrm{d}}^{(1)}(v_n)=1\\ \boldsymbol{C}_{\mathrm{u}}^{(1)}(v_n)=\hat{\boldsymbol{R}}_{\mathrm{du}}^{(1)}(v_n)\end{cases} \tag{9-6-21}$$

将上式代入式(9-6-13)，可得

$$\begin{cases}\boldsymbol{C}_{\mathrm{d}}^{(j+1)}(v_n)=\hat{\boldsymbol{T}}_{\mathrm{d}}^{(j)}(v_n)\hat{\boldsymbol{T}}_{\mathrm{d}}^{(j-1)}(v_n)\cdots\hat{\boldsymbol{T}}_{\mathrm{d}}^{(1)}(v_n)\\ \boldsymbol{C}_{\mathrm{u}}^{(j+1)}(v_n)=\hat{\boldsymbol{R}}_{\mathrm{du}}^{(j+1)}(v_n)\boldsymbol{C}_{\mathrm{d}}^{(j+1)}(v_n)\end{cases},j=1,2,\cdots,N-1 \tag{9-6-22}$$

当 $j=N$ 时则有

$$\boldsymbol{C}_{\mathrm{d}}^{(N+1)}(v_n)=\hat{\boldsymbol{T}}_{\mathrm{d}}^{(N)}(v_n)\hat{\boldsymbol{T}}_{\mathrm{d}}^{(N-1)}(v_n)\cdots\hat{\boldsymbol{T}}_{\mathrm{d}}^{(1)}(v_n) \tag{9-6-23}$$

其中，$n=0,1,2,\cdots,M(\omega)$ 表示给定频率 ω 下的模态数。

最后将上述方式计算出的各模态的系数代入式(9-6-3)和式(9-6-5)中，便可求得对应于各相速度的 SH 波方程的非平凡解：本征位移和本征牵引力。

二、快速 Schwab-Knopoff 算法

与瑞利波频散方程的快速 Schwab-Knopoff 算法推导过程类似，通过相邻介质层上界面

间的关系、位移-应力连续边界条件、自由界面边界条件、无穷远处辐射条件等可推导得出勒夫波的频散函数具体形式，如下所示：

$$F_L(\omega, v_L) = T^{(0)} \overline{T}^{(1)} T^{(2)} \overline{T}^{(3)} \cdots \begin{cases} \overline{T}^{(n-2)} T^{(n-1)}, \text{当}(n-1)\text{为偶数} \\ T^{(n-2)} \overline{T}^{(n-1)}, \text{当}(n-1)\text{为奇数} \end{cases} \tag{9-6-24}$$

当 $1 \leqslant m \leqslant n-2$ 时，界面矩阵可由 Knopoff 准则给出，如下：

$$\begin{cases} T^{(0)} = [0 \quad -i] \\ T^{(m)} = \begin{bmatrix} \mu_m r_{\beta m} \sin Q_m & -i\cos Q_m \\ i\cos Q_m & -\sin Q_m / \mu_m r_{\beta m} \end{bmatrix} \\ \overline{T}^{(m)} = \begin{bmatrix} \sin Q_m / \mu_m r_{\beta m} & i\cos Q_m \\ -i\cos Q_m & -\mu_m r_{\beta m} \sin Q_m \end{bmatrix} \end{cases} \tag{9-6-25}$$

如果最深层界面为固-固界面，则

$$\begin{cases} T^{(n-1)} = \begin{bmatrix} \mu_n r_{\beta n}^* \cos Q_{n-1} + \mu_{n-1} r_{\beta n-1} \sin Q_{n-1} \\ i\left(-\dfrac{\mu_n r_{\beta n}^* \sin Q_{n-1}}{\mu_{n-1} r_{\beta n-1}} + \cos Q_{n-1}\right) \end{bmatrix} \\ \overline{T}^{(n-1)} = \begin{bmatrix} \dfrac{\mu_n r_{\beta n}^* \sin Q_{n-1}}{\mu_{n-1} r_{\beta n-1}} - \cos Q_{n-1} \\ -i(\mu_n r_{\beta n}^* \cos Q_{n-1} + \mu_{n-1} r_{\beta n-1} \sin Q_{n-1}) \end{bmatrix} \end{cases} \tag{9-6-26}$$

如果最深层界面为固-液界面，则

$$\begin{cases} T^{(n-1)} = \begin{bmatrix} \mu_{n-1} r_{\beta n-1} \sin Q_{n-1} \\ -i\cos Q_{n-1} \end{bmatrix} \\ \overline{T}^{(n-1)} = \begin{bmatrix} \cos Q_{n-1} \\ i\mu_{n-1} r_{\beta n-1} \sin Q_{n-1} \end{bmatrix} \end{cases} \tag{9-6-27}$$

因此，式(9-6-24)表示的频散函数具有如下符号矩阵的简化形式：

$$F_L(\omega, v_L) = [R \quad I] \begin{bmatrix} R & I \\ I & R \end{bmatrix} \cdots \begin{bmatrix} R & I \\ I & R \end{bmatrix} \begin{bmatrix} R \\ I \end{bmatrix} \tag{9-6-28}$$

由以上推导可知，上述计算能直接采用前人提出的系列有效避免使用和处理复数的方案。另外，根据以上关系，通过进一步简化，可将勒夫波的频散函数表达如下：

$$F_L(\omega, v_L) = [s \quad -i] \begin{bmatrix} (a_{n-1})_{11} & (a_{n-1})_{12} \\ (a_{n-1})_{21} & (a_{n-1})_{11} \end{bmatrix} \cdots \begin{bmatrix} (a_2)_{11} & (a_2)_{12} \\ (a_2)_{21} & (a_2)_{11} \end{bmatrix} \begin{bmatrix} (a_1)_{11} \\ (a_1)_{21} \end{bmatrix} \tag{9-6-29}$$

其中 s 的取值分为两种情况：一是当最深界面为核幔边界时为零；二是当最深界面为固-固界面时为 $\mu_n r_{\beta n}^*$（这也是最为普通的情况）。Thomson-Haskell 层矩阵 a_m 的形式如下：

$$a_m = \begin{bmatrix} \cos Q_m & i\sin Q_m / \mu_m r_{\beta m} \\ i\mu_m r_{\beta m} \sin Q_m & \cos Q_m \end{bmatrix} \tag{9-6-30}$$

上式中各参数的含义和计算方式与上一节中瑞利波的快速 Schwab-Knopoff 算法中的对应参数一致。

第7节 频散曲线正演算法编程计算思路与实现

一、编程计算思路与实现

根据第三节至第六节中所推导的瑞利波和勒夫波的频散方程的各种算法具体形式，计算传递矩阵各元素的值，即可得到确定形式的频散方程。不管采用哪种算法，推导出哪种形式的行列式，我们都可以将面波的频散曲线正演方程看作一个多参数的隐函数：

$$
\begin{aligned}
&F(f_j,\quad v_R^{(j)},\quad v_S,\quad v_P,\quad \rho,\quad h,)=0\\
&\qquad\qquad\text{或}\qquad\qquad\qquad ,(j=1,2,3,\cdots,n)\\
&F(f_j,\quad v_L^{(j)},\quad v_S,\quad v_P,\quad \rho,\quad h,)=0
\end{aligned}
\tag{9-7-1}
$$

式中：f_j 表示频点，$v_R^{(j)}$ 和 $v_L^{(j)}$ 表示频点 f_j 的瑞利波相速度和勒夫波相速度；v_S 、v_P 、d 、h 分别表示地层横波速度、纵波速度、密度、层厚度矢量；n 表示总频点数。面波频散曲线的正演过程可看作是对上述隐函数的求解过程。对于这类隐函数的求解，最为简单的方法即为二分法，针对各频点不断插值拟合逼近，最后获得满足精度要求的解。另外，需要注意的是该隐函数是一个多值函数，故对于部分频点可能对应着多个零值点，即该频点可能对应着多个面波相速度值，即多模式面波相速度。其中最低速度，我们称之为基阶模式面波相速度，比基阶模式相速度值大的依次定义为一阶高阶模式相速度、二阶高阶模式相速度等等。

多模式面波频散曲线正演计算的一般流程如下。

(1)选择一定的相速度初值，该初值可以根据模型层参数中的横波速度参数，按照一定的比例给出。给定需要计算的频率步长和频率范围，运用二分法不断进行线性插值逼近来计算与给定频率对应的瑞利波或勒夫波相速度，计算过程中不断修正面波相速度以提高计算频散函数的精度。

(2)利用上述方法首先计算出各频点处基阶模式的面波相速度，得到基阶模式的频散曲线。

(3)在基阶模式面波相速度的基础上加上一定的步长，作为初始相速度值输入，重复上述步骤，计算对应频点处的第二阶模式(一阶高阶模式)面波相速度值，得到一阶高阶模式面波频散曲线。

(4)以此类推，计算更高阶模式(二阶高阶、三阶高阶、……)的频散曲线，直到达到给定的最高模式数，或能计算到的最高模式数对应的高阶模式频散曲线的截止频率大于相应的计算频段的终止频率为止。

(5)通常情况下，面波的模态越高级，其在高频段的位移量越小，频散曲线上计算的对应能量也就越弱。所以实际应用中，一般根据需求和实际意义，计算3～5个模态的面波频散曲线用于分析其频散特征便足够了。

为便于大家理解频散曲线的计算过程，我们给出用于编程实现的流程简图如图9-7-1所示。该流程适用于基阶模式波频散曲线的计算，重复利用该流程便可轻松计算得到多阶模式的频散曲线。

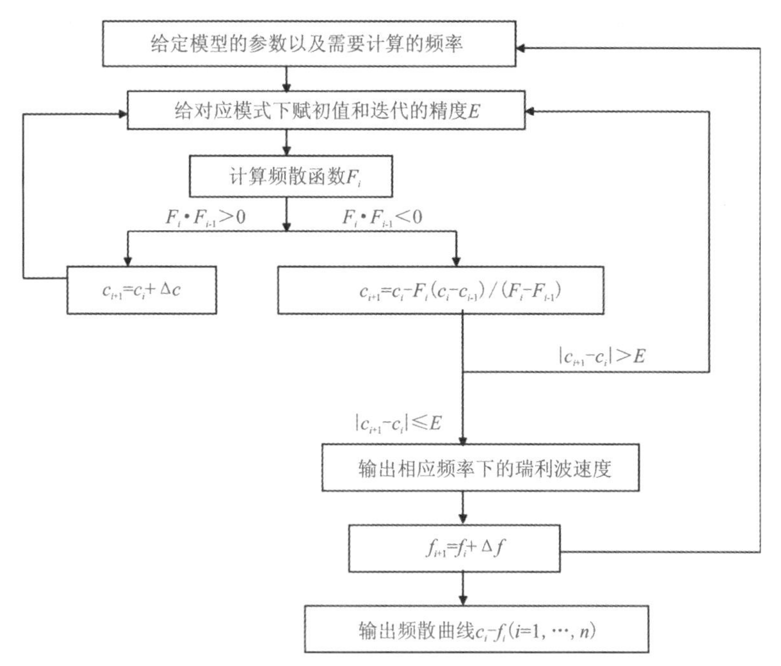

图 9-7-1　面波频散曲线算法流程图

编程计算面波频散曲线的过程中，有若干关键问题需要引起注意，具体描述如下。

(1)初始速度的选择。在基阶模式频散曲线的求取过程中，一般输入的初始相速度值为最小横波速度的某个百分比值(如 85%)；而在高阶模式频散曲线的计算过程中，一般使用前一阶模式的面波相速度加上相应的步长。

(2)频散方程计算中的复数运算问题。上述各类频散方程的推导过程中，我们采用了尽量避免和使用复数运算的简化算法，因此频散方程的求解过程中均使用的是实数运算，这样大大减少了计算量，加快了计算的速度，同时也便于在计算机中编程实现。但事实表明，即使是在采用了前述无复数运算的算法，在计算过程中，由于迭代速度过大等原因(大于某一层介质的横波速度时)，仍会导致运算过程中出现虚数运算的情况，此时我们应对相应的频散方程中的各个元素分别讨论，在编程计算中避免虚数的出现。

(3)高阶模式频散曲线计算过程中速度步长的选择。高阶模式运算过程中，速度步长选择过大，可能会导致漏根，以至于漏掉了某一个高阶模式波频散曲线；但速度步长也不宜选择得太小，这会导致计算过程中迭代次数过多，加大了计算量。

二、模型试算与典型浅地表地层模型面波频散特征分析

1. 横波速度随深度递增的层状模型

这类型的层状固体介质模型，模拟的是工程勘探中最为常见的地震波速度递增型的地质情况，如存在下伏高速基岩的黄土地区以及表层为土壤或砂，下层为第四系砂泥沉积层，再往下为压实地层的沉积地质结构等。

首先我们来讨论表层厚度不同时的两层介质模型瑞利波频散曲线特征。该模型纵横波速度及密度等物性参数分别设置为

$$\begin{cases} v_P^{(1)} = 1000\text{m/s} \\ v_S^{(1)} = 300\text{m/s} \\ \rho^{(1)} = 1800\text{kg/ m}^3 \end{cases}, \quad \begin{cases} v_P^{(2)} = 2200\text{m/s} \\ v_S^{(2)} = 800\text{m/s} \\ \rho^{(2)} = 2100\text{kg/ m}^3 \end{cases}$$

式中：$v_P^{(1)}$ 、$v_S^{(1)}$ 、$\rho^{(1)}$ 分别表示表层的纵横波速度及密度；$v_P^{(2)}$ 、$v_S^{(2)}$ 、$\rho^{(2)}$ 分别表示下半空间层的纵横波速度及密度，带圆括号上标表示地层层号。因此，根据前面讨论过的经验关系可知，表层介质中瑞利波的理论相速度为 $v_R^{(1)} = 285\text{m/s}$ ，下半空间层中的瑞利波理论相速度为 $v_R^{(2)} = 746\text{m/s}$ 。为研究表层厚度对上述两层半空间模型瑞利波频散特征的影响，将表层厚度 h_1 分别设置为 5m、10m、15m 和 20m。

图 9-7-2 所示为采用快速标量传递算法所计算的 4 个模型对应的瑞利波理论频散曲线，在 1～100Hz 频段内共计算了 4 个模式，包括基阶模式和 3 个高阶模式。从图中不难看出，随着表层地层厚度的增大，瑞利波频散曲线总体上呈现出了如下特征：①随着表层厚度的增大，在同样的频段范围内出现的高阶模式数会随着增加；②高阶模式频散曲线存在着明显的截止频率，且随着瑞利波模式数的增大，各高阶模式的截止频率随之增大；③基阶模式频散曲线不存在低频截止频率，但存在着零频极限，其零频极限相速度趋近于下半空间介质中的理论瑞利波速度 $v_R^{(2)}$ ；④基阶模式频散曲线在高频端存在高频极限，其高频极限相速度趋近于表层介质中的理论瑞利波相速度 $v_R^{(1)}$ ；⑤所有的高阶模式波，在其截止频点处相速度大小为下半空间的横波速度 $v_S^{(2)}$ ；⑥所有高阶模式波在高频端，其相速度趋近于表层介质的横波速度 $v_S^{(1)}$ 。

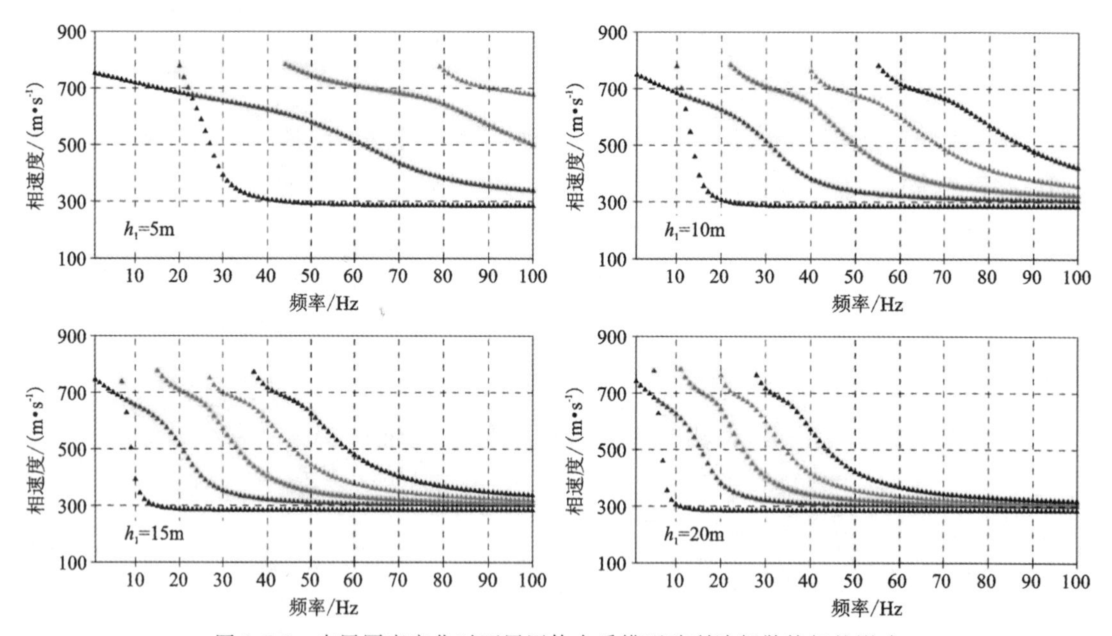

图 9-7-2　表层厚度变化对两层固体介质模型瑞利波频散特征的影响

以上两层介质模型虽然简单，但却也是地震勘探中最为常用的地质模型，如油气地震勘探中经常用这样的模型研究静校正方法的效果等。实际地下介质情况远比两层介质模型复杂，即使是在沉积盆地内，地层的层数也不能仅仅用两层来模拟。因此，接下来我们考虑相比于两层介质模型要复杂的多层介质模型，为研究方便，我们先考虑速度递增型的三层介质模型，基于该模型，研究中间层厚度变化对瑞利波频散特征的影响。该三层模型纵横波速度及密度等物性参数分别设置为

$$\begin{cases} v_{\mathrm{P}}^{(1)} = 4000\mathrm{m/s} \\ v_{\mathrm{S}}^{(1)} = 2500\mathrm{m/s} \\ \rho^{(1)} = 2500\mathrm{kg/m^3} \end{cases}, \quad \begin{cases} v_{\mathrm{P}}^{(2)} = 5000\mathrm{m/s} \\ v_{\mathrm{S}}^{(2)} = 3000\mathrm{m/s} \\ \rho^{(2)} = 2800\mathrm{kg/m^3} \end{cases}, \quad \begin{cases} v_{\mathrm{P}}^{(3)} = 6000\mathrm{m/s} \\ v_{\mathrm{S}}^{(3)} = 3500\mathrm{m/s} \\ \rho^{(3)} = 3000\mathrm{kg/m^3} \end{cases}$$

同样根据前面讨论过的经验关系可知，表层介质中瑞利波的理论相速度为 $v_{\mathrm{R}}^{(1)} = 2269\mathrm{m/s}$，中间层中的瑞利波理论相速度为 $v_{\mathrm{R}}^{(2)} = 2743\mathrm{m/s}$，下半空间层中的瑞利波理论相速度为 $v_{\mathrm{R}}^{(3)} = 3213\mathrm{m/s}$。为研究中间层厚度对三层半空间模型瑞利波频散特征的影响，将表层厚度设置为 $h_1 = 6\mathrm{m}$，中间层厚度 h_2 分别设置为 2m、10m、20m 和 50m。图 9-7-3 所示为该系列三层介质模型的瑞利波理论频散曲线，计算频段为 1～2000Hz，所采用的正演算法依然为快速标量传递算法。在计算频段内，共计计算了包含基阶模式和 4 个高阶模式的共计 5 个模式的瑞利波频散曲线。从图 9-7-3 中不难看出，随着中间层厚度的变化，在该三层介质模型中，多阶瑞利波频散曲线呈现出如下特征：①与速度递增的两层模型类似，基阶模式波的零频极限相速度为半空间介质中的瑞利波理论相速度 $v_{\mathrm{R}}^{(3)}$，其高频极限相速度为表层介质中的瑞利波理论相速度 $v_{\mathrm{R}}^{(1)}$；②各高阶模式均存在低频截止频率，在截止频率点上的瑞利波相速度大小等于半空间层的横波速度 $v_{\mathrm{S}}^{(3)}$；③高阶模式波的高频极限相速度趋势，随着模态数的升高而变大，各高阶模式间的高频极限相速度大小互不相同；④随着中间层厚度的增大，高阶模式频散曲线具有水平段的趋势越来越明显；⑤相邻高阶模式在某一频段处的间隔越来越小，

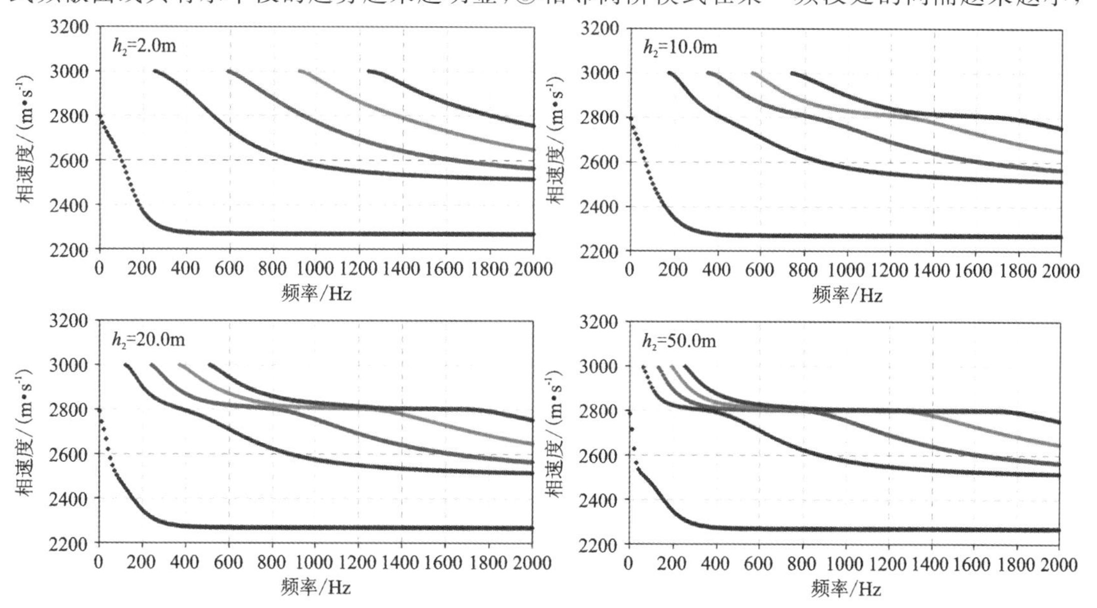

图 9-7-3　中间层厚度变化对三层固体介质模型瑞利波频散特征的影响

即相同频段范围内，瑞利波高阶模式数量越来越多，使得部分高阶模式频散曲线呈现出疑似交叉的现象，但通过放大相应的频率段可发现各模式频散曲线并未相交(图 9-7-4)。

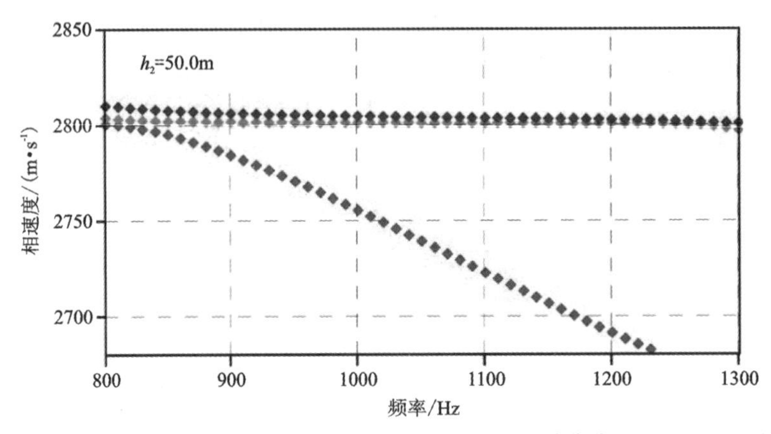

图 9-7-4　图 9-7-3 中 $h_2=50.0\text{m}$ 时第 3、4、5 阶模式瑞利波频散曲线 800～1300Hz 放大细节

2. 横波速度随深度递减的层状模型

这类型的模型在生产实践中大多对应着道路型结构的地球物理模型，其表层为混凝土或沥青之类材料构成的高速介质层，表层之下为速度相对较低的土壤层或软岩层。首先来讨论最为简单的情况，即速度递减型两层介质模型，其物性参数设置如下：

$$\begin{cases} v_{\mathrm{P}}^{(1)} = 2000\text{m/s} \\ v_{\mathrm{S}}^{(1)} = 700\text{m/s} \\ \rho^{(1)} = 2000\text{kg/ m}^3 \end{cases}, \quad \begin{cases} v_{\mathrm{P}}^{(2)} = 1900\text{m/s} \\ v_{\mathrm{S}}^{(2)} = 600\text{m/s} \\ \rho^{(2)} = 2000\text{kg/ m}^3 \end{cases}$$

根据纵横波速度及密度参数，可知两层介质中的理论瑞利波相速度分别为 $v_{\mathrm{R}}^{(1)} = 678\text{m/s}$ 和 $v_{\mathrm{R}}^{(2)} = 570\text{m/s}$ 。从给出的速度参数可知 $v_{\mathrm{R}}^{(2)} < v_{\mathrm{S}}^{(2)} < v_{\mathrm{R}}^{(1)} < v_{\mathrm{S}}^{(1)}$ ，这是最为正常的速度随深度递减模型。表层厚度 h_1 分别设置为 3m、5m、10m，研究在该类模型中，表层厚度变化对瑞利波频散特征的影响。图 9-7-5 所示为针对该模型采用快速标量传递算法所计算得到的频散曲线，计算有效频段为 1～50Hz。

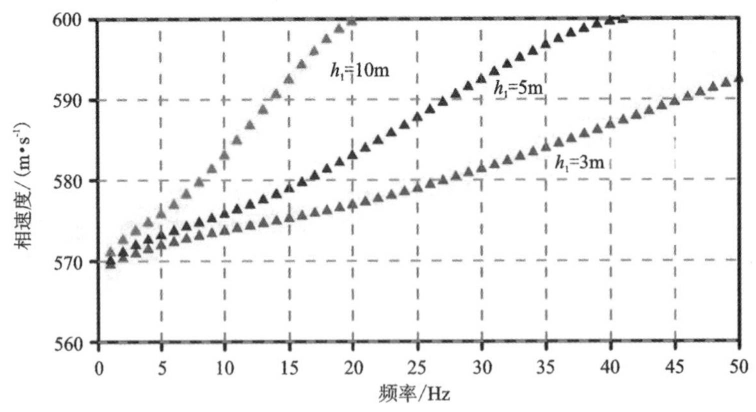

图 9-7-5　表层厚度变化对速度随深度递减的两层介质模型瑞利波频散特征的影响

由图 9-7-5 可知，不管表层厚度如何变化，对这类模型，瑞利波频散曲线仅存在一个模式即基阶模式，无高阶模式存在。频散曲线均呈现出逆频散现象（相速度随频率的增大而增大），并存在高频截止频率。基阶模式频散曲线零频极限相速度为 $v_R^{(2)}$，即半空间层瑞利波基阶模式理论相速度。高频截止频率点处的基阶模式波相速度为 $v_S^{(2)}$。当表层介质厚度减小时，瑞利波基阶模式频散曲线的高频截止频率点随之变大，但在相同的频点处其相速度值变小（即小于表层较厚时的同频点相速度）。很明显，此时计算得到的瑞利波基阶模式相速度永远小于下半空间的横波速度，即 $v_R < v_S^{(2)}$。这一现象可这样解释：频散方程的实数解对应着瑞利波解，而复数解则对应着泄漏模式波，在距离震源较远处（对长距离传播情况而言），泄漏模式波的影响很小，通常情况下将其忽略。

下面我们再考虑另一种特殊情况下的横波速度随深度递减的两层介质模型，与前一模型不同的地方在于此时表层介质中的瑞利波理论相速度要小于半空间介质的横波速度值，即两层介质中的横波速度即瑞利波理论相速度满足如下关系：$v_R^{(2)} < v_R^{(1)} < v_S^{(2)} < v_S^{(1)}$。该模型参数设置如下：

$$\begin{cases} v_P^{(1)} = 6000\text{m/s} \\ v_S^{(1)} = 3100\text{m/s} \\ \rho^{(1)} = 2800\text{kg/ m}^3 \end{cases}, \quad \begin{cases} v_P^{(2)} = 5000\text{m/s} \\ v_S^{(2)} = 3000\text{m/s} \\ \rho^{(2)} = 2500\text{kg/ m}^3 \end{cases}$$

根据设定的纵横波速度及密度参数，可知两层介质中的理论瑞利波相速度分别为 $v_R^{(1)} = 2884\text{m/s}$ 和 $v_R^{(2)} = 2743\text{m/s}$。模型的表层厚度分别设置为 3m、6m 和 9m，如图 9-7-6 所示为该速度关系下不同表层厚度模型对应的瑞利波频散曲线，计算频段为 1～1800Hz。

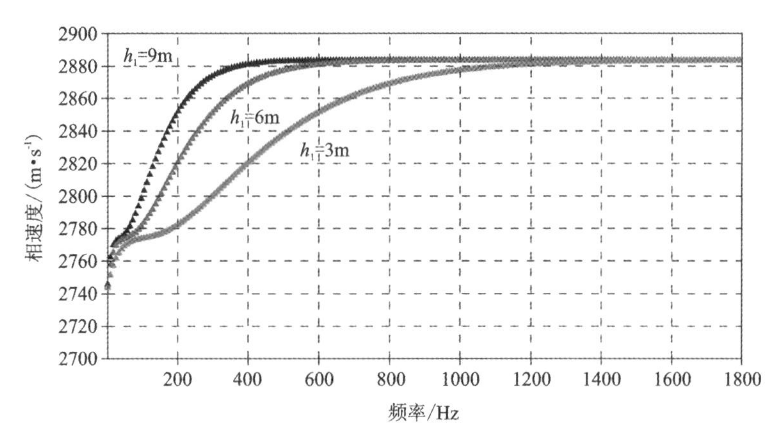

图 9-7-6　表层厚度变化对速度随深度递减的两层介质模型瑞利波频散特征的影响

由图可知，该模型的瑞利波频散曲线同样表现出逆频散现象，并且仅存在单一基阶模式，无高阶模式存在。但与前一模型不同的是，该基阶模式波并不存在高频截止频率点，而是在高频端存在高频极限相速度，这一极限相速度大小趋近于 $v_R^{(1)}$。在较大的频率范围内（如图所示的 0～1400Hz 频率范围），当表层厚度变小时，相同频率下的瑞利波相速度也随之变小。

以上两种横波速度随深度递减的模型中，纵波速度与瑞利波理论相速度同样也具备速度随深度递减的规律，但自然界中还存在一些特殊的速度倒转地层模型，此类模型纵横波速度随深度变化规律不一致，如横波速度随深度递减，而纵波速度却随深度增加而增加。因此，下面我们考虑第三种特殊的横波速度倒转模型。该模型参数设置如下：

$$\begin{cases} v_{\mathrm{P}}^{(1)} = 5000\mathrm{m/s} \\ v_{\mathrm{S}}^{(1)} = 3000\mathrm{m/s} \\ \rho^{(1)} = 2800\mathrm{kg/\,m^3} \end{cases}, \begin{cases} v_{\mathrm{P}}^{(2)} = 5990\mathrm{m/s} \\ v_{\mathrm{S}}^{(2)} = 2960\mathrm{m/s} \\ \rho^{(2)} = 4500\mathrm{kg/\,m^3} \end{cases}$$

由以上物性参数可知两种介质中的瑞利波理论相速度分别为：$v_{\mathrm{R}}^{(1)} = 2743\mathrm{m/s}$ 和 $v_{\mathrm{R}}^{(2)} = 2763\mathrm{m/s}$，地层中的波速关系满足：$v_{\mathrm{R}}^{(1)} < v_{\mathrm{R}}^{(2)} < v_{\mathrm{S}}^{(2)} < v_{\mathrm{S}}^{(1)}$，而地层介质密度关系满足 $\rho^{(2)} \gg \rho^{(1)}$。模型的表层厚度分别设置为 3m、6m 和 9m，同样采用快速标量传递算法计算该类模型的瑞利波频散曲线，计算频段为 1～2000Hz，如图 9-7-7 所示。

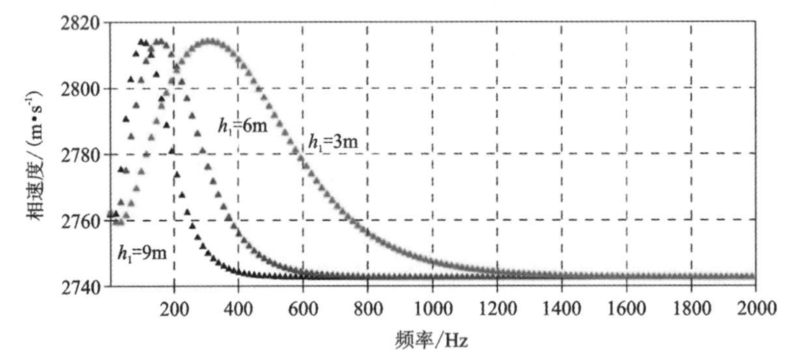

图 9-7-7　横波速度随深度递减而纵波速度增加的两层介质模型瑞利波频散特征

由图可知，该模型同样仅存在一个模态的瑞利波，即基阶模式波，不存在高阶模式波。另外，从图中不难总结得到以下规律：①基阶模式频散曲线首先随频率的增大而增大，在一定的频率附近(对于本模型大约为 200Hz)开始又随频率的增大而递减，即频散曲线先表现为逆频散，之后在该频点外则表现为正频散趋势；②基阶模式频散曲线在该频点处将出现一个相速度的极大值；③频散曲线存在零频极限，趋近于 $v_{\mathrm{R}}^{(2)}$；④高频段存在明显的相速度趋势，趋势值为 $v_{\mathrm{R}}^{(1)}$；⑤当表层介质厚度减小时，整个频散曲线的形态向高频方向移动。

以上横波速度随深度递减的两层介质模型是速度倒转模型中最为简单的地质模型，实际地质模型往往比这要复杂。因此下面我们适当增加地层层数，以三层介质模型为例来探讨速度倒转的多层介质模型中的瑞利波频散特征。与速度倒转的两层介质模型一样，速度倒转的三层介质模型同样模拟的为混凝土等硬化路面以下包含较土壤及软岩层的道路结构模型。第一种速度倒转的三层模型参数设置如下：

$$\begin{cases} v_{\mathrm{P}}^{(1)} = 6000\mathrm{m/s} \\ v_{\mathrm{S}}^{(1)} = 3100\mathrm{m/s} \\ \rho^{(1)} = 3000\mathrm{kg/\,m^3} \end{cases}, \begin{cases} v_{\mathrm{P}}^{(2)} = 5000\mathrm{m/s} \\ v_{\mathrm{S}}^{(2)} = 3000\mathrm{m/s} \\ \rho^{(2)} = 2800\mathrm{kg/\,m^3} \end{cases}, \begin{cases} v_{\mathrm{P}}^{(3)} = 4000\mathrm{m/s} \\ v_{\mathrm{S}}^{(3)} = 2500\mathrm{m/s} \\ \rho^{(3)} = 2500\mathrm{kg/\,m^3} \end{cases}$$

根据纵横波速度与瑞利波理论相速度间的关系可知 $v_{\mathrm{R}}^{(1)} = 3213\mathrm{m/s}$、$v_{\mathrm{R}}^{(2)} = 2743\mathrm{m/s}$、和 $v_{\mathrm{R}}^{(3)} = 2269\mathrm{m/s}$。且地层中的波速关系满足：$v_{\mathrm{S}}^{(3)} < v_{\mathrm{S}}^{(2)} < v_{\mathrm{S}}^{(1)}$，$v_{\mathrm{R}}^{(3)} < v_{\mathrm{R}}^{(2)} < v_{\mathrm{R}}^{(1)}$。表层和中间层厚度分别设置为三组不同的情况：$h_1 = 6\mathrm{m}$，$h_2 = 3\mathrm{m}$；$h_1 = 6\mathrm{m}$，$h_2 = 1\mathrm{m}$；$h_1 = 3\mathrm{m}$，$h_2 = 3\mathrm{m}$；以探讨不同层厚情况下，速度倒转的三层模型瑞利波频散特征。图 9-7-8 所示

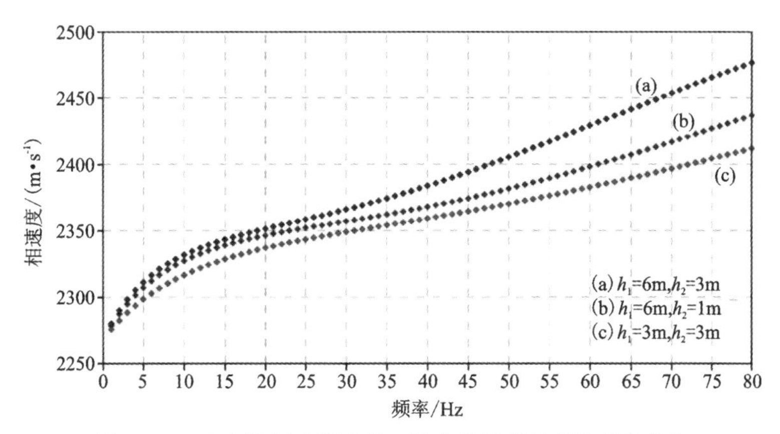

图 9-7-8　速度随深度递减的三层介质模型瑞利波频散特征

为该模型计算频段设置为 1～80Hz 的频散曲线图。

由图 9-7-8 可知，该类模型的频散曲线同样仅存在一个模式即基阶模式，且存在高频截断频率。当中间层和表层厚度均变薄时，同频率下的相速度值变小。该基阶模式波的零频极限相速度为半空间层瑞利波理论相速度 $v_R^{(3)}$ 。基阶模式波存在高频截断频率的原因在于此时瑞利波的相速度达到了最底层介质的横波速度。

与前述横波速度递减而纵波速度非递减的两层介质模型一样，考虑设计如下三层介质模型，该模型横波速度随深度递减，而纵波速度无此规律，中间层的纵波速度被设置为最低纵波速度，介质密度则随深度正常递增。具体参数设置如下：

$$\begin{cases} v_P^{(1)} = 6000\text{m/s} \\ v_S^{(1)} = 3100\text{m/s} \\ \rho^{(1)} = 2200\text{kg/m}^3 \end{cases},\quad \begin{cases} v_P^{(2)} = 5000\text{m/s} \\ v_S^{(2)} = 3000\text{m/s} \\ \rho^{(2)} = 2800\text{kg/m}^3 \end{cases},\quad \begin{cases} v_P^{(3)} = 5900\text{m/s} \\ v_S^{(3)} = 2960\text{m/s} \\ \rho^{(3)} = 4540\text{kg/m}^3 \end{cases}$$

同样根据纵横波速度与瑞利波理论相速度间的关系可知 $v_R^{(1)} = 2884\text{m/s}$ 、$v_R^{(2)} = 2743\text{m/s}$ 和 $v_R^{(3)} = 2763\text{m/s}$ 。且地层中的波速关系满足：$v_S^{(3)} < v_S^{(2)} < v_S^{(1)}$ ，$v_R^{(2)} < v_R^{(3)} < v_R^{(1)}$ 。与上一模型相同，表层和中间层厚度分别设置为 3 组不同的情况：$h_1 = 6\text{m}$ ，$h_2 = 3\text{m}$ ；$h_1 = 6\text{m}$ ，$h_2 = 1\text{m}$ ；$h_1 = 3\text{m}$ ，$h_2 = 3\text{m}$ ；以探讨不同层厚情况下，横波速度倒转但纵波速度非完全倒转的三层模型瑞利波频散特征。图 9-7-9 所示为采用快速标量传递算法所计算得到的 1～2000Hz的瑞利波频散曲线图。

从图 9-7-9 中不难得出以下规律：①此模型频散曲线同样只有一个模式即基阶模式；②基阶模式波不同于前一模型的结果，并无高频截止频率点；③该模型的基阶模式波同时存在正频散与逆频散现象，较高频段范围(此模型大概 300Hz 以上)，瑞利波基阶模式表现为正频散现象，较低频段(如图 9-7-9 中 10～300Hz)，基阶模式呈现逆频散现象；④基阶模式上存在一个相速度的极大值(图 9-7-9 中的 300Hz 附近，非零频点或高频端)；⑤在非零频点及高频端存在相速度的极小值(图 9-7-9 中 10Hz 左右)；⑥该模型基阶模式波存在高频极限相速度，该相速度值为 $v_R^{(1)}$ ，以及零频极限相速度 $v_R^{(2)}$ ；⑦当中间层变薄时，频散曲线形态变化较小，但当中间层和表层厚度相等时，瑞利波频散曲线的极大值增大，极小值则减小，且逆频散的频带范围变宽。

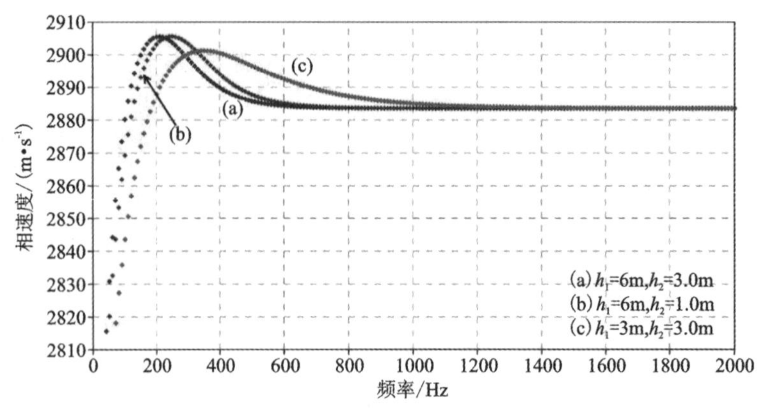

图 9-7-9 横波速度倒转而纵波速度非倒转的三层介质模型瑞利波频散特征

第 8 节 含软弱夹层或硬夹层半空间问题

一、含软弱夹层的层状半空间问题

当地下地层中存在裂缝、洞穴、暗穴、塌陷及破碎带，又或者存在富含油气的储层带，以及高强度材料形成过程中内部密实度不够形成气泡、裂隙等，都会影响地震波的传播速度，形成相对低速层。如果浅表层及其下伏地层地震波速度相对较高，即会形成勘探地震中的低速夹层模型。根据前述频散曲线正演算法推导过程可知，瑞利波相速度在高频端的一般特征是其值应趋近于除半空间外的最低横波速度，并非一定是与表层横波速度相关的某个值。为有效研究含低速夹层的固体介质模型中的瑞利波频散特征，本节先设置如下含软弱夹层的三层固体介质半空间模型：

$$\begin{cases} v_P^{(1)} = 4000\text{m/s} \\ v_S^{(1)} = 2500\text{m/s} \\ \rho^{(1)} = 2500\text{kg/m}^3 \end{cases},\quad \begin{cases} v_P^{(2)} = 2350\text{m/s} \\ v_S^{(2)} = 1120\text{m/s} \\ \rho^{(2)} = 1060\text{kg/m}^3 \end{cases},\quad \begin{cases} v_P^{(3)} = 5000\text{m/s} \\ v_S^{(3)} = 3000\text{m/s} \\ \rho^{(3)} = 2800\text{kg/m}^3 \end{cases}$$

根据以上纵横波速度及密度等物性参数，不难计算得到三层介质中的理论瑞利波相速度：$v_R^{(1)} = 2269\text{m/s}$，$v_R^{(2)} = 1048\text{m/s}$，$v_R^{(3)} = 2743\text{m/s}$。显然，$v_R^{(1)} < v_S^{(3)}$，$v_S^{(1)} < v_S^{(3)}$。表层厚度和中间层厚度分别设置为：$h_1 = 6\text{m}$，$h_2 = 3\text{m}$。采用快速标量传递算法所计算的频段 1～2000Hz 的多模式频散曲线如图 9-8-1 所示。

显然，存在低速软弱夹层的三层介质模型频散曲线特征复杂性更为明显。从图中不难获知以下频散特征：①基阶模式波频散曲线表现为正频散和逆频散兼有的特征；②以该模型为例，基阶模式波分别在大约 50Hz 和 300Hz 附近表现出了相速度的局部极小值和局部极大值；③基阶模式波的零频极限相速度为 $v_R^{(3)}$；④基阶模式波高频极限趋近于模型中的最低瑞利波理论相速度，即中间层的瑞利波理论相速度 $v_R^{(2)}$；⑤各高阶模式均存在低频截止频率，截止频率处的瑞利波相速度为 $v_R^{(3)}$。

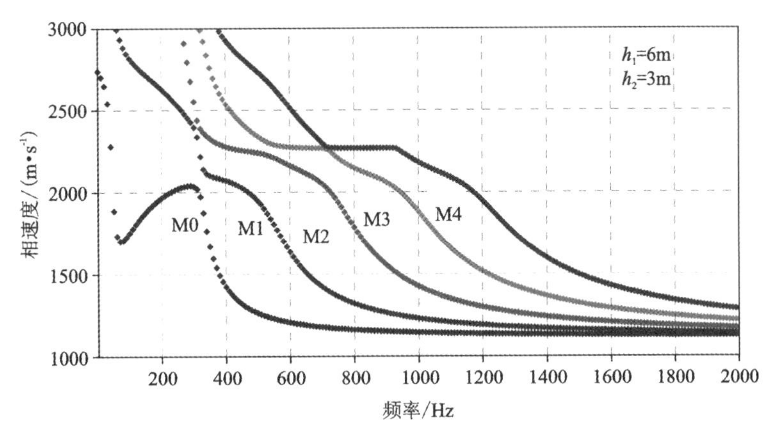

图 9-8-1 含软弱夹层的三层介质模型多模式瑞利波频散曲线

图 9-8-2 是改变表层和中间层厚度为(a) $h_1=6\mathrm{m}$，$h_2=2\mathrm{m}$；(b) $h_1=3\mathrm{m}$，$h_2=3\mathrm{m}$；两种情况下的多模式频散曲线。由图可知，当表层厚度和中间层厚度变化时，多阶模式频散曲线形态上总体变化不大。但在图 9-8-2(a)中高阶模式频散曲线在较大频段内出现相速度近乎相等的水平段区域，且该水平段的瑞利波相速度趋近于 $v_R^{(1)}$。这也导致部分频点处，不同模式的频散曲线看上去是相互交织的，那么这些高阶模式频散曲线是否相交呢？我们放大 1075Hz 频点附近的第三高阶模式和第四高阶模式频散曲线，如图 9-8-3 所示。显然，从图 9-8-3中可清晰看出，虽然两个模式在该频点处相速度比较接近，但两者并不相等，M4 的相速度值依然是大于 M3 的。

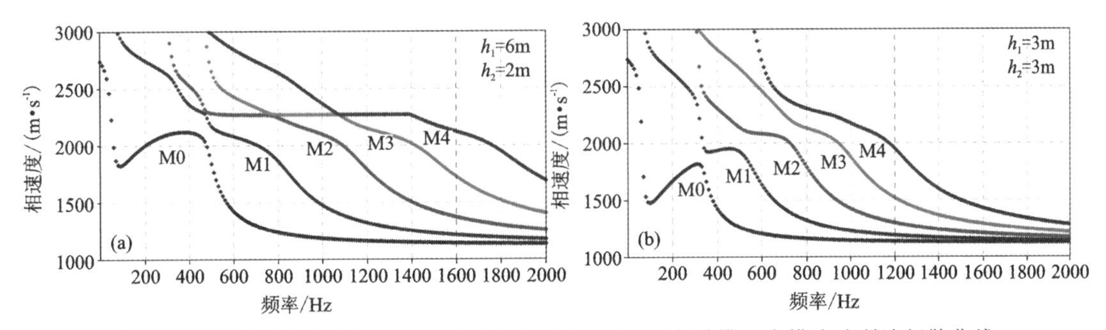

图 9-8-2 不同表层和中间层厚度的含软弱夹层的三层介质模型多模式瑞利波频散曲线

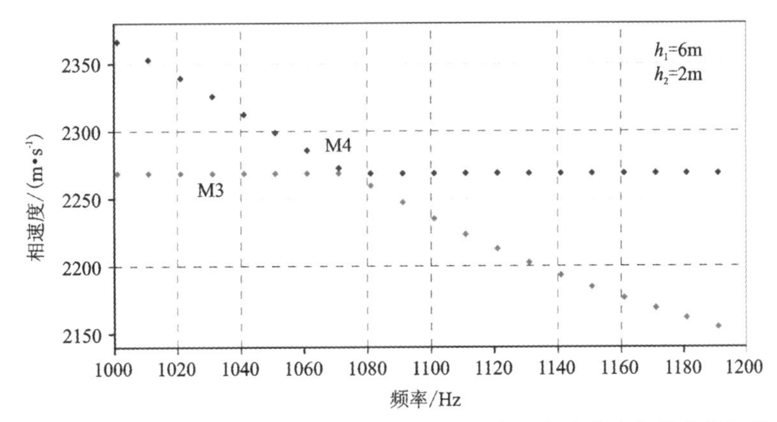

图 9-8-3 频点 1075Hz 附近的第 3 高阶模式和第 4 高阶模式频散曲线细节

以上高阶模式出现平直段的现象，其实并非含软弱夹层模型所特有，在前面一节所讨论过的横波速度随深度递增的三层介质模型中，当中间层厚度增大时，同样会出现类似的现象，如图 9-7-3(c)和(d)。下面我们比较下这两种情况。在横波速度递增模型中，基阶模式波的能量占主导，因此其中出现的高阶模式平直段并不会影响到实际勘探中对频散曲线的提取。但在含软弱夹层模型中，计算出水平段在地表的能量在其频率范围内是最强的，这也说明当模型存在低速夹层时，频散曲线水平段瑞利波的能量主要集中在第一层介质内，符合高频瑞利波探测深度受限的物理机制。同时，结合基阶模式波的零频极限和高频趋势相速度，再借助频散曲线水平段特征，能较为容易地提取出底层瑞利波相速度和横波速度及其关系，进一步求取中间软弱夹层的横波速度，这有助于对目的夹层的其他弹性参数的求解。

当地层中出现低速软夹层的时候，频散曲线上瑞利波的相速度并不是从 $v_R^{(3)}$ 逐渐过渡到 $v_R^{(1)}$，也就是说，当频率较高时，实际勘探中接收到的肯定不止有基阶模式，而是存在高阶模式，即接收到的信号是多阶瑞利波模式的叠加。另外，此时模型相速度的频散曲线都存在近似水平段，此时的瑞利波相速度为 $v_R^{(1)}$，而近似水平段又不是同一个模式，当频率增大时，接收到的导波必定以某一模式为主，在另一频率段又以另一模式为主，这可能由于各导波间的能量存在跳跃，从而导致了“之”字形频散现象。

为了验证以上结论，我们设置了一个含软弱夹层的浅地表四层水平层状介质模型，采用交错网格有限差分法模拟了该模型上获得的多道瑞利波记录。该水平四层介质模型物性参数设置如下：

$$\begin{cases} v_P^{(1)} = 1200\text{m/s} \\ v_S^{(1)} = 400\text{m/s} \\ \rho^{(1)} = 1860\text{kg/m}^3 \end{cases}, \begin{cases} v_P^{(2)} = 800\text{m/s} \\ v_S^{(2)} = 200\text{m/s} \\ \rho^{(2)} = 1820\text{kg/m}^3 \end{cases}, \begin{cases} v_P^{(3)} = 1800\text{m/s} \\ v_S^{(3)} = 600\text{m/s} \\ \rho^{(3)} = 1910\text{kg/m}^3 \end{cases}, \begin{cases} v_P^{(4)} = 2000\text{m/s} \\ v_S^{(4)} = 800\text{m/s} \\ \rho^{(4)} = 2000\text{kg/m}^3 \end{cases}$$

前三层地层厚度均为 4m，第四层为半空间层。数值模拟的震源子波为主频 20Hz、延迟时间 0.1s 的高斯一阶导数函数。在地表设置道间距为 1m，最小偏移距为 4m 的 48 道垂直检波器和水平检波器分别接收模拟的瑞利波记录(图 9-8-4)。采用高分辨率线性拉东变换方法提取合成多道地震记录的频散能量谱，如图 9-8-5 所示。

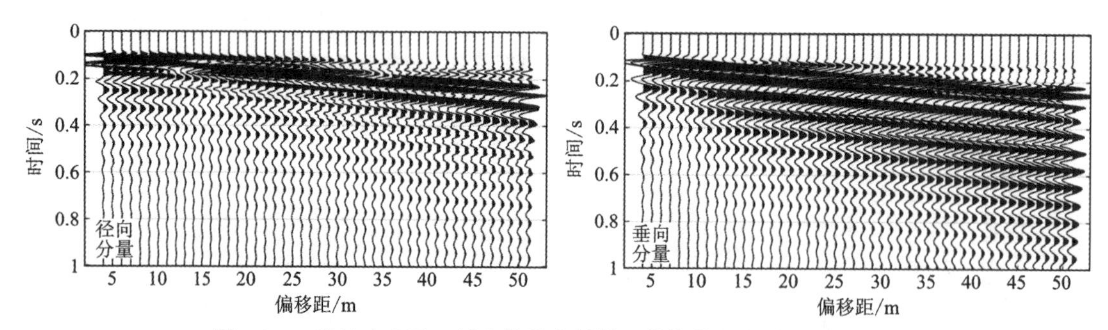

图 9-8-4 浅地表水平四层含软弱夹层模型数值模拟多道瑞利波记录

以上频散能谱上显示出了与常规的速度递增模型不一样的特征。首先，不管是垂向分量[图 9-8-5(b)]还是径向分量[图 9-8-5(a)]，基阶模式波并非在所有频段上能量都占主导。从图中看，低于 44Hz 的频段，基阶模式能量较强，而在高于 44Hz 的频段，各高阶模式能量在部

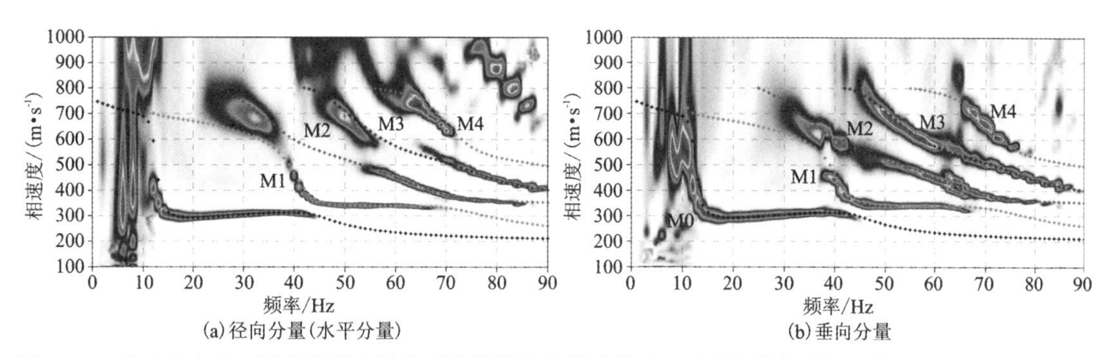

图 9-8-5　浅地表水平四层含软弱夹层模型数值模拟多道瑞利波记录的频散能谱与该模型理论频散曲线对比
(M0 为基阶模式波;M1～M4 分别为对应的高阶模式波;图中点线为快速标量传递算法所计算多阶模式理论频散曲线)

分频段上能量占据主导。其次,垂向分量上高阶模式波能量表现出与速度递增模型不同的特征,能量并未随模式数的增加而递减。第三,模式"接吻"现象依然存在,且不仅明显存在于基阶模式(M0)与第一高阶模式(M1)之间,在各高阶模式之间也有明显的特征,这种现象在径向分量上表现得更为明显。Mi 等(2018)指出低速夹层模型中会产生低速层导波,在频散能量图中,低速层导波会干扰正常的瑞利波和勒夫波。低速层导波的每一阶在高频部分会缺失能量,使得频散能量发生"跳跃"现象,这是由低速层导波的短波长成分不能传播到地表造成的。如果低速层的横波速度比表层高,则低速层导波只污染常规面波的高阶能量,不会与基阶面波交叉;如果低速层的横波速度比表层低,低速层导波能量会与基阶面波交织在一起。这两种情况都会引起面波的模式误判。鉴于在该类模型中瑞利波各阶模式所表现的不同特征,若实际勘探中,仅拾取基阶模式波用于反演,不仅会导致反演深度变浅,甚至所反演的速度结果也可能不可靠(如被高估)。由于高阶模式能量在高频段较强,趋势明显,易于拾取,若加入一定的高阶模式频散参与联合反演,则能在很大程度上减轻以上问题的影响。

二、含硬夹层的层状半空间问题

与含软弱夹层的层状半空间问题相对的是含硬夹层的层状半空间问题,它模拟的是当疏松表层以下存在致密坚硬的不均匀介质层的情况。这种现象在自然界中同样广泛存在,如疏松表层的黄土地区、泥滩区、松散沉积区下伏致密地质不均匀体(如不完全风化的花岗岩孤石、煤层中的陷落柱等)。为研究这类结构模型内瑞利波的频散特征,本节我们首先设置如下含硬夹层水平三层介质模型:

$$\begin{cases} v_P^{(1)} = 5000\text{m/s} \\ v_S^{(1)} = 3000\text{m/s} \\ \rho^{(1)} = 2500\text{kg/m}^3 \end{cases},\begin{cases} v_P^{(2)} = 6000\text{m/s} \\ v_S^{(2)} = 3100\text{m/s} \\ \rho^{(2)} = 2800\text{kg/m}^3 \end{cases},\begin{cases} v_P^{(3)} = 4000\text{m/s} \\ v_S^{(3)} = 2500\text{m/s} \\ \rho^{(3)} = 2200\text{kg/m}^3 \end{cases}$$

由以上速度参数,可得三层介质中的理论瑞利波相速度为:$v_R^{(1)} = 2743\text{m/s}$, $v_R^{(2)} = 2884\text{m/s}$, $v_R^{(3)} = 2269\text{m/s}$ 。显然,$v_R^{(2)} > v_R^{(1)} > v_S^{(3)}$,$v_S^{(1)} > v_S^{(3)}$ 。表层厚度和中间层厚度分别设置为:$h_1 = 6\text{m}$, $h_2 = 3\text{m}$; $h_1 = 3\text{m}$, $h_2 = 3\text{m}$; $h_1 = 6\text{m}$, $h_2 = 1\text{m}$ 共计 3 组,采用快速标量传递算法所计算的频段 1～180Hz 的频散曲线如图 9-8-6 所示。

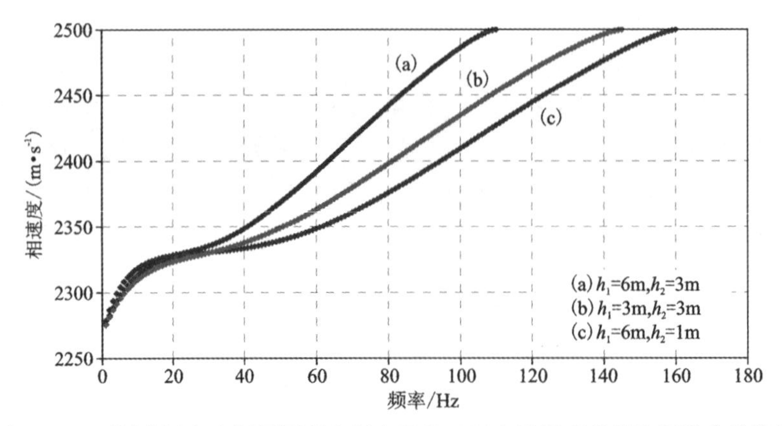

图 9-8-6 不同表层和中间层厚度含硬夹层的三层介质模型瑞利波频散曲线特征

由图可知，该模型的瑞利波频散曲线同样仅存在一个模式即基阶模式波，随着表层和中间层厚度的变化，该频散曲线呈现出如下特征：①基阶模式波存在零频极限相速度 $v_R^{(3)}$ ；②该基阶模式频散曲线存在高频截止频率，且截止频率处的瑞利波相速度趋近于半空间才能的横波速度 $v_S^{(3)}$ ；③当表层与中间层厚度减小时，该基阶模式频散曲线的截止频率向高频方向移动；④相同的频点处，瑞利波的相速度随表层和中间层厚度变小而变小。

下面我们来考虑另一类型速度关系的含硬夹层水平三层介质模型中的瑞利波频散特征。对于此模型，横波速度及瑞利波相速度满足 $v_S^{(1)} > v_S^{(3)}$ 及 $v_R^{(1)} < v_S^{(3)}$ 的关系。模型物性参数设置如下：

$$\begin{cases} v_P^{(1)} = 5000\text{m/s} \\ v_S^{(1)} = 3000\text{m/s} \\ \rho^{(1)} = 2500\text{kg/m}^3 \end{cases},\begin{cases} v_P^{(2)} = 6000\text{m/s} \\ v_S^{(2)} = 3100\text{m/s} \\ \rho^{(2)} = 2800\text{kg/m}^3 \end{cases},\begin{cases} v_P^{(3)} = 5900\text{m/s} \\ v_S^{(3)} = 2960\text{m/s} \\ \rho^{(3)} = 2450\text{kg/m}^3 \end{cases}$$

由以上参数可计算得各层瑞利波速度为：$v_R^{(1)} = 2743\text{m/s}$ ，$v_R^{(2)} = 2884\text{m/s}$ ，$v_R^{(3)} = 2763\text{m/s}$ 。表层厚度和中间层厚度同样分别设置为：$h_1 = 6\text{m}$ ，$h_2 = 3\text{m}$ ；$h_1 = 3\text{m}$ ，$h_2 = 3\text{m}$ ；$h_1 = 6\text{m}$ ，$h_2 = 1\text{m}$ 的三组，采用快速标量传递算法所计算的频段 1～1000Hz 的频散曲线如图 9-8-7 所示。

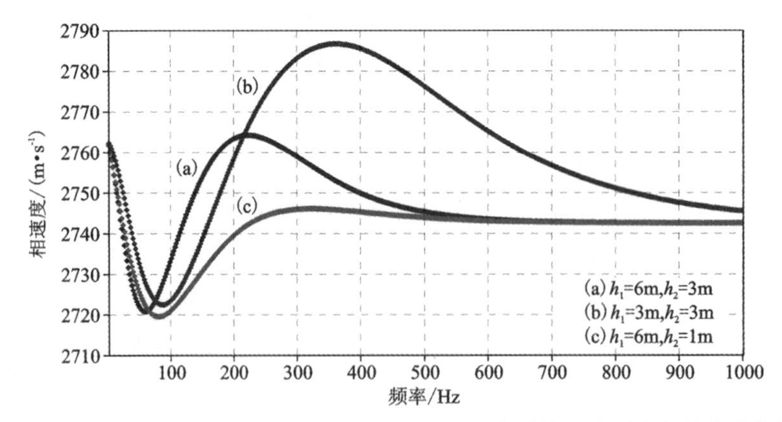

图 9-8-7 不同表层和中间层厚度含硬夹层的三层介质模型瑞利波频散曲线特征

由图可知，此模型同样仅存在一个模式的频散曲线即基阶模式波频散曲线，且呈现出如下特征：①该基阶模式波频散曲线同时存在正频散和逆频散现象；②在一定的频点处（针对该模型约 100Hz 附近）相速度出现局部极小值；③随着频率的增大，相速度将出现一个极大值，该极大值的大小随表层和中间层厚度的不同而不同；④该基阶模式波的高频极限相速度趋近于表层介质中的瑞利波理论相速度 $v_R^{(1)}$，零频极限相速度趋近于半空间层瑞利波理论相速度 $v_R^{(3)}$；⑤当中间层厚度 h_2 变小时，相速度曲线幅值整体降低，频散曲线整体向高频方向移动；⑥当表层厚度 h_1 变小时，相速度曲线幅值增大，且其峰值相速度位置往高频方向移动。

以上两种含硬夹层的三层水平层状模型均考虑的是表层横波速度大于半空间层的横波速度的情况，而自然界中正常情况下的地层横波速度是随深度递增而增大的。因此存在硬夹层的情况下，表层介质横波速度小于半空间介质横波速度、中间层介质横波速度最大的情况应更具有普遍性。接下来我们考虑这类模型中的瑞利波频散特征。模型参数设置如下：

$$\begin{cases} v_P^{(1)} = 4000\text{m/s} \\ v_S^{(1)} = 2500\text{m/s} \\ \rho^{(1)} = 2200\text{kg/m}^3 \end{cases}, \begin{cases} v_P^{(2)} = 6000\text{m/s} \\ v_S^{(2)} = 3100\text{m/s} \\ \rho^{(2)} = 2800\text{kg/m}^3 \end{cases}, \begin{cases} v_P^{(3)} = 5000\text{m/s} \\ v_S^{(3)} = 3000\text{m/s} \\ \rho^{(3)} = 2500\text{kg/m}^3 \end{cases}$$

此时，各层介质中的理论瑞利波相速度为：$v_R^{(1)} = 2269\text{m/s}$，$v_R^{(2)} = 2884\text{m/s}$，$v_R^{(3)} = 2743\text{m/s}$。表层厚度和中间层厚度分别设置为：$h_1 = 6\text{m}$，$h_2 = 3\text{m}$，采用快速标量传递算法所计算的频段 1～1000Hz 的频散曲线如图 9-8-8 所示。显然，该模型是硬夹层模型中唯一存在多阶模式频散曲线的情况，由图可知：①各瑞利波模式间，频散曲线不相交，相互具备良好的区分度；②各阶模式频散曲线均呈现出正频散的现象；③基阶模式频散曲线（M0）的零频极限相速度趋近于 $v_R^{(3)}$；④基阶模式高频端相速度趋近于 $v_R^{(1)}$；⑤高阶模式波均存在低频截止频率，在截止频点处的相速度趋近于 $v_S^{(3)}$，而其高频端存在一趋势相速度，其值为 $v_S^{(1)}$。

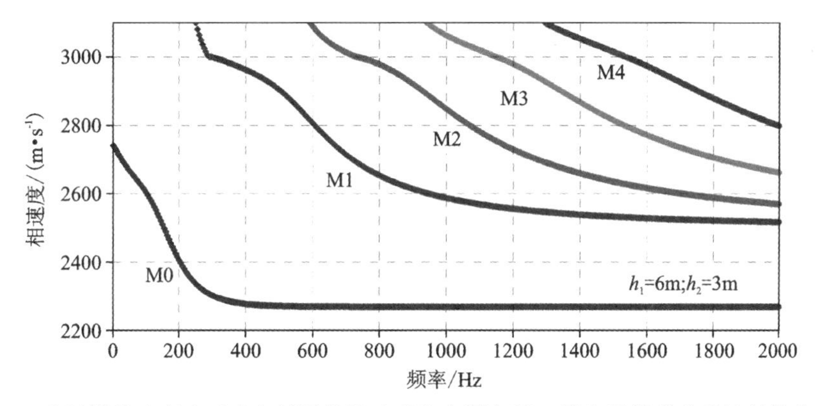

图 9-8-8　表层横波速度小于半空间层横波速度的含硬夹层三层介质模型瑞利波频散曲线特征

鉴于该类模型在自然界中存在的可能性更大，与前述四层含软夹层模型一样，设置了类似的含硬夹层水平四层介质模型，数值模拟的方式和相关模拟参数与前述一致，仅将介质物性参数修改为

$$\begin{cases}v_P^{(1)} = 800\text{m/s} \\ v_S^{(1)} = 200\text{m/s} \\ \rho^{(1)} = 1820\text{kg/m}^3\end{cases},\begin{cases}v_P^{(2)} = 2000\text{m/s} \\ v_S^{(2)} = 800\text{m/s} \\ \rho^{(2)} = 2000\text{kg/m}^3\end{cases},\begin{cases}v_P^{(3)} = 1200\text{m/s} \\ v_S^{(3)} = 400\text{m/s} \\ \rho^{(3)} = 1860\text{kg/m}^3\end{cases},\begin{cases}v_P^{(4)} = 1800\text{m/s} \\ v_S^{(4)} = 600\text{m/s} \\ \rho^{(4)} = 1910\text{kg/m}^3\end{cases}$$

48 道垂直检波器和水平检波器分别接收模拟的瑞利波记录(图 9-8-9)。采用高分辨率线性拉东变换方法提取合成多道地震记录的频散能量谱,如图 9-8-10 所示。该模型的瑞利波场频散能谱图上呈现出以下特征:①可见到与速度递增模型较为相似的现象,例如,基阶模式能量占主导、基阶模式波的高频段趋近于表层的瑞利波传播速度、基阶模式与第一高阶模式在 20Hz 的频段附近存在明显的模式“接吻”现象;②与之不同的是,高阶模式数不多,从图中看不管是径向分量[图 9-8-10(a)]还是垂向分量[图 9-8-10(b)]的频散能谱,均只有两个明显的高阶模式波(M1 和 M2),通过与理论频散曲线对比可知,其中 M1 存在于低于 20Hz 的低频段以及高于 40Hz 的高频段,M2 能量分布于 65Hz 以上的高频段;③另外,相比于垂向分量,径向分量上高阶模式波能量趋势更为明显,虽然 M3 依然缺失,但 M4 阶在部分频段上有所体现[图 9-8-10(a)频段 60~70Hz];④高阶模式间的模式“接吻”现象依然严重,虽然部分高阶模式能量缺失,但从理论频散曲线上看依然明显存在,这依然会给实际勘探工作带来模式误判的风险。

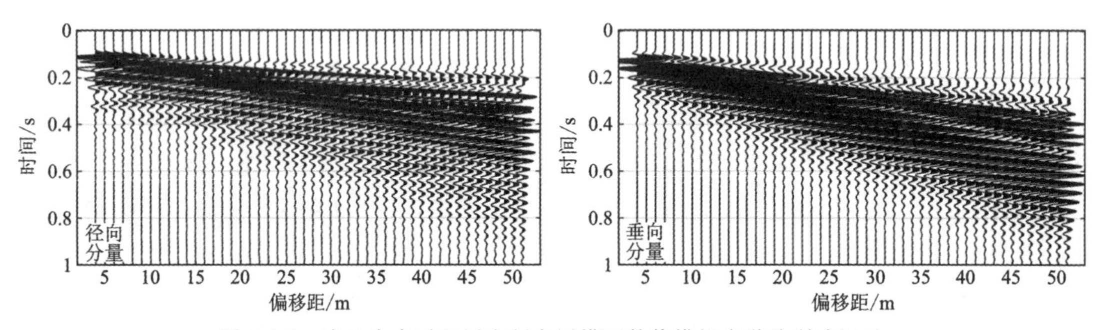

图 9-8-9 浅地表水平四层含硬夹层模型数值模拟多道瑞利波记录

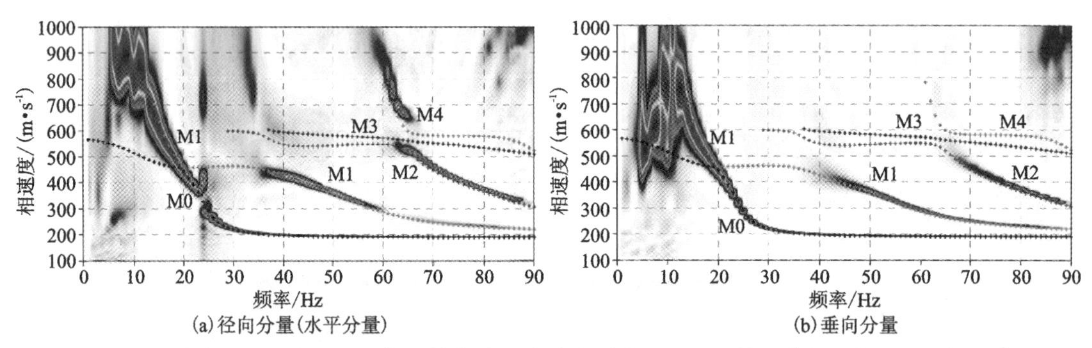

图 9-8-10 浅地表水平四层含硬夹层模型数值模拟多道瑞利波记录的频散能谱与该模型理论频散曲线对比
(M0 为基阶模式波;M1~M4 分别为对应的高阶模式波;图中点线为快速标量传递算法所计算多阶模式理论频散曲线)

另外,自然界或人工研制的材料中还存在一类特殊的硬夹层模型,那就是仅硬夹层表现为极高的波速,而表层和半空间其他层介质物性相同。因此,最后我们设置如下模型参数来研究这里模型中的瑞利波频散特征:

$$\begin{cases} v_P^{(1)} = 4000\text{m/s} \\ v_S^{(1)} = 2500\text{m/s} \\ \rho^{(1)} = 2200\text{kg/m}^3 \end{cases}, \begin{cases} v_P^{(2)} = 6000\text{m/s} \\ v_S^{(2)} = 3100\text{m/s} \\ \rho^{(2)} = 2800\text{kg/m}^3 \end{cases}, \begin{cases} v_P^{(3)} = 4000\text{m/s} \\ v_S^{(3)} = 2500\text{m/s} \\ \rho^{(3)} = 2200\text{kg/m}^3 \end{cases}$$

该模型各层介质中的理论瑞利波相速度为：$v_R^{(1)} = v_R^{(3)} = 2269\text{m/s}$，$v_R^{(2)} = 2884\text{m/s}$。地层厚度同样设置为：$h_1 = 6\text{m}$，$h_2 = 3\text{m}$；$h_1 = 3\text{m}$，$h_2 = 3\text{m}$；$h_1 = 6\text{m}$，$h_2 = 1\text{m}$ 的三组，采用快速标量传递算法所计算的频段 1～2000Hz 的频散曲线如图 9-8-11 所示。

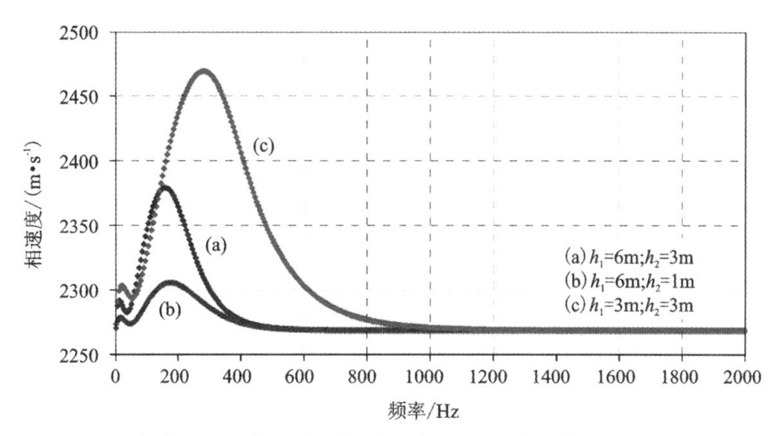

图 9-8-11　表层与半空间层物性相同的含硬夹层三层介质模型瑞利波频散曲线特征

由该频散曲线图不难看出：①该模型同样仅存在一个模式的频散曲线（基阶模式）；②该基阶模式频散曲线同时存在正频散和逆频散现象；③基阶模式波相速度零频极限和高频极限均趋近于半空间层介质的理论瑞利波相速度 $v_R^{(3)}$；④当中间层厚度 h_2 变小时，基阶模式瑞利波相速度峰值减小，且峰值频点向高频方向有较小移动；⑤当表层厚度 h_1 减小时，相速度峰值随之变大。

综上可知，不同类型的速度结构模型上，瑞利波频散能谱有着不同的特征，理论分析并归纳总结这些特征，能有效指导实际多道面波勘探工作，减少模式误判风险，提高勘探精度与深度。

第10章 高频面波频散曲线反演

本章主要介绍与面波传播有关的反演问题的基本理论，当高频多道面波分析方法用于工程勘查时，反演是其数据处理的最后一个环节。它涉及了地球物理方法中最为“艰深”的理论——地球物理反演。反演是地球物理方法的重要环节之一，多道面波方法通过反演运算对观测的频散或衰减系数进行处理，以获得工程场地地下未知的剪切波速度或剪切波品质因子剖面，因此反演同样也是高频多道面波方法技术中最重要的环节之一。

反演理论在地球物理应用科学和工程中都是一个非常重要的课题，因为它涉及从一组实验测量数据中推断出表征一个物理系统甚至是一个随时间变化过程的参数。医学上使用的复杂成像技术，如计算机X射线层析成像(CT)、正电子发射层析成像(PET)和磁共振成像(MRI)，都是利用强大的算法来解决复杂的非线性反演问题。此外，在各类工程领域广泛使用的无损检测方法也建立在对反演问题的强大求解能力的基础上。反演问题是数学家非常感兴趣的主题，他们发展了基于泛函分析和积分方程式的各种反演理论，用于描述和求解相关反演问题。国际地球物理界有相当多的数学家及地球物理学家致力于该领域的研究，并有相当多的专著发表，用以描述这些艰深的理论(Menke，1989；Groetsch，1993；Parker，1994；Engl et al.，1996；Aster et al.，2005；Tarantola，2005；Kirsch，2011)。当然，这些专著的内容和描述方式可能会因作者背景和所采用视角不同而有很大的不同，但其背后的本质是相通的。

本章主要讲解浅地表面波频散曲线及衰减系数曲线反演。在正式讲解相关的面波反演方法细节之前，先对地球物理中的线性和非线性反演问题的原理、分类和求解策略的相关背景材料知识进行了讲解。

第1节 反演的基本概念

一、地球物理学中的正问题与反问题

给定用于定义场地物理和力学性质的一组随深度变化的介质参数 $\{\lambda(z),\mu(z),\rho(z)\}$，根据这些参数确定与该场地相关的面波频散曲线或衰减系数曲线 $v_R(\omega)$ 和 $\alpha_R(\omega)$ 的问题，通常被称为面波正演问题。相反，如果给定 $v_R(\omega)$ 和 $\alpha_R(\omega)$，根据频散曲线或衰减系数曲线来确定未知介质参数 $\{\lambda(z),\mu(z),\rho(z)\}$ 的问题则是面波的反演问题。

如果将前述面波正演问题解释为一个确定的机械性过程，则频散曲线和衰减曲线可视为

物理系统对某一给定的特殊类型"激励"的"响应函数"。其中的物理系统指示的是土壤沉积层介质结构，而激励可以是该系统的初始平衡条件（自由振动问题）的微小扰动，也可以是具有一定几何和时间变化的源（例如，垂直、时间简谐点源力或线源力、脉冲力源等）。在这种解释中，正演问题涉及确定某些原因（即激励）对物理系统造成的影响（即响应函数）。而在反问题中，原因和结果的作用是颠倒的，目的是确定产生观察到的结果的原因（Engl，1993；Groetsch，1993）。这样的解释也正如我国著名地球物理学家杨文采院士对地球物理反演所作出的解释一样。他说："人类对于自然事件的发生、发展和演变的观察在时空上是非常局限的"。例如，人类社会只有几百万年的历史，而地球存在了至少 46 亿年，没有人能看到青藏高原的隆起或者白垩纪恐龙的灭绝。在空间上，地球表面为坚硬的岩石所覆盖，没有人能看到 15km 以下的岩石是什么样子。即便在地面上，人们也不可能清楚地观察到地球内部发生的地质活动和物质变化，而只能在局限的时空内观察到这些不可及过程的一些信息。通过这些局限的观察信息反推相关过程发生的原因或机制，就称为"反演"。由于事件或者过程发生在前，而结果或者信息接受在后，对自然事件或者过程发生的描述和预测被称为"正演"，而根据结果或者信息反推事件发生的过程或机制称为"反演"。

如果确定性过程被视为形式映射 G：$G(m)=d$，则正问题对应于从已知 G 和 m 计算 d 的问题。在该映射中，G 是表示确定性过程模型的数学算子，m 是激励，d 是响应。数值模拟只是数学正问题的近似解。对于反演问题，有两种选择：第一种是因果问题（第一类反演问题），对应于给定 G 和 d 确定 m；第二种是模型识别问题（第二类反问题），其中的目标是根据已知的 m 和 d 来计算 G。图 10-1-1 以图形的形式展示了这两种反演问题的区别与联系。

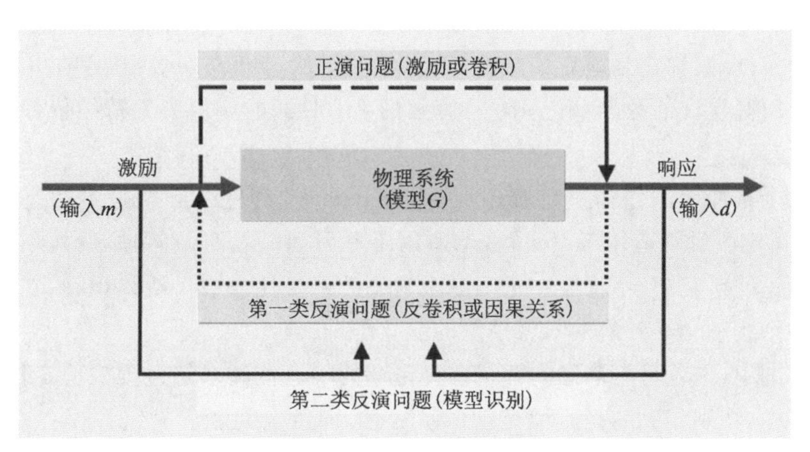

图 10-1-1　与物理系统相关的正演问题和反演问题的解

与面波传播有关的反演问题属于第二类反演问题。任何与勘探地球物理和地震学研究有关的问题，其目的是从地球表面测量的信息确定地球内部的地质信息，都属于同一类（图 10-1-2）。第二类反演问题还包括根据重力测量确定地球形状的大地测量反演问题。相反，从地震记录数据分析中提取地震震源参数信息的问题属于第一类反演问题，也称为反褶积问题。根据输出信号和地震仪响应的信息确定地震仪的输入信号是反卷积问题的另一个生动实例。

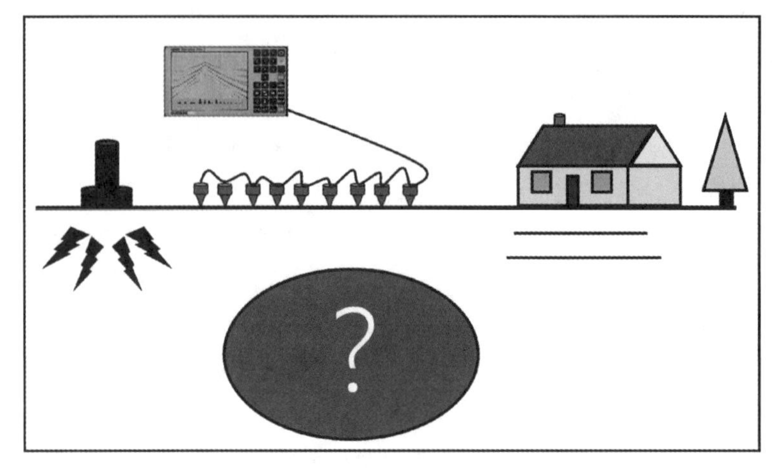

图 10-1-2 地球物理反演问题的本质(通过在自由地表和(或)沿钻孔的测量数据,找出浅地表地下介质内部的一个或多个未知的几何形态和/或物性参数的目标体)

模型识别通常可互换地表示为参数识别或参数估计问题,因为物理系统或过程的模型 G 通常是根据物理定律先验定义的。因此,模型识别实际上变成了参数识别,因为最初的目标已被转化为确定一组离散模型参数的问题。

二、反演问题的不适定性

反演问题通常是不适定或不稳定的,如果与相应正问题的适定性相比,这可能是它们最相关的特征(Engl, 1993;Kirsch, 2011)。根据 Hadamard(1923)的说法,如果一个数学问题满足以下 3 个条件,则称它是适定的或稳定的:①对于所有允许的数据,存在一个解(解的存在性);②对于所有允许的数据,解是唯一的(解的唯一性);③解决方案持续依赖于数据(求解过程的稳定性)。

如果这 3 个条件中的任何一个都不成立,Hadamard 称这个问题是不适定的。实际上,Hadamard 的适定假设既适用于正问题,也适用于反问题。然而,直到最近几年,在非线性动力学和混沌理论的研究中,不稳定在正问题求解中的重要性才被广泛认识到,在这些研究中,初始数据的微小扰动会导致解的不可预测的变化(Parker,1994)。

在反演问题中,最容易不满足的两个条件是解的唯一性和求解过程的稳定性。在参数识别问题的解决中,特别相关的是不满足解的唯一性,即给定问题和一组数据存在多于一个解的情况。在前述对正问题的确定性-机械论解释中(图 10-1-1),这将对应于不同原因可能产生相同结果的物理过程,这种情况在物理学和工程学中并不少见。例如,给定地球内部的质量分布,就可以唯一地预测地球周围的重力场(正问题)。然而,几种不同的质量分布,却也可能提供完全相同的重力场。因此,从重力场观测推断质量分布的问题(反问题)有多种解决方案(Tarantola, 2005)。另外,结构工程中同样存在这样类似的例子,对于受力的弹性梁,虽然对于给定的加载配置,可以预测梁的唯一变形形状(正问题),但从不同的加载模式可以获得相同的变形形状。因此,确定对应于变形形状的载荷配置问题(反问题)是不适定的,因为解不是唯一的。

对于面波反演问题,解的非唯一性意味着给定的实测频散(或衰减系数)曲线可能对应于土层的多种剪切波速(或品质因子)剖面。从数学的角度来看,反问题的解的非唯一性是由于缺乏足够的信息来约束解而引起的。或者,至少在解空间的某些区域中,可用的信息并不是完全独立的。

解决解的非唯一性问题,目前可以使用的有两种策略。第一种是添加有关反问题解决方案的先验信息。对于面波的参数识别问题,这可以是一个或多个层中的模型参数的独立先验信息,比如从某些岩土试验中获得的波速信息或从钻孔中获得的层厚度信息。介质密度和泊松比通常是假定预先知道的模型参数,因为频散(及衰减)曲线对这些参数的敏感性很弱(Nazarian, 1984; Xia et al., 1999)。另一种使反问题具备解的唯一性的策略是约束解决方案以满足某些要求,如光滑性和边界。在某些情况下,将先验信息添加到解,可以被视为约束。一个明显的例子是要求模型参数在规定的范围内变化或非负(例如,材料衰减系数)。在讨论实施解的唯一性的策略时,应该注意的是,对于理想的、无误差的数据,可用的方法相对简单;然而,对于包含偏差和随机误差的数据,情况更为复杂,这将在后文中讨论。

对 Hadamard 适定性定义中不满足求解过程稳定性条件的问题也是正问题和反问题求解中的一个重要问题。例如,第一类 Fredholm 型积分方程解对由噪声和不可避免的测量误差引起的初始数据的微小扰动非常敏感,这可能导致解的很大变化(Groetsch, 1993)。必须强调的是,这些问题的不稳定性是其所固有的特征,与用于解决这些问题的特定类型的数值算法无关。对于具有离散和连续线性算子的线性反问题,通常通过奇异值分解(Strang, 1988)的方法进行稳定性分析,这将在第三节中详细说明。

非常不稳定的参数辨识问题可以使用被称为正则化方法的数学技术来解决,这种方法将不适定问题近似为一组与参数相关的相邻适定问题(Tikhonov and Arsenin, 1977)。由于这些正则化方法中的一些方法采用了以适当泛函的最小化为目标的变分形式(例如吉洪诺夫正则化),因此它们也可以成功地应用于非线性反问题的求解。

三、反演问题求解的局部最优与全局最优方法

使用频散数据作为响应函数来解决与面波运动相关的参数识别问题,等同于解决逆特征值问题或逆谱问题(Kirsch,2011)。实际上,目标是根据两组一阶线性常微分方程组的特征值 ω/v_R(或 ω/v_L)来确定它们的某些系数。

在实际应用中,参数辨识问题通常是通过将其转化为参数优化问题来解决的,然后从无约束泛函或约束泛函的稳定条件对其进行求解(Parker,1994)。通常,用于解决非线性优化问题的技术,如面波的频散曲线反演,可以大致分为全局搜索(GS)方法和局部搜索(LS)方法两种。实际上,一个非线性优化问题的泛函在解空间中会有几个驻点,这就使得求解该问题变成了一个关于寻找全局极值的问题。LS 的整个过程是迭代进行的,它从给定的初始解(猜测值)开始,在适当的条件下产生一系列收敛于解的改进的近似值。大多数 LS 方法都是基于微积分技术的,在每次迭代中线性化一个非线性泛函,直到到达一个稳定值。这样的处理要求泛函足够光滑,以便其 Fréchet 导数(相对于模型参数)存在且连续。此外,即使满足泛函的所有光滑性要求,只有初始值足够接近于真实解时,才能保证解的逼近序列收敛。最小二乘

法便是这样的局部最优化方法。然而,最小二乘法最重大的局限性是即使它们成功地找到了一个驻点,却没有一个简单的方法来确定它是解空间中的局部还是全局最优解。

但 GS 的求解过程解决了这一难题,这是一种优化技术,其中搜索全局驻点是通过探索整个解空间来进行的。这可以通过定义网格来系统地完成,也可以像蒙特卡洛法或遗传算法那样随机地完成。通常,GS 方法在计算上比 LS 方法要费时;然而,在寻找解空间中的全局极值方面,GS 方法更稳健和可靠。关于 LS 和 GS 技术差异的进一步讨论在第三节中有详细讨论。

关于与面波有关的参数识别问题,通常采用的面波数据反演策略是使用视频散曲线和视衰减曲线作为响应函数的最小二乘法。面波反演最常用的频散曲线通常是相速度频散,偶尔使用群速度,但相对较少。且频散曲线反演最常用的模式也是基于基阶模式的,这隐含地假设该模式在实际测量的频散能谱中占主导地位。只有当基阶模式占主导地位时,这种方法才是基本正确的,例如在通常来说较为松散的土壤沉积物中工作的情况,那里的波阻抗随着深度规则地增加。然而,在某些情况下,实测的频散曲线中包含了高阶模式的贡献。在这种情况下,在现场实际测量的不是纯"基阶模式",而是一种"视"频散曲线。实测频散曲线的形态受到各高阶模式叠加的强烈影响。然而,应当指出,实测的频散曲线的性质不仅取决于地下的特性,而且还受观测系统参数影响。单模式频散曲线和视频散曲线之间的区别在于后者可能与非速度正向递增型地下结构有关,这是波速随深度变化不规则和/或突然变化的介质(例如表层为刚性层的道路型结构剖面)。在这种情况下,反问题的求解必须适当地考虑多阶振型的叠加效应。

频散曲线和衰减曲线分别代表一种可能的响应函数类型,然而,原则上也有其他选择。在频域中,这些参数包括位移幅度和相位谱。在时间域上,它们可能是地震记录图。能否成功地反演在自由表面测量的响应函数,以确定内部模型参数,其可靠估计的能力在很大程度上取决于所选择的用于描述介质对动态激励响应的响应函数的可靠性。

图 10-1-3 中显示了一些可能的算法的组合,这些算法可以用于解决与面波有关的参数识别问题。耦合和非耦合的 H/V 值是指在反演分析中考虑的面波的运动学特征。通常,只考虑瑞利波引起的介质质点运动的垂直分量。勒夫波或瑞利波的水平分量较少使用,但使用这些分量有望增加实测面波数据的信息量(Tokimatsu, 1995;Strobbia, 2003),如加强频散曲线的完备性。

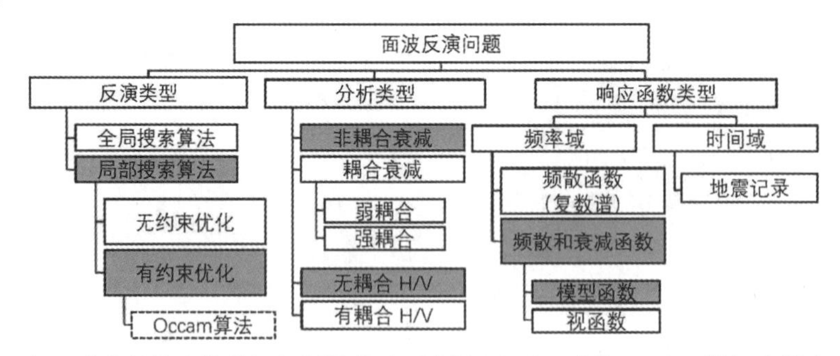

图 10-1-3 与面波有关的参数辨识问题的算法(阴影框表示地球物理-岩土勘探中最常用的方法)

第 2 节 面波反演的传统经验方法

面波勘探方法用于浅地表场地结构调查的早期,一种直接从实测频散曲线估计横波速度剖面的简单、经验方法被引入(Jones,1958)。当时,这项测试被称为 SSRM。尽管在 SSRM 中采用的反演过程非常粗糙,但它允许快速地初步地估计场地的横波速度剖面,因此即使是在近年,这样的方式依然在工程勘察中被广大勘探人员使用着。本节将简要回顾 SSRM 中使用的面波数据的经验解释的实质。

行波引起的地面运动仅限于浅地表的最上部(即趋肤深度范围内的地层),因此可以假定,与面波波动有关的大部分应变能被限制在距地面约一个波长的深度内(Achenbach,1984)。同时,在均匀的半空间中,瑞利波相速度的取值接近于介质的横波速度,粗略估计是 $v_S \approx 1.1 v_R$ 。对于第一个近似值,该剪切波速度可以被认为代表深度等于波长的 1/2 或 1/3 处的 v_S 值。这种解释可以被视为从 $\{v_R, \lambda_R\}$ 域到 $\{v_S$,深度$\}$ 范围的映射(图 10-2-1)。通过对整个测试数据重复这一过程,可以得到一个场地的剪切波速度的粗略分布。

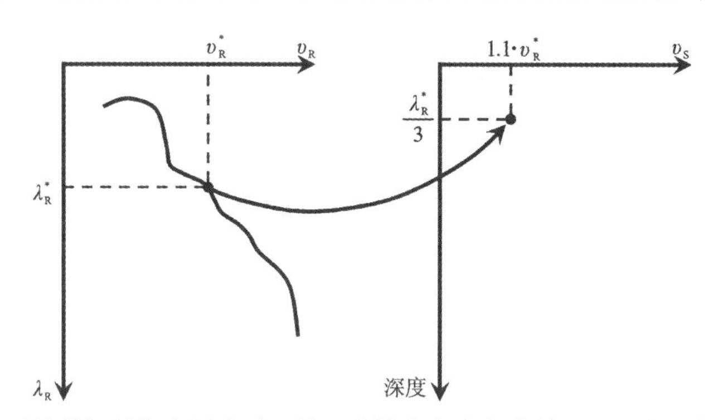

图 10-2-1 面波勘探早期应用中引入的一种被称为稳态瑞利法的经验反演程序示意图

一、数值模拟案例

图 10-2-2 显示了 SSRM 对 3 种不同的土壤沉积物合成剖面进行经验反演所获得的结果的一个例子。该图清楚地表明,该方法只对图 10-2-2(a)种情况下的横波速度剖面给出了一个合理的估计,图 10-2-2(a)种情况表示一种正频散介质,其 v_S 随深度逐渐增大。这样的估计在一些应用中可以被认为是可以接受的,而不需要实施严格的反演过程。此外,它还可以作为迭代反演算法中的一种很好的先验估计。然而,图 10-2-2 显示,该程序在逆频散性质的土壤结构剖面[情况图 10-2-2(b)和(c)]中是无法正确估计结果的。然而,值得注意的是,该方法却仍然捕捉到由软夹层[情况图 10-2-2(b)]或可替换地由硬表层[情况图 10-2-2(c)]的存在引起的 v_S 轮廓所表现出的曲率变化。

二、手动反演

面波反演的经验方法还包括试错法,其本质上是对实测频散曲线反演的手动方法。在这

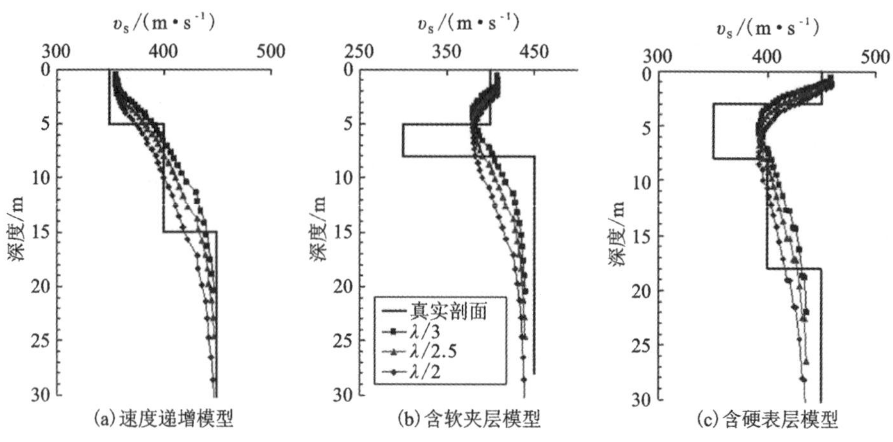

图 10-2-2 SSRM 经验反演法在场地剪切波速估计中的应用

些方法中,连续调整模型参数,以获得与实验数据最接近的理论频散曲线。它们的实现需要解决正向问题算法的可用性。在实践中,在每次调整模型参数的情况下执行有限数量的正演模拟,以试图在视觉上最小化数值和实验频散曲线之间的误差匹配。该程序具有很强的主观性(即强烈依赖于操作人员的经验),需要一定的经验才能在合理的时间内达到可接受的结果。

但有时试错法是反演"病态"频散曲线的唯一可行方法。在这种情况下,其他反演算法实际上可能由于执行反演所需的雅可比矩阵计算中的不稳定性而停滞且无法收敛,特别是采用离散型的有限差分反演方案等非解析类反演方法时。

第 3 节 面波反演的解析类方法

一、拟合度确定

线性回归是最简单的参数识别问题,它包括求出通过一组实测数据的直线的斜率和截距。由于只有两个模型参数(即斜率和截距),所以至少需要两个观测数据来解决这个问题。然而,在实际应用中,由于实测数据的冗余性和线性回归问题的超定性,这意味着无法找到精确的解,从而将插补问题转化为拟合问题。事实上,数据的数量大于模型参数的数量,只能在近似意义上找到解。

解决这类问题的标准方法是最小二乘法,其过程包括寻找使单个误差的平方和最小化的直线斜率和截距的特定值。后者是由观测数据和线性模型预测的数据之间的差异来定义的。由此,线性回归问题被转化为寻找一组模型参数的参数优化问题,以最小化由直线表示的模型的测量数据和预测之间的总体匹配误差。如果式 $G(m)=d$ 专门用于线性模型,则其可改写为

$$\boldsymbol{G}\cdot\boldsymbol{m}=\boldsymbol{d} \tag{10-3-1}$$

在这种情况下,矢量函数算子 $\boldsymbol{G}$ 将退化为一个矩阵,正问题由线性代数方程组表示。匹配误差(或预测误差)函数可写为

$$E_r = \sum_{i=1}^{N} \left[d_i - \sum_{j=1}^{M} (G_{ij}\, m_j) \right]^2 \tag{10-3-2}$$

式中：N 是实测数据个数；G_{ij} 是一个 $N \times M$ 维矩阵(在这种特定情况下，$M=2$)的元素，其中第一列由测量实验数据的自变量 x_i 的 N 值的第二列组成；m_j 是包含线性模型的截距和斜率的 M 维向量的分量。式(10-3-2)可以解释为分量为$\left[d_i - \sum_{j=1}^{M}(G_{ij}m_j)\right]$，$i=1,N$ 的向量的欧几里得范数的定义。因此匹配误差可以被视为欧几里得距离的平方，而最小二乘法可以被视为求出斜率和直线的截距的过程，该过程使测量数据和模型预测值之间的拟合差最小化。这个问题的解由下式提供(Menke,1989)：

$$\boldsymbol{m} = (\boldsymbol{G}^{\mathrm{T}}\boldsymbol{G})^{-1}\boldsymbol{G}^{\mathrm{T}}\boldsymbol{d} \tag{10-3-3}$$

直线拟合是一种特殊类型的线性回归问题，其特征是只有两个模型参数。通过允许向量 $\boldsymbol{m}$ 具有任意有限大小 $\boldsymbol{M}$，式(10-3-3)仍然用最小二乘法表示超定的、线性的、离散的、反问题的解。

线性回归问题的最小二乘解绝不是唯一的。其他解决方案也可以引入匹配误差的替代定义，从而引入式(10-3-2)的替代定义。回顾一下，具有分量$\left[d_i - \sum_{j=1}^{M}(G_{ij}m_j)\right]$的向量的 L_p 范数由关系式(10-3-4)给出：

$$\left\| \left[d_i - \sum_{j=1}^{M}(G_{ij}m_j)\right] \right\|_{\mathrm{P}} = \left\{ \sum_{i=1}^{N} \left[d_i - \sum_{j=1}^{M}(G_{ij}m_j)\right]^p \right\}^{1/p} \tag{10-3-4}$$

在由不同于 L_2 范数的拟合误差定义的意义上，可以引入其他线性模型来拟合数据集。图 10-3-1 显示了使用 L_2 和 L_1 范数交替拟合一组测量值的情况。由 L_p 范数表示的直线对应于具有较高 p 值的预期趋势。从图中可以看出，数据集包括异常值的存在，该异常值是与其余测量结果严重不一致的数据；因此，它很可能受到极大观测误差的影响。根据式(10-3-4)范数的阶数越高，归因于大误差的权重就越大。因此，高阶范数适用于具有高精度特征的实测数据，因为个别数据偏离总体趋势这一事实很重要。相反，如果数据的特点使模型具有很大的不确定性，则应该使用低阶范数，并且很少的异常值的存在不应该对拟合的良好程度产生太大影响。低阶范数倾向于赋予不同大小的误差类似的权重，从这个意义上说，它们对异常值的存在不那么敏感(Menke, 1989)。图 10-3-1 清楚地显示了这一点。这种类型的参数估计算法被认为是非常稳健的(Claerbout and Muir, 1973)。用 L_1 范数求解线性回归问题比标准的最小二乘问题复杂得多。例如，它可以使用迭代重新加权最小二乘(IRLS)算法(Barrowdale and Roberts, 1974)来执行。一般而言，当使用高于 $p=2$ 阶的范数时，这种复杂性也是成立的。

根据极大似然定理可以证明如果数据量值服从正态分布，即如果它们服从高斯统计，在 L_2 范数下线性回归问题的解对应于最可能的正确解。同样，根据同样的原理可以证明线性回归问题的 L_1 范数解代表了误差服从双边指数分布数据的最大似然估计(Menke, 1989)。

二、线性化反演

1. 奇异值分解与 Moore-Penrose 广义逆

如前所述，从面波实测衰减曲线反演确定介质衰减系数剖面的问题，正演算法如式

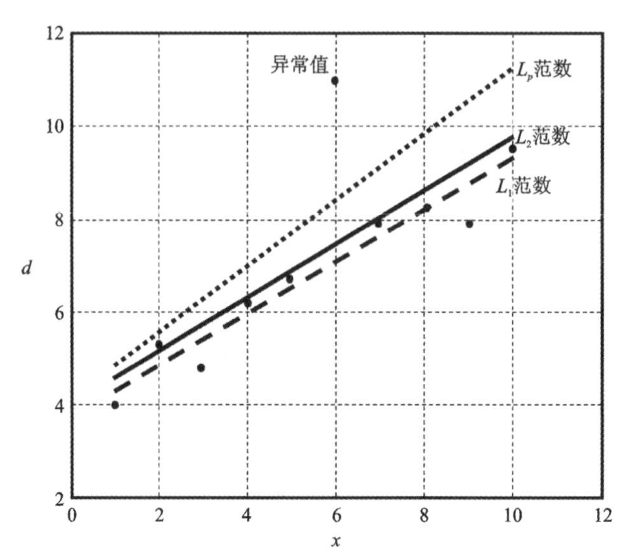

图 10-3-1　采用不同误差匹配函数的线性回归拟合结果

$G \cdot D_S = \alpha_R$ 所示。如果问题完全超定，则由式(10-3-3)给出最小二乘法对该方程的解。

$$m = D_S \text{ , } d = \alpha_R \tag{10-3-5}$$

当测量数据的数量 N 大于模型参数的数量 M 时，通常会出现超定现象，在这种情况下，模型参数的数量等于 nl，即沉积地层包括半空间层在内的层数。取而代之的是，模型参数是各个层的剪切波品质因子。

一般来说，如果式(10-3-1)是偶数维、适定的、欠定的或混定的，则式(10-3-3)给出的解可能不再有意义。事实上，如果问题是欠定的，则 $N<M$，那么未知数就比可用的方程多，问题就不再有唯一的解。鉴于这种情况，最好将式(10-3-3)进行推广，使其适用于所有可能的情况，而不仅仅适用于过度适定的问题。进行这类推广中的一种最有效且方便的方法是 Moore-Penrose 广义逆矩阵法(Moore，1920；Penrose，1955)，该方法成功地将普通矩阵代数规则推广应用到从方程(10-3-1)反演过程中求 m 的问题。

矩阵 $\boldsymbol{G}$ 的 Moore-Penrose 伪逆的定义要求事先引入奇异值分解(SVD)，奇异值分解是矩阵的一种特殊类型的特征值分解技术(Strang，1988)。任意 $N \times M$ 矩阵 $\boldsymbol{G}$ 可以分解成下列 3 个矩阵的乘积：

$$\boldsymbol{G} = \boldsymbol{Q}_1 \boldsymbol{\Sigma} \boldsymbol{Q}_2^{\mathrm{T}} \tag{10-3-6}$$

其中，$\boldsymbol{Q}_1$ 是 $N \times N$ 阶正交矩阵，其列是横跨数据空间的单位基向量；$\boldsymbol{Q}_2$ 是 $M \times M$ 阶正交矩阵，其列是横跨模型参数空间的单位基向量；$\boldsymbol{\Sigma}$ 是一个 $N \times M$ 阶的对角矩阵，其非负对角线元素称为奇异值。

奇异值分解将对称方阵的标准特征值-特征向量因式分解 $\boldsymbol{Q \Lambda Q}^{\mathrm{T}}$ 推广到其他矩阵。实际上，可以有效地计算矩阵的奇异值分解结果的算法有很多(Golub and Van Loan，1996)。虽然数值上效率不是很高，但通过分别求解矩阵 $\boldsymbol{GG}^{\mathrm{T}}$ 和 $\boldsymbol{G}^{\mathrm{T}}\boldsymbol{G}$ 的两个标准特征值问题来执行矩阵 $\boldsymbol{G}$ 的奇异值分解是很有见地的。结果表明，$\boldsymbol{GG}^{\mathrm{T}}$ 的特征向量构成矩阵 $\boldsymbol{Q}_1$ 的列，而矩阵 $\boldsymbol{Q}_2$ 由 $\boldsymbol{G}^{\mathrm{T}}\boldsymbol{G}$ 的特征向量组成。最后，由矩阵 $\boldsymbol{\Sigma}$ 的非零本征值的平方根得到矩阵 $\boldsymbol{GG}^{\mathrm{T}}$ 的奇异值。

矩阵 $\boldsymbol{\Sigma}$ 的奇异值通常按大小递减的顺序排列。在下一节我们将介绍到它们在构造 Moore-Penrose 广义逆矩阵以及控制求逆算法的稳定性方面起着重要的作用。

如果 q 是矩阵 $\boldsymbol{G}$ 的秩，则 q 也与矩阵 $\boldsymbol{\Sigma}$ 的第一个非零（即正）奇异值的个数重合，矩阵 $\boldsymbol{G}$ 的奇异值分解的构造简化如下（Menke，1989）：

$$\boldsymbol{G} = (\boldsymbol{Q}_1)_q \boldsymbol{\Sigma}_q (\boldsymbol{Q}_2^{\mathrm{T}})_q \tag{10-3-7}$$

矩阵 $(\boldsymbol{Q}_1)_q$ 和 $(\boldsymbol{Q}_2)_q$ 分别表示矩阵 $\boldsymbol{Q}_1$ 和 $\boldsymbol{Q}_2$ 的前 q 列。一旦构造了矩阵 $\boldsymbol{G}$ 的奇异值分解，就可以使用矩阵 $\boldsymbol{G}$ 的奇异值分解来通过 N 阶 Moore-Penrose 广义逆矩阵 $\boldsymbol{G}^{-g}$ 来计算 $\boldsymbol{M}$，如下：

$$\boldsymbol{G}^{-g} = (\boldsymbol{Q}_2)_q \boldsymbol{\Sigma}_q^{-1} (\boldsymbol{Q}_1^{\mathrm{T}})_q \tag{10-3-8}$$

最后，方程式(10-3-1)所表示的问题的解由下式给出：

$$\boldsymbol{m} = \boldsymbol{G}^{-g}\boldsymbol{d} = (\boldsymbol{Q}_2)_q \boldsymbol{\Sigma}_q^{-1} (\boldsymbol{Q}_1^{\mathrm{T}})_q \boldsymbol{d} \tag{10-3-9}$$

其中 $\boldsymbol{m}$ 和 $\boldsymbol{d}$ 可以根据式(10-3-5)的意义来解释。式(10-3-9)通常表示为式(10-3-1)的自然解形式。Moore-Penrose 广义逆 $\boldsymbol{G}^{-g}$ 形式上作用于式(10-3-1)，就好像后者将对应于具有方阵 $\boldsymbol{G}$ 的偶定问题一样。然而，式(10-3-9)表示对于最一般混定问题的式(10-3-1)的解；此外，可以证明矩阵 $\boldsymbol{G}^{-g}$ 以及 $\boldsymbol{m}$ 总是存在的（Aster et al.，2005）。这与式(10-3-3)的有效性形成了鲜明对比。

下面我们对以下特殊情况进行讨论。

(1)式(10-3-1)所对应的问题是偶定的问题，即 $q = N = M$。数据空间和模型参数空间具有相同的维度，因此 $\boldsymbol{G}^{-g}$ 是 $\boldsymbol{G}$ 在一般矩阵代数意义下的逆矩阵。这种情况下的解是精确和唯一的。

(2)式(10-3-1)所对应的问题是超定的，即 $q \leqslant N > M$。这意味着矩阵 $\boldsymbol{G}$ 的阶数与数据空间的维度大于模型参数空间的维度。可以证明，在这种情况下，式(10-3-9)与式(10-3-3)是一致的，即均具有最小二乘解。

(3)式(10-3-1)所对应的问题是欠定的，即 $q \leqslant N < M$。这意味着未知数比方程多；因此，解不是唯一的，问题是不适定的。可以看出，在这种情况下，式(10-3-9)提供了 $\boldsymbol{m}$ 的最小二乘、最小 L_2 范数解。最小长度的约束可以被视为用先验信息补充式(10-3-1)所定义的问题，该先验信息是挑选出表征欠定反问题的无穷多个解之一所需的。最小长度解在物理上并不总是有意义的，特别是在面波反演中。下一节将进一步扩展这个概念，即添加先验信息来寻找不适定反问题的解。

在实际应用中，存在既不是完全超定的问题，也不是完全欠定的问题，它们被称为混定的参数估计问题（Menke，1989）。浅地表面波勘探中混定问题是相当常见的，当要调查的领域的某些部分被地震射线完全照亮，而其他部分处于"黑暗"状态时，这样的现象就会发生，如图 10-3-2 所示。

在由公式 $\boldsymbol{G} \cdot \boldsymbol{D}_{\mathrm{S}} = \alpha_{\mathrm{R}}$ 表示的衰减系数反演问题中，如果试图确定面波未传播到达的深层的剪切波品质因子，则会发生这种情况。其原因可能是因为震源没有产生足够的低频能量，或者是因为在深层低频波的强度被衰减了。当然，这两种现象的结合是另一种可能性。相反，由于具有较宽频带的面波叠加，较浅的层通常被过度照明。

这里讨论的衰减系数反演的困难也出现在频散曲线反演中，其额外的复杂性是因为现在的反演问题非线性的。为了消除这些影响，在正演模式中，包括模型参数未知的层（即横波速度和介质衰减系数）应避免出现在面波不能到达的深度。这可以通过观测到的频散曲线和衰减曲线相关联的最大波长来计算被调查地点的趋肤深度来轻松完成。

通过提供式(10-3-1)的最小长度、最小二乘解，同时适当地适应矩阵 $\boldsymbol{G}$ 的秩以及数据和模型参数空间的大小的各种组合，Moore-Penrose 广义逆 $\boldsymbol{G}^{-g}$ 和式(10-3-9)在欠定和混定问题中具有完美的意义。然而，应该防止这些欠定和混定情况的出现，因为式(10-3-9)提供的解即使在数学上是正确的，也可能有作为先验信息出现的最小长度约束所引起的不期望的特征，以解决否则是不确定的问题。

在设计地球物理实验和建立观测数据的正演模型时（图 10-3-2，较浅的表层被超定，因为它被多条地震射线穿过。深层则是不定的，因为它几乎没有被任何地震射线穿过。正确的反演模型应该考虑到这一点，在进行反演时勘探深度的选择应适当），应尽可能在感兴趣的空间域实现信息的冗余性和同质性，从而使式(10-3-1)总是被证明是根据矩阵 $\boldsymbol{G}$ 的满秩超定的问题。如果 N 是数据空间的维度，且 $q=\text{rank}(\boldsymbol{G})$，则当 $q=N$ 时 $\boldsymbol{G}$ 是满秩矩阵。

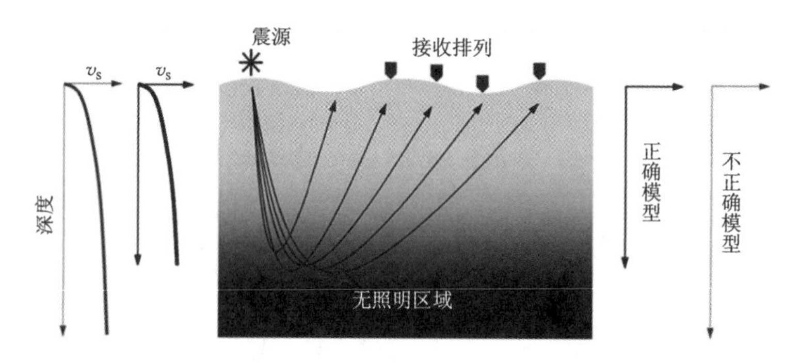

图 10-3-2 地球物理勘探中混定问题产生原因的经典案例

2. 解的不稳定性与条件数

正如第一节中提到的 Hadamard(1923)的说法，如果一个数学问题的解连续地依赖于数据，则称该问题是稳定的。解的存在性和唯一性是 Hadamard 定义适定数学问题所需的另外两个条件。关于式(10-3-1)的解，在欠定和混定的问题中是违反唯一性原则的。针对该问题，Moore-Penrose 广义逆 $\boldsymbol{G}^{-g}$ 所采用的策略是通过最小长度约束向式(10-3-1)所表示的反演问题中加入相应的先验信息。这种将先验信息引入求解过程的方法并不特殊。下一节将说明一个相当一般的替代方法，即 Tikhonov 正则化方法。

为了解决解的稳定性问题，将式(10-3-9)重写如式(10-3-10)的形式，用以明确奇异值的存在(Aster et al.，2005)：

$$\boldsymbol{m}=(\boldsymbol{Q}_2)_q\boldsymbol{\Sigma}_q^{-1}(\boldsymbol{Q}_1^{\mathrm{T}})_q d=\sum_{i=1}^{q}\frac{[\boldsymbol{Q}_1^{\mathrm{T}}]_i d}{s_i}[\boldsymbol{Q}_2]_i \tag{10-3-10}$$

其中 s_i 是矩阵 $\boldsymbol{\Sigma}$ 的第 i 个奇异值；$[\boldsymbol{Q}_1]_i$ 和 $[\boldsymbol{Q}_2]_i$ 分别表示矩阵 $\boldsymbol{Q}_1$ 和 $\boldsymbol{Q}_2$ 的第 i 列。奇异值的范围通常被称为奇异值谱，其重要性在于它控制式(10-3-10)所给出的式(10-3-1)的解的稳定性。该式表明，奇异值的倒数 s_i 起级数展开系数的作用，级数的最大系数是与最小 s_i 有关的

系数。因此，式(10-3-10)中的解 $\boldsymbol{m}$ 实际上由矩阵 $\boldsymbol{G}$ 的最小奇异值控制。在由具有非常小的 s_i 的奇异值谱表征的问题中，如果真实数据测量值 $\boldsymbol{d}_{\text{True}} = \boldsymbol{d}$ 受到大噪声的影响，例如 $\boldsymbol{d}_{\text{means}} = \boldsymbol{d}_{\text{True}} + \boldsymbol{\delta}$，其中 $\boldsymbol{\delta}$ 是噪声向量，且 $\|\boldsymbol{\delta}\|_2 = \|\boldsymbol{d}_{\text{True}}\|_2$，那么来自式(10-3-10)的解 $\boldsymbol{m}$ 将包含以 $1/s_i$ 成比例因子放大的噪声项。

应当注意的是，式(10-3-10)表明了式(10-3-1)所给出的问题的解的不适定性和不稳定性完全与测量数据 d 的精度无关；相反，它是矩阵 $\boldsymbol{G}$ 的特性，与观测系统的设置有关。解 $\boldsymbol{m}$ 的不稳定性的度量由条件数来表示，条件数定义为(Aster et al.，2005)

$$\text{cond}(\boldsymbol{G}) = \frac{s_1}{s_k} \tag{10-3-11}$$

其中：s_1 是矩阵 $\boldsymbol{G}$ 的最大奇异值；s_k 是与 $\min(N,M)$ 相关的奇异值；$\min(N,M)$ 是数据空间和模型参数空间维度的最小值。$\boldsymbol{G}$ 矩阵的条件数越大，与该矩阵相关的问题就越病态，这也意味着解 m 对数据中的少量噪声越敏感。如果 $\boldsymbol{G}$ 不是满秩矩阵，则条件数变为无穷大，因为式(10-3-11)中的 s_k 将等于零。然而，在式(10-3-10)中，解 $\boldsymbol{m}$ 仅涉及第一个非零奇异值，其个数为 q。然而，在现实的反问题中，可能存在奇异值非常小但不等于零的数值情况。这些奇异值也正是式(10-3-10)求解时严重不稳定的原因。

为缓解该问题，通常的做法是设置一个截断值，小于该截断值的奇异值被假定等于零(Menke，1989)。这样的方式将导致由式(10-3-10)表示的级数的截断，也类似于对式(10-3-1)表示的不适定问题的正则化过程。然而，从式(10-3-10)中删除具有小奇异值的项将确定对解 $\boldsymbol{m}$ 的修改，也将使得数据 $\boldsymbol{d}$ 对 $\boldsymbol{m}$ 的拟合程度变差。另外，截断奇异值分解也会使模型解析度变差，这个问题将在下一节中进一步讨论。

3. 吉洪诺夫正则化方法(Tikhonov regularization)

使用矩阵 $\boldsymbol{G}$ 的奇异值分解定义式(10-3-1)的最小二乘解，这是普遍有效的。同时，该表达方式突出了当奇异值 s_i 非常小时该解的不稳定性。解决该问题的“变通办法”是截断方程式(10-3-10)中涉及最小奇异值的项。然而，也有一种更有效和更系统的方法来减轻线性反问题的不适定性，即以吉洪诺夫正则化(Tikhonov and Arsenin，1977)为代表的正则化方法。另外，这种方法还具备能非常有效地解决解的非唯一性问题的优点。

零阶吉洪诺夫正则化是通过寻找模型参数 $\boldsymbol{m}$ 的向量来求解式(10-3-1)，并满足以下优化条件：

$$\min\{\|\boldsymbol{Gm} - \boldsymbol{d}\|_2^2 + \mu^2\|\boldsymbol{m}\|_2^2\} \tag{10-3-12}$$

其中，μ 是正则化参数，也称为拉格朗日乘子。通过实施该条件获得的解对应于确定最小化由 $\|\boldsymbol{Gm} - \boldsymbol{d}\|_2^2$ 表示的预测误差和由 $\|\boldsymbol{m}\|_2^2$ 表示的解长度的组合的 $\boldsymbol{m}$ 值。可能的欠定或混定性，以及因式(10-3-1)的解中缺乏唯一性的问题，通过匹配误差减少以及由其范数表示的解的性质得以解决。该操作相当于引入先验信息来约束求解过程。从这个意义上说，通过允许它控制给予匹配误差的相对重要性和由其 L_2 范数表示的解的简单性的方式，它推广了由公式(10-3-9)给出的欠定问题的最小二乘法及最小 L_2 范数。

事实上，用拟合度换取解唯一性的度量是由正则化参数 μ 控制的。通过设置 $\mu = 0$，式

(10-3-12)简化为与标准最小二乘问题相同的优化条件,其解由式(10-3-3)给出。这种解决方案将预测误差降到最低;然而,它具有前面讨论的所有缺陷,即在欠定和混定问题中缺乏唯一性。相反,增加 μ 的值将显著减轻式(10-3-1)所表达的反演问题的不适定性,但代价是同时增加拟合误差。在实践中,最佳 μ 值的选择并非易事。通常选择过程总是带有一定程度的主观性,尽管这与所解决的具体问题的特点有一定的关系。但我们应该尽量权衡希望求解 $\boldsymbol{m}$ 的方案即具有以最小可能的误差不匹配度来拟合实测数据的能力,又具有保持小欧几里得范数的能力之间的矛盾。

式(10-3-12)的实现需要找到无约束泛函的最小值,它可以通过变分的标准规则来实现。不关注细节,其结果形式为(Menke, 1989)

$$\boldsymbol{m}=(\boldsymbol{G}^{\mathrm{T}}\boldsymbol{G}+\mu^{2}\boldsymbol{I})^{-1}\boldsymbol{G}^{\mathrm{T}}\boldsymbol{d} \tag{10-3-13}$$

式中,$\boldsymbol{I}$ 是 $M\times M$ 维的单位矩阵。式(10-3-13)通常被表示为反演问题的衰减最小二乘解,因为它的潜在不确定性(部分或全部)已被抑制。为了更深入地了解解的特征,使用 SVD 将该方程重写如下形式(Aster et al., 2005):

$$\boldsymbol{m}=\sum_{i=1}^{k}\frac{s_i^2}{s_i^2+\mu^2}\cdot\frac{[(\boldsymbol{Q}_1^{\mathrm{T}})]_i\boldsymbol{d}}{s_i}[(\boldsymbol{Q}_2)]_i \tag{10-3-14}$$

其中 $k=\min(N,M)$ 是数据空间和模型参数空间大小之间的最小值。值得注意的是,有了这个定义,矩阵 $\boldsymbol{G}$ 的所有奇异值都包括在内,甚至可能是非常小的奇异值。

由于式(10-3-14)中存在滤波因子 $\frac{s_i^2}{s_i^2+\mu^2}$,所以式(10-3-14)和式(10-3-13)彼此是不同的。这些因素起到了抑制极小奇异值负面影响的作用,否则,如果存在这些奇异值,可能会导致一些展开项的崩溃,正如上一节所讨论的那样。显然,从滤波因子可以看出,正则化参数越大,衰减效果就越明显,反之亦然。总体而言,Tikhonov 正则化恢复了病态问题解的唯一性和稳定性。

零阶 Tikhonov 正则化的基础是最小化一个泛函,该泛函涉及匹配误差和欧几里得范数 $\boldsymbol{m}^{\mathrm{T}}\boldsymbol{m}$ 的平方,欧几里得范数 $\boldsymbol{m}^{\mathrm{T}}\boldsymbol{m}$ 被作为解的简单性的先验度量。其他衡量简单性的措施也是可能的,在某些问题上,它们会产生更充分的结果。高阶 Tikhonov 正则化方法则基于假设 $\boldsymbol{m}$ 的一阶、二阶和高阶导数的欧几里得范数作为解的简单性度量(Aster et al, 2005)。对于离散模型参数,$\boldsymbol{m}$ 的一阶和二阶导数可以用有限差分来近似表达:

$$\begin{cases}R_1=\|\boldsymbol{Lm}\|_2^2=(\boldsymbol{Lm})^{\mathrm{T}}\cdot(\boldsymbol{Lm})\\R_2=\|\boldsymbol{L}(\boldsymbol{Lm})\|_2^2=(\boldsymbol{L}^2\boldsymbol{m})^{\mathrm{T}}\cdot(\boldsymbol{L}^2\boldsymbol{m})\end{cases} \tag{10-3-15}$$

其中 $\boldsymbol{L}$ 表示两点中心差分算子的 $M\times M$ 维实值矩阵,计算方式如下:

$$L=\begin{bmatrix}0 & \cdots & & \\ -1 & 1 & & \\ \cdots & -1 & 1 & 0\\ & 0 & -1 & 1\end{bmatrix} \tag{10-3-16}$$

式(10-3-15)中的标量 R_1 和 R_2 是解 $\boldsymbol{m}$ 的粗糙度的两种不同定义,而式(10-3-16)中的 $\boldsymbol{L}$ 称为

粗化矩阵。参照公式 $\boldsymbol{G}\cdot\boldsymbol{D}_{\mathrm{S}}=\alpha_{\mathrm{R}}$ 的粗糙度将对应于剪切阻抗比剖面随深度的不规则性的标量测量。如果根据地质信息，预计场地的岩土参数将随深度平滑变化，则通过强制使衰减系数轮廓的粗糙度最小化来求解公式 $\boldsymbol{G}\cdot\boldsymbol{D}_{\mathrm{S}}=\alpha_{\mathrm{R}}$ 是有意义的。这样，那些虽然满足最小拟合误差标准但过于不规则的解将被算法自动拒绝。这是解决模型参数化问题时引入先验信息的一种有效方法。对于连续变化的介质，极易证明由式(10-3-15)所给出的 R_1 和 R_2 的两种定义形式分别对应于模型参数关于深度的一阶和二阶导数的平方在深度上的积分。

使用零阶 Tikhonov 正则化方法，通过求解式(10-3-12)找到了式(10-3-1)的解，这对应于确定最小化线性泛函 $\|\boldsymbol{Gm}-\boldsymbol{d}\|_2^2+\mu^2\|\boldsymbol{m}\|_2^2$ 的 $\boldsymbol{m}$ 值。在高阶 Tikhonov 正则化中，这一条件被下述条件所代替：

$$\min(\|\boldsymbol{Gm}-\boldsymbol{d}\|_2^2+\mu^2\|\boldsymbol{L}^n\boldsymbol{m}\|_2^2) \tag{10-3-17}$$

其中 $\boldsymbol{L}^n$ 是 n 阶粗化矩阵。当 $n=1,2$ 时，即表示先前定义过的一阶和二阶粗化矩阵。如果 $n=0$，$\boldsymbol{L}^0=1$，则解式(10-3-17)的过程类似于解式(10-3-12)的过程。高阶 Tikhonov 正则化方法在地球科学中使用较广泛，因为在某些情况下，可以假定物理性质以及地球物理和岩土参数随深度规则地变化。后文会详细描述如何应用一阶和二阶 Tikhonov 正则化来反演实测频散曲线和衰减曲线，以获得地下横波速度和剪切波阻抗剖面，该方法也就是地球物理反演方法中著名的 Occam 算法。

4. 其他正则化方法

反演问题的不适定性同样也有其他类型的正则化方法可以利用，其解决的目标是相同的：引入先验信息来缓解解的不稳定性和非一致性特征。Tikhonov 正则化的替代方法包括边界约束方法和总变差正则化(Aster et al.，2005)。边界约束方法是基于对模型参数允许变化范围的先验知识。例如，参照公式 $\boldsymbol{G}\cdot\boldsymbol{D}_{\mathrm{S}}=\alpha_{\mathrm{R}}$，地层中的衰减系数必须是非负的，这对该模型参数可以假定的下限提出了约束，使得 $\boldsymbol{D}_{\mathrm{S}}\geqslant 0$。采用拉格朗日乘子法也可以有效地求解约束最小二乘问题(Logan，2006)。另外，Lawson 和 Hanson(1974)提出了一种确定非负最小二乘解的有效算法。

总变差正则化方法类似于一阶 Tikhonov 正则化方法，它的实施类似于式(10-3-17)所表示的最小化条件($n=1$)和由式(10-3-16)给出的粗化矩阵 $\boldsymbol{L}$。然而，在式(10-3-17)中，该方法用 $\boldsymbol{L}_1$ 范数代替欧几里得范数。这种替换产生了非惩罚不连续模型参数的效果，例如标准 Tikhonov 正则化所产生的效果。这实际上有利于模型参数的平滑空间变化。因此，总变差正则化方法适用于模型参数可能发生剧烈变化和不连续的所有情况。实际工程勘查中，可能经常会存在某些地质构造具有非常不同的力学性质，并被突变的界面隔开的情况。像标准的 Tikhonov 算法一样，总变差正则化方法仍然使反问题(10-3-1)的解正规化。然而，它执行这一操作时不会拒绝模型参数中可能存在急剧空间变化的模型。由于方程(10-3-17)中 $\boldsymbol{L}_1$ 范数的不可微性，用总变差正则化方法从反问题(10-3-1)中确定 $\boldsymbol{m}$ 并不是一件容易的事。当然，为了克服这一困难，有研究人员专门开发了一些特殊的算法(Boyd and Vandenberghe，2004)。

5. 拟合精度与分辨率

假设反演问题式(10-3-1)中的实测数据不受噪声影响,那么估计的模型参数的究竟好坏如何?设 $\boldsymbol{G}\cdot(\boldsymbol{m})_{\text{true}}=(\boldsymbol{d})_{\text{exp}}$ 表示无误差实测数据与真实模型参数之间的关系。将这一关系引入估计模型参数的表达式 $(\boldsymbol{m})_{\text{est}}=\boldsymbol{G}^{-g}(\boldsymbol{d})_{\text{exp}}$ 中,得到

$$(\boldsymbol{m})_{\text{est}}=\boldsymbol{G}^{-g}\boldsymbol{G}\cdot(\boldsymbol{m})_{\text{true}}=\boldsymbol{R}_m(\boldsymbol{m})_{\text{true}} \tag{10-3-18}$$

其中,$\boldsymbol{R}_m=\boldsymbol{G}^{-g}\boldsymbol{G}$,表示 $M\times M$ 维模型分辨率矩阵。该数组描述了前面描述过的被用于解决问题反演问题式(10-3-1)的特定广义逆矩阵所引入的偏差。如果 $\boldsymbol{R}_m$ 为单位矩阵,则模型参数是可精确估计的。可以证明,在超定问题中,$\boldsymbol{R}_m=1$ (Menke, 1989)。然而,一般而言,模型分辨率矩阵不等于单位矩阵。如果 $\boldsymbol{G}$ 不是 $q<N$ 的满秩矩阵,这是肯定正确的(Aster et al., 2005)。$\boldsymbol{R}_m$ 的对角元素越接近 1,该算法对模型参数的分辨就越好。相反,对角线元素越小,模型参数的分辨率就越差。

在完成式(10-3-1)的求解之后,无法回避的另一个问题是估计的模型参数与实测数据的匹配程度。换句话说,使用 $(\boldsymbol{m})_{\text{est}}=\boldsymbol{G}^{-g}(\boldsymbol{d})_{\text{exp}}$ 来计算 $(\boldsymbol{d})_{\text{pre}}=\boldsymbol{G}\cdot(\boldsymbol{m})_{\text{est}}$ 是有意义的。其结果为

$$(\boldsymbol{d})_{\text{pre}}=\boldsymbol{G}\cdot(\boldsymbol{m})_{\text{est}}=\boldsymbol{G}\cdot\boldsymbol{G}^{-g}(\boldsymbol{d})_{\text{exp}}=\boldsymbol{R}_{\text{d}}(\boldsymbol{d})_{\text{exp}} \tag{10-3-19}$$

$\boldsymbol{R}_{\text{d}}$ 是表示数据分辨率矩阵的 $N\times N$ 阶矩阵。描述了该模型对数据拟合的程度。$\boldsymbol{R}_{\text{d}}$ 等于单位矩阵对应于零预测误差,这意味着观测数据被准确地预测。如果式(10-3-1)表示非反演问题被完全低估,就会发生这种情况。然而,在大多数情况下,数据分辨率矩阵不会等于单位矩阵。因此,预测误差也不可能完全等于零,反演问题也不可能被完美地解决。

模型和数据分辨矩阵都描述了参数识别问题解的重要特征(Menke, 1989)。然而,应该注意的是,$\boldsymbol{R}_m$ 和 $\boldsymbol{R}_{\text{d}}$ 与实际数据测量和模型参数无关。它们仅是 $\boldsymbol{G}$ 和 $\boldsymbol{G}^{-g}$ 的性质相关的函数,因此是观测系统和所采用的反演算法的函数。此外,可能的先验信息反映在 $\boldsymbol{G}^{-g}$ 中,从而反映在 $\boldsymbol{R}_m$ 和 $\boldsymbol{R}_{\text{d}}$ 中。因此,在设计观测方式时,仔细评估 $\boldsymbol{R}_m$ 和 $\boldsymbol{R}_{\text{d}}$ 是有必要的。关于面波衰减曲线反演,这将意味着计算与衰减测量相关的 $\boldsymbol{R}_m$ 和 $\boldsymbol{R}_{\text{d}}$,从而与公式 $\boldsymbol{G}\cdot\boldsymbol{D}_{\text{S}}=\alpha_{\text{R}}$ 相关联。

模型分辨率和数据分辨率矩阵也可以用 $\boldsymbol{G}$ 和 $\boldsymbol{G}^{-g}$ 的奇异值分解形式表达如下:

$$\begin{cases}\boldsymbol{R}_m=(\boldsymbol{Q}_2)_q(\boldsymbol{Q}_2^{\text{T}})_q\\ \boldsymbol{R}_{\text{d}}=(\boldsymbol{Q}_1)_q(\boldsymbol{Q}_1^{\text{T}})_q\end{cases} \tag{10-3-20}$$

如果 $q=\text{rank}(\boldsymbol{G})<M$,则模型参数不能完全求解,因为 $\boldsymbol{R}_m$ 不是单位矩阵。对于 $\boldsymbol{R}_{\text{d}}$,当 $q<N$ 时,$\boldsymbol{R}_{\text{d}}$ 不是单位矩阵,实测数据不能完全分辨。

用于量化模型和数据分辨率矩阵分布的有效标量度量由 Dirichlet 扩散函数表示(Menke,1989)。它们被定义为 $\boldsymbol{R}_m$ 和 $\boldsymbol{R}_{\text{d}}$ 之差的欧几里得范数的平方和单位矩阵,形如:

$$\begin{cases}\text{spread}(\boldsymbol{R}_m)=\|\boldsymbol{R}_m-1\|_2^2\\ \text{spread}(\boldsymbol{R}_{\text{d}})=\|\boldsymbol{R}_{\text{d}}-1\|_2^2\end{cases} \tag{10-3-21}$$

从这个方程出发,$\boldsymbol{R}_m$ 和 $\boldsymbol{R}_{\text{d}}$ 越接近单位矩阵,这两个分辨率矩阵的分布就越小。

三、非线性化反演

1. 通过变量变换进行线性化

即使在线性场和本构理论的范围内，求解非线性反问题在地学和工程中也是相当常见的情况。事实上，实际的非线性涉及可观测量(即实测数据)和一组模型参数之间的关系，如公式 $\boldsymbol{G}(\boldsymbol{m})=\boldsymbol{d}$ 中所示。当然，即使在完全线性理论的背景下，这种关系也可能是非线性的。面波勘探中，这种情况发生在由线弹性半空间中的实验频散曲线的反演来确定横波速度剖面的问题上，如公式 $\boldsymbol{G}(v_{\mathrm{S}})=v_{\mathrm{R}}$ 所示。

有某些类型的非线性反问题可以通过变量变换很容易地转化为相应的线性问题。面波勘探中一个典型的例子是当进行振动质点位移谱的衰减测量时。在频散和衰减曲线分别测量的非耦合方法中，确定衰减曲线反演问题基于下列非线性回归的解(Rix et al., 2001)：

$$|T(r,0,\omega)|=|T(r,\omega)|\frac{C}{\sqrt{r}}e^{-\alpha_{\mathrm{R}}(\omega)\cdot r} \tag{10-3-22}$$

其中 $|T(r,\omega)|$ 是实验确定的源和接收器之间的垂直位移传递函数的幅度，C 是常数，r 是检波器偏移距矢量，$\alpha_{\mathrm{R}}(\omega)$ 是未知的瑞利波衰减函数。当然，为简化问题，在式(10-3-22)中忽略了高阶模式的情况。

该方程对模型参数 α_{R} 是非线性的，并且对于角频率 $\omega_j(j=1,nf)$ 的每个离散值，可以通过测量的传递函数幅度 $|T(r,\omega_j)|$ 的非线性回归来确定 $\alpha_{\mathrm{R}}(\omega_j)$。图 10-3-3(a)展示了一个在实际勘探现场的一个这样的案例。从图中看，预测结果与实测数据拟合度很好，表明在 69.5Hz 的频率下，该场地的衰减响应主要由基阶模式波决定。

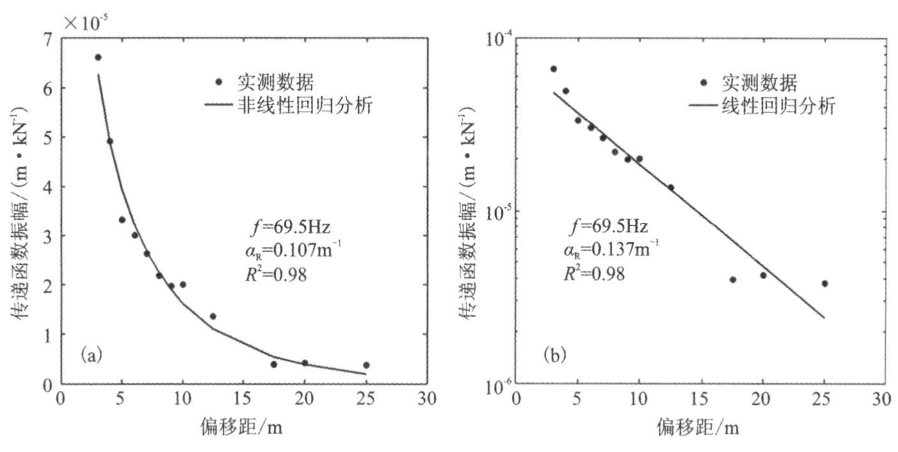

图 10-3-3　面波衰减测量中的非线性回归分析(a)与线性变换回归分析(b)

式(10-3-22)表明，通过对该公式的两边应用对数变换，确定衰减曲线的问题可以简化为执行线性回归的问题：

$$\lg(\sqrt{r}\cdot|T(r,\omega)|)=\lg C-\alpha_{\mathrm{R}}(\omega)\cdot r \tag{10-3-23}$$

如果 r_k 表示离散的检波器偏移距(其中 $k=1,\cdots,np$ ，np 表示检波器个数)，则式(10-3-23)可

以容易地像式(10-3-1)那样重新计算,这对应于标准的线性问题,等价形式如下:

$$\boldsymbol{G}\cdot\boldsymbol{m}=\boldsymbol{d}=\begin{bmatrix}1 & -r_1\\ 1 & -r_2\\ \cdots & \cdots\\ \cdots & -r_i\\ 1 & \cdots\\ 1 & -r_{np}\end{bmatrix}\cdot\begin{bmatrix}\lg \boldsymbol{C}_j\\ \alpha_{\mathrm{R}}(\omega_j)\end{bmatrix}=\boldsymbol{d} \tag{10-3-24}$$

其中 $\boldsymbol{d}$ 是数据矢量,由下式给出:

$$\boldsymbol{d}=\left[\sqrt{r_1}\cdot|T(r_1,\omega_j)|\cdot\sqrt{r_2}\cdot|T(r_2,\omega_j)|\cdots\sqrt{r_i}\cdot|T(r_i,\omega_j)|\cdots\sqrt{r_{np}}\cdot|T(r_{np},\omega_j)|\right]^{\mathrm{T}} \tag{10-3-25}$$

图 10-3-3(b)显示了在执行式(10-3-24)和式(10-3-25)所描述的线性化之后,图 10-3-3(a)中所示的相同数据的线性回归。用线性回归得到的衰减系数比用式(10-3-22)计算的衰减系数大30%左右。显然,这两种程序并不等同,因此它们导致了不同的结果。此外,拟合程度也略有不同。

该例子表明尽管有时应用变量变换的方法来线性化一个非线性反问题可能很方便,但应该谨慎使用这样的线性化过程,因为它会给最终的解带来一定偏差(Menke, 1989)。特别是必须考虑数据的不确定性时,这一点尤其重要。在线性回归中,在存在不确定性的情况下使用最小二乘法,要求严格满足数据测量是不相关的、具有均匀方差的正态分布(或高斯)随机变量的假设前提。如果由式(10-3-25)表示的数据的统计量由于式(10-3-22)的非线性而被反变换为原始变量,则原始测量值将不再是正态分布。此外,式(10-3-25)的数据被假定为具有一致方差特征,这意味着传递函数幅值的测量精度随着偏移距的增大而增加。这与现实中实际发生的情况恰恰相反。由于位移幅值谱的随距离呈指数衰减,信噪比随着 r 的增加而降低,因此测量精度随着距震源距离的增加也将逐渐降低。

2. 最小二乘(LS)迭代法和全局优化搜索算法(GS)

求解方程 $\boldsymbol{G}\cdot\boldsymbol{m}=\boldsymbol{d}$ 的一个自然过程是将该方程展开为关于初始模型参数 $\boldsymbol{m}_0$ 的泰勒级数形式:

$$\boldsymbol{G}(\boldsymbol{m})=\boldsymbol{G}(\boldsymbol{m}_0)+\boldsymbol{J}(\boldsymbol{m})_{\boldsymbol{m}_0}\cdot(\boldsymbol{m}-\boldsymbol{m}_0)+o\,\|(\boldsymbol{m}-\boldsymbol{m}_0)\|_2^2 \tag{10-3-26}$$

其中 $\boldsymbol{G}(\boldsymbol{m}_0)$ 表示当 $\boldsymbol{m}=\boldsymbol{m}_0$ 时计算的等式 $\boldsymbol{G}\cdot\boldsymbol{m}=d$ 的向量值函数 $\boldsymbol{G}$,并且 $\boldsymbol{J}(\boldsymbol{m})_{\boldsymbol{m}_0}$ 是当 $\boldsymbol{m}=\boldsymbol{m}_0$ 时计算的 $N\times M$ 维雅可比矩阵,并且它由下式定义:

$$\boldsymbol{J}(\boldsymbol{m})_{\boldsymbol{m}_0}=[\mathrm{grad}\boldsymbol{G}(\boldsymbol{m})]_{\boldsymbol{m}_0} \tag{10-3-27}$$

忽略高阶项后,式(10-3-26)可简化为

$$\boldsymbol{J}(\boldsymbol{m})_{\boldsymbol{m}_0}\cdot\boldsymbol{m}=\boldsymbol{J}(\boldsymbol{m})_{\boldsymbol{m}_0}\cdot\boldsymbol{m}_0+[\boldsymbol{d}-\boldsymbol{G}(\boldsymbol{m}_0)] \tag{10-3-28}$$

式(10-3-28)表示了与式(10-3-1)类似的线性问题,因为除 $\boldsymbol{m}$ 之外的所有项都是已知的。因此,它可以用作应用前一节中讨论的任何方法来作为解决线性反问题的基础,包括最小二乘算法。

其结果将是模型参数的未知向量的新估计 $\boldsymbol{m}_1$ 。重复该过程，在适当的情况和条件下，式(10-3-28)将给出序列 $\{\boldsymbol{m}_0,\boldsymbol{m}_1,\boldsymbol{m}_2,\cdots,\boldsymbol{m}_k,\cdots\boldsymbol{m}_n\}$ ，模型参数的逐次逼近将收敛到真实模型参数的期望向量 $\boldsymbol{m}_{\text{true}}$ 。对于完全非线性、超定的问题，最小二乘法的递推方程可以写成如下形式：

$$\boldsymbol{m}_{k+1}=(\boldsymbol{J}_k^{\mathrm{T}}\boldsymbol{J}_k)^{-1}\boldsymbol{J}_k^{\mathrm{T}}\cdot\{\boldsymbol{J}_k\cdot\boldsymbol{m}_k+[\boldsymbol{d}-\boldsymbol{G}(\boldsymbol{m}_k)]\}\tag{10-3-29}$$

求解最小二乘非线性反问题的更精细的迭代方法包括下降单纯形法和各种类型的梯度技术，如最速下降法、共轭梯度法、高斯-牛顿法、Lvenberg-Marquardt 算法。后者是中小型非线性最小二乘问题可选择的方法(Aster et al, 2005)。

虽然与迭代方法有关的一个很重要的问题是如何给出决定何时终止迭代的标准的定义，但与反问题的迭代解相关的两个主要困难是解的收敛和唯一性。例如，对于足够大的 k ，不能保证由式(10-3-29)指定的迭代格式收敛到“真实”解。即使是这样，解决方案也可能不是唯一的，即使在超定问题上也是如此。

在线性反演中，情况要有利得多。首先，不需要引入迭代策略来确定解决方案。其次，根据手头问题的不确定程度，如果需要的话，总是可以通过用关于解决方案的简单性的先验信息补充问题来确定唯一的解决方案。所有这些方法都不能保证在非线性反演中起作用。如果问题是非线性的，几乎任何反演问题的不适定性都会变得严重，有时甚至是严重病态。

图 10-3-4 显示了根据式(10-3-2)所定义的预测误差的示意性曲线图，其中图(a)为非线性反演问题的模型参数函数示意图，图(b)为线性反演问题的模型参数函数示意图。线性问题的解的唯一性是由预测误差函数的单个最小值的存在为前提保证的，在最一般的情况下，预测误差函数的形状是多维抛物面型。如果问题是非线性的，误差超曲面可能是非凸的曲面，因此它可能有多个极小值，故需要区分局部最小值和全局最小值，如图 10-3-4(a)所示。

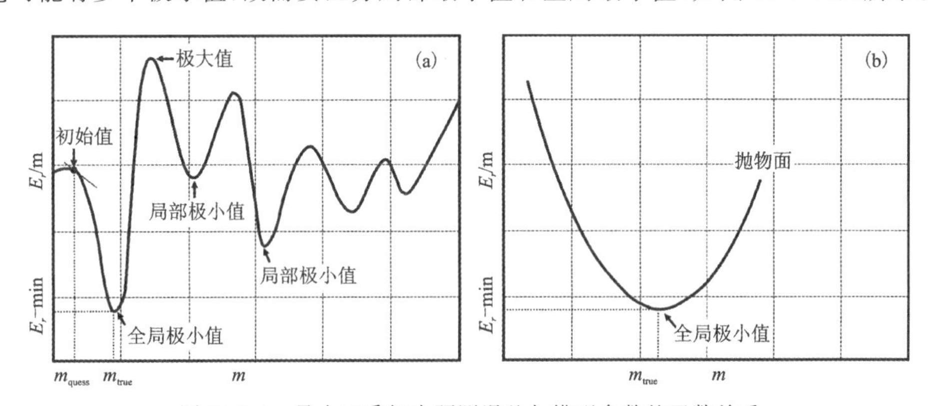

图 10-3-4 最小二乘解中预测误差与模型参数的函数关系

真实解将对应于误差超曲面的全局最小值；然而，根据迭代方案中引入的初始值，算法实际上可能收敛并提供对应于局部最小值的解。因此，与最小二乘迭代方法相关的主要问题是选择一个足够接近全局极小值的初始值。这实际上可能是非常困难的，因为解空间的分布是未知的，再加上预测全局最小值的邻域位置在客观上极为困难。不恰当的初始值可能导致例如由式(10-3-29)表示的迭代过程失败，甚至可能连局部极小值都搜索不到。因此，最小二乘迭代方法的收敛将强烈地依赖于预测误差超曲面的几何形态(Menke, 1989)。图 10-3-5 显示了在解决非线性反演问题时可能遇到的复杂程度增强的,从单一且定义明确的全局极小值[图 10-3-5(a)]到具有无数有限范围的解的"平底"[图 10-3-5(d)]的四种情况。

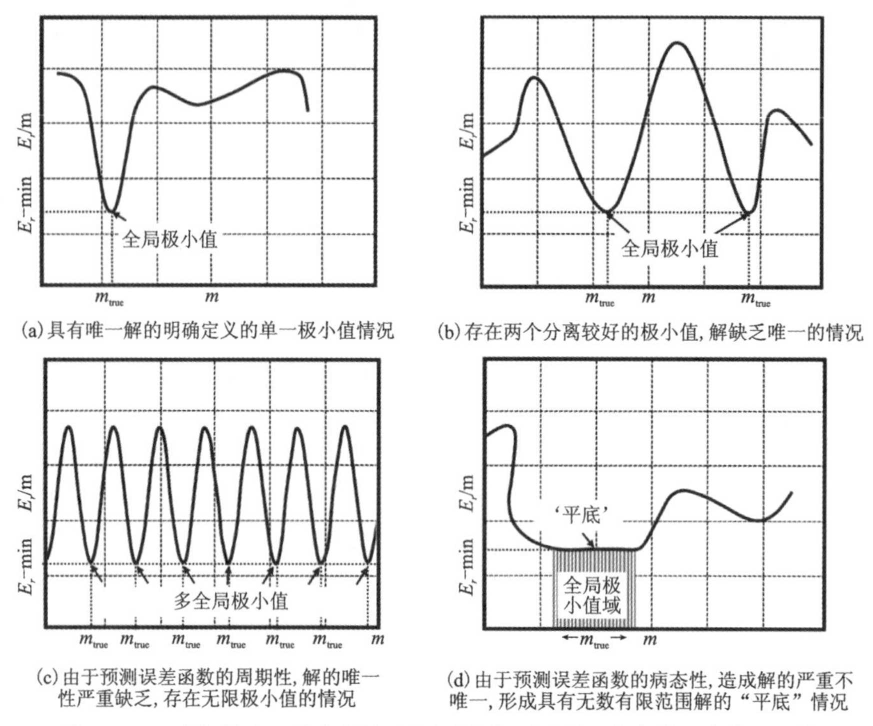

图 10-3-5 求解最小二乘非线性反演问题时,预测误差作为模型参数的函数

全局搜索(Global Searching, GS)方法是专门为克服这些情况而开发的。近年来,在这一领域开展了大量且仍属热点的研究,这类研究总体上属于全局优化(Sen and Stoffa, 1995; Horst et al., 2000)。对于一些大型的反演问题,目前也已经创建了稳健的确定性算法,在扫描整个误差超曲面以搜索全局最小值后找到非线性反问题的"真实"解。

概念上简单的 GS 方法以所谓的多开始策略为代表(Aster et al., 2005),它包括随机地生成对任何一个的大量初始猜测解,其中应用了诸如 Gauss-牛顿或 Lvenberg-MarQuardt 的 LS 迭代算法。然后比较由该方法找到的局部极小值的集合,以找到对应于该全局极小值的解。对于由 $\boldsymbol{G}\cdot v_S = v_R$ 表示的面波反演问题,由一系列剪切波速的初始剖面可以给出一组初始猜测解。多初始值法是一种有效的 GS 算法,因为它们可以利用 LS 迭代算法的典型快速收敛特性。包括模拟退火法、遗传算法、分形法、枚举法、蒙特卡罗法等的其他全局优化算法,虽然所采用的"物理原理"各不相同,但都是为了找到预测误差函数的全局最小值,而不是陷入局部极小值。

全局搜索类算法在面波反演问题上应用较为成功。Yamanaka 和 Ishida(1996)发展了一种用于面波频散数据反演的遗传算法。虽然该算法的应用涉及由观测地震数据获得的频散曲线的反演来定义地壳模型,但该算法也可用于浅地表场地的表征。遗传算法通过模拟群体遗传和选择、交叉、变异等过程,通过使用多个正向模型,可以同时在解空间中全局和局部地搜索预测误差函数的最小值。Yamanaka 和 Ishida(1996)利用遗传算法对中、短周期面波频散数据进行了反演,得到了深部沉积盆地的横波速度剖面。

另外,遗传算法(Pezeshk and Zarrabi, 2005;Dal Moro et al., 2007)、模拟退火法(Beaty et al., 2002)、蒙特卡洛法(Socco and Boiero, 2008; Maraschini and Foti, 2010; Bergamo et al., 2011)等全局搜索算法被成功应用于反演面波以刻画浅地表场地横波速度特征。这些研究成果仅仅只是该领域中在这里被列举出来的少数几个,其真实的研究体量非常大,另外新的成果也在不断涌现,这无不说明这是地球物理及工程勘查领域一个非常火热的研究点。

虽然人工神经网络反演不能归类为 GS 方法,但它也代表了 LS 技术的一种替代方法。Meier 和 Rix(1993)建议使用人工神经网络作为快速替代试错法和最小二乘面波反演技术的替代方法。用理论的地震波传播算子计算了随机产生的两层横波速度剖面的约 99 000 条合成频散曲线。然后,训练了一个人工神经网络将这些频散曲线映射回它们各自的剪切波速分布。在网络成功训练这些合成频散曲线后,通过神经网络对模拟的实测频散曲线进行反演。由于神经网络只需要数据的一次正向传递,因此该算法执行反演的速度比标准迭代程序快得多。类似的工作还有不少,例如 Kim 和 Xu(2000)及 Shirazi 等(2009)在该方面进行的研究,都是极为引人注目的。

与线性问题类似,非线性反问题的非唯一性也可能是由于方程 $\boldsymbol{G} \cdot \boldsymbol{m} = \boldsymbol{d}$ 的欠定性或混定性造成的。当模型参数的数量相对于实验数据的数量显著增加时,就会发生这种情况(Aster et al., 2005)。这些情况可以通过应用正则化方法来解决,特别是针对线性情况引入的零阶和高阶 Tikhonov 正则化。形式上,只要矩阵乘积 $\boldsymbol{Gm}$ 被非线性向量值函数算子 $\boldsymbol{G}(\boldsymbol{m})$ 代替,式(10-3-12)和式(10-3-17)仍然有效。同样的情况也发生在式(10-3-13)和式(10-3-17)所表示的解的条件下,前提条件是它们是递归意义的,例如在最小二乘法的式(10-3-29)中。一旦使用例如变分公式实现了正则化,则可以使用标准最小二乘法、LS 迭代方法(例如,Levenberg-Marquardt 算法)或 GS 技术来获得实际解。

3. 解析雅克比(Jacobian)矩阵和数值雅克比矩阵

大多数最小二乘 LS 迭代方法都需要计算 $\boldsymbol{G}(\boldsymbol{M})$ 相对于模型参数 $\boldsymbol{m}$ 的雅可比,如式(10-3-27)所示。根据问题的不同,计算雅可比矩阵所涉及的偏导数可能是封闭形式的,即解析形式,或者必须使用有限差分格式进行数值计算。众所周知,数值微分本身是一个病态问题,它在实施由诸如式(10-3-29)之类的方程表示的迭代格式时容易造成不准确性和不稳定性。

有限差分偏导数计算中的一个关键问题是扰动模型参数步长 δm 的正确选择,它不能太小以避免有限差分分子 $\boldsymbol{G}(\boldsymbol{m}+\delta \boldsymbol{m})-\boldsymbol{G}(\boldsymbol{m})$ 处的舍入误差,同时也不能太大,否则计算会变得太不准确。一个基本的指导原则是设置 $\delta m_j = \sqrt{\varepsilon}, (j = 1, M)$,其中 ε 是 $\boldsymbol{G}(\boldsymbol{m})$ 的评估的精度(Aster et al., 2005)。非线性反演算法实现过程中出现的不稳定和不收敛可能是由于 $\boldsymbol{G}(\boldsymbol{m})$ 的雅可比矩阵计算不精确造成的。而与数值计算偏导数有关的另一个问题是,与使用相应的显式公式相比,它的计算效率非常低,并且非常耗时。

鉴于此,在用 LS 迭代方法求解非线性反问题时,使用闭合形式的 $\boldsymbol{G}(\boldsymbol{m})$ 关于模型参数 $\boldsymbol{m}$

的偏导数的解析表达式来计算雅可比矩阵显然是可行的。但这样的方法并不是任何时候都行得通的，有时我们必须借助数值微分的方式来求解。对于由方程 $\boldsymbol{G}\cdot v_S = v_R$ 表示的非线性面波问题的解，情况是有利的，因为确实存在计算 $\boldsymbol{G}(v_S)$ 关于 v_S 的偏导数的精确公式。它们可以从勒夫波和瑞利波的变分原理(Aki and Richards，2002)中得到，由此便能计算关于介质参数 v_S 和 v_P 的面波相速度和面波视相速度的雅可比。对于由覆盖在均匀半空间上的有限个均质层组成的分层介质，瑞利波相速度 v_R 随第 i 层介质 $(i=1,nl)$ 的纵横波速度 $(v_S)_i$ 和 $(v_P)_i$ 的变化的偏导数由下式给出：

$$\begin{cases} \left(\dfrac{\partial v_R}{\partial v_S}\right)_i = \dfrac{(\rho v_S)_i}{2k^2 U_R I_R} \cdot \displaystyle\int_{x_2^i}^{x_2^{i+1}} \left[\left(kr_2 - \dfrac{dr_1}{dx_2}\right)^2 - 4kr_1 \dfrac{dr_2}{dx_2}\right] dx_2 \\ \left(\dfrac{\partial v_R}{\partial v_P}\right)_i = \dfrac{(\rho v_P)_i}{2k^2 U_R I_R} \cdot \displaystyle\int_{x_2^i}^{x_2^{i+1}} \left(kr_1 + \dfrac{dr_2}{dx_2}\right)^2 dx_2 \end{cases} \tag{10-3-30}$$

其中，带有下标 i 的括号表示在第 i 层中评估的量。积分项表示第 i 层的深度变量 x_2 的下界和上界。U_R 表示瑞利波群速度，I_R 表示瑞利波能量积分项，其计算方式为

$$(I_R)_j = \frac{1}{2}\int_0^{\infty} \rho(x_2)\left[(r_1^2)_j + (r_2^2)_j\right] dx_2 \tag{10-3-31}$$

r_1 和 r_2 表示面波在深度方向(x_2)的位移本征函数：

$$\begin{cases} r_1(x_2) = \dfrac{v_R s \cdot B_4}{\omega(1 - v_R^2/2v_S^2)}\left[e^{-r\cdot x_2} - \left(1 - \dfrac{v_R^2}{2v_S^2}\right)\cdot e^{-s\cdot x_2}\right] \\ r_1(x_2) = \dfrac{v_R rs \cdot B_4}{\omega(1 - v_R^2/2v_S^2)}\left[\left(1 - \dfrac{v_R^2}{2v_S^2}\right)^{-1} \cdot e^{-s\cdot x_2} - e^{-r\cdot x_2}\right] \end{cases} \tag{10-3-32}$$

B_4 为与边界条件相关的常数，$s = \sqrt{k^2 - \omega^2/v_S^2}$，出现在式(10-3-30)中积分符号内的本征函数 r_1 和 r_2 相对于深度的导数可以根据本征函数的知识直接计算。式(10-3-30)的详细推导在 Aki 和 Richards(2002)及 Lai(2005)中有详细介绍，感兴趣的读者可以参看这些文献。

这些方程的显著特点使它们在瑞利波反演问题的求解中变得非常重要，即可以使用参考原始瑞利波参数而不是扰动的 v_S 和 v_P 剖面来计算 v_R 对介质参数的偏导数。相反，用四点中心有限差分格式数值计算这些偏导数将是极为费时的，单次计算导数将需要解 4 个瑞利波本征问题，而不是仅使用式(10-3-30)求解一个本征问题。

从前人(Lee and Solomon，1979；Ben-Menahem and Singh，2000)对式(10-3-30)的详细评估可以看出，瑞利波的相速度对参数 v_P 的变化不敏感，与 v_R 对 v_S 的导数相比，相应的偏导数很小。这一结果对于瑞利波的反演问题的求解是很重要的，这意味着类似于 $G\cdot v_S = v_R$ 的反演将是一个严重的不适定问题。事实上，v_P 的较大变化将对应于 v_R 的小变化，因此，在式(10-3-2)的预测误差函数中，这种情况如图 10-3-5(d)中所示的"平底"图形所描述的一样。因此，在频散曲线的反演中，通常假定某一地点的 v_P 剖面或泊松比剖面是已知的。

已推导的式(10-3-30)对于分层介质而言是有效的。类似地，Rix 和 Lai(2014)推导出了速度随深度连续变化的介质模型中的相应雅克比系数计算公式。一旦计算出 v_R 相对于介质参数的偏导数的显式公式，就可以在式(10-3-27)中引入它们，以形成用前面讨论的任何 LS 迭代方法求解瑞利波反演问题所需的雅可比矩阵。

4. 最小二乘(LS)迭代法的典型算法案例:Occam 算法

这一部分将详细描述 Tikhonov 正则化在频散曲线和衰减曲线反演中的应用,以获得一个场地的未知横波速度和剪切波阻尼因子剖面。该方法又被称为 Occam 算法,由 Constable 等(1987)引入地球物理学反演中,用于进行大地电磁测深数据的反演。

该算法的名字与奥卡姆的威廉有关,这是一位 14 世纪的英国哲学家,被认为是名为奥卡姆剃刀(Occam's razor)的哲学原理之父,根据该原理,解释自然现象和制定新理论的指导原则应该是简洁的。也因此,奥卡姆剃刀原理也成为当今科学研究中的基本准则,一个科学理论如果异常繁杂,那么将不再普适的。

Constable 等(1987)根据这一原理,提出了这种本质上有约束的阻尼最小二乘迭代方法,用于求解非线性反问题。下面将该算法应用式 $G \cdot v_S = v_R$ 的反演中,该式先被改写为

$$G^* (v_S)^* = v_R^* \tag{10-3-33}$$

其中的上标‘ * ’表示涉及的是变量的复数性质。在线性耗散介质中,地震波的相速度和衰减并不是独立的,而且由于材料的耗散性是与频率相关的。因此,一个正确的面波数据反演程序应该在相同的激励频率和介质阻尼比的任意值下联合确定这两个参数(Lai et al., 2002)。

构造满足这些要求的反演算法的一种自然方法是从强耗散层状介质中的面波正问题的解开始。在频域中,线性黏弹性、任意耗散、各向同性材料的本构参数完全由纵、横波的复值相速度定义:

$$V_\chi^*(\omega) = \frac{V_\chi(\omega)}{\sqrt{[1+4D_\chi^2(\omega)]}} \cdot \left[\frac{1+\sqrt{[1+4D_\chi^2(\omega)]}}{2} + i \cdot D_\chi\right] \tag{10-3-34}$$

用 $\chi = P, S$ 和 Kramers-Krönig 关系[式(10-3-35)~式(10-3-37)]来描述介质阻尼比 $D_\chi(\omega)$ 和相速度 $V_\chi(\omega)$ 之间的函数依赖关系。在方程式(10-3-34)中,$i = \sqrt{-1}$ 是虚数单位。复体波速度公式允许介质的两个基本模型参数(横波速度和阻尼比)组合在一个参数中:

$$V_\chi^2(\omega) + \omega^2 \cdot \int_0^\infty \frac{4}{\pi} \cdot \left[\frac{D_\chi(\tau)}{\tau \cdot (\tau^2 - \omega^2)}\right] \cdot V_\chi^2(\tau)\mathrm{d}\tau = G_{(e)\chi} \cdot \frac{2 \cdot (1+4\,D_\chi^2)}{\sqrt{[1+4\,D_\chi^2]}} \tag{10-3-35}$$

$$D_\chi(\omega) = \frac{\dfrac{2\omega\,V_\chi(\omega)}{\pi\,V_\chi(0)} \displaystyle\int_0^\infty \left(\frac{V_\chi(0)}{V_\chi(\tau)} \cdot \frac{\mathrm{d}\tau}{\tau^2 - \omega^2}\right)}{\left[\dfrac{2\omega\,V_\chi(\omega)}{\pi\,V_\chi(0)} \displaystyle\int_0^\infty \left(\frac{V_\chi(0)}{V_\chi(\tau)} \cdot \frac{\mathrm{d}\tau}{\tau^2 - \omega^2}\right)\right]^2 - 1} \tag{10-3-36}$$

$$V_\chi(\omega) = \frac{V_\chi(\omega_{\mathrm{ref}})}{\left[1 + \dfrac{2D_\chi}{\pi}\ln\left(\dfrac{\omega_{\mathrm{ref}}}{\omega}\right)\right]} \tag{10-3-37}$$

其中,$G_{(e)\chi} = G_\chi(t \to \infty)$,表示χ模式形变松弛函数的平衡响应。$V_\chi(0) = \lim\limits_{\omega \to 0} V_\chi(\omega)$,$\omega_{\mathrm{ref}}$ 表示参考角频率,在地震学中通常取 2π。

通过将瑞利波复相速度视为介质复横波速度的解析映射(Remmert, 1997),可构造出一种强耦合的瑞利波频散曲线和衰减数据的联合反演算法。形式上,这种映射由式(10-3-33)表示。其中

$$\boldsymbol{V}_{S}^{*} = [(V_{S}^{*})_1, (V_{S}^{*})_2, \cdots, (V_{S}^{*})_i, \cdots (V_{S}^{*})_{nl}]$$

$$\boldsymbol{V}_{R}^{*} = [(V_{R}^{*})_1, (V_{R}^{*})_2, \cdots, (V_{R}^{*})_j, \cdots (V_{R}^{*})_{nf}]$$

nl 表示介质层数，nf 表示实测频散曲线的频点数。

式(10-3-33)表示了线性黏弹性介质中的瑞利波正演问题。复瑞利波相速度矢量 V_{R}^{*} 包含了频散曲线和衰减曲线两种信息。它是通过结合式(10-3-34)和以下关系计算的(Lai et al.，2002)：

$$D_{R}(\omega) = \left[\frac{\dfrac{\alpha_{R} \cdot v_{R}}{\omega}}{1-\left(\dfrac{\alpha_{R} \cdot v_{R}}{\omega}\right)^2}\right] \tag{10-3-38}$$

其中，$\alpha_{R} = \alpha_{R}(\omega)$ 是与频率相关的瑞利波衰减系数。

对于瑞利反问题的解，式(10-3-33)可以在关于模型参数向量 V_{S0}^{*} 的初始猜测的泰勒级数中展开，从而获得：

$$G^{*}(V_{S}^{*}) = G^{*}(V_{S0}^{*}) + J^{*}(V_{S}^{*})_{V_{S0}^{*}} \cdot (V_{S}^{*} - V_{S0}^{*}) + o\,\|V_{S}^{*} - V_{S0}^{*}\|_2^2 \tag{10-3-39}$$

其中 $\cdots\|\cdots\|_2$ 表示复向量的欧几里得范数，$G^{*}(V_{S0}^{*})$ 是 $nf \times 1$ 维瑞利波相速度矢量，对应于模型参数等于 V_{S0}^{*} 时式(10-3-33)的解。$J^{*}(V_{S}^{*})_{V_{S0}^{*}}$ 表示当 $V_{S}^{*} = V_{S0}^{*}$ 时的 $nf \times nl$ 维复雅克比矩阵系数，它可由下式表示：

$$J^{*}(V_{S}^{*})_{V_{S0}^{*}} = [\operatorname{grad} G^{*}(V_{S}^{*})]_{V_{S0}^{*}} \tag{10-3-40}$$

雅克比矩阵元素定义如下：

$$[(J^{*})_{jk}]_{V_{S0}^{*}} = \left[\frac{\partial\,[G^{*}(V_{S}^{*})]_j}{\partial\,(V_{S}^{*})_k}\right]_{V_{S0}^{*}} = \left[\frac{\partial\,(V_{R}^{*})_j}{\partial\,(V_{S}^{*})_k}\right]_{V_{S0}^{*}} \tag{10-3-41}$$

其中，$k = 1, nl$；$j = 1, nf$。式(10-3-38)括号外的下标表示计算雅可比矩阵的模型参数的值。通过将解析延拓推广到场变量的复数值，可利用式(10-3-30)计算雅可比的偏导数。

忽略高阶项，式(10-3-36)可简化为

$$\begin{aligned} J^{*}(V_{S}^{*})_{V_{S0}^{*}} \cdot V_{S}^{*} &= J^{*}(V_{S}^{*})_{V_{S0}^{*}} \cdot V_{S0}^{*} + [G^{*}(V_{S}^{*}) - G^{*}(V_{S0}^{*})] \\ &= J^{*}(V_{S}^{*})_{V_{S0}^{*}} \cdot V_{S0}^{*} + (V_{R}^{*} - V_{R0}^{*}) \end{aligned} \tag{10-3-42}$$

式(10-3-39)可以作为实现标准最小二乘算法的基础，以确定在欠定和混定问题中可能受到最小范数约束的层状介质的复横波速度剖面。然而，正如前面讨论的那样，用该算法执行的反演通常是不充分的，其中解被约束为具有最小范数，并且它们可能导致模型参数出现物理上不合理的边界轮廓(Constable et al.，1987)。这种不足通常归因于在假设最小范数约束时缺乏物理上的合理性。

一种更合理的约束解的方法是 Occam 反演(Parker，1994)，它的策略是寻找受约束的模型参数的最平滑剖面，约束条件是观测数据和预测数据之间的误差匹配度不能超过规定值。在当前的问题中，模型参数的剖面由包含各层复剪切波速的矢量 V_{S}^{*} 来表示。由于层数 nl 通常是假设已知的，模型参数的反演剖面将取决于关于 nl 的先验假设，并且它可能包含大的不连续界面或其他特征，这些特征对于拟合观测频散和衰减曲线不是必需的。通过在解决方案中实施最大的光滑性和规律性，可以减少其对层数的依赖，同时拒绝不必要的复杂解(Constable et al.，1987)。该算法的实现需要对模型参数剖面的光滑性进行定量定义。当讨论高阶 Tikhonov 正则化方法时，该定义实际上是它的相对粗糙度。式(10-3-15)和

式(10-3-16)提供了模型参数离散剖面的粗糙度的两个标量定义 R_1 和 R_2，但它们仅适用于实模型参数。对复模型参数，如 V_S^*，粗糙度可由以下两个表达式中的任何一个定义(Menke，1989；Lai，2005)：

$$\begin{cases} R_1 = \|\boldsymbol{L}\boldsymbol{V}_S^*\|_2^2 = (\boldsymbol{L}\boldsymbol{V}_S^*)^H \cdot (\boldsymbol{L}\boldsymbol{V}_S^*) \\ R_2 = \|\boldsymbol{L}(\boldsymbol{L}\boldsymbol{V}_S^*)\|_2^2 = \|\boldsymbol{L}^2\boldsymbol{V}_S^*\|_2^2 = (\boldsymbol{L}^2\boldsymbol{V}_S^*)^H \cdot (\boldsymbol{L}^2\boldsymbol{V}_S^*) \end{cases} \tag{10-3-43}$$

其中，L 是 $nl \times nl$ 实值矩阵，表示式(10-3-16)中定义的两点中心有限差分算子，符号 $(\cdots)^H$ 表示复矩阵的共轭转置。

由此，实测瑞利波复相速度与预测瑞利波复相速度间的拟合误差式可记为

$$E_r = [\boldsymbol{W}^* \bar{\boldsymbol{V}}_R^* - \boldsymbol{W}^* \boldsymbol{G}^* (\boldsymbol{V}_S^*)]^H \cdot [\boldsymbol{W}^* \bar{\boldsymbol{V}}_R^* - \boldsymbol{W}^* \boldsymbol{G}^* (\boldsymbol{V}_S^*)] \tag{10-3-44}$$

其中，$\bar{\boldsymbol{V}}_R^*$ 为实测复矢量瑞利波相速度；$\boldsymbol{W}^*$ 是 $nf \times nf$ 维复对角权重矩阵，其具体形式如下：

$$\boldsymbol{W}^* = \begin{bmatrix} 1/\sigma_1^* & \cdots & 0 & \cdots & \cdots & 0 \\ 0 & 1/\sigma_2^* & \cdots & 0 & \cdots & 0 \\ 0 & \cdots & \cdots & \cdots & 0 & 0 \\ 0 & 0 & \cdots & 1/\sigma_j^* & \cdots & 0 \\ 0 & \cdots & 0 & \cdots & \cdots & 0 \\ 0 & \cdots & \cdots & 0 & \cdots & 1/\sigma_{nf}^* \end{bmatrix} \tag{10-3-45}$$

其中，σ_j^* $(j = 1,\cdots,nf)$ 是与观测数据 $\bar{\boldsymbol{V}}_R^*$ 相关的不确定度。式(10-3-41)定义匹配误差函数的加权度量。这个定义能够适应实际勘探中，部分实测数据其他数据更精确的情况，因此在拟合误差的总体估计中赋予这部分数据更大的权重会更有意义(Menke，1989)。如果 $W^* = 1$，即权重矩阵等于单位矩阵，则式(10-3-41)简化为式(10-3-2)给出的拟合误差的标准定义。

用 Occam 算法求解由式(10-3-39)表示的线性化瑞利波反演问题的过程，即搜寻一个合适的矢量 $\boldsymbol{V}_S^*$，该矢量最小化为式(10-3-40)定义的 R_1 和 R_2，同时约束残差等于 $\hat{E}_r$，即根据不确定度可接受的值。这样设定的反演问题对应于迭代应用一阶和二阶 Tikhonov 正则化到局部线性化的非线性反问题。通常利用拉格朗日乘子法来求解该过程中的复值约束最优化问题，从而得到

$$\begin{aligned} \boldsymbol{V}_S^* = \{\mu(\boldsymbol{L}^T\boldsymbol{L}) + [\boldsymbol{W}^* \cdot (\boldsymbol{J}^*)_{V_{S0}^*}]^H \cdot [\boldsymbol{W}^* \cdot (\boldsymbol{J}^*)_{V_{S0}^*}]\}^{-1} \cdot [\boldsymbol{W}^* \cdot (\boldsymbol{J}^*)_{V_{S0}^*}]^H \cdot \\ \boldsymbol{W}^* \cdot [(\boldsymbol{J}^*)_{V_{S0}^*} \cdot \boldsymbol{V}_{S0}^* + (\bar{\boldsymbol{V}}_R^* - \boldsymbol{V}_R^*)] \end{aligned} \tag{10-3-46}$$

式中，μ 是拉格朗日乘数，它可以被视为平滑参数，并且必须通过附加约束来确定，该附加约束是指残差 $\hat{E}_r$ 与仅由负虚部组成的矢量 V_S^* 相匹配。这一条件将确保由反演算法得到的剪切波阻尼比 D_S 始终为正值。

迭代使用式(10-3-43)来改进估计的复剪切波速度剖面 $\boldsymbol{V}_S^*$，直到收敛。一旦估计了未知的复向量 $\boldsymbol{V}_S^*$，就可以使用从式(10-3-34)获得的下列关系来恢复 nl 层介质的实剪切波速度 $(v_S)_k$ 和剪切波阻尼比 $(D_S)_k$ $(k = 1,\cdots,nl)$：

$$\begin{cases} (v_S)_k = [v_S(x_S, y_S)]_k = \left[\dfrac{(x_S^2 + y_S^2)}{x_S}\right]_k \\ (D_S)_k = [D_S(x_S, y_S)]_k = \left[\dfrac{x_S \cdot y_S}{(x_S^2 - y_S^2)}\right]_k \end{cases} \tag{10-3-47}$$

其中，$x_S = [\Re(\boldsymbol{V}_S^*)]_k$，$y_S = [\Im(\boldsymbol{V}_S^*)]_k$，分别表示第 k 层介质复剪切波速度矢量 $(V_S^*)_k$ 的实

部和虚部。

在这个推导中，没有对复矢量 $\boldsymbol{V}_{\mathrm{S}}^{*}$ 的频率依赖关系做出具体假设。一种用于解释介质频散的标准技术是以通常假设 $\omega_{\mathrm{ref}}=2\pi$ 的规定参考频率执行反演过程(Lee and Soloman, 1979;Herrmann, 2007)。之后，只要计算式(10-3-38)中出现的关于 $(\boldsymbol{V}_{\mathrm{S(ref)}}^{*})_{k}$ 的偏导数，并且式(10-3-43)中的矢量 $\boldsymbol{V}_{\mathrm{S}}^{*}$ 被 $\boldsymbol{V}_{\mathrm{S(ref)}}^{*}=\boldsymbol{V}_{\mathrm{S}}^{*}(\omega_{\mathrm{ref}})$ 替换，则该过程可用于进行瑞利波频散曲线和衰减曲线的因果反演。

图 10-3-6 和图 10-3-7 显示了将 Occam 算法应用于使用表 10-3-1 中的介质参数生成的一对合成频散曲线和衰减曲线所获得的反演结果(Lai et al., 2005)。

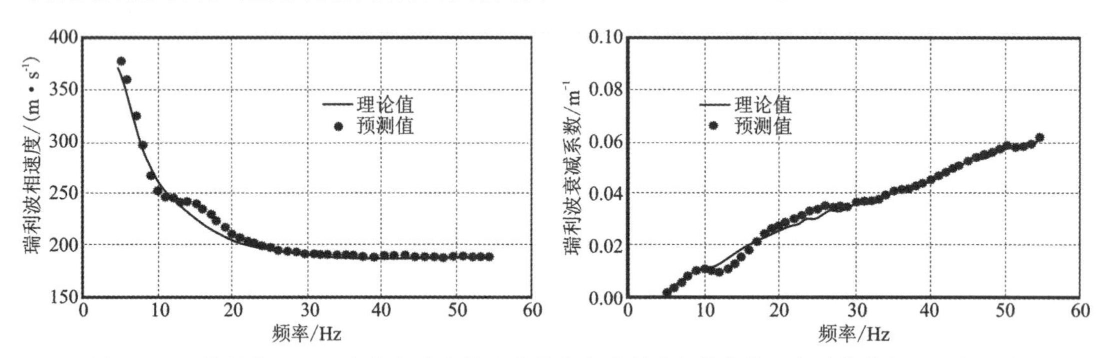

图 10-3-6　使用表 10-3-1 中的介质参数生成的合成瑞利波频散曲线和衰减曲线与通过含约束阻尼最小二乘 Occam 算法获得的相应预测曲线(仅基阶模式)之间的比较(修改自 Lai et al., 2005)

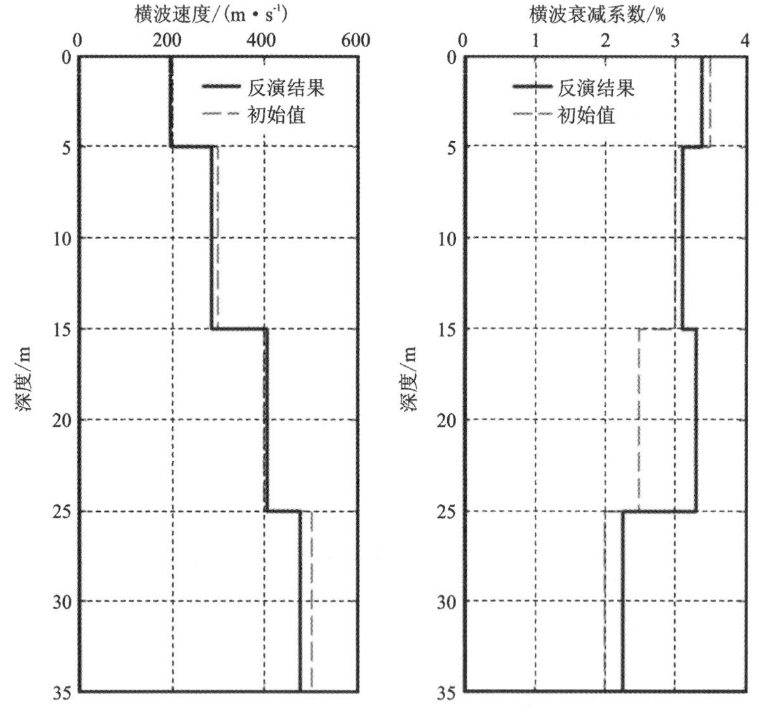

图 10-3-7　由瑞利波合成频散曲线和衰减曲线使用约束阻尼式最小二乘 Occam 算法联合反演得到的横波速度剖面和剪切波阻尼比剖面(粗体线表示反演结果，虚线初始输入值，如表 10-3-1 中所示，修改自 Lai et al., 2005)

通过对表 10-3-1 中层状介质自由边界上施加的垂直点力源，利用交错网格有限差分法，数值模拟瑞利波在地下的传播过程，地表布设了 24 个检波器用于接收合成的瑞利波位移场，其中最近的检波器距离震源约一个波长远。分析中考虑的频率范围为 5～54Hz。对提取的频散曲线进行反演，该算法只经过三次迭代就收敛了。图 10-3-6 中显示了最后一次迭代时瑞利波频散曲线和衰减曲线的实测值和理论值之间的一致性。理论频散曲线基阶模式通过前述快速 Schwab-Knopoff 法计算获得，与实测曲线的良好一致性可以归因于表 10-3-1 中的分层介质通常是正频散的。

表 10-3-1　用于产生瑞利波合成频散曲线和衰减曲线的介质模型参数(引自 Lai et al.，2005)

层号	厚度/m	$v_P/(m \cdot s^{-1})$	$v_S/(m \cdot s^{-1})$	D_P	D_S	$\rho/(g \cdot cm^{-3})$
1	5.0	400	200	0.020	0.035	1.7
2	10.0	600	300	0.015	0.030	1.8
3	10.0	800	400	0.010	0.025	1.8
半空间	∞	1000	500	0.010	0.020	1.8

图 10-3-7 显示了瑞利波合成记录中提取的频散曲线和衰减曲线经联合反演所得到的横波速度剖面 v_S 和横波衰减系数剖面 D_S 。它们与图 10-3-6 中的理论曲线相对应。通过反演算法(粗体线)预测的 v_S 和 D_S 值与用于生成合成地震记录的表 10-3-1 中介质对应的 v_S 和 D_S 曲线之间的拟合程度较好。

瑞利波频散曲线和衰减曲线的联合反演优于相应的独立反演结果，因为它隐含地考虑了黏弹性介质中波的相速度和衰减之间存在的内在耦合关系。另外，还有另一个可能更微妙的原因，为什么更倾向于耦合分析。那就是对于频散曲线和衰减数据的解耦独立反演，需要解决两个总共 $2 \cdot nl$ 个未知模型参数的反演问题，它们是 nl 层介质的横波速度 $(v_S)_k$ 和剪切阻抗比 $(D_S)_k$ ，$(k = 1, nl)$ 。但是，这两个反演问题的解并非完全独立，因为从瑞利波频散曲线的非线性反演获得的 v_S 剖面，而这一结果在随后却被用作衰减曲线线性反演的输入，以获得 D_S 剖面。因此，由频散曲线反演产生的不确定性的放大将延续到衰减曲线的反演，这一过程最终将增加反演结果的不确定性。换句话说，解耦反问题受到负交叉耦合效应的影响，这是由两个反问题的解引起的，其中一个问题的输入数据来自另一个问题的解。

相反，频散曲线和衰减曲线的联合反演没有这种负交叉耦合，因为这两组实验数据都是使用复变量理论的形式同时反演的。此外，面波数据的耦合分析利用了算法中嵌入的内部约束，使反演成为一个更适定的数学问题。这种内部约束由 Cauchy-Riemann 方程表示，如果将其视为复剪切波速度的全纯函数 $\boldsymbol{V}_R^* = \boldsymbol{G}^*(\boldsymbol{V}_S^*)$ ，则满足该方程的瑞利相速度 $\boldsymbol{V}_R^*$ (Remmert，1997)。综上所述，将复变函数理论应用于面波数据的联合反演，不仅是解释粘弹性介质相速度与耗散特性之间内在耦合的一种巧妙方法，而且还改善了相关反问题的适定性。

四、面波反演中的先验信息及其作用

先验信息作为减轻线性和非线性反问题不适定性的一种手段，其重要性在本章整体都有体现，用于缓解因实测数据测量而引起的解的非唯一性。在岩土现场勘察中，面波方法通常与许多其他勘探方法相结合使用，如钻探、静力触探、其他地球物理方法等。在建筑工地上增加勘探计划通常是多余的，因为这样的场地上往往有相当多的数据可用于定义地下地质-岩土模型。这种情况非常适合于很好地利用各种测试结果之间的相互关系和先验信息来反演包括面波数据在内的地球物理数据。在更大的空间尺度上，详细的地质信息也可能有助于限制基岩的位置，或确定不同地质构造或岩石地层单位之间的接触关系与几何形状。

1. 测井信息

在已有钻孔资料和岩性地层信息的情况下，可将地层厚度假定为已知先验信息，以减少在场地建立一维岩土模型时的未知参数个数。如果没有这些数据，一个很好的经验法则是假设地层厚度随深度增加，以符合模型参数分辨率随深度减小的情况，这是包括面波方法在内的非侵入性地球物理方法的固有缺点。显然，这种模拟假设降低了面波方法定位地层界面空间位置的能力。

2. 纵波折射信息

MASW 方法和地震 P 波折射测量的观测系统基本相同，因此，只要最小限度地确保两种测试之间的数据采集的兼容性，就可以利用来自折射测量的有用信息来约束面波反演过程(Foti et al.，2003)。当然，折射数据对面波数据而言，特别有价值的情况是存在浅基岩界面或浅地下潜水面时的两种典型情况。

此外，纵波折射还可以用来识别存在的倾斜层或其他横向变化的情况，这些是不能通过面波方法的一维反演模型来获得的。在图 10-3-8 所示的反演案例中，地震折射估算的基岩顶板深度被用作为面波数据反演的约束，最终结果与同一场地的独立钻孔测井结果吻合较好。

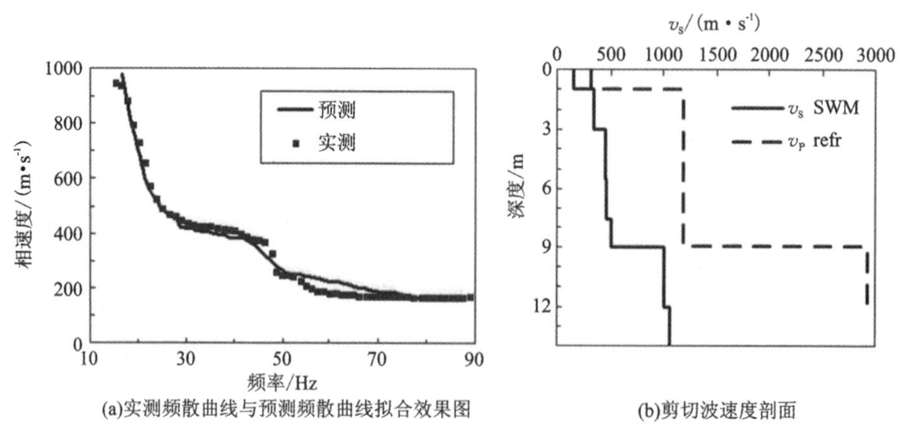

图 10-3-8　采用 P 波折射约束的面波频散曲线反演结果(修改自 Foti et al.，2003)

地下水位的空间位置在面波反演中所起的作用是微妙的，但也是有一定关系的。尽管地下水位的存在对面波测量的主要目标——横波速度的实测值没有太大影响，但它对纵波传播速度的实测值以及由此产生的泊松比有很大的影响。尽管频散曲线对泊松比变化的敏感度比剪切模量剖面和地层厚度变化的敏感度要低，但泊松比在反演过程中所起的作用并不能完全忽略(Foti and Strobbia，2002)。从干土到湿土的转变对于粗粒介质来说是急剧变化的，它总是伴随着土壤泊松比和质量密度的突变。如果没有正确认识这一过渡，可能会导致错误的结果。

3. 地球物理数据联合反演

面波方法与其他地球物理勘探方法的联合可以有效地提高勘探结果的可靠性，并获得更一致的地层模型。目前也已有相当多引人注目的成功案例被发表，如 Hayashi 等(2005)为探测地下空洞的存在，将面波数据和微重力测量进行的联合反演。另一种非常有趣的结合，是将面波数据和垂直电测深(VES)数据进行联合反演(Hering et al.，1995；Misiek et al.，1997；Comina et al.，2002；Wisén and Christiansen，2005)。事实上，尽管这两种地球物理技术之间存在显著差异，但在数据测量的解释上却呈现出相当强的相似性。VES 方法通过野外测量的视电阻率曲线数据进行反演，该曲线可被认为类似于面波数据的频散曲线。此外，电阻率曲线的反演通常基于假设一维分层模型，这类似于面波方法中所采用的层状介质模型，只不过此时的未知参数是地层的电阻率而已。

假设地震和电性模型的层界面是相同的，可以使用联合反演策略，同时反演实测频散曲线和视电阻率曲线，以获得每一层的厚度、横波速度和电阻率。在实践中，$3nl-1$ 个未知量是由两个实验数据集的联合反演确定的，而每个非联合的单独反演的目的是从单个数据集中确定 $2nl-1$ 个参数。即使仅从数学角度看，联合反问题的解也比两个单一反问题的解更具适定性。

联合反演方法的局限性主要体现在电性的变化与地震速度的变化无关的情况下，反演效果不佳，反之亦然。事实上，在某些情况下，两个模型参数中的一个参数的不连续并不对应于另一个参数的不连续。另外，联合反演的另一个潜在缺点是雅克比矩阵的计算，并非所有响应函数相对于构建雅可比矩阵所需的模型参数的偏导数都可以使用显式公式进行解析计算。因此，很多情况下我们不得不采用效率相对较低且容易不稳定的有限差分方式或数值微分的方式计算。

第 4 节　面波反演中的不确定度

一、观测误差对反演结果的影响

1. 具有高斯分布数据误差的线性问题

任何勘测技术都必须具备两个基本的能力，第一个是估计所测数据的不确定度，第二个是确定这种不确定度如何投射或影响到其目的模型参数上。这在地球物理勘探中尤为突出，因为地球物理勘探中感兴趣的参数往往是通过复杂的反演过程推断出来的。面波勘探中测量数据通常用瑞利波（或勒夫波）频散曲线和衰减曲线表示，而推导出的参数是小应变假设前提下剪切波模量（或相当于剪切波速）和剪切阻抗比随深度的变化。

正态分布实验数据的统计具有完全由期望值和方差描述等特殊性质。此外，概率论中有一个基本理论，正态分布（即高斯）随机变量的任何线性组合都是正态分布的（Harr，1996）。因此，如果实测数据与模型参数之间的关系是线性的，例如由式（10-3-9）所表示的，假设数据误差是正态分布的，则从反演中获得的模型参数也是正态分布的。如果 $\boldsymbol{X}$ 是具有期望值 $E(\boldsymbol{X})$ 和协方差矩阵 $\mathrm{Cov}(\boldsymbol{X})$ 的多变量、正态、随机向量，并且 $\boldsymbol{Y}=\boldsymbol{AX}$ 是通过矩阵 $\boldsymbol{A}$ 与随机变量 $\boldsymbol{X}$ 线性相关的多变量随机向量，则 $\boldsymbol{Y}$ 也是多元正态的，其期望值和协方差由下列关系给出（Aster et al.，2005）：

$$\begin{cases}E(\boldsymbol{Y})=\boldsymbol{A}E(\boldsymbol{X})\\ \mathrm{Cov}(\boldsymbol{Y})=\boldsymbol{A}\mathrm{Cov}(\boldsymbol{X})\,\boldsymbol{A}^{\mathrm{T}}\end{cases}\tag{10-4-1}$$

式（10-4-1）在线性反演问题中很重要，它允许我们通过简单的计算直接从实测数据的平均值和协方差估计模型参数的平均值和协方差。该关系清楚地表明，将数据误差的不确定性映射为模型参数的不确定性的方式与此处由矩阵 $\boldsymbol{A}$ 表示的逆矩阵所采用的算法密切相关。例如，对于解决超定情况的标准最小二乘问题，由式（10-3-3）可知，矩阵 $\boldsymbol{A}=(\boldsymbol{G}^{\mathrm{T}}\boldsymbol{G})^{-1}\boldsymbol{G}^{\mathrm{T}}$ 。

一般而言，如果通过 Moore-Penrose 广义逆矩阵 $\boldsymbol{G}$ 的形式来解决线性反演问题，则 $\boldsymbol{G}^{-g}$ 如式（10-3-9）所示。方程式（10-4-1）可以用以下公式来描述：

$$\begin{cases}E(m)=\boldsymbol{G}^{-g}E(\boldsymbol{d})\\ \mathrm{Cov}(m)=\boldsymbol{G}^{-g}\mathrm{Cov}(\boldsymbol{d})\,(\boldsymbol{G}^{-g})^{\mathrm{T}}\end{cases}\tag{10-4-2}$$

其中，$E(\boldsymbol{d})$ 和 $\mathrm{Cov}(\boldsymbol{d})$ 分别是被视为多变量、正态、随机向量的实测数据的期望值和协方差矩阵。在非常特殊但又相关的情况下，其中 $\mathrm{Cov}(\boldsymbol{d})=\sigma^2\cdot \boldsymbol{I}$ ，其中 σ^2 是数据向量的方差，$\boldsymbol{I}$ 是单位矩阵，此时式（10-4-2）将简化为

$$\begin{cases}E(m)=\boldsymbol{G}^{-g}E(\boldsymbol{d})\\ \mathrm{Cov}(m)=\sigma^2\cdot\boldsymbol{G}^{-g}\cdot(\boldsymbol{G}^{-g})^{\mathrm{T}}\end{cases}\tag{10-4-3}$$

2. 正态评估（normality assessment）

式（10-4-2）的有效性取决于数据误差服从正态分布的假设。因此，在采用该假设之前，首要的是评估该假设相对于实测多变量向量 $\boldsymbol{d}$ 的有效性。可用于验证一组实验数据是否服从高斯分布假设的标准检验（也称为正态检验）有 χ^2 检验。给定感兴趣的随机变量如 x ，测试的方式是：将变量的一组离散观测值 $x_j(j=1,Nc)$ 分组到 N_c 个类中，然后计算每个类的绝对值 f_j^o 和期望频率 f_j^E 。第二步的计算类似于数据样本满足高斯分布，均值和方差由观测数据确定。最终计算出以下量：

$$X^2=\sum_{j=1}^{N_c}\frac{(f_j^o-f_j^E)^2}{f_j^E}\tag{10-4-4}$$

可以看出,式(10-4-4)中定义的随机变量 X^2 近似接近 χ^2 分布,其概率密度函数由以下关系给出(Bain and Engelhardt, 1992):

$$f_{\chi^2}(x \mid \nu) = \frac{x^{\left(\frac{\nu-2}{2}\right)} \cdot e^{-x/2}}{2^{\nu/2}\Gamma(\nu/2)} \tag{10-4-5}$$

其中 ν 表示 χ^2 分布的自由度,对于高斯分布等于 $\nu = N_c - 3$;Γ 表示伽马函数。通过比较式(10-4-4)中的 X^2 的值和式(10-4-5)给出的 χ^2 的值来评估 x 的正态分布假设的好坏。如果观测频率和预期频率几乎相同,则 χ^2 很小。因此,χ^2 的小值表示测量的概率分布与正态分布之间具有良好的一致性。如果大于或等于 X^2 的值出现的频率低于 5%,则假设数据不服从正态分布(Menke, 1989)。X^2 的阈值上界是由 χ^2 分布确定的。

图 10-4-1(a)展示了根据国外某场地实测面波数据计算瑞利波相速度相对于频率分布情况的实验结果(Lai et al., 2005)。该实验计算了各频率下实测瑞利波相速度的相对频率分布和累积频率分布,并将其等分为 5 个类。然后将每类元素与根据实验数据得出的均值和标准差为高斯分布的元素进行比较。实验分布与理论分布的比较似乎是合理的。对同一数据,图 10-4-1(b)显示了使用同一实验数据集计算的量 X^2 作为频率的函数的曲线图。从曲线图中可以注意到,所有点都落在 $\chi^2_{0.05}$ 以下,这证明高斯分布对整个期望频率范围内的数据集而言是合理的。除了 χ^2 检验,还有许多其他统计试验可用于正态分布评估,包括 Kolmogorov-Smirnov 检验、Anderson-Darling 检验、Lilliefors 检验法和 Q-Q 曲线图(Bain and Engelhardt, 1992; Aster et al., 2005)。

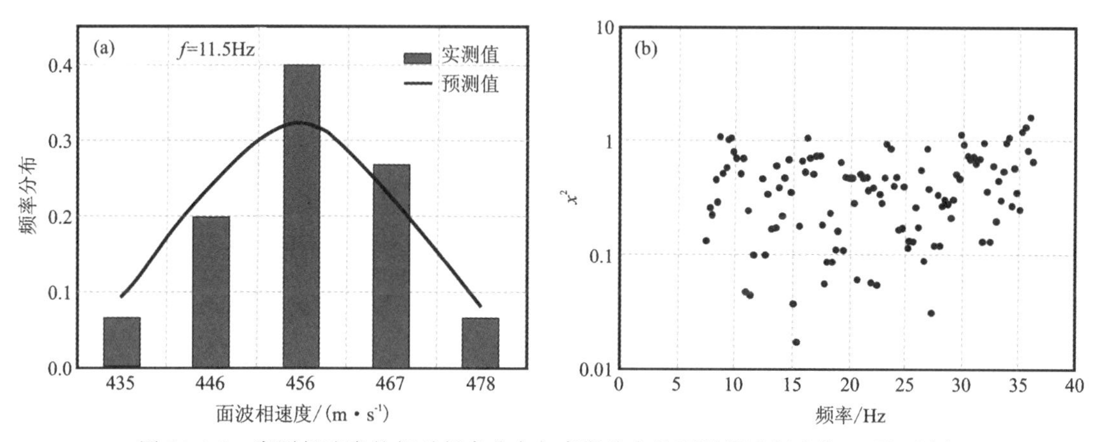

图 10-4-1　实测相速度的相对频率分布与高斯分布的预测值进行比较(a)及面波相速度的频率分布计算的 χ^2 测试的结果(b)(修改自 Lai et al., 2005)

3. 具有高斯分布数据误差的非线性问题

可以证明,对于非线性反演问题,数据中误差的高斯分布通常将被映射到模型参数中的误差的非高斯分布上(Tarantola, 2005)。原则上,这将给带误差数据非线性反演所得到的模型参数的不确定性估计带严重的影响。首先,在非高斯概率分布中,中心估计量,如期望值和最大似然点并不重合,更重要的是,它们不一定代表该分布的最敏感的估计量(Menke, 1989),而作为离散度的估计量,协方差也是如此。处理非高斯分布的另一个关键问题是一般情况下没有关于解和相关不确定性的解析表达式。这样，解决问题的严格方法是彻底搜索模型参数空间，或者系统地定义网格，或者像 Monte Carlo 方法中那样随机地进行搜索(Tarantola，2005)，但这样的搜索却又极为费时(Lai et al.，2005)，因此一般而言并非最佳选择。

然而，如果反演问题的非线性性质并不太强，特别是当在模型空间中的最大似然点附近(即模型参数在最大似然点附近的概率分布离高斯函数较相近)，则可以使用简化的方法来估计模型参数的不确定性。具体地，在求解方程 $\boldsymbol{m} = \boldsymbol{G}^{-g}\boldsymbol{d}$ 时，可假设：①多变量数据矢量 $\boldsymbol{d}$ 的不确定性满足高斯分布，从实验观点看，这一假设通常是合理的；②反演问题 $\boldsymbol{m} = \boldsymbol{G}^{-g}\boldsymbol{d}$ 在其解的附近，仅仅表现出适度的非线性性质；③利用最大似然法对 $\boldsymbol{G}(\boldsymbol{m}) = \boldsymbol{d}$ 进行反演。

那么与模型参数向量 $\boldsymbol{m}$ 的期望值相关的不确定性可以使用以下公式来近似计算(Menke，1989)：

$$\mathrm{Cov}[\boldsymbol{m}] \approx [(\boldsymbol{J}^{\mathrm{T}}(\mathrm{Cov}[\boldsymbol{d}])^{-1}\boldsymbol{J})^{-1}\boldsymbol{J}^{\mathrm{T}}(\mathrm{Cov}[\boldsymbol{d}])^{-1}]_{\mathrm{last}\#} \cdot \mathrm{Cov}[\boldsymbol{d}] \cdot [(\boldsymbol{J}^{\mathrm{T}}(\mathrm{Cov}[\boldsymbol{d}])^{-1}\boldsymbol{J})^{-1}\boldsymbol{J}^{\mathrm{T}}(\mathrm{Cov}[\boldsymbol{d}])^{-1}]_{\mathrm{last}\#}^{\mathrm{T}} \tag{10-4-6}$$

其中，假设数据向量的协方差 $\mathrm{Cov}[d]$ 是由统计不相关的测量值组成的对角矩阵，并且 $\boldsymbol{J}$ 是从 $\boldsymbol{G}(\boldsymbol{m})$ 的梯度中计算的雅可比矩阵。式(10-4-6)括号外的下标‘last＃’表示必须使用 LS 递归技术(例如标准最小二乘法)相对于非线性问题 $\boldsymbol{G}(\boldsymbol{m}) = \boldsymbol{d}$ 的解的最后一次迭代来计算括号内的项(实质上是雅可比矩阵)。由于式(10-4-6)并不是太精确，因此等式符号“＝”已被“≈”代替，以表示该关系的近似性质。对于大多数问题，如果 $\boldsymbol{G}(\boldsymbol{m}) = \boldsymbol{d}$ 的非线性性质在模型参数的最佳值附近的点不太严重，且函数 $\boldsymbol{G}(\boldsymbol{m})$ 已被雅可比线性化取代，则这种近似被证明是足够的，除非数据测量时噪声的异常强(Aster et al.，2005)。最后从式(10-4-6)中还可注意到，解析雅可比矩阵的可用性不仅有利于非线性反问题本身的解，而且还有利于估算模型参数的不确定性。

二、多道面波数据观测中的不确定度

任何实验测试中的不确定度都与许多的因素有关。在面波勘探等地球物理勘探方法中，重要的是要区分测量中的不确定性(也称为不确定性)和与用于解释实验结果的模型有关的不确定性(也称为认知性)。后者是由近场效应或水平分层模型不足以反映地层沉积物的横向非均匀性引起的。Strobbia 和 Foti (2006)提出了一种基于相位相对偏移距的回归来检测认知不确定性存在的统计方法。本节将介绍面波测量不确定性及数据不确定性进行量化的方法。

不确定度主要是由于记录信号中的噪声，以及与观测系统和可能的检波器倾斜等有关。O’ Neill(2003)利用 Monte-Carlo 数值模拟和重复的现场试验研究了面波测试中几种不确定度来源的影响。据其研究，检波器倾斜和地面耦合的影响很小，尽管位置误差、静态漂移和附加的高斯噪声在实测频散曲线中引入了较大的不确定度。总体而言，他发现瑞利波相速度的变化系数随着频率降低而非线性增加，并建议在低频范围内用柯西-洛伦兹分布(Cauchy-Lorentz distribution)来描述误差。记录信号中的不确定性与相干和不相关噪声有关。其中不相关噪声是外部产生的噪声(即环境噪声)，如果在给定的观测系统中可以进行多次重复测试，则可以通过记录信号的统计分布来研究该噪声(Lai et al.，2005)，如相干噪声可能是与震源激发效应相关的(如近场效应、横向变化、高阶模式等)。

一般而言,估计与面波数据采集有关的不确定度并不是一项简单的工作,同样它也严重依赖于提取频散能谱和衰减曲线的特定技术。在适当量化影响测量值的不可避免误差通过一系列复杂的数据处理和曲线拟合步骤,从在时间偏移域中获取信号,到计算频散曲线和衰减曲线的影响方面,出现了技术困难(这些错误可能是由于仪器的误差、测试参数设置、数据采集方式,甚至是操作人员的主观行为等因素造成的)。以下各节将描述可用于量化面波方法中的不确定性的简化程序。

1. 实测频散曲线

1)面波谱分析方法(SASW)

常规的面波谱分析方法中,实测频散曲线通常采用两道法计算获得。这两道数据通常分别采集自距震源 x_1 和 x_2 的两个位置,将时间域数据转换到频率域后,可通过下式计算瑞利波相速度:

$$v_R(\omega) = \frac{\omega(x_2 - x_1)}{\arg[S_{12}(\omega)]} \tag{10-4-7}$$

其中,$\arg[S_{12}]$ 是由两个检波器检测到的信号的质点振动速度互功率谱的相位。通过对实测数据进行正态分布的简化而合理的假设,这些测量值表示对 S_{12} 的期望值的估计,在后文中记为 $E[S_{12}(\omega)]$。S_{12} 的方差可以使用以下关系式计算(Bendat and Piersol, 2010):

$$\begin{cases} \mathrm{Var}\Big[\,|S_{12}(\omega)|\,\Big] = \dfrac{|S_{12}(\omega)|^2}{n_d \cdot \gamma_{12}^2(\omega)} \\ \mathrm{Var}\{\arg[S_{12}(\omega)]\} \approx \dfrac{(1-\gamma_{12}^2(\omega))}{2\,\gamma_{12}^2(\omega)} \end{cases} \tag{10-4-8}$$

其中,n_d 是用于估计 $S_{12}(\omega)$ 的独立平均数,并且 $\gamma_{12}^2(\omega)$ 是信号的普通相干函数。式(10-4-8)允许我们在一次测量中计算互功率谱的不确定度。它表示与从两个检波器检测到的信号推断出的 $\arg[S_{12}(\omega)]$ 的谱估计相关的不确定性。

式(10-4-7)也表明,$v_R(\omega)$ 是 $\arg[S_{12}(\omega)]$ 的非线性函数。因此,$v_R(\omega)$ 通常是非高斯的,即使对于高斯分布数据也是如此。然而,将 FOSM 方法(Harr, 1996; Baecher and Christian, 2003)应用于式(10-4-7),得到了关于 $v_R(\omega)$的期望值和方差的下列关系:

$$\begin{cases} E[v_R(\omega)] \approx \dfrac{\omega(x_2 - x_1)}{E\{\arg[S_{12}(\omega)]\}} \\ \mathrm{Var}[v_R(\omega)] \approx \dfrac{\mathrm{Var}\{\arg[S_{12}(\omega)]\} \cdot [\omega(x_2 - x_1)]^2}{\{E\{\arg[S_{12}(\omega)]\}\}^4} \end{cases} \tag{10-4-9}$$

由于实测频散曲线是通过对在 n_{sp} 个不同检波器间距上获得的瑞利波相速度 $[v_R(\omega)]_j$ $(j=1,\cdots,n_{sp})$ 进行平均来构建的,并且由于正态分布的每个线性组合本身都是正态分布,因此合成频散曲线 $v_R(\omega)$ 的期望值和方差由下式给出:

$$\begin{cases} E[v_R(\omega)] = \dfrac{1}{n_{sp}} \displaystyle\sum_{j=1}^{n_{sp}} E[v_R(\omega)]_j \\ \mathrm{Var}[v_R(\omega)] = \dfrac{1}{n_{sp}^2} \displaystyle\sum_{j=1}^{n_{sp}} \mathrm{Var}[v_R(\omega)]_j \end{cases} \tag{10-4-10}$$

式(10-4-10)中,在假设各频散曲线 $[v_R(\omega)]_j$ 在统计上不相关的情况下计算了 $v_R(\omega)$ 的方差。

式(10-4-9)和式(10-4-10)可以等效地用于单个或多个 SASW 测试。这完全取决于如何定义量 $\mathrm{Var}\{\arg[S_{12}(\omega)]\}$ 。如果它是通过式(10-4-8)计算的,那么式(10-4-9)和式(10-4-10)允许我们在一次测试中确定 $\arg[S_{12}(\omega)]$ 的不确定度对实测频散曲线的影响。或者,$\mathrm{Var}\{\arg[S_{12}(\omega)]\}$ 可以从多次实测结果的内在可变性中确定,在这种情况下,式(10-4-9)和式(10-4-10)允许我们估计这种不确定性是如何投射到实测频散曲线的不确定性上的(Tuomi and Hiltunen, 1996)。

2)多道面波分析(MASW)

多道面波分析方法自问世后便迅速在浅地表勘探中被广泛应用和研究(Song et al., 1989; Xia et al., 1999; Park et al., 1999; Foti, 2000)。不同于 SASW 方法,MASW 使用多个检波器组成的线性阵列进行数据采集。前面第 8 章,我们已经详细介绍过多道面波分析方法数据处理技术中最关键的技术-频散能谱成像技术的各类算法。由于用于提取面波频散能谱的地震记录是多道的,故提取的结果一般比 SASW 方法测得的面波频散曲线更平滑、更规则。

根据检波器阵列记录的信号确定表观频散曲线的最简单方法是对在每个接收器位置测量的位移(或质点振动速度、加速度或传递函数)相位进行线性回归(Lai, 1998;Strobbia and Foti, 2006)。这类方法包括从涉及每个频率点的位移相位的线性回归中确定瑞利波波数 $k_R(\omega)$:

$$k_R(\omega)\cdot r=-\arg[u_2(r,0,\omega)] \tag{10-4-11}$$

其中 $\arg[u_2(r,0,\omega)]=\arg[u_2(r,\omega)]$ 是质点位移垂直分量的相位,r 是检波器偏移距矢量。瑞利波相速度可由 $v_R(\omega)=\omega/k_R(\omega)$ 计算得到。通过使用标准最小二乘算法估计 $E[k_R(\omega)]$,使用式(10-4-2)计算与 $k_R(\omega)$ 相关的不确定性是一件简单的事情,其中 $\boldsymbol{G}^{-g}=(\boldsymbol{G}^{\mathrm{T}}\boldsymbol{G})^{-1}\boldsymbol{G}^{\mathrm{T}}$, $\mathrm{Cov}(\boldsymbol{d})=-\arg[u_2(r,\omega)]$,并假设数据 $\arg[u_2(r,\omega)]$ 是不相关的。式(10-4-2)中的术语 $\mathrm{Cov}(\boldsymbol{m})$ 表示 2×2 阶对角矩阵,其两个非零元素是线性回归的截距和斜率的方差(即, $\mathrm{Var}[k_R(\omega)]$)。最后,矩阵 $\boldsymbol{G}$ 具有以下表达式:

$$\boldsymbol{G}=\begin{bmatrix} r_1 & r_2 & \cdots & r_{np} \\ 1 & 1 & \cdots & 1 \end{bmatrix}^{\mathrm{T}} \tag{10-4-12}$$

其中,np 表示接收排列的检波器数。定义 $E[k_R(\omega)]$ 和 $\mathrm{Var}[k_R(\omega)]$ 后, $v_R(\omega)=\omega/k_R(\omega)$ 的期望值和方差可以采用 FOSM 方法计算(Harr, 1996; Baecher and Christian, 2003),它包括将 $v_R(\omega)=\omega/k_R(\omega)$ 在关于 $E[k_R(\omega)]$ 的泰勒级数中展开。如果进一步假设 $\mathrm{Var}[\omega]=\mathrm{Var}[r]=0$ (即激振频率和检波器偏移距被认为是确定性变量而不是随机变量),则使用式(10-4-2)可以获得以下结果:

$$\begin{cases} E[v_R(\omega)]\approx\dfrac{\omega}{E[k_R(\omega)]} \\ \mathrm{Var}[v_R(\omega)]\approx\dfrac{\omega^2\mathrm{Var}[k_R(\omega)]}{\{E[k_R(\omega)]\}^4} \end{cases} \tag{10-4-13}$$

用于确定视频散曲线的其他主要技术即前面第 8 章中所介绍的各类基于坐标变换的方法，这类方法基于将在时间偏移域中测量的数据变换到不同的域，在不同的域中，根据能谱极值点定义频散曲线的轨迹。当使用这类基于坐标变换的程序（如 f-k 法）提取频散能谱及频散曲线时，不确定度的估计变得更加复杂。复杂的根源在于我们无法在频散能谱生成的每一个步骤中去适当地量化不确定度的传递。因此，通过直接测量原始和衍生数据的统计分布，可以更容易地计算在 MASW 方法基于坐标变换方法所提取的频散散曲线的不确定度。尽管这种方法需要相当多的时间和精力，但它不涉及简化理论假设，此外也避免了一些技术上的困难（Lai et al.，2005）。

2. 实测衰减曲线

面波衰减测量所采用的仪器装备与多道面波分析数据采集装置相同。震源可以是谐波震源（如可控震源车），也可以是脉冲震源（如锤击震源或落重震源）。如使用的是可控震源，则源函数可测量，是已知的。瑞利波衰减系数 $\alpha_R(\omega)$ 是根据在规定频率范围内几个检波器偏移距下的垂直位移幅度 $|u_2(r,\omega)|$ 的测量获得的。

此时计算所用到的相关谱量是在每个道间距下计算的质点振动速度的自功率谱 $S_{rr}(\omega)$ 。由于环境噪声可能很严重，特别是在检波器偏移距较大时，因此实测质点速度自功率谱被修正以考虑噪声影响（Rix et al.，2000）：

$$S_{rr}(\omega)=\widetilde{\gamma}_{sr}^2(\omega)\cdot\widetilde{S}_{rr}(\omega) \tag{10-4-14}$$

其中，$\widetilde{S}_{rr}(\omega)$ 是被假定包含非相干噪声的实测数据自功率谱。量 $\widetilde{\gamma}_{sr}^2(\omega)$ 是谐波震源和检波器处测量的垂直质点振动速度之间的普通相干函数。$\widetilde{\gamma}_{sr}^2(\omega)$ 的计算需要在源位置处使用加速度计来监控谐振子的运动。从式（10-4-14），实测垂直质点位移谱可根据下列关系计算：

$$|u_2(r,0,\omega)|=|u_2(r,\omega)|=\frac{|v_2(r,\omega)|}{\omega\cdot C(\omega)}=\frac{\sqrt{S_{rr}(\omega)}}{\omega\cdot C(\omega)} \tag{10-4-15}$$

其中，$C(\omega)$ 是将速度传感器的输出（单位为伏特）转换为速度单位（例如，厘米/秒）的一个与频率相关的校准系数；$v_2(r,\omega)$ 是在距震源 r 远的检波器记录的垂直质点速度的傅立叶变换。对于 $v_R(\omega)$，使用这里所示的 FOSM 方法，即在关于 $E[S_{rr}]$ 的截断泰勒级数中展开式（10-4-15），并假设 $\mathrm{Var}[C(\omega)]=0$ ，则可以得到

$$\begin{cases} E\Big[\,|u_2(r,\omega)|\,\Big]\approx\dfrac{\sqrt{E[S_{rr}(\omega)]}}{\omega\cdot C(\omega)} \\ \mathrm{Var}\Big[\,|u_2(r,\omega)|\,\Big]=\dfrac{\mathrm{Var}[S_{rr}(\omega)]}{4E[S_{rr}(\omega)]\cdot[\omega\cdot C(\omega)]^2} \end{cases} \tag{10-4-16}$$

一旦确定了垂直位移振幅 $|u_2(r,\omega)|$ ，则瑞利波衰减系数 $\alpha_R(\omega)$ 可通过下式计算：

$$|u_2(r,0,\omega)|=|u_2(r,\omega)|=F\cdot\Upsilon_2(r,0,\omega)\cdot e^{-\alpha_R(\omega)\cdot r} \tag{10-4-17}$$

其中，$\Upsilon_2(r,0,\omega)$ 是瑞利波几何衰减函数的垂直分量，F 是垂直简谐点力源幅值。在齐次半空间中，$\Upsilon_2(r,0,\omega)\propto 1/\sqrt{r}$ 。这可能是一个合理的近似值，即使在不均匀的岩土材料中也是如此。

式(10-4-17)形成了非线性回归分析的基础,以根据实测位移幅度 $|u_2(r,\omega)|$ 确定与频率相关的衰减系数 $\alpha_R(\omega)$ 。几何扩散函数 $\Upsilon_2(r,0,\omega)$ 是已知的,因为它是从弹性介质中瑞利波正演问题的解中得到的。或者,式(10-4-17)可以替换为式(10-3-22),其中 $|u_2(r,\omega)|$ 已被震源和检波器之间的垂直位移传递函数的幅度 $|T(r,\omega)|$ 代替。

瑞利波衰减系数 $\alpha_R(\omega)$ 的期望值和方差可以从式(10-4-17)或式(10-3-22)的回归分析中获得。由于 $|u_2(r,\omega)|$ 或 $|T(r,\omega)|$ 与 $\alpha_R(\omega)$ 之间的非线性关系,只能得到 $E[\alpha_R(\omega)]$ 和 $\mathrm{Var}[\alpha_R(\omega)]$ 的估计。通过使用标准的非线性最小二乘算法求解式(10-4-17),则与衰减系数相关的不确定度可以用以下关系近似计算:

$$\mathrm{Cov}[\alpha_R(\omega)]\approx[(\boldsymbol{J}_{\alpha_R}^{\mathrm{T}}\boldsymbol{J}_{\alpha_R})^{-1}\boldsymbol{J}_{\alpha_R}^{\mathrm{T}}]_{\mathrm{last\#}}\cdot\mathrm{Cov}\Big[|u_2(r,\omega)|\Big]\Big[(\boldsymbol{J}_{\alpha_R}^{\mathrm{T}}\boldsymbol{J}_{\alpha_R})^{-1}\boldsymbol{J}_{\alpha_R}^{\mathrm{T}}\Big]_{\mathrm{last\#}}^{\mathrm{T}} \tag{10-4-18}$$

其中 $\mathrm{Cov}\Big[|u_2(r,\omega)|\Big]$ 是包含在给定频率 ω 上 np 个不同检波器位置处的实测位移幅度的协方差中的一个 $np\times np$ 阶矩阵。因为假设数据 $|u_2(r,\omega)|$ 是不相关的,所以数据协方差矩阵是对角的,其中非零元素等于由式(10-4-16)给出的 $|u_2(r,\omega)|$ 的方差。雅可比系数 $\boldsymbol{J}_{\alpha_R}$ 是 $np\times 1$ 维向量,其分量 $(J_{\alpha_R})_k(k=1,\cdots,np)$ 可从式(10-4-17)获得:

$$(J_{\alpha_R})_k=[J_{\alpha_R}(\omega)]_k=\frac{\partial\,||\,u_2(r_k,\omega)\,||}{\partial\,\alpha_R}=-r_k\cdot|u_2(r_k,\omega)| \tag{10-4-19}$$

式(10-4-18)括号外的下标 last# 表示括号内的项,实质上是指的非线性回归解式(10-4-17)中最后一次迭代的雅可比系数 $\boldsymbol{J}_{\alpha_R}$ 。

3. 实测频散曲线与衰减曲线的联合

在面波方法中,实测频散曲线和衰减曲线是使用不同的观测系统和不同的解释方法分别确定的。然而,Rix 等(2001)提出了一种基于测量位移传递函数的方法,在这种方法中,频散曲线和衰减曲线是使用相同的观测系统阵列从一组实测数据中同时确定的。这说明,利用多道数据同时估计横波速度和衰减是可能的。这种方法是在认识到耗散介质中的瑞利波相速度和衰减系数由于介质的耗散性并非相互独立。因此,频散数据和衰减数据的耦合分析是一种更一致且从根本上正确的方法。此外,耦合测量与可用于获得土层的剪切波速和剪切波阻尼比剖面的联合反演算法。

在频散和衰减数据的耦合测量中,实际测量的量是震源和检波器之间的质点振动速度的传递函数 $H(r,\omega)$,其定义为 $H(r,\omega)=v_2(r,\omega)/F\cdot e^{i\omega t}=i\omega\cdot v_2(r,\omega)/F\cdot e^{i\omega t}=i\omega T(r,\omega)$ 。$T(r,\omega)$ 的模和位相的期望值和方差可以从下列关系中计算出来(Bendat and Piersol, 2010):

$$\begin{cases}E\Big[|T(r,\omega)|\Big]=\omega\cdot E\Big[|H(r,\omega)|\Big]\\ E\Big[\arg(T(r,\omega))\Big]=E\Big[\arg(H(r,\omega))\Big]+\dfrac{\pi}{2}\\ \mathrm{Var}\Big[|T(r,\omega)|\Big]\approx\omega^2\cdot\dfrac{(1-\gamma_{sr}^2)\cdot|H(r,\omega)|^2}{2\,n_d\cdot\gamma_{sr}^2}\\ \mathrm{Var}\Big[\arg(T(r,\omega))\Big]=\dfrac{(1-\gamma_{sr}^2)}{2\,\gamma_{sr}^2}\end{cases} \tag{10-4-20}$$

其中，$\gamma_{sr}^2(\omega)$ 表示谐波震源函数和检波器记录信号之间的普通相干函数。因为复瑞利波数

$$k_R^*(\omega)=\left[\frac{\omega}{v_R(\omega)}+i\cdot\alpha_R(\omega)\right] \tag{10-4-21}$$

是由非线性回归所确定的：

$$T(r,\omega)=T_2(r,0,\omega)\cdot e^{-i\cdot k_R^*(\omega)\cdot r} \tag{10-4-22}$$

为了计算 $k_R^*(\omega)$ 的期望值和方差，首先需要计算 $E[T(r,\omega)]$ 和 $\mathrm{Var}[T(r,\omega)]$。为此，写 $T(r,\omega)=[T_1(r,\omega)+i\cdot T_2(r,\omega)]$ 是方便的，由此很容易获得(Lai, 1998)

$$\begin{cases}E\left[|T_1(r,\omega)|\right]\approx E\left[|T(r,\omega)|\right]\cdot\cos\left\{E\left[\arg(T(r,\omega))\right]\right\}\\E\left[|T_2(r,\omega)|\right]\approx E\left[|T(r,\omega)|\right]\cdot\sin\left\{E\left[\arg(T(r,\omega))\right]\right\}\\\mathrm{Var}[T(r,\omega)]=\mathrm{Var}\left[T_1(r,\omega)\right]-\mathrm{Var}\left[T_2(r,\omega)\right]\end{cases} \tag{10-4-23}$$

其中

$$\begin{cases}\mathrm{Var}[T_1(r,\omega)]\approx\cos^2\left[\arg(T(r,\omega))\right]\mathrm{Var}\left[|T(r,\omega)|\right]+|T(r,\omega)|^2\cdot\\\qquad\sin^2\left[\arg(T(r,\omega))\right]\mathrm{Var}\left[|T(r,\omega)|\right]\\\mathrm{Var}[T_2(r,\omega)]\approx\sin^2\left[\arg(T(r,\omega))\right]\mathrm{Var}\left[|T(r,\omega)|\right]+\\\qquad|T(r,\omega)|^2\cos^2\left[\arg(T(r,\omega))\right]\mathrm{Var}\left[|T(r,\omega)|\right]\end{cases} \tag{10-4-24}$$

复数波数 $k_R^*(\omega)$ 的不确定度最终由式(10-4-22)表示的非线性回归计算出来，其过程与用于确定瑞利波衰减系数 $\alpha_R(\omega)$ 的不确定度在形式上相同。其结果为

$$\mathrm{Cov}[k_R^*(\omega)]\approx[(J_{k_R^*}^H\ J_{k_R^*})^{-1}J_{k_R^*}^H]_{\mathrm{last}\#}\cdot\mathrm{Cov}[T(r,\omega)][(J_{k_R^*}^H\ J_{k_R^*})^{-1}J_{k_R^*}^H]_{\mathrm{last}\#}^H \tag{10-4-25}$$

其中，$\mathrm{Cov}[T(r,\omega)]$ 是 $np\times np$ 阶矩阵，表示在 np 个检波器位置处的实测位移传递函数在给定频率 ω 下的协方差。因为假设数据 $T(r,\omega)$ 是不相关的，所以矩阵 $\mathrm{Cov}[T(r,\omega)]$ 是对角的，非零元素等于 $T(r,\omega)$ 的方差，由式(10-4-23)和式(10-4-24)给出。项 $J_{k_R^*}$ 是由一个 $np\times1$ 维复值向量，其中的分量 $(J_{k_R^*})_j(j=1,\cdots,np)$ 是通过对式(10-4-22)进行微分而获得的，并且它们等于

$$(J_{k_R^*})_j=[J_{k_R^*}(\omega)]_j=\frac{\partial T(r_j,\omega)}{\partial k_R^*}=-i\cdot r_j\cdot T(r_j,\omega) \tag{10-4-26}$$

同样，式(10-4-26)括号外的下标 last# 表示圆括号内的项指的是解式(10-4-22)的最后一次迭代。一旦计算了 $E[k_R^*(\omega)]$ 和 $\mathrm{Var}[k_R^*(\omega)]$，复瑞利波相速度 $v_R^*(\omega)$ 的期望值和方差就是式(10-4-13)的复值对应，即

$$\begin{cases}E[v_R^*(\omega)]\approx\dfrac{\omega}{E[k_R^*(\omega)]}\\\mathrm{Var}[v_R^*(\omega)]\approx\dfrac{\omega^2\cdot\mathrm{Var}[k_R^*(\omega)]}{\{E[k_R^*(\omega)]\}^4}\end{cases} \tag{10-4-27}$$

当频散曲线和衰减系数由质点振动速度传递函数 $H(r,\omega)$ 同时确定时，方程(10-4-27)完成了面波信息的统计分析。然而，当面波数据 $v_R(\omega)$ 和 $\alpha_R(\omega)$ 为独立获得时，计算 $E[v_R^*(\omega)]$ 和

$Var[v_R^*(\omega)]$ 也可能是重要的。例如，在进行频散和衰减曲线的联合反演以确定在经过解耦过程后测量的 $v_R(\omega)$ 和 $\alpha_R(\omega)$ 的现场的横波速度和剪切阻尼比剖面时，就会发生这种情况。

具体地说，该方程可以被视为将复随机变量 v_R^* 分配给一对独立的随机变量 v_R 和 D_R 的映射。如果变量 v_R 和 D_R 是正态分布的并且映射足够平滑，则可以将其展开为关于点 $\{E(v_R),E(D_R)\}$ 的泰勒级数。同样，假设变量 v_R 和 D_R 的方差很小，则该级数被截断为仅一阶项，从而产生：

$$\begin{cases} E[v_R^*(\omega)] \approx \dfrac{E[v_R(\omega)]}{1+E^2[D_R(\omega)]} \cdot \{1+i \cdot E[D_R(\omega)]\} \\ \mathrm{Var}[v_R^*(\omega)] \approx \left[\dfrac{1+i \cdot E[D_R(\omega)]}{1+E^2[D_R(\omega)]}\right]^2 \cdot \mathrm{Var}[v_R(\omega)] + \\ \left[\dfrac{E[v_R(\omega)] \cdot [2E[D_R(\omega)]+i(1+E^2[D_R(\omega)])]}{\{1+E^2[D_R(\omega)]\}^2}\right]^2 \cdot \mathrm{Var}[D_R(\omega)] \end{cases} \tag{10-4-28}$$

$$\begin{cases} E[D_R(\omega)] \approx \dfrac{E[\alpha_R(\omega)] \cdot E[v_R(\omega)]}{\omega} \\ E[D_R(\omega)] \approx \left\{\dfrac{E[v_R(\omega)]}{\omega}\right\}^2 \cdot \mathrm{Var}[\alpha_R(\omega)] + \left\{\dfrac{E[\alpha_R(\omega)]}{\omega}\right\}^2 \cdot \mathrm{Var}[v_R(\omega)] \end{cases} \tag{10-4-29}$$

在推导式(10-4-28)和式(10-4-29)时，假设 v_R 与 D_R 是不相关的。

总之，尽管在大多数情况下，直接测量 $S_{rr}(\omega)$ 、$S_{12}(\omega)$ 和 $H(r,\omega)$ 与导出的面波数据 $v_R(\omega)$ 、$\alpha_R(\omega)$ 和 $v_R^*(\omega)$ 之间的关系是非线性的，但小方差的假设允许我们获得关于 $v_R(\omega)$ 、$\alpha_R(\omega)$ 和 $v_R^*(\omega)$ 的期望值和方差的明确结果。

三、模型参数的方差估计

一旦估计出了频散曲线和衰减曲线的不确定性，剩下的目标是确定这种不确定性到模型参数期望值的映射，这些模型参数包括场地剪切波速和剪切阻抗比剖面。这并非一个明确的解决方案，其取决于反演所采用的算法形式。此外，虽然估计剪切波速度是一个非线性反问题，但剪切阻抗比的计算是一个线性问题。当然，在联合反演的情况下，这些问题都是非线性的，而且是复数域内的。

频散曲线一般表示为与 nf 个离散频点相关联的瑞利波相速度的 $nf \times 1$ 维矩阵 $\boldsymbol{v}_{\mathbf{R}}$ ，可视为具有期望值 $E(\boldsymbol{v}_{\mathbf{R}})$ 和协方差($nf \times nf$ 维矩阵) $\mathrm{Cov}(v_R)$ 的多变量、正态、随机向量，则式(10-4-6)可用于估计 $\mathrm{Cov}(\boldsymbol{v}_{\mathbf{S}})$ ，其中 $\boldsymbol{v}_{\mathbf{S}}$ 是 $nl \times 1$ 维向量，其分量是具有 nl 层(包括半空间)的分层土壤沉积介质的未知剪切波速度。结果是

$$\mathrm{Cov}[\boldsymbol{v}_{\mathbf{S}}] = [(\boldsymbol{J}_{v_S}^{\mathrm{T}}\ (\mathrm{Cov}[\boldsymbol{v}_{\mathbf{R}}])^{-1}\boldsymbol{J}_{v_S})^{-1}\boldsymbol{J}_{v_S}^{\mathrm{T}}\ (\mathrm{Cov}[\boldsymbol{v}_{\mathbf{R}}])^{-1}]_{\mathrm{last\#}} \cdot \mathrm{Cov}[\boldsymbol{v}_{\mathbf{R}}] \cdot \\ [(\boldsymbol{J}_{v_S}^{\mathrm{T}}\ (\mathrm{Cov}[\boldsymbol{v}_{\mathbf{R}}])^{-1}\boldsymbol{J}_{v_S})^{-1}\boldsymbol{J}_{v_S}^{\mathrm{T}}\ (\mathrm{Cov}[\boldsymbol{v}_{\mathbf{R}}])^{-1}]_{\mathrm{last\#}}^{\mathrm{T}} \tag{10-4-30}$$

其中，$\boldsymbol{J}_{v_S}$ 是根据公式 $\boldsymbol{G}(\boldsymbol{v}_{\mathbf{S}}) = v_R$ 中的梯度 $\mathrm{grad}\boldsymbol{G}(\boldsymbol{v}_{\mathbf{S}})$ 计算的 $nf \times nl$ 维雅可比矩阵，其可以使用式(10-3-30)进行解析计算。式(10-4-30)括号外的下标 last# 再次表示，当使用例如标准最小二乘法求解方程式 $\boldsymbol{G}(\boldsymbol{v}_{\mathbf{S}}) = \boldsymbol{d}$ 表示的反演问题时，相对于最终迭代来计算括号内的项。

最后，$\mathrm{Cov}[\boldsymbol{v}_S]$ 是 $nl \times nl$ 维对角线矩阵，其元素是 nl 层的估计剪切波速的方差。

如果使用 Occam 算法对公式 $\boldsymbol{G}(\boldsymbol{v}_S)=\boldsymbol{d}$ 进行反演，则可以证明与估计的剪切波速度剖面相关的不确定性可以用以下关系来计算(Lai et al.，2005)：

$$\mathrm{Cov}[\boldsymbol{v}_S]=[(\mu\boldsymbol{L}^T\boldsymbol{L}+(\boldsymbol{W}\boldsymbol{J}_{v_S})^T\boldsymbol{W}\boldsymbol{J}_{v_S})^{-1}(\boldsymbol{W}\boldsymbol{J}_{v_S})^T\boldsymbol{W}]_{last\#}\cdot\mathrm{Cov}[\boldsymbol{v}_R]\cdot [(\mu\boldsymbol{L}^T\boldsymbol{L}+(\boldsymbol{W}\boldsymbol{J}_{v_S})^T\boldsymbol{W}\boldsymbol{J}_{v_S})^{-1}(\boldsymbol{W}\boldsymbol{J}_{v_S})^T\boldsymbol{W}]_{last\#}^T \tag{10-4-31}$$

其中，μ 是拉格朗日乘子，$\boldsymbol{W}$ 是由式(10-3-42)定义的 $nf \times nf$ 维对角权重矩阵，其中不确定性现在均为实数，$\boldsymbol{L}$ 是表示式(10-3-16)中定义的两点中心有限差分算子的 $nl \times nl$ 维实矩阵。

图 10-4-2 显示了在野外某实际场地测得的图 10-3-8 所示频散曲线反演获得的一维横波速度剖面和相关的不确定度。图 10-4-3 显示的是最后一次迭代(第 9 次)后，频散曲线与相应的理论曲线(均只考虑基阶模式)之间的比较(Lai et al.，2005)。图 10-4-2 中附在 v_S 剖面上的误差条代表了预期横波速度剖面的标准偏差，变异系数从 0.2%到约 4%。图 10-4-3 的频散曲线似乎被分为两个区域，两个区域之间的阈值频率约为 11Hz，即以较高的变异系数值为特征的低频区域(高达约 14%)和以较低的不确定性值为特征的高频区域的两个部分。

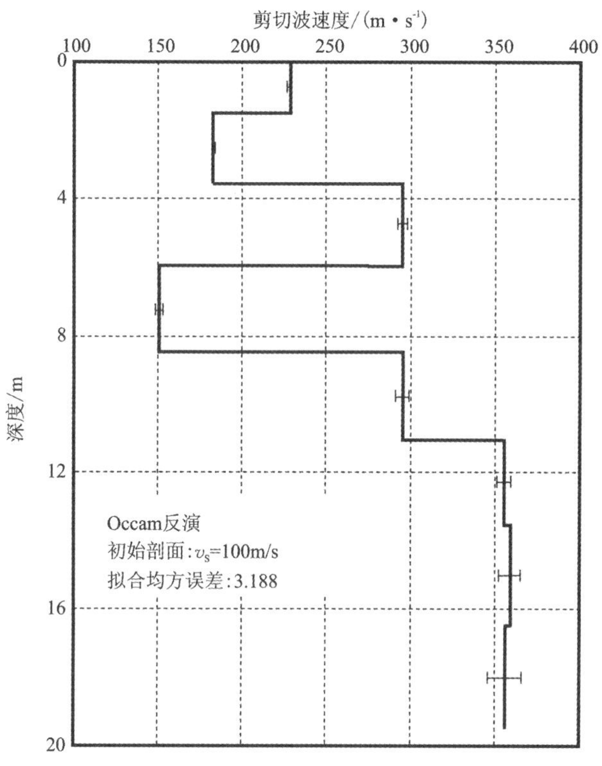

图 10-4-2　某野外场地实测频散曲线反演得到的横波速度剖面的期望值和标准偏差

(修改自 Lai et al.，2005)

该实例清晰地表明 Occam 算法在将实测数据的不确定性映射为模型参数的协方差方面的稳定性。这主要是由于出现在式(10-4-31)中的平滑参数所产生的减振效果。低频下实测频散曲线的较大不确定性导致观测到的预期横波速度剖面的不确定度也随深度增加，如图 10-4-2所示。

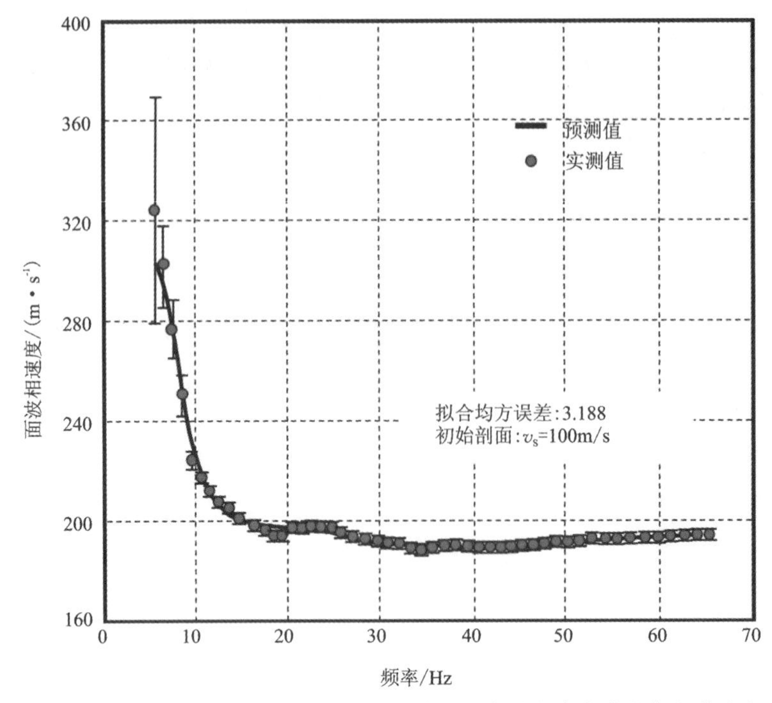

图 10-4-3　某野外场地实测频散曲线中瑞利波相速度随频率变化的期望值和标准差

(图中连续线表示在反演算法的最后迭代时的基阶模式波理论频散曲线,修改自 Lai et al.，2005)

当然,图 10-4-2 所示的横波速度剖面的标准偏差的低值不能仅归功于 Occam 算法,也和面波方法本身的特点有关。事实上,其他研究人员已经证明了这一点(Xia et al.，2002;Marosi and Hiltunen，2004a，2004b;Moss，2008;Cox and Wood，2011),这些研究结果指出,面波方法(例如 SASW 和 MASW)是相当精确的实验技术,即使在存在强烈的环境不相关噪声的情况下,变化系数也在 5%～10%量级。这一结果对于在其他地球物理测试可能遇到困难的城市地区应用时具有特别重要的意义。

也就是说,在这一点上,强调数据的野外实际观测的准确性和可靠性或精密度之间的差异是很重要的。精度可以被定义为用某种技术确定的测量的期望值[在这里为 $E(v_S)$]等于真实值的概率。而数据采集的准确性可能会受到偏差和系统误差的影响(Tuomi and Hiltunen，1996)。图 10-4-4 显示了一个经典的案例,它经常被用来解释实验结果的可靠性和准确性之间的差异。

左边的一组测量值的特征是在平均值附近有一个小的差值(即低标准差)。然而,如果 100 代表目标参数的真值,则平均值的偏差几乎等于 7 倍。右侧的一组测量值的平均值等于 80,因此相对接近真实值,但测量值大体上分散在平均值周围,因此标准偏差很大。图 10-4-4 可以这样描述:左侧的测量集可靠但不准确,而右侧的测量集准确但不可靠。

有时可能很难评估准确性,因为无法确切地知道介质物理参数的真实值。目前的讨论涉及面波方法的可靠性,面波方法代表了 v_S 在其期望值附近的离散估计,并且可以使用式(10-4-31)来计算。当然,面波方法预测某处的“真实” v_S 剖面的准确性,可以通过将反演结果与用其他地球物理技术获得的 v_S 剖面测量结果进行比较来解决。

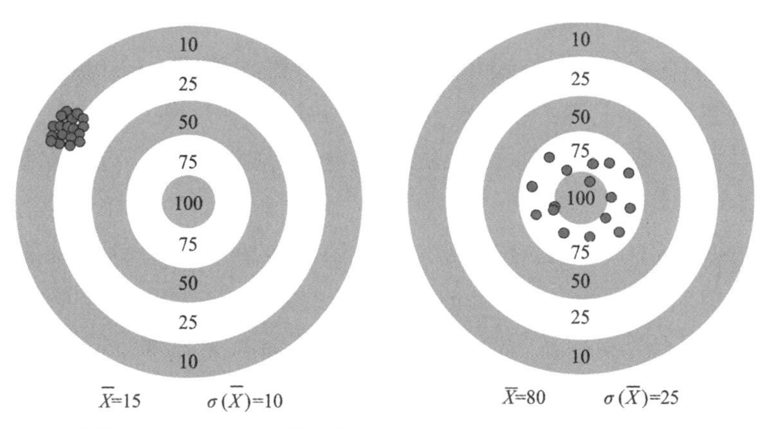

图 10-4-4 两组实验测量的准确度和可靠性的差异(符号 $\overline{X}$ 表示测量的期望值，而 $\sigma(\overline{X})$ 表示其标准偏差)

确定与估计的瑞利波衰减因子分布相关的不确定度比确定 $\mathrm{Cov}(\boldsymbol{v}_S)$ 更简单，因为如式 $\boldsymbol{G}(\boldsymbol{v}_S)=\boldsymbol{\alpha}_R$ 所示，获得衰减因子分布的实测衰减曲线 $\boldsymbol{\alpha}_R(\omega)$ 的反演是线性的。衰减曲线由与 nf 个离散频点相关联的瑞利波衰减系数的 $nf\times 1$ 阶矩阵 $\boldsymbol{\alpha}_R$ 表示，且其可视为具有期望值 $E(\boldsymbol{\alpha}_R)$ 和协方差 $\mathrm{Cov}(\boldsymbol{\alpha}_R)$ 的多变量、正态、随机向量，则可使用式(10-4-2)来估计 $\mathrm{Cov}(\boldsymbol{D}_S)$，其中 $\boldsymbol{D}_S$ 是 $nl\times 1$ 维向量，其分量是具有 nl 层(包括半空间)的分层介质的未知剪切阻尼比。如果使用标准的最小二乘算法，则结果为

$$\mathrm{Cov}(\boldsymbol{D}_S)=(\boldsymbol{G}^{\mathrm{T}}\boldsymbol{G})^{-1}\boldsymbol{G}^{\mathrm{T}}\mathrm{Cov}(\boldsymbol{\alpha}_R)\left[(\boldsymbol{G}^{\mathrm{T}}\boldsymbol{G})^{-1}\boldsymbol{G}^{\mathrm{T}}\right]^{\mathrm{T}} \tag{10-4-32}$$

其中，$\boldsymbol{G}$ 是由包括瑞利波的模式相速度相对于模型参数 v_P 和 v_S 的偏导数项组成的矩阵。在式(10-4-32)中，$\mathrm{Cov}(\boldsymbol{D}_S)$ 是 $nl\times nl$ 对角线矩阵，其元素是 nl 层的估计剪切阻尼比的方差。当然，除了标准的最小二乘法之外，还可以使用其他包括 Occam 算法等算法来反演瑞利波衰减曲线 $\boldsymbol{\alpha}_R(\omega)$ (Rix et al.，2000)。另外，还可以通过频散和衰减曲线的联合非线性反演得到剪切阻尼比分布 $\boldsymbol{D}_S$。估算反演复横波速度剖面 $\boldsymbol{v}_S^*$ 的不确定度的方法与解耦反演得到 $\mathrm{Cov}(\boldsymbol{v}_S)$ 的方法相同，因此式(10-4-30)和式(10-4-31)仍然有效。唯一的区别是 $\mathrm{Cov}(\boldsymbol{v}_S^*)$ 的计算需要系统地使用复变量的形式。

四、模型分辨率与不确定度间的权衡规则

如上一节所示，将与实测频散或衰减曲线相关的不确定性投射到剪切波速模型参数以及场地剪切阻尼比剖面的不确定性时，通常将取决于用于反演的特定算法，仔细分析式(10-4-30)和式(10-4-31)，可发现这是显而易见的。然而，除了算法之外，还有另一个因素影响数据误差的缩放。该因素即假定的介质模型几何上的空间分辨率。假设在建筑工地，从钻孔数据中已明确获取深度 20m 内各层的顺序和相应的厚度。同场地开展面波勘探，测得的频散曲线的最低频信息满足 20m 深度的勘探要求。此时，我们可以采用各种不同的几何模型来反演实测频散曲线，因为各层之间可能根本不存在突变的界面，而且因为上覆压力的增加使得低应变剪切模数通常会随着深度的增加而增加 (Santamarina et al.，2001)。因此，在进行频散曲线反演时，人们自然产生会开始思考，什么是用于频散曲线反演的理想几何模型？5 层模型足够了

吗？或者10层模型会更可取吗？如何作出参考层数的正确选择？指导原则或理论依据是什么呢？这个问题几乎在勘探地球物理和地震学的任何领域都是存在且相关的。在地震层析成像中，网格的理想粗糙度是多少？当然，网格越细，可能解决的细节就越多。然而，较小的单元格可能被很少的地震射线照射；因此，通过反演旅行时确定的相应的模型参数将具有较大的不确定性。

在非常精细的网格中，可能会有完全处于“暗”状态的网格（也就是说它们没有被任何射线穿透）。在这种情况下，无论多么复杂的算法都不能解出这些网格的模型参数。同样，引用Lanczos(1961)的话：“任何数学技巧都不能弥补解决问题时信息缺乏的问题。”当然，这并不意味着应该总是避免非常精细的网格。这完全取决于地球物理调查的目标。如果需要高分辨率的层析成像，则层析成像应该使用大量的射线数据来进行，并且地震记录应该由大量近偏移距检波器来接收。激发的波的波长应该足够短，以保证物理意义上足够的分辨率。简而言之，空间网格的每个单元都应该有足够的照明，确保存在数据测量的冗余，以便旅行时反演问题成为超定问题，当然这样的代价是高昂的，且并不总是合理。对于较大的网格单元，空间分辨率自然会降低，但即使使用有限数量的震源和检波器，照明充足的单元分辨率也会随之改善。在这样的网格单元中，模型参数的不确定性很小(Menke, 1989)。总而言之，数据误差到模型参数不确定性的映射通常依赖于：①实测数据的误差大小；②反演算法类型；③模型的空间分辨率。

模型解析的问题前面已经结合精度和数据解析进行了讨论，并通过式(10-3-18)和式(10-3-21)分别引入了模型分辨矩阵 $\boldsymbol{R}_m$ 和狄利克雷扩展函数 $\|\boldsymbol{R}_m-1\|_2^2$ 。在完全超定问题中，$\boldsymbol{R}_m=1$ ，且模型参数通过该算法得到了完美的求解。然而对于欠定或混定问题，一般情况下，模型分解矩阵与恒等式矩阵不同。因为 $\boldsymbol{R}_m=\boldsymbol{G}^{-g}\boldsymbol{G}$ ，所以 $\boldsymbol{R}_m$ 的结构将取决于用来求解反演问题的特定广义逆矩阵的结构。

前一节中的讨论是在假设实测数据不存在错误的情况下进行的。如果在测量中引入噪声，则问题的处理变得更加复杂。Backus 和 Gilbert(1970)的论文在这方面做出了里程碑式的研究。在引入分辨率扩展函数的新定义后，与式(10-3-21)相比，该定义更好地捕捉模型分辨率矩阵的宽度，他们通过在存在不相关的高斯数据误差的情况下最小化模型分辨率函数的宽度来计算广义逆矩阵。他们发现，反问题的唯一解不存在，因为模型参数的分辨率宽度和方差不是两个自变量。只有以增加模型参数的不确定性为代价才能提高模型分辨率(Parker, 1977)。而折衷曲线的概念有助于解释这一问题的性质，如图10-4-5所示。上述定性讨论得到了 Backus 和 Gilbert(1970)的定量研究结果证实。理想的解决方案并不存在，模型分辨率和精度的可接受值应根据具体问题的特点逐一设置。这也回答了本节开始时提出的第一个问题，即在面波测试中应该使用什么样的理想几何模型来反演实验频散曲线。

虽然 Backus 和 Gilbert 的方法只对线性反问题是严格满足的，但只要非线性不是太严重，它就可以在一定程度上推广到非线性问题(Parker, 1977)。

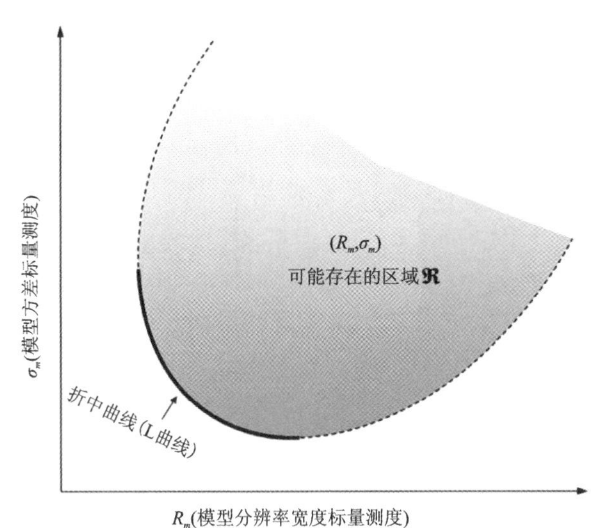

图 10-4-5　显示反问题解中模型分辨率、扩散和方差的权衡曲线的概念图(修改自 Parker，1977)

图 10-4-6 显示了假设采用两种不同初始模型进行频散曲线反演的结果。图 10-4-6(a)采用的是 5 层模型得到的，图 10-4-6(b)则是使用 10 层模型得到的。两个模型的总厚度均设置为 20m，除了层数不同外，其他参数都是相同的。假设实测频散曲线被不相关的高斯噪声污染，其特征是变异系数等于 3%，与频率无关。图 10-4-7 显示了由反演算法得到的迭代终止时的实测频散曲线和预测色散曲线拟合情况。它们与图 10-4-6 所示的横波速度剖面相对应，分别对应采用 5 层和 10 层模型作为初始模型。由图可见，理论频散曲线几乎相同，拟合误差也是如此。图 10-4-6 中相应的横波速度剖面的总趋势是相似的，但略有不同。

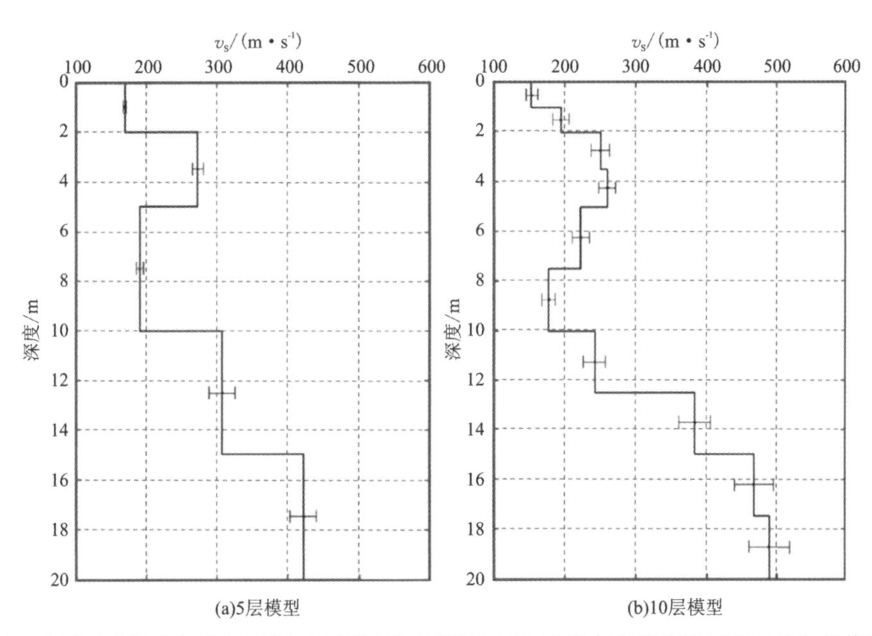

图 10-4-6　在其他参数相同的情况下，用两种不同层数的初始模型求取横波速度剖面的期望值和标准差

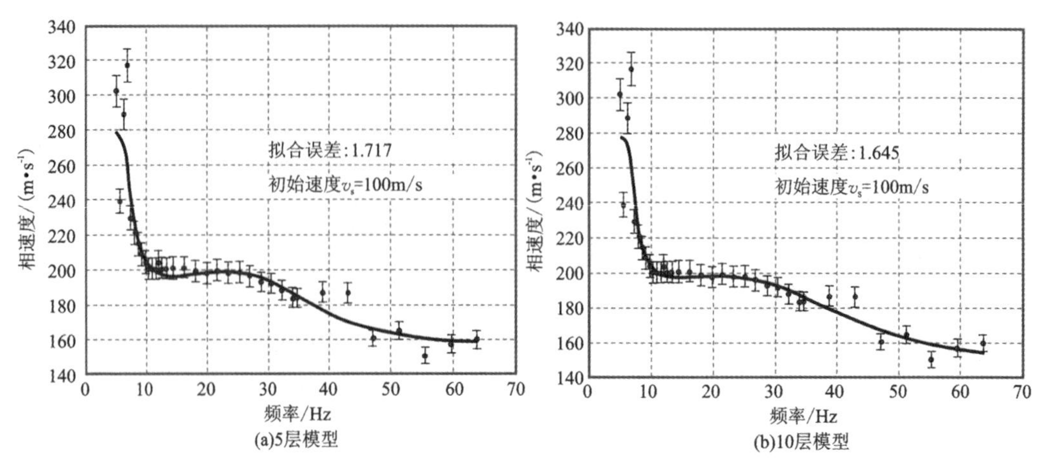

图 10-4-7　根据图 10-4-6 所示的剪切波速度剖面,迭代终止时的预测频散曲线与实测频散曲线拟合对比

然而,图 10-4-6 清楚地表明,与 10 层模型计算的横波速度值相关的不确定度大于 5 层模型的相应不确定度。这与图 10-4-5 的预期一致,即期望的空间分辨率越大(即层的数量越多),差异就越大。正如预期的那样,虽然两个模型中最浅层的模型参数相对于较深层的估计精度更高,但在较浅层中,10 层模型中的 v_S 的不确定性大于 5 层模型中相应的不确定性。Xia 等(2010)对模型分辨率和协方差之间的权衡进行了一项有趣的研究,其研究结果对于面波反演特别有效。

五、贝叶斯方法

最后我们简要介绍一种解决反问题的替代方法,该方法在文献中称为贝叶斯概率方法。这个名字来自 18 世纪的英国数学家托马斯·贝叶斯(Thomas Bayes),他基于他提出的条件概率定理对概率论提出了不同的解释。尽管该定理具有普遍的正确性,但有两种不同的统计学学派由此产生,即频率学派(古典学派)和贝叶斯学派。贝叶斯统计在科学和工程的各个领域的使用一直在增长,特别是在最近几年。已有研究表明,当贝叶斯概率理论应用于地球物理反演问题时,往往会得到类似的解(Aster et al., 2005)。Tarantola(2005)的专著可能是目前关于将贝叶斯概率理论应用于参数估计和反演问题解时的最全面和严谨的研究。

在使用贝叶斯方法进行地球物理反演时,模型参数被假定为随机变量(更准确地说,是多变量随机向量)。而相反,在经典反演方法中模型参数被视为由反演算法确定的系数。通过将数据投射到模型参数的不确定性中来考虑数据中可能的误差。在贝叶斯方法中,参数估计问题通过确定模型参数的概率分布来解决。这是一种截然不同的方法,它构成了贝叶斯方法的一个基本特征。但它的实际操作需要模型参数概率分布的先验定义,而这是有争议的。因为这种选择具备很强的主观性,选择不同的分布通常会得到不同的结果。

在贝叶斯方法中,反演的结果是模型参数的后验概率分布。如果没有可用的信息,则采用"白色"或均匀概率分布,其中模型参数的任何值的可能性相等,可能都在特定的规定范围内(如果先验已知)。在贝叶斯理论中,这种分布也被称为无信息性,尽管一些研究人员认为此术语有争议(Tarantola，2005)。如果基于先验信息的可用性证明这是合理的,则可以采用替代的概率分布。在这个意义上,贝叶斯方法允许我们自然地结合关于模型参数的先验信息(Aster et al.，2005)。最大熵方法(Rietch，1977)可以用来适当地确定模型参数的先验分布。这种方法是基于这样一种假设,即“最佳”分布是根据所谓的香农度量(Shannon’s measure)定义的信息量最大的分布(Tarantola，2005)。

贝叶斯理论允许通过已知先验分布和实验数据来计算模型参数的后验概率分布。根据后验分布,可以计算标准矩,如期望值和方差。一般情况下,贝叶斯方法在求解反问题时需要对大维积分进行数值计算。可以证明,如果使用贝叶斯方法来解决具有高斯分布且与模型参数 m 的先验无信息分布相关的不相关数据误差的非线性反问题,则 m 的后验最大值对应于反问题的非线性经典最小二乘解(Aster et al.，2005)。2012 年 Bodin 等以及 Shen 等分别提出将贝叶斯统计学应用于面波数据反演,这是非常好的建议。

第 5 节　模型参数对多模式瑞利波频散曲线的敏感性

前面我们介绍关于瑞利波反演时模型参数的敏感性问题时,提到过可以通过解析法计算模型参数雅克比矩阵的方式计算模型参数对面波反演的敏感性问题。而通过前一章的分析,我们知道瑞利波频散方程是关于地层横波速度、纵波速度、密度和层厚度的多变量函数,任何一个参数的变化都会在一定程度上引起瑞利波频散曲线的变化,但这种变化程度是不同的。如果一个参数的变化对频散曲线的形态变化影响很小,那么我们称该参数对面波频散曲线不敏感,在频散反演过程中往往可以忽略该参数的影响。下面我们通过设置一个六层模型(含半空间层),并分别以一定比例改变模型各层的厚度、密度、纵波速度、横波速度后,通过前一章中介绍的瑞利波频散曲线正演算法(如快速 Schwab-Knopoff 法等)理论计算该模型的理论频散曲线,并将结果进行比对,以此直观地展示各类模型参数对瑞利波频散性质的敏感性。模型参数设置(Xia et al.，1999)如表 10-5-1 所示。

表 10-5-1　6 层模型参数设置(修改自 Xia et al.，1999)

层号	$v_s/(m \cdot s^{-1})$	$v_p(m \cdot s^{-1})$	$\rho/(kg \cdot m^{-3})$	H/m
1	194	650	1820	2.0
2	270	750	1860	3.0
3	367	1400	1910	3.0
4	485	1800	1960	3.0
5	603	2150	2020	3.0
半空间	740	2800	2090	∞

对该模型,Xia 等(1999)针对频点 $f=5$、10、15、20、25、30 Hz 给出的雅克比矩阵为

$$J_s = \left[-\frac{\partial F/\partial v_{si}}{\partial F/\partial v_R}\bigg|_{f=f_j}\right] = \begin{bmatrix} 0.018 & 0.018 & 0.022 & 0.021 & 0.017 & 0.872 \\ 0.130 & 0.106 & 0.062 & 0.025 & 0.022 & 0.766 \\ 1.067 & 0.925 & 0.313 & 0.034 & 0.017 & 0.262 \\ 0.155 & 1.037 & 0.967 & 0.457 & 0.145 & 0.040 \\ 0.293 & 1.072 & 0.517 & 0.102 & 0.012 & 0.001 \\ 0.520 & 0.923 & 0.202 & 0.016 & 0.000 & 0.000 \end{bmatrix} \tag{10-5-1}$$

为直观显示模型参数对瑞利波各阶模式频散曲线的影响，我们分别改变层参数中的纵波速度，横波速度，密度，层厚度，使其相对于原始层参数变化 25%，通过快速 Schwab-Knopoff 法计算变化前后该模型的各阶模式理论频散曲线。

一、模型参数变化对基阶模式瑞利波频散曲线的影响

如图 10-5-1 所示，为将各层参数分别改变 25%后计算的基阶模式相速度值与变化前原始层参数所计算的基阶模式频散曲线的对比。下面我们据此分析各参数对基阶模式频散曲线的影响。

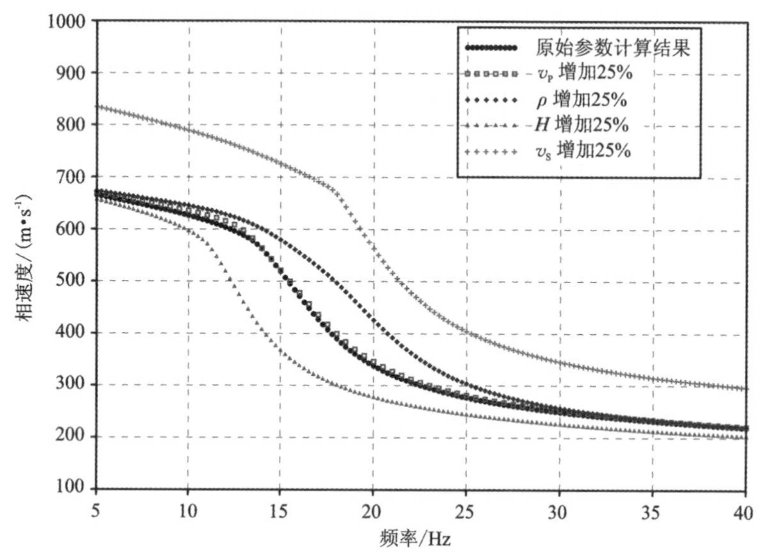

图 10-5-1 理论基阶模式频散曲线随模型参数改变 25%后的变化情况

1. 纵波速度的影响

图 10-5-1 中黑色实心圆点表示表 10-5-1 中参数对应的模型采用快速 Schwab-Knopoff 法计算的瑞利波基阶模式频散曲线，空心方块表示各层纵波速度均增加 25%后计算出的基阶模式瑞利波频散曲线。计算结果表明，纵波速度增加 25%，瑞利波相速度产生的最大变化小于 20m/s，平均相对变化小于 3%。很明显，纵波速度变化对瑞利波相速度的影响十分微弱。

2. 密度的影响

图 10-5-1 中菱形点线表示各层密度变化 25%后计算的瑞利波基阶模式频散曲线。当然，为保证频散曲线中的密度变化达到最大，第一层和第二层的密度相应减小 25%，而其他各层密度均增加 25%。在自然界中，密度变化 25%通常可代表砂岩与页岩、页岩与灰岩、砂砾与黏土之间的分界面两侧的合理变化。若各层密度的相对变化一致（均增加或减少），则频散曲线形态一般不会随之改变，因此此处将地表处两层介质的密度相对调低，而其他各层密度则相反。这样由于密度变化，引起的相速度的平均相对变化大约不到 10%。

3. 厚度的影响

当各层模型厚度均增加 25%，瑞利波相速度平均相对变化可达 16%左右，如图 10-5-1 中三角形表示的曲线。可见地层厚度变化对瑞利波基阶模式频散曲线形态的影响已经不可忽略。在频散曲线反演的过程中，一般反演的参数也是两个，其中一个参数为地层厚度，另一个是地层的横波速度。为了让反演过程更为快速与合理，一般会按照分辨率要求，将地层厚度设定为固定的值。

4. 横波速度的影响

当各层模型横波速度均增加 25%，瑞利波相速度平均相对变化可达 39%左右，如图 10-5-1中十字点线所示，该频散曲线已经与原模型的频散曲线发生了明显的改变，其中最大的相速度变化值甚至可达到 200m/s。

由以上分析可知，地层横波速度的变化会引起瑞利波基阶模式频散曲线的明显变化，因此可以说瑞利波基阶模式频散曲线对地层横波速度极为敏感。而相对地，对地层纵波速度和密度变化不敏感。因此在频散曲线反演中，我们反演的对象即为地层的横波速度。

二、模型参数变化对一阶高阶模式瑞利波频散曲线的影响

如图 10-5-2 所示，为将各层参数分别改变 25%后计算的瑞利波一阶高阶模式相速度值与变化前原始层参数所计算的一阶高阶模式频散曲线的对比结果。

1. 纵波速度的影响

图 10-5-2 中黑色实心圆点表示表 10-5-1 中参数对应的模型采用快速 Schwab-Knopoff 法计算的瑞利波一阶高阶模式频散曲线，空心方块表示各层纵波速度均增加 25%后计算出的对应一阶高阶模式瑞利波频散曲线。计算结果表明，纵波速度增加 25%，瑞利波相速度产生的最大变化小于 10m/s，平均相对变化约等于 1%。很明显，纵波速度变化对瑞利波一阶高阶模式波相速度的影响同样十分微弱。

2. 密度的影响

图 10-5-2 中菱形点线表示各层密度变化 25%后计算的瑞利波一阶高阶模式频散曲线。

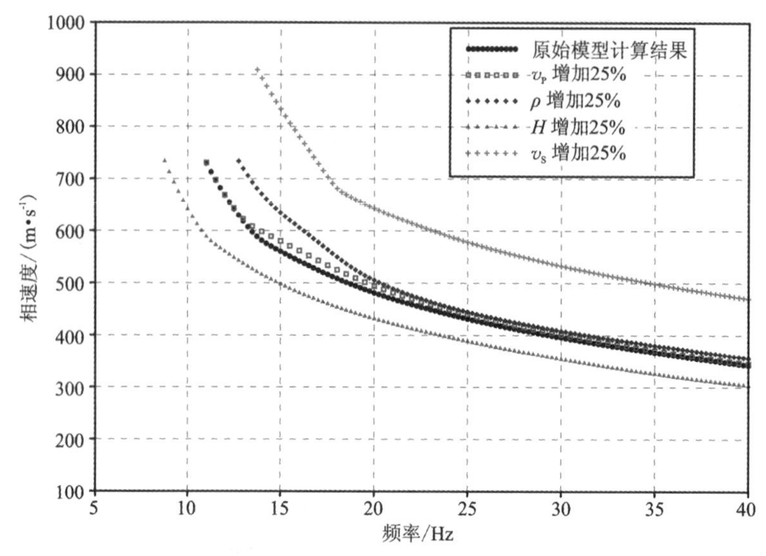

图 10-5-2　理论一阶高阶模式频散曲线随模型参数改变 25%后的变化情况

由于密度变化，引起的相速度的平均相对变化大约 8%，速度最大相对变化约 104m/s。

3. 厚度的影响

当各层模型厚度均增加 25%，瑞利波一阶高阶相速度平均相对变化可达 11%左右，如图 10-5-2 中三角形表示的曲线。可见地层厚度变化对瑞利波一阶高阶模式频散曲线形态的影响同样较为明显。

4. 横波速度的影响

当各层模型横波速度均增加 25%，瑞利波相速度平均相对变化可达 54%左右，如图 10-5-2 所示，该频散曲线已经与原模型的频散曲线发生了明显的改变，其中最大的相速度变化值甚至可达到 320m/s。

由以上分析可知，地层横波速度的变化会引起瑞利波一阶高阶模式频散曲线的明显变化，因此可以说瑞利波一阶高阶模式频散曲线对地层横波速度极为敏感。而相对地，对地层纵波速度和密度变化不敏感。因此在频散曲线联合反演中，一阶高阶模式波反演的对象也为地层的横波速度。

三、模型参数变化对二阶高阶模式瑞利波频散曲线的影响

如图 10-5-3 所示，为将各层参数分别改变 25%后计算的瑞利波二阶高阶模式相速度值与变化前原始层参数所计算的二阶高阶模式频散曲线的对比结果。

1. 纵波速度的影响

图 10-5-3 中实心圆点表示表 10-5-1 中参数对应的模型采用快速 Schwab-Knopoff 法计算的瑞利波二阶高阶模式频散曲线，空心方框表示各层纵波速度均增加 25%后计算出的对应

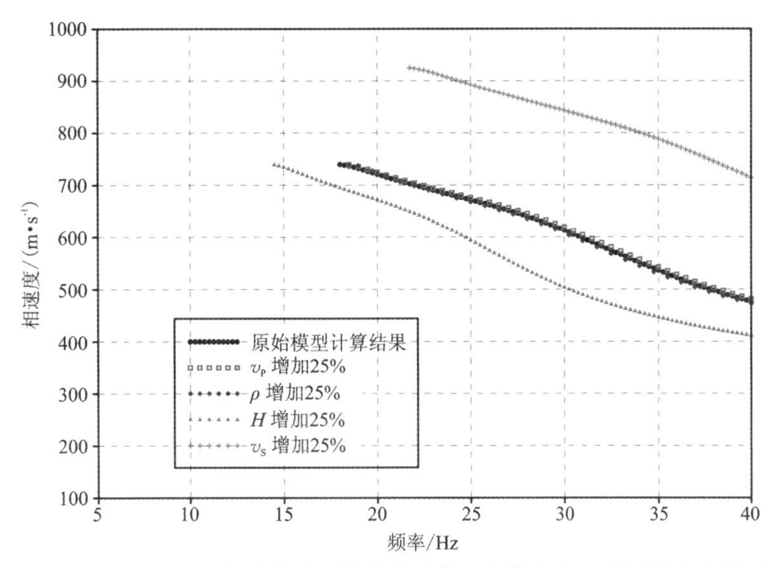

图 10-5-3　理论二阶高阶模式频散曲线随模型参数改变 25%后的变化情况

二阶高阶模式瑞利波频散曲线。计算结果表明，纵波速度增加 25%，二阶高阶模式瑞利波相速度产生的最大变化小于 10m/s，平均相对变化约等于 1%。很明显，纵波速度变化对瑞利波二阶高阶模式波相速度的影响同样十分微弱。

2. 密度的影响

图 10-5-3 中菱形表示各层密度变化 25%后计算的瑞利波二阶高阶模式频散曲线。由于密度变化，引起的相速度的平均相对变化大约为 1%，速度最大相对变化约为10 m/s。此结果说明，密度的变化对于二阶高阶模式波更为不敏感。

3. 厚度的影响

当各层模型厚度均增加 25%，瑞利波二阶高阶相速度平均相对变化可达 14%左右，最大相速度变化值约为 100m/s，如图 10-5-3 中三角形表示的曲线。可见地层厚度变化对瑞利波二阶高阶模式频散曲线形态的影响同样较为明显。

4. 横波速度的影响

当各层模型横波速度均增加 25%，瑞利波相速度平均相对变化可达 54%左右，如图 10-5-3 中十字线所示，该频散曲线已经完全偏离了原模型的频散曲线，其中最大的相速度变化值甚至可达到 244m/s。

由以上分析可知，地层横波速度的变化会引起瑞利波二阶高阶模式频散曲线的明显变化，因此可以说瑞利波二阶高阶模式频散曲线对地层横波速度极为敏感。而相对地，对地层纵波速度和密度变化不敏感。因此在频散曲线联合反演中，二阶高阶模式波反演的对象也为地层的横波速度。

经过对基阶模式波和两个高阶模式波随地层密度、厚度、纵波速度、横波速度等参数的变化而变化情况的分析，不难发现，高阶模式波相比于基阶模式波对横波速度的变化具有更高的敏感度。而相应地对如密度和纵波速度的敏感度却更低。因此，从敏感度的意义，我们可以预知当进行面波频散曲线反演时，若加入一定的高阶模式频散曲线，在一定程度上有助于反演过程的稳定性，并能削弱解的非唯一性。

第 11 章　高频多道面波方法的分辨率

面波勘探方法在环境和工程勘察上具有很大的应用潜力，弄清楚该方法的分辨率对于其成功应用是至关重要的。在解释垂直（层状一维）和水平（拟 2D）剪切波速度模型时，面波资料的潜在分辨率必须了解清楚。模型分辨率矩阵表明，如果对无误差数据进行反演，层状地球模型的横波速度模型可以在最小二乘意义下得到很好的求解。Xia 等（2005）研究发现，实际数据中的误差会在反演的最小二乘解中引入一个模糊矩阵，这将降低最终反演的横波速度模型的分辨率。实际资料测试表明，准确的频散曲线可以分辨出坚硬覆盖层下 3.5m 深度、对比度约为 25%的低速介质层。为研究并改善多道面波方法的纵横向分辨率，Xia 等（2005）将模糊矩阵的概念引入进多道面波频散曲线最小二乘反演中，由此将测量数据中的误差与数据的分辨率联系起来。模糊矩阵的存在，表明提高模型分辨率的方法最终依靠的是提高测量数据的精度。基于层状介质模型的模拟结果可以衡量浅地表应用中面波勘探方法的垂直分辨率。在数据采集观测系统设计阶段，对于给定的地质问题，必须对高频瑞利波进行正演模拟，以确定误差水平的上限。在误差水平以下的测量数据确保了进行地质解释的特定分辨率的反演模型。质量差的数据输入反演算法只会产生不切实际的模型。

面波方法的水平分辨率受限于接收排列的长度（即观测孔径）。在相速度测量中，分层模型估计表示该长度上的平均值。任何横向不连续都会在反演中引入系统误差，从而导致获得依赖于几何形状的估计模型。基于滚动模式采集的面波多道分析数据允许通过在每个接收排列中点对齐的 1D 模型来构建“拟 2D 剖面”。但是，在接收排列正向和反向采集的实际数据图像可能不一致。Xia 等（2005）在水平方向上对这些“拟 2D 剖面”进行了广义反演，消除了这些不一致性，提高了水平分辨率，从而可以进行更客观的地质评价。另外，Mi 等（2017）给出了一种评估 MASW 方法水平分辨率的数值研究方法。用 MASW 方法给出了不同横向一非均质模型对应的多个拟二维横波速度剖面。横向异常体在拟二维横波速度剖面上的 v_S 值受多种因素的影响。数值研究结果和两个现场数据实例表明，对于横向尺寸小于检波器排列长度的结构，反演的横波速度值与真实的横波速度值不同。在拟二维横波速度剖面图上，较大且具有很高的速度对比度的异常体在检波器排列长度较短时更容易被分辨出来。在确定了特定问题的调查深度之后，可以确定最佳的数据采集参数，例如检波器排列长度。MASW 方法的水平分辨率随着深度的增加而降低，约为可穿透到深度的最短瑞利波波长的一半，这对于使用 MASW 方法重建横向变化的实际应用具有重要指导意义。

本章我们主要根据以上研究成果，介绍多道面波方法的纵横向分辨率的定义方式，以及改善分辨率的相关方法。

第1节　多道面波方法的纵向分辨率

了解瑞利波相速度频散曲线反演中的模型分辨率是将MASW方法应用于浅地表地质/地球物理问题的关键。模型分辨率矩阵(Wiggins,1972)提供了一个评估真实模型参数分辨能力的数值标准。多道面波方法所采集的数据总是包含了数据和噪声两个部分,这样的信号一般称之为总数据(gross data),噪声的存在会使得反演结果中被引入一个模糊矩阵,该矩阵在一定程度上会降低高频多道面波方法的垂直分辨率。

根据Xia等(2005)的研究,本节首先引入分层地球模型的模糊矩阵概念,以建立模型分辨率和数据精度之间的关系。然后,使用数值模拟结果来演示如何使用正演建模来定义模型分辨率。模糊矩阵的概念不仅提供了相速度误差与反演S波速度模型分辨率之间的联系,而且还介绍了一种根据相速度估计误差确定反演模型分辨率的实用方法。最后,通过一个与定义低速层相关的实际案例说明该实用方法在实际数据应用上的有效性。

一、模型分辨率与模糊矩阵

浅地表横波速度可以通过高频瑞利波的相速度频散曲线来反演估计(Xia et al., 1999, 2003),同时浅地表介质品质因子(Q)也可以通过对瑞利波衰减系数的反演来确定(Xia et al., 2002b)。这两种反演系统都是基于层状地下介质模型展开的,采用迭代算法解决超定非线性反演问题:

$$\boldsymbol{G}\boldsymbol{m}^{\text{true}} = \boldsymbol{d} \tag{11-1-1}$$

其中,$\boldsymbol{G}$是一个$m \times n$阶矩阵($m > n$),$\boldsymbol{m}^{\text{true}}$和$\boldsymbol{d}$分别表示模型和数据矢量。同时,$\boldsymbol{G}$代表了与$\boldsymbol{m}^{\text{true}}$及观测系统相关的一个数据核矩阵。1972年Wiggins首先将模型分辨率的概念引入到地球物理反演中(Wiggins, 1972),其基本原理如下。假设$\boldsymbol{H}$为矩阵$\boldsymbol{G}$的广义逆矩阵,则我们可通过如下关系得到估计的模型$\boldsymbol{m}^{\text{est}}$:

$$\boldsymbol{m}^{\text{est}} = \boldsymbol{H}\boldsymbol{d} \tag{11-1-2}$$

将式(11-1-1)代入式(11-1-2)中,可得

$$\boldsymbol{m}^{\text{est}} = \boldsymbol{H}\boldsymbol{d} = \boldsymbol{H}[\boldsymbol{G}\boldsymbol{m}^{\text{true}}] = [\boldsymbol{H}\boldsymbol{G}]\boldsymbol{m}^{\text{true}} = \boldsymbol{R}\boldsymbol{m}^{\text{true}} \tag{11-1-3}$$

其中,$\boldsymbol{R}$即为$n \times n$阶模型分辨率矩阵(Wiggins, 1972)。该分辨率矩阵仅由数据核矩阵及加载到反演过程中的先验信息所决定,因此其独立于实测数据的真实值。式(11-1-3)表明,估计的模型参数$\boldsymbol{m}^{\text{est}}$是真实模型参数$\boldsymbol{m}^{\text{true}}$的加权平均结果,其中的加权系数矩阵为$\boldsymbol{R}$。例如,估计的第$i$个模型参数$\boldsymbol{m}_i^{\text{est}} = \sum_{j=1}^{n} r_{ij}\boldsymbol{m}_j^{\text{true}}$,其中$r_{ij}$为矩阵$\boldsymbol{R}$的第$i$行第$j$个元素。如果$\boldsymbol{R}=\boldsymbol{I}$($\boldsymbol{I}$表示单位矩阵),则每个模型参数都是唯一确定的,此时模型将达到可能的最高分辨率。

Xia等(1999)在采用最小二乘法反演频散曲线时,能使模型分辨率达到最大,因为在最小二乘意义下$\boldsymbol{G}$的广义逆矩阵形式为$\boldsymbol{H} = [\boldsymbol{G}^{\text{T}}\boldsymbol{G}]^{-1}\boldsymbol{G}^{\text{T}}$。分辨率矩阵$\boldsymbol{R}$为

$$\boldsymbol{R} = \boldsymbol{H}\boldsymbol{G} = [\boldsymbol{G}^{\text{T}}\boldsymbol{G}]^{-1}\boldsymbol{G}^{\text{T}}\boldsymbol{G} = \boldsymbol{I} \tag{11-1-4}$$

式(11-1-4)表明模型参数能被完美求解。这是我们基于纯数据(无任何噪声),采用最小二乘

法反演所通常能够得到的结果。

而实际勘探时，观测数据会不可避免地被各种干扰信号所污染，因此观测数据总是一定程度上带有观测误差的。这类含误差数据可以看作是纯数据矢量 $\boldsymbol{d}$ 和噪声矢量 $\Delta\boldsymbol{d}$ 之和，因此式(11-1-1)在该意义下将被写为

$$\boldsymbol{G}\boldsymbol{m}^{\mathrm{est}}+\boldsymbol{G}\Delta\boldsymbol{m}=\boldsymbol{d}+\Delta\boldsymbol{d} \tag{11-1-5}$$

其中，$\Delta\boldsymbol{m}$ 表示由于数据误差 $\Delta\boldsymbol{d}$ 所引入的估计模型 $\boldsymbol{m}^{\mathrm{est}}$ 中的误差。$\Delta\boldsymbol{m}$ 可用估计模型参数 $\boldsymbol{m}^{\mathrm{est}}$ 的形式表示为

$$\Delta\boldsymbol{m}=\boldsymbol{E}\boldsymbol{m}^{\mathrm{est}} \tag{11-1-6}$$

其中，$\boldsymbol{E}$ 是一个 $n\times n$ 阶的非零矩阵，称之为“模糊矩阵”。模糊矩阵总是存在的，因为在每个方程中有 m 个变量($\boldsymbol{E}$ 的行向量)，使得只要满足式(11-1-6)，就可以自由地选择 $\boldsymbol{E}$ 的行向量作为任何向量。使用式(11-1-6)重写式(11-1-5)，我们可以很容易理解含噪数据是如何降低模型分辨率的：

$$\boldsymbol{G}\boldsymbol{m}^{\mathrm{est}}+\boldsymbol{G}\Delta\boldsymbol{m}=\boldsymbol{G}\boldsymbol{m}^{\mathrm{est}}+\boldsymbol{G}\boldsymbol{E}\boldsymbol{m}^{\mathrm{est}}=\boldsymbol{G}(\boldsymbol{I}+\boldsymbol{E})\boldsymbol{m}^{\mathrm{est}} \tag{11-1-7}$$

式(11-1-7)所表达的线性系统在最小二乘意义下的分辨率矩阵为

$$\boldsymbol{R}=\boldsymbol{H}\boldsymbol{G}=[\boldsymbol{G}^{\mathrm{T}}\boldsymbol{G}(\boldsymbol{I}+\boldsymbol{E})]^{-1}\boldsymbol{G}^{\mathrm{T}}\boldsymbol{G}=(\boldsymbol{I}+\boldsymbol{E})^{-1}[\boldsymbol{G}^{\mathrm{T}}\boldsymbol{G}]^{-1}\boldsymbol{G}^{\mathrm{T}}\boldsymbol{G}=(\boldsymbol{I}+\boldsymbol{E})^{-1}\neq\boldsymbol{I} \tag{11-1-8}$$

分辨率矩阵不再是单位矩阵，因此估计模型 $\boldsymbol{m}^{\mathrm{est}}(=\boldsymbol{R}\boldsymbol{m}^{\mathrm{true}})$ 成为真实模型的加权平均。通过模糊矩阵 $\boldsymbol{E}$ 将数据 $\boldsymbol{d}$ 中的误差传输到反演模型中，从而降低了模型分辨率。虽然在大多数情况下不可能确定模糊矩阵 $\boldsymbol{E}$ 。但很明显，由于数据 $\boldsymbol{d}$ 中的误差引入 $\boldsymbol{E}$ 的任意性，反演模型的分辨率会降低。

二、含低速夹层的数值模拟案例分析

前面的讨论表明，引入数据误差的模糊矩阵 $\boldsymbol{E}$ 降低了反演模型的分辨率。换句话说，模型的分辨率受到数据精度的限制。如果异常层(例如，半空间中的低速/高速层)的最大响应弱于数据误差，则不可能检测到该层，因为模糊矩阵 $\boldsymbol{E}$ 将模型分辨率降低到不能将该层与半空间区分开的水平。因此，对于给定的数据精度，地球物理数据的分辨率可以通过正演模拟来确定。

为了证明瑞利波相速度的分辨率，本节将使用一个两层介质模型作为背景模型，并在一定深度用 2m 厚的低速层代替表层中的部分介质层来建立测试模型(图 11-1-1)。两层模型的表层纵波速度和密度分别为 800m/s 和 1750 kg/m^3 ，半空间为 1600m/s 和 2000kg/m^3 。如前文所分析的，纵波速度和密度对瑞利波相速度的影响很小，因此在此模拟试验中选择低速层的纵波速度和密度与表层相同，仅改变其横波速度。

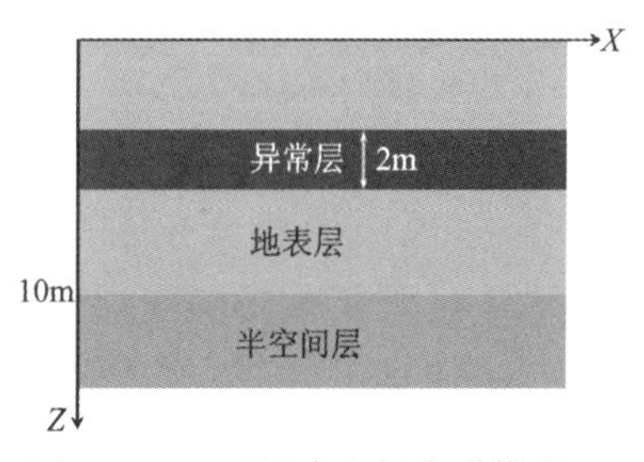

图 11-1-1　两层半空间介质模型表层含低速层模型

(修改自 Xia et al.，2005)

背景模型产生的瑞利波相速度在图 11-1-2a 中用实线

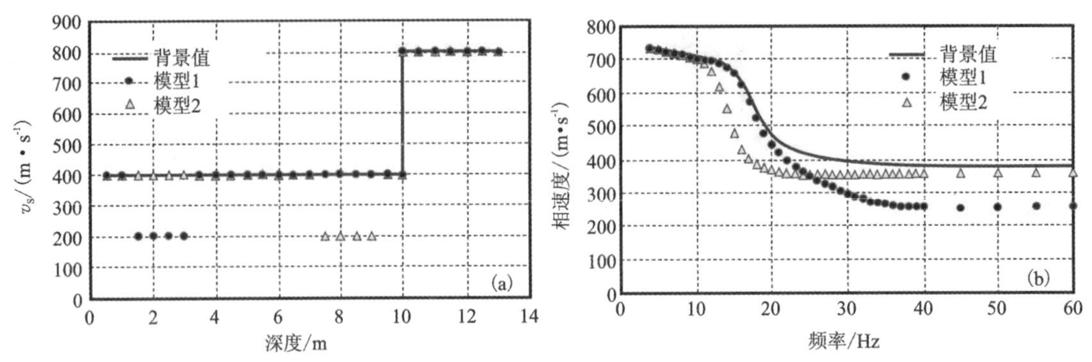

图 11-1-2 两层半空间速度模型(表层含低速层)(a)及理论瑞利波相速度频散曲线(b)
(修改自 Xia et al.,2005)

所示。模型 1 为[图 11-1-2(a)中的实心点]由位于 1.5～3.5m 深度的低速层(比背景模型表层横波速度低 50%)取代背景模型。瑞利波相速度的最大相对变化在 45Hz 时为 34%[图 11-1-2(b)]。如果最大相对数据误差小于 34%,则对瑞利波数据进行反演可以分辨出低速层(Xia et al.,1999,2003;Beaty et al.,2002)。否则,瑞利波数据的反演受模糊矩阵的影响,无法探测到这一低速层。

接下来我们将低速层稍微移动到 7.5～9.5m,以生成第二个模型[图 11-1-2(a)中的实体三角形]。瑞利波相速度的最大相对变化为 32%[图 11-1-2(b)]。同样,如果最大相对数据误差小于 32%,瑞利波频散数据的反演可以在这种情况下分辨出低速层。值得指出的是,当低速层的中心深度从 2.5m 移动到 8.5m 时,最大相对变化从 45Hz 移动到 17Hz。为了突出瑞利波相速度的最大相对变化,在下面的讨论中,我们只绘制瑞利波相速度的最大相对变化,因为在下面的模拟结果中,低速层处于不同的环境中,故忽略了最大相对变化发生的频率。这些结果为分辨率和数据准确性之间的关系提供了更全面的理解。

等值线图(图 11-1-3)显示瑞利波相速度的最大相对变化是中心深度和低速层厚度的变化。我们在背景模型(图 11-1-1)中以两种设置对低速层进行建模:低速层的 S 波速度比背景模型低 25%或 50%。在前一种情况下,瑞利波相速度的最大相对变化量随深度和厚度的不同而变化,从小于 5%到大于 40%。例如,如图 11-1-3(a)中的五角星所示,在 6m 深度分辨一个 2m 厚的层,瑞利波相速度的最大相对变化约为 14%。如果瑞利波相速度(测量数据)的误差水平(最大相对误差)小于 14%,由于测量数据仍具有足够的分辨率,理论上反演算法应该能够探测到这一低速层。另一方面,如果测量数据的误差水平高于 14%,则由于模糊矩阵的影响,测量数据不再具有足够的分辨率,因此反演算法无法检测到该低速层。

然而,众所周知,速度对比度越高,探测异常层就越容易(Socco and Strobbia,2003)。在探测低速层时,如果横波速度对比度增大,对测量数据的精度要求将大大降低。例如,在后一种设置[图 11-1-3(b)]中,对于在与前一种情况相同深度处具有相同厚度但其速度对比度为 50%的低速层,在图 11-1-3(b)中用星号表示,逆算法可以解析需要小于 30%的误差水平的层。然而,误差水平必须降低到 15%以下,才能分辨图 11-1-3(b)中用实心点表示的 1m 厚的层。瑞利波相速度随横波速度对比的变化趋势如图 11-1-4 所示。

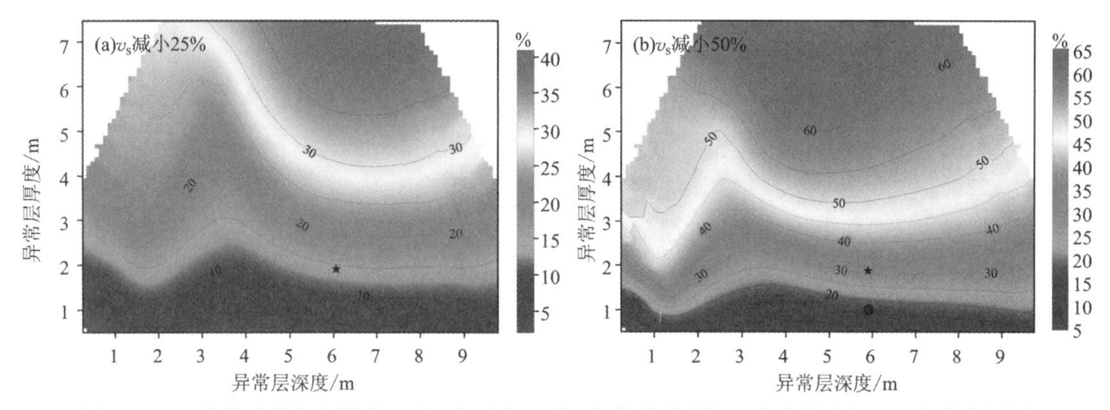

图 11-1-3　随低速层中心深度(x 轴)和厚度(y 轴)变化的瑞利波相速度最大相对变化等值线图

(修改自 Xia et al.,2005)

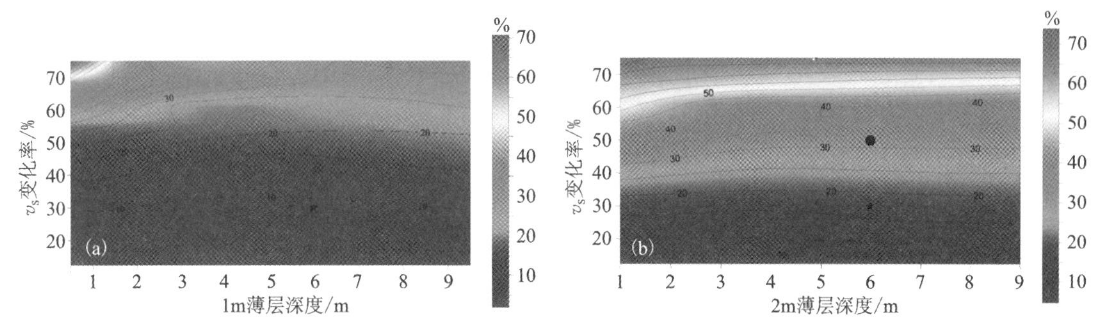

图 11-1-4　随低速层中心深度(x 轴)和低于背景速度百分比(y 轴)变化的瑞利波相速度最大相对变化等值线图(修改自 Xia et al.,2005)

等值线图(图 11-1-4)显示的是随中心深度变化的瑞利波相速度最大相对变化量和背景模型中低速层的速度对比(图 11-1-2)。要分辨一个 1m 厚、横波速度对比度为 30%、深度为 6m[图 11-1-4(a)中的星形]的层,测量数据的误差水平必须小于 9%。在探测低速层时,如果低速层的厚度增加,对测量数据的精度要求就会降低。例如,如果它的厚度增加到 2m,而速度对比度保持在 30%的水平,则测量数据的误差水平可能高达 18%[图 11-1-4(b)中的星号]。图 11-1-4(a)显示的为 1m 厚低速层情况,此时的误差是容限的两倍,这是有意义的,因为异常层的厚度增加了一倍。如图 11-1-4(b)中的实心点所示,当速度对比度降低到 20%时,检测该低速层的误差容限保持在 9%,如图 11-1-4(a)所示。当速度对比度增加到 50%时,检测这个低速层的误差容限可以达到 32%左右[图 11-1-4(b)]。该数值算例还表明,异常目标与围岩之间的速度差比目标的大小更重要。

三、实际案例分析

1998 年秋季,多道面波分析方法的原创团队在美国怀俄明州进行了一次面波勘探测量,以确定浅地表 7m 以上的介质横波速度结构。关于该项目的详细信息可从 Xia 等(2002c)已发表的相关论文中找到。该项目采用了 48 个 8Hz 垂直分量检波器进行多道面波数据采集,采集时道间距设置为 0.9m,震源到最近检波器的距离为 1.8m。采用 6.3kg 重的锤子在接收排列的两端分别垂直撞击金属板的方式激发地震波，由此接收到两个波的传播方向相反的同排列单炮记录(图 11-1-5)，以便可以使用该数据来评估频散曲线的准确性。采用相移法所提取的频散曲线如图 11-1-6 所示，两条频散曲线之间的平均相对差小于 2%(该平均相对误差

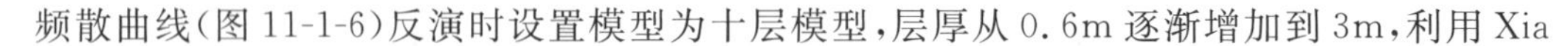

的计算方式为：$1/n\sum_{i=1}^{n}|v_i^1-v_i^2|/v_i^1$，其中 $|v_i^1-v_i^2|$ 是 $v_i^1-v_i^2$ 的绝对值；v_i^1 和 v_i^2 是频散曲线 1 和 2 在频点 i 处的相速度值；n 是频点个数)。根据图 11-1-3a，由于它们的高精度，这些数据(图 11-1-6)足以用来解释和定位一个埋深 5m、厚度仅为 0.5m 的速度对比度约 25%的低速层。

频散曲线(图 11-1-6)反演时设置模型为十层模型，层厚从 0.6m 逐渐增加到 3m，利用 Xia

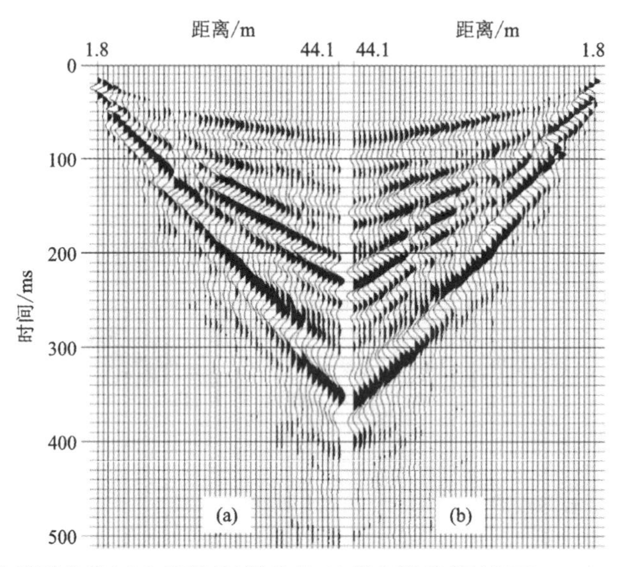

图 11-1-5　接收排列东端(a)和西端(b)激发的 48 道实测瑞利波记录(修改自 Xia et al., 2005)

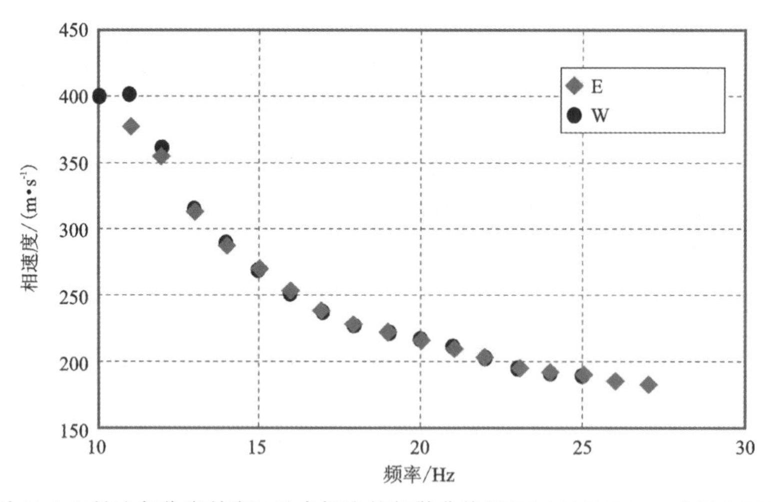

图 11-1-6　从图 11-1-5 所示多道瑞利波记录中提取的频散曲线图[图中标签 E 和 W 分别表示震源激振位置相对于接收排列的方位，如标注 E 为通过图 11-1-5(a)所示炮集记录提取的频散曲线，修改自 Xia et al., 2005]

等(1999)讨论过的阻尼最小二乘算法，经过 12 次迭代，测量的相速度和模拟的相速度之间的均方根误差从 55m/s 减少到 9m/s。反演的一维横波速度剖面在 3.5m 深度清楚地圈定了 0.9m厚的低速层，这一结果也从邻近的测井结果中得到验证(图 11-1-7)。为让分析过程简单化，此试验仅使用了基阶模式波，未使用高阶模式波。但 Xia 等(2003)证明了用基阶模式和高阶模式进行联合反演可以使 S 波速度反演模型的分辨率提高一倍。且如果仅有较高的模式可用，由于较高模式对 S 波速度的敏感性增加，反演的 S 波速度模型将具有比单独的基阶模式波反演稍高的分辨率。

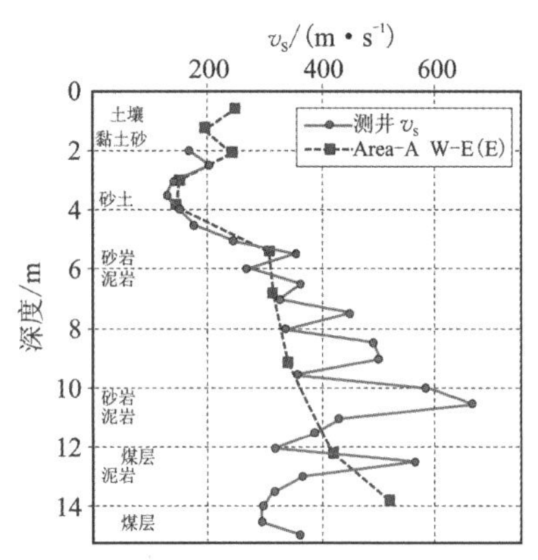

图 11-1-7　对图 11-1-6 所示频散曲线反演的横波速度剖面与测井剖面对比(标签‘Area-AW-E(E)’表示反演所用的频散曲线提取自东边激发时的炮集记录，修改自 Xia et al.，2005)

总之，瑞利波相速度频散曲线的提取精度限制了反演横波速度模型的分辨率，而相速度频散曲线提取精度取决于频散能量在频率-速度域中的收敛程度。如该例所示，若可以重复测量，也可以通过统计分析来评估频散曲线的准确性(O'Neill，2004)。面波勘探技术的垂直分辨率主要取决于瑞利波相速度的提取精度，但也受 S 波速度对比度、异常体的几何尺寸大小及其埋深深度等因素的影响。

第 2 节　多道面波方法的横向分辨率改善方法

多道面波分析的特点，决定了该方法的横向分辨率取决于接收排列长度及其排列下方介质性质的均一程度。因此，其横向分辨率低的问题是其应用上的最大缺陷，为了改善这一问题，Xia 等(2005)提出了一种基于记录系统孔径的图像去模糊广义逆技术。接下来我们首先将基于 Xia 等(2005)的研究概述该方法的基本实现原理，之后根据一个实际测量的拟二维横波速度剖面展示其应用效果。最后根据 Mi 等(2017)研究，介绍其给出的一种评估 MASW 方法水平分辨率的数值研究方法。

一、非模糊模型

Menke(1984)展示了一个图像增强的案例。考虑一维相机沿一条测线记录亮度，并假设相机平行于这条线移动。如果相机在一次曝光中移动通过三个场景元素，每个相机像素将记录 3 个相邻场景亮度的平均值(图 11-2-1)。如果假设 3 个相邻场景亮度的贡献相等，则场景元素(亮度)和相机像素(记录)之间的关系可以由下述公式描述：

$$\boldsymbol{c} = \boldsymbol{G}\boldsymbol{s} \tag{11-2-1}$$

其中，$\boldsymbol{c}$ 是维度为 n 的摄像机像素矢量，称为模糊模型，$\boldsymbol{s}$ 是维度为 $m(m=n+2)$ 的场景元素矢量，称为非模糊模型，$\boldsymbol{G}$ 是以下形式的数据核：

$$G=\frac{1}{3}\begin{bmatrix}1 & 1 & 1 & 0 & 0 & \cdots & 0\\ 0 & 1 & 1 & 1 & 0 & \cdots & 0\\ & & & \vdots & & & \\ & & & \vdots & & & \\ 0 & 0 & 0 & 0 & 1 & 1 & 1\end{bmatrix}$$

式(11-2-1)显然是欠定的,其最小长度可以通过广义反演得到

$$s = G^{\mathrm{T}}[GG^{\mathrm{T}}]^{-1}c \tag{11-2-2}$$

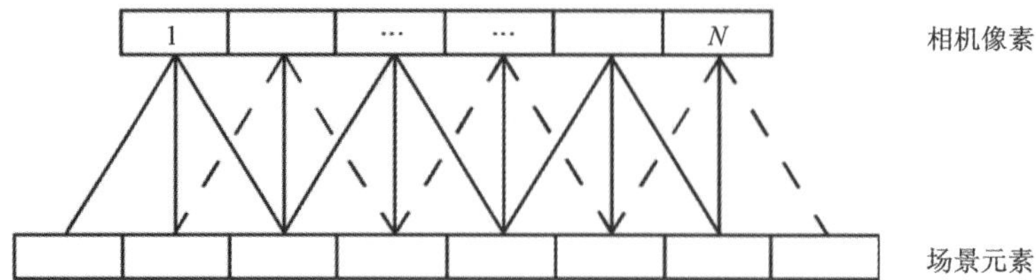

图 11-2-1　当相机在曝光过程中穿过 3 个场景元素时,每个相机像素将记录 3 个相邻场景元素的平均亮度,比数据数量多两个未知数(修改自 Menke,1984)

从该案例中可知数据核 G 实际上是一个加权矩阵,且是一个等权矩阵。显然,数据核 G 是主观确定的。根据地球物理数据及其精度,可以确定不同的数据核。对于给定的示例,我们可以定义与 $1/d$ 成比例的数据核(d 是从相机到屏幕的距离),因此数据核中每行的第二个非零元素将略大于同一行上的相邻元素。通过这样做,我们可以得到不同程度的清晰模型。其次,矩阵 $[GG^{\mathrm{T}}]$ 的条件数通常很大,因此其逆是不稳定的,特别是当 m 相对较大时(>100)。

为让上述反演过程稳定,Xia 等(2005)将数据核矩阵修改成了以下形式:

$$G=\begin{bmatrix}1 & 0 & 0 & 0 & 0 & \cdots & 0\\ 1/4 & 1/2 & 1/4 & 0 & 0 & \cdots & 0\\ 0 & 1/4 & 1/2 & 1/4 & 0 & \cdots & 0\\ & & & \vdots & & & \\ & & & \vdots & & & \\ 0 & 0 & 0 & 0 & 1/4 & 1/2 & 1/4\\ 0 & 0 & 0 & 0 & 0 & 0 & 1\end{bmatrix}$$

此改进方式为在矩阵的开头添加一行,在矩阵的末尾添加一行。矩阵开始和结束处的额外行表示从数据集的开始和结束进行数据外推。上面的矩阵表示处理外推的最简单方式,即,将外推数据设置为与第一个或最后一个数据点相同(图 11-2-2)。这种修改使得数据核在理论上是完全排序的,如 $R(G)=m$。其次,定义了数据核加权不等。位于 G 的非零元素中心的元素最大,末端的非零元素最小。最小值也是加权系数之间的增量,使得最小和最大系数之间的元素逐渐变化。在物理上,通过这样做,使得中间的数据比对边缘的数据赋予了更高的权重。对靠近震源和检波器间中点的数据给予比其余数据更多的权重不仅是合理的,而且显然这种加权策略还增加了矩阵 G 的对角元素的值,并且以这种方式它改进了 G 的条件数,这在数值上稳定了反演过程。

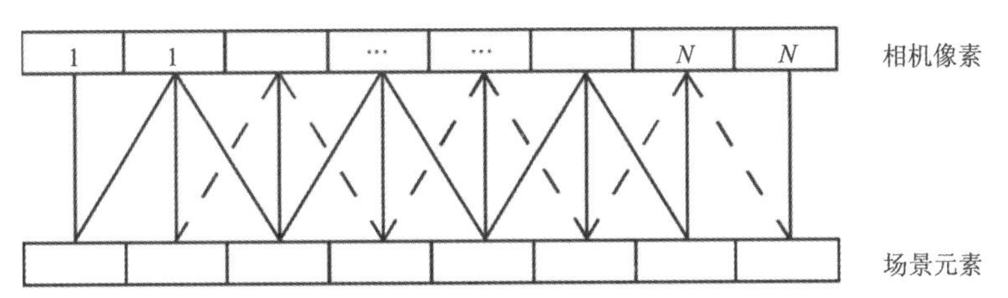

图 11-2-2　修改了相机像素和场景元素的设置，在摄像机像素的两端各添加一个假像素作为输入数据(修改自 Xia et al.，2005)

无模糊模型[式(11-2-2)]可以用奇异值分解技术(Golub and Reinsch，1970)来计算，由此我们可以写出 $\boldsymbol{G}=\boldsymbol{U\Lambda V}^{\mathrm{T}}$ 和无模糊模型：

$$\boldsymbol{s}=\boldsymbol{G}^{\mathrm{T}}[\boldsymbol{GG}^{\mathrm{T}}]^{-1}\boldsymbol{c}=\boldsymbol{V\Lambda}^{-1}\boldsymbol{U}^{\mathrm{T}}\boldsymbol{c} \tag{11-2-3}$$

其中，$\boldsymbol{U}$ 和 $\boldsymbol{V}$ 是半正交矩阵，$\boldsymbol{\Lambda}=\mathrm{diag}[\lambda_1,\lambda_2,\cdots,\lambda_m]$ 是以 $\lambda_i(\lambda_i>\lambda_{i+1})$ 为元素的对角矩阵，作为矩阵 $\boldsymbol{G}$ 的奇异值，逆矩阵 $\boldsymbol{H}=\boldsymbol{V\Lambda}^{-1}\boldsymbol{U}^{\mathrm{T}}$ 可以通过在对角矩阵 $\boldsymbol{\Lambda}^{-1}$ 中引入一个阻尼因子来实现。阻尼因子的选择实际上是反演“游戏”中极具“艺术性”的工作。这也是为什么 Claerbout (1992)认为选择一个衰减系数是一个主观问题。这里我们选取矩阵 $\boldsymbol{G}$ 关于奇阶指数的二阶导数达到最大值的奇异值作为阻尼因子(λ)，虽然这没有确定的理论依据。根据阻尼因子，$\boldsymbol{\Lambda}$ 可采用如下形式实现数值计算：$\boldsymbol{\Lambda}^{-1}=\mathrm{diag}[\lambda_1/(\lambda_1^2+\lambda),\lambda_2/(\lambda_2^2+\lambda),\cdots,\lambda_m/(\lambda_m^2+\lambda)]$。当然关于阻尼因子的选择，可能有更好的方法来确定，例如选择矩阵 $\boldsymbol{G}$ 的奇异值的中位数作为阻尼因子。

二、去模糊方法的实际案例分析

在给出上述的广义逆去图像模糊技术后，Xia 等(2005)将其应用于 1999 年在美国阿拉巴马州安达卢西亚获得的 MASW 数据(Miller and Xia，1999)。这些数据是沿着 Conecuh 国家森林公园内的一条土路采集的，路的旁边分布着若干已知的地陷区(图 11-2-3)。数据采集时采用了 48 个 4.5 赫兹垂直分量地震检波器，道间距设置为 1.2m，采用堪萨斯地调所自主研发的落重震源作为激发源，炮间距设置为 2.4m。将接收排列的最小偏移距设置为 12m，希望能绘制出 30m 以浅的地下横波速度结构。数据采集时从土路的两个方向分别进行，以共中心点滚动的方式完成数据采集，每个方向上共采集了 40 炮数据。采用多道面波分析技术获得了拟 2D 横波速度剖面。

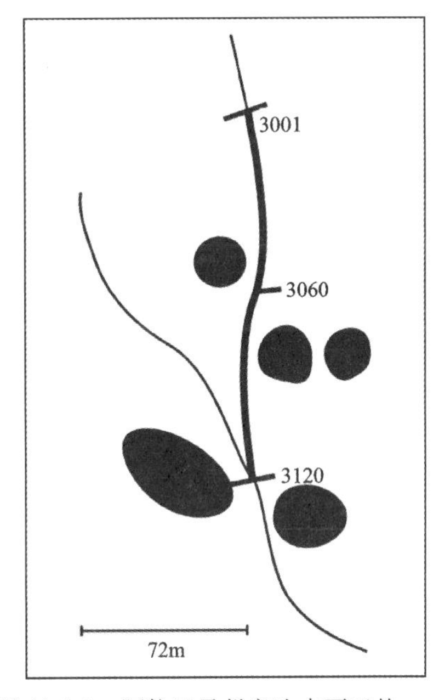

图 11-2-3　阿拉巴马州安达卢西亚的 Conecuh 国家森林内附近有天坑的一条多道面波测线(引自 Miller and Xia，1999)

因为每个炮集记录的接收排列均覆盖一定的水平长度，所以横波速度剖面是该接收排列长度覆盖下的介质横波速度的平均结果。显然，用 MASW 方法生成的拟二维横波速度剖面将具有明显的模糊效应，因此拟二维横波速度剖面是地下横波速度剖面的平滑(或低分辨率)结果。基于平滑结果的解释肯定有可能漏掉一些低速度值和/或高频异常。为了正确解释横波速度剖面,必须提高拟二维横波速度剖面的水平分辨率。

图 11-2-4(a)显示的是震源位置起始于小检波器号处,并将检波器阵列向前推进获得数据反演的拟 2D 横波速度剖面,图 11-2-4(b)显示的则是从检波器号较大的方向反向推进的结果(Xia et al.,2005)。理论上,这两个部分会非常相似,但事实上,它们却是不同的。位于 3057 和 3095 站周围 8m 深的显著低速“眼球状”异常与附近的天坑有关。图 11-2-4(a)中的这些低速特征与图 11-2-4(b)中的相应特征明显不同。这种差异可能是因为浅表土壤介质(30m 以上)并非完全水平分层的(即存在横向不均匀性)。由于震源相对于检波器阵列在不同的位置向前和向后移动,非水平分层的介质模型可能会影响到每一个横波速度剖面结果。

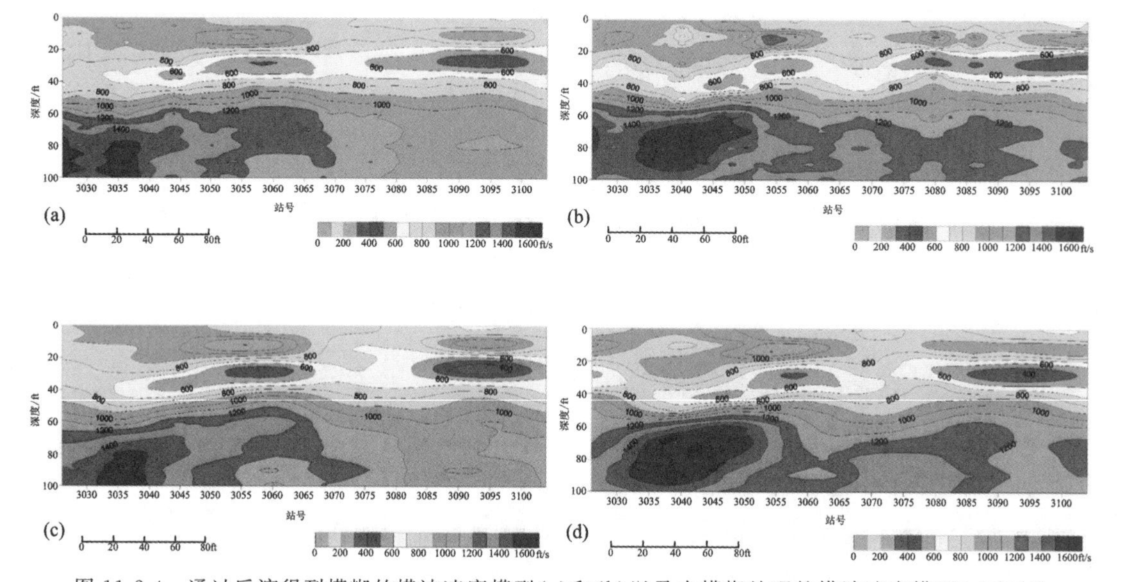

图 11-2-4　通过反演得到模糊的横波速度模型(a)和(b)以及去模糊处理的横波速度模型(c)和(d)

根据前述去模糊方法的描述,数据核 $\boldsymbol{G}$ 对于获得有意义的、清晰的结果至关重要。由于我们将单炮记录反演的 S 波速度剖面结果放置在了检波器排列中心(根据 MASW 方法排列中点假设),因此这里对每个检波器排列的中心道赋予最高权重,并将权重逐渐减小到检波器排列的两端。故将这些数据集的数据核 $\boldsymbol{G}$ 定义为 63×63 阶矩阵。从第 1 行到第 11 行,对角线元素等于 1,其余元素为 0 对应于 11 个外推数据点。从第 12 行到第 51 行对应于每炮记录,对角元素等于 0.083 3,非对角元素等于 $\max(0.0833-0.0069*i,0)$,其中 i 是非对角元素与对角元素之间的列差。从第 52 行到第 63 行,对角线元素等于 1,其余元素为 0 对应于 12 个外推数据点。数据核的奇异值如图 11-2-5 所示。根据奇异值的分布,可知该反演问题是不适定的,而阻尼因子是得到稳定解所必需的。这里选择矩阵 $\boldsymbol{G}$ 的奇阶指数的二阶导数达到最高值时的奇异值作为阻尼因子($\lambda = \lambda_{29} = 0.04$,图 11-2-5)。

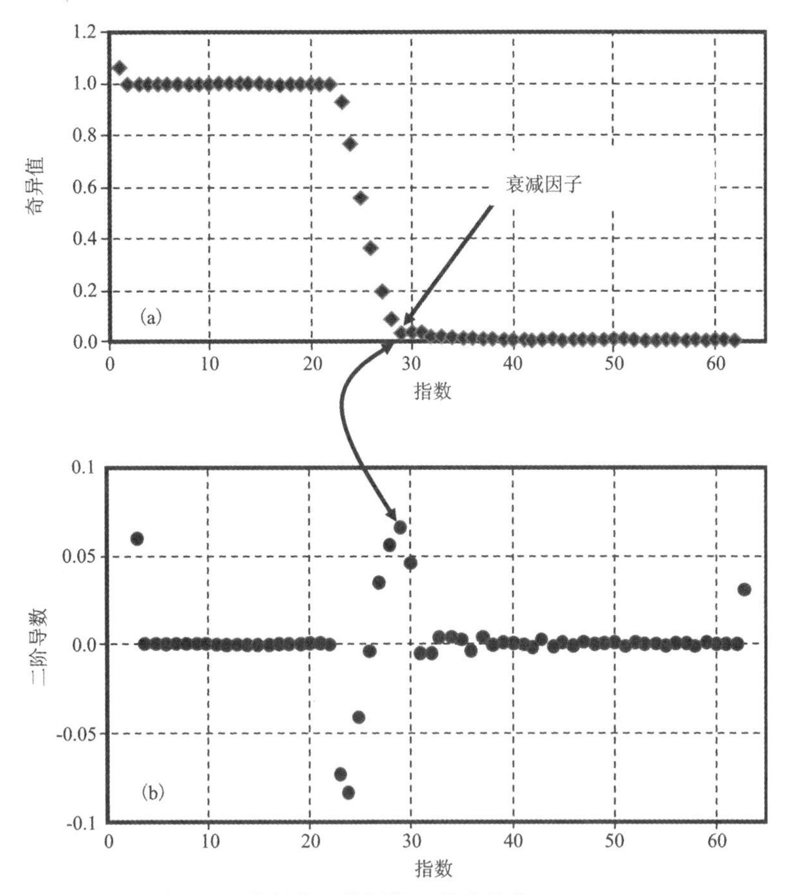

图 11-2-5　图 11-2-4 中的实际数据核 $\boldsymbol{G}$ 的奇异值(修改自 Xia et al.，2005)

选择矩阵 $\boldsymbol{G}$ 的奇异值(a)的奇阶指数的二阶导数(b)达到最高值作为衰减因子($\lambda=\lambda_{29}=0.04$)

如果将 $\boldsymbol{H}$ 直接应用于 S 波速度，则边缘效应严重。在我们的计算中，首先通过从 S 波速度去掉平均值(或趋势)来计算每一层的 S 波速度残差。然后将 $\boldsymbol{H}$ 应用于残差。由于横波速度模型[图 11-2-4(a)和图 11-2-4(b)]为一个剖分为 14 层的层状模型，所以我们对横波速度模型[图 11-2-4(a)和图 11-2-4(b)]的残差逐层应用相同阻尼因子和相同矩阵 $\boldsymbol{G}$ 的反演技术。在对每一层的残差进行去模糊之后，将平均值加回到去模糊的结果，以获得图 11-2-4(c)和图 11-2-4(d)。

经反演去模糊处理后，3057 和 3095 台周围 8m 深度的两个低速特征[图 11-2-4(c)和图 11-2-4(d)]具有与图 11-2-4(d)中相应特征相似的模式。这两个低速特征被解释为是由于附近的天坑所引起(图 11-2-3)。270m/s 的等高线可能指示的地质上的岩性界面，因为 240m/s 和 300m/s 的等高线之间存在明显的过渡带，并且 270m/s 的等高线与最高的垂直梯度有关。在去模糊处理[图 11-2-4(c)和图 11-2-4(d)]之后，从两个 S 波速度截面上的等高线也可以注意到相似性。这种相似性是由于通过额外的处理步骤而提高了水平分辨率，即去模糊。

横波速度截面的改善可以通过平均绝对差(AAD)来测量，即按公式 $AAD = 1/n\sum_{i=1}^{n}|v_i^1 - v_i^2|$ 来计算，其中 $|v_i^1 - v_i^2|$ 表示 $v_i^1 - v_i^2$ 的绝对值，v_i^1 和 v_i^2 则表示频点 i 处从两个方向的频散曲线上测得的瑞利波相速度值，n 表示总的频点数。该案例的去模糊处理之前的 AAD 是 30.5m/s(图 11-2-4a 和图 11-2-4b)，在去模糊处理之后减少到 27.2m/s[图 11-2-4(c)和图 11-2-4(d)]。改善幅度为 11%。如果只考虑上半部分(15m 以浅深度范围)，AAD 由 25.3m/s 降低到 20.3m/s，提高了 20%。如果只考虑下半部(15m 深度以下)，AAD 由 38.8m/s降至 38.4m/s，仅提高 1%。在该剖面的上半部分有了显著的改进，这表明数据核 $\boldsymbol{G}$ 的定义应该考虑深度效应。

三、一种评估 MASW 方法水平分辨率的数值研究方法

MASW 方法的水平分辨率表示在拟二维横波速度剖面上可识别的地质异常体的最小水平长度。准确评估可达到的横向分辨率是使用 MASW 方法进行存在横向变化的地下非完全水平地层结构横波速度估计的重要问题。由于观测系统参数、异常体深度、异常体与围岩速度差等诸多因素的影响，MASW 方法的水平分辨率很难以定量估计。Mi 等(2017)通过数值模拟实验分析了 MASW 方法的水平分辨率。根据水平分辨率的不同影响因素，建立了不同的横向非均匀模型和观测系统，根据数值模拟结果进行了 MASW 方法在拟 2D 横波速度剖面图上水平分辨率的评估。本节我们就 Mi 等(2017)的研究，介绍该数值研究方法。

利用包含地质异常体的合成模型，通过数值模拟技术对 MASW 方法的水平分辨率进行定量分析的实现步骤如下。

(1)针对影响 MASW 方法水平分辨率的不同因素，建立不同的横向非均匀模型和观测系统。根据前面第七章中总结的最佳数据采集参数的选择依据进行观测系统设计：最小偏移距近似等于最大勘探深度[图 11-2-6(b)中的 A 所表示]，选择一个道间距(B 表示)作为反演时分层模型的最薄层厚度，以及检波器排列长度(C 表示)大约是最大勘探深度的 2 倍。两个连续记录之间的震源距离(用 D 表示)可以是多站的间距，较小的炮间距将有利于复杂的横波速度结构成像(Park，2005)。为使生成的合成数据更好地模拟弹性介质中无衰减的平面瑞利波，Pan 等(2013)推荐以最大探测深度的两倍作为最佳的最小偏移距参数，Mi 等(2017)参照此建议选择采用该最小偏移距参数。最后，关于面波方法最大穿透深度，目前公认的是大约是最长波长的一半(Rix and Leipski，1991)。因此，在已建立的介质模型中异常体的埋深深度应小于瑞利波的最大穿透深度，才可能被探测到。

(2)利用滚动采集模式，在二维弹性介质中用有限差分方法模拟沿线性测线采集的多炮合成多道记录。数值模拟中，空间网格尺寸为 0.2m，时间步长为 0.02ms，震源为延迟 60ms 的 20Hz 主频的 Ricker 子波。

(3)基于第 8 章中介绍的算法，提取各合成炮集的瑞利波频散曲线。

(4)基于第 10 章的介绍，用稳定高效的算法反演横波速度剖面的频散曲线，对沿线采集的数据，重复步骤(2)～(4)以生成所有炮集的一维横波速度剖面。

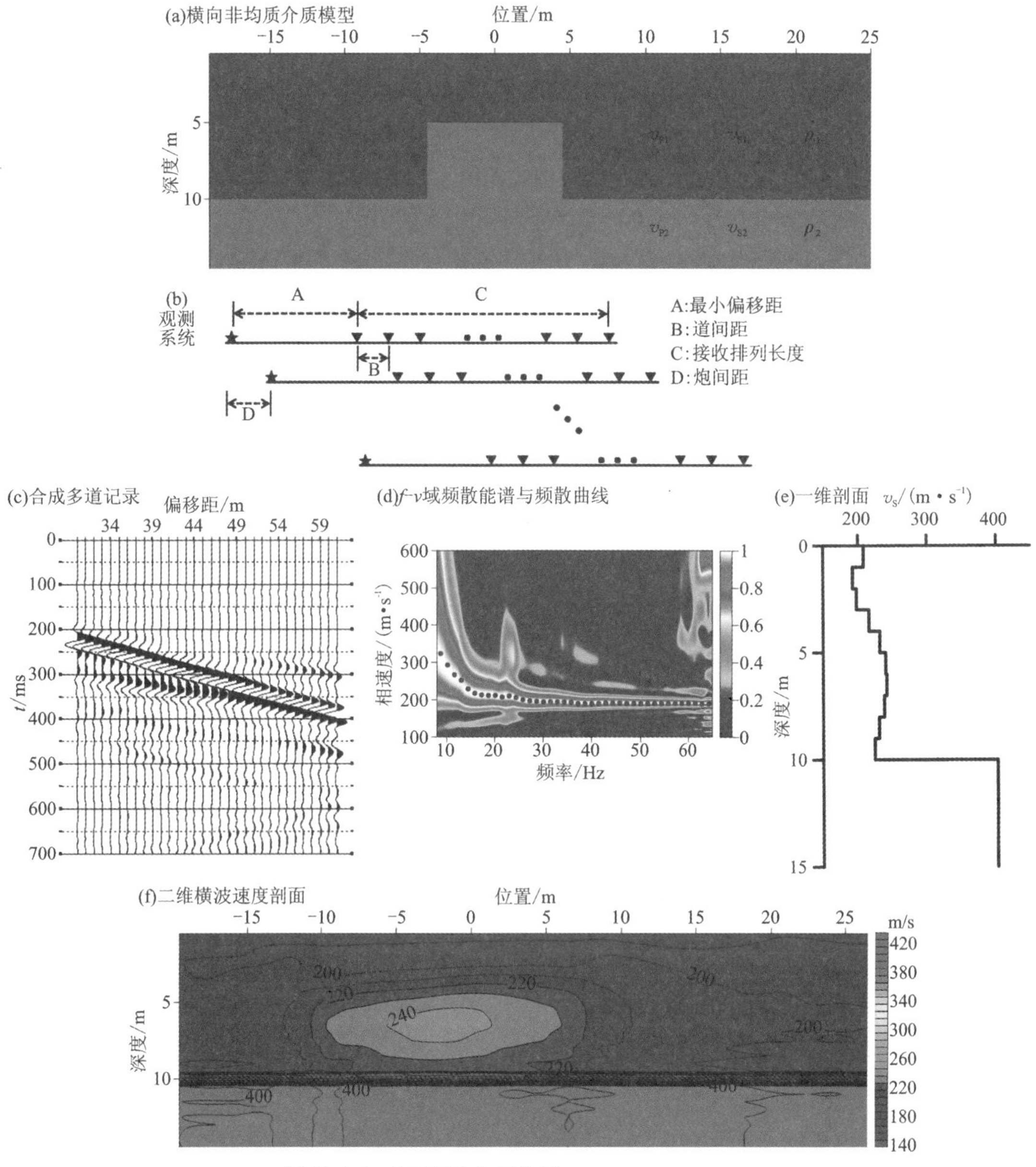

图 11-2-6　MASW 应用实例(引自 Mi et al., 2017)

(5)通过对齐接收排列中点位置的方式,利用步骤(4)中产生的 1D 垂直横波速度剖面,并使用空间内插方案生成拟二维横波速度剖面图(等值线图)。最后,通过与所设置的已知模型进行定量比较,从最终的拟二维横波速度剖面结果评估 MASW 方法的水平分辨率。

基于这种研究方法,Mi 等(2017)研究了具有典型横向异常体的浅地表模型和不同采集方式下的多道面波分析数据横向分辨率情况。研究针对不同检波器排列长度、异常体横向尺寸、厚度、埋深深度、与围岩间的速度对比度、多异常体以及低速异常等因素对 MASW 方法横向分辨率的影响进行了定量分析。

1. 检波器排列长度对 MASW 方法横向分辨率的影响

考虑到检波器排列长度对 MASW 方法在拟二维横波速度剖面图上水平分辨率影响最大，Mi 等(2017)首先对不同接收器排列长度进行了数值研究。图 11-2-7 给出了一个具有异常凸起的双层介质模型。观测系统的参数选择如下：最小偏移距 $A=30\text{m}$，道间距 $B=1\text{m}$，检波器排列长度分别设置为 $C=16\text{m}$、24m、32m 和 40m，炮间距 $D=2\text{m}$。震源设置于接收排列的左端，从左往右滚动激发和采集数据。为了减少反演的非唯一性，先假设没有异常体的两层介质模型已知，作为初始模型(视为先验信息)。将初始模型设置为 11 层模型，厚度为 1m 的初始模型的前 10 层构成了无异常体的真两层介质模型的表层，第 11 层是真两层介质模型的第二层，即半空间层。终止反演的均方根误差极限设置为 2m/s，最大迭代次数为 10 次。在迭代初期，均方根误差迅速下降，随着迭代次数的增加而趋于平缓。当拾取的频散曲线受到干扰或不准确时，如果过度减小均方根误差，就会出现虚假的 v_S 异常。当均方根误差曲线开始变得平坦时，我们选择迭代收敛的结果作为最终的反演结果。根据整个过程(图 11-2-6)，最终生成了 4 个拟二维横波速度剖面(图 11-2-8)。

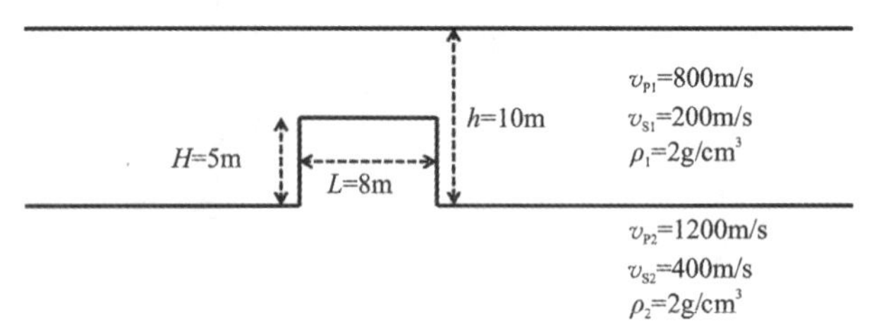

图 11-2-7 具有凸起异常的两层地球模型的图解(引自 Mi et al., 2017)

对比 4 个拟二维横波速度剖面(图 11-2-8)，可以注意到，对于不同的检波器排列长度，图上异常体的异常区域和最大 v_S 值是不一致的。在该模型中，异常体与围岩的横波速度绝对差为 200m/s，而在生成的拟二维横波速度剖面图上，对于 16m、24m、32m 和 40m 的检波器排列长度，异常体的 v_S 值仅比围岩高出约 55m/s、48m/s、40m/s 和 33m/s，这意味着异常体和围岩之间的 v_S 差仅为真实模型中 v_S 差的 27.5%、24%、20%和 16.5%。检波器排列越长，异常体与围岩在拟二维横波速度图上的 v_S 差越小，MASW 方法的水平分辨率越低。除异常体 v_S 值减小外，拟二维横波速度剖面图上的异常区域随着检波器排列长度的延长而变大。但所有的异常区[图 11-2-8(a)～(d)]都大于异常体的实际尺寸。

另外，从图中还可注意到，在拟二维横波速度剖面上，在凸起的异常区域之外存在一些虚假的 v_S 异常区[图 11-2-8(a)和 11-2-8(b)]。由于面波可能由于横向速度变化而发生反向传播现象(反射)，或由于短波长不均匀引起的反向散射(Yilmaz and Kocaoglu, 2012; Schwenk, 2016)，如果检波器排列长度不够长，从合成炮集提取的瑞利波的频散曲线将受到干扰而不准确，从而导致在拟二维横波速度剖面图上反演出假 v_S 异常。图 11-2-9 显示了当检波器排列中点在异常体的中心正上方移动时，具有不同检波器排列长度的 f-v 域中的频散能量的图像。比较图 11-2-9 中的频散图像，我们可以得出结论，f-v 域中的频散图像的分辨率将随着检波器排列长度的增加而增加。因此，拾取的频散曲线和反演的 v_S 剖面的精度将会提高，并

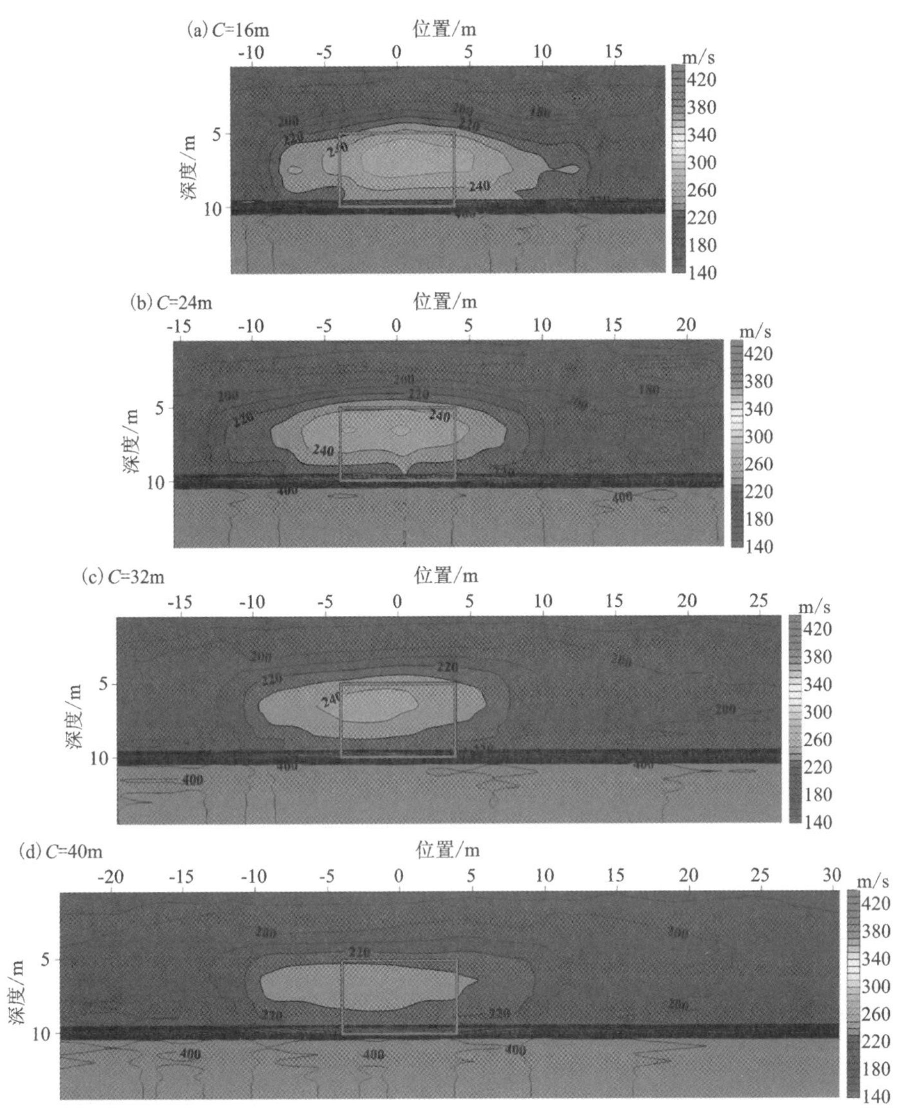

图 11-2-8　不同检波器排列长度的拟二维横波速度剖面

(矩形表示异常体的真实位置，余同，引自 Mi et al.，2017)

且在图 11-2-8(c)和(d)中没有虚假的 v_S 异常。另一方面，由于异常体的存在，基于频散能量拾取的频散曲线(图 11-2-9，用点标记)不同于没有异常体的两层介质模型的理论基阶模式频散曲线(用菱形标记，由 Knopoff 方法计算)。随着检波器排列长度的增加，拾取的两层模型频散曲线与该模型理论频散曲线之间的差异逐渐减小。对于 16m、24m、32m 和 40m 的检波器排列长度，平均相对差异分别从 7.3%下降到 6.0%、5.5%和 4.5%。这种下降直接导致了异常体和围岩在拟二维横波速度剖面图上反演的 v_S 值差异减小，同时也意味着 MASW 方法水平分辨率的降低。

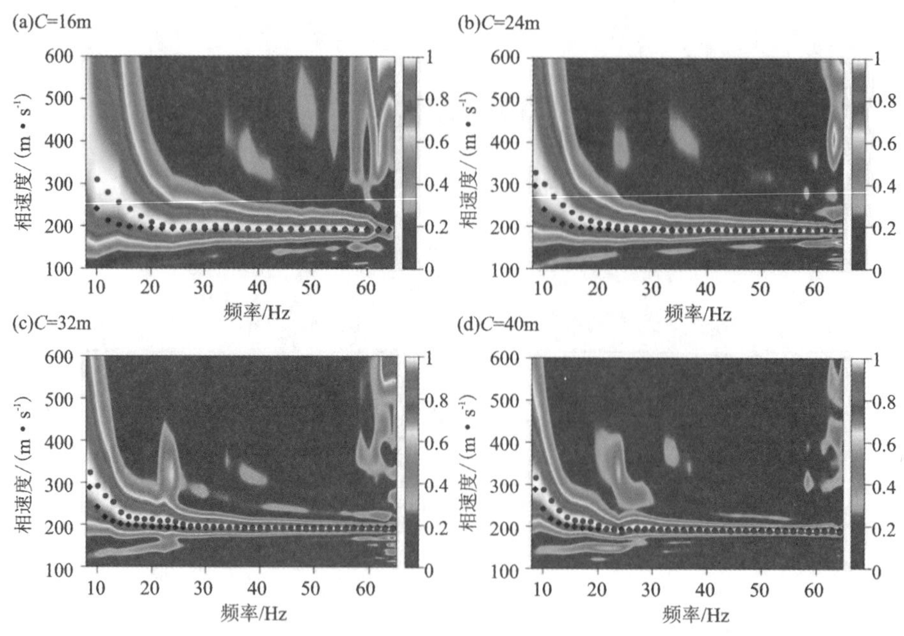

图 11-2-9 当接收排列中点位于异常体的中心正上方时的合成多道记录提取的频散能谱图(引自 Mi et al.，2017)

基于以上分析，不难得出结论：随着检波器接收排列长度的增加，拟二维横波速度剖面上的异常体形态变得越来越模糊。而另一方面，为了提取的频散曲线的准确性，检波器排列长度却应足够长。作为最佳检波器排列长度选择原则(大约是最大探测深度的两倍，Xia et al.，2004)，在后续的数值研究中，对于 15m 的探测深度，选择 32m 的检波器排列长度，对于 20m 的探测深度，选择 40m 的检波器排列长度。

2. 异常体水平尺寸对 MASW 方法横向分辨率的影响

将前述含凸起异常的两层介质模型中，凸起异常的水平宽度 L 分别设置为 6m、8m、10m 和 12m。观测系统的参数选择如下：最小偏移距 $A=30$m，道间距 $B=1$m，检波器排列长度分别设置为 $C=32$m，炮间距 $D=2$m。数据采集方式和反演过程与前述测试过程相同，只是此时排列长度被固定为 32m。产生的 4 个拟二维横波速度剖面如图 11-2-10 所示。

对比图 11-2-10 中的 4 幅拟二维横波速度剖面图，我们注意到异常区域和异常体的最大 v_S 值都随着模型中异常横向长度的增加而逐渐增加。在生成的拟二维横波速度剖面图上，对于 6m、8m、10m 和 12m 的异常长度，异常体的 v_S 值分别比围岩高出约 30m/s、40m/s、50m/s 和 60m/s，这意味着异常体和围岩之间的 v_S 差分别达到真实模型中 v_S 差的 15%、20%、25% 和 30%。横向异常体越长，异常体与围岩在拟二横波速度剖面图上的 v_S 差越大，表明异常体随长深比的增大而得到更高精度的解析。此外，所有异常区都大于异常体的实际尺寸。

3. 异常体垂向尺寸(厚度)对 MASW 方法横向分辨率的影响

接下来将前述含凸起异常的两层介质模型中，凸起异常的垂向高度(厚度)H 分别设置为 3m、5m 和 7m。观测系统的参数选择如下：最小偏移距 $A=30$m，道间距 $B=1$m，检波器排列

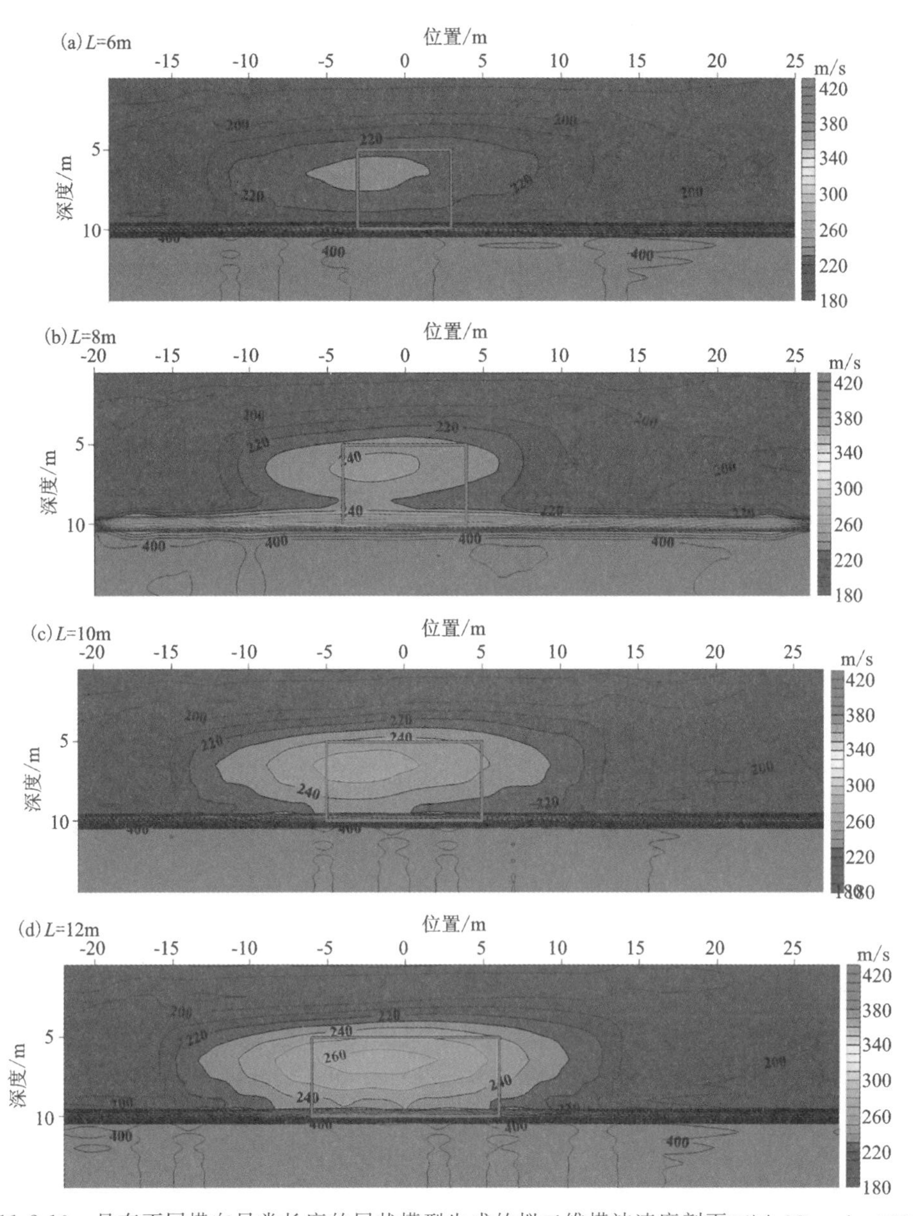

图 11-2-10　具有不同横向异常长度的层状模型生成的拟二维横波速度剖面(引自 Mi et al.，2017)

长度分别设置为 $C=32\text{m}$，炮间距 $D=2\text{m}$。数据采集方式和反演过程与前述测试过程相同，两层模型表层厚度固定不变，恒为 10m。产生的 3 个拟二维横波速度剖面如图 11-2-11 所示。

对比图 11-2-11 中的 3 幅拟二维横波速度剖面图，不难注意到异常体的异常区域和最大 v_S 值都随着模型中异常体厚度的增加而增加。在生成的拟二维横波速度剖面图上，对于 3m、5m 和 7m 的异常厚度，异常体的 v_S 值分别比围岩高出约 20m/s、50m/s 和 70m/s，这意味着异常体和围岩之间的 v_S 差分别达到真实模型 v_S 差的 10%、25%和 35%。横向异常体厚度越大，异常体与围岩在拟二维横波速度剖面图上的 v_S 差异越大，表明异常体随着厚度的增加而得到更高的精度解析。横向异常体越厚，位置越浅，说明 MASW 方法水平分辨率随深度的增加而降低。此外,所有的异常区[图 11-2-11(a)～(c)]都大于异常体的实际尺寸。

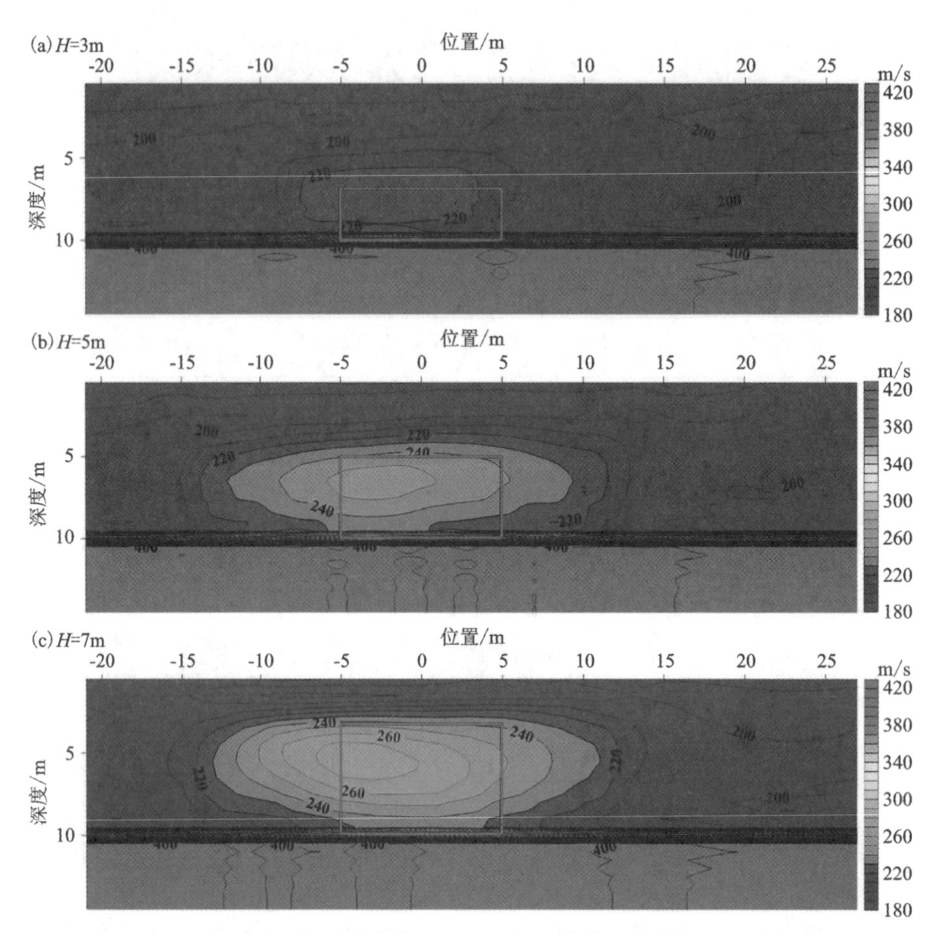

图 11-2-11　具有不同异常厚度的层状模型生成的拟二维横波速度剖面(引自 Mi et al., 2017)

4. 异常体埋深深度对 MASW 方法横向分辨率的影响

给出了异常体在 5～10m 深度不同横向长度(横向异常长度)的数值研究结果后,为了定量研究 MASW 方法的水平分辨率与异常体埋深的关系,建立了另一种在 10～15m 深度具有异常隆起的两层地球模型。凸起的横向长度 L 分别设置为 10m、15m 和 20m。观测系统的参数选择如下:最小偏移距 A=30m,道间距 B=1m,检波器排列长度分别设置为 C=40m,炮间距 D=2m。数据采集和反演过程与前述研究过程一致。生成的三个拟二维横波速度剖面如图 11-2-12 所示。

图 11-2-12 展示的所生成的拟二维横波速度剖面图上,对于 10m、15m 和 20m 的异常长度,异常体的 v_S 值分别比围岩高出约 20m/s、30m/s 和 40m/s,这意味着异常体和围岩之间的 v_S 差分别达到真实模型中 v_S 差的 10%、15%和 20%。对比图 11-2-10 和图 11-2-12 中的拟二维横波速度剖面图,可注意到对于相同的横向异常长度[图 11-2-10(c)和图 11-2-12(a)均为 10m],异常体的最大 v_S 值随着埋藏深度的加深而降低。埋深较深的横向异常体需要比较浅的异常体水平尺寸更长,才能达到相同的 v_S 差水平,这表明 MASW 方法的水平分辨率随着

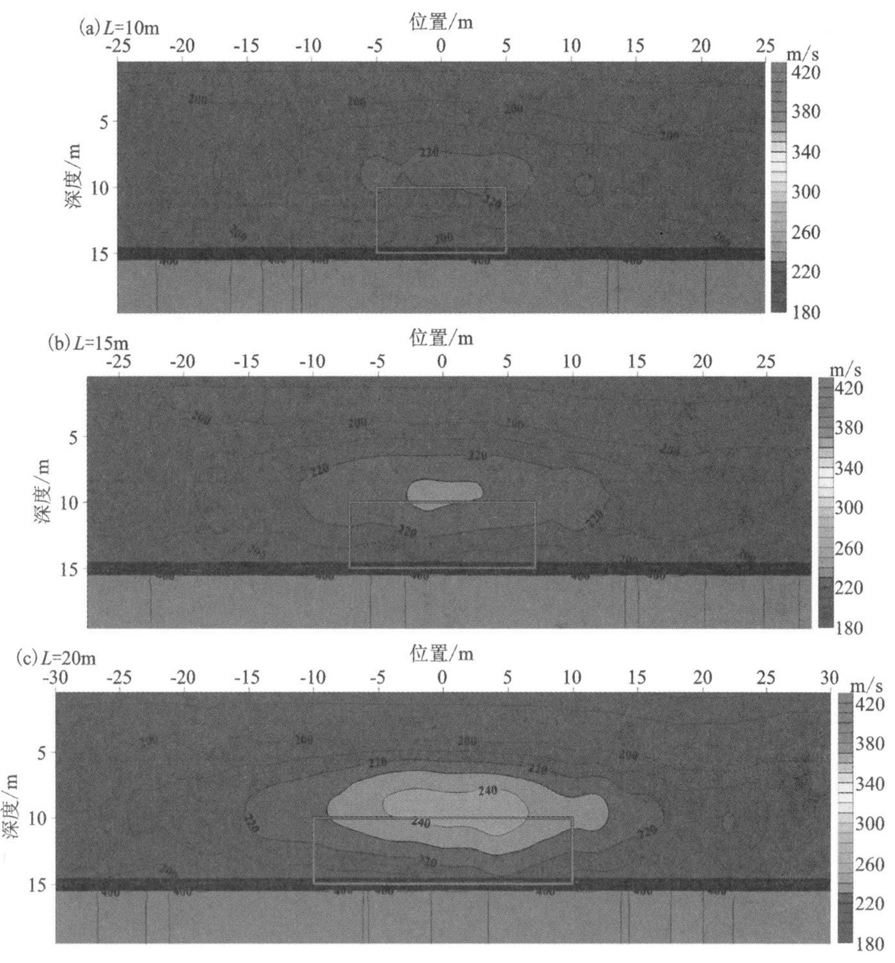

图 11-2-12　从表层厚度为 15m，含具有不同异常水平宽度的层状模型生成的拟二维横波速度剖面

（引自 Mi et al.，2017）

深度的增加而降低。此外，异常区的中心比异常体的实际位置略浅。

在实际应用中，MASW 结果与测井结果之间的差异约为 15%或更少，而且是随机的（Xia et al.，2002a，2009）。但通过以上无误差数值模拟的理论结果，Mi 等（2017）认为，如果异常体与围岩在拟二维横波速度剖面图上的 v_S 差值大于模型实际 v_S 差值的 15%时，就可以通过 MASW 方法识别横向异常体。根据这一假设和数值研究结果（图 11-2-10 和图 11-2-12），在某一深度可识别的地质异常体的最小水平长度近似等于该深度。

5. 异常体与围岩间的横波速度差（ v_S 对比度）对 MASW 方法横向分辨率的影响

从前面的研究结果看异常体的横向和纵向尺寸、埋深深度等均对 MASW 方法的横向分辨率有着一定的影响，但前述模拟结果均在假定异常体与背景两层介质模型间横波速度差异一定的情况下完成。为考虑异常体与围岩间横波速度差异大小对 MASW 方法横向分辨率的影响，进行如下数值试验。保持背景两层介质模型速度参数不变，异常体宽度 L 固定为 10m，厚度 H 固定为 5m（即异常体顶部埋深固定为 5m），异常凸起部分块体的横波速度分别从

300m/s 增加到 400m/s 和 500m/s。同时，相应的纵波速度从 1000m/s 分别增加到 1200m/s 和 1400m/s。观测系统的参数选择如下：最小偏移距 $A=30\text{m}$，道间距 $B=1\text{m}$，检波器排列长度 $C=32\text{m}$，炮距 $D=2\text{m}$。产生的三个拟二维横波速度剖面如图 11-2-13 所示。

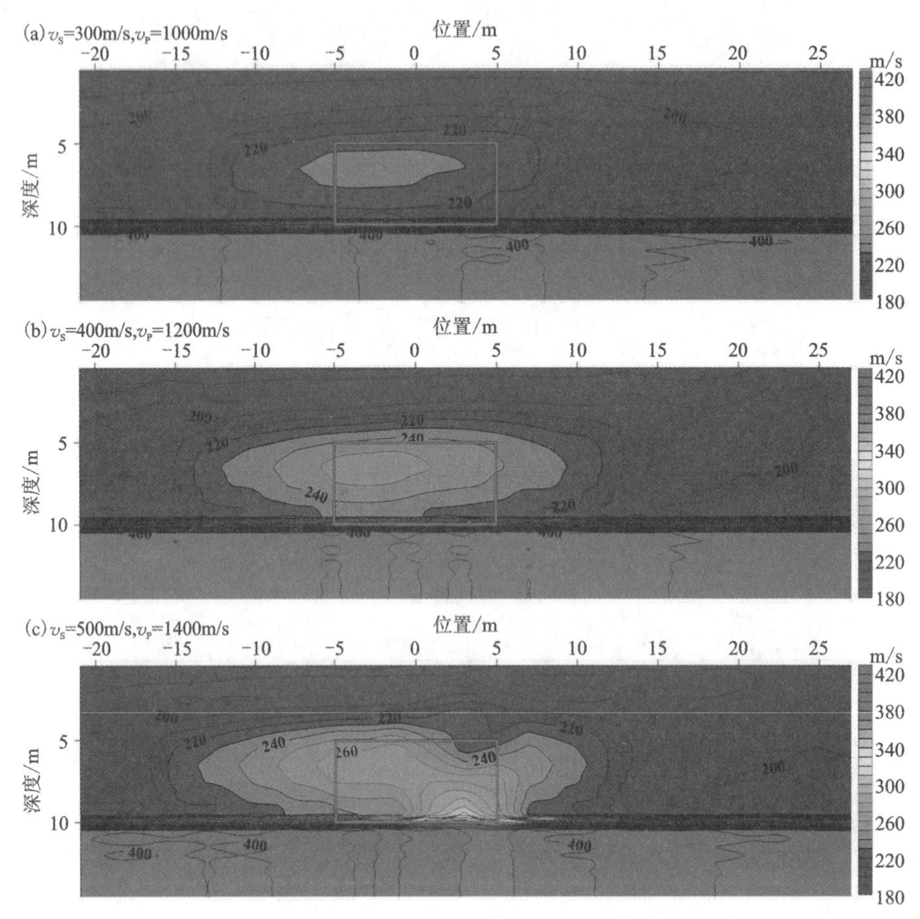

图 11-2-13　不同速度对比度的拟二维横波速度剖面结果(引自 Mi et al.，2017)

对比图 11-2-13 中的拟二维横波速度剖面图，我们注意到异常体的异常区域和最大 v_S 值随着模型中 v_S 的增加而增加。在生成的拟二维横波速度剖面图上，当模型中异常体的横波速度为 300m/s、400m/s 和 500m/s 时，异常体的 v_S 值分别比围岩高出约 30m/s、50m/s 和 60m/s，这意味着异常体和围岩之间的 v_S 差分别仅为真实模型中 v_S 差的 30%、25%和 20%。异常体的 v_S 对比度越大，异常体与围岩拟二维横波速度剖面图上的 v_S 差异就越大，因此异常体就越容易被识别。随着模型中异常体 v_S 对比度的增大，v_S 差值的百分比逐渐减小。此外，所有的异常区都大于异常体的实际尺寸。

6. 多异常体时异常体间隔对 MASW 方法横向分辨率的影响

地球物理方法对于多异常体的分辨能力，受到了诸多因素的影响，不同的方法，分辨的能力不同。那么 MASW 方法在分辨横向上存在多个异常体时能力如何？前面的数值试验揭示了 MASW 方法在分辨横向存在异常体结构的能力受到了接收排列长度、异常体尺寸、异常体埋深、异常体与围岩间的速度对比度大小等因素的影响。接下来设置如下模型，考虑 MASW 方法在多异常分辨上能力。这里我们主要考虑异常体间隔对 MASW 分辨率的影响。

如图 11-2-14 所示，设置具有两个异常凸起的两层介质模型，两个凸起异常之间的距离 d 分别设置为 10m、15m 和 20m。观测系统的参数选择如下：最小偏移距 $A=30$m，道间距 $B=1$m，检波器排列长度 $C=32$m，炮距 $D=2$m。生成三个拟二维横波剖面如图 11-2-15 所示。

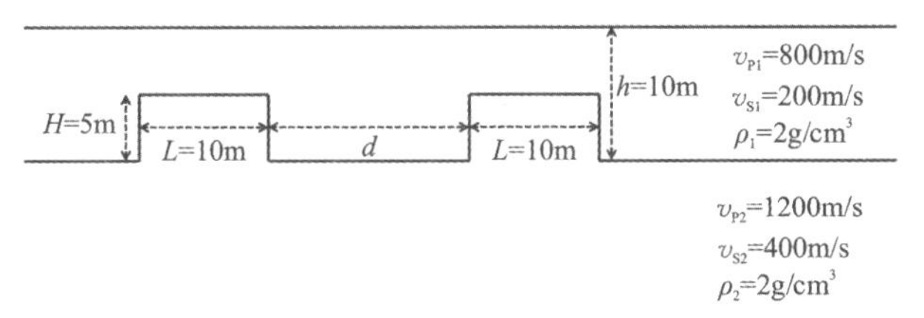

图 11-2-14　包含两个不同间距异常体的两层介质模型示意图(引自 Mi et al.，2017)

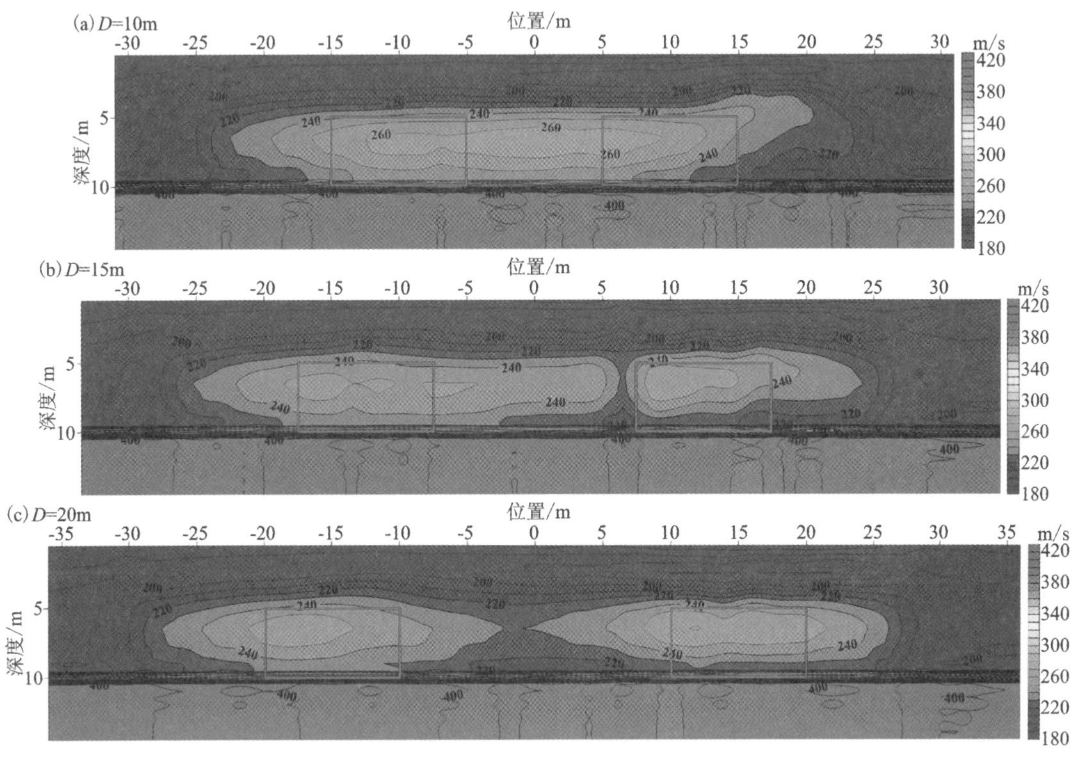

图 11-2-15　2 个不同间距异常体的两层介质模型的拟二维横波速度剖面图(引自 Mi et al.，2017)

对比图 11-2-15 中的拟二维横波速度剖面图，不难发现随着模型中两个异常体之间的距离的增加，两个凸起的异常区域逐渐彼此分开。如果两个异常体距离太近，它们将在生成的拟二维横波速度剖面图上相互干扰，两个异常区合并为一个[图 11-2-15(a)]。此外，当模型中只有一个异常体时，合并异常区的最大 v_S 值高于分开的异常体上成像的 v_S 值。随着两个异常体之间的距离增大，它们将在拟二维横波速度剖面上相互区分[图 11-2-15(c)]，每个异常的异常区域和最大 v_S 值与模型中只有一个异常体时是一致的[与图 11-2-13(b)相比]。

7. 低速异常体对 MASW 方法横向分辨率的影响

图 11-2-16 中提供了一个带有凹陷地块的两层介质模型，凹陷地块的横向长度 L 分别设置为 6m、8m、10m 和 12m，凹陷地块的物性参数与两层介质模型表层的物性参数一致，以此模型来模拟半空间层中存在低速异常体的情况。观测系统的参数选择如下：最小偏移距 $A=30\text{m}$，道间距 $B=1\text{m}$，检波器排列长度 $C=32\text{m}$，炮距 $D=2\text{m}$。生成四个拟二维横波剖面如图 11-2-17 所示。对比图 11-2-17 中的拟二维横波速度剖面图，可以注意到随着模型中横向异常长度的增加，异常地块的最小 v_S 值逐渐减小。横向异常地块越长，异常地块与围岩在拟二维横波速度剖面图上的 v_S 差异越大，异常地块就越容易被分辨。此外，值得注意的是，在用于低 v_S 异常检测的拟二维横波速度剖面图[图 11-2-17(c)和(d)]上，假的高 v_S 异常出现在地块的上部。

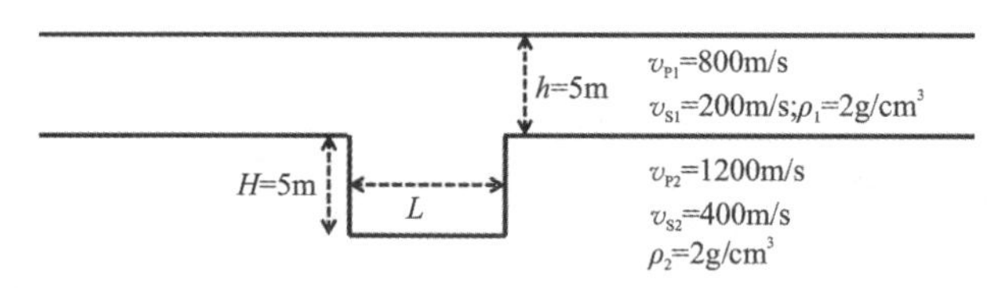

图 11-2-16 包含不同横向长度的凹陷异常地块的两层介质模型的图解(引自 Mi et al.，2017)

8. 实际案例分析

由于很难给出地下介质模型的真实状态，用实际野外资料结果来阐明 MASW 方法的水平分辨率，其实是相当困难的。Mi 等(2017)给出了两个实际案例结果，用于说明 MASW 方法的水平分辨率评估方式，本节我们引用其中的一个案例来展示这种数值评估方法在实际资料上应用时的效果。

该实际案例的数据于 2015 年采集自四川广乐高速公路旁，一处已知滑坡体上(图 11-2-18)。该滑坡体已采用钢管注浆加固地基，达到加固地层防止滑坡的目的。多道面波数据分别采集自混凝土注入前(6 月)和注入后(8 月)，其结果用于评估混凝土注入后的加固效果。这相当于进行了一次延时的 MASW 勘探。数据采集利用 12 个 4.5Hz 垂直分量检波器，道间距设置为 1m，因此一个接收排列长度仅 11m。最小偏移距设置为 6m，震源间隔为 8m。两次数据采集时，每次均使用滚动采集模式各采集 7 个炮集记录。根据 MASW 方法，生成的两个拟二维横波速度剖面如图 11-2-19 所示。

在混凝土注入前的拟二维横波速度剖面图上[图 11-2-19(a)]，可以注意到在深度 5～10m、水平位置 800～805m 和 820～830m 处有低速区存在，而混凝土注入后[图 11-2-19(b)]，这两个区域的横波速度明显提高到了与围岩横波速度基本一致的水平。根据现场钻孔结果，施工区域浅地表上部 v_S 小于 230m/s，为厚约 3～5m 的堆积层和黏土混合物，风化粉砂岩位于堆积层之下，其 v_S 值大于 250m/s。图 11-2-19(c)表示混凝土浆注入前后的 v_S 值变化，考虑到两次观测在不同时间的最大误差为 15%，故忽略 v_S 差异小于 40m/s 的变化。结果表明，在 7～10m 深度、水平位置 800～810m(水平长度约 10m)和 820～835m(水平长度约 15m)的两

处能清楚地识别出 v_S 差异变化 40m/s 以上的异常区域。这与数值研究结果一致,在不同埋藏深度下,某一深度上可识别的地质异常体的最小水平长度大致等于该深度。

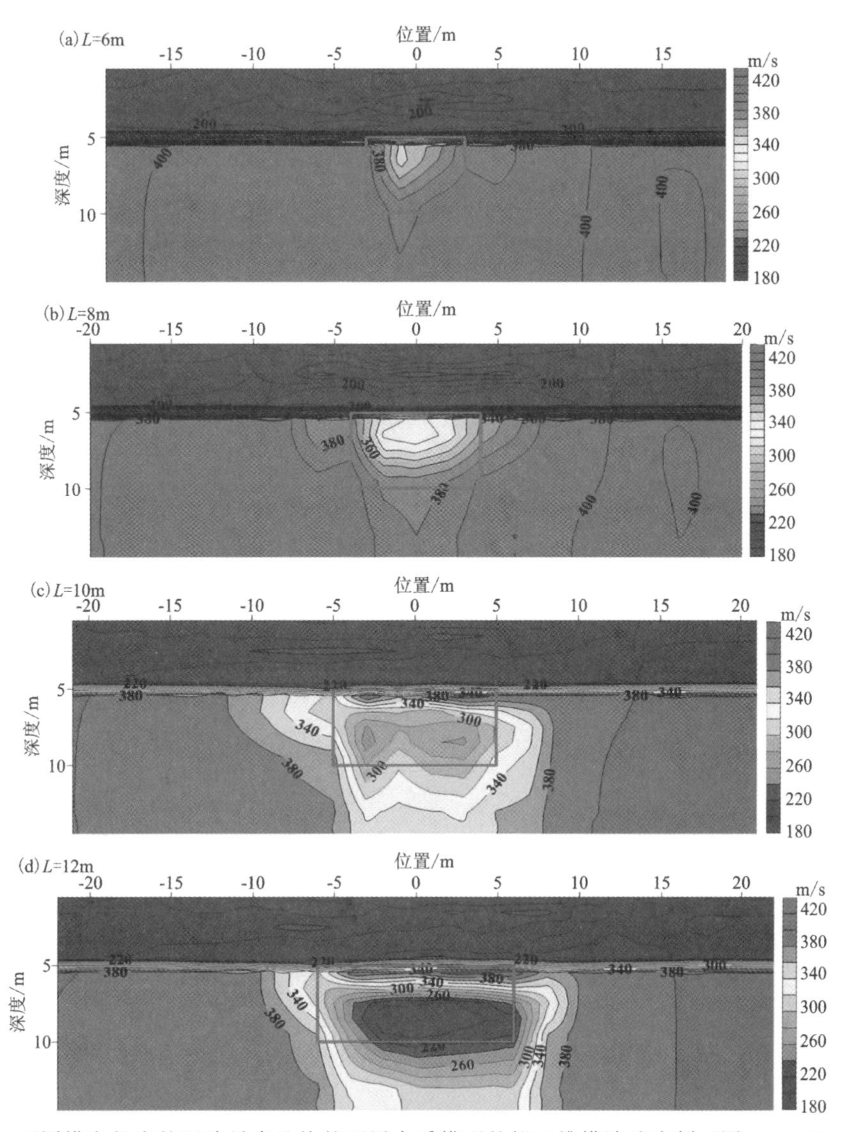

图 11-2-17　不同横向长度的凹陷异常地块的两层介质模型的拟二维横波速度剖面图(引自 Mi et al., 2017)

图 11-2-18　广乐高速旁滑坡体 MASW 现场数据采集示意图(引自 Mi et al., 2017)

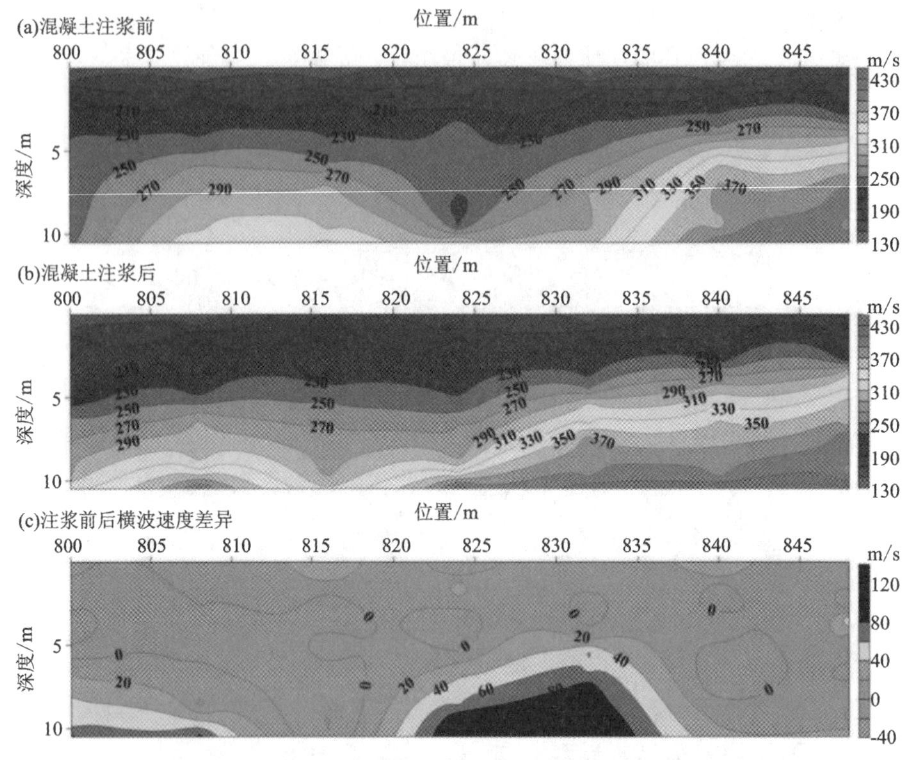

图 11-2-19 广乐高速旁滑坡体 MASW 方法获得的拟二维横波速度剖面(引自 Mi et al.，2017)

9. 讨论分析

多道面波记录中提取的频散曲线主要由数据采集检波器接收排列下的介质物理结构决定。通过对频散曲线反演获得的地下横波速度结构是接收阵列下方物性结构的综合平均，且这样的结果是以阵列下方地层物性在横向上是均匀的或缓变的，即地下为均匀或缓变层状介质。

图 11-2-20 中给出了使用滚动采集模式生成包含横向异常的模型的拟二维横波速度剖面的图解。从接收阵列①到②，记录阵列从异常体的左侧向前移动，最终完全覆盖异常体。在此过程中，拟二维横波速度剖面上的 v_S 值从围岩的 v_S 值到最大 v_S 值逐渐增大，这一区域(接收阵列①与②中点之间的距离)的横向长度为 L。从接收阵列②至③，记录阵列始终完全覆盖异常体。拟二维横波速度剖面上的 v_S 值保持最大 v_S 值，并且该区域的长度(在接收阵列②和③的中点之间的距离)是 $C-L$(C 大于 L)。从接收阵列③～④，记录阵列向前移动到异常体的右侧，拟二维横波速度剖面上的 v_S 值从最大 v_S 值到围岩的 v_S 值逐渐减小，该区域(接收阵列③和④中点间的距离)的长度为 L。拟二维横波速度剖面上整个异常区域的长度为 $C=L$。根据上述分析，异常体 v_S 值最大的异常区域的长度为 $C-L$。如果附近地下有两个异常体，并且在拟二维横波速度剖面上可以相互区分，则两个异常体之间的距离至少应接近 $C-L$。这就是为什么只有当两个凸起之间的距离达到 20m 时，才能区分两个凸起(图 11-2-15)。

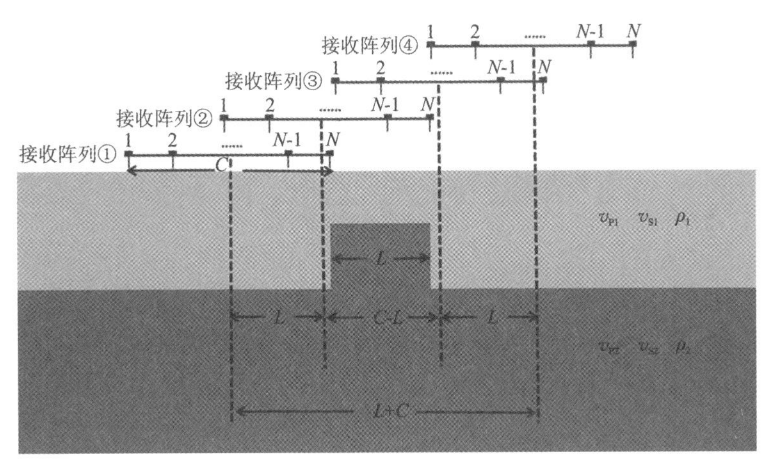

图 11-2-20　使用滚动采集模式为包含横向异常的模型生成拟二维横波速度剖面的观测系统图解（引自 Mi et al.，2017）

根据数值研究结果，在拟二维横波速度剖面上，异常体的最大 v_S 值并不是记录阵列下方 v_S 的简单平均值。它受多种因素的影响，并随着不同的影响因素而逐渐变化。此外，反演中初始模型的选择对拟二维横波速度剖面的最大 v_S 值有很大影响。对于横向尺寸小于检波器排列长度的异常结构，最大 v_S 值与真实 v_S 值不同。换句话说，如果异常体的水平维度小于检波器排列长度，我们就不能直接从拟二维横波速度剖面得到异常体的真实 v_S 值。数值试验同样表明，在 v_S 图上，尺寸越大、速度对比度越高的异常体，越容易在 v_S 图上被越短检波器排列长度的阵列数据所区分出来。在 MASW 方法的野外应用中，横向异常体的性质是由实际的地下 v_S 模型确定的，这些性质是不能人为改变的。因此，MASW 方法的水平分辨率受观测系统参数的影响（主要受检波器排列长度的影响）。通常，数据采集参数是根据实际测量要求进行最佳选择，因此接收阵列长度由特定的应用环境来确定，可取最大目标探测深度的大约两倍值作为参考。

另外，根据前述数值模拟结果分析可知，MASW 方法的水平分辨率也会随目标体埋深深度的增加而降低。根据半波长估计法（Sanchez-Salineo et al.，1987；Rix and Leipski，1991）以及不同波长面波成分将携带不同深度地质信息的性质（Babuska and Cara，1991；Yin et al.，2014），MASW 方法在某一深度的水平分辨率还取决于能够穿透到该深度的最短波长。波长较短的面波只能穿透浅层，但水平分辨率较高，而波长较长的波可以穿透较深，但水平分辨率较低。与不同埋藏深度和野外资料的数值调查结果一样，在某一深度上可识别的地质异常体的最小水平长度大致等于该深度。因此，可以认为，MASW 方法在特定深度的水平分辨率大约是可以穿透到该深度的最短瑞利波长 λ 的一半（图 11-2-21）。

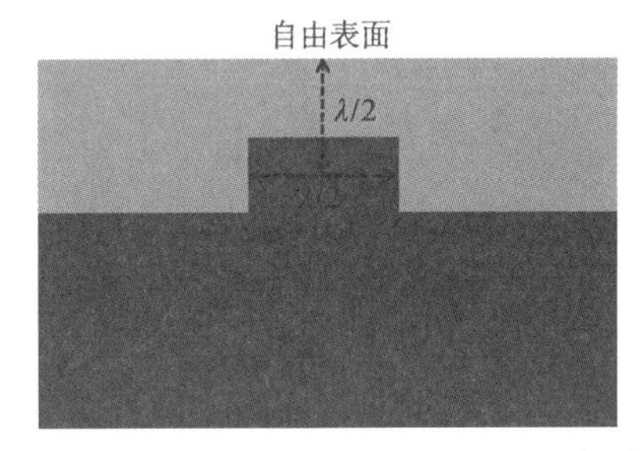

图 11-2-21　用于说明 MASW 方法的水平分辨率与面波波长的关系（引自 Mi et al.，2017）

第12章　高频面波方法估计地层衰减特征

地震波衰减最常见的度量方式是无量纲的品质因子 Q 及其逆（即耗散因子）Q^{-1} 。品质因子与深度的函数关系在地下水、工程和环境研究以及油气勘探和地震学研究中都具有重要意义。人们希望了解地球的衰减特性是基于观察到的这样的事实：当地震波在介质中传播时，地震波的幅度会减小，这种衰减通常与频率有关。另外，研究发现关于衰减特性，更重要的是它可以揭示关于岩性、物理状态和岩石饱和程度的独特信息（Toksöz and Johnston，1981）。为了充分了解地震波在地球介质中的传播特征，以便于更好地进行能源和资源勘察，以及工程与环境地质调查，人们迫切地希望品质因子是作为地下介质的已知参数存在，然而这是无法达到的。品质因子无法直接测量，只能根据各类地震波成分的传播性质通过间接的方法来求取。高频瑞利波中包含了与浅地表介质中的横波速度及与之相关的品质因子信息，因此有望通过瑞利波信息来推浅地表地下介质的品质因子信息。

瑞利波沿着地面或接近地面传播，通常具有相对较低的速度、较低的频率和较高的振幅能量（Sheriff，1991）。当根据多道地震记录提取到高精度瑞利波基阶模式相速度时，便可估计出浅地表介质横波速度（与介质真实横波速度差异在±15%内），同时若能在相速度反演过程中适当地加入高阶模式面波信息，则能进一步提高反演的一维横波速度剖面精度（Xia et al.，1999，2002a，2002b）。在成功地从瑞利波记录中确定了浅地表横波速度剖面后，便可分析由高频瑞利波衰减系数计算浅地表介质品质因子 Q 的可行性。

实验室研究表明品质因子 Q 可能在很宽的带宽（$10^{-2}\sim10^{7}$ Hz）内与频率无关（Johnston et al.，1979），特别是在一些干燥的岩石内。然而，液体中的耗散因子 Q^{-1} 与频率却是成正比关系的，因此在一些高孔隙率和高渗透率的岩石中，Q^{-1} 可能含有与频率有关的成分。但即使在松散的海洋沉积物中，这一分量在地震频率下也可以忽略不计（Johnston et al.，1979）。Mitchell（1975）在层状地球模型中通过反演瑞利波衰减系数研究了北美上地壳的 Q 值结构。在他的工作中，Q 与频率无关。尽管一些作者提出浅地表 Q 可能是频率相关的（Jeng et al.，1999），但本章节，我们遵循实验室结果（Johnston，1981）和 Mitchell（1975）的工作，即 Q 与频率无关，允许根据瑞利波数据的幅度衰减确定 Q 作为深度的函数。本章将根据 Xia 等（2002c）的研究结果通过正演模拟研究瑞利波衰减系数与纵横波品质因数（Q_P 和 Q_S）的关系。所建立的模型将用于定量描述 Q_P 和 Q_S 对瑞利波衰减系数的贡献。

第 1 节　由瑞利波确定浅地表地层品质因子的可行性

一、基本原理与方程

对于在均匀介质中的传播的平面波，品质因子可由下式确定（Johnston and Toksöz，1981）：

$$Q = \frac{\pi f}{\alpha \nu} \tag{12-1-1}$$

式中，ν、f、α 分别表示平面波传播速度、频率、及衰减系数。为了确定浅地表介质（30m 以内）的品质因子随深度变化的函数，由于浅地表附近地质结构的复杂性，介质的均匀性假设不再成立。利用频率 $f \geqslant 2$ Hz 的高频面波，在确定浅地表介质品质因子是必要的。层状介质中瑞利波衰减系数与 P 波及 S 波品质因子间的关系由 Anderson 等 1965 年的研究成果给出，如下式所示：

$$\alpha_{\mathrm{R}}(f) = \frac{\pi f}{v_{\mathrm{R}}^2(f)} \times \left[\sum_{i=1}^{n} P_i(f)\, Q_{\mathrm{P}i}^{-1} + \sum_{i=1}^{n} S_i(f)\, Q_{\mathrm{S}i}^{-1}\right] \tag{12-1-2}$$

其中

$$P_i(f) = v_{\mathrm{P}i} \frac{\partial v_{\mathrm{R}}(f)}{\partial v_{\mathrm{P}i}} \tag{12-1-3}$$

$$S_i(f) = v_{\mathrm{S}i} \frac{\partial v_{\mathrm{R}}(f)}{\partial v_{\mathrm{S}i}} \tag{12-1-4}$$

式中：$\alpha_{\mathrm{R}}(f)$ 表示瑞利波衰减系数，单位为长度的倒数；f 为频率；$Q_{\mathrm{P}i}$ 和 $Q_{\mathrm{S}i}$ 为 P 波和 S 波的品质因子；$v_{\mathrm{P}i}$ 和 $v_{\mathrm{S}i}$ 分别表示第 i 层介质的纵波速度和横波速度；$v_{\mathrm{R}}(f)$ 表示瑞利波相速度；n 表示层状介质模型的层数。

式(12-1-3)和式(12-1-4)反映的是瑞利波衰减系数相对于耗散因子 $Q_{\mathrm{P}i}^{-1}$ 和 $Q_{\mathrm{S}i}^{-1}$ 的变化率，其中 $P_i(f)$ 的含义为瑞利波相速度相对于第 i 层介质纵波速度的偏导数与该层纵波速度的乘积，$S_i(f)$ 的含义为瑞利波相速度相对于第 i 层介质横波速度的偏导数与该层横波速度的乘积。P_i 和 S_i 控制了瑞利波衰减系数对耗散因子 Q_{P}^{-1} 和 Q_{S}^{-1} 的灵敏度。

关于衰减系数的计算，可根据地震波记录振幅信息，采用 Kudo 和 Shima(1970)的公式进行：

$$A(x + \mathrm{d}x) = A(x)\, e^{-\alpha \mathrm{d}x} \tag{12-1-5}$$

式中：A 表示瑞利波振幅；α 为瑞利波衰减系数；x 表示最小偏移距；$\mathrm{d}x$ 表示道间距。在时间维度对式(12-1-5)进行傅立叶变换后，可得

$$\alpha_{\mathrm{R}}(f) = -\frac{\ln\left[\left|\dfrac{W(x+\mathrm{d}x, f)}{W(x, f)}\right| \sqrt{\dfrac{x+\mathrm{d}x}{x}}\right]}{\mathrm{d}x} \tag{12-1-6}$$

式中：$\alpha_{\mathrm{R}}(f)$ 是瑞利波衰减随频率 f 变化的函数；W 是对应频率处的瑞利波振幅；$\sqrt{\dfrac{x+\mathrm{d}x}{x}}$

是计算衰减系数过程中的一个尺度因子。

二、理论模型分析

为直观地揭示纵横波品质因子 Q_P 和 Q_S 对瑞利波衰减系数的影响，我们将首先设置一个多层的层状介质模型，利用数值模拟的合成多道记录，来计算并分析。同时瑞利波衰减系数相对于纵横波耗散因子 Q_P^{-1} 和 Q_S^{-1} 的敏感度也会一起考虑并分析。

如前所述，式(12-1-3)和式(12-1-4)中 P_i 和 S_i 共同控制着瑞利波衰减系数对耗散因子 Q_P^{-1} 和 Q_S^{-1} 的灵敏度。在前面第十章中，我们根据 Xia 等(1999)的研究，采用过一个六层介质模型，用于研究和分析介质的各物性参数对瑞利波频散曲线的敏感性问题，这里我们继续沿用该模型(模型参数见表 10-5-1)，利用数值模拟的多道瑞利波记录分析纵横波品质因子 Q_P 和 Q_S 对瑞利波衰减系数的贡献。

当 v_S 占比 v_P 的 25%～50%时，Q_P 对瑞利波衰减系数的贡献随 v_S/v_P 的增大而增大，而 Q_S 对瑞利波衰减系数的贡献随 v_S/v_P 的增大而减小，如图 12-1-1 所示。当 v_S/v_P 接近 0.45 时，Q_P 对大多数频率的贡献变得显著。例如，对于 30Hz 分量，当 v_S/v_P 为 0.5 时，Q_P 贡献占主导地位，并达到 70%以上，而 Q_S 贡献下降到 30%以下。粗略地说，当 v_S 约为 v_P 的一半时，Q_P 对瑞利波衰减系数的总体贡献可达 30%以上。这表明，当 v_S 约为 v_P 的一半时，由瑞利波衰减系数反演 Q_P 是可能的。

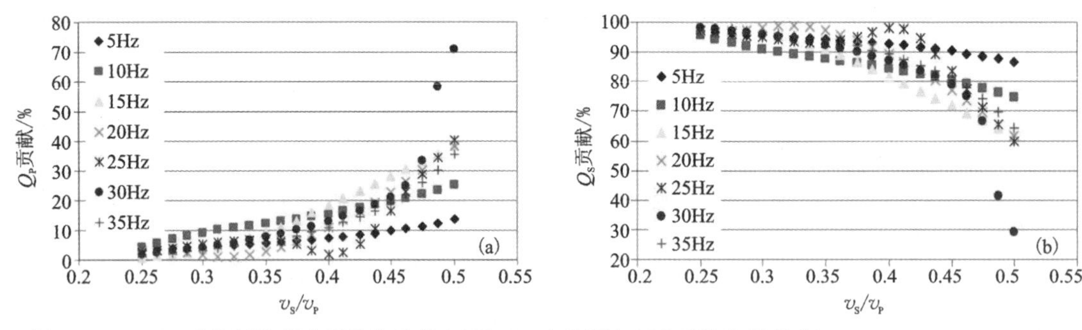

图 12-1-1 Q_P 对瑞利波衰减系数的贡献(a)及 Q_S 对瑞利波衰减系数的贡献(b)(修改自 Xia et al.，2002c)

前面分析的为对于层状介质模型，当 v_S 为 v_P 的 50%时，Q_P 和 Q_S 对瑞利波衰减系数贡献。接下来我们同样用该介质该模型结果，分析瑞利波衰减系数相对于 Q_P 和 Q_S 的敏感性。对于干燥的砂岩，Q_P/Q_S 几乎等于 1(Johnston，1981)，使得 Q_P 和 Q_S 相等(针对我们所采用的 6 层介质模型，其值从顶层到半空间分别为 5、10、12、15、20 和 25)。而当 Q_P 和/或 Q_S 减少 25%时(此时 Q_P 和 Q_S 的值从顶层到半空间分别为 3.75、7.5、9.0、11.25、15.0 和 18.75)，将导致如图 12-1-2 所示的关系变化。当 Q_P 减少 25%时，瑞利波衰减系数的相对增加在 4%～20%的范围内，在 5～35Hz 范围内平均增加 12%。在 Q_S 相同的情况下，瑞利波衰减系数的相对增加在 9%～23%的范围内，在 5～35Hz 范围内平均增加 17%。在 5～35Hz 的频率范围内，由于 Q_P 和 Q_S 降低了 25%，瑞利波衰减系数的总体相对增加几乎相同，相对变化为 28%。对于水饱和砂岩，Q_P/Q_S 可能达到 2(Johnston，1981)，在这种情况下，Q_P 对瑞利波衰减系数的贡献可能会超过 Q_S 的贡献。

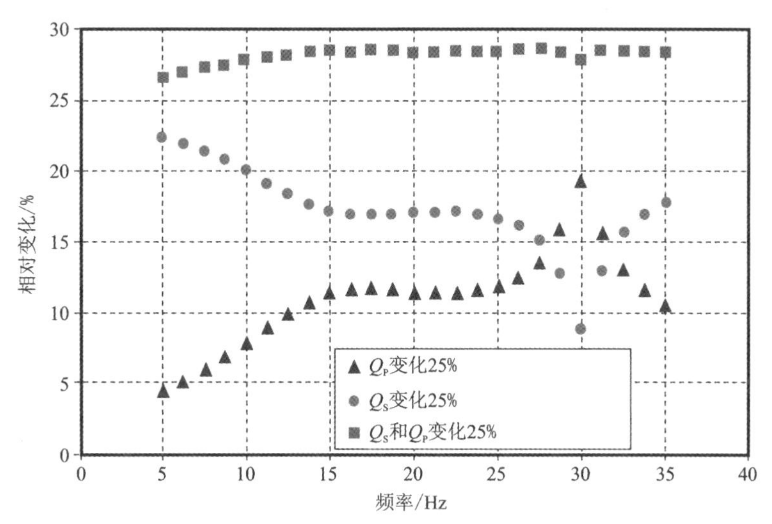

图 12-1-2　当 $v_S/v_P=0.5$ 时瑞利波衰减系数相对于 Q_P 和 Q_S 的敏感性分析结果(修改自 Xia et al.，2002c)

三、反演系统

式(12-1-2)表明瑞利波衰减系数与 P 波和 S 波的耗散因子(Q_P^{-1} 和 Q_S^{-1})呈线性关系。理论上,在通过反演瑞利波相速度来确定 S 波速度(Xia et al.，1999)并通过其他地震方法,如反射方法(Hunter et al.，1984;Steeples and Miller，1990)、折射方法(Palmer，1980)和/或层析成像方法(Zhang and ToksÖz，1998;Ivanov et al.，2000)获得近地表 P 波速度之后,可以使用式(12-1-2)直接对无噪声数据反演耗散因子(Q_P^{-1} 和 Q_S^{-1})。然而,实际上,我们的模拟结果表明,仅当 v_S/v_P 大于 0.45 时,面波衰减对 Q_P 足够敏感。因此可以说,面波衰减对 Q_P 的敏感性远低于 Q_S ,故正常情况下只有 Q_S 才能由瑞利波衰减系数进行反演。

由于式(12-1-2)是一个线性系统,所以 Xia 等(1999)反演频散曲线使用的方法,可直接用于从瑞利波衰减系数求 Q_P 与 Q_S 。在许多情况下,只需进行一次迭代即可获得品质因子。Xia 等(2002c)讨论了 Menke(1984)的一个算法,以及将 Xia 等(1999)引入的一个阻尼因子方法联合起来,应用于瑞利波衰减系数的反演。该反演问题可以用以下系统来描述:

$$\boldsymbol{A}\vec{\boldsymbol{X}}=\vec{\boldsymbol{B}}(x_i>0) \tag{12-1-7}$$

其中, $\vec{\boldsymbol{X}}$ 是品质因子的逆(模型矢量 $1/\boldsymbol{Q}$), x_i 是其中第 i 个分量; $\vec{\boldsymbol{B}}$ 是衰减系数(数据矢量); $\boldsymbol{A}$ 是由式(12-1-2)所确定的数据核矩阵(Menke，1984)。

如果衰减系数不包含误差,由式(12-1-7)给出的解决方案能提供准确的 Q_P 与 Q_S ,如下一节中的合成数据案例所示。而当式(12-1-7)中衰减系数具有误差时,则不能保证解的存在或解可能具有不可接受的误差。Mitchell(1973，1975)讨论了式(12-1-7)中提出的反问题的求解方法。Xia 等(2002c)在上述反演过程中,引入了一个阻尼因子 λ :

$$(\boldsymbol{A}+\lambda\boldsymbol{I})\vec{\boldsymbol{X}}=\vec{\boldsymbol{B}}(x_i>0) \tag{12-1-8}$$

其中, $\boldsymbol{I}$ 为单位矩阵。在反演开始时,阻尼因子 λ 通常被设置为一个非常小的量(如 10^{-7})。基于 Q_P 与 Q_S 的反演迭代结果,阻尼因子 λ 将会系统地增加,直到得到一个平滑的解为止。

四、反演系统可靠性验证

1. 层状介质模型合成地震记录案例

为了验证以上反演系统的可靠性，对前述六层模型的合成地震记录结果进行瑞利波衰减系数反演。反演中假设已知P波和S波速度[图12-1-3(a)]、无误差衰减系数[图12-1-3(b)中实线)、Q_S(从第一层到半空间的层分别被设置为5、10、12、15、20和25)以及Q_P(Q_S的两倍)。最终衰减系数被反演为品质因子。图12-1-3(c)显示了反演的Q_P与Q_S，其值恰好等于已知模型给定的Q_P与Q_S值。另外，反演过程中，最后迭代给出的衰减系数曲线[图12-1-3(b)中输出]也与输入的无误差衰减系数曲线完全吻合。该案例说明，以上反演系统是稳定可靠的。

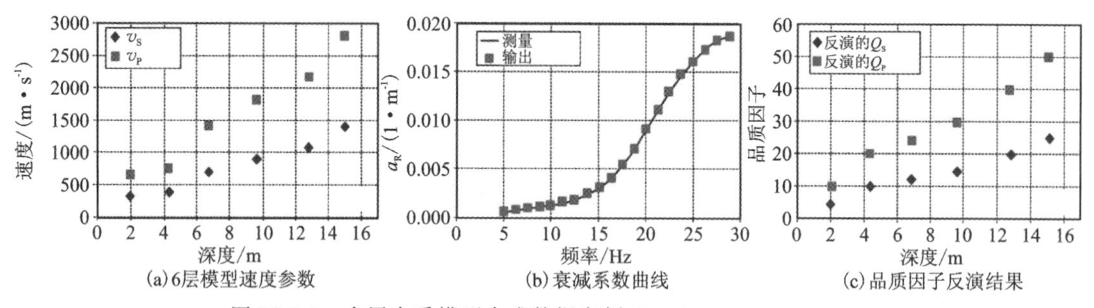

图12-1-3　多层介质模型合成数据案例(修改自Xia et al.，2002c)

2. 实际案例验证

图12-1-4所示为使用4.5Hz垂直检波器在美国亚利桑那州沙漠采集的60道瑞利波数据(Xia et al.，2002c)。数据采集时观测系统参数设置如下：道间距为1.2m，最小偏移距为4.8m，采样间隔1ms，记录时长1024ms。震源采用的是由堪萨斯地质调查局(KGS)设计和建造的加速下降重锤系统。

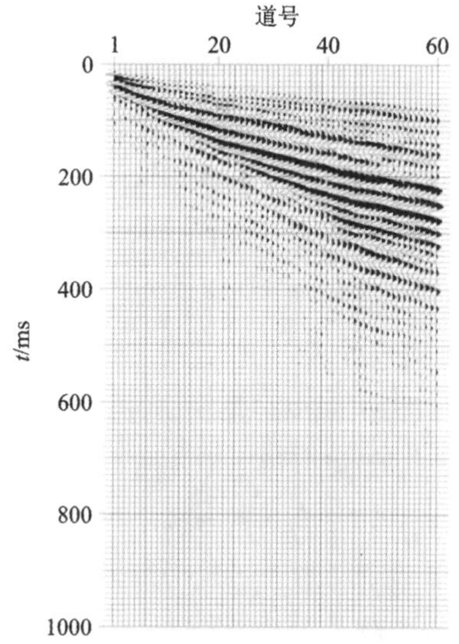

图12-1-4　采集自美国亚利桑那州某地沙漠上的60道地震记录(引自Xia et al.，2002c)

根据前面章节介绍过的方法，提取多道面波记录的瑞利波相速度频散曲线，并对其反演获得横波速度模型。速度模型的层数设置，一般根据数据质量来确定。但需要明确的是，模型中给出的层，与地质上的地层往往不会一一对应。在大多数情况下，我们会在反演过程中设置一个10～15层的模型来进行反演，其目的是使反演结果具有足够的分辨率。对于该数据，使用总厚度为20m的10层模型，通过MASW方法将瑞利波相速度反演为S波速度[图12-1-5(a)]。模型的P波速度根据炮集记录的初至波进行估计

(12-1-4)。采用式(12-1-6)计算的瑞利波的衰减系数如图 12-1-5(b)中标为“测量”的曲线所示。由于该模型的 v_S/v_P 的平均比值约为 0.4，因此只有 Q_S 可以从衰减系数中可靠地进行反演。在假设 Q_P 等于两倍 Q_S 的前提下，我们反演衰减系数得到横波品质因子 Q_S［图 12-1-5(c)］。由品质因子 Q_S 的反演结果再计算出的衰减系数在图 12-1-5(b)中标为“输出”。反演结果表明，从第 7 层到第 8 层 Q_S 有较大的降幅，这说明在 12.5m 深度处存在一个高度衰减的层位。

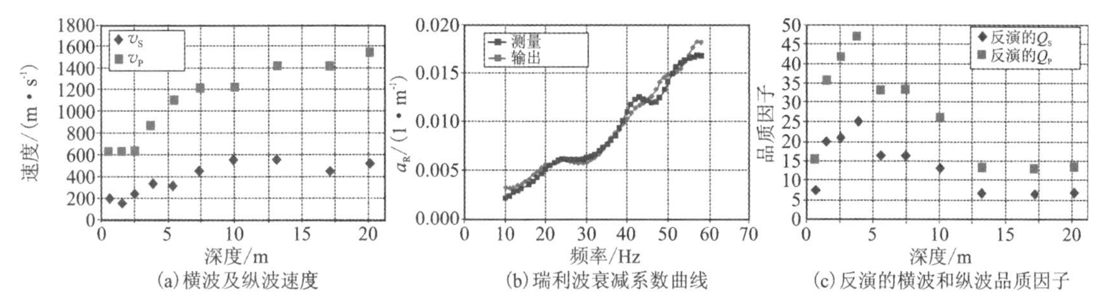

(a)横波及纵波速度　(b)瑞利波衰减系数曲线　(c)反演的横波和纵波品质因子

图 12-1-5　由 MASW 方法对图 12-1-4 中实际数据进行品质因子反演的结果(修改自 Xia et al., 2002c)

五、讨论与结论

模拟结果和实际算例验证了瑞利波衰减系数反演浅地表介质品质因子的可行性。模拟分析结果表明，当 v_S/v_P 大于 0.45 时，Q_P 可能被反演出来，而这样的速度比介质在石油工业和壳幔地震学研究中很常见，在浅地表介质中也不少见。模拟结果还表明，Q_P 对瑞利波衰减系数的贡献大多在相对较高的频率范围内，而 Q_S 对瑞利波衰减系数的贡献在较低的频率范围内。因此，在不同的频率范围中对 Q_P 和 Q_S 使用不同的权重可以增加获得 Q_P 的可能性。在模拟算例和实际算例中，我们假设 $Q_P = 2Q_S$，以获得 Q_P 的信息。如果假设 Q_P 和 Q_S 之间存在不同的关系，则会改变最终的反演结果。对于浅地表介质，Q_P 和 Q_S 之间的关系可能在很大范围内不同，因此可能有必要使用一些其他方法来计算 Q_P 或提供交叉检查。

根据灵敏度分析，品质因子反演的误差可以达到衰减系数误差的 1～1.5 倍。比较 Xia 等(1999)用瑞利波相速度反演横波速度的反演系统(面波相速度误差 10%将导致横波速度误差 6%)，式(12-1-8)的稳定性较差。因此，瑞利波衰减系数的准确计算至关重要。但另一方面，反演系统[式(12-1-8)]比过去 20 年来在石油行业研究和实践的 AVO(振幅随偏移距变化的函数关系)分析更稳定(Hilterman, 2001)。Jin 等(2000)的结论是，在 AVO 分析中，入射角的 10%的误差可能导致反射系数的 40%的误差。既然地球物理界能认可和接受 AVO 反演的结果，那么应该更能接受比其更为精确的通过瑞利波衰减系数反演品质因子的多道面波方法。

第 2 节　通过瑞利波衰减系数的约束反演浅地表地层品质因子

如前所述，在已知介质纵横波速度和瑞利波相速度频散曲线的情况下，我们可以通过式

(12-1-8)所表示的反演系统,通过瑞利波的衰减系数曲线反演出浅地表介质的品质因子。通过前述数值模拟案例,我们发现地震记录中振幅的很小改变,可能会引起衰减系数的极大改变,这将导致由衰减系数曲线反演品质因子的过程变得极不稳定。解决反演不稳定的常规方法是增加相应的约束条件,因此在上一节中我们讲述了 Xia 等(2002c)给出的阻尼最小二乘法反演系统,这是一种在反演系统中加入了相应的正则化参数(阻尼因子)的约束反演方法。接下来我们将对这一反演系统更进一步地进行讨论,希望通过不同的约束条件,研究提高瑞利波衰减曲线反演品质因子的系统稳定性和解的可靠性。

在前述研究基础上,Xia 等(2012)通过在层状地球模型中引入品质因子的正则化参数来求解约束线性系统,在找到一组可行解之后,使用 L-曲线方法(Hansen, 1992, 1998; Lawson and Hanson, 1974; Tikhonov and Arsenin, 1977)来确定最优的正则化参数,并从可行解集中得到一个最终的最优权衡解。

一、含约束条件的反演系统

如前述式(12-1-2)表示瑞利波衰减系数与 P 波和 S 波耗散因子 Q_P^{-1} 和 Q_S^{-1} 之间的线性关系。理论上,在通过反演瑞利波相速度来确定 S 波速度并通过其他地震方法测量浅地表 P 波速度之后,可以使用式(12-1-2)直接对无噪声数据反演计算耗散因子 Q_P^{-1} 和 Q_S^{-1} 。由于式(12-1-2)是一个线性系统,所以可采用 Xia 等(1999)用于进行频散曲线反演相同的方法,由瑞利波衰减系数反演计算品质因子 Q_P 和 Q_S 。式(12-1-2)写成矩阵形式后形如式(12-1-7)所示。如前面所讨论的,当从地震记录中提取的衰减曲线不包含误差时,式(12-1-7)能精确地反演出 Q_P 和 Q_S (Xia et al., 2002c)。当衰减系数具有误差时,则不能保证式(12-1-7)的解存在,或者解可能具有不可接受的误差。地震波振幅作为衰减系数的指数函数的非线性性质意味着地震波振幅的微小变化会导致衰减系数的较大变化,特别是对于较大的 Q 值情况。为了约束模型空间,需引入对品质因子的约束,一般令 $0 < Q_i < a_i$ (a_i 是一个常量)。这个约束等价于 $x_i > c_i > 0$,其中 c_i 为 $1/a_i$ 。由于式(12-1-7)的不稳定性,Xia 等(2002)在系统中引入了一个衰减因子后采用式(12-1-8)来求解该反问题,即

$$(\boldsymbol{A} + \lambda \boldsymbol{I})\vec{X} = \vec{\boldsymbol{B}}(x_i > c_i > 0) \tag{12-2-1}$$

其中: $\boldsymbol{I}$ 为单位矩阵; λ 为阻尼因子; c_i 是约束 x_i 的模型空间常量。求取式(12-2-1)的关键在于确定一个最优的阻尼因子 λ 。这便是含约束条件的瑞利波衰减曲线反演系统。

二、*L* 曲线法

叠加正则化或约束技术为地球物理学家提供了对特定数据集和介质模型性质的诸多知识来解决地球物理反演问题。为了减少无介质模型先验信息的地球物理反问题的不稳定性通常需要一个正则化解来最小化介质模型和参考模型之间的数据拟合误差(Zhdanov, 2002; Oldenburg and Li, 2005)。如第 10 章中所讨论的,这些反演方法的正则化参数可以使用 Tikhonov 方法或 L 曲线方法(Hansen, 1992, 1998; Lawson and Hanson, 1974; Tikhonov and Arsenin,1977)来确定。在没有先验信息的情况下,可以利用 L 曲线法通过数据拟合合度

和模型长度之间的折中选择到一个合适的阻尼因子。L 曲线法(图 12-2-1a)常被用于各种地球物理数据反演中(Hansen, 1992;Li and Oldenburg, 1999)。其中,L 值的定义为

$$L(\vec{X},\lambda) = \|\boldsymbol{S}(\boldsymbol{A}\vec{\boldsymbol{X}}-\boldsymbol{B})\|_2 + \lambda\|\vec{\boldsymbol{X}}\|_\infty = \boldsymbol{\varphi}_d + \boldsymbol{\lambda}\,\boldsymbol{\varphi}_m \quad (12\text{-}2\text{-}2)$$

其中,$\boldsymbol{S}$ 与由衰减系数中的误差确定的加权矩阵 $\boldsymbol{W}=\boldsymbol{S}^{\mathrm{T}}\boldsymbol{S}$ 有关。由于加权矩阵 $\boldsymbol{W}$ 是对角且正定的(Xia et al., 1999),故 $\boldsymbol{S}$ 也是对角矩阵,$\boldsymbol{\varphi}_d = \|\boldsymbol{S}(\boldsymbol{A}\vec{\boldsymbol{X}}-\boldsymbol{B})\|_2$ 表示数据误差,$\boldsymbol{\varphi}_m = \|\vec{\boldsymbol{X}}\|_\infty$ 表示模型长度,为 $\vec{\boldsymbol{X}}$ 的最大分量。由于系统的线性性质[式(12-1-2)],$(\boldsymbol{\varphi}_m,\boldsymbol{\varphi}_d)$ 的曲线图通常显示 L 曲线的形状,一般来说,解释 L 曲线通常需要较为丰富经验。

与小的阻尼因子对应的模型通常具有较大的误差,并且会导致很长的模型长度和较小的数据拟合误差,致使数据拟合较好[图 12-2-1(a)]。这是因为模型试图表示数据中的错误[图 12-2-1(b)中权衡曲线右侧的解决方案]。另一方面,与大的阻尼系数相对应的模型通常是稳定的,并且导致较大的数据与较短的模型长度不匹配[图 12-2-1(b)中权衡曲线左侧的解]。我们希望在 $(\boldsymbol{\varphi}_m,\boldsymbol{\varphi}_d)$ 曲线图上找到一个折中点,使数据拟合度和模型长度都能在一个可接收的范围,从而确定最优的阻尼因子 λ 值。再利用使用了正则化的最小二乘反演方法,求解品质因子。

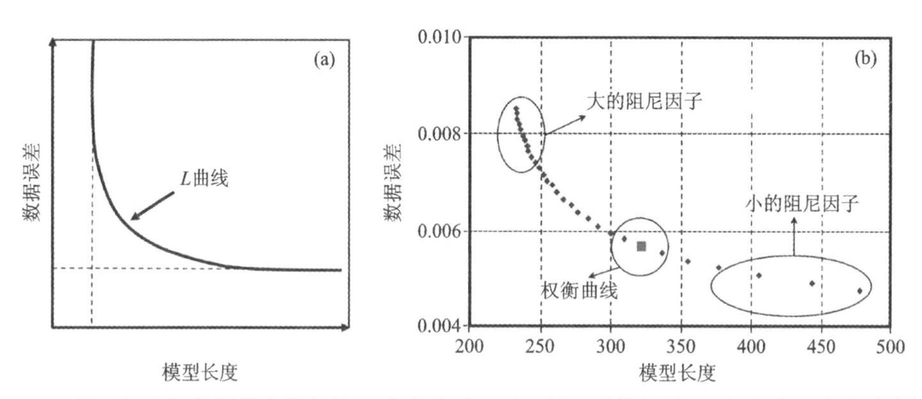

图 12-2-1 模型长度与数据拟合误差的 L 曲线关系(a)与采用不同阻尼因子生成的 L 曲线示意图(b)(修改自 Xia et al., 2012)

三、方法验证

Xia 等(2012)在美国西南部的一个干旱地区进行了一次浅层瑞利波勘探工作。这次工作的目的是确定浅地表沉积物的地震属性。瑞利波数据采用陆地拖缆方式采集,拖缆上安置了 24 个 4.5Hz 垂直分量检波器,最小偏移距设置为 41m,道间距为 1.2m[图 12-2-2(a)]。为实现数据的快速采集,匹配的震源为堪萨斯地质调查局自行研发的加速下降落重震源系统[图 12-2-2(b)],重锤在皮带系统的作用下加速下落并垂直撞击与地面耦合的钢板,由此激发地震波。

尽管采用该拖缆系统采集的多道瑞利波数据[图 12-2-3(a)]中包含一些噪声,但在 200 到 400ms 的时间窗口中占主导地位的瑞利波能量允许我们使用式(12-1-6)直接计算出瑞利波的衰减系数曲线[图 12-2-3(b)中的三角形表示]。在通过反演瑞利波相速度来估计层状模型的 S 波速度之后即可用前面讨论的算法来估计横波品质因子 Q_S 。

图 12-2-2　24 道陆地拖缆地震数据采集系统(a)及堪萨斯地质调查局设计制造的加速下落重锤震源系统(b)(Xia et al.，2012)

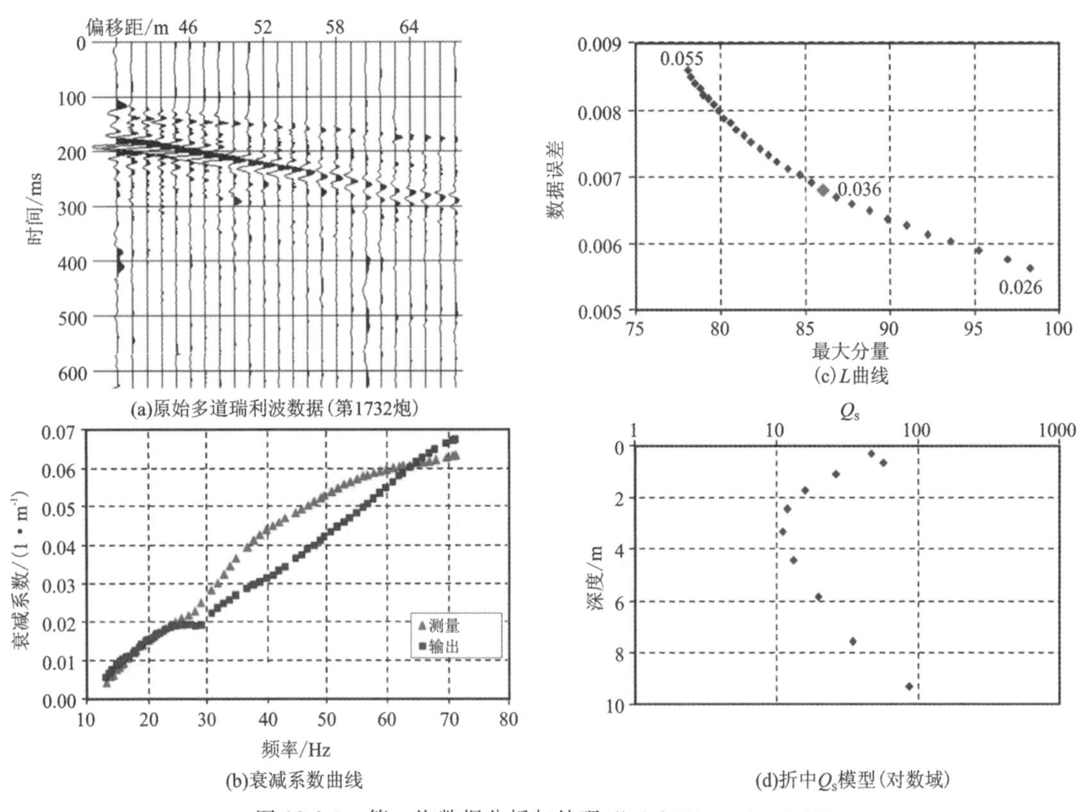

图 12-2-3　第一炮数据分析与处理(修改自 Xia et al.，2012)

在求解品质因数时，假定 $Q_P = 2Q_S$ 。由于浅地表沉积物的 Q_S 很少超过 100 (Lai and Rix，1998；Sheriff and Geldart，1985)，因此 Xia 等(2012)对所有的 i 设置了 $0 < Q_S < 100$ 的约束，这导致了式(12-2-1)中的常数 $c_i = 0.01$ 。另外，发现式(12-2-1)中最小的可行阻尼因子 λ 为 0.026。随着阻尼因子以 0.001 的间隔变化到 0.055，确定了产生近乎完美的 L 曲线的可能的解决方案[图 12-2-3(c)]。图 12-2-3(c)右侧的第一个模型与最小的阻尼因数(0.026)相关，具有最长的模型长度 98.2(<100)和最小的数据失配(0.005 6)。左边的第一个模型[图

12-2-3(c)]与最大的阻尼因子(0.055)相关,具有最短的模型长度(78.1)和最大的数据失配(0.008 6)。

图 12-2-3(c)中两端的模型显然不是最好的。我们需要在折中区域找到一个模型,如图 12-2-1(b)所示。与折中的衰减因子(0.036)相关的折中模型由图 12-2-3(c)中的实心正方形表示,该模型产生的模型长度为 86,数据拟合误差为 0.006 8[图 12-2-3(c)]。根据折中模型[图 12-2-3(d)]所反演计算的预测衰减系数在图 12-2-3(b)中用实心方块表示。最终反演的横波品质因子(Q_S)在所限定的范围内[图 12-2-3(d)]。

采用 $x_i > 0.01$ 的约束条件(即 $0 < Q_{Si} < 100$),是采用式(12-1-7)进行反演,获得良好效果的必要条件。当然,如果使用 L 曲线方法,可能最终会得到比图 12-2-3(b)所示的衰减系数[图 12-2-4(a)]更好的拟合效果,但必须同时接收解的巨大变化[图 12-2-4(b)]。从反演结果上可发现,在显然大约 10m 深的地方存在接近 290 的横波品质因子,对于该处的浅地表沉积物来说,品质因子太大,不太现实。

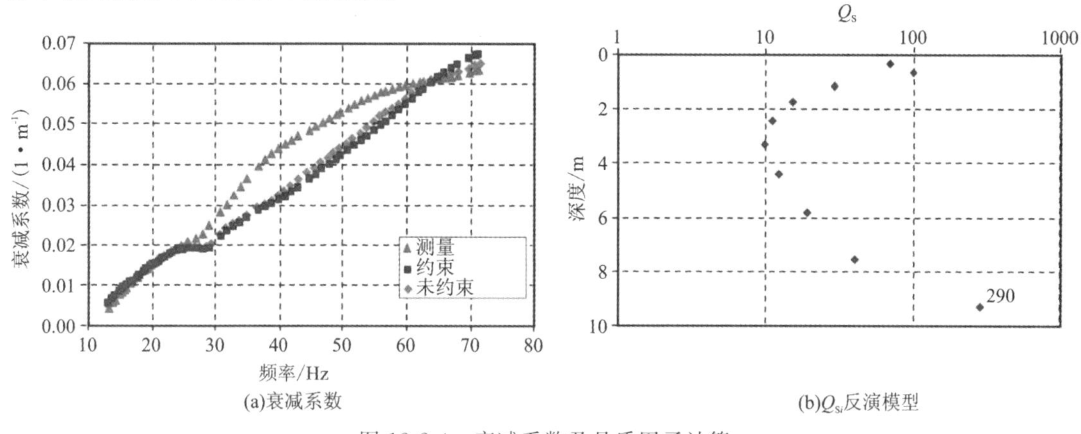

图 12-2-4　衰减系数及品质因子计算

接下来采用的第二炮数据,其瑞利波数据质量(信噪比和能量一致性)均比前一个要高[图 12-2-5(a)]。同样使用式(12-1-6)计算了瑞利波衰减系数曲线[图 12-2-5(b)中的三角形]。与前一炮数据一致,在反演中假定 $Q_P = 2Q_S$ 。同样如前一炮数据的反演方式,对所有的 i 设置了 $0 < Q_S < 100$ 的约束。最后发现最小可行的阻尼因子是 0.023。阻尼因子最高可达 0.052,间隔为 0.001,结果可能的解同样产生了近乎完美的 L 曲线[图 12-2-5(c)]。

图 12-2-5(c)右侧的第一个模型与最小的阻尼因数(0.023)相关,具有最长的模型长度 98.9(<100)和最小的数据拟合误差(0.004 8)。图 12-2-5(c)左侧的第一个模型具有最短的模型长度(79.3)和最大的数据拟合误差(0.006 3),该模型与最大的阻尼因子(0.052)相关。选择 0.031 的折中阻尼因子后[图 12-2-5(c)中的实心正方形],产生的模型长度为 87.3,数据拟合误差为 0.005 2 的模型[图 12-2-5(c)]。根据折中模型[图 12-2-5(d)]计算的预测衰减系数曲线在图 12-2-5(b)中用实心方块表示。最终反演的横波品质因子[图 12-2-5(d)]在所限定的范围内。如果在反演过程中没有施加约束 $x_i > 0.01$,则根据 L 曲线方法确定的阻尼因子进行反演,可能会在 7m 深度处产生 Q_S 接近 300 的不切实际的模型结果。

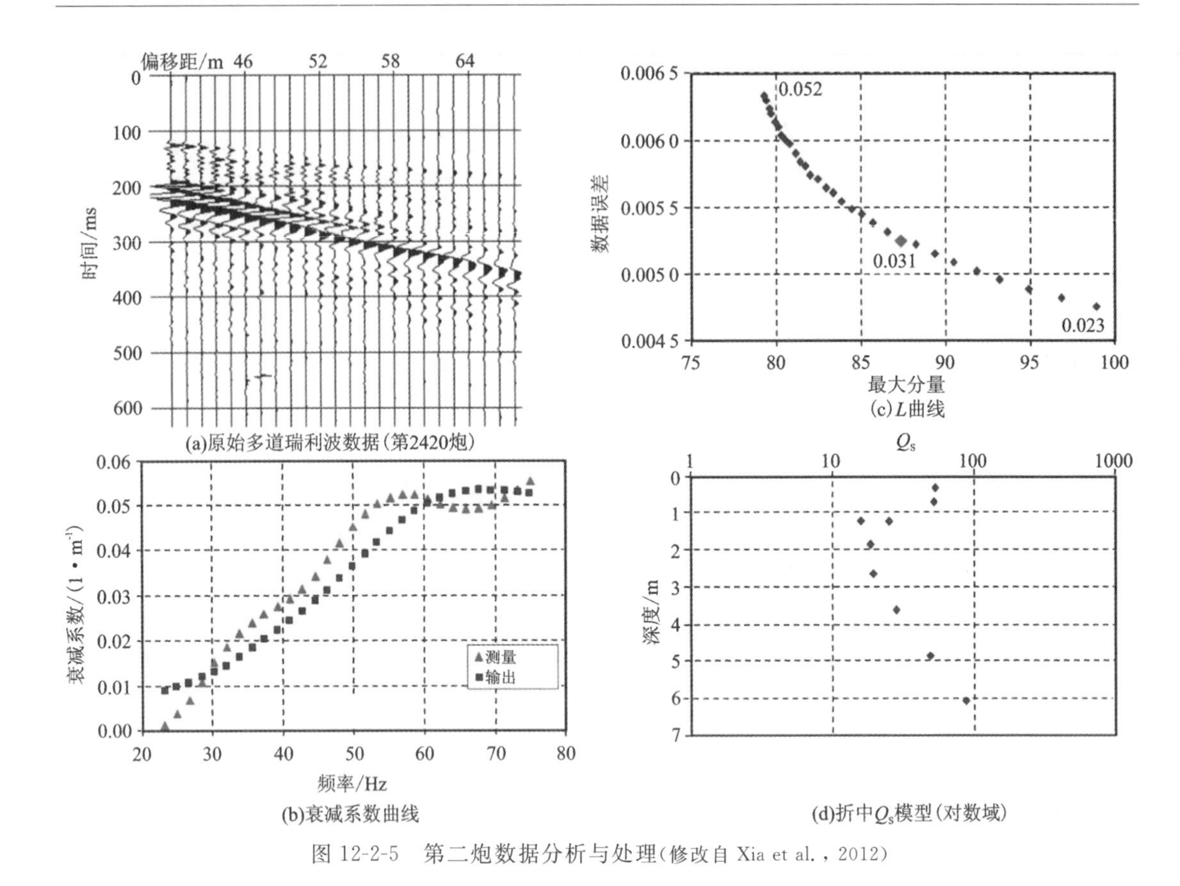

图 12-2-5　第二炮数据分析与处理(修改自 Xia et al., 2012)

采用的第三个实际数据[图 12-2-6(a)]的质量同前一个相同。采用相同的程序和约束条件,Xia 等(2012)计算了衰减系数曲线[图 12-2-6(b)中的三角形],并从 L 曲线[图 12-2-6(c)]上确定了折中的阻尼因子。选择一个折中的阻尼因子 0.16[图 12-2-6(c)中的实心正方形],所产生的模型长度为 97.8(<100),数据拟合误差为 0.002 9。根据折中模型结果[图 12-2-6(d)]计算的预测衰减系数曲线在图 12-2-6(b)中用实心方块表示。反演的横波品质因子在约束范围内。但如果在反演系统中不施加 $x_i > 0.01$ 的约束,L 曲线方法选择的阻尼因子加入反演过程,结果可以在 8m 深度产生 Q_S 超过 700 的模型,这远远超出了浅地表沉积物中品质因子的实际值。

约束 $x_i > 0.01$ 会限制模型空间的搜索范围,因此预计数据空间的适合性将会下降,因为必须为实际勘探数据中没有关于品质因子的先验信息而付出一定的代价。对图 12-2-7(a)中所示的数据应用与前面各数据相同的程序和约束。根据该数据计算的衰减系数在图 12-2-7(b)中用三角形表示。在 $x_i > 0.01$ 的约束下[图 12-2-7(c)中的方块],得到了 Q_S 的光滑模型。当没有约束条件应用于反演系统时,在 9m 的深度处不切实际的品质因子超过 300,证明了约束条件的必要性[图 12-2-7(c)]。正如预期的那样,由约束条件 $x_i > 0.01$ 确定的模型在数据空间中的拟合度不如由没有约束条件 $x_i > 0.01$ 的模型确定的模型中的拟合度好。通过改变约束条件可以提高数据拟合度,然而,这需要关于数据采集现场的介质品质因子的先验信息。

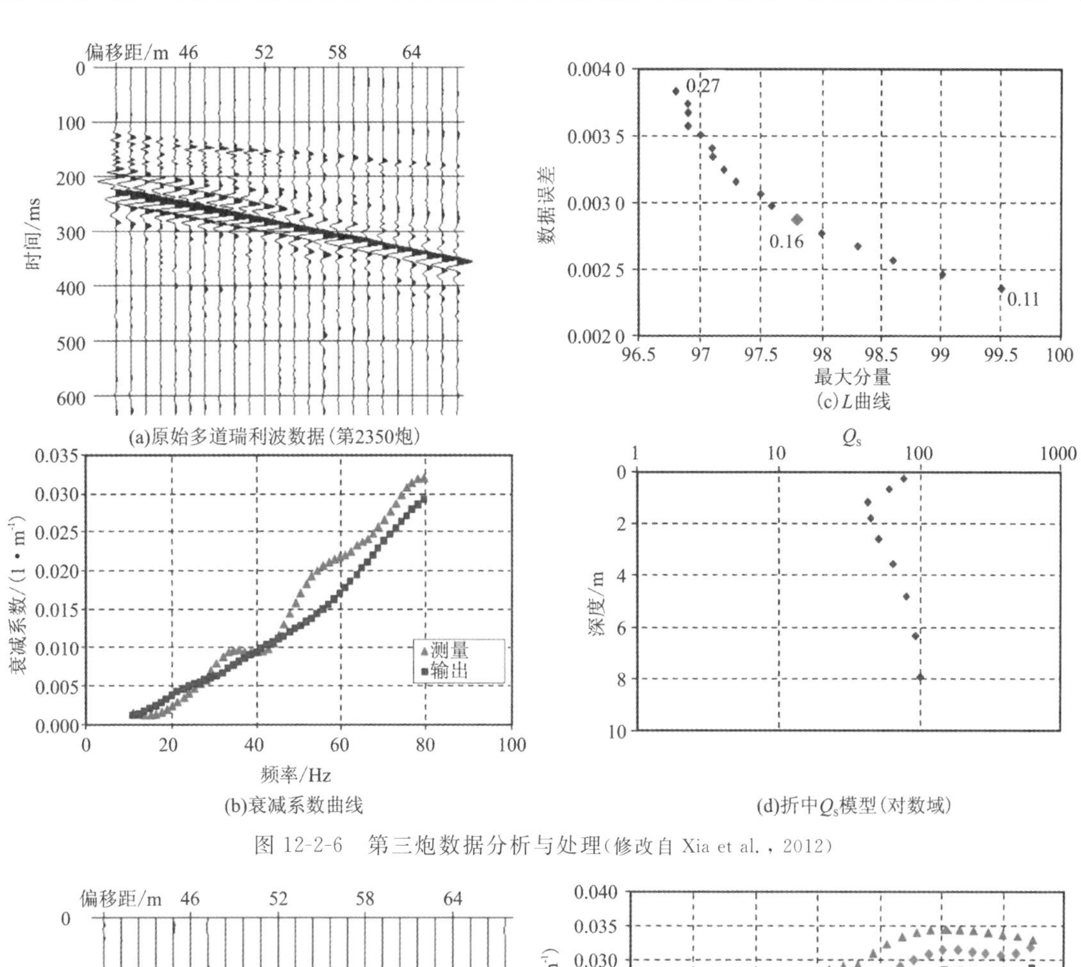

图 12-2-6 第三炮数据分析与处理(修改自 Xia et al.，2012)

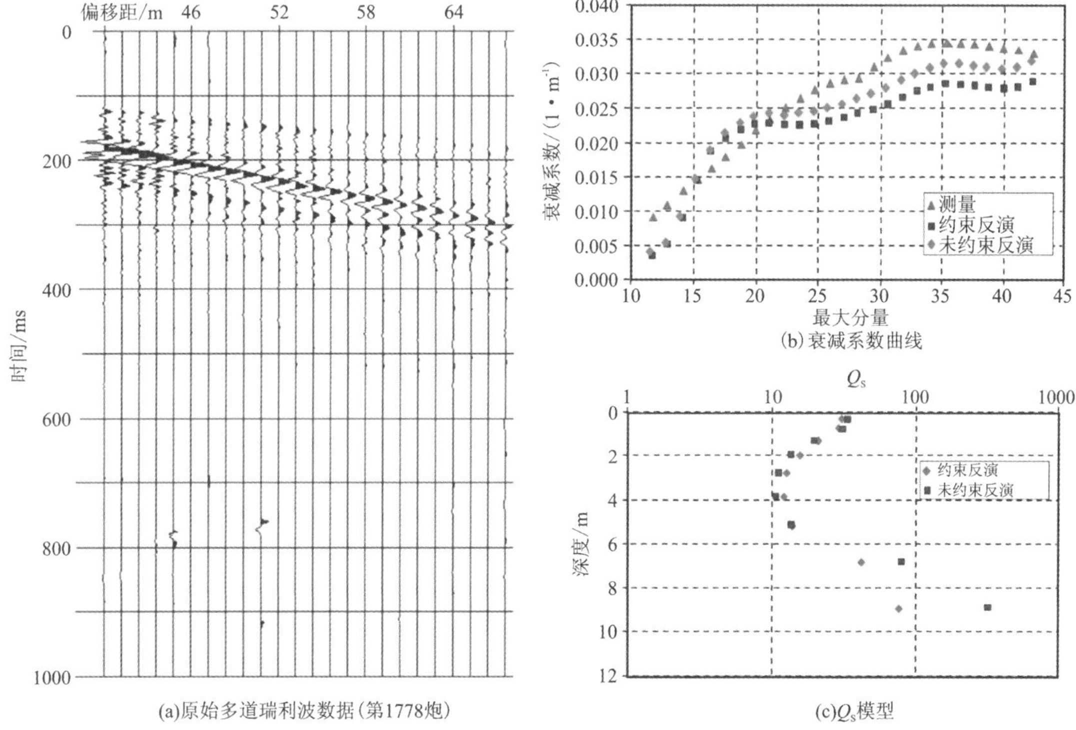

图 12-2-7 第四炮数据分析与处理(修改自 Xia et al.，2012)

四、结论与讨论

以上实际数据案例展示了利用约束反演系统评估浅地表品质因子的新方法。通过引入一个阻尼因子改善反演系统的不稳定性。当限制模型空间(品质因子)时,可找到不同阻尼因子对应的可能的解。通过在模型长度和数据拟合度之间的折中,L 曲线法提供了一个选择最佳阻尼因子的手段。

实例证明改进的约束反演系统是稳定的,可提供可信的品质因子模型,然而这只是针对反演系统是线性的情况。如果考虑到噪声对数据的影响,该方法得到的模型有可能达不到期望的数据拟合度,但这是反演系统客观存在的属性。

第 13 章　高频多道面波方法勘探实例

高频多道面波分析方法通过分析高频瑞利波或勒夫波的频散特性获取浅地表横波速度结构信息。由于该方法所具有的非侵入性、无损性、高效性和经济性等特点，在过去的 20 年里，受到了浅地表地球物理和地质工程学界的广泛关注与重视，并被视为未来最具潜力的浅地表地球物理勘探方法技术之一，特别是在城市地下介质勘查中。在前面，我们花了几个章节的篇幅详细介绍了高频多道面波分析方法的数据采集、处理、频散曲线正演和反演等技术细节。本章我们将通过几个实际案例，来展示高频多道面波方法在浅地表水文、环境、工程等地质勘查中的应用效果。这些实例部分为高频多道面波方法原创团队堪萨斯地质调查局已发表的研究成果中的案例，部分为国内学者已发表的具有典型意义的成功案例，部分为本书编者实际工作中完成的案例。这些案例的研究范围涉及浅地表水文地质调查、工程地质勘查、环境地质调查、灾害地质调查等领域，因此可以说所选择的案例涉及到了浅地表地球物理勘查的几个典型应用领域，具有重要的示范作用。

第 1 节　高噪声环境下的成功应用案例

本案例来源于高频多道面波方法原创团队堪萨斯地质调查局 2001 年完成的一项工作(Xia et al., 2004)。2001 年初，美国马里兰州卡尔弗特崖核电站内发生了一起地面塌陷事故(图 13-1-1)，塌陷位置在地下排水管道系统上。经过事故调查，塌陷的原因是由于波纹金属管道受到海水的腐蚀而破损，导致破损管道上方的土壤随排水系统被抽空移走。调查清楚塌陷原因后，为防止对附近核电站内的建筑物造成影响，该塌陷迅速被用未压实的砂子和砾石等填塞(填塞总量约 36 000kg)。但该核电站迫切需要确定附近是否存在更多的潜在塌陷或地下空洞。

根据调查，核电站所在区域浅地表地下地层主要为中新世沉积地层，位于耕植土以下 60m 的深度范围内，主要为砂质和粉砂质土壤层，偶含砂砾层。核电站是在进行开挖后修建的，修建后开挖的土壤被原位回填，由此地面整体抬高约 13.5m。回填位置开始于目前的地面以下 18m 深度处，回填的土壤中不含植物、有机质、具有可疑沉降和承载能力的土壤、直径超过 100mm 岩石或类岩颗粒等。另外，这些回填的土壤介质根据 Proctor 标准(ASTM D-698或 AASHO T-99)的要求进行了压实处理，压实度为 95%，含水率小于 4%。

坍塌位置位于地下排水系统附近，地下排水管道系统(SSD，图 13-1-2)是在开挖回填的过程中铺设的。该地下排水系统的设计目的是使当地原来的地下水位从海拔 6m 位置下降到高于海平面 3m。塌陷点位于海拔 9m 的 SSD 管道上方，地面塌陷区域长约 13.5m。地下排水系统在海拔－1.2m 处垂直连接到凝汽器冷却水排放管道的顶部，地面塌陷位于从该连接处到管道的水平方向约 4.5m 处。管道中的静压迫使盐水向上进入波纹金属地下排水管，但由于管道中的水会排放到切萨皮克湾，这种静态压力随潮汐而变化。坍塌的管道段位于潮汐地带，潮汐作用(海水的流入/流出)和地下水流动导致坍塌管道周围的土壤被移走。排水管道为整体混凝土结构，宽 18.3m，高 6m(矩形截面)，长约 240m。排水管道的顶部(在图 13-1-2 的左侧)大约在地面以下 14.7m。排水管道水平上分为四条独立的管道，每条管道的尺寸约为 3.6m×3.6m。每条管道的冷却水流量为 2.27ML/min(管道中的总流量为 9.08ML/min)。

(a)地理位置

(b)塌陷实景照片1

(c)塌陷实景照片2

图 13-1-1　塌陷位置示意图(被稻草包包围的地方即为坍塌处，修改自 Xia et al.，2004)

核电站需要确定可能受到坍塌影响的区域，以防止进一步破坏并确保电站的安全。因为通过地面调查很难发现孔洞，而用盲钻检测孔洞的成本又极为高昂，且发电厂的涡轮机和变压器在数据采集期间一直在运行，产生的噪声水平比正常浅层高分辨率反射/折射勘探的噪声水平高 50～100 倍。为了识别出松散土壤和固结基岩，以及松散土壤和回填土交界处的剪切波速变化，Xia 等(2004)提出了用高频多道面波方法来确定受坍塌影响的区域。该项工作将集中于以下目标和目的：利用标准 CDP 滚动采集方式获取多道面波数据，提取瑞利波基阶模式频散信息，利用 MASW 方法在噪声环境中确定至少 15m 深坍塌影响区的可行性，以及对横波速度场有效成像效果的评价。

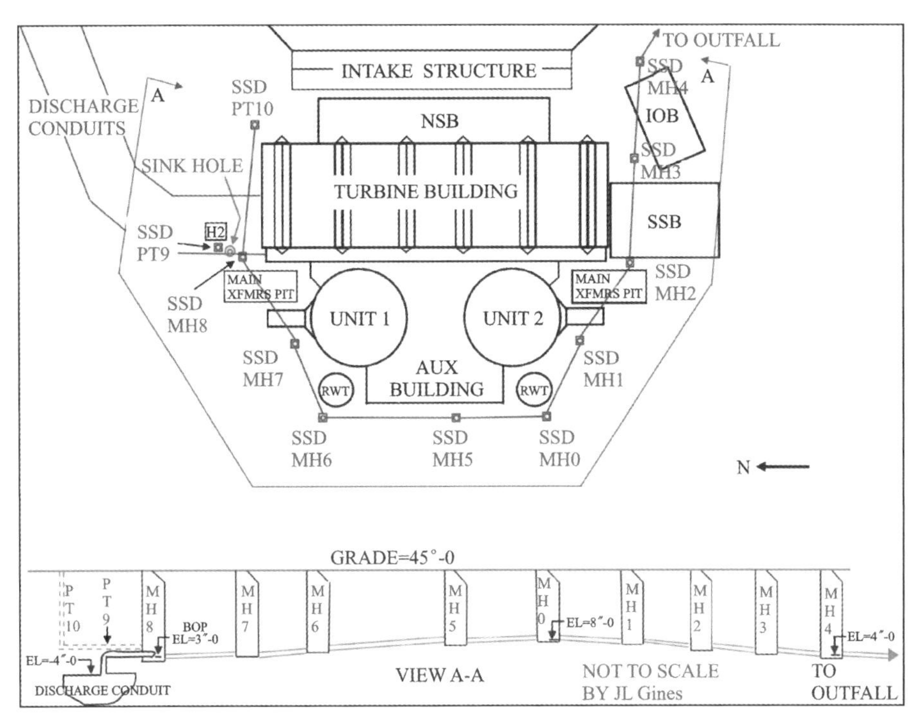

图 13-1-2　卡尔弗特崖核电站塌陷区地下排水管道系统图，塌陷区位于 SSD PT9 和 SSD MH8 之间

（修改自 Xia et al.，2004）

由于排水系统管道埋深约 13.5m，因此该项目预定的目标勘探深度在 15m。最小偏移距取目的勘探深度的一半较为合适，故最小偏移距取为 7.2m。采用 24 道记录系统进行数据采集，检波器接收排列按照获取足够精度的 f-v 域频散能量图像为目的设计，以便拾取出准确的瑞利波基阶模式频散曲线用于反演。由于面波的有效勘探深度约等于最长波长的一半，因此在该项目中，我们需要能够记录到波长 30m 的波场记录。故根据可用的仪器设备数量，选择道间距为 1.2m、排列长度为 27.6m 的观测系统完成数据采集工作。震源系统由重 5.5kg 的铁锤和 0.3m×0.3m 见方铝板组成，铁锤锤击铝板激发地震波。采用的检波器为 4.5Hz 的垂直分量检波器。采用以上设备和观测系统，在拟勘探区域布设 5 条线型测线（图 13-1-3），共计采集到 137 个单炮记录，测线总长度 330m，成像剖面总长度 157m。

数据采集时涡轮机组和变压器等均在正常工作中，因此数据采集时的环境噪声是正常地震勘探工作的 50～100 倍，一般而言，在这样的噪声水平下很难获得有意义的体波信号。面波信号虽然能够在这样的环境中被识别出来，但受到的干扰也较为严重，若不进行任何处理，将很难提取到高质量的频散能谱图，也不能拾取高精度的频散曲线。因此在进行频散能谱提取前，先对所有单炮记录进行预处理。设计的预处理包括：带通滤波、自动增益控制、f-k 滤波。其中设计的带通滤波器为以 3Hz、6Hz、40Hz、60Hz 为节点的梯形滤波器，自动增益控制的时窗设置为 100 ms，f-k 滤波的上下限分别设置为 −3ms/道和 −9ms/道。带通滤波及自动增益控制被设计用来滤除不需要的波场成分（如体波）以及平衡面波的频谱。f-k 滤波用于滤除来自涡轮机组运转和变压器产生的噪声信号，如图 13-1-4 所示为进行 f-k 滤波前后的单炮记录，显然在滤波后来自涡轮机组合变压器运转产生的大量低频反向噪声被滤除，有效面波信号得到明显增强。

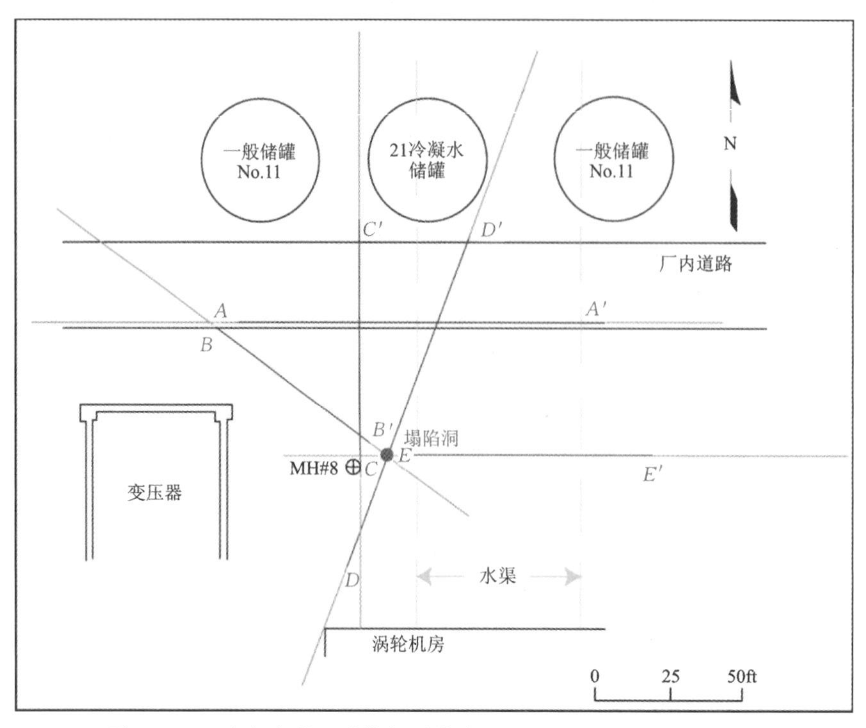

图 13-1-3 高频多道面波勘探测线布置图(修改自 Xia et al.，2004)

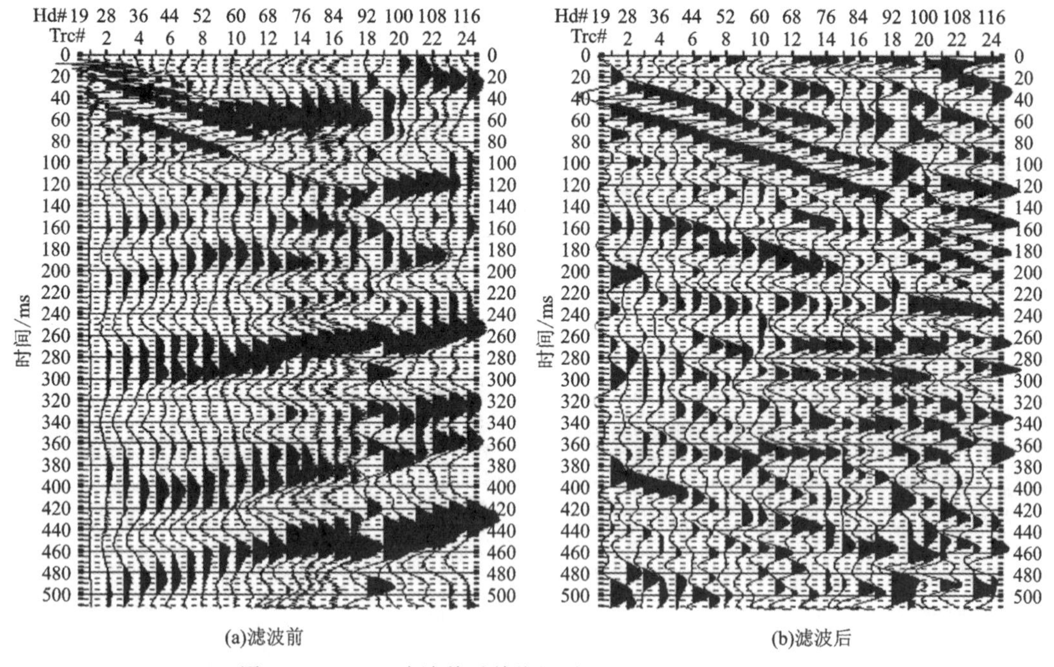

图 13-1-4 *f-k* 滤波前后单炮记录(修改自 Xia et al.，2004)

面波频散能谱成像及频散曲线提取工作采用堪萨斯地质调查局自主研发的软件 SurfSeis 完成，提取的面波频散曲线有效频率范围为 13～27Hz，其有效波长范围为 7.5～72m。反演过程中，设置一个五层初始模型，模型层厚度根据最短波长确定，分别设置 3m、3m、4.5m、4.5m，固定层厚进行反演（仅反演横波速度值）。数据采集处于高噪声环境，为了平衡数据拟合精度与模型分辨率的关系，选择低分辨率的模型进行反演，最终反演的 5 个拟二维横波速度剖面如图 13-1-5～图 13-1-8 所示。

拟二维横波速度剖面的解释相对较为简单直接，剖面上低横波速度区域表明受到了塌陷区的影响，或该区就位于塌陷区附近；相对高横波速度区域，则对应着水渠位置。塌陷区已由未压实的沙砾混合物填充，以防止额外的损害发生。尽管这样的充填减小了塌陷影响区的速度对比效果，但预计未压实的砂砾混合物的压实度比周围正常介质要小得多，因此塌陷影响区仍将出现异常，横波速度较低。多道面波方法的成像点位于每个炮点的检波器排列的中心。由于进入塌陷周围区域的检波器道数有限，只有 $D—D'$ 线（图 13-1-8）包含穿越塌陷的成像点，坍塌发生在 $D—D'$ 线 154ft（英尺，1ft≈0.304 8m）的站点上。图 13-1-8 显示了深度在 12m 以下的 151～171 站点的相对较低的横波速度场。根据其较低的 S 波速度，沿 $D—D'$ 线具有较低 S 波速度的区域可能是由于坍塌所致。令人感兴趣的是，坍塌发生在 154 站点，而不是 161 站点（受影响地区的中心），这可能是由于更深处 S 波速度的模糊效应造成的。位于 121 站点附近、$D—D'$ 线以下的水渠，横波速度较高，这条水渠可能会引起我们通过横波速度场解释的影响区域发生轻微移动。

$A—A'$ 线（图 13-1-5）在 112 站点附近具有较低的 S 波速度场，与 $D—D'$ 线 154 站点坍塌附近的 S 波速度场相似。102～121 站点 12m 以下的烟囱状 S 波场表明存在一个可能受坍塌影响的区域。我们认为，受塌陷影响的地带至少向北延伸到 $A—A'$ 线。南北线 $C—C'$ 似乎同样支持这一结论。

$C—C'$ 线（图 13-1-7）的 S 波速度场在 12～15m 处出现了覆盖全线的低异常区域，这一异常揭示了 $C—C'$ 线上坍塌可能影响的区域。这些结果表明，$A—A'$ 线上的烟囱状异常很可能与坍塌有关。根据前人对低横波速度异常的解释，即使在横波速度场的分辨率有限的情况下，也已经圈定了受坍塌影响的可能区域。根据面波数据，受坍塌影响的地面如图 13-1-9 所示。受崩塌影响的势区覆盖了 $C—C'$ 线的大部分，即 $A—A'$ 和 $E—E'$ 线之间的部分。该区域长约 18m，宽约 6m，潜在影响区域的深度为 12～15m。

根据填充坍塌所需的沙子和砾石数量（36 000kg），与坍塌直接相关的空隙体积估计约为 $26m^3$（假设未压实砂的密度为 $1,400kg/m^3$）。当未压实砂石密度小于 $1400kg/m^3$ 时，空隙体积大于 $26m^3$。沿 $C—C'$ 线 2～15m 深度的低 S 波速度带表明，受影响的垂直尺寸约为 13m。我们还看到，沿 $A—A'$ 线（102～118 站点）和 $D—D'$ 线（151～167 站点）的受影响长度约为 5m。因此，Xia 等（2004）的解释中，假定受影响区域大致为矩形，受影响带的东北-西南尺寸约为 5m。这些结果表明，未压实砂石填充后的直接影响体积是一个 3m 见方或体积 $27m^3$ 的对称立方体（图 13-1-9 中的阴影区域）。这一计算与用来填充空隙的未压实砂砾的数量基本一致。

$E—E'$ 线（图 13-1-6）的横波速度场显示，在 144 站点以下 6m 的深度处，横波速度非常低，表明这一站点也可能受到塌陷或其他空洞的影响。

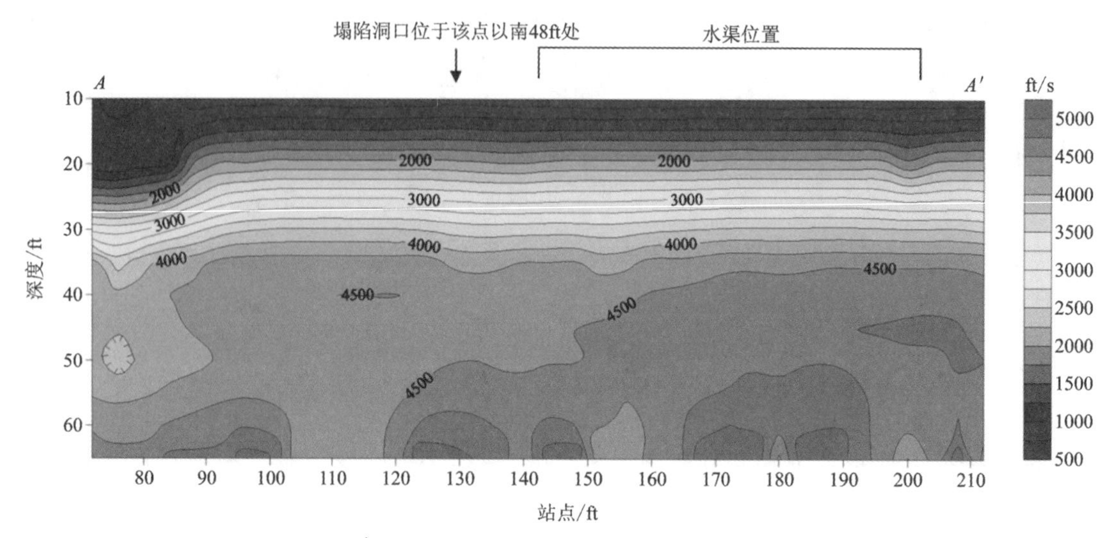

图 13-1-5　$A-A'$ 线拟二维横波速度剖面等值线图(修改自 Xia et al., 2004)

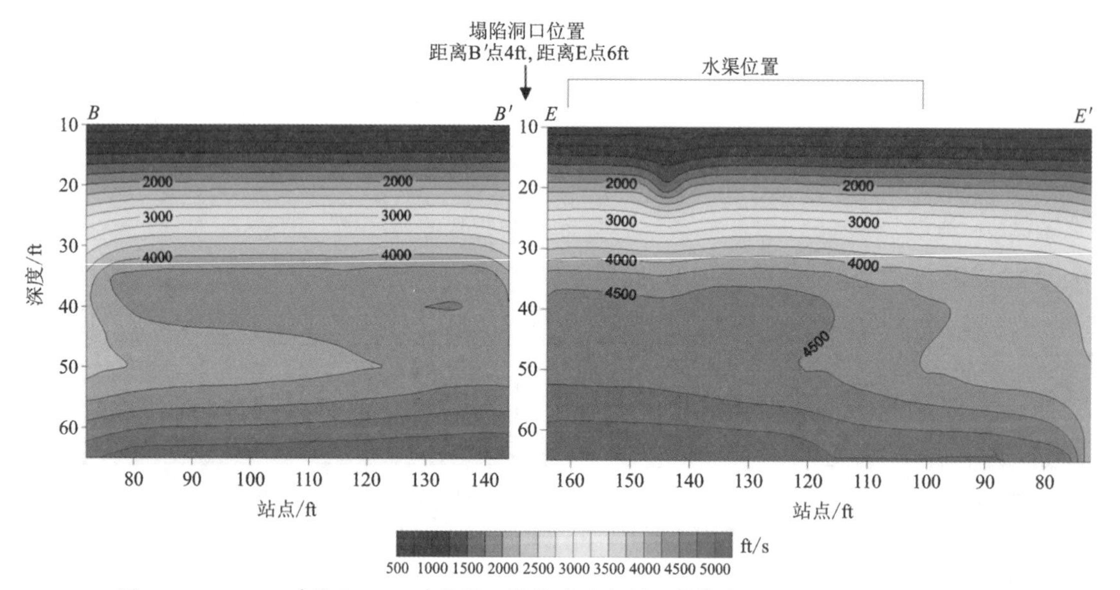

图 13-1-6　$B-B'$ 线和 $E-E'$ 线拟二维横波速度剖面等值线图(修改自 Xia et al., 2004)

在拟二维横波速度剖面上，水渠所产生的速度异常特征比较特别。$A—A'$、$D—D'$ 和 $E—E'$ 三条测线均横跨了 18m 宽的水渠。有趣的是，在 $A—A'$ 线 154 站点，S 波速度梯度在 13.5m 左右的深度是有变化的，4500ft/s 的等高线与速度梯度变化有关。横波速度梯度变化在 154 站点的水平位置和深度 13.5m 对应于水渠西缘的空间位置。我们在 $E—E'$ 线上看到了同样的结果，4200ft/s 的等高线与 S 波速度梯度变化有关，并指示了水渠的东缘。虽然水渠是由不同速度值的等高线揭示的，这表明了面波法在这种环境下的分辨率。由于噪声水平的影响，横波速度图上 300 多 ft/s 的速度差异并不令人惊讶。

值得注意的是，横波速度场只显示水渠位置一侧的梯度下降特征。根据数据采集的观测系统类型，震源位于 $A-A'$ 线的检波器排列西侧和 $E-E'$ 线的检波器排列东侧。数据采集观测系统和横波速度场表明，当面波从正常区传播到异常区时，面波随介质横波速度的变化而发生显著变化。在这种特殊情况下，当面波穿过异常区并进入正常区时，面波不够敏感，无法揭示异常区和正常区之间的远端边缘。这是因为在这项研究中产生的面波的波长不够长，无法穿过水渠，或者在远端的大偏移距检波器上地震能量太弱，面波无法探测到水渠的另一边。

由以上分析可知，本案例中采用高频多道面波分析方法对塌陷影响区域进行了界定。虽

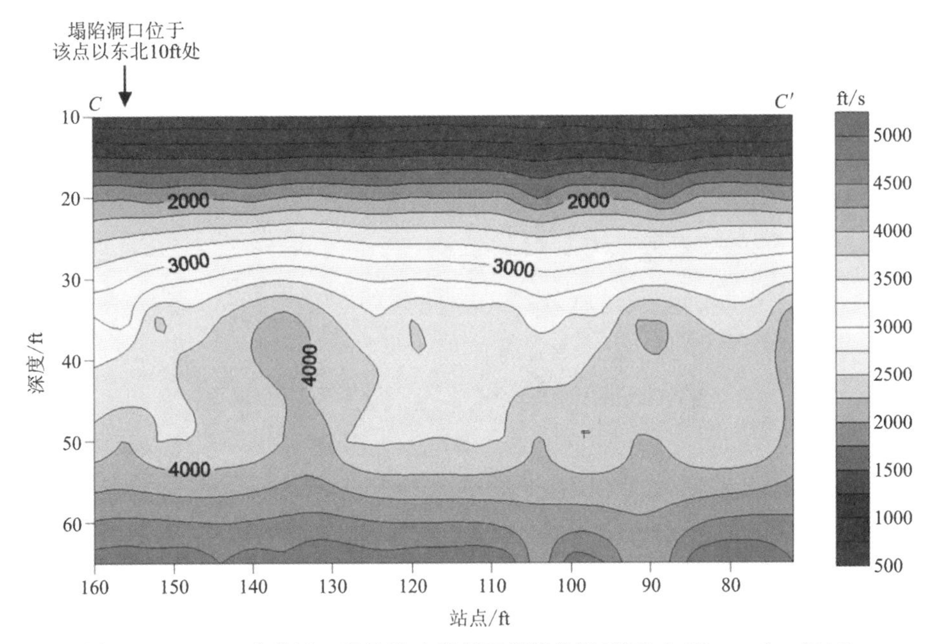

图 13-1-7　C—C′ 线拟二维横波速度剖面等值线图(修改自 Xia et al.，2004)

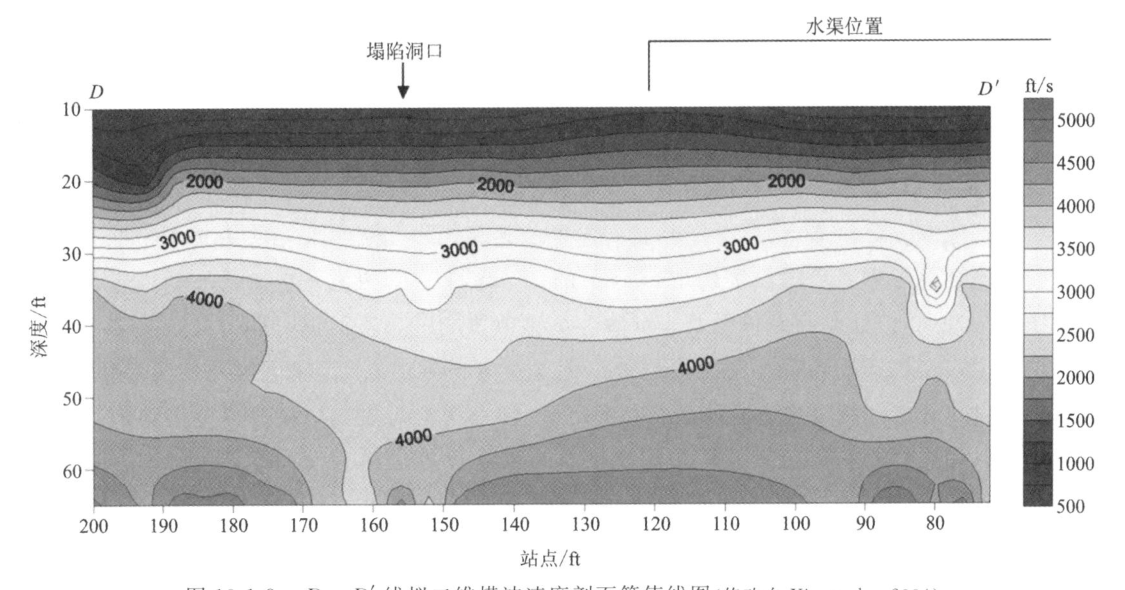

图 13-1-8　D－D′ 线拟二维横波速度剖面等值线图(修改自 Xia et al.，2004)

然在卡尔弗特崖核电站内进行勘探地震测量工作时的噪声水平是平常地震勘探工作噪声水平的 50～100 倍，但经过细致的数据处理工作后，由高频多道面波分析方法计算给出的横波速度场勾勒出了一个可能受到塌陷影响的区域。横波速度场上显示出了与塌陷直接相关的烟囱状低速异常，由此根据横波速度场上的异常情况，初步圈定出了受塌陷影响的潜在区域。

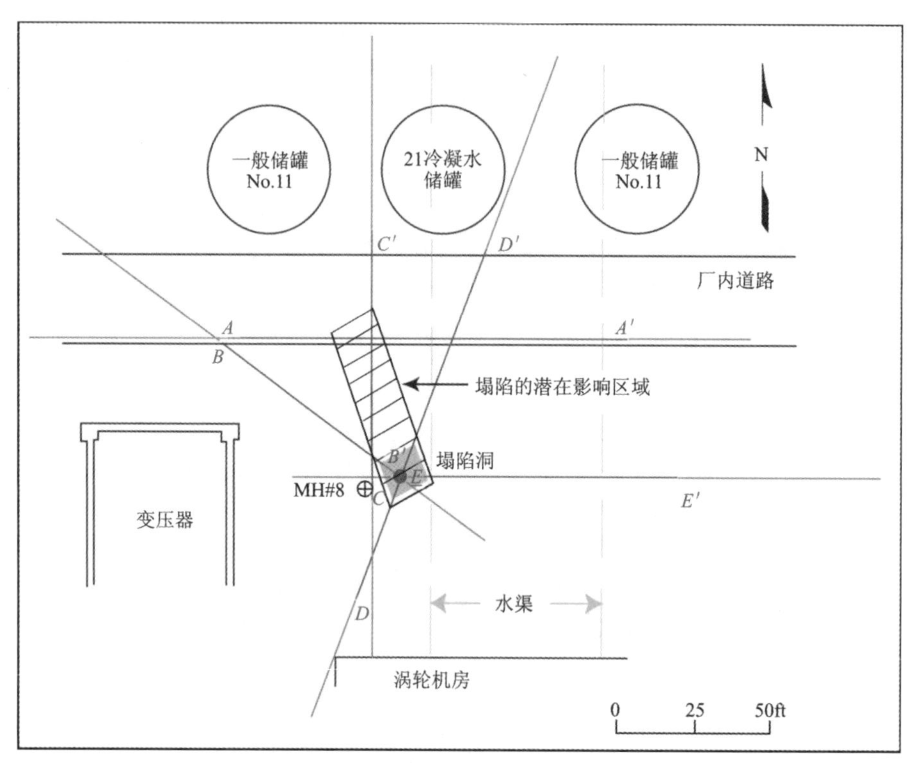

图 13-1-9　推测的坍塌影响的潜在区域范围(条纹状阴影区域，暗色阴影区域为坍塌区域，修改自 Xia et al.，2004)

第 2 节　水文-环境地质调查中的应用案例

在多种地质环境中，基岩表面的地形变化和不连续性可能会影响进入地面或接近地面的污染物的运输和最终流向，因此确定基岩面深度及其起伏程度是水文地质调查的一项重要内容。仅根据钻孔数据对美国堪萨斯州 Olathe 的一个电镀工厂的地下水文地质特征进行的初步勘察结果表明，该处的断裂体系及未清晰勾勒出位置的潜伏古河道可能会影响流体沿钻探定义的基岩表面的运动特征。为清晰调查以上这些水文地质特征，保证当地水文环境安全，Miller 等(1999)通过高频多道面波分析(MASW)方法获取的拟二维横波速度场与前期已完成的辅助钻孔，在该电镀工厂的厂区内实现了 6～23ft 深度的基岩面的准确测绘和基岩内潜在的裂隙带的识别工作。

沿线性断面连续采集的多道面波数据在探测浅层空洞和隧道、绘制基岩表面、定位地下采矿残留物和圈定裂缝系统方面有着巨大的前景，以这种方式生成的拟二维横波速度剖面包含地下地层物性在水平与垂直上的连续性信息，其勘探深度浅到几英寸，深可超过 300ft。潜在塌陷区等容易发生沉降的地区也是该方法的重要成像目标。作为判断地下是否存在潜在坍塌可能的关键指标，地下介质剪切波速度的降低，可能与两种原因有关，其一是土壤介质压实度（或密实度）的降低，其二是洞穴周围的张力穹顶造成的局部速度剪切波速度增加。在已发生或即将发生坍塌的区域，从地表观测到的地下介质横波速度的急剧下降，是地下土壤介质开始沉降的显性特征，这样的速度降将在拟二维横波速度剖面图上形成鲜明的特征信号。而这样的变化，往往会在介质中应变量“最大”时发生，因此有理由认为，坍塌前洞穴上方的承重顶板岩石或溶蚀空隙可能会由于支撑柱或支承侧壁之间的载荷具有更高的剪切波速度。当然，将面波作为刻画地下介质结构的工具，关键在于相对于横波、纵波，其对密度和地层厚度的敏感性。面波成像方法的几个关键特征使这项技术有可能在其他地球物理方法无法实施的地区应用。首先，也是最为重要的一方面，面波极易被激发产生，面波的相对高振幅特性（与体波相比）使其在机械/声学噪声水平较高的地区依然能被清晰地识别。其次，半空间是面波存在和传播所需的全部条件。最后，土壤的导电性、电噪声、导电结构和地下设施都是电学或电磁方法面临的重大挑战，而这些因素对面波传播产生的影响很小或没有影响，对面波数据的处理或解释没有影响或影响极小。这种采集的灵活性和对环境噪声的不敏感性使得在其他地球物理方法效果有限的地区，面波成像方法成为了唯一有效的选择。

这里讨论的 Olathe 案例旨在针对用于制造电子元件的电镀车间建筑东南角附近的区域（图 13-2-1）进行地下基岩面和断裂体系调查。该车间厂房内，由于制造电子元器件的过程需要，常有大量强酸性溶剂被存储或搬运进出。如果这些溶剂在使用的过程中从溶剂罐或管道中泄漏出来，那么一个详细的地下流体运移模型将是能快速分离和阻断这些危险溶剂进入当地地下水系统，避免造成大面积水污染事件的必要条件。已有的监测井虽已基本确定出了车间及其附近区域地下基岩和水文地质的一些基本情况，但所给出的资料并不全面。为细致调查厂房区域地下基岩面的起伏情况及断裂体系情况，决定选择高频多道面波分析方法，优化对基岩上方、基岩面和基岩以下几英尺处的浅地表地层成像结果。目标深度为地表以下 2～35ft。优化基岩面调查图并划定基岩上或基岩内的任何潜在的污染路径（一般为断裂体系）是这次调查的主要目标。

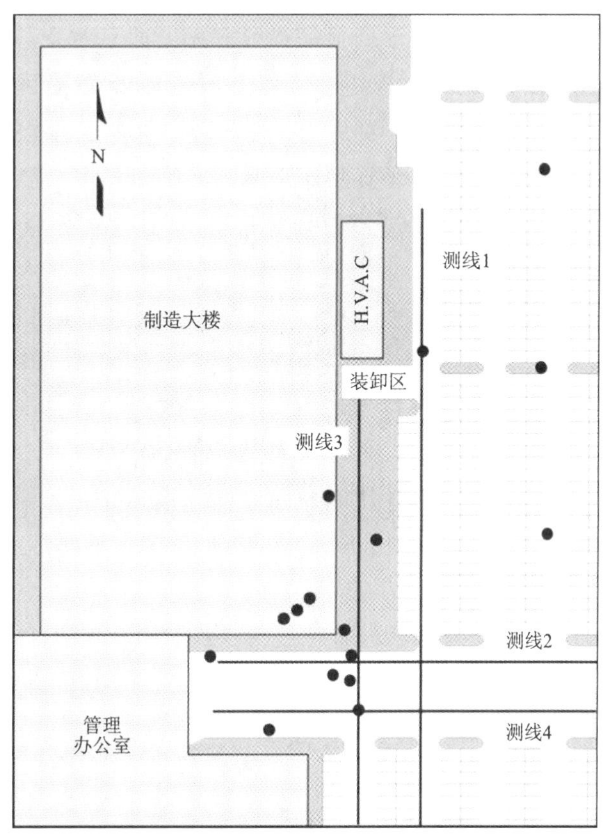

图 13-2-1　测线布置图（引自 Miller et al.，1999）

一、数据采集

为详细调查目标区域基岩面起伏，共设计了两组相互正交的测线(图 13-2-1)。采用标准的共中心点(CMP)滚动采集技术，沿着每条线的整个范围每隔 4ft 记录一次 48 道地震记录。由于沥青路面覆盖了大部分场地，因此需要为检波器配备金属底座。3 号线大约一半位于一片草地上，此处则使用传统的针尖型检波器。观测时采用 12bl 的锤子锤击 $1ft^2$ 的平板来激发面波，每个炮点垂直叠加 4 次。道间距设置为 2ft，所用检波器为主频 4.5Hz 的垂直分量检波器，其响应频率范围为 8～60Hz(完全在本调查的要求之内)。根据勘探目标深度，将最小偏移距设置为 8ft，最大偏移距约 100ft。这样的观测系统设置，为深度在 3～50ft 深度内的地下介质成像提供了最佳条件。

在沥青或水泥表面记录地震波数据通常伴随着检波器与地面的耦合问题、有限的垂直传播体波以及复杂的高频噪声和导波存在等问题。大量的研究表明，检波器-地面耦合是高分辨率体波观测的关键。因此要最大限度地提高记录的体波的频率响应，通常需要较长的尖锥，并牢固地插入土壤中。本案例进行的耦合实验表明，检波器只需要简单地与地面接触就可以记录频谱较宽的面波能量。通过使用尖锥、使用平板放置在地面或用沙袋固定在地面上的三种情况采集的地震信号看，地震检波器与地面接触的方式几乎不影响检波器接收的面波信号的响应(频率与幅度)特征(图 13-2-2)。这一结论将推动陆地拖缆面波勘探、连续记录技术和实时数据处理技术的研究和使用。

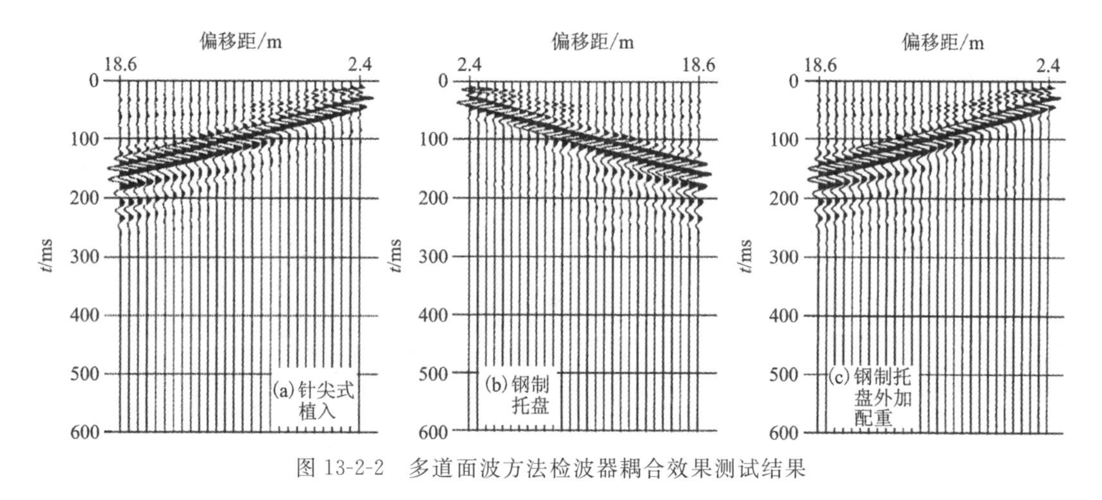

图 13-2-2 多道面波方法检波器耦合效果测试结果

二、数据处理

每个炮集的记录道数均为 48 道，所有的检波器均设置在最佳偏移距窗口内，以便用面波对地表以下 2～50ft 之间的地下介质进行成像。数据处理使用堪萨斯地质调查局专门为多道面波分析方法开发的 SurfSeis 软件。每个炮集均生成频散曲线一条，如图 13-2-3所示。处理时需要注意确保 t-x 域数据(时间域炮集记录)的频谱特性与频散曲线中包含的最大和最小 f-v_R 值(v_R 表示面波相速度)一致。每条频散曲线被分别反演成 x-v_S 一维垂直剖面，将所有

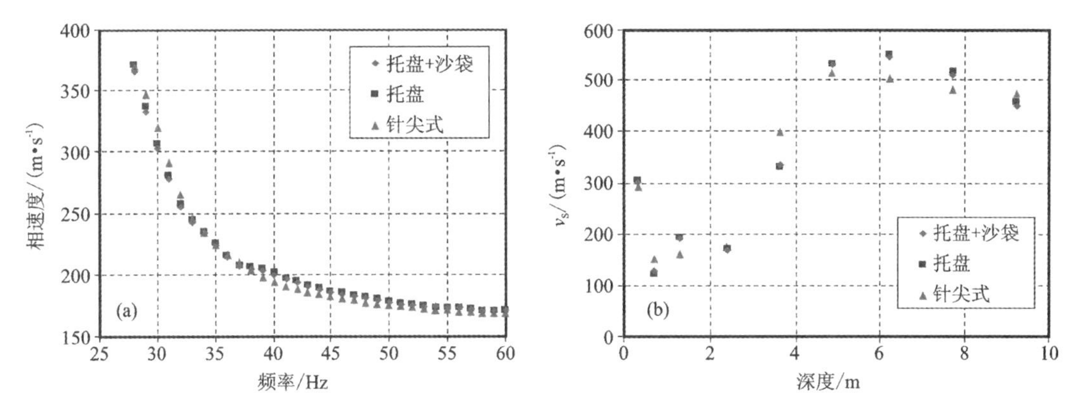

图 13-2-3　从图 13-2-2 所示记录提取的多道瑞利波基阶模式频散曲线(a)及其反演的一维横波速度剖面(b)（修改自 Miller et al.，1999）

的 $x-v_S$ 一维垂直剖面按照炮序进行排序，最终便得到了测线下方介质的拟二维横波速度剖面。当然，以这种方式产生的二维横波速度场在一定程度上会“模糊”速度异常，因此需要了解整体分辨率才能达到准确解释的效果。

三、剖面解释

作为该案例研究的一部分，得到的拟二维横波速度剖面有几个显著的特征，可能会影响对该地水文特征的解释和定性分析。在多道面波勘探调查之前获得的钻探数据有助于优化观测参数和观测系统，并为在横波速度剖面上识别基岩面提供了基准线。基岩面具有速度梯度大、速度范围大的特征，这与测井资料结果是一致的。

整个 1 号线上的数据采集方式是一致的，因此数据质量和特征是一致的。CMP 滚动采集间隔设置也合理，可从所得横波速度剖面上清晰识别地表以下 4～30ft 深度的特征。通过钻探证实，这条线上的基岩位于地表以下 10～15ft 之间。从横波速度等值线剖面图上看，基岩面整体上相对光滑，在 1065 站点附近的基岩中有一个明显的局部高速异常区块(图 13-2-4)。根据这一地区剪切波速度升高的特征，认为这种异常可能意味着介质剪切模量的增加，这与较硬或较少裂隙的岩石相对应。当地地质露头调查经常发现存在页岩覆盖破碎的石灰岩单元的现象，这些单元由完整的灰岩块体组成，水平分布范围从几英尺到数百英尺不等，各灰岩块体之间由断裂系统隔开。此剖面上的高横波速度区域很可能是一大块完整的灰岩体，其边界是被裂缝隔开的较小碎块。由于检波器接收排列的原因，无法通过模糊的横波速度剖面来识别单独的小灰岩区块。当我们对比这一剖面的南半部和北半部时，南面的基岩似乎具有较高的平均横波速度，这可能与岩性的变化或基岩介质的破裂有关。该测线上基岩介质的剪切波速度下降了 40%以上，这代表着平均“刚性”发生显著变化。测线南端页岩下确认存在完整的灰岩单元，而通过钻孔结果，发现测线北端无完整灰岩块体，只剩下基岩面以下约 20ft 处的页岩。

对 2 号测线的拟二维横波速度剖面的分析，表明该测线上有两个特征可能会影响流体沿基岩面的运移情况(图 13-2-5)。2050 站点以下剪切波速度的极端下降表明此处要么是充填了风化基岩的古河道,要么是断裂系或断层带。在这个突然的低速带的西侧,2040 站点下方存在一个局部低速度区,这一特征非常明显,在地形上是基岩面沿测线的最低点。在 2050 站点的正下方,从地面到大约 5ft 深处,剪切波速度明显下降,这一浅层低速带与沿建筑物东侧埋设的下水道相关。这条测线上第二个值得注意的特征是测线东端的宽阔巷道特征,其特征是 2140 站点以外的横波速度逐渐下降。这样的横波速度降低区域可能是工厂建设时的开挖和回填造成的结果,且回填的介质具有与基岩上方低速松散沉积物明显不同的性质。

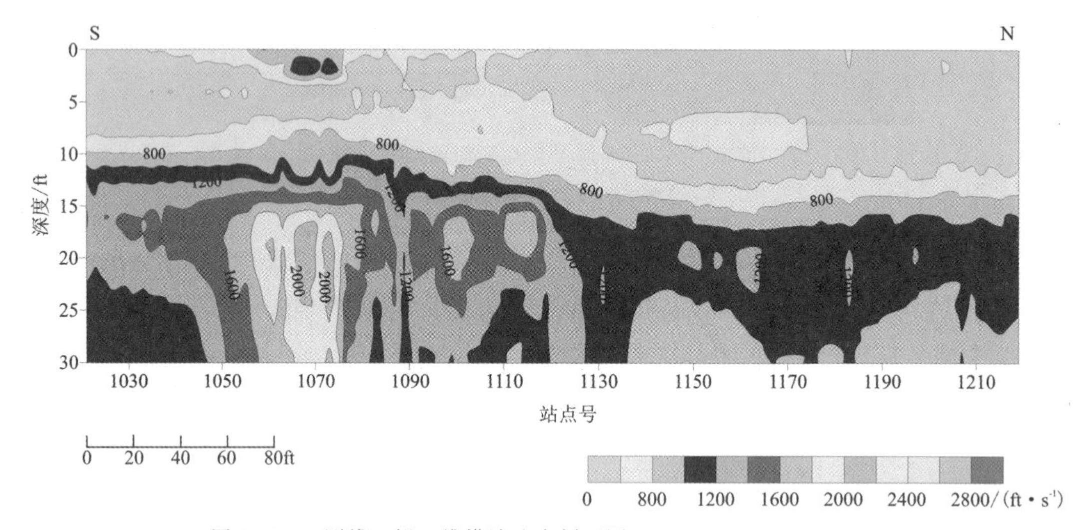

图 13-2-4　测线 1 拟二维横波速度剖面图(修改自 Miller et al., 1999)

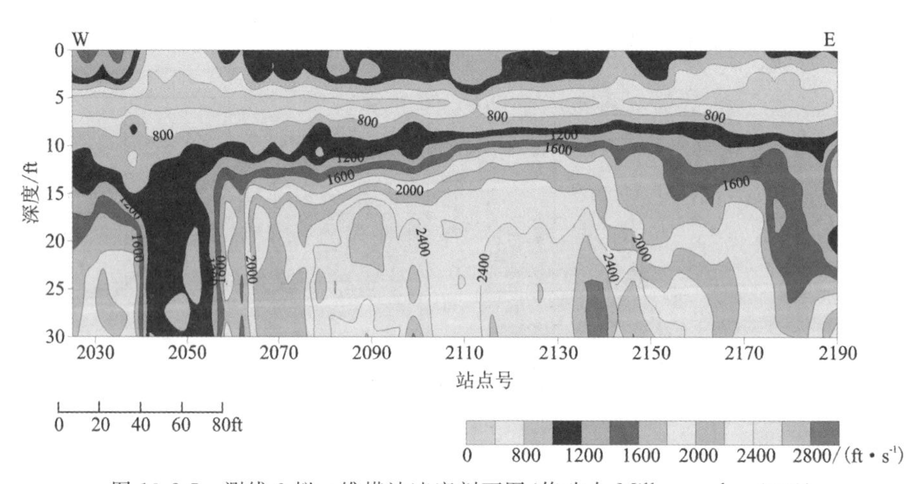

图 13-2-5　测线 2 拟二维横波速度剖面图(修改自 Miller et al., 1999)

3 号测线的横波速度剖面的特征是介质性质发生了几个重大变化(图 13-2-6)。该测线结果与邻近的四个钻孔有很好的相关性。该剖面结果清晰洞察了基岩面的剧烈起伏程度及不规则性质。3130 站点附近的高横波速度区可以充当天然的水文屏障,将从 3140 站点南侧流入的流体与 3120 站点以外的北侧相隔开。在此次完成的 4 条面波勘查剖面上所识别到的最深基岩面位置(约为 25ft)位于该测线(3 号线)的北端,靠近电镀车间的装卸区域。从 3 号线的结果看,测线北端基岩面起伏不平,具有很多突刺状起伏构造,而这是仅用钻孔数据无法得到的，因为通过钻孔数据来勾勒这样存在于基岩面上的起伏尖峰特征是极为不经济、不可靠的。另外，我们也可以推断，这些基岩面的局部高低起伏将极大地增加流体沿基岩面运移的水文复杂性。虽然多道面波方法成像的横波速度剖面，由于模糊效应的存在，会使得最终的横波速度剖面趋于平均化，但在该测线剖面结果上存在的这些严重的尖峰型特征，却也说明这代表了该处真实的基岩面起伏状况。

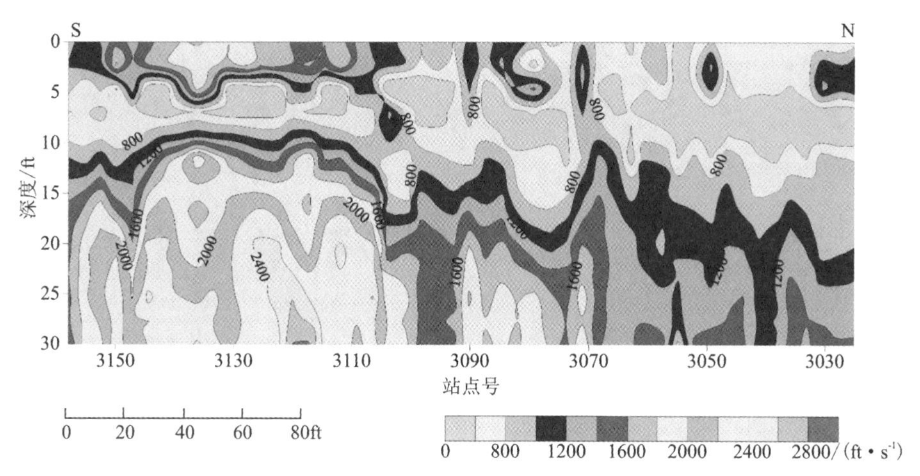

图 13-2-6　测线 3 拟二维横波速度剖面图(修改自 Miller et al.，1999)

4 号测线上的两个突出特征是基岩中存在两个明显的横波速度急剧下降的烟囱状通道(图 13-2-7)。这条测线上最有趣的特征是位于 4080 站点下方存在的一个烟囱状通道，似乎与 2 号测线 2050 站点下方的类似特征直接相关，在两条剖面上与这条通道相关的断层或裂缝的速度对比度、物理尺寸和相对位置是一致的。从非常接近地面向下延伸到大约 5ft 的低速区是 2 号线上沿着车间大楼东侧延伸的下水道沟渠所引起的，下水道沟槽与基岩极低横波速度的关联不能简单地假设为重合，因此此处增设了一个验证钻孔，以确认 4075 站点和 4088 站点之间基岩中的低速通道是真实存在的，而不是下水道沟和多道面波方法模糊效应的产物。此处的断裂系特征可能是与车间建筑东南角附近溶剂的运输和存储最息息相关的，也是最显著的水文地质特征。这一特征的物理形状和速度特征与 2 号线上解释的一致性，证明了该独特地下特征是真实存在的。基岩内的低速带将影响流体在浅层基岩中的运移方式，因为它既可以充当屏障，也可以充当流通的管道。基岩面似乎向 4 号线东端变浅，这一结果也与 2 号线上的解释一致，但位于 4 号线 4140 站点下方的异常特征很难与 2 号线直接关联，如果这种断裂/断层通道特征迅速向东北扩展，它将与 2 号线东北端更宽的巷道状特征相关联，这一特征可能不存在于 2 号线下方，考虑到在露头中经常观察到的变异性，这种级别的断裂突然终止或变化在现实中并不罕见。4 号线上存在的以上几个特征可能都将影响到该区地下流体的运移。

数据分辨率是使用 MASW 方法时必须解决的问题。人们可能会质疑 3 号测线基岩面不可能具有我们所解释的极端顶峰情况，这当然是合理的质疑。但该案例所给出的横波速度剖面结果，总体趋势是准确的，钻探也证实了这一点。野外地质露头研究也指出，散布在风化物下的基岩块体实际情况与以 4∶1 垂直比例放大的横波速度剖面上情形一致。必须指出的

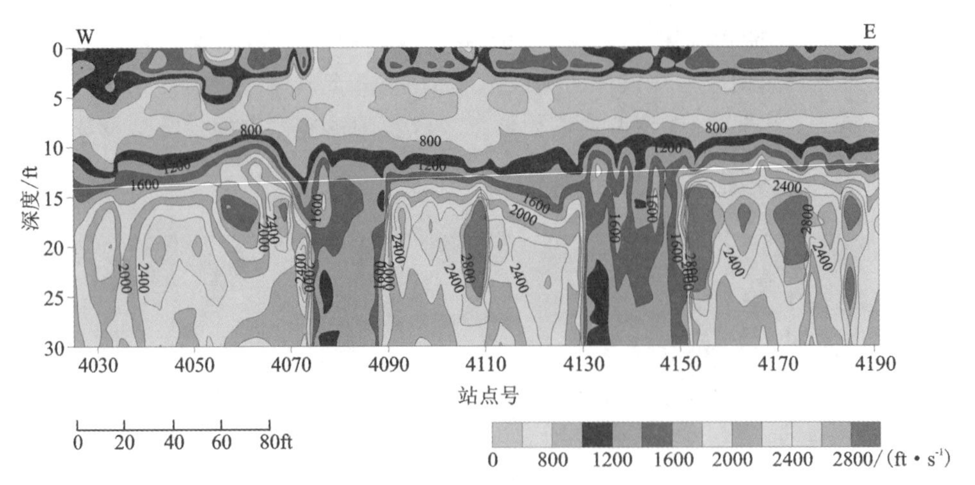

图 13-2-7 测线 4 拟二维横波速度剖面图(修改自 Miller et al., 1999)

是,面波成像技术涉及对采样区域几乎与深度一样宽的波进行反演。此外,采样深度通常被认为是波长的一半。假设面波仅限于 2D 平面,则用于计算地下单个样点处的速度值的面波记录,往往采集自数倍于该样点深度的平方的区域,因此在拟二维横波速度剖面上观察到的结构很可能是光滑的、柔和的、与地下真实介质情况存在差异的模糊结果。

在加入横波速度数据后,钻探定义的基岩面分布图的分辨率显著提高(图 13-2-8)。仅基于钻探数据的基岩深度等值线在很大程度上定义了钻孔附近基岩的形状。然而,由于钻孔间距过大,分布的零星性和不均匀性,钻探数据无法反映细微的基岩面起伏变化(在许多情况下可能是极其重要的基岩特征)。但仅使用横波数据制作的基岩面等值线图却又缺乏必要的离线控制。将钻探数据和横波数据结合在一起,能大大提高基岩深度图的细节和全区分辨率。当然,若能再增加几条地震测线则可以显著改善基岩轮廓的三维显示效果。

将 4 条横波速度剖面结果联合起来,根据水平位置关系,制作出 2.5D 栅栏图,可以有效评估所给出的横波速度剖面结果的一致性,并有助于线与线之间的构造特征的解释(图 13-2-9)。

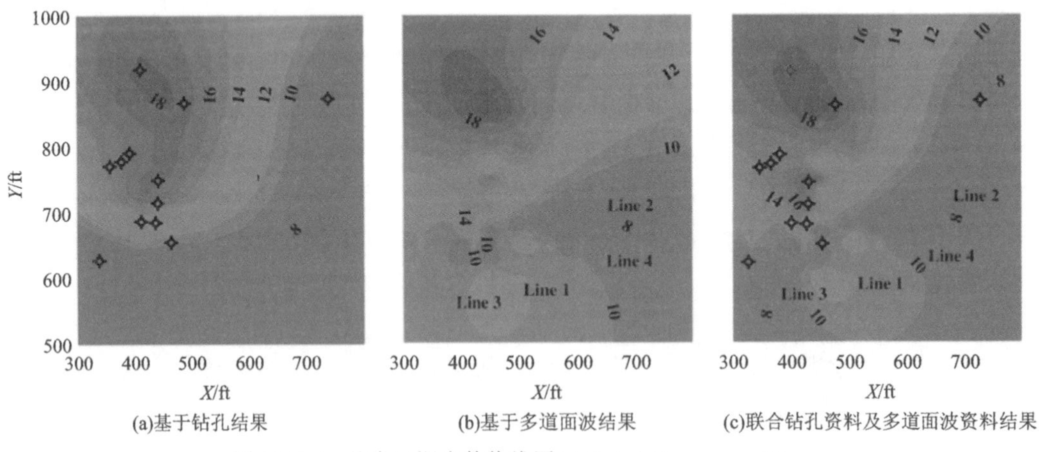

图 13-2-8 基岩面深度等值线图(修改自 Miller et al., 1999)

对给定地表位置的横波速度的唯一性分析表明，各测线间基岩面吻合相当好。然而，当排列方向改变时，浅层特征(<5ft)与测线的相关性在连接点上缺乏一致性。这一结果与每个横波速度剖面受 MASW 方法在接收排列范围内的模糊效应有关。该案例中的所有数据，所得到的每个横波速度值均是 94ft 范围内介质横波速度的平均。与特征相关的横波速度对比度越大，速度剖面上显示的速度梯度就越大。微小的速度变化和小尺寸的异常(小于 1/4 排列长度)将很难使用 MASW 方法精细地刻画出来。

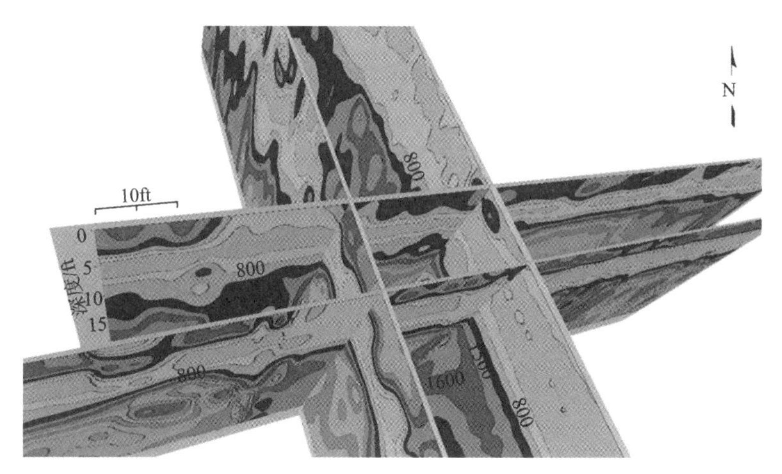

图 13-2-9　联合测线 1、2、3、4 拟二维横波速度剖面组成的 2.5D 栅栏图

(根据钻孔结果，基岩面已被标定为 800ft/s 的等值线，修改自 Miller et al.，1999)

第 3 节　滑坡体调查中的应用案例

滑坡是自然界中常见的地质灾害之一，其危害性仅次于地震灾害与火山灾害，经常给人类的工农业生产、生活及生命财产造成巨大的损失，有时甚至是毁灭性的灾难。如 2017 年 6 月24 日四川省阿坝州茂县叠溪镇新磨村的滑坡便造成了 100 多人被掩埋、整个村庄完全被毁、河道堵塞达 2km 的特大地质灾害损失。滑坡灾害虽然能造成极大的损失，但与地震灾害和火山爆发等灾害不同，滑坡灾害具有可预报性。滑坡地质调查工作，便是减弱滑坡灾害损失的滑坡防治工作中的重要环节，其采用的常用方法有遥感地质调查、钻探、化探、地球物理勘查等。

滑坡是指斜坡上的土体或者岩体，受河流冲刷、地下水活动、雨水浸泡、地震及人工切坡等因素影响，在重力作用下，沿着一定的软弱面或者软弱带，整体或者分散地顺坡向下滑动的自然现象。滑坡体作为一种复杂的地质体，其主要的要素包括：滑移体、滑床、滑动面、滑动带等，其中运动的岩(土)体称为变位体或滑移体，未移动的下伏岩(土)体称为滑床，滑移体和滑床之间组成的薄弱面即为滑动面。这些要素之间，由于组成成分、结构等存在明显的差异，因此相互之间在物理性质(如导电性、介电性、地震波速度等)上有着非常明显的区别，这样的区别为地球物理勘查提供了应用前提与物性基础。由此，常见的地球物理方法，如高密度电法、氡气测量技术、浅层地震反射波法、浅层地震折射波法、探地雷达法、瞬变电磁法、高频多道面波分析法、面波背景噪声成像技术等均被成功应用于滑坡体结构调查中，在预防滑坡灾害的发生、评估滑坡治理效果等方面起到了非常重要的作用。

当然，这些地球物理方法在滑坡体结构调查中，由于方法本身的特点及滑坡体各要素的物性特点，调查效果各有千秋，各具优缺点。例如，高密度电法在当滑动面含水率较高的情况下调查效果良好，但易受体积效应的影响，分辨率较低；探地雷达方法精度高，能对滑动面结构及滑坡体内的细微结构进行有效探测，但对于土质类滑坡，浅地表往往被低速富水低阻的风化层所覆盖，这样的低阻覆盖层对电磁波产生了很强的吸收衰减作用，影响了探地雷达的探测深度和有效波的识别；浅层地震折射波法因方法成熟、波形易识别、探测深度大、探测范围广等特点，在滑坡结构探测上应用广泛，但若浅地表存在高速层介质，则因方法特征问题（折射波的产生条件），无法对高速层之下的滑动面进行有效探测，即便是在正常情况下，也存在探测的盲区，分层层数有限；氡气测量技术能有效圈定滑动面，并定性分析滑动体内结构的破碎程度等，但存在较强烈的模糊效应，无法对滑坡体进行精细探查，应用示例也较少，难于借鉴和比较。

高频多道面波方法作为近 25 年来发展最为迅速的地球物理新方法技术，因其无损、高效、高分辨率、基本不受浅表高速层影响、分层能力强等特点，在浅地表环境、工程、水文等地质调查中被广泛应用，取得了一系列的成果。该方法也同样被成功应用于滑坡体结构调查，在预防滑坡灾害中起到了重要的作用。本节将以在秦岭山脉中的一小型滑坡体上进行高频多道面波分析方法，确定滑动面特征和计算滑坡体质量的实际案例（许新刚等，2016）为例，说明高频多道面波分析方法在滑坡体地质调查中的应用效果。

该案例的施工区位于陕西省西安市周至县马召镇，属于秦岭山脉，滑坡体下方为 108 国道，东临黑河水库。滑坡为土质滑坡，结构成分简单，表层为第四系全新统黄土、坡积碎石土，覆盖层厚 3～7m，基岩为变质岩，岩性主要为云母片岩。坡体表面坡度为 18° ～ 22°，该滑坡为覆盖层沿基岩滑动型滑坡，可见滑坡周边界线和后壁拉张裂缝，坡体表面分布有松树和柿子树以及其他低矮灌木丛和杂草等。

正式施工前，作者为确定最佳的震源激发方式，分别设计了 11kg 大锤锤击垫板、25kg 沙包吊高 1.8m 自由落体、25kg 沙包与 11kg 大锤固定一起吊高 1.8m 后自由落体、50kg 沙包吊高 1.0m 自由落体等四种震源激振方式进行激发实验。如图 13-3-1 所示为大锤锤击所得 24 道地震记录，最后根据实验结果分析，此次施工中选择大锤锤击的方式进行地震波激发。实验的观测系统中，最小偏移距设置为 10m，道间距设置为 0.5m，检波器选择 10Hz 主频的垂直分量检波器。

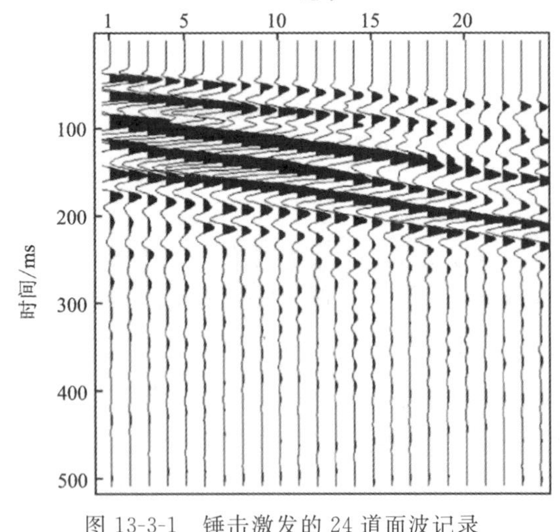

图 13-3-1　锤击激发的 24 道面波记录

（引自许新刚等，2016）

为详细调查了解滑坡体的细节特征，许新刚等（2016）在施工场地内共布设了两条高频多道面波测线（图 13-3-2），其中一条测线平行于滑坡面的主滑动方向（测线 L1），另一条测线则垂直于滑坡体主滑动面（测线 L2）。通过现场罗盘测量，发现施工场地坡角约 20°。L1 测线跨滑坡体周界布设，采用标准 CMP 滚动采集方式，炮间距为 2m，共采集 9 个单炮记录，根据 MASW 方法特点，最终有效剖面长度为 16m。测线 L2 完全布设于滑坡体上，共采集单炮记录 13 个，炮间距 2m，最终剖面长度 24m。

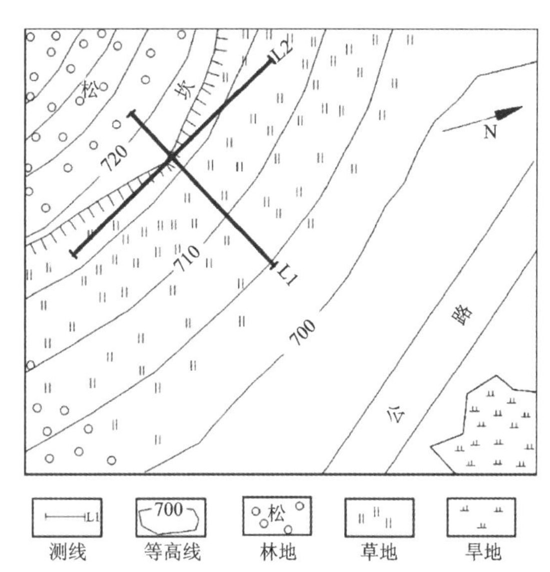

图 13-3-2　周至县马召镇滑坡体探测多道面波测线（引自许新刚等，2016）

根据许新刚等（2016）对现场资料的分析，发现工区浅地表覆盖层的瑞利波波速大致为 150～400m/s，基岩面中的瑞利波波速为 300～600m/s。根据前期的地质调查，滑动面在 20m 深度以内，故将目标勘探深度定位在 20m，由此数据采集观测系统中最小偏移距设置为 10m，道间距设置为 0.5m。数据处理采用美国堪萨斯地质调查局研发的 Surfseis 软件完成，其基本处理过程如前述章节所介绍。频散曲线的反演基于 Xia 等（1999）研究的基于 Levenberg-Maquardt（L-M）法和奇异值分解的频散曲线线性化迭代反演算法完成，最终反演得到的两条拟二维横波速度剖面如图 13-3-3（a）和（b）所示。

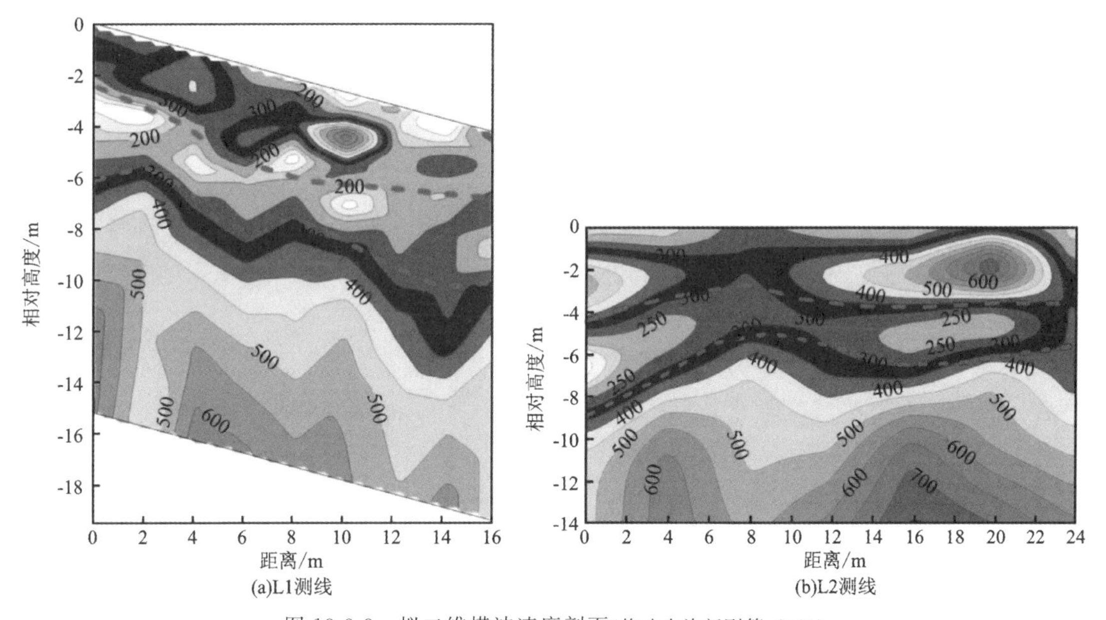

图 13-3-3　拟二维横波速度剖面（修改自许新刚等，2016）

横波速度剖面显示出了岩土体的横波速度分布特征：滑坡体表层由黄土、碎石土等结构松散、抗剪强度低的介质组成，其中的横波速度范围为200～450m/s；滑坡带内为黏土和云母片岩风化残留物，在水的作用下其抗剪切能力变得很低，故该层内介质横波速度范围在150～250m/s；滑坡面之下的基岩为结构致密、成分简单、抗剪强度高的变质岩体，岩体内的横波速度范围在300～700m/s。

许新刚等(2016)根据所得拟二维横波速度剖面及以上速度分析结果，对取得的剖面成果进行了解释，他们认为该处地层的波速基本结构呈现"高—低—高"的特征。首先，沿滑坡方向[图13-3-3(a)]滑坡体内物质成分复杂、结构变化较大，力学差异较大，在0～2.5m的深度范围内地层横波速度横向差异较大，2.5～6m的深度范围内存在波速较低的软弱层面，且该层面在深度上沿测线方向稍有起伏。分析认为其产生的原因为：地表水渗透进滑坡体并顺基岩面流动使得其上土层变得更加松软，且由于变质基岩中含有较多云母矿成分，顺基岩面方向抗剪切能力本身较低，再加上植被破坏严重、斜坡度数较大、坡脚修路开挖等因素造成土体出现滑坡。其次，垂直滑动主方向的L2测线剖面图[图13-3-3(b)]显示该方向浅地表覆盖层相对均匀，覆盖层之下存在一个低速软弱夹层，变质基岩中横波速度相对较高且呈逐渐增加趋势，横向上变化较小。以上特征与滑坡体的特征完全对应，因此可以说，本案例采用高频多道面波方法成功地对该滑坡体的细节结构进行了刻画。

综合L1和L2测线的面波勘探成果和现场踏勘资料，推断该滑坡的地质构造基本形态如图13-3-4所示，经过人工麻花钻进行验证，证明与滑坡推断结果基本吻合。

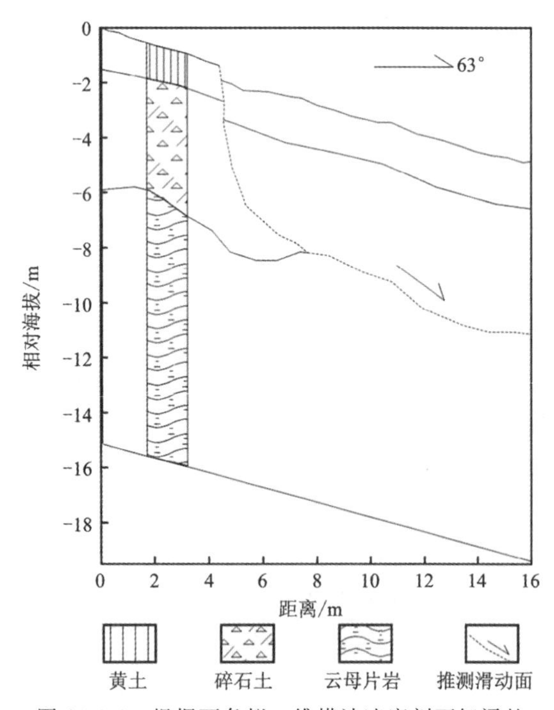

图13-3-4 根据两条拟二维横波速度剖面解译的滑坡面地质构造简图(修改自许新刚等，2016)

第4节 土壤密实度改良效果(加固处理)调查的应用案例

川气东送工程是我国继西气东输工程又一项天然气远距离管网输送工程。该工程西起四川达州普光气田，跨越四川、重庆、湖北、江西、安徽、江苏、浙江等省最终抵达上海，管道总长达2170km。该输气管道跨区域多，途经的地貌复杂，包含了山地、丘陵、平原、沼泽和水网等。其中湖北段主要从江汉平原横跨而过，浅地表多为松散沙土覆盖层，管道建设中应注意后期沉降的影响。因产业园区建设需要，对武汉市汉南区周家河明渠南侧、航空及卫星产业园西侧、长江大堤北侧进行管道迁改，迁改长度为 13.387km，改迁施工场地为长江一级阶地，高压天然气管线下存在较深厚的透水层，为确保长江大堤及输气管道安全，在管道沿线实施了高压旋喷桩防渗施工和清淤施工。为查明高压旋喷桩施工质量及清淤施工实际工程量，中国地质大学（武汉）受建设单位委托，对高压旋喷桩及清淤施工进行了物探核实勘探工作。本次核实勘探工作是在前期已完成桩基检测，且质量已被认定合格的前提下，选择特征点截面采用地球物理方法查明截面范围内的高压旋喷桩界面，确定混凝土高压旋喷量吻合度。

图 13-4-1 所示为高压旋喷桩设计横截面图。图中竖条即为设计的高压旋喷桩施工位置及预计施工长度。从图中可知，输气管顶部埋深大约 1.4m，管道直径约 1.7m。旋喷桩加固施工，从地面以下约 1m 深度开始，长度约 8m，施工深度随距离输气管的距离逐渐变浅，输气管正下方的旋喷桩埋深最深。

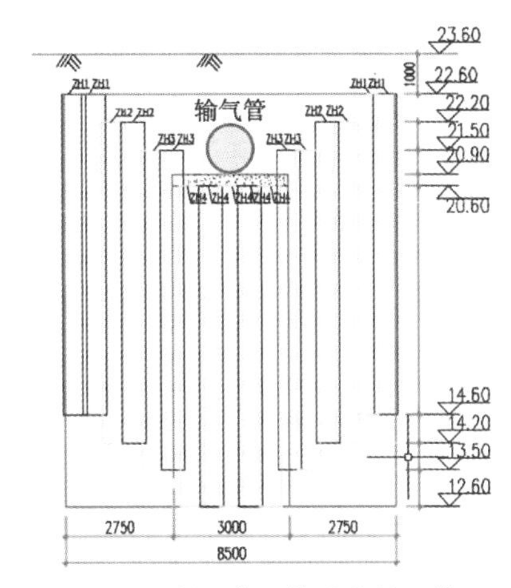

图 13-4-1　混凝土高压旋喷桩施工横截面图（竖条即为设计的旋喷桩及预计施工深度，数字表示海拔标高）

根据详勘揭露的地层情况，场区在勘探深度范围内赋存的地层如下。

(1)素填土层：层厚 0.50～4.60m，土质较不均匀，主要由灰褐色、褐黄色黏性土组成，上部含植物根系，结构松散。

(2)粉质黏土层：层顶标高 20.34～23.88m，层顶埋深 0.50～4.60m，层厚 0～5.80m，主要为黄褐色、灰褐色，呈可塑状态，含少量铁锰质氧化物，属中等压缩性土，土质均匀。

(3)淤泥质粉质黏土夹粉土：灰色，呈流塑状态，局部夹少量薄层粉土，粉土呈松散-稍密状态，属高压缩性土。层顶标高 17.05～23.56m，层顶埋深 0.80～7.20m，层厚 0～18.40m，土质不均匀。

(4)粉质黏土夹粉土、粉砂层：主要为褐灰色、灰色，粉质黏土组成，呈软塑状态，局部夹少量薄层粉土、粉砂，粉土呈中密状态，粉砂呈松散状态，属中偏高压缩性土。层顶标高 4.33～23.28m，层顶埋深 1.40～19.70m，层厚 0～11.70m，土质较不均匀。

(6)粉砂夹粉土、粉质黏土层：主要由石英、长石、白云母及少量暗色矿物组成的粉质黏土，粉砂夹粉土组成，属中等压缩性土。层顶标高－3.52～23.46m，层顶埋深 0.80～28.20m，层厚 0～11.10m，土质较不均匀。

(7)粉细砂夹粉土层：灰色，稍密-中密状态，饱和，主要由石英、长石、白云母及少量暗色矿物组成，局部夹薄层粉土和粉质黏土，粉土呈中密状态，饱和，粉质黏土呈可塑状态，属中偏低压缩性土。层顶标高 2.91～20.69m，层顶埋深 3.30～21.00m，层厚 0～49.70m，土质较不均匀。

由以上地层物性情况可知，旋喷桩施工区域主要为砂及粉砂性黏土，整体土质较为松散，可塑性强。由此可知，这样的土体中地震波横波速度一般较低，在 100～200m/s 的速度范围内。对输气管道下方及其周边采用高压旋喷桩加固施工，通过高压将混凝土浆注入到土层孔隙中，当混凝土凝固后，新形成的地层相比于原位的砂性土壤有着更高的硬度与不可塑性。从物理性质上看，地震波速度会显著提高。鉴于此，在施加高压旋喷桩区域将形成明显的高波速区，而未施工区域则基本保持原样。高频多道面波方法，因对横波速度变化敏感，只需达到10%左右的速度对比度，便可分辨地层差别，因此最终我们采用高频多道面波方法来检验该区域高压旋喷桩施工质量。

根据旋喷桩的设计深度可知，目标勘探深度在8～10m，因此选择观测系统中的最小偏移距为9m，道间距为1m。所采用的检波器为4.5Hz主频的垂直分量检波器，道数为24道，检波器排列长度为23m。如图13-4-2所示为其中一个单炮记录。从单炮记录看，瑞利波能量占整个炮集能量的绝对主体，体波成分难以清晰辨识。从炮集记录中可发现瑞利波存在多模式现象，不仅基阶模式波清晰，同样也存在明显的高阶模式波。采用高分辨率线性拉东变换法提取的频散能谱图如图13-4-3所示，图中可见呈明显逆频散和正频散趋势的基阶模式波，同时高阶模式能量同样较为丰富。

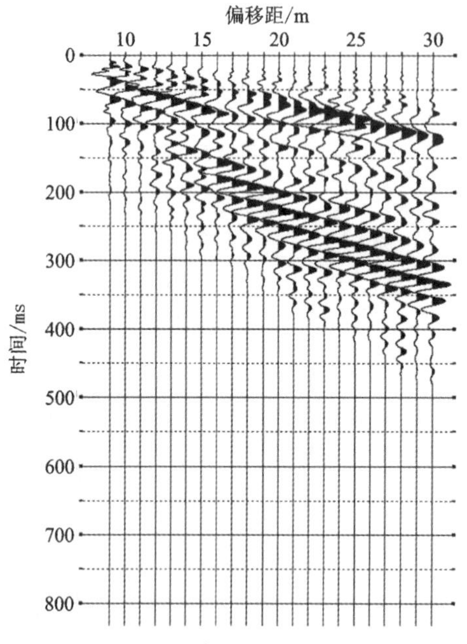

图13-4-2　混凝土高压旋喷桩施工区沿管道方向高频多道面波原始单炮记录

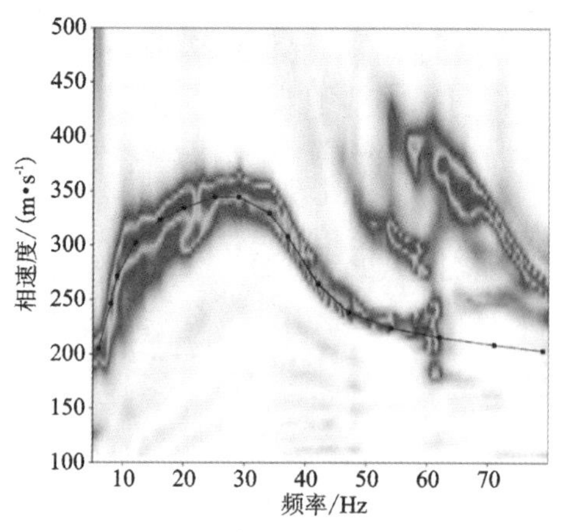

图13-4-3　图13-4-2所示单炮记录提取的多道面波频散能谱，黑色点线为依能量幅值趋势拾取的频散曲线

采用Xia等(1999)提出的阻尼最小二乘反演方法对所提取的频散曲线进行反演，反演设置的初始模型为一15层的层状模型，层厚度按照极限分辨率情况固定为1m。初始模型根据所拾取的频散曲线给定，反演过程如图13-4-4所示。

按照前述拟二维横波速度剖面的生成方式，对滚动采集的多炮记录进行频散曲线提取及反演过程，最终联合测线上获得的所有炮集反演结果，即可获得拟二维横波速度剖面图。本案例实际施工的高频多道面波剖面约20km，本章我们挑选其中的一个标段结果用于展示，如图13-4-5所示。

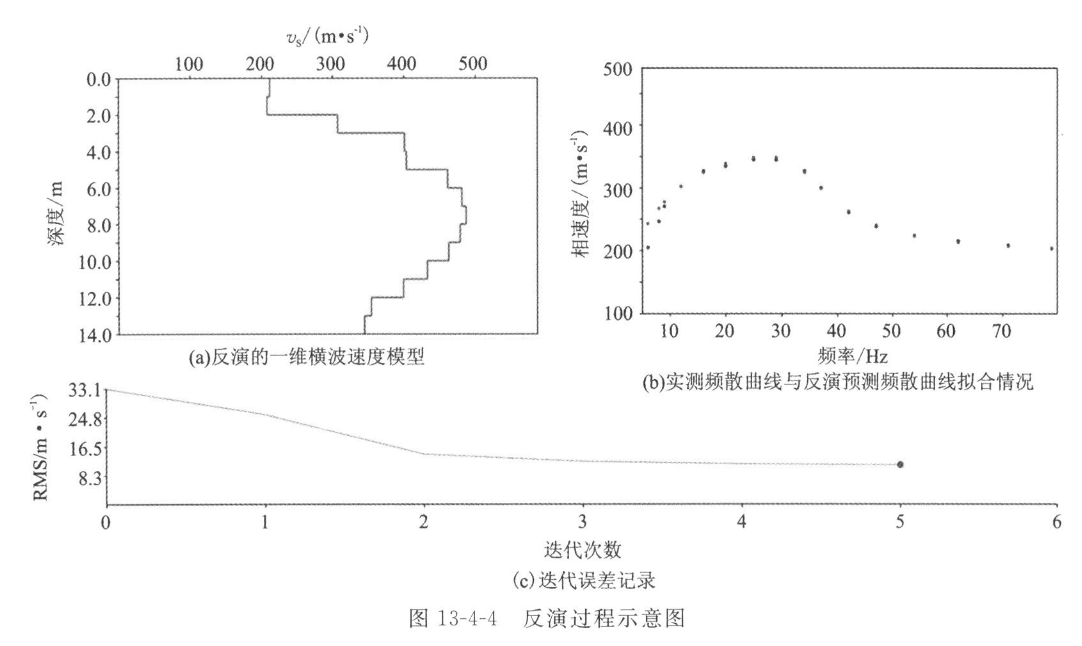

图 13-4-4 反演过程示意图

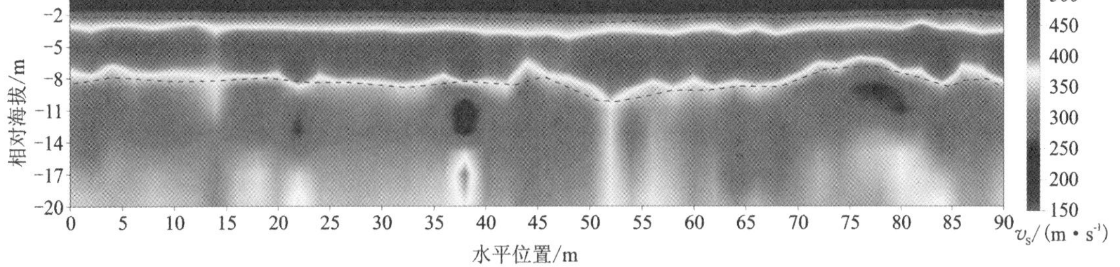

图 13-4-5 反演的拟二维横波速度剖面图，虚线为根据横波速度剖面解释的高压旋喷注入的混凝土浆凝结后的影响范围

根据施工区岩土工程勘察报告，在该拟建场地代表性地选取 12 个孔计算 20m 深度范围内等效剪切波速分别为：175.7m/s、183.7m/s、179.6m/s、169.8m/s、164.1m/s、148.7m/s、146.2m/s、146.7m/s、136.0m/s、133.8m/s、152.7m/s、140.7m/s。由此可知工区内土层的剪切波速度范围为 133.8～183.7m/s，说明施工前原土层面波速度通常小于 200m/s，因此横波速度高于 200m/s 的区域可以认为是由于水泥的固结作用造成的差异，通常来说固结的效果越好，面波的速度越高。因此，基于本区各地质体的地震波速度特征和地质条件，高频多道面波速度剖面的解译原则为：场地土层速度物性差异较小，统一为背景场，速度高于 300m/s 的范围可以推断为高压旋喷桩的固化范围。

经对比高压旋喷桩设计文件，高频多道面波分析给出的拟二维横波速度剖面所解释的旋喷桩施工范围吻合度达 99%以上。由该案例可知，高频多道面波分析方法在土壤效果改良结果评价上是极为有效的一种地球物理方法。该案例结果与第十二章中乐广高速边滑坡体加固效果评价案例中采用多道面波记录反演地层品质因子的效果是类似的。

第14章　背景噪声面波成像方法

随着人类社会的发展，人们对其自身生存环境的质量要求不断提升，这使得污染严重的传统地震勘探受到了限制，探索以新型震源为代表的全新地震勘探方法的任务变得越来越迫切。一种能够达到甚至超越主动源地震勘探效果的被动源地震勘探方法，是地震学家们一直寻求和努力的方向。利用背景噪声信号研究地球内部结构和构造的方法为我们展示了这样的一种可能性。该方法目前已成为地震学界的研究热点，如 *Geophysics*，*Geophysical Prospecting*，*Earthquake Science* 等地球物理勘探领域国际期刊均分别以专刊形式展示过近些年来噪声地震成像技术领域所取得的一系列令人振奋的成果。国内的相关研究稍晚，但在区域性地壳或岩石圈尺度的应用研究上取得了丰硕的成果。徐义贤和罗银河(2015)对国内外背景噪声成像领域的研究成果进行了梳理，从背景噪声来源、噪声地震学的发展历程、基于背景噪声的全波场和面波场格林函数的恢复公式及影响因素等方面进行了综述。汪利民等(2022)对噪声面波成像技术的方法研究进展(特别是2015年后的)进行了综述，并对方法技术的未来发展情况进行了展望。本章我们将根据这些优秀的成果，对地震背景噪声成像方法，特别是高频地震背景噪声面波成像方法进行简单介绍，希望通过本章，让初识地震背景噪声的人能够较为快速地掌握这一地球物理中的新方法技术。

第1节　地震背景噪声方法的由来与发展

一、地震背景噪声方法的发展历程

地震背景噪声勘探的研究历史较为悠久，早在20世纪50年代，著名地震学家安艺敬一教授就利用地震台站记录的噪声面波测定过覆盖层速度结构(Aki，1957)。之后，20世纪60年代美国为监视其他国家的地下核试验，建立了半径200km以上的巨大地震观测台网(LASA)，而为从观测的噪声地震数据中提取核爆引发的地震信息，Capon开发出频率-波数变换法(f-k)提取噪声记录中的面波频散信息，成功地对核爆场地位置进行精确定位(Capon，1969)，该方法后来在天然地震学研究中应用广泛。勘探地震学中相关噪声方法研究起源于斯坦福大学Claerbout教授领导的地震学课题组的开创性工作。Claerbout(1968)指出水平层状介质中噪声记录道的自相关结果等效于一个自激自收的地震记录道。后来他又提出通过将地表一定距离的两个地震台的噪声记录进行互相关运算，其结果可等效为将其中一个台站作为震源点激发一个地震信号而在另一个台站位置处接收所获得的主动源记录。因勘探地震学界一直以来采用人工震源的方式激发地震波获得地震剖面，Claerbout 的这一想法长期未受到重视，因此被其学生称为“Claerbout 猜想”。虽然早期地震学界为证实这一学术思想进行了各种尝试，但结果都不太理想(Baskir and Weller，1975)。转机出现在 Claerbout 猜想提出的 25 年后，Duvall 等(1993)通过噪声互相关的方法获得了太阳外部圈层的三维流速结构图，发展出后来被称为“声学日光成像”的日震学新技术。日震学家抢在了地球物理学家之前验证了 Claerbout 猜想的正确性。最早的与地震勘探最为接近的验证实例来源于超声波检测领域，Lobkis 和 Weaver(2001)关于扩散超声场的工作从理论和实验两个方面证实了两个接收器之间的格林函数(即对脉冲源的响应)可以通过这些记录的时间互相关来恢复。这一概念即我们现在所熟知的地震干涉法，目前已有大量的相关研究成果问世，且已被推广应用到各类复杂介质成像工作中(Schuster，2001；Snieder et al.，2002；Wapennar，2003，2004；Bakulin and Calvert，2004；Schuster et al.，2004；Snieder，2004；Wapennar and Fokkema，2006)。

截至目前，前述的绝大多数地震干涉法研究都集中在对自然环境噪声场上。这类自然噪声场，根据频带范围的不同，其产生的机制也是各异的。如早期应用最为广泛的，频段在 0.04～0.08Hz 的自然噪声(微震面波)，主要是由于海洋与大陆架和海岸带的相互作用产生(Haubrich et al.，1963；Haubrich and McCanmy，1969)。海浪产生的随机压力波动已被证明足以产生振幅相当大的微震(Hasselmann，1963)。Longuet-Higgins(1950)证实了第二种类型的微震能量，其峰值频率在 0.1～0.16Hz 之间，是成对海洋涌浪非线性相互作用的结果。而更为低频的地球自由振荡噪声，频率在 0.001～0.01Hz 的“嗡嗡声”最为神秘，早期的研究将其归因于大气湍流(Nishida et al.，2000；Tanimoto，2001)，而近期的一些研究结果表明其形成机制与造成初级或次级微震的机制相同(Webb，2007，2008；Traer and Gerstoft，2014；Ardhuin et al.，2015)。

前人研究表明天然源的地震背景噪声场主要由频率低于 0.1Hz 的基阶模式面波所主导(Haubrich et al.，1963；Toksöz and LaCoss，1968；Ekström，2001)。目前地震背景噪声面波层析成像技术已经发展成为一种稳健的成像技术，使地震学家能够成功实现局地尺度(Brenguier et al.，2007；Lin et al.，2013a；徐佩芬等，2013b)、区域尺度(Shapiro et al.，2005；Kang and Shin，2006；Yao et al.，2006；Yang et al.，2007)和全球尺度(Nishida et al.，2009)的高分辨率地球内部结构成像工作。而在 0.1Hz 以上的频率段，地震背景噪声场是基阶模式面波、高阶模式面波和体波的复杂混合波场(Bonnefoy-Claudet et al.，2006；Koper et al.，2010)。已有的研究成果表明，从地震背景噪声波场中提取体波比提取面波更困难，尽管已经有不少成功的案例(Roux et al.，2005；Draganov et al.，2007，2009；Zhan et al.，2010；Poli et al.，2011；Ruigrok et al.，2011；Ryberg，2011；Lin et al.，2013b)。因此，目前的地震背景噪声成像研究依然是以面波成像方法研究为主。这类型的研究在日本等多地震国家从未间断过(Matsushima and Okada，1990；Milana et al.，1996)，目前已成为浅地表速度结构成像的热点研究方法(Hiroshi and Koji，2004；Shapiro et al.，2005)，大量相关的研究成果不断被发表。根据三分量背景噪声记录，Hiroshi 等(2004)用垂直/水平谱比反演了浅地表横波速度结构，与测井结果显示二者标准偏差在 0.1km/s 以内，且最大误差也仅

0.3km/s。根据单台和台阵的背景噪声记录，Scherbaum 等(2003)估计了德国科隆市的浅地表横波速度结构。采用背景噪声空间自相关法和频率-波数变换法，Estrella 等(2003)测得了墨西哥城 Ciudad 大学内 2km 深度范围内的浅层横波速度结构，对比结果显示两种方法所得结果较为一致。在小区域尺度长时间的背景噪声观测记录中，不仅可以通过互相关方法提取到清晰的瑞利波成分，而且通过时频分析等技术，还可以从中提取到纵波成分(Roux et al.，2005)。另外，通过地震干涉方法，从交通噪声中还能恢复出反射的横波信息(Nakata et al.，2011；Nakata and Snieder，2012)，Nakata 等(2011)将这类反射信息与主动源记录的反射信息进行对比，验证了其可靠性。Tonegawa 等(2013)采用空间自相关法处理来自日本海沟处记录的长时间背景噪声记录时，从中提取到了清晰的来自大约 350m 深浅反射层上的反射横波信号。根据该反射信号，他们成功将其用于分析由大地震所引起的地下速度结构各向异性特征。比较有意思的是，地震干涉法不仅可用于背景噪音面波成像，针对主动源反射地震记录中的鬼波等虚反射记录(ghost)进行干涉计算，其成像结果可以有效用于浅地表的散射体定位(Harmankaya et al.，2013)。

国内利用背景噪声面波方法研究浅地表地下结构的工作最早见于 20 世纪 80 年代末，王振东(1986)对微动信号的空间自相关法和应用情况进行了介绍。Liu 等(2000)利用背景噪声面波技术实现了地表 60m 以浅范围的横波速度结构成像，并将成像结果与横波速度测井结果对比，证明了方法的有效性与可靠性。陶夏新等(2001)利用布设于厦门的微动台站记录的背景噪声记录，推断了该地 50m 以浅范围内的横波速度结构。Satoh 等(2001)通过地震背景噪声信息反演研究了台湾台中盆地 1.4km 以浅的横波速度结构。利用北京市内多个场地布设的微动台阵记录的背景噪声信号，何正勤等(2007)估测了北京城区内 3km 以浅的地壳浅部速度结构，为北京市地热资源开发中地热钻孔位置的确定提供了可靠依据，所指导的地热钻孔全部达到了设计的供热标准。陈棋福等(2008)和王伟君等(2009)利用高密度地震台阵记录的背景噪声面波信号，采用微动水平和垂直谱比法等方法对北京市浅层地壳结构的场地响应和浅层速度结构进行了详细研究，所获得的参数可用于地震动模拟和地震灾害预防。徐佩芬等(2012)在深圳地铁 7 号线车公庙至上沙段区间，开展了交通繁忙、建筑物密集、干扰严重的闹市区内的背景噪声面波成像工作。采用空间自相关法，结合少量钻孔资料进行标定，成功对深圳地铁 7 号线目标区间段的地下花岗岩“孤石”位置进行了圈定。他们提供的视横波速度剖面结果表明二维背景噪声面波成像技术是在闹市区内探测地下结构的有效方法。噪声中提取的视横波速度剖面除能直观显示岩性的纵横向变化，还能给出岩土风化程度判断的可靠信息，这可为工程建设提供基岩面深度、起伏等情况，以及为桩基设计提供相应的地球物理依据。同时，鉴于背景噪声面波成像技术在地层分层和隐伏断裂构造探测上的诸多成功案例，该方法目前已成为沉积盆地结构调查、地热勘查和隐伏地质构造探查的新的、重要的地球物理勘探技术。在岩性差异性相对明显的地层界面，背景噪声面波成像方法对地层分层深度的确定误差可以控制在 5%左右(徐佩芬等，2013a)。滑坡体的滑动面上下介质软硬程度明显不同，存在着较为明显的物性差异。鉴于城镇区域主动源地震勘探施工困难及滑坡体等不稳定构造上方不宜大规模施工的原因，为探明巴东黄土坡大型滑坡体滑动面深度及数目等信息，Xu 等(2013)在湖北巴东县由中国地质大学(武汉)挖掘的用于监测三峡黄土坡大型滑坡体的隧道内布设了 48 个流动地震台站，进行了 28 小时的地震背景噪声观测。通过地震干涉法获得了 3～30Hz 的虚源地震记录，之后根据主动源多道面波方法原理进行频散分析与反演估计横波速度结构，最终获得的横波速度剖面结果显示黄土坡大型滑坡体下至少存在着两个特征较为明显的潜在滑动面。Pan 等(2016b)在新疆西准格尔地区利用线性排列的高频(4.5Hz)地震台站，通过地震背景噪声观测，提取面波频散曲线并反演得到一条 70km 长深度为 1.5km 的横波速度结构剖面，该剖面刻画了花岗岩体的分布。Liu 等(2018)利用地表微震监测阵列对水力压裂现场周围三维浅地表剪切波速结构进行环境噪声层析成像。Zhou 等(2021)利用密集台阵面波层析成像和 Cheng 等(2021)利用三分量背景噪声资料提取面波信息，获得浙江金华一地热场的精细横波速度结构。

但噪声面波成像方法也存在着一定的缺陷，比如其分辨率相对较低。张维等(2012)尝试了主被动源面波成像技术相结合的方式探测浅地表地下介质横波速度结构。通过在北京顺义、海淀及银川三地进行的三个实际勘探实例验证了方法的有效性，其结果表明主动源具有对浅地表介质较高的成像精度，但成像深度有限，而背景噪声面波成像方法虽然探测分辨率相对较低，但其探测深度可达百米甚至千米。在条件允许的情况下，应尽量通过两者方法相结合的方式开展浅地表介质横波速度成像工作，这样既可得到准确可靠的浅地表横波速度又可相应增大勘探的深度。为进一步研究主被动源面波成像联合勘探方法的观测系统方式和改善最终的成像效果，张维等(2013)在河北廊坊夏垫镇及云南玉溪等地分别尝试采用不同观测排列和相同观测排列，分别采集人工源和天然源面波记录，提取频散曲线后，联合反演浅地表横波速度结构。其结果表明，相同排列采集，可在不增加工作量的情况下，既能保证浅层较高的探测精度，也能有效拓展勘探深度。

随着我国城市化进程的进一步加速，大城市、超大城市的不断涌现，人们对城市地下空间开发利用的程度不断加大、加深，由此衍生出的对城市地下空间地质结构精细探测技术的需求也与日俱增。城市地球物理的概念在近年被提出，其核心的科学问题是采用何种技术手段建立起城市地下的高精度三维地质图件(陈颙等，2003)。如何获取城镇环境地下介质速度场信息，除了发展无污染、无破坏性的绿色震源(如人工可控震源)以外，背景噪声面波成像技术可作为另一条优选路线。近年来已有大量学者，利用城市内因建筑施工，车辆及行人引起的地震背景噪声开展浅地表地下结构成像研究(Folger et al.，2005)，均获得了很好的效果。采用背景噪声面波成像技术来研究城市浅地表地下结构，最大的优点是不必担心传统地震勘探时的噪声干扰，以及不必担心在城市环境内因爆破等扰民行为所引发的各种施工限制。

从背景噪声成像技术的发展历程看，方法上的进步首先归功于基本理论的发展，而理论的发展可来自不同领域(徐义贤和罗银河，2015)。地震背景噪声成像技术发展至今，其基本理论已成熟，希望在理论上取得新的突破实属困难。但任何一门科学，当基本物理问题厘清后，科学水平的提升就主要集中在方法和技术的进步上了，噪声地震学的发展亦如此。早期虽然理论研究均基于噪声源位置和能量的随机分布与配置的前提条件，但后期的方法研究早已突破这样的限制，因为勘探地震学界最擅长于精细的数据处理技术研究。因此地震背景噪声面波成像技术的发展，将继续从传统勘探地震学中吸收数据处理上的先进思路，进一步提高成像效果(徐义贤和罗银河，2015)。通过互相关或干涉方法恢复的经验格林函数的信噪比通常较低，提高经验格林函数信噪比是成像效果改善的最基本条件。在勘探地震学中我们通常采用叠加的方式来改善资料信噪比，这一方式在噪声地震学中同样适用，但直接地对分段后求取的经验格林函数进行简单叠加，信噪比改善程度与叠加次数间并不呈完全的正比关系，叠加次数的增加在改善资料信噪比上存在上限(张宝龙，2013)。为了改善格林函数的叠加效果，Cheng 等(2015)提出基于原始信噪比进行加权叠加的思想，新的叠加方式有效地改善了最终的叠加效果，图 14-1-1 为分别采用常规叠加方法和信噪比加权叠加后获得的虚源炮集记录。很明显，新的叠加方式极大地改善了叠加结果的信噪比。在武汉汉江边采集的背景噪声数据处理结果验证了该方式的可靠性，且高阶模式能量恢复效果良好。

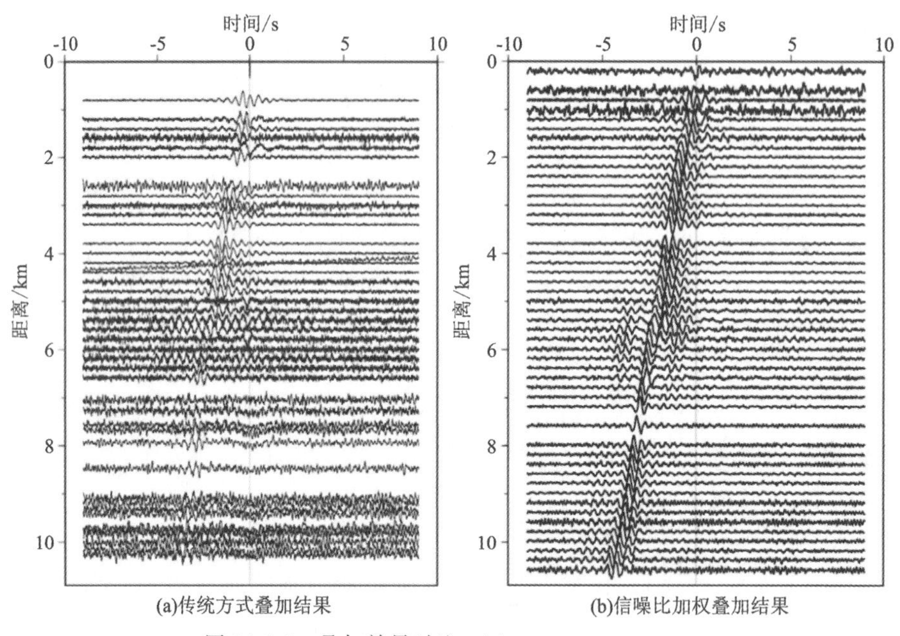

图 14-1-1　叠加效果对比(引自 Cheng et al.，2015)

“交叉伪影”是被动源面波频散测量中经常遇到的强干扰现象，对于沿公路或铁路线部署观测排列等存在明显双向噪声分布的情况下特别常见。Cheng 等(2018)对“交叉伪影”存在的物理基础进行了推导，证明该信号会在 f-v 域中的固定点上与真实面波能量相交叉，并提出一种基于 f-k 变换的数据选择技术来削弱该假频信号的影响，从而有效恢复高频信息。Xi 等(2021)利用汉克尔变换产生的频散能谱可以有效地压制频散能谱成像过程带来的“交叉伪影”，并被证明具有更高的信噪比 (Li et al.，2021)。

对超短记录时间的数据而言，噪声片段的选择和处理对成像质量影响很大。在足够长的一段时间内进行时间平均是满足噪声源随机分布要求的关键步骤。由于采集条件的限制或项目进度要求，城市地区的被动源噪声地震采集大多局限于超短的记录周期，由此造成的时间平均不充分，使得来自非平稳噪声源的贡献可能会严重影响叠加的频散测量结果，特别是对于低频段。Cheng 等(2019)基于在期望的速度范围内具有高信噪比的输入数据的自动检测技术，给出了一个在 tau-p 域内实现的噪声地震记录面波频散测量的选择性叠加准则，并将其应用于频率大于 1Hz 的高频交通噪声。模拟记录及实际数据算例表明，该判据准则能有效改善频散测量结果，削弱高频段信号失真的影响。如图 14-1-2 所示为对采集自湖南岳阳市境内京广铁路边的噪声地震记录采用常规叠加方式和新的叠加准则后的面波频散测量结果。从图中可以看出，实施新的选择性叠加准则后，频散测量效果得到了显著的改善，特别是高阶模式波改善效果更为明显。

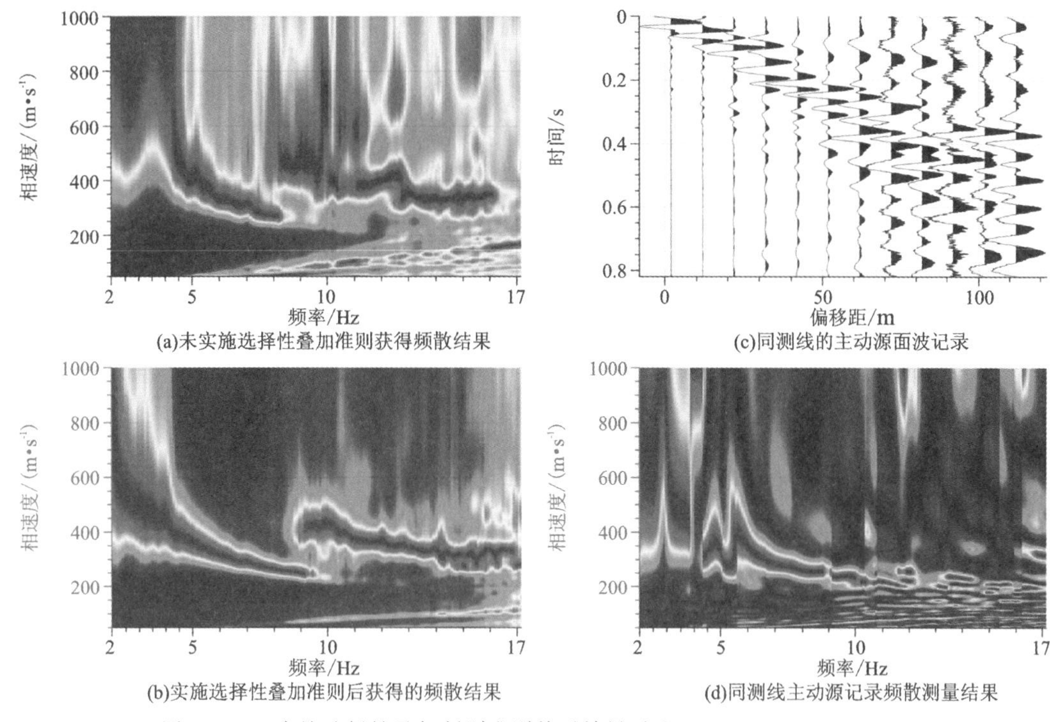

图 14-1-2 实施选择性叠加判别准则前后效果对比(引自 Cheng et al., 2019)

从以交通噪声为主的噪声信号中产生相干信号，需要考虑噪声信号的方位效应，并给出合适的处理方案。为有效提高复杂城市环境噪声信号中提取的面波信号质量，Zhou 等(2018)提出了一种基于互相关函数不对称性的环境噪声数据选择方法。将非对称系数定义为随机面波和无序面波的对数能量比来度量相关不对称性，并考虑两种对称函数来建立筛选条件。数值试验结果表明，该方法充分突出了双向同轴震源，消除了离线震源引起的高速异常。城市路面采集的三分量野外数据实例计算结果表明，该方法能有效地抑制随机噪声和假频信号，使面波频散能量趋势更明显，对城市双向交通噪声具有良好的实用性。Pang 等(2019)提出了一种基于信噪比的自动数据筛选技术，三个野外实例研究的结果表明，该技术在保留成像质量较好的噪声片段的同时，可以去除非稳态噪声或假频严重干扰的噪声片段，从而显著地改善被动源面波能量的成像效果。因为城镇超短噪声数据往往不满足噪声源是随机平稳过程这一假定，Zhang 等(2021)通过实际数据处理试验，提出不必使用谱白化处理超短噪音数据的观点。以上工作均基于 2016 年由夏江海教授团队开发的 MAPS 方法(Cheng et al., 2016)，该方法目前已成功应用于城镇环境浅地表介质成像(Mi et al., 2022)以及地热(Chen et al., 2021；Guan et al., 2021；Ning et al., 2021)、矿产等资源勘查中(Pan et al., 2016b)。MAPS 方法的高效率来自数据采集系统的线性特征，线性采集系统对环境噪音的方位特别敏感。测定噪声方位对于MAPS方法而言有时是必须的。Liu等(2020)在线性排列旁侧增加两个检波器,构成拟线性排列,提升了排列的方位覆盖范围,从而可以利用聚束分析方法计算噪声源的分布情况,进而获得了准确可靠的频散测量结果。Liu和Xia等(2021)在线性排列条件下,计算多道数据间瞬时相位的相干性,用多道相干性对互相关函数进行加权叠加。实测资料显示,该方法压制了来自排列内部的噪声源干扰,显著提升了面波信号质量。

从背景噪声记录中提取可靠的高阶面波信息的技术是噪声地震学家长期寻求突破的一项技术,而这项技术在最近取得了重大的进展。陈晓非院士团队近年来开发的频率-贝塞尔方法(Wang et al., 2019),不仅在主动源多道面波频散能量成像上效果良好,且能有效地从背景噪声记录经过干涉处理后获得的虚源记录中提取到清晰可靠的高阶模式面波信号。吴华礼等(2019)将该方法应用于日本关东盆地布设的MeSO-net台网记录的背景噪声数据,从中提取到可靠的多阶模式瑞利波频散曲线,并采用多模式联合反演获得了关东盆地沉积层和基岩层的横波速度结构,经与前人给出的日本综合速度结构模型对比,证明加入高阶模式频散信号参与反演后能有效减少反演的非唯一性,获得更为可靠的反演结果。李雪燕等(2020)对采集自上海市苏州河地区的城市微动信号,采用频率-贝塞尔变换方法提取出可靠的多模式瑞利波频散曲线,反演获得了70m以浅的横波速度结构,经与钻孔数据对比,验证了反演结果的可靠性。戴文杰等(2021)利用该方法对采集自安徽巢湖滩涂的背景噪声数据进行处理,提取出了高质量的基阶模式和一阶高阶模式瑞利波频散能量,通过拟牛顿法进行频散曲线反演,其结果说明加入高阶模式频散信息后反演所得浅地表横波速度结构更为准确。前述研究均主要针对由垂直分量记录的背景噪声信号的处理,Hu等(2020)对频率-贝塞尔方法进行了扩展研究,将其推广至适用于多分量噪声数据的面波多阶模式频散信号提取。

综上所述,背景噪声面波成像技术因其对震源无要求、对施工场地无任何限制等特点,可应用于解决大量的浅地表勘查与监测问题,如地下空间开发利用前期的地下结构勘查和开发后结构稳定性的安全监测(Picozzi et al., 2009)、城市噪声监测与定位、滑坡等地质灾害的监测和预警(Renalier et al., 2010; Mainsant et al., 2012)、活动断裂调查(Brenguier et al., 2008b; Ning et al., 2021, Guan et al., 2021)、地热田勘探(Obermann et al., 2015; Lehujeur et al., 2016, 2018; Martins et al., 2019, 2020; Cheng et al., 2021; Zhou et al., 2021)、火山活动监测与预警(Brenguier et al., 2008b; Sens-Schönfelder and Wegler 2006)、工程施工场地土壤工程性质调查与土壤分类、地下水运移的实时监测、土壤液化判别(Nakata and Snider, 2011)、地震活动对场地土性质改造研究(Xu and Song, 2009; 刘志坤和黄金莉, 2010)、冻土和冰盖的季节变化过程监测(Meier et al., 2010)等。

二、地震波干涉法的分类与基本原理

在忽略仪器响应等影响的情况下,地震检波器或地震仪记录到的地震信号等效于格林函数和地震子波的卷积。地震波干涉法的核心思想就是对记录的地震信号进行一定的数学处理,得到以其中一个检波器为震源的新的地震记录。如果对地震波场的格林函数进行运算后,能产生一个虚震源记录,那么在对地震子波做卷积之后,这种关系将仍然成立。因此,地震波干涉法的数学实现方式体现在虚震源格林函数的提取方法上。按照其计算形式的不同，地震波干涉法可分为 3 种类型：其一为相关型地震波干涉，其二为卷积型地震波干涉，最后为反卷积型地震波干涉（陶毅等，2010）。

（1）相关型地震波干涉法。这是地震波干涉法中应用最为广泛的一种方法，实际上在反卷积型地震干涉法出现之前，一般而言，对地震波干涉法的定义指的就是用相关方法获得虚震源地震数据。其中，自相关产生的为自激自收记录，互相关法则产生共炮点记录。相关型地震波干涉法可用几何射线的方法直观地解释，如图 14-1-3 所示。

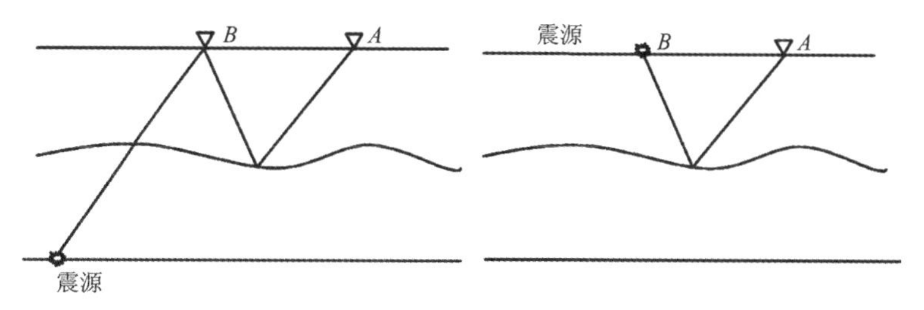

图 14-1-3　相关型地震波干涉法的射线路径示意图（引自陶毅等，2010）

对不同的台站 A 和 B 接收到的地震信号进行互相关，重合的射线路径将相互抵消，使得最后得到的新的地震信号看起来就像是以其中一个台站（B）为震源，传播到另一个台站（A）被接收一样。故相关型地震波干涉法的原理可用时间域格林函数表示为

$$R(x_A,x_B,t)+R(x_A,x_B,-t)=\delta(x_{H,A}-x_{H,B})\delta(t)-\sum_i T(x_A,x_i,-t)*T(x_B,x_i,t) \tag{14-1-1}$$

其中，$T(x_A,x_i,t)$ 和 $T(x_B,x_i,t)$ 分别为从地下震源 x_i 传到检波器 A 和 B 的透射地震记录；$R(x_A,x_B,t)$ 是以 B 为震源，A 为检波点的反射地震记录，符号 $*$ 表示卷积运算。相关型地震波干涉法提取的地震记录包括因果部分、非因果部分和零时刻脉冲响应。$R(x_A,x_B,t)$ 即为因果部分信号，而 $R(x_A,x_B,-t)$ 则为其负时间部分，与 $R(x_A,x_B,t)$ 关于时间 $t=0$ 对称，对应于非因果的地震记录。式（14-1-1）等号右边部分表示对地震记录做完相关后，沿炮点所在的曲线或曲面进行求和计算。

（2）卷积型地震波干涉法。地震波干涉法也可以通过卷积运算来实现，其原因为对两个不同检波器记录的地震波进行相关等价于对一个检波器的负时记录和另一个检波器的因果地震记录进行卷积。由于卷积与相关的等价关系，卷积型地震波干涉法的数学理论与相关型地震波干涉的数学理论是类似的。如图 14-1-4 所示，以 S 为井间震源而出发的地震射线，检波点 A 和 B 位于井的两侧，通过对 B 点和 A 点接收到的地震记录进行卷积将会得到一个以 B 为虚震源、A 为检波点的新的地震记录。相关使得重合的射线路径相抵消，与此相反的是，卷积使得射线路径延长了，且这里采用的使射线路径延长的方法跟多次波的预测技术相类似。

（3）反卷积型地震波干涉法。地震波干涉法也可以在做完反卷积后实施。进行该方法时，先要对波场进行分离处理，经过波场分离后波场将被分解为上行波场和下行波场，或扰动场与非扰动场。另外，边界条件也要做相应的修改。与相关型地震波干涉法不同，反卷积型地震波干涉法对散射波场只提取因果的地震信号。Vansconcelos 和 Snieder 首先用散射理论

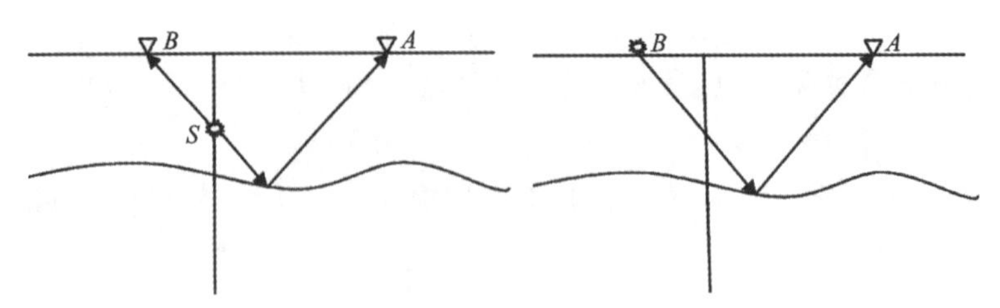

图 14-1-4　卷积型地震波干涉法的射线路径示意图

阐述了该方法的基本原理，首先将地震波场分解为背景介质的非扰动项和散射介质的扰动项：

$$u(r,s,\omega)=W(s,\omega)[G_0(r,s,\omega)+G_S(r,s,\omega)] \tag{14-1-2}$$

其中，$G_0(r,s,\omega)$ 和 $G_S(r,s,\omega)$ 分别表示背景介质（不含扰动项）以及散射介质（扰动项）的格林函数，$W(s,\omega)$ 为震源在频率域的响应。

相关型地震波干涉法用于进行相关计算的地震信号为检波器接收到的位移、压力、加速度等量值，反卷积型地震波干涉法进行相关计算利用的则是不同检波器记录的上述各类信号的比值：

$$D_{AB}=\frac{u(r_A,s)}{u(r_B,s)}=\frac{G(r_A,s)}{G(r_B,s)} \tag{14-1-3}$$

式(14-1-3)在时间域反卷积运算，由于使用的是波场比值，D_{AB} 与地震的响应无关。那么此时存在的问题是无论是弹性波的位移分量还是声波的压力比值，均不再满足互相关的关系式[式(14-1-1)]，因此需要在此基础上先进行一些数学处理。先将波场比值 D_{AB} 用泰勒级数展开表示成：

$$D_{AB}=\frac{G(r_A,s)}{G_0(r_B,s)}+\frac{G(r_A,s)\,G_0^*(r_B,s)}{|G_0(r_B,s)|^2\,G_0(r_B,s)}\times\sum_{n=1}^{\infty}(-1)^n\left(\frac{G_S(r_B,s)}{G_0(r_B,s)}\right)^n \tag{14-1-4}$$

对上式进行积分，有

$$\oint_{\partial\Omega}D_{AB}\,\mathrm{d}s=\oint_{\partial\Omega}\frac{G_0(r_A,s)\,G_0^*(r_B,s)}{|G_0(r_B,s)|^2}\mathrm{d}s+\oint_{\partial\Omega}\frac{G_S(r_A,s)\,G_0^*(r_B,s)}{|G_0(r_B,s)|^2}\mathrm{d}s+$$

$$\oint_{\partial\Omega}\frac{G_0(r_A,s)\,G_0^*(r_B,s)\,G_S(r_B,s)}{|G_0(r_B,s)|^2\,G_0(r_B,s)}\mathrm{d}s \tag{14-1-5}$$

式(14-1-5)相当于对地震波场比值的 Born 近似。其中，第一项表示的是以 r_B 为虚震源，从 r_B 传到 r_A 的非因果（负时间）和因果（正时间）的地震波。第二项则表示从 r_B 传到 r_A 的因果的散射地震波，第二项和第三项在 r_B 与 r_A 相等（即自激自收）的情况下相互抵消，它不包含散射波场的非因果响应，因而只能提取其因果部分，这与实际地震记录是对应的。

第 2 节　背景噪声面波成像数据处理方法

前面章节中介绍的高频多道面波分析方法，采用多道检波器记录由锤击等地表撞击类震源激发的地震波信号，这样的信号中瑞利波是主要成分，其能量占整个地震记录信号能量的70％左右。通过一定的数学变换方法，我们便能直接从这样的时空域多道地震信号中生成瑞利波频散能谱，并从中提取出高精度的频散曲线。这样的面波勘探方法，我们也称之为主动源面波方法，其基本的策略可以用图 14-2-1(a)所示，即从采集的多道记录直接生成频散能谱图，再提取频散曲线反演横波速度。背景噪声面波成像方法，所采集的数据是在常规地震勘探方法中被予以压制和滤除的环境噪声，之后通过一系列的处理，从这样的环境噪声中提取出类似于主动源地震勘探的多道面波记录，再进行和主动源方法一样的频散提取和反演工作，其基本策略如图 14-2-1(b)所示。从图 14-2-1 中可知，背景噪声面波方法与主动源高频多道面波分析方法的最大区别在于，我们首先需要从记录到的环境噪声中，通过一定的数学处理手段，提取到与主动源方法类似的多道面波信息。而之后的处理方式其实与高频多道面波分析方法并无二致。可见，从环境噪声中提取到可靠的面波信息这一步骤是背景噪声面波成像方法最为关键的步骤，它关系到了方法是否能够成功应用。

根据 Bensen 等(2007)对环境噪声地震学数据处理方法的总结，环境噪声数据处理程序总体上可分为四个主要部分：①单台站数据预处理；②多台站数据间的互相关处理和时间域的分段叠加；③频散曲线的提取(对面波的群速度或相速度进行频率-时间分析)；④质量控制(包括误差分析和可接受测量的选择)。以上四部分处理过程需要被设计成不仅能测量提供可靠的频散曲线，而且要能灵活地适用于各种观测系统，以及完全自动化。如图 14-2-2 所示，为以上数据处理流程示意图。接下来我们将根据 Bensen 等(2007)给出的总结性研究成果，详细介绍背景噪声面波成像技术的各数据处理环节。

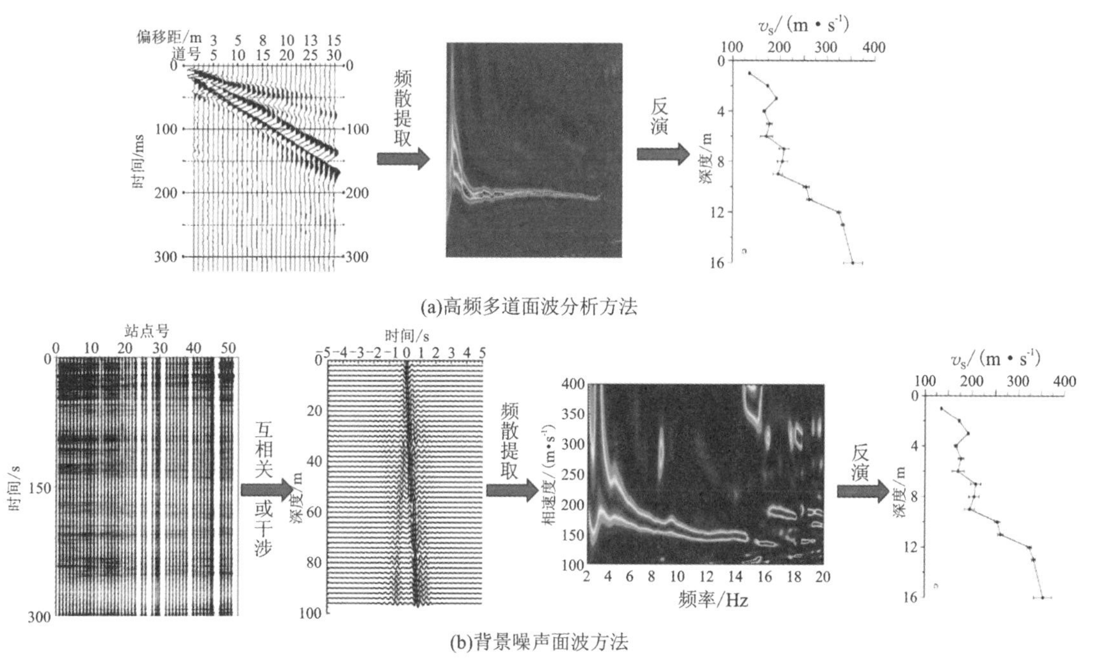

图 14-2-1　主动源及被动源面波勘探策略

一、单站数据预处理

数据处理的第一阶段为单站数据预处理，主要内容为分别提取每个独立台站的波形数据。这一阶段的目的是通过试图消除地震事件信号和容易掩盖环境噪声的仪器响应异常来突出宽频带的背景环境噪声。地震事件信号对周期在15s左右的环境噪声信号有着很强的遮蔽作用,因此这一步的数据处理对获得比微震频带更长周期信号(～5－～17s周期)是极为重要的。此外,由于微震频段环境噪声峰值的频谱幅度,必须设计相应的处理方法从地震记录中提取较长周期的环境噪声信号。如图14-2-2中所示,组成数据处理阶段1的步骤包括去除仪器响应、去均值、去趋势和对地震记录进行带通滤波、时域归一化和频域谱白化。其中的一些步骤,如时间归一化和频域谱白化,由于对波形施加了非线性修改,因此操作的顺序是非常重要的,不能随意更改。由于这一阶段的数据处理是针对单站,而不是双站的,因此这一步也比其后的步骤,如互相关、叠加、频散提取等计算耗时均要更多。

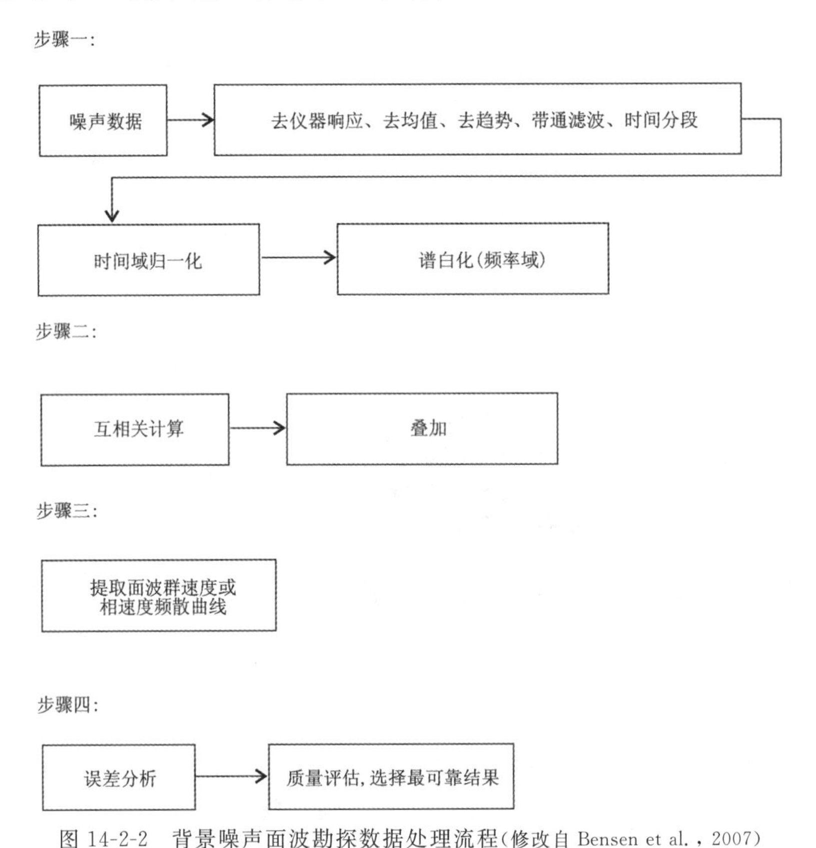

图14-2-2　背景噪声面波勘探数据处理流程(修改自Bensen et al.,2007)

1.去仪器响应

对单站数据进行预处理时,最先进行的一步处理是去除仪器响应,当然这一步骤并不是在所有数据处理时均需要,仅当数据来源于不同型号的仪器设备时才需进行。不同型号的地震仪拥有不同的响应函数,我们常用的用于记录地震信号的检波器(或台站)具有不同的类型,如常可分为速度计和加速度计。速度计型检波器记录的量值为速度,而加速度计型检波器记录的量值则为加速度。所以,一般情况下,在处理地震台站数据时会将所有的观测数据先行恢复处理为位移值,这样的处理即为去仪器响应。但当数据采集所用的仪器型号完全相同时，地震仪对同一频率的响应是相同的，此时则不必进行该步骤的预处理工作。

2. 去趋势

目前我们所采用的地震仪其内部一般均是基于弹簧受地振动影响而随之振动的方式，用电磁感应来把地震机械能转换为计算能识别的电信号，由于弹簧的使用，不可避免地会出现“零点漂移”的问题。因此，需要对此趋势进行校正。去趋势的方法有很多，常用的如趋势拟合和希尔伯特-黄变换。其中趋势拟合是 IRIS（incorporated research institutions for seismology）提供的地震数据处理软件 SAC（seismic analysis code）中使用的去趋势方法，基思想为用一条直线去拟合数据，当直线距离所有数据点总体数值差最小时获得直线的斜率和截距，然后从原始数据中减去直线的值。该方法算法简单，计算速度快。希尔伯特-黄变换由 Huang 等在 1998 年提出，该方法的思路是对信号进行模态分解，直到分离出单调函数，去趋势则从信号中减去该单调函数即可。

3. 数据分段

数据分段的窗口长度对于整个方法是个重要参数，Groos 等在 2012 年对于不同窗口长度进行了测试，发现窗口长度将严重影响互相关结果的信噪比。同时，人们在研究地球深部时往往使用几个月甚至几年的数据，而浅部中噪声观测的时间往往只有几天甚至几小时，所以窗口长度的选择对于浅地表地球物理很重要。

窗口的选择需要考虑最后的叠加次数。在不考虑窗口重叠时，窗口的长度与叠加次数相关，而叠加次数也关系到最终地震干涉结果质量。窗口长度长，单次结果质量高，但叠加次数少；窗口长度短，单次质量低，但叠加次数多。所以选择窗口长度需要在单次地震干涉结果质量与叠加次数间权衡。Xu 等（2014）提出一种根据信号信噪比（signal to noise ratio，SNR）来衡量地震干涉结果质量，选择合适窗口长度的方法。如图 14-2-3 所示为采集自新疆克拉玛依后山地区的观测数据，进行不同窗口长度叠加的信噪比情况。该数据每轮观测时长为 3 天，台站间距为 200m，该实验中我们选择其中等间距的 10 个检波器为例。分析窗口长度分别从 30s 长增加到 3600s 长，共计设置了 20 个不同窗口长度进行计算。

从图 14-2-3 中看，随着窗口长度从 30s 长度增加到 3600s 时，信噪比先增加后减小，在 1500s 到 2000s 间达到峰值。几乎所有信噪比曲线都呈现出类似的规律，由此可见对该组数据，窗口长度选择在 1800s 左右是最为合适的。

4. 时间域归一化

单站数据准备中最重要的一步即为所谓的“时间归一化”处理。时间域归一化是一种减少地震事件、仪器异常和台站附近非平稳噪声源之间相互关系影响的一个过程。地震事件是背景噪声数据处理的最大障碍之一，它们的发生一般都不规律，尽管大地震的大致时间和地点可以在地震目录中找到，但全球绝大部分地区的小地震在全球目录中都找不到。此外，短周期面波相位的到达时间并不清楚。因此，地震事件信号的删除必须是数据自适应的，而不是从目录中认定的。

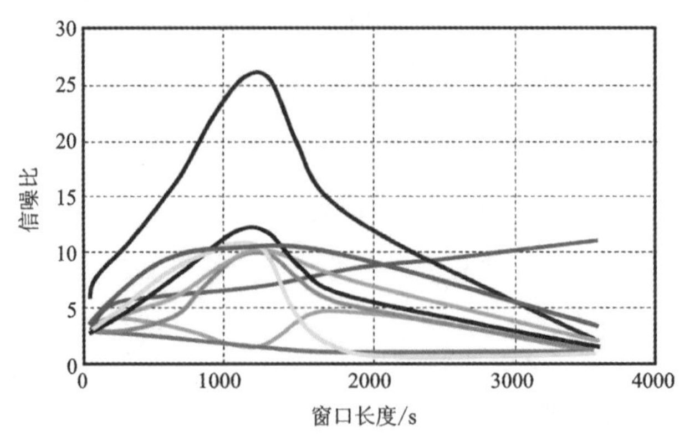

图 14-2-3　信噪比随窗口长度变化曲线图(图中不同曲线代表了不同的台站与 H225 台站进行互相关结果的信噪比)

根据 Bensen 等(2007)的介绍,目前有五种不同的方法来从地震波形数据中自动识别和删除地震事件信号和其他的强干扰信号,各方法的综合效果如图 14-2-4 所示,其中图 14-2-4(a)为原始数据。第一种方法是一种最为激进的和绝对的方法,即被称为“One-bit”的归一化方法[图 14-2-4(b)],它通过用 1 替换所有振幅为正和用 −1 替换所有振幅为负的信号来进行归一化处理,这样的处理仅保留了原始信号的符号。这种方法已被证明在实验室声波信号处理中可以较为有效地提高资料的信噪比(Larose et al., 2004),并已用于对尾波和环境噪声的一些早期地震研究(Campillo and Paul, 2003; Shapiro and Campillo, 2004; Shapiro et al., 2005; Yao et al., 2006)。第二种方法称为剪切阈值法,由 Sabra 等(2005a)给出,该方法采用给定日期的信号的均方根振幅作为限幅阈值,其效果如图 14-2-4(c)所示。第三种方法称为地震事件自动检测去除法,为一种地震事件检测和移除的自动算法,如果波形的幅度高于临界阈值,则将 30 分钟的波形设置为零,但这个阈值是任意的,而且由于不同台站的幅度不同,所以它的选择变得困难,其效果如图 14-2-4(d)所示的。第四种方法称为滑动绝对均值法(或滑动平均值法),由 Bessen 等(2007)提出,该方法计算固定长度时间窗口中波形振幅绝对值的归一化滑动平均值,并用该平均值的倒数来加权窗口中心处的波形振幅,也就是说,给定一个离散的时间序列 d_j,由此计算时间点 n 的归一化权重:

$$w_n = \frac{1}{2N+1}\sum_{j=n-N}^{n+N} |d_j| \tag{14-2-1}$$

从而使归一化数据变为 $\tilde{d}_n = d_n / w_n$。归一化窗口 $(2N+1)$ 的宽度的作用在于确定保留多少幅度信息。其中当 $N=0$ 时的一个样点的采样窗口的效果等同于“One-bit”归一化方法,而非常长的窗口将接近重新缩放的原始信号为 $N \rightarrow \infty$。Bensen 等(2007)在测试了不同的时间窗宽度后,发现时间窗口宽度取带通滤波器最大周期大约一半时效果最好,这一长度可以有很大的变化,但仍然能产生类似的结果。该方法的应用效果如图 14-2-4(e)所示。但是这种方法并非完美无缺,例如,它不会像外科手术一样消除窄带数据干扰,且将不可避免地降低一个较宽范围内围绕干扰信号的信号权重。而“One-bit”归一化方法则没有这样的缺点。最后一种称之为水准量归一化的方法,在这种方法中,任何高于日均方根振幅值指定倍数的信号都会被降权,重复运用该方法,直到整个波形低于所设定的水准量值,其处理效果如图 14-2-4(f)

所示，该案例中水准量值被设定为每日均方根水平的 6 倍。最后的这种时间域归一化方法是这里所介绍的方法中最耗时的。

图 14-2-5 给出了使用上述五种时间域归一化方法后的数据进行互相关和叠加计算的结果。其中图 14-2-5(a)为原始数据、剪切阈值法归一化后互相关计算和叠加结果[图 14-2-5(c)]和地震事件自动检测和去除法归一化后互相关计算和叠加结果[图 14-2-5(d)]在该周期带内产生噪声互相关结果。“One-bit”归一化[图 14-2-5(b)]、滑动平均归一化法[图 14-2-5(e)]和水准量归一化法[图 14-2-5(f)]等方法均产生了具有相对较高信噪比的波形记录，且显示几乎同时到达的信号记录。在该案例中，“One-bit”归一化法和滑动平均值归一化法的结果几乎相同，所得到的信号的信噪比值也很接近。相比于水准量值归一化法，滑动绝对平均值法在所有时间段的信噪比都有较小幅度的提高，比水准量值归一化有更大的改善。

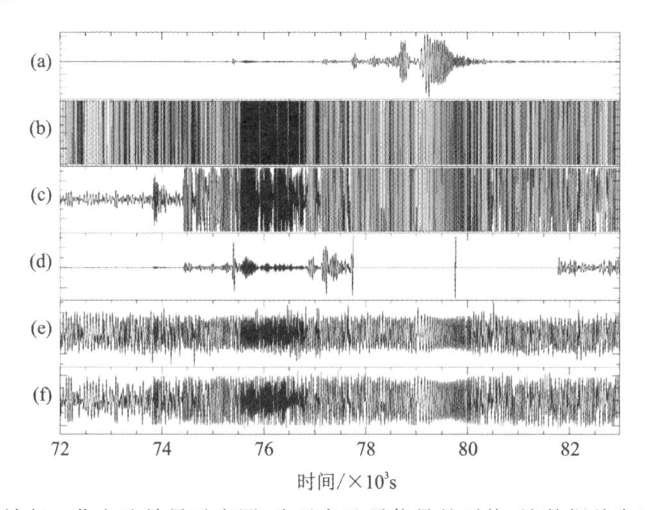

图 14-2-4　不同时域归一化方法效果示意图，为避免地震信号的干扰，该数据首先进行了 20～100s 的带通滤波(修改自 Bensen et al.，2007)

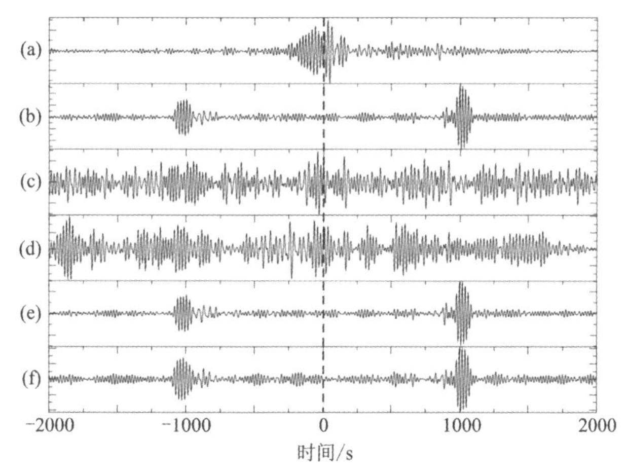

图 14-2-5　来自台站对 ANMO(Albuquerque，NM，USA)和 HRV(Harvard，MA，USA)的 12 个月噪声数据采用不同时域归一化方法后互相关效果示例(修改自 Bensen et al.，2007)

相比于水准量归一化法或"One-bit"归一化法，滑动绝对值平均归一化法的效果更佳，它对数据有更大的灵活性和适应性。例如，在区域地震活动较高的地区，希望将时间域归一化调整为随地震活动频率的情况。图 14-2-6 显示，如果在原始波形数据[图 14-2-6(a)]上计算滑动绝对平均归一化的时间权重，则小地震可以通过该过程，因为它们存在于背景噪声水平附近的原始波形中。地震事件通过低通滤波在原始波形[图 14-2-6(b)]和时间归一化波形[图 14-2-6(d)]中显示。或者，滑动绝对平均归一化[图 14-2-6(c)]的时间权重可以在地震频带中过滤的波形上计算[图 14-2-6(b)]。在这种情况下，如果 d_j 是原始地震记录，$\hat{d}_j$ 是在地震频带中带通滤波的地震记录，我们定义了新的时间权重，该时间权重被校准为区域地震活动：

$$\hat{w}_n = \frac{1}{2N+1}\sum_{j=n-N}^{n+N}|\hat{d}_j| \tag{14-2-2}$$

之后与前述过程一样，将这些权重应用于原始数据（$\tilde{d}_n = d_n / \hat{w}_n$）。这一过程降低了地震事件发生期间时间序列的权重[图 14-2-6(e)]，这将更有效地将它们从低通滤波地震图中移除[图 14-2-6(f)]。因此，地震事件对相互关计算的干扰得到了相应改善。

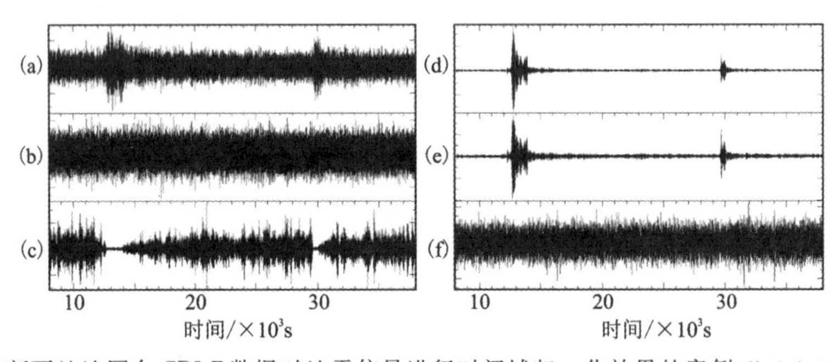

图 14-2-6　来自新西兰地网台 CRLZ 数据对地震信号进行时间域归一化效果的案例(修改自 Bensen et al.，2007)

经过时间域归一化的地震信号往往在互相关结果上表现为虚假的前兆到达，例如在图 14-2-7(a)所示的 12 个月互相关中，出现在 0～100s 之间的高振幅到时信号。然而，如图 14-2-7(b)所示，在地震频带中定义时间归一化权重会降低前兆的振幅。这一过程在地震活动显著的地区尤为重要。图 14-2-7 所示的案例来自新西兰，由于斐济和汤加-克尔马德克地区的地震活动水平很高，强烈建议采用这种方法(Lin et al.，2007)。

但有一点需要认识到，地震事件信号和背景噪声信号中其实都含有丰富的面波成分，其区别在于振幅的大小不同。时间域归一化往往会将地震信号的尾波去除，而尾波与地震背景噪声一样具有频散性，直接去除将有可能会损失较多的信息。所以直接去除地震事件信号，有时会影响到最终结果，所以应多尝试不同的归一化参数，以获取最佳的结果。

5. 频率域归一化(谱白化)

环境噪声在频域中不是平坦的(即频谱上不是白化的)，而是在主要(约 15s 周期)和次要(约 7.5s 周期)微震附近达到峰值，并在 50s 以上的很长周期内逐渐上升，形成现在称为地球"嗡鸣"的信号(Rhie and Romanowicz，2004)。图 14-2-8(a)给出了在时间归一化之后获得的

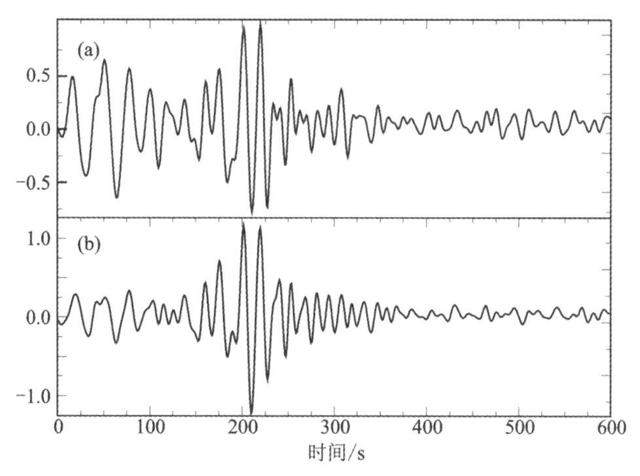

图 14-2-7　原始数据时间域归一化(a)和 15～50s 带通滤波时间域归一化(b)对互相关计算的影响

(修改自 Bensen et al.，2007)

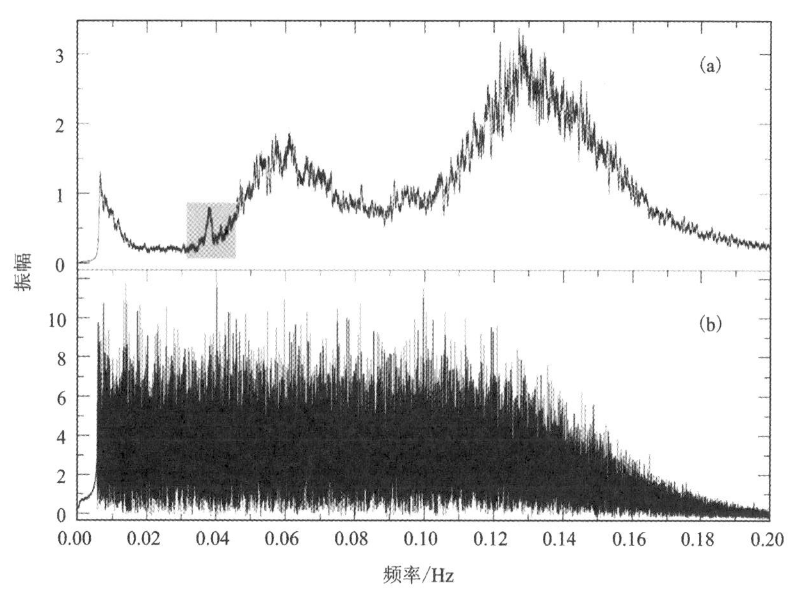

图 14-2-8　2004 年 7 月 5 日 HRV 台站 1s 采样的垂直分量数据频谱(a)和谱白化振幅谱(b)

(修改自 Bensen et al.，2007)

一天长时间序列的振幅谱。这一段记录首先进行过 7～150s 周期的带通滤波，但在这个记录上依然可以清楚地看到原生和次生微震以及地球嗡鸣噪声的特征。除了这些信号外，在 26s 附近还有一个较小的峰值，见图 14-2-8(a)中阴影框，这是由几内亚湾持续的窄带噪声源造成的(Shapiro et al.，2006)，如果没有减少地震影响的时间域归一化，通常看不到 26s 附近的共振噪声特征。在 30～70s 的周期范围内，环境噪声最小。通过幅度谱的平滑版本对复谱进行加权，可以得到归一化或白化的频谱，使整个频段内的信号振幅更均衡，有效频带宽度更宽，如图 14-2-8(b)所示。频谱归一化在互相关中拓宽了环境噪声信号的频带，同时减弱了单地震源的影响。

首先,关于孤立的、持久的接近单色噪声源的问题,图 14-2-8(a)中的灰色框突出显示了北半球夏季在 HRV 台站观测到的周期 26s 的噪声峰值。正如 Holcomb(1998)所描述的,这种信号是季节性的,北半球夏季比冬季强得多。图 14-2-9(a)显示了没有应用频谱归一化的 ANMO 台站和 CCM 台站间 12 个月的互相关结果。26s 共振在时间域中表现为一个宽的包络,并对互相关结果的因果部分产生了明显影响。也正是基于此,Shapiro 等(2006)利用在北美、欧洲、非洲和亚洲的观测站观测到的周期 26s 信号的视到时确定了几内亚湾的震源位置。如图 14-2-9(b)所示,这种互相关幅度谱在周期约 26s(0.038Hz)处显示出显著的峰值。图 14-2-9(c)和(d)显示已应用谱归一化的互相关及其幅度谱,26s 共振的影响已经大大减小。Shapiro 等(2006)建议通过应用以 26s 为中心的窄带滤波器来滤除其影响,图 14-2-9(e)和(f)展示了该滤波器的滤波效果。与谱白化相比,互相关在很大程度上没有变化。因此,在许多情况下,更温和的谱白化方法足以从互相关中消除类似于周期 26s 的共振信号问题。窄带滤波也给后期处理的自动频散测量带来了一定的问题,因此,如果谱白化足以改善 26s 微震的影响,那么只进行谱白化是最可取的选择。

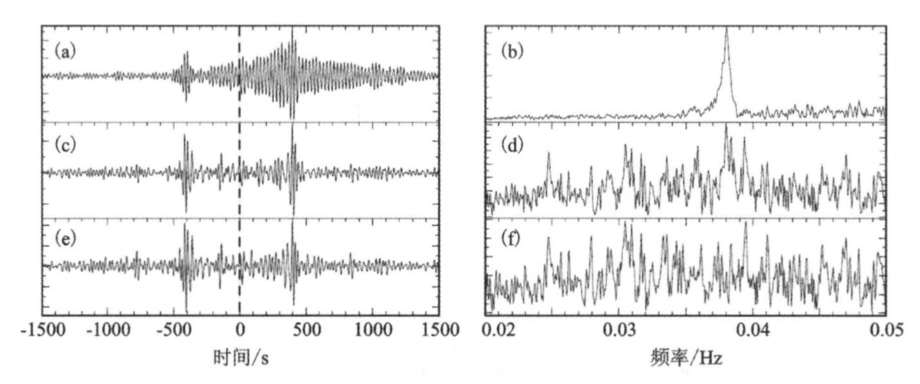

图 14-2-9 周期 26s 的微震信号对互相关的影响及其消除试验(修改自 Bensen et al., 2007)

其次,谱白化旨在减少单站频谱中的不均衡性,由此产生宽带频散测量结果。图 14-2-10(a)和(b)显示了 CCM 台站(密苏里州大教堂)和 SSPA 台站(美国宾夕法尼亚州斯坦斯通)之间一个月的宽带互相关,这些数据是在北半球春季(当周期 26s 共振较弱时)采集的未谱白化和谱白化后数据。图 14-2-10(c)和(d)分别显示了未谱白化和谱白化的互相关振幅谱。在没有谱白化的情况下,图 14-2-10(c)显示产生的互相关主要由微震频带中的信号主导,主要在 15~17s 和 6~9s 的周期。毫不奇怪,谱白化会产生更宽频带的信号。在大多数情况下,互相关振幅谱是由具有更强振幅的长周期信号所刻画的,而短周期信号的影响则很小,如图 14-2-10(d)所示。这显然是因为较长周期的环境噪声,虽然其比微震噪声的幅度低,但在很长的距离上传播更连续。当然,在频散测量之前对互相关谱进行额外的白化是一项补充工作。

二、干涉计算与叠加

在完成了上一小节描述的单站数据预处理步骤后,接下来的步骤则涉及的是台站间数据的干涉测量(或称为互相关)计算与叠加。虽然由于部分台站可能因为距离太远或太近而无法获得可靠的频散结果,但在这一步骤中,建议对所有的台站进行两两之间的互相关计算,之

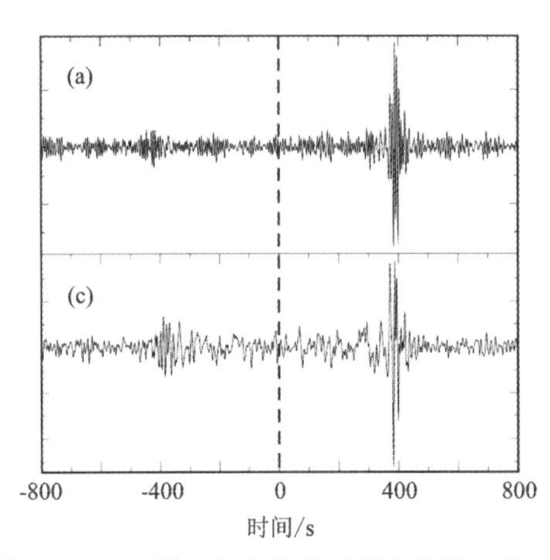

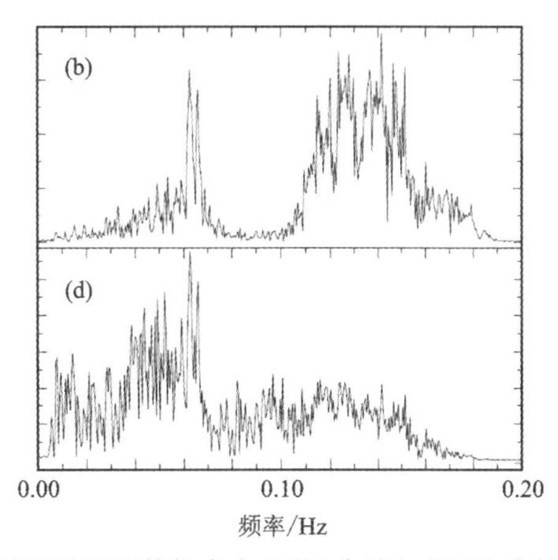

图 14-2-10　谱白化前后的互相关结果比较。互相关所用数据来自 CCM 台站和 SSPA 台站(Standing Stone,PA,USA) 2004 年 4 月的,进行过 7～150s 带通滤波的数据(修改自 Bensen et al.,2007)

后再根据实际情况选择合适的互相关结果用于频散测量。这样假设总共有 n 个地震台站参与计算,那么可组成 $n(n-1)/2$ 个台站对,因此能产生 $n(n-1)/2$ 个互相关计算结果。当在大尺度空间上进行地震背景噪声成像研究时,获得数以万计的互相关结果是非常正常的情况(Yang et al.,2007;Bensen et al.,2005)。

如前所述地震干涉计算的方式包括互相关法、反褶积法以及互相干法。对于分段后的第 i 段两个台站数据 $u_{x,i}$ 和 $u_{y,i}$,互相关计算 $C_{xy,i}$ 和互相干计算 $H_{xy,i}$ 的方式分别为

$$C_{xy,i}=u_{x,i}\,u_{y,i}^{*}\tag{14-2-3}$$

$$H_{xy,i}=\frac{u_{x,i}\,u_{y,i}^{*}}{|u_{x,i}|\,|u_{y,i}|}\tag{14-2-4}$$

其中,$u_{y,i}^{*}$ 表示检波器 y 的信号 $u_{y,i}$ 的共轭。互相干相比于互相关,具有更强的抗随机干扰能力。另外,从式(14-2-4)也可以看出,互相干可以看作是谱白化与互相关的一种组合。

对分段后的每一个分段数据分别两两对应地进行地震干涉(或互相关)计算,之后再将互相关结果返回到时间域后彼此叠加在一起,或者被“堆叠”,以对应于更长的时间序列。当然,这样的叠加也可以在频率域进行,这将节省逆变换时间。大尺度研究中,研究人员一般会根据原始时间序列和分段互相关叠加的结果,将最后的互相关数据堆叠分类成周、月、年等为单位的时间序列,这在浅地表高频地震背景噪声中是不必要的,因为高频噪声所需要的记录时间往往较短,可能只有 1 个或数个小时长。但在任何情况下,互相关过程的线性保证了这种方法所产生的结果在长短时间序列上都是相似的。互相关后的输出结果,具有正和负两个半轴的时间坐标,即正相关结果和负相关结果。正负轴时间序列的长度,取决于所需提取的地震波速度大小及台站间的最大距离。正相关结果也被称为“因果部分”,负相关结果也被称为“非因果部分”。“因果部分”和“非因果部分”的这些波形代表了在两个台站之间以相反方向传播的波。前面所给出的几个互相关实例已经显示了不同时间序列长度中这样的波形形态。如果环境噪声源在方位上分布均匀,则因果信号和非因果信号将是相同的。然而,我们通常在振幅和频谱上会发现相当不对称波形的存在,这表明噪声

源的分布及与台站间的距离在径向上是存在差异的。为减弱这种不对称性的影响，一般通过对因果部分和非因果部分进行平均，将双边信号压缩成单边信号的方式来进行。这样的结果被称为“对称”信号或分量。

一般而言，互相关后的叠加处理，有助于提高资料信噪比，叠加的次数越多，信噪比越高。图 14-2-11 显示的为来自美国的 ANMO 和 DWPF 两个台站不同长度时间序列互相关叠加结果。随着时间序列叠加长度的增加，在图 14-2-11(a)和(b)中因果信号和非因果信号逐渐清晰显现。

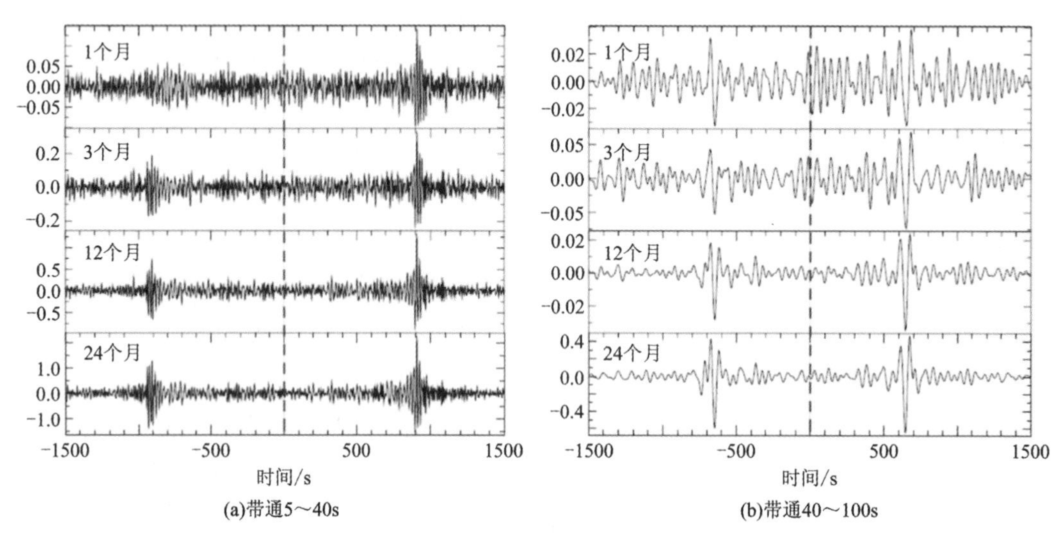

图 14-2-11　随叠加次数而改善的叠加效果示意图(修改自 Bensen et al.，2007)

测量信噪比的频率相关性对于量化随着时间序列叠加次数增加而出现的有效信号的观测是有一定实用价值的，因此该计算也将作为数据处理过程中的一部分。图 14-2-12 说明了可以测量信号信噪比的频率相关性的一种方法。根据 Shapiro 和 Ritzwoller (2002)的 3D 模型，Bensen 等(2007)预测了在感兴趣的周期段(t_{min} ，t_{max})台站对之间的路径最大和最小群到达时间(τ_{min} ，τ_{max})。执行一系列以离散频率网格为中心的窄带滤波后，在图 14-2-12 中用实垂直线显示的信号窗口($t_{min}-\tau_{max}$ ，$t_{max}+2\tau_{max}$)中测量时间域中的峰值。同时测量信号窗口末尾 500s 噪声窗口(垂直虚线)中的均方根噪声水平。在噪声窗口中，该均方根值用虚线表示在图 14-2-12 的噪声窗口中。在中心频率网格上，信号窗口中的峰值信号与尾波噪声窗口中的均方根噪声的结果之比是频谱 SNR 测量。中心周期和信噪比在图 14-2-12 的每个不同时间序列长度的结果图中均被标记指出。值得注意的是，尽管我们称之为频谱信噪比测量，但实际上它是在时间域中实现的信噪比测量。只有在测量值是频率的函数的意义上，它才是“频谱”。该信噪比谱取信号与尾波噪声的比值，主要是信号电平的测量之比，因为尾波噪声并不强烈地依赖于信号产生的噪声，或者也可以定义信号与导波噪声的比值，该比值强烈依赖于信号产生的噪声。

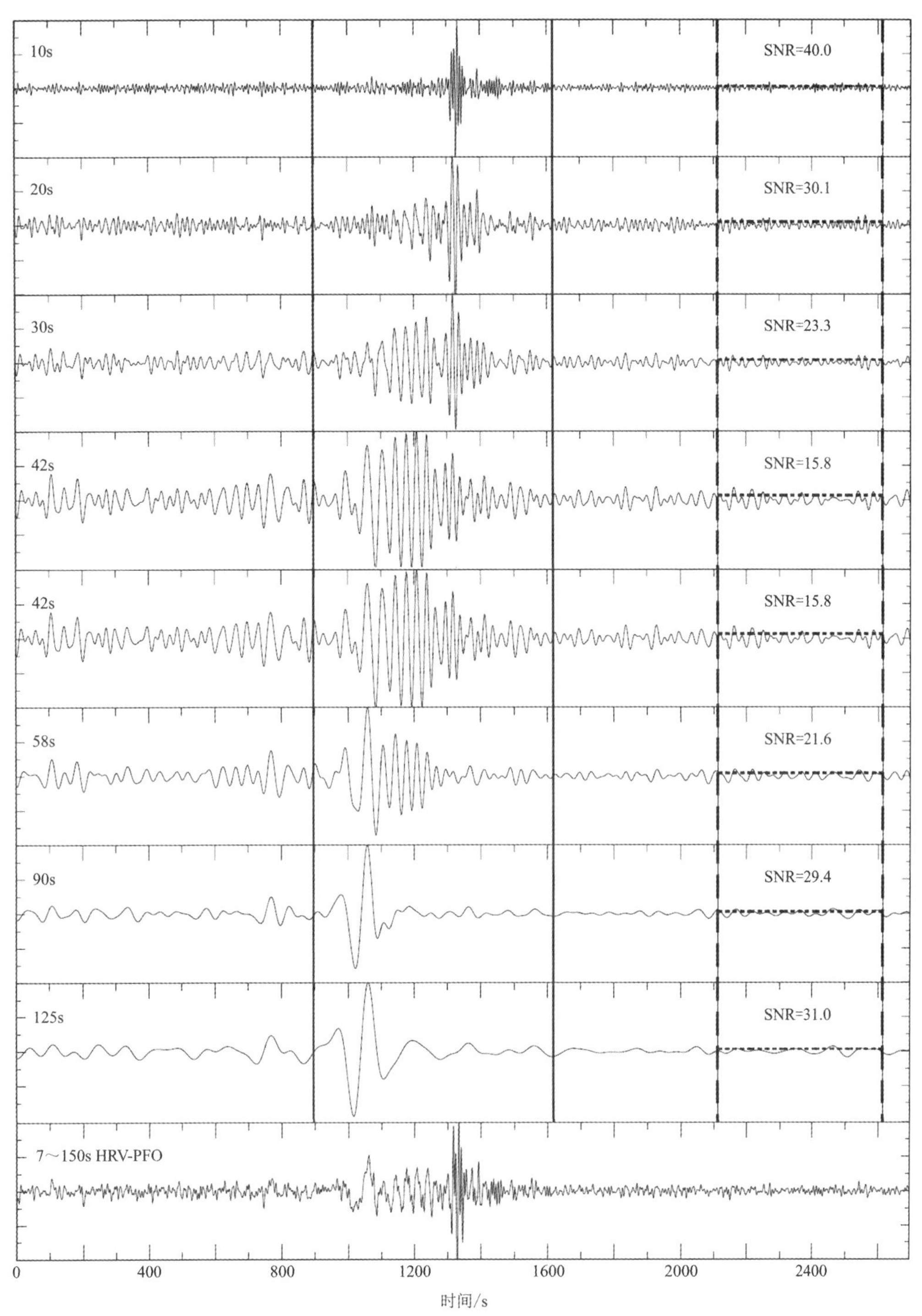

图 14-2-12　信噪比 SNR 计算实例(数据来自美国 HRV 和 PFO 台站,对两台站数据进行 12 个月的互相关后获得频谱 SNR 测量值,垂直实线表示信号窗口,垂直虚线表示噪声窗口。信噪比定义为信号窗口内的峰值与噪声窗口内的均方根噪声的比值。噪声级别以噪声窗口中的水平虚线表示,每个频段的 SNR 分别显示在波形记录图的右侧,修改自 Bensen et al., 2007)

一般来说，随着时间序列长度的增加，信噪比也会增加，所以时间序列越长越好。信号如何从噪声中产生的细节取决于频率，也取决于位置和站间间距。图 14-2-13 以美国 GSN 的 15 个地震台站数据为例展示了所提取的面波信噪比如何依赖于计算时间序列长度。有效信号的出现可以很好地符合幂定律，图 14-2-13 显示了拟合的幂定律，而不是原始数据：$SNR = At^{1/n}$，其中 A 和 n 是周期相关的。对于图 14-2-13 所示的周期，n 从 10s 时的约 2.55 变化到 25s 时的 2.88，它在 50s 时达到最大值约 3.4，然后再次减小，因此在 100s 时周期 n 约等于 2.66。

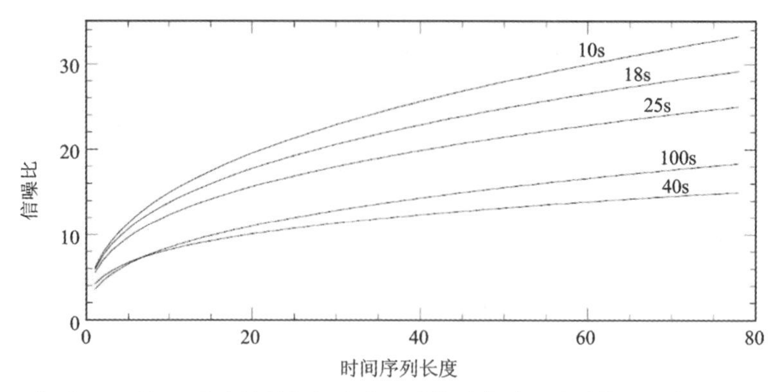

图 14-2-13　以美国 GSN 的 15 个台站数据提取的面波信号信噪比随计算时间序列长度增加而增加的范例（修改自 Bensen et al.，2007）

三、频散曲线提取

经过前述各类地震干涉计算和叠加后，所得到的信号结果为"经验格林函数"。从经验格林函数中提取面波频散曲线的方法有很多种。对于单站经验格林函数，可采用时频分析技术（frequency-time analysis，FTAN）来获取。时频分析技术主要用于提取面波群速度频散曲线，当然在提取的过程中也可自动拾取到相速度频散曲线。

假设 $s(t)$ 表示干涉计算和叠加后获得的经验格林函数的时间表达式，则其傅立叶变换可表示为一个正指数形式：

$$S(\omega) = \int_{-\infty}^{+\infty} s(t)\, e^{i\omega t}\, \mathrm{d}t \tag{14-2-5}$$

频散曲线是在考虑"解析信号"的方式下获得的，其在频率域的表达形式如下：

$$S_a(\omega) = S(\omega)[1 + \mathrm{Sgn}(\omega)] \tag{14-2-6}$$

通过反傅立叶变换，其时间域表达形式为

$$S_a(t) = S(t) + iH(t) = |A(t)|\, e^{i\varphi(t)} \tag{14-2-7}$$

式中，$H(t)$ 表示信号 $S(t)$ 的希尔伯特变换。为了构造出时间-频率函数，需对解析信号进行一系列中心频率为 ω_0 的窄带滤波：

$$S_a(\omega, \omega_0) = S(\omega)[1 + \mathrm{Sgn}(\omega)]G(\omega - \omega_0) \tag{14-2-8}$$

其中

$$G(\omega - \omega_0) = e^{-\alpha\left(\frac{\omega - \omega_0}{\omega_0}\right)^2} \tag{14-2-9}$$

将带通滤波后的函数傅立叶反变换回时间域生成平滑的 2D 包络函数 $|A(t, \omega_0)|$ 和相位函

数 $\varphi(t,\omega_0)$。其中 α 是一个可调参数，它定义了频率和时间域中的互补分辨率，其值通常与距离相关(Levshin et al.，1989)。之后便可利用 $|A(t,\omega_0)|$ 提取群速度频散，利用 $\varphi(t,\omega_0)$ 提取相速度频散。具体的实现方式为，根据包络函数的峰值来确定作为高斯滤波器中心频率的函数的波群到达时间 $\tau(\omega_0)$，从而群速度可表示为 $U(\omega_0)=r/\tau(\omega_0)$，其中 r 是站间距离。这里用“瞬时频率”代替窄带滤波的中心频率 ω_0，其中瞬时频率的定义为解析信号在时间 τ 的相位变化的时间速率。因此，将窄带滤波器的中心频率 ω_0 替换为瞬时频率 $\omega=|\mathrm{d}\varphi(t,\omega_0)/\mathrm{d}t|_{t=\tau(\omega_0)}$。这种校正在当输入波形的频谱不是很平坦时是最重要的，因为在这种情况下，由于频谱泄漏问题，窄带滤波器的中心频率将不能准确地代表滤波器输出的频率成分。

通过 FTAN 来提取群速度频散曲线的步骤可细分为 8 个步骤(Bensen et al.，2007)。

步骤 1：对信号分析结果的包络函数取其平方的对数 $\log|A(t,\omega_0)|^2$，产生频率(周期)-时间(群速度)或 FTAN 图像，将包络函数的平方对数值 $\log|A(t,\omega_0)|^2$ 垂直投影到具有不同窄带滤波器中心频率(或瞬时频率) ω_0 的网格上，用于生成 2D 图像矩阵。在成像过程中，通常会用群速度来代替时间，用周期来代替滤波器中心频率值。

步骤 2：在上述生成的 2D 图像上，根据频散能量的趋势情况，绘制原始的群速度频散曲线。这样的群速度频散曲线，精度与分辨率虽然有限，但在壳幔等大尺度结构研究中是足够的。

步骤 3～8：主要为相匹配滤波，用于滤除潜在的一些干扰波，并生成可选的群速度频散曲线。步骤 3 为在选定的周期带上定义反频散或反相位匹配滤波器。步骤 4 为将该反频散滤波器应用于所选择的周期频带中的波形以产生反频散信号。步骤 5 识别干扰噪声并将其从未频散信号中去除。通常这样的干扰信号包括了多道信号、地震尾波、体波等。步骤 6 对去除干扰信号后的结果重新生成频散信号。步骤 7 为采用与步骤 1 同样的方式计算 FTAN 图像，为提高图像分辨率，此步骤中在相匹配滤波过程中应用的高斯滤波器比应用于原始波形的高斯滤波器带宽更宽。步骤 8 为从步骤 7 中生成的 2D 频散能谱图中，根据能量峰值趋势拾取出群速度频散曲线。

通过分析包络函数 $|A(t,\omega_0)|$，测得群速度频散曲线 $U(\omega)$。相速度频散曲线不能直接从群速度得到，但群速度可以从相速度计算出来。为了解这一点，设 $U=\partial\omega/\partial k$ 和 $c=\omega/k$ 分别是群速度和相速度，$s_{\mathrm{u}}=U^{-1}$ 和 $s_c=c^{-1}$ 分别是群慢度和相慢度，k 表示波数。易知 $s_{\mathrm{u}}=\partial k/\partial\omega=\partial(\omega s_c)/\partial\omega$，由此可给出下面的一阶微分方程，该方程将频率 ω 处的群慢度和相慢度联系起来：

$$\frac{\partial s_c}{\partial\omega}+\omega^{-1}s_c=\omega^{-1}s_{\mathrm{u}} \tag{14-2-10}$$

如果相速度 $c(\omega)$ 是已知的，则群速度 $U(\omega)$ 可直接通过上式计算得到。如果群速度 $U(\omega)$ 已知，则必须通过求解该微分方程来求得 $c(\omega)$，但在这一过程中存在一个未知的积分常数。这个解的形式为

$$s_c(\omega)=\omega^{-1}\left(\int_{\omega_n}^{\omega}s_u(\omega)\mathrm{d}\omega+\omega_n s_c^n\right) \tag{14-2-11}$$

其中，积分常数已经采用相速度已知的某些频点 ω_n ：$s_c(\omega_n) = s_c^n$ 上的边界条件形式给出。虽然这通常是一个不适用的条件，但关于群速度的信息，却也同样有助于我们搜寻到合适的相速度信息。

相速度频散曲线的测量除了需要群速度测量的包络函数的信息之外还需要其他的信息。该信息从解析信号的相位中导出，该解析信号的相位近似地由下面将进一步讨论的传播项、初始源相位和相位模糊项组成。在瞬时频率 ω 下，可以写成

$$\varphi(t,\omega) = k\Delta - \omega t - \varphi_s - \varphi_a \tag{14-2-12}$$

其中：t 为旅行时；Δ 为距离(台站间距或孔径)；k 是波数；φ_s 表示震源相位；φ_a 表示相模糊项。在观测的波包到达时 $t_u = \Delta/U$ 上评估观测相位，令 $k = \omega s_c$ ，以便给出相慢度的表达式：

$$s_c = s_u + (\omega\Delta)^{-1}[\varphi(t_u) + \varphi_s + \varphi_a] \tag{14-2-13}$$

为了简单起见，我们现在取消了 ω 表示法。因此，群速度曲线通过定义评估观测相位的时间点进入相速度求取的过程。

由式(14-2-13)求出了相慢度曲线(等同于相速度曲线)。然而，该式的使用取决于初始震源相位和额外的相位模糊项等先验信息。在地震学中，φ_s 通常通过质心矩张量解计算。研究群速度相对于相速度的传统优势之一是源相位在群速度中起次要作用，特别是在短期环境噪声中。因此，在事先不知道 CMT 解的情况下，可以毫不含糊地使用小地震在短时间内测量群速度。然而，对于环境噪声的互相关，情况要容易得多，因为源相位项应该是零，即 $\varphi_s = 0$ 。

对于地震和环境噪声研究，相位模糊项包含从任何相位谱固有的 2π 模糊中得到的一部分：$\varphi_a = 2\pi N$ ，其中 $N = 0, \pm 1, \pm 2, \cdots$ 。通常，这种模糊性可以通过使用全球 3D 模型(如 Shapiro and Ritzwoller, 2002)或相速度图(Trampert and Woodhouse, 1995; Ekström et al., 1997)来预测长周期的相速度。然后选择合适 N 的值，以给出这些预测和观测之间最确切的关系。如果是长周期观测，全球模型或观测到的相速度图可以很好地预测相速度，在大多数情况下 N 是正确的。对于环境噪声互相关，如果观测限于短周期或较短的台站间距离，相位模糊项则难以采用这样简单直接的方式来求取。

对于环境噪声互相关，另一个因素似乎加剧了相位模糊。位移波形之间的互相关相位具有一个 $\pi/4$ 的项，该项是在横跨两个台站的方向上的进行定常相位积分时产生的。这一项的符号取决于检波器分量属性，瑞利波的垂直分量为正，径向分量为负。当然，这是假设震源在方位上是均匀分布的情况下。不均匀的分布可能会产生不同的相移量，并且由于该分布可能随频率而变化，因此该相移可能与频率有关。Lin 等(2007)提出的一个经验论证表明，对于速度波形，垂直分量的值似乎是 $-\pi/4$ 。因此，之后在准备速度波形之间的垂直分量环境噪声互相关时，相位模糊项便被设置为 $\varphi_a = 2\pi N - \pi/4$ 。

总而言之，从垂直分量环境噪声互相关导出的相慢度可以写为

$$s_c = s_u + (\omega\Delta)^{-1}[\varphi(t_u) + 2\pi N - \pi/4] \tag{14-2-14}$$

其中 $N = 0, \pm 1, \pm 2, \cdots$ 当然，依然需要更多的理论工作和模拟工作来确定 $-\pi/4$ 相移的不确定性以及可能对频率和地理位置的依赖性。

另外，Yao 等(2006)年提出了另一种通过单站互相关结果计算相速度频散曲线的方法。

该方法的思路为：格林函数在接收点处为峰值，当格林函数满足相位为零的条件时，简谐波格林函数到达峰值，所以选择合适的峰值到时即可获得简谐波的到时。根据到时和距离便可以计算获得面波相速度。

首先简谐波相位条件为

$$kr-\omega t+\pi/4=0 \tag{14-2-15}$$

根据该式即可获得相速度的表达式为

$$c=\frac{r}{t-f/8} \tag{14-2-16}$$

其中：c 代表瑞利波相速度；f 为频率；$\omega=2\pi f$ 为角频率。

该方法原理较为简单，其具体步骤为：首先对经验格林函数进行窄带滤波，获得每一频率对应的简谐波，即 t-f 域信号，再根据式(14-2-16)将 t-f 域信号信号转换到 c-f 域，获得频散能谱图。

当然对单站信号地震干涉结果提取频散曲线还有其他的方法，如地震干涉结果的频谱实部，其实是零阶第一类贝塞尔函数，那么参考空间自相关中的零点法，同样可以获得相速度的频散曲线。

对于多站信号的地震干涉记录，其形式与主动源地震勘探获得的多道地震信号类似。因此提取多站地震干涉记录的频散能谱的方式与主动源的一致，可参考前述章节中介绍的各种方法，此处不再赘述。但值得一提的是，面波多道分析方法在提取背景噪声地震干涉记录的频散能谱时，由于可以有效地分离面波中的基阶和高阶成分，因此该方法可以有效地避免基阶模式和高阶模式的混淆，这可以说是该方法最明显的优势。

四、空间自相关法

空间自相关法由 Aki(1957)提出，考虑如图 14-2-14 所示的瑞利波入射方式和检波器接收排列布设方式，先考虑单一方向面波以简谐波形式入射的情况。时间域中，两个检波器记录的空间自相关函数可表达为

$$\varphi(r,\omega)=\frac{1}{2T}\int_{-T}^{T}\cos\left[\omega\left(t-t_0-\frac{r_{sx}}{c}\right)\right]\cos\left[\omega\left(t-t_0-\frac{r_{sy}}{c}\right)\right]\mathrm{d}t \tag{14-2-17}$$

式中，r 代表台站间距，ω 代表角频率，T 表示时间积分范围，t 表示时间变量，ωt_0 代表初始相位，r_{sx} 和 r_{sy} 分别表示噪声源 s 到检波器 x 和 y 的距离，c 表示角频率为 ω 的面波相速度。在假定震源满足远场近似条件的前提下，式(14-2-17)可简化为

$$\varphi(r,\omega)=\frac{1}{2}\cos\left(\omega\frac{r_{sy}-r_{sx}}{c}\right)+\frac{\sin(2\omega T)}{4\omega T}\cos\left[\omega\left(2t_0+\frac{r_{sx}+r_{sy}}{c}\right)\right]\approx\frac{1}{2}\cos\left(\omega\frac{r_{xy}\cos\theta}{c}\right) \tag{14-2-18}$$

式中，$r_{sy}=r_{sx}+r_{xy}\cos\theta$，$T\gg 1/\omega$，$\theta$ 表示平面面波入射角度。实际上，式(14-2-18)与地震干涉的含义是相同的。

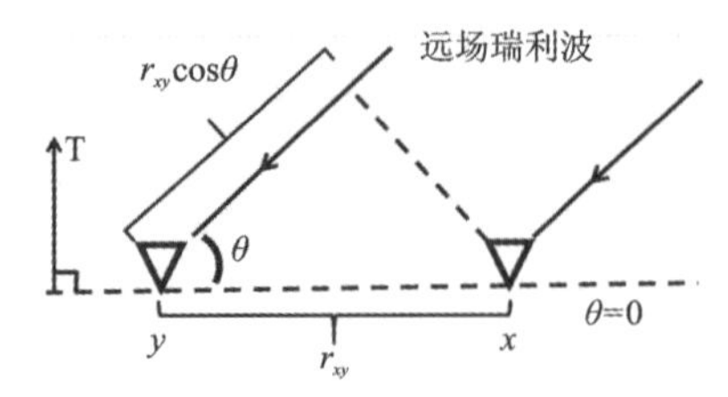

图 14-2-14　远场瑞利波入射示意图，接收的两个检波器分别位于 x 和 y 处，r_{xy} 代表检波器间距，θ 代表瑞利波入射射线与径向(测线方向)的夹角

考虑噪声源在所有角度均匀分布，即面波沿所有方向均有入射时，空间自相关函数的表达式为

$$\varphi(r,\omega)=\int_0^{2\pi}\rho_s(\theta,\omega)\cos(\omega r_{xy}\cos\theta/c)\mathrm{d}\theta \tag{14-2-19}$$

式中，ρ_s 表示噪声源密度，属于入射角 θ 和角频率 ω 的函数。考虑实际情况下，噪声源分布不均匀，最初的空间自相关方法中，检波器阵列往往被排列成圆形，圆周上的检波器均与圆心处的检波器进行空间自相关系数计算并叠加获得一个平均值，由此削弱噪声源在空间上分布不均匀所带来的影响：

$$\begin{aligned}\bar{\varphi}(r,\omega)&=\frac{1}{2\pi}\int_0^{2\pi}\varphi(r,\omega,\varphi)\mathrm{d}\varphi=\frac{1}{2\pi}\int_0^{2\pi}\int_0^{2\pi}\rho_s(\theta)\varphi(\omega)\cos[\omega r\cos(\varphi-\theta)/c]\mathrm{d}\theta\mathrm{d}\varphi\\&=\frac{\varphi(\omega)}{2\pi}\int_0^{2\pi}\rho_s(\theta)\int_0^{2\pi}\cos[\omega r\cos(\varphi-\theta)/c]\mathrm{d}\varphi\mathrm{d}\theta=2\pi\varphi(\omega)J_0(\omega r/c)\end{aligned} \tag{14-2-20}$$

式中，假设 $\rho_s(\theta,\omega)=\rho_s(\theta)\varphi(\omega)$，$\frac{1}{2\pi}\int_0^{2\pi}\rho_s(\theta)\mathrm{d}\theta=1$，$\varphi$ 表示台站(或检波器排列)的方向，J_0 表示零阶第一类贝塞尔函数，r 表示布设检波器的圆形阵列半径。将圆周上的平均值与圆心的空间自相关函数相除，即可获得空间自相关系数：

$$\bar{\rho}(r,\omega)=\frac{\bar{\varphi}(r,\omega)}{\bar{\varphi}(0,\omega)}=\frac{2\pi\varphi(\omega)J_0(\omega r/c)}{2\pi\varphi(\omega)}=J_0(\omega r/c) \tag{14-2-21}$$

由上式可知，空间自相关系数的曲线形式与以 $\omega r/c$ 为宗量的零阶第一类贝塞尔函数曲线是一致的。因此从空间自相关系数中求取面波频散曲线的过程，便可以考虑从采用零阶第一类贝赛尔曲线拟合空间自相关系数曲线上入手。

空间自相关法的数据处理步骤与地震干涉法类似，同样分为数据预处理、空间自相关函数计算与叠加和频散曲线提取三大部分，其中数据预处理方式与地震干涉法一致。下面我们着重介绍其频散曲线提取方法。

如前所述，式(14-2-21)显示出空间自相关系数曲线与零阶第一类贝塞尔函数曲线的相似性，空间自相关系数的峰值、谷值及零值点位置与零阶第一类贝塞尔函数的峰值、谷值及零值点位置相互对应，因此有

$$z_n=\frac{\omega_n r}{c(\omega_n)} \tag{14-2-22}$$

式中：ω_n 表示空间自相关系数中峰、谷及零值点的频率；r 表示台站间距；z_n 表示零阶第一类贝塞尔函数中峰、谷和零值点的位置。由此可得计算面波相速度的公式为

$$c(\omega_n) = \frac{\omega_n r}{z_n} \tag{14-2-23}$$

实际应用中，频谱中的随机噪声可能会引起峰、谷和零点值的增多或减少甚至缺失，所以基于式(14-2-23)来估计面波相速度，又可以通过以下方式实现：

$$c_m(\omega_n) = \frac{\omega_n r}{z_{n+2m}} \tag{14-2-24}$$

式中，$m = 0, \pm 1, \pm 2, \cdots$表示缺失或多余的峰、谷和零点值。

通常情况下，选择空间自相关系数的峰、谷和零点时，我们一般会选择更容易识别的峰、谷点，而不会选择相对难以识别的零点位置，且选择峰和谷点可以有效避免高频随机噪声的影响。当然，以上所描述的方法，仅适用于瑞利波的垂直分量，对勒夫波及瑞利波的水平分量，上述方法是不适用的。

除此之外，还有另一种被称为“拟合法”的空间自相关频散测量方法。在浅地表应用中，由于往往采用的检波器阵列均是密集的排列或阵列形式，故能够计算出的两两检波器的空间自相关系数的数量是很大的，这时可以用这些系数去拟合理论贝塞尔函数，并给出一张拟合残差图，残差图中最小残差值的趋势连线即为瑞利波的相速度曲线。图 14-2-15 所示为在武汉汉江边大坝上通过线性排列采集的 30 道(道间距 2m)、时长 1 个小时，采样率 100Hz 噪声数据，通过空间自相关法获得的残差图，图中暗色区域表示残差值较小，亮色区域表示残差值较大。图中显示，基阶面波在 2～7Hz 的频段占面波场的主导，而一阶高阶面波则在 8～14Hz 的频段占主导。

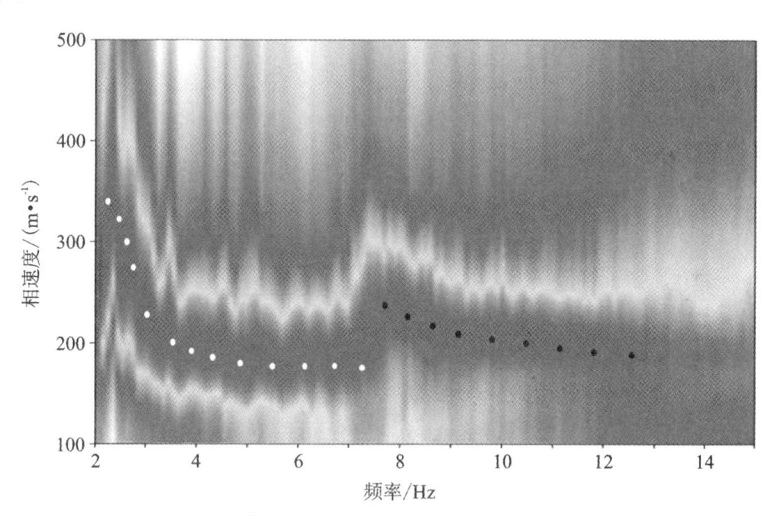

图 14-2-15 以武汉汉江边 1 小时的多道噪声数据为例计算的空间自相关系数与零阶第一类贝塞尔函数拟合残差图(图中白色点线和黑色点线分别表示沿残差极小值趋势拾取的瑞利波基阶模式和一阶高阶模式频散曲线)

空间自相关法最大的优势在于，其不仅可以处理圆形台阵的数据，同样可以处理线型以及二维交叉排列的数据，因为由式(14-2-21)所计算的空间自相关系数，仅与台站对间距有关，而与台站对的方向无关。而且，计算二维形式的阵列数据，还可以有效减弱噪声源分布不均匀的影响。

五、折射微动法

折射微动法由 Louie(2001)提出，其目的是探测地下深度在 100m 左右区域的地下介质横波速度结构。这样的深度区间往往是主动源面波勘探所难以实现的。对于线型布设的台阵，假设噪声面波沿测线方向入射，对采集的噪声数据进行坐标变换，按照下式将数据从时间-空间域转换到 τ-p 域：

$$A(p,\tau)=\int_x A(x,t=\tau+px)\mathrm{d}x \tag{14-2-25}$$

式中，x 表示距离；t 表示时间；p 表示慢度；τ 表示截距时间；A 表示数据集。在式(14-2-25)的基础上，再将数据在时间维度上进行傅立叶变换从 τ-p 域转换到 f-p 域：

$$F_A(p,f)=\int_\tau A(p,\tau)\,e^{-i2\pi f\tau}\mathrm{d}x \tag{14-2-26}$$

之后根据 F_A 来计算功率谱：

$$S_A(p,f)=F_A^*(p,f)\,F_A(p,f) \tag{14-2-27}$$

上式中 * 号表示共轭。由于面波传播的方向性，p 的符号可以为正，也可以为负，故一般需考虑两种情况：

$$S_A(|p|,f)=[S_A(p,f)]_{p\geqslant 0}+[S_A(p,f)]_{p\leqslant 0} \tag{14-2-28}$$

在上式基础上，数据便可转换到频率-速度域(f-c)中。

由于折射微动方法一般应用于浅地表工程勘查中，所使用的仪器设备型号相同，且噪声记录的时间较短，故一般很少在文献中提及其数据预处理，且一般不需要进行去仪器响应，数据中趋势也较不明显。另外，因为可能的地震事件所产生的面波信号，在该方法中同为有效信号，所以一般来说时间域归一化处理在此方法中也是不必进行的。但实际应用时，为了增强信噪比，分段计算与叠加的方式依然是必须的。对图 14-2-15 中相同数据，利用微动折射法的处理方式，获得的瑞利波相速度频散能谱图如图 14-2-16 所示。

值得注意的是，该方法对于噪声中面波入射方向的假设实际上是不太准确的，因为在环境噪声中必然会存在偏离测线方向来的入射面波成分。所以 Louie 在评估不同入射角对于采用该方法计算的面波相速度的影响时，发现在面波全角度均匀入射的条件下，40.9%的面波能量入射方向位于与测线夹角呈 0°～36°角的范围内。当仅考虑这部分面波时，计算的相速度与真实值偏差小 25%。因此，微动折射方法测得的相速度结果一般要高于真实值和其他方法的测量值，如图 14-2-16 中不管是拾取的基阶模式相速度还是一阶高阶模式相速度，均要高于前面空间自相关法所拾取的结果(图 14-2-15)。为了缓解该问题对最终横波速度反演的影响，Louie 建议沿相速度趋势下边界来拾取频散曲线，而非沿能量谱极值趋势拾取。

六、质量控制

因为站间路径的数量随着台站数量的平方而增长，所以应用于环境噪声地震记录干涉计算的数据处理程序必须被设计为需要最少的人工交互。当处理人员在整个过程中仅间隔式提取部分频散曲线进行质量控制时，错误的频散测量结果便更有可能出现。因此，必须设计

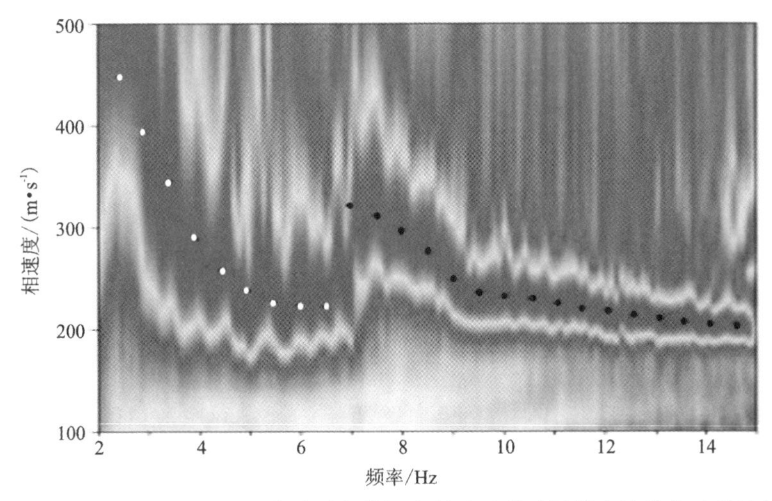

图 14-2-16　以武汉汉江边 1 小时的多道噪声数据为例采用微动折射法计算的瑞利波频散能谱图

(图中白色点线和黑色点线分别表示沿残差极小值趋势拾取的瑞利波基阶模式和一阶高阶模式频散曲线)

合适的数据质量控制自动化措施,以识别和拒绝不良的频散测量结果,同时计算可被接受的测量结果的质量保证统计数据。

首先,研究发现,在周期 τ 内进行可靠的频散测量需要至少 3 个波长(λ)的台站间距(Δ):$\Delta > 3\lambda = 3c\tau$ 或 $\tau < \Delta/3c$ 。因为相速度 $c = 4\text{km/s}$,对于站间间距为 Δ 获得的测量,存在大约 $\tau_{\max} = \Delta/12$ 的最大截止周期。我们清楚地观察到,至少对于群速度,在大于 $\tau_{\max}$ 的周期时,频散测量的效果退化,这对从小区域阵列获得的测量结果而言极为苛刻。比如 500km 范围的宽频带台网只能产生长约 40s 周期的测量结果,并且只有跨越整个阵列的路径的台站能够产生有效的测量结果,这只是整个路径集中很小的一部分。而中长周期频散则最有可能从阵列与其周围站点的干涉结果中获取,这表明在区域流动台网的内部布设部分固定台站的重要性。目前,对通过环境噪声互相关获得的相速频散经验较少,因此有可能放宽相速度的截止周期范围。

其次,我们需要确定满足周期截止标准的频散曲线提取可靠性的方法。评估可靠性的一种方法是与实际情况进行比较。最好的情况是其中一个台站下方正好有地震发生,这样使我们有信心从地球结构的角度来解释环境噪声互相关结果,就像解释地震信号的方式一样。然而,地震事件和台站位置之间的重合太罕见,不能普遍用于数据选择或不确定性估计。

判断测量质量的另一个主要指标是稳定性,即测量在获得观测值的条件下对扰动的稳健性。空间和时间上的重复测量的稳定性对于识别错误的观测结果和量化不确定性特别有用,也是我们常用的方法。

在特定台站从一组彼此相邻的地震中获得的频散曲线簇通常用于评估地震频散测量中的不确定性(Ritzwoller and Levshin, 1998)。类似的聚类分析可以应用于环境噪声数据。然而,目前聚类分析只提供对长路径测量的平均不确定度的评估,或者为频散测量的子集提供数据拒绝标准。

评估可靠性的一个更有用的方法是评估时间上的重复性。这种方法的物理基础是环境噪声源随季节变化,并为频散测量提供不同的条件。因此,在不断变化的条件下,测量结果的重复性是可靠性的重要指标。这一标准在可靠性评估中被提升到重要的地位,因为可以将季节性重复性与测量不确定性等同起来。与地震事件测量不同,环境噪声频散测量的不确定性可以通过这种方式进行测量。最后,与其他的方法结果进行比较(如层析成像结果),若结果一致性较好,则说明本方法测得的频散曲线结果是可靠的。

第3节　案例分析

前已述及,背景噪声面波成像技术因其对震源无要求、对施工场地无任何限制等特点,可应用于解决大量的浅地表勘查与监测问题,如地下空间开发利用前期的地下结构勘查和开发后结构稳定性的安全监测、地质灾害的监测和预警、工程施工场地土壤工程性质调查与土壤分类、土壤液化判别等。本节将根据文献调研及作者参与的项目,利用两个实际案例向读者展示这种地球物理新技术在浅地表勘察上的应用效果。

一、浅地表地层分层调查

2014 年 3 月夏江海教授领导的中国地质大学(武汉)浅地表地球物理团队在武汉市硚口区月湖桥旁汉江江堤上开展了一次城市内高频背景噪声面波成像方法实验研究。本次试验数据采集采用的仪器为 RefTek 单分量数字地震仪,采集时长 10h(8:00~18:00),采用频率为 500Hz,垂直分量检波器主频 4.5Hz,共计 52 道,道间距设置为 2m。布设的测线位于汉江江堤上,平行于汉江,近垂直于该区域最繁忙的公路硚口路,位置如图 14-3-1 中黑色线段所示。

图 14-3-1　武汉汉江边高频背景噪声成像方法试验测线布置,图中黑色线段表示测线,黑色箭头表示汉江流向,虚线表示测区主要交通道路(修改自 Cheng et al.,2015)

图 14-3-2 显示了在该测线上采集的一段噪声信号及其频谱分析结果。从频谱分析结果上看,该测线所采集的环境噪声主要频率集中在 2~16Hz 之间,这主要反映的是来自当地的

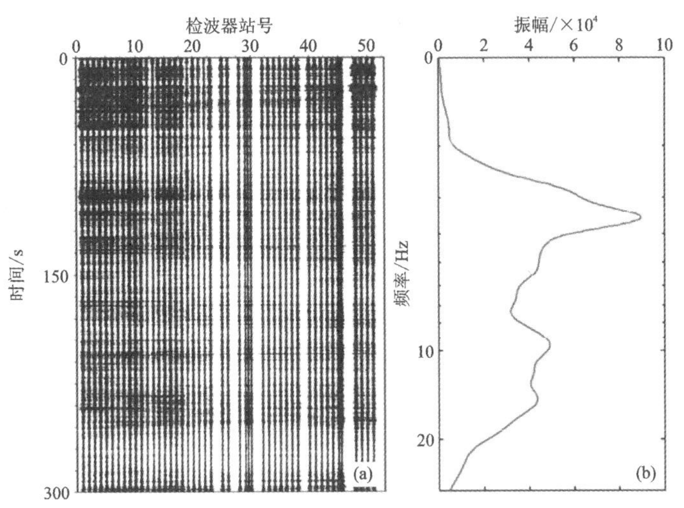

图 14-3-2　武汉汉江边高频背景噪声成像方法试验一段 300s 长的原始噪声记录(a)及其频谱分析结果(b)(修改自 Cheng et al.，2015)

公路交通噪声以及汉江内水运船舶产生的噪声，总体来说均为交通类噪声。

通过上一节中介绍的地震波干涉法的处理方式，对该数据进行处理，共获得高质量的虚炮集数据共 72 个，如图 14-3-3(a)所示为其中的一个虚炮集数据。数据处理主要参数设置如下：数据分段时长为 300s，带通滤波范围为 1～20Hz，时域归一化采用滑动平均归一化方法，格林函数计算方式为互相关法，叠加方式为信噪比加权叠加，频散能谱成像方式为多道面波方法中的相移法[图 14-3-3(b)]。最终提取的频散曲线采用阻尼最小二乘法(Xia et al.，1999)进行反演，获得的拟二维横波速度剖面如图 14-3-4 所示。

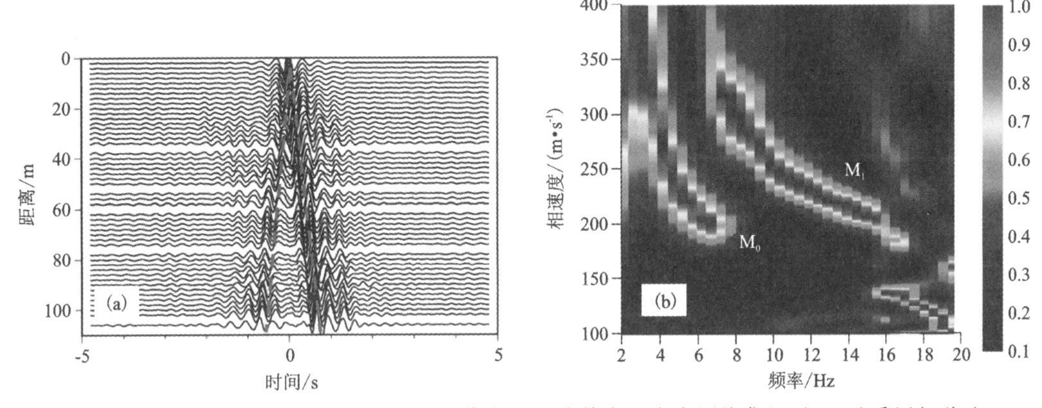

图 14-3-3　武汉汉江边高频背景噪声成像方法试验其中一个虚源炮集记录(a)及采用相移法提取的频散能谱(b)，M_0 表示基阶模式，M_1 表示一阶高阶模式(修改自 Cheng et al.，2015)

如图 14-3-4 所示，在 30m 和 55m 深度附近可以清楚地探测到两个速度界面，通过与当地钻井资料的对比，我们将该剖面解释为三个地层：最上层为松散的砂性土壤覆盖层，层厚度约 30m，横波速度较低，范围为 140～180m/s；第二层为较致密砂壤，横波速度范围为 190～230m/s，厚度约 20m；最下层为致密黏土层，横波速度范围为 240～310m/s。

为了验证地震波干涉法(PSM)的准确性和稳定性，Cheng 等(2015)将其结果与改进

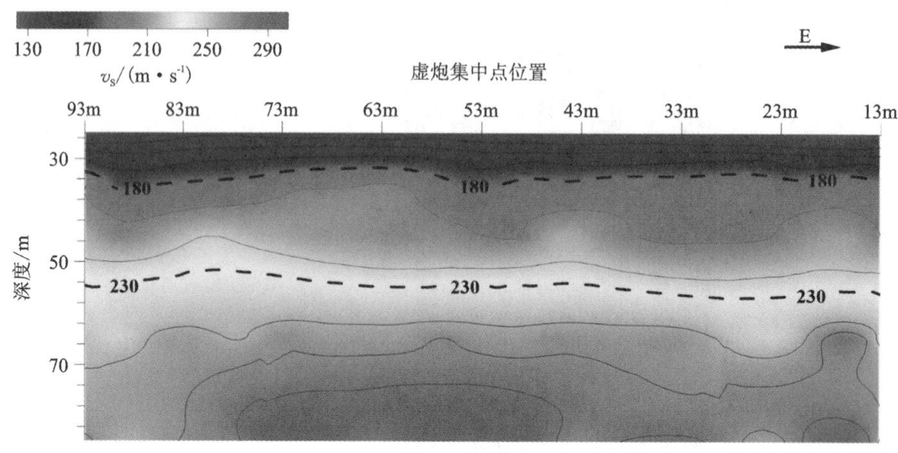

图 14-3-4 武汉汉江边背景噪声成像方法试验拟二维横波速度剖面图(修改自 Cheng et al.，2015)

的路边被动源多道面波分析方法(MAPS)[Cheng et al.，2015，图 14-3-5(a)]和空间自相关法(SPAC)[图 14-3-5(b)]的结果进行了比较。此外，这三种背景噪声方法的结果也与人工源 MASW 方法结果进行了匹配与比对[图 14-3-6(b)]。Cheng 等(2015)选择了路边被动源 MASW 的 IP 方案(Park and Miller，2008)来测量采集自平行于汉江的测线上的背景噪声数据的频散曲线。处理中通过叠加的方式改进了路边被动源 MASW 的频散提取效果。数据处理具体过程为：首先将 4000s 长的连续噪声数据分割成 100 个 40s 长的短窗口；然后对每一段进行分析，分别得到 100 幅 IP 方案的频散图像；最后将这 100 个频散图像叠加到一起，以增强频散能量图像的质量[图 14-3-5(a)]。如图 14-3-5(a)所示，PSM 的结果与改进的 MAPS 的 IP 方案的结果吻合得很好，最大偏差约为 2%。SPAC 则是利用了 10h 的环境噪声，并将连续的噪声数据划分为 60s 的窗口。SPAC 和 PSM 之间的偏差略大于改进的路边被动源 MASW 和 PSM 结果之间的偏差，特别是在低频段(<3Hz)，最大偏差约为 10%。这些方法的结果，对于如此短时间的噪声数据，都是在可接受范围内的。

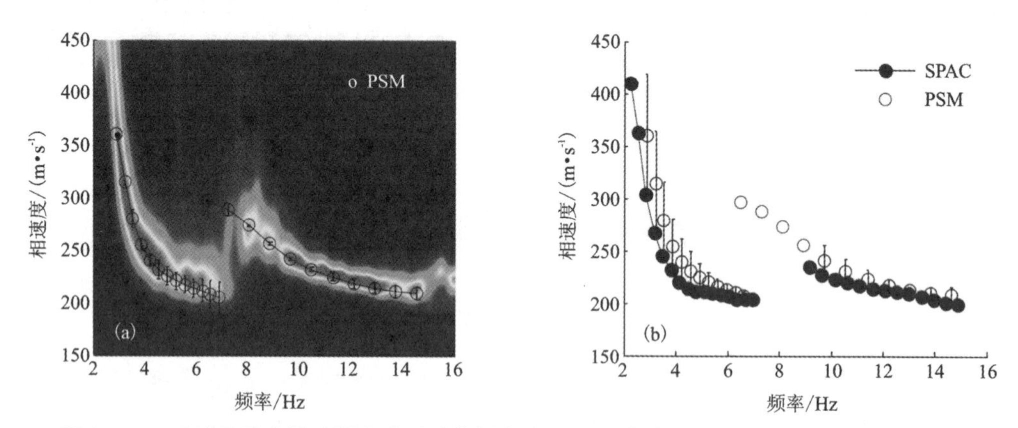

图 14-3-5 改进的路边被动源多道面波分析方法(a)及空间自相关法获得频散曲线对比(b)
(修改自 Cheng et al.，2015)

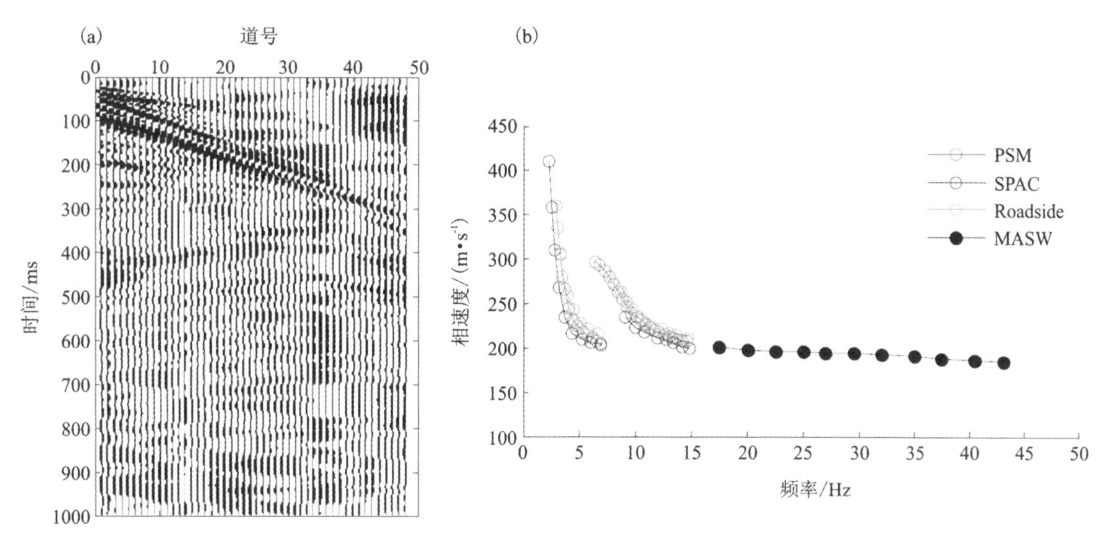

图 14-3-6　武汉汉江边采集的 48 道人工源多道面波记录(a)及人工源 MASW 方法提取的频散曲线与各高频背景噪声方法提取的频散曲线的对比(b)(修改自 Cheng et al.，2015)

另外，为了验证 PSM 的结果，团队当时还在汉江大堤与背景噪声测线同线的位置，布设了一条含 48 道垂直分量检波器(道间距 1m)的人工源浅层地震测线(最小偏移距 10m)，用于采集人工源多道面波数据[图 14-3-6(a)]。同样采用相移法提取该人工源多道面波数据的频散能谱，并根据能量极值趋势提取相应的基阶模式和一阶高阶模式频散曲线[图 14-3-6(b)]。结果表明，PSM 的结果可以作为改进的路边被动源多道面波分析(MAPS)和 SPAC 的结果的平均值，并且与人工源多道面波分析结果非常接近。此外，PSM 结果的趋势与一致性好于其他两种方法。从这个角度来看，PSM 提供了更可靠的结果。试验表明，PSM 具有很高的实用潜力，将 PSM 与 MASW 相结合，在浅地表地震勘探中有望精确地测得频率从几赫兹到几十赫兹的连续可识别的频散曲线，是一种在保证勘探精度的同时有效提高面波方法勘探深度的可行方案。

二、荒漠戈壁等复杂地域地质调查

为配合国家复杂地域地质调查工作，开展三维地质调查方法试验，中国地质大学(武汉)以王国灿教授和徐义贤教授为首的综合地质调查团队承担并完成了《西准噶尔克拉玛依后山地区复杂造山带三维地质调查》。为配合该工作的顺利完成，中国地质大学(武汉)浅地表地球物理团队于 2013 年 8 月 1 日至 9 月 13 日在中国克拉玛依市附近的准噶尔盆地西部进行了为期 1 个多月的地震波高频背景噪声数据观测。布设的测线长度约 70km，测线以西南-东北的方位布设于新疆克拉玛依市西南，如图 14-3-7 所示。

数据采集采用的设备同样为 Reftek 单分量数字地震仪，共计 54 个数字地震仪连接 4.5Hz垂直分量检波器后，以 200m 的间隔布设于设计测线上，为避免风吹草动的干扰影响，所有检波器和地震仪均以掩埋方式布设。数据采集的采样率设置为 100Hz。为实现 70km 长测线的数据采集，采集过程被分为 10 轮，每轮采集时间为 3 天，每轮之间重叠距离为 4km。

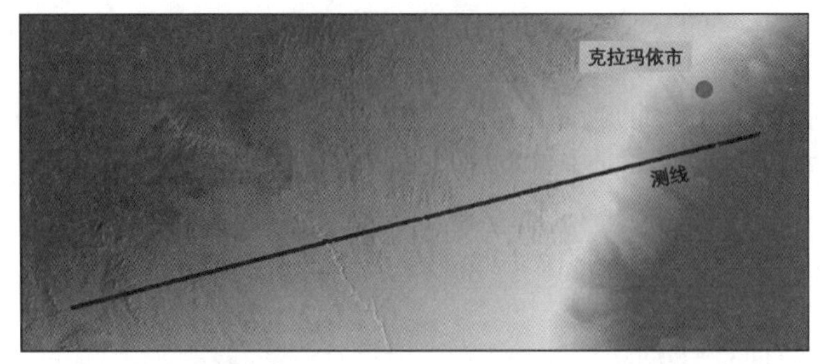

图 14-3-7　克拉玛依后山地区高频背景噪声数据观测测线位置示意图(修改自 Cheng et al.，2015)。图中圆点位置为克拉玛依市区位置，黑色线为观测测线

对采集的数据进行频谱分析，发现所采集的地震噪声中能量绝大部分集中于 2～3Hz 的范围内，如图 14-3-8 所示。这表明，在测线上采集的数据与人类活动的频带较为一致(McNamara and Buland，2004)，因此认为此次采集的噪声数据主要来源于测线东北方向的克拉玛依市区人类活动及其周边油田的采油作业活动。

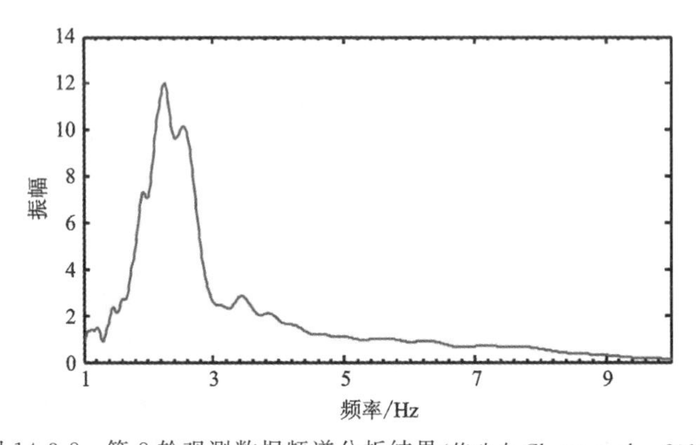

图 14-3-8　第 8 轮观测数据频谱分析结果(修改自 Cheng et al.，2015)

利用该数据，Cheng 等(2015)对每轮 3 天的噪声数据应用地震波干涉法(PSM)的标准数据处理方式，获得了大约 60 个高质量的虚源炮集数据，如图 14-3-9 所示为其中一个炮集。处理的关键步骤与前述武汉汉江堤坝噪声试验案例描述的相同，只是时窗分段长度加宽到了 1800s 长。采用 MAPS 方法提取了虚炮集的面波频散能谱(图 14-3-10)，所提取的频散能谱图中能量峰值趋势与通过时频分析方法(FTAN)方法提取的频散曲线(图 14-3-10 中白色点线)具有良好的一致性，这表明了采用上述处理步骤后提取的频散能谱是准确可靠的。对十轮采集的所有数据进行上述处理后，所提取的频散曲线，采用阻尼最小二乘法进行反演，获得的 1D 横波速度剖面联合，最后获得的该测线下方拟二维横波速度剖面图如图 14-3-11 所示。

根据叠加构造解释的拟二维横波速度剖面图(图 14-3-11)，其中最明显的特征是测线 NW 方向 5～50km 范围内交替出现低速和高速带。根据露头观测和前人的地质研究，可以推断 NE 向存在一区域背斜构造。褶皱两翼主要属于较年轻的沉积岩地层，为太勒古拉组，而褶皱中心的沉积岩为较老，为希贝库拉斯组和包古图组，在拟二维横波速度剖面上普遍表现出 20～40km 的高速特征。在 35km 附近出现了几个局部高速隆起，Cheng 等(2015)将其解释为花岗岩侵入的证据。这一解释得到了晚石炭世花岗岩类深成岩体露头证据的支持(Zhang et al.，2007)。第四纪沉积物在准噶尔盆地 50～60km 范围内增厚(Chen et al.，2013)，并导致低速带比西侧更厚的结果。低速带下沉积岩中的高速带被解释为克拉玛依蛇绿混杂岩带(Zhang and Huang，1992；Xu et al.，2006)。

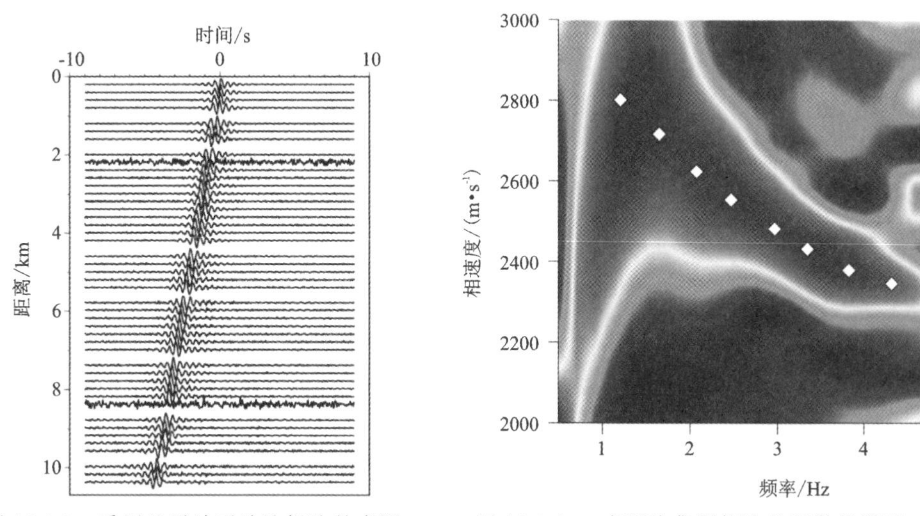

图 14-3-9　采用地震波干涉法提取的虚源炮集(修改自 Cheng et al.，2015)

图 14-3-10　虚源炮集所提取的频散能谱图(图中白色点线为通过 FTAN 法计算的频散曲线，修改自 Cheng et al.，2015)

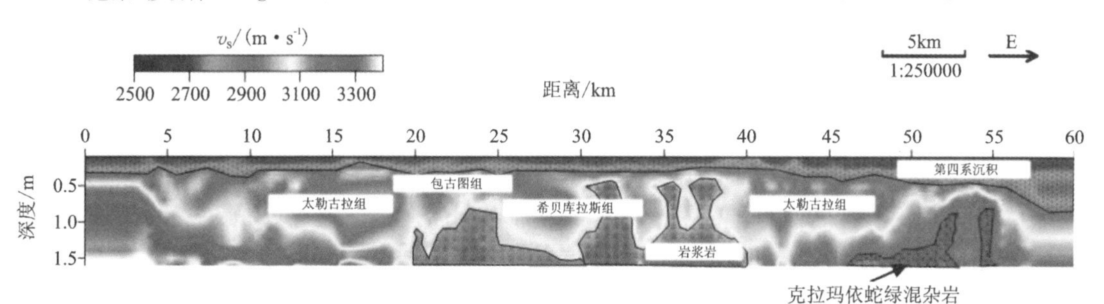

图 14-3-11　通过地震波干涉法及阻尼最小二乘法获得的克拉玛依后山测线拟二维横波速度剖面及其构造解释图(修改自 Cheng et al.，2015)

三、环境与灾害地质调查

巴东黄土坡地区是葛洲坝水电站建设后巴东县城新城区所在地，后在三峡工程选址详勘时，认定该地区为一古滑坡体且存在继续活动的极大可能。因此在三峡工程建设期间，国家重新投入了大量人力物力进行移民搬迁及滑坡体预防和治理研究。中国地质大学(武汉)教育部长江三峡库区地质灾害研究中心在该区建设了大规模的试验场地。2012 年 3 月，中国地质大学(武汉)徐义贤教授团队和罗银河教授团队在该区进行了为期一周的地震背景噪声观测实验(张宝龙，2013；Xu et al.，2014)。其中利用 47 台 Reftek 125A 型地震仪，连接 4.5Hz 垂直分量检波器，以 8m 的道间距在正在修建的黄土坡滑坡体监测科研隧道内，进行了线型测线高频地震背景噪声观测实验。

如图 14-3-12 所示为此次地震背景噪声试验台阵及测线布置图。图中白色粗线条示意的为巴东黄土坡隧道位置,图中虚线方框所示位置为隧道内高频地震背景噪声观测线布置区,图中其他位置的图钉标志为宽频地震仪布设位置,本节仅讨论高频地震背景噪声观测结果,对宽频带结果不做讨论。此次高频地震背景噪声观测总时长为 24h,采样率为 500Hz,如图 14-3-13 所示为其中的一段原始噪声记录。根据前述数据处理流程,采用地震波干涉法,将原始数据按照 30s 的分段长度,进行分段预处理后两两互相关并叠加互相关结果,所得虚震源地震记录如图 14-3-14 所示。由该虚震源记录可知,无论是因果信号还是非因果信号都较为明显,但很明显因果和非因果两部分信号并不完全对称。分析认为其原因为人类活动引起测线两端噪声强度不同。至此,我们成功地从隧道内的高频地震背景噪声中恢复出面波格林函数等效的虚源地震记录。

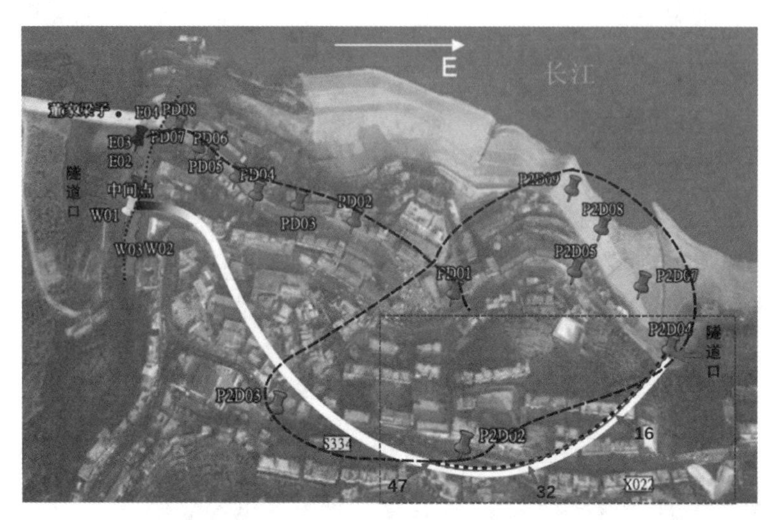

图 14-3-12　湖北巴东黄土坡滑坡体科研监测隧道示意及地震背景噪声观测实验站点与测线布置卫星航片图(修改自张宝龙,2013)

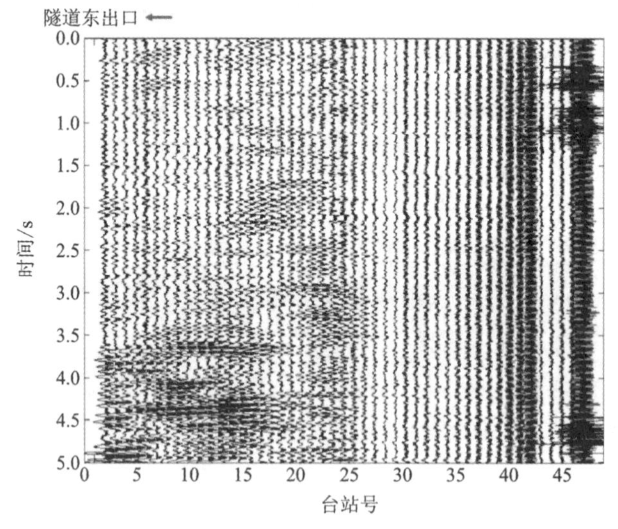

图 14-3-13　巴东黄土坡隧道内高频地震背景噪声原始记录(修改自张宝龙,2013)

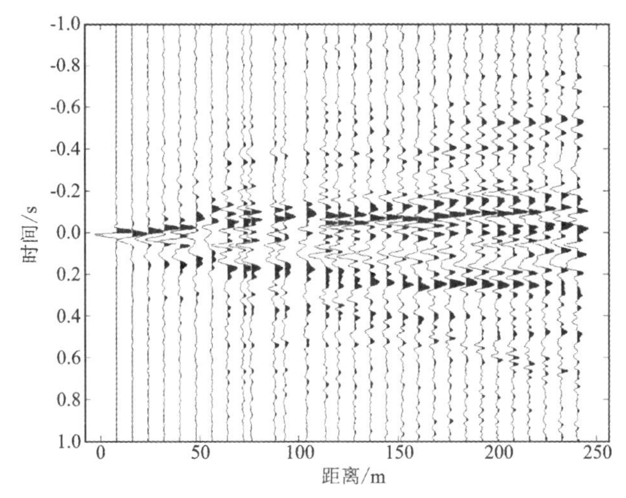

图 14-3-14　巴东黄土坡隧道内高频地震背景噪声互相关虚源地震记录(修改自张宝龙,2013)。虚源记录共计 30 道,频带范围 1～30Hz,排列长度 240m

针对所分析获得的虚源多道面波记录,采用多道面波分析思路,利用相移法提取其频散能谱图。如图 14-3-15 所示为从 3 个不同排列长度的虚源地震记录中提取的频散能谱图。通过前期地质调查结果获知,隧道内岩层中地震波横波速度大致在 1000～2000m/s 之间。通过所获取的频散能谱图,从图中可估计出在 5Hz 左右,面波相速度大致为 1600m/s,因此不难获知在这样的条件下,隧道内面波的波长可达到 320m 左右。因此,即使仅根据面波勘探的半波长理论,我们也能得到一个足够深度的面波勘探结果。对隧道内布设的高频背景噪声观测台站,进行两两台站间的地震干涉计算后,最终我们获得了有效的 17 个虚震源地震记录。根据多道面波分析方法的处理思路,最终获得隧道内的拟二维横波速度剖面,如图 14-3-16 所示。

黄土坡滑坡体本身由多个崩滑体和滑坡体组成,属多期次的特大复合变形体,总体呈鞋垫状展布于基岩面之上,但整体上基岩面起伏不平,纵向上有局部的基岩面反翘形成基岩硬坎,前缘滑床灰岩层面陡倾(45°～60°),横向上基岩面同样略有起伏(陈国金等,2010)。中国地质大学(武汉)巴东野外综合试验场隧道位于黄土坡崩滑堆积体内,隧道全长 908m,隧道东出口处海拔高程约 200m。此次高频地震背景噪声观测测线沿隧道东出口开始布设,全长 368m。最终反演获得的拟二维横波速度剖面图全长 128m,如图 14-3-16 所示。该拟二维横波速度剖面图上,清晰地揭示出测线下方存在两个明显的低横波速度区。第一个低速层位于 15 号台站和 16 号台站中点下方,深度为 60m 左右,并向右延续到深度为 20m 处,之后断续延伸至隧道底部对应于第 25 号台站的位置,该低速层在剖面水平向上延伸约 80m,倾角较大,平均约 35°;第二个低速层自剖面中部深度为 100m 左右一直延伸至剖面终端深度为 50m 左右,倾角同样约为 35°。推测这些低速层均属于黄土坡滑坡体临江崩滑堆积体内两个互不相连的潜在滑动面。第二低速层下方存在一高速隆起,在剖面水平向上从约 50m 处一直延伸至 128m 处,其横波速度超过 2200m/s,推测为完整基岩体。测线方位为 NE40°,而滑坡体倾向约为 NE20°,因此剖面上获得的低速层的倾角略小于已知的地质资料中所描述的在黄土坡滑坡体前缘(即临江崩滑堆积体部分)的滑床的倾角在 45°～60°。该结果也比较支持已知的地质资料中所描述的临江Ⅰ号崩滑体中不同部位、不同高程分布有众多不连续的软弱夹层，且其滑床在横向上略有起伏的特征（陈国金等，2010）。

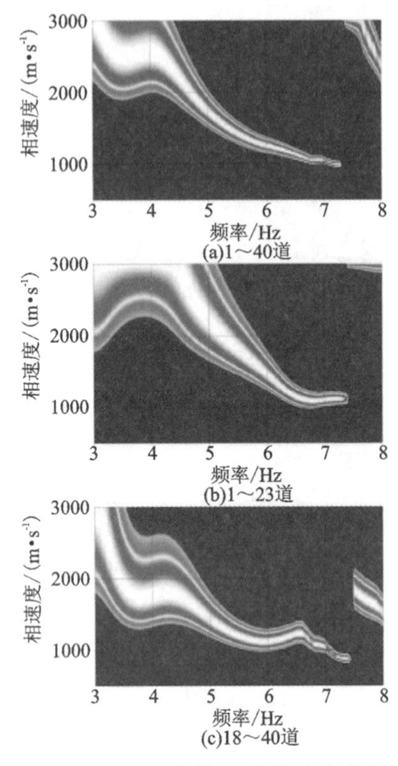

图 14-3-15 巴东黄土坡隧道内高频地震背景噪声互相关虚源地震记录频散能谱提取结果（修改自 Xu et al.，2014）

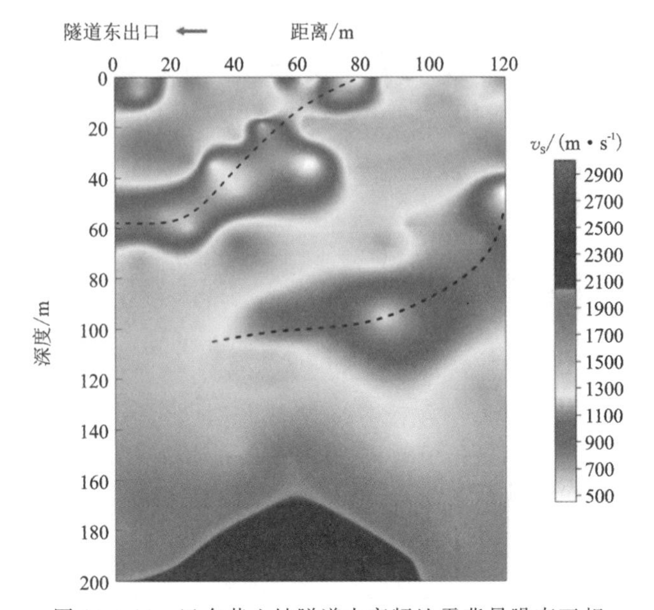

图 14-3-16 巴东黄土坡隧道内高频地震背景噪声互相关虚源地震记录获取的拟二维横波速度剖面图，图中虚线表示两个潜在的滑坡面所在（修改自 Xu et al.，2014）

主要参考文献

陈国金，陈松，陈江平，2010. 巴东城区黄土坡滑坡与迁建新址地质环境分析[J]. 地球科学——中国地质大学学报，35(6)：1075-1080.

陈棋福，刘澜波，王伟君，2008. 利用地脉动探测北京城区的地震动场地响应[J]. 科学通报，53(18):2229-2235.

陈颙，陈龙生，于晟. 2003. 城市地球物理学发展展望[J]. 大地测量与地球动力学，3(4):1-4.

陈云敏，吴世明，1991. 成层地基的 Rayleigh 波特征方程的解[J]. 浙江大学学报，25(1):40-52.

陈仲候，王兴泰，杜世汉，2005. 工程与环境物探教程[M]. 北京:地质出版社.

戴文杰，潘磊，王建楠等，2021. 频率-贝塞尔变换方法在巢湖滩涂浅层勘探上的应用[J]. 物探化探计算技术，43(3):290-295.

单娜林，程志平，刘云祯，2006. 浅层地震勘探[M]. 北京:冶金工业出版社.

凡友华，2001. 层状介质中瑞利波频散曲线的正反演研究[D]. 哈尔滨:哈尔滨工业大学.

凡友华,刘家琦，2001. 层状介质中瑞雷面波的频散研究[J]. 哈尔滨工业大学学报，33(5):577-581

何耀锋，陈蔚天，陈晓非，2006. 利用广义反射-透射系数方法求解含低速层水平层状介质模型中面波频散曲线问题[J]. 地球物理学报，49(4):1074-1081.

何正勤，丁志峰，贾辉，等，2007. 用微动中的面波信息探测地壳浅部的速度结构[J]. 地球物理学报，50(2):492-498.

李思琪，2018. 城市地下空间开发利用：国内外实践与经验启示[J]. 国家治理，14：40-48.

李雪燕，陈晓非，杨振涛，等，2020. 城市微动高阶面波在浅层勘探中国的应用：以苏州河地区为例[J]. 地球物理学报，63(1):247-255.

李幼铭，束沛镒，1982. 层状介质中地震面波频散函数和体波广义反射系数的计算[J]. 地球物理学报，25(2):130-139.

刘江平，侯卫生，许顺芳，2003. 相邻道 Rayleigh 波法及在防渗墙强度检测中的应用[J]. 人民长江,34(2):34-36.

刘云桢，王振东,1996. 瞬态面波法的数据采集处理系统及其应用实例[J]. 物探与化探，

20(1):28-34.

刘志坤，黄金莉，2010. 利用背景噪声互相关研究汶川地震震源区地震波速度变化[J]. 地球物理学报，53(4):853-863.

欧阳联华,王家林，2002. 一种高频面波频散函数的快速算法——改进的 Abo-Zena 法[J]. 物探化探计算技术，24(3):204-214.

宋先海，肖柏勋，张学强等，2003. 用改进的 τ-p 变换算法提取瞬态 Rayleigh 波频散曲线[J]. 物探和化探. 27(4)：292-295.

陶夏新，刘曾武，郭明珠，等，2001. 工程场地条件评定中的地脉动研究[J]. 地震工程与工程振动，21(4):18-23.

陶毅，符力耘，孙伟家，等，2010. 地震波干涉法研究进展综述[J]. 地球物理学进展，25(5):1775-1784.

王建楠，2017. 背景噪音提取高阶频散曲线的矢量波数变换方法[D]. 合肥：中国科学技术大学.

王伟君，刘澜波，陈棋福，等，2009. 应用微动 H/V 谱比法和台阵技术探测场地响应和浅层速度结构[J]. 地球物理学报，52(6):1515-1525.

王振东，1986. 微动的空间自相关方法及其使用技术[J]. 物探与化探，10(2):123-133.

吴华礼，陈晓非，潘磊，2019. 基于频率-贝塞尔变换法的关东盆地 S 波速度成像[J]. 地球物理学报，62(9)：3400-3407.

夏江海，高玲利，潘雨迪，等，2015. 高频面波方法的若干新进展[J]. 地球物理学报，58(8):2591-2605.

夏唐代，蔡袁强，吴世明等，1996. 各向异性成层地基中 Rayleigh 波的弥散特性[J]. 振动工程学报，9(2):191-196.

夏唐代，陈云敏，吴世明，1992. 成层地基中 Love 波弥散特性[J]. 浙江大学学报，26：224-230.

夏唐代，吴世明，1994. 流体-固体介质中瑞利波特性[J]. 水利学报，1：67-75.

徐佩芬，李世豪，杜建国等，2013a. 微动探测:地层分层和隐伏断裂构造探测的新方法[J]. 岩石学报，29(5):1841-1845.

徐佩芬，李世豪，凌甦群等，2013b. 利用 SPAC 法估算地壳 S 波速度结构[J]. 地球物理学报，56(11)：3846-3854.

徐佩芬，侍文，凌苏群，等，2012. 二维微动剖面探测“孤石”:以深圳地铁 7 号线为例[J]. 地球物理学报，55(6):2120-2128.

徐义贤，罗银河，2015. 噪声地震学方法及应用. 地球物理学报，58(8):2618-2636.

许新刚，岳建华，李娟娟，等，2016. 面波勘查技术及在滑坡地质调查中的应用研究[J]. 地球物理学进展,31 (3):1367-1372

杨成林，1993. 瑞利波勘探[M]. 北京：地质出版社.

杨振涛，陈晓非，潘磊，等，2019. 基于矢量波数变换法(VWTM)的多道 Rayleigh 波分析方法[J]. 地球物理学报，62(1):298-305.

张宝龙，2013. 基于背景噪声的面波勘探方法研究——以巴东黄土坡为例[D]. 武汉：中国地质大学(武汉).

张碧星，喻明，熊伟，等，1997. 层状介质中的声波场及面波研究[J]. 声学学报，22(3)：230-241.

张胜业，潘玉玲，2004. 应用地球物理学原理[M]. 武汉：中国地质大学出版社.

张维，何正勤，胡刚，等，2012. 用人工源和天然源面波联合探测浅层速度结构[J]. 震灾防御技术，7(1)：26-36.

张维，何正勤，胡刚，等，2013. 用面波联合勘探技术探测浅部速度结构[J]. 地球物理学进展，28(4)：2199-2206.

ABO-ZENA A，1979. Dispersion function computation for unlimited frequency values[J]. Geophysical Journal International，58(1)：91-105.

AKI K，1957. Space and time spectra of stationary stochastic waves，with special reference to microtremors[J]. Bulletin of the Earthquake Research Institute，35，415-456.

AKI K，RICHARDS P G ，2002. Quantitative Seismology[M]. Sausalito：University Science Books.

ANDERSON D L，BEN-MENAHEM A，ARCHAMBEAU C B，1965. Attenuation of seismic energy in upper mantle[J]. Journal of Geophysics Research，70：1441-1448.

ARDHUIN F，GUALTIERI L，STUTZMANN E，2015. How ocean waves rock the Earth：two mechanisms explain microseisms with periods 3 to 300 s[J]. Geophysical Research Letters，42：765-772.

ASKARI R，HEJAZI S H，2015. Estimation of surface-wave group velocity using slant stack in the generalized S-transform domain [J]. Geophysics，80(4)：EN83-EN92.

ASTER R C，BORCHERS B，THURBER C H，2005. Parameter Estimation and Inverse Problems[M]. Amsterdam：Elsevier Academic Press.

BABUSKA V，CARA M，1991. Seismic Anisotropy in the Earth[M]. Dordrecht：Kluwer Academic Publishers.

BACKUS G E，GILBERT F，1970. Uniqueness in the inversion of inaccurate gross earth data[J]. Philosophical transactions of the Royal Society，266：123-192.

BAECHER G B，CHRISTIAN J T，2003. Reliability and Statistics in Geotechnical Engineering[M]. Chichester：Wiley.

BAIN L J，ENGELHARDT M，1992. Introduction to Probability and Mathematical Statistics[M]. Boston：PWS-KENT.

BAKULIN A，CALVERT R，2004. Virtual source：new method for imaging and 4D below complex overburden[C]. The 74th Annual International Meeting，SEG，Expanded Abstracts：2477-2480.

BARROWDALE I，ROBERTS F D K，1974. Solution of an overdetermined system of equations in the L1 norm[M]. Communications of the ACM，17(6)：319-326.

BASKIR E, WELLER C E, 1975. Sourceless reflection seismic exploration[J]. Geophysics, 40:158-159.

BEATY K S, SCHMITT D R, SACCHI M, 2002, Simulated annealing inversion of multimode Rayleigh wave dispersion curves for geological structure[J]. Geophysical Journal International, 151:622-631.

BENDAT J S, PIERSOL A G, 2010. Random Data: Analysis and Measurement Procedures[M]. 4th ed. Hoboken, NJ: Wiley.

BENSEN G D, RITZWOLLER M H, SHAPIRO N M, et al., 2005. Extending ambient noise surface wave tomography to continental scales: application across the United States[C]. Eos,Transactions American Geophysical Union, 86(52), Abstract S31A-0274.

BENSEN G D, RITZWOLLER M H, SHAPIRO N M, et al., 2007. Processing seismic ambient noise data to obtain reliable broad-band surface wave dispersion measurements[J]. Geophysical Journal International, 169:1239-1260.

BEN-MENAHEM A, SINGH S J, 2000. Seismic Waves and Sources[M]. Mineola, NY: Dover Publications.

BERGAMO P, COMINA C,FOTI S, et al., 2011. Seismic characterization of shallow bedrock sites with multimodal Monte Carlo inversion of surface wave data[J]. Soil Dynamics and Earthquake Engineering,31(3): 530-534.

BIOT M A, 1956a. Theory of propagation of elastic waves in a fluid-saturated porous solid. I. Low-frequency range[J]. Journal of the Acoustical Society of America, 28: 168-178.

BIOT M A, 1956b. Theory of propagation of elastic waves in a fluid-saturated porous solid. II. Higher frequency range[J]. Journal of the Acoustical Society of America, 28:179-191.

BODIN T, SAMBRIDGE M, TKALI H, et al., 2012. Transdimensional inversion of receiver functions and surface wave dispersion[J]. Journal of Geophysical Research: Solid Earth,117(B2):1-24.

BONNEFOY-CLAUDET S, COTTON F, BARD P-Y, 2006. The nature of noise wavefield and its applications for site effects studies: a literature review[J]. Earth-Science Reviews, 79:205-227.

BOYD S, VANDENBERGHE L, 2004. Convex Optimization[M]. Cambridge: Cambridge University Press.

BRENGUIER F, SHAPIRO N M, CAMPILLO M, et al., 2007. 3-D surface wave tomography of the Piton de la Fournaise volcano using seismic noise correlations[J]. Geophysical Research Letters, 34:L02305.

BRENGUIER F, SHAPIRO N M, CAMPILLO M, et al., 2008b. Towards forecasting volcanic eruptions using seismic noise[J]. Nature Geosciences, 1(2):126-30.

CAMPILLO M, PAUL A, 2003. Long-range correlations in the diffuse seismic coda[J]. Science, 299: 547 - 549.

CAPON J, 1969. High resolution frequency wavenumber analysis[J]. Proceeding of the IEEE, 57:1408-1418.

CERCATO M, 2009. Addressing non-uniqueness in linearized multichannel surface wave inversion[J]. Geophysical Prospecting, 57(1): 27-47.

CHAPMAN C H, 1978. A new method for computing synthetic seismograms[J]. Geophysical Journal Royal Astronomical Society, 54:481-518.

CHEN S, GUO Z, PE-PIPER G, et al., 2013. Late Paleozoicpeperites in West Junggar, China, and how they constrain regional tectonic and palaeoenvironmental setting[J]. Gondwana Res. 23:668 - 681.

CHEN X F, 1993. A systematic and efficient method of computing normal modes for multilayered half-space[J]. Geophysical Journal International, 115:391-409.

CHEN X H, ZHANG H Y, ZHOU C J, et al., 2021. Using ambient noise tomography and MAPS for high resolution stratigraphic identification in Hangzhou urban area[J]. Journal of Applied Geophysics, 189:104327.

CHENG F, XIA J H, AJO-FRANKLIN J B, et al., 2021. High-resolution ambient noise imaging of geothermal reservoir using 3C dense seismic nodal array and ultra-short observation[J]. Journal of Geophysical Research: Solid Earth, 126(8):e2021JB021827.

CHENG F, XIA J H, LUO Y H, et al., 2016. Multichannel analysis of passive surface waves based oncrosscorrelations[J]. Geophysics, 81(5): EN57-EN66.

CHENG F, XIA J H, XU Y X, et al., 2015. A new passive seismic method based on seismic interferometry and multichannel analysis of surface waves[J]. Journal of Applied Geophysics, 117:126-135.

CHENG F, XIA J H, XU Z B, et al., 2018. Frequency-Wavenumber (FK)-based data selection in high-frequency passive surface wave survey[J]. Surveys in Geophysics, 39:661-682.

CHENG F, XIA J H, BEHM M, et al., 2019. Automated data selection in the Tau-p domain: application to passive surface wave imaging[J]. Surveys in Geophysics, 40: 1211-1228.

CHIANG C M, MOSTAFA A F, 1981. Wave-induced responses in a fluid-filledporo-elastic solid with a free surface boundary layer theory[J]. Geophysical Journal Royal Astronomical Society, 66:597-631.

CLAERBOUT J F, MUIR F, 1973. Robust modelling with erratic data[J]. Geophysics, 38:826-844.

CLAERBOUT J F, 1968. Synthesis of a layered medium from its acoustic transmission response[J]. Geophysics, 33:264.

CLAERBOUT J F, 1992. Earth soundings analysis: Processing versus inversion[M]. Boston:Blackwell Scientific Publications.

COMINA C, FOTI S, SAMBUELLI L, et al., 2002. Joint inversion of VES and surface wave data[C]. In: Proceeding of Symposium on the Application of Geophysics to Engineering and Environmental Problems, SAGEEP 2002, Las Vegas, USA, February:10-14.

CONSTABLE S C, PARKER R L, CONSTABLE C, 1987. Occam's inversion: A practical algorithm for generating smooth models from electromagnetic sounding data[J]. Geophysics, 52(3):289-300.

COX B R, WOOD C M, 2011. Surface Wave Benchmarking Exercise: Methodologies, Results, and Uncertainties[C]. Georisk 2011. Atlanta, GA: American Society of Civil Engineers.

MORO G D, PIPAN M, GABRIELLI P, 2007. Rayleigh wave dispersion curve inversion via genetic algorithms and marginal posterior probability density estimation[J]. Journal of Applied Geophysics, 61:39-55.

DORMAN J, EWING M, 1962. Numerical inversion of seismic surface wave dispersion data and Crust-Mantle structure in the New York-Pennsylvania area[J]. Journal of Geophysical Research, 67(13):5227-5241.

DRAGANOV D, CAMPMAN X, THORBECKE J, et al., 2009. Reflection images from ambient seismic noise[J]. Geophysics, 74(5): A63-A67.

DRAGANOV D, WAPENAAR K, MULDER W, et al., 2007. Retrieval of reflections from seismic background-noise measurements [J]. Geophysical Research Letters, 34:L04305.

EKSTRÖM G, 2001. Time domain analysis of Earth's long-period background seismic radiation[J]. Journal of Geophysical Research-Solid Earth, 106(B11):26483-26493.

EKSTRÖM G, TROMP J, LARSON E W F, 1997. Measurements and global models of surface wave propagation[J]. Journal of Geophysical Research-Solid Earth, 102(B4): 8137-8157.

ENGL H W, HANKE M, NEUBAUER A, 1996. Regularization of Inverse Problems[M]. Dordrecht: Kluwer Academic.

ESTRELLA H F, GONZALEZ J A, 2003. SPAC: An alternative method to estimate earthquake site effects inMaxico City[J]. Geofisica Internacional, 42(2):227-236.

ETHAN J N, MATTHIAS G I, 2006. Amplitude preservation of Radon-based multiple-removal filters[J]. Geophysics. 71(5): V123-V126.

FOLGER D S, DOSER D, VELASCO I, et al., 2005. Determining subsurface structure from microtremors using a passive circular array[C]. Eos, Transactions American Geophysical Union . AGU 2005 Fall Meeting.

FORBRIGER T, 2003. Inversion of shallow-seismic wavefields: I. Wavefield transformation[J]. Geophysical Journal International, 153(3): 719-734.

FOTI S, 2000. Multi-station methods for geotechnical characterization using surface waves[D]. Torino: Politecnico di Torino.

FOTI S, STROBBIA C, 2002. Some notes on model parameters for surface wave data inversion[C]// Proceedings of SAGEEP 2002, Las Vegas, USA, February, 10-14, CD-Rom.

FOTI S, SAMBUELLI L, SOCCO L V, et al., 2003. Experiments of joint acquisition of seismic refraction and surface wave data[J]. Near Surface Geophysics, 1(3): 119-129.

FOTI S, PAROLAI S, ALBARELLO D, et al., 2011. Application of surface-wave methods for seismic site characterization[J]. Surveys in Geophysics, 32(6): 777-825.

GABRIELS P, SNIEDER R, NOLET G, 1987. In situ measurements of shear-wave velocity in sediments with higher-mode Rayleigh-waves[J]. Geophysical Prospecting., 35: 187-196.

GAO L L, XIA J H, PAN Y D, 2014. Misidentification caused by leaky surface wave in high-frequency surface wave method[J]. Geophysical Journal International, 199(3): 1452-1462.

GAROFALO F, FOTI S, HOLLENDER F, et al., 2016. Interpacific project: comparison of invasive and non-invasive methods for seismic site characterization. Part I: intra-comparison of surface wave methods[J]. Soil Dynamics and Earthquake Engineering, 82: 222-240.

GOLUB G H, VAN LOAN C F, 1996. Matrix Computations[M]. Baltimore: Johns Hopkins University Press.

GOLUB G H, REINSCH C, 1970, Singular value decomposition and least-squares solution: Num[J]. Math., 14: 403-420.

GROETSCH C W, 1993. Inverse Problems in the Mathematical Sciences[M]. Braunschweig: Vieweg.

GROOS J C, BUSSAT S, RITTER J R R, 2012. Performance of different processing schemes in seismic noise cross-correlations[J]. Geophysical Journal International, 188(2): 498-512.

GUAN B, MI B B, ZHANG H Y, et al., 2021. Selection of noise sources and short-time passive surface wave imaging-A case study on fault investigation[J]. Journal of Applied Geophysics, 194: 104 437.

HADAMARD J, 1923. Lectures on the Cauchy Problem in Linear Partial Differential Equations[M]. New Haven: Yale University Press.

HANSEN P C, 1992. Analysis of discrete ill-posed problems by means of the L-curve[J]. Society of Industrial and Applied Mathematics Review, 34: 561-580.

HANSEN P C, 1998. Rank-deficient and discrete ill-posed problems, numerical aspects of linear inversion[M]. Philadelphia:Society of Industrial and Applied Mathematics.

HARKRIDER D G, 1964. Surface waves in multilayered elastic media I Rayleigh and Love waves from buried sources in a multilayered elastic half-space[J]. Bulletin of the Seismological Society of America, 54(2):627-679.

HARMANKAYA U, KASLILAR A, THORBECK J, et al., 2013. Locating near-surface scattering using non-physical scattered waves resulting from seismic interferometry[J]. Journal of Applied Geophysics, 91:66-81.

HARR M E, 1996. Reliability-Based Design in Civil Engineering[M]. Mineola: Dover Publications.

HASKELL N A, 1953. The dispersion of surface waves on multilayered medium[J]. Bulletin of the Seismological Society of America, 43(1): 17-34.

HASSELMANN K, 1963. A statistical analysis of the generation of microseisms[J]. Reviews of Geophysics, 1: 177-210.

HAUBRICH R A, MCCAMY K,1969. Microseisms:Coastal and pelagic sources[J]. Reviews of Geophysics,7(3): 539-571.

HAUBRICH R A, MUNK W H, SNODGRASS F E, 1963. Comparative spectra of microseisms and swell[J]. Bulletin of the Seismological Society of America, 53: 27-37.

HAYASHI K, MATSUOKA T, HATAKEYAMA H, 2005. Joint analysis of a surface-wave method and micro-gravity survey [J]. Journal of Environmental and Engineering Geophysics, 10(2):175-184.

HERING A, MISIEK R, GYULAI A, et al., 1995. A joint inversion algorithm to process geoelectric and surface wave seismic data Part I: Basic ideas[J]. Geophys Prospect, 43:135-156.

HERRMANN R B, 2007. Computer Programs in Seismology[M]. St. Louis, MO: Saint Louis University.

HILTERMAN F J, 2001. Seismic amplitude interpretation[M]. Distinguished Short Course 4. Society of Exploration Geophysicists and European Association of Geoscientists and Engineers.

HIROSHI A, KOJI T, 2004. S-wave velocity profiling by inversion of microtremor H/V spectrum[J]. Bulletin of the Seismological Society of America, 94(1):53-63.

HOLCOMB L G, 1998. Spectral structure in the Earth' smicroseismic background between 20 and 40 s[J]. Bulletin of the Seismological Society of America, 88:744 - 757.

HORST R, PARDALOS P M, THOAI N V, 2000. Introduction to Global Optimization[M]. Boston: Kluwer Academic.

HU S Q, LUO S, YAO H J, 2020. The Frequency - Bessel Spectrograms of multicomponent cross - correlation functions from seismic ambient noise[J]. Journal of

Geophysical Research-Solid Earth, 125:e2020JB019630.

HUANG N E, SHEN Z, LONG S R, et al. , 1998. The empirical mode decomposition and the Hilbert spectrum for nonlinear and non-stationary time series analysis[J]. Royal Society of London Proceedings, 454:903-995.

HUNTER J A,PULLAN S E, BURNS R A, et al. , 1984. Shallow seismic reflection mapping of the overburden bedrock interface with the engineering seismograph—some simple techniques[J]. Geophysics,49:1381-1385.

IMAI T,TONOUCHI K, 1982. Correlation of N-value with S-wave velocity and shear modulus[C]. Proceedings of the Second European Symposium on Penetration Testing: 67-72.

IVANOV J, MILLER R D, XIA J, et al. , 2006. Joint analysis of refractions with surface waves: an inverse solution to the refraction-traveltime problem. Geophysics, 71(6): R131-R138.

IVANOV J, PARK C B, MILLER R D,et al. , 2000. Joint analysis of surface-wave and refraction events from river-bottom sediments. Technical Program with Biographies, Society of Exploration Geophysicists[C]. 70th Annual Meeting, Calgary, Canada. Society of Exploration Geophysicists, Tulsa, OK, pp:1307- 1310.

JENG Y, TSAI J, CHEN S, 1999. An improved method of determining near-surface Q[J]. Geophysics,64:1608- 1617.

JIN S, CAMBOIS G, VUILERMOZ C, 2000. Shear-wave velocity and density estimation from PS-wave AVO analysis: application to an OBS dataset from the North Sea[J]. Geophysics, 65:1446-1454.

JOHNSTON D H, 1981. Attenuation: A state of the art summary, Seismic Wave Attenuation[M]. Tulsa: Society of Exploration Geophysicists.

JOHNSTON D H, TOKSÖZ M N, TIMUR A, 1979. Attenuation of seismic waves in dry and saturated rocks: II. Mechanisms[J]. Geophysics,44:691-711.

JONES J, 1961. Rayleigh wave in a porous elastic saturated solid[J]. Journal of the Acoustical Society of America, 33:959-962.

JONES R B, 1958. In-situ measurement of the dynamic properties of soil by vibration methods[J]. Geotechnique,8(1):1-21.

KANG T S, SHIN J S, 2006. Surface-wave tomography from ambient seismic noise of accelerograph networks in southern Korea[J]. Geophysical Research Letters, 33:L17303.

KENNETT B L N, 1974. Reflection rays and reverberations[J]. Bulletin of the Seismological Society of America, 64(6):1685-1696.

KENNETT B L N, CLARKE T J, 1983. Seismic waves in stratified half-space IV: P-SV wave decoupling and surface wave dispersion[J]. Geophysical Journal International, 72 (3): 633-645.

KIM Y R, XU B, 2000. A new backcalculation procedure based on dispersion analysis of FWD time-history deflections and surface wave measurements using artificial neural network[M]// Nondestructive Testing of Pavements and Backcalculation of Moduli (S. D. Tayabji and E. O. Lukanen, eds.). West Conshohocken: American Society for Testing and Materials.

KIRSCH A, 2011. An Introduction to the Mathematical Theory of Inverse Problems [M]. New York: Springer.

KNOPOFF L, 1964. A matrix method for elastic wave problems[J]. Bulletin of the Seismological Society of America, 54(1):431-438.

KOPER K D, SEATS K, BENZ H, 2010. On the composition of Earth's short-period seismic noise field[J]. Bulletin of the Seismological Society of America, 100:606-617.

KUDO K, SHIMA E, 1970. Attenuation of shear wave in soil. Bull. Earthq[J]. Res. Inst. 48:145-158.

KUMAR J, NASKAR T, 2017. Resolving phase wrapping by using sliding transform for generation of dispersion curves[J]. Geophysics, 82(3): V127-V136.

LAI C G, 1998. Simultaneous inversion of Rayleigh phase velocity and attenuation for near-surface site characterization[R]. Atlanta: Georgia Institute of Technology.

LAI C G, 2005. Surface waves in dissipative media: Forward and inverse modelling [M]// Surface Waves in Geomechanics: Direct and Inverse Modelling for Soil and Rocks (C. G. Lai and K. Wilmanski, eds.). New York: Springer-Verlag.

LAI C G, RIX G J ,FOTI S, et al., 2002. Simultaneous measurement and inversion of surface wave dispersion and attenuation curves [J]. Soil Dynamics and Eearthquake Engineering,22(9-12): 923-930.

LAI C G, RIX G J, 1998. Simultaneous inversion of Rayleigh phase velocity and attenuation for near-surface site characterization [R]. Report No. GIT-CEE/GEO-98-2. School of Civil and Environmental Engineering, Georgia Institute of Technology.

LAI C G,FOTI S, RIX G J, 2005. Propagation of data uncertainty in surface wave inversion[J]. Journal of Environmental and Engineering Geophysics,10(2):219-228.

LANCZOS C, 1961. Linear Differential Operators[M]. New York: Van Nostrand.

LAWSON C L, HANSON R J, 1974. Solving Least Squares Problems [M]. Englewood Cliffs: Prentice Hall.

LEE W B, SOLOMON S C, 1979. Simultaneous inversion of surface-wave phase velocity and attenuation: Rayleigh and Love waves over continental and oceanic paths[J]. Bulletin of the Seismological Society of America,69(1): 65-95.

LEHUJEUR M, VERGNE J, MAGGI A, et al., 2016. Ambient noise tomography with non-uniform noise sources and low aperture networks: Case study of deep geothermal reservoirs in northern Alsace, France[J]. Geophysical Supplements to the Monthly Notices of the Royal Astronomical Society, 208(1):193-210.

LEHUJEUR M, VERGNE J, SCHMITTBUHL J, et al., 2018. Reservoir imaging using ambient noise correlation from a dense seismic network[J]. Journal of Geophysical Research: Solid Earth, 123(8):6671-6686.

LEVSHIN A L, YANOVSKAYA T B, LANDER A V, et al., 1989. Seismic Surface Waves in a Laterally Inhomogeneous Earth[M]. ed. Keilis-Borok, V I, New York: Springer.

LI Y, OLDENBURG D W, 1999. 3D inversion of DC resistivity data using an L-curve criterion[C]. 69th Annual International Meeting, Society of Exploration Geophysicists, Expanded Abstracts:251-254.

LI Z, SHI C, CHEN X, 2021. Constrains on crustal P wave structure with leaking mode dispersion curves[J]. Geophysical Research Letters, 48(20):e2020GL091782.

LIN C P, CHANG T S, 2004. Multi-station analysis of surface wave dispersion[J]. Soil Dynamics and Earthquake Engineering, 24(11):877-886.

LIN C P, LIN C H, CHIEN C J, 2017. Dispersion analysis of surface wave testing: SASW versus MASW[J]. Journal Applied Geophysics, 143:223-230.

LIN F C, LI D, CLAYTON R W, et al., 2013a. High-resolution 3D shallow crustal structure in Long Beach, California: application of ambient noise tomography on a dense seismic array[J]. Geophysics, 78:Q45-Q56.

LIN F C, TSAI V C, SCHMANDT B, et al., 2013b. Extracting seismic core phases with array interferometry[J]. Geophysical Research Letters, 40:1049-1053.

LIN F C, RITZWOLLER M H, TOWNEND J, et al., 2007. Ambient noise Rayleigh wave tomography of New Zealand[J]. Geophysical Journal International, 170(2): 649-666.

LIU H P, DAVID M B, WILLIAM B J, et al., 2000. Comparison of phase velocities from array measurements of Rayleigh waves associated with microtremor and results calculated from borehole shear-wave velocity profiles[J]. Bulletin of the Seismological Society of America, 90(3): 666-678.

LIU Y, XIA J H, CHENG F, et al., 2020. Pseudo-linear-array analysis of passive surface waves based on beamforming[J]. Geophysical Journal International, 221(1): 640-650.

LIU Y, XIA J H, XI C Q, et al., 2021. Improving the retrieval of high-frequency surface waves from ambient noise through multichannel-coherency-weighted stack[J]. Geophysical Journal International, 227(2):776-785.

LIU Y, ZHANG H J, FANG H J, et al., 2018. Ambient noise tomography of three-dimensional near-surface shear-wave velocity structure around the hydraulic fracturing site using surfacemicroseismic monitoring array[J]. Journal of Applied Geophysics, 159: 209-217.

LOGAN J D, 2006. Applied Mathematics[M]. Hoboken: Wiley-Interscience.

LONGUET-HIGGINS M S, 1950. A theory of the origin of microseisms [J]. Philosophical Transactions of the Royal Society A: Mathematical, Physical and Engineering Sciences, 243:1-35.

LOUIE J N, 2001. Faster, better: shear-wave velocity to 100 meters depth from refraction microtremor arrays[J]. Bulletin of the Seismological Society of America, 91(2): 347-364.

LOVE A E H, 1911. Some problems of geodynamics[M]. Cambridge: Cambridge University Press.

LU L Y, WANG C H, ZHANG B X, 2007. Inversion of multimode Rayleigh waves in the presence of a low-velocity layer: numerical and laboratory study[J]. Geophysical Journal International, 168(3):1235-1246.

LUO Y, XIA J, MILLER R D, et al., 2008. Rayleigh-wave dispersive energy imaging by high-resolution linear Radon transform[J]. Pure and Applied Geophysics, 165:902-922.

LUO Y H, XIA J H, LIU J P, et al., 2009. Research on the middle-of-receiver-spread assumption of the MASW method[J]. Soil Dynamics and Earthquake Engineering, 29: 71-79.

MAINSANT G, LAROSE E, BRÖNNIMANN C, et al., 2012. Ambient seismic noise monitoring of a clay landslide: toward failure prediction [J]. Journal of Geophysical Research-Earth Surface, 117:F01030.

MARASCHINI M, FOTI S, 2010. A Monte Carlo multimodal inversion of surface waves[J]. Geophysical Journal International, 182(3):1557-1566.

MAROSI K T, D R HILTUNEN, 2004a. Characterization of SASW phase angle and phase velocity measurement uncertainty[J]. Geotechnical Testing Journal, 27(2):205-213.

MAROSI K T, D R HILTUNEN, 2004b. Characterization of spectral analysis of surface waves shear wave velocity measurement uncertainty[J]. Journal of Geotechnical and Geoenvironmental Engineering, 130(10):1034-1041.

MARTINS J E, RUIGROK E, DRAGANOV D, et al., 2019. Imaging Torfajökull's magmatic plumbing system with seismic interferometry and phase velocity surface wave tomography[J]. Journal of Geophysical Research-Solid Earth, 124(3):2920-2940.

MARTINS J E, WEEMSTRA C, RUIGROK E, et al., 2020. 3D S-wave velocity imaging of Reykjanes Peninsula high-enthalpy geothermal fields with ambient tomography[J]. Journal of Volcanology and Geothermal Research, 391:106 685.

MATSUSHIMA T, OKADA H, 1990. Determination of deep geological structures under Urban areas using long-period microtremors[J]. Butsuri-Tansa, 43(1):21-23.

MCMECHAN G A, YEDLIN M J, 1981. Analysis of dispersive waves by wave field transformation[J]. Geophysics. 27(4):292-295.

MCNAMARA D, BULAND R, 2004. Ambient noise levels in the continental United States[J]. Bulletin of the Seismological Society of America, 94:1517-1527.

MEIER R W, RIX G J, 1993. An initial study of surface wave inversion using artificial neural networks[J]. Geotechnical Testing Journal, 16(4):425-431.

MEIER U, SHAPIRO N M, BRENGUIER F, 2010. Detecting seasonal variations in seismic velocities within Los Angeles basin from correlations of ambient seismic noise[J]. Geophysical Journal International, 181(2): 985-996.

MENKE W, 1979. Comment on 'Dispersion function computation for unlimited frequency values' by Anas-Zena[J]. Geophysical Journal of the Royal Astronomical Society, 59(2):315-323.

MENKE W, 1984, Geophysical data analysis—Discrete inversion theory[M]. New York: Academic Press.

MENKE W, 1989. Geophysical Data Analysis Discrete Inverse Theory[M]. San Diego: Academic Press.

MI B B, XIA J H, SHEN C, et al., 2017. Horizontal resolution of multichannel analysis of surface waves[J]. Geophysics, 82(3):EN51-EN66.

MI B B, XIA J H, SHEN C, et al., 2018. Dispersion energy analysis of Rayleigh and Love waves in the presence of low-velocity layers in near-surface seismic surveys[J]. Surveys in Geophysics, 39:271-288.

MILANA G, BARBA S, DEL P E, et al., 1996. Site response from ambient noise measurements: new perspective from an array study in Central Italy[J]. Bulletin of the Seismological Society of America, 86(1):320-328.

MILLER R D, XIA J, 1999. Feasibility of seismic techniques to delineate dissolution features in the upper 600 ft at Alabama Electric Cooperative's proposed Damascus site[R]. Interim Report: Kansas Geological Survet Open-file Report 99-3.

MILLER R D, XIA J H, PARK C B, et al., 1999. Multichannel analysis of surface waves to map bedrock[J]. The Leading Edge, 18(2):1392-1396.

MISIEK R, A LIEBIG, A GYULAI, et al., 1997. A joint inversion algorithm to process geoelectric and surface wave seismic data—Part II: Applications[J]. Geophys Prospect, 45:65-85.

MITCHELL B J, 1973. Surface wave attenuation and crustal anelasticity in central North America[J]. Bulletin of the Seismological Society of America, 63:1057- 1071.

MITCHELL B J, 1975. Regional Rayleigh wave attenuation in North America[J]. Journal of Geophysical Research, 80:4904- 4916.

MOORE E H, 1920. On the reciprocal of the general algebraic matrix[J]. Bulletin of the American Mathematical Society, 26:394-395.

MOSS R E S, 2008. Quantifying measurement uncertainty of thirty-meter shear-wave velocity[J]. Bulletin of the Seismological Society of America,98(3):1399-1411.

MUN S, BAO Y, LI H,2015. Generation of Rayleigh-wave dispersion images from multichannel seismic data using sparse signal reconstruction [J]. Geophysical Journal International, 203(2):818-827.

NAKANO H, 1925. On Rayleigh waves: Japan [J]. Journal of Astronomy and Geophysics, 2:233-326.

NAKATA N, SNIDER R, 2011. Near-surface weakening in Japan after the 2011 Tohoku-Oki earthquake[J]. Geophysical Research Letters, 38: L17302.

NAKATA N, SNIDER R,2012. Estimating near-surface shear-wave velocities in Japan by applying seismic interferometry to KiK-net data[J]. Journal of Geophysical Research, 117:B01308.

NAKATA N,SNIEDER R, TSUJI T,et al., 2011. Shear wave imaging from traffic noise using seismic interferometry by cross-coherence[J]. Geophysics, 76:SA97-SA106.

NAZARIAN S, 1984. In situ determination of elastic moduli of soil deposits and pavement systems by spectra-analysis-of-surface-waves Method[D]. Austin: The University of Texasat Austin.

NAZARIAN S,STOKOE K H, HUDSON W R, 1983. Use of Spectral Analysis of Surface Waves Method for Determination of Moduli and Thicknesses of Pavement Systems [M]// National Research Council. Transport Research Record No. 930. Washington D C: Falmer Press.

NING L, DAI T Y, LIU Y,et al., 2021. Application of multichannel analysis of passive surface waves method for fault investigation[J]. Journal of Applied Geophysics, 192:104382.

NISHIDA K, KOBAYASHI N,FUKAO Y,2000. Resonant oscillations between the solid earth and the atmosphere[J]. Science, 287:2244-2246.

NISHIDA K, MONTAGNER J P, KAWAKATSU H, 2009. Global surface wave tomography using seismic hum[J]. Science, 326:112-112.

O'NEILL A,2003. Full-waveform reflectivity for modelling, inversion and appraisal of surface wave dispersion in shallow site investigations[D]. Perth: University of Western Australia.

O'NEILL A,2004. Shear velocity model appraisal in shallow surface wave inversion: Proc[M]// ISC-2 on Geotechnical and Geophysical Site Characterization, Viana da Fonseca, A., and Mayne, P. W. (eds.), Rotterdam:Millpress.

OBERMANN A, KRAFT T, LAROSE E,et al., 2015. Potential of ambient noise techniques to monitor the St [J]. Gallen geothermal site (Switzerland). Journal of Geophysical Research: Solid Earth, 120(6):4301-4316.

OLDENBURG D W, LI Y,2005. Inversion for geophysics, a tutorial[M]// Butler, Dwain

K. (Ed.), Near-surface Geophysics. Tulsa:Society of Exploration Geophysicists,89-150.

PALMER D, 1980. The Generalized Reciprocal Method of Seismic Refraction Interpretation[M]. Tulsa:Society of Exploration Geophysicists.

PAN Y, XIA J H, ZENG C,2013, Verification of correctness of using real part of complex root as Rayleigh-wave phase velocity by synthetic data[J]. Journal of Applied Geophysics, 88:94-100.

PAN Y D, XIA J H, XU Y X,et al., 2016b. Delineating shallow S-wave velocity structure using multiple ambient-noise surface-wave methods: An example from WesternJunggar[J]. China: Bulletin of the Seismological Society of America, 106(2): 327-336.

PAN Y D, XIA J H, GAO L L,et al., 2013. Calculation of Rayleigh-wave phase velocities due to models with a high-velocity surface layer[J]. Journal of Applied Geophysics, 96:1-6.

PANG J Y, CHENG F, SHEN C,et al., 2019. Automatic passive data selection in time domain for imaging near-surface surface waves[J]. Journal of Applied Geophysics, 162:108-117.

PARK C B,2005. MASW horizontal resolution in 2D shear-velocity (Vs) mapping[R]. Kansas Geological Survey Open-file Report, 2005-4.

PARK C B, MILLER R D, XIA J H,1999. Multichannel analysis of surface waves[J]. Geophysics,64:800-808.

PARK C B, MILLER R D, XIA J H,et al., 1998. Imaging dispersion curves of surface waves on multi-channel record[C]. In: 1998 SEG annual meeting, society of exploration geophysicists.

PARK C B, MILLER R D,2008. Roadside passive multichannel analysis of surface waves (MASW)[J]. Journal of Environmental and Engineering Geophysics,13:1-11.

PARKER R L,1977. Understanding inverse theory[J]. Annual Review of Earth and Planetary Sciences,5:35-64.

PARKER R L,1994. Geophysical Inverse Theory[M]. Princeton: Princeton University Press.

PAROLAI S,2009. Determination of dispersive phase velocities by complex seismic trace analysis of surface waves (CASW)[J]. Soil Dynamics and Earthquake Engineering, 29(3):517-524.

PENROSE R,1955. A generalized inverse for matrices[J]. Mathematical Proceedings of the Cambridge Philosophical Society,51:406-413.

PEZESHK S,ZARRABI M,2005. A new inversion procedure for spectral analysis of surface waves using a genetic algorithm[J]. Bulletin of the Seismological Society of America,95:1801-1808.

PICOZZI M, PAROLAI S, BINDI D,et al. , 2009. Characterization of shallow geology by high-frequency seismic noise tomography[J]. Geophysical Journal International, 176: 164-174.

POLI P, PEDERSEN H A, CAMPILLO M, 2011. Emergence of body waves from cross-correlation of short period seismic noise[J]. Geophysical Journal International, 188: 549-558.

RAYLEIGH L,1885. On Waves Propagated along the plane surface of an elastic solid[J]. Proceedings of the London Mathematical Society, 1(1):4-11.

REMMERT R,1997. Classical Topics in Complex Function Theory[M]. New York: Springer.

RENALIER F, JONGMANS D, CAMPILLO M, et al. , 2010. Shear wave velocity imaging of the Avignonet landslide (France) using ambient noise cross correlation[J]. Journal of Geophysical Research, 115:F03032.

RHIE J, ROMANOWICZ B,2004. Excitation of earth's incessant free oscillations by Atmosphere-Ocean-Seafloor coupling[J]. Nature, 431:552-556.

RIETCH E,1977. The maximum entropy approach to inverse problems[J]. Journal of Geophysical Research,42:489-506.

RITZWOLLER M H, LEVSHIN A L, 1998. Surface wave tomography of Eurasia: group velocities[J]. Journal of Geophysical Research, 103:4839-4878.

RIX G J, LEIPSKI E A, 1991, Accuracy and resolution of surface wave inversion. Recent advances in instrumentation, data acquisition and testing in soil dynamics[J]. Geotechnical Special Publication, 29:17-32.

RIX G J, LAI C G, SPANG A W, 2000. In situ measurements of damping ratio using surface waves[J]. Journal of Geotechnical and Geoenvironmental Engineering,126:472-480.

RIX G J, LAI C G, FOTI S, 2001. Simultaneous measurement of surface wave dispersion and attenuation curves[J]. Geotechnical Testing Journal,24:350-358.

ROSEBAUM J H, 1964. A note on the computation of Rayleigh wave dispersion curves for layered elastic media[J]. Bulletin of the Seismological Society of America, 53(3): 1013-1019.

ROUX P, SABRA K G,GERSTOFT P,et al. , 2005. P-waves from cross-correlation of seismic noise[J]. Geophysical Research Letters, 32:L19303.

RUIGROK E, CAMPMAN X, WAPENAAR K,2011. Extraction of P-wave reflections from microseisms[J]. Comptes Rendus Geoscience , 343:512-525.

RYBERG T,2011. Body wave observations from cross-correlations of ambient seismic noise: a case study from the Karoo, RSA[J]. Geophysical Research Letters, 38:L13311.

SABRA K G,GERSTOFT P, ROUX P, et al. , 2005. Extracting time-domain Green's function estimates from ambient seismic noise [J]. Geophysical Research Letters,

32: L03310.

SACCHI M, ULRYCH T, 1995. High resolution velocity gathers and offset space reconstruction[J]. Geophysics, 60:1169-1177.

SANCHEZ-SALINERO I, J M ROESSET, SHAO K Y, et al, 1987. Analytical evaluation of variables affecting surface wave testing of pavements[J]. Transportation Research Record no. 1136:86-95.

SANTAMARINA J C, KLEIN K A, FAM M A, 2001. Soils and Waves[M]. Chichester: Wiley.

SATOH T, KAWASE H, IWATA T, et al., 2001. S-wave velocity structure of the Taichung Basin, Taiwan, estimated from array and single-station records of microtremors[J]. Bulletin of the Seismological Society of America, 91(5):1267-1282.

SCHERBAUM F, HINZEN K G, OHRNBERGER M, 2003. Determination of shallow shear wave velocity profiles in the Cologne, Germany area using ambient vibrations[J]. Geophysical Journal International, 152(2):597-162.

SCHOLTE J G, 1947. The range of existence of Rayleigh andStoneley waves[J]. Geophysical Supplements to the Monthly Notices of the Royal Astronomical Society, 5(5): 120-126.

SCHUSTER G, 2001. Theory of daylight/interferometric imaging: tutorial[C]. 63rd Conference & Technical Exhibition, European Association of Geoscientists and Engineers, Extended Abstracts, Session A32.

SCHUSTER G T, YU J, SHENG J, et al., 2004. Interferometric/daylight seismic imaging[J]. Geophysical Journal International, 157:838-852.

SCHWAB F, 1970. Surface-wave dispersion computations: Knopoff's method[J]. Bulletin of the Seismological Society of America, 60(5):1491-1520.

SCHWAB F, KNOPOFF L, 1970. Surface-wave dispersion computations[J]. Bulletin of the Seismological Society of America, 60(2):321-344.

SEN M, P L STOFFA, 1995. Global Optimization Methods in Geophysical Inversion[M]. Amsterdam: Elsevier.

SENS-SCHÖNFELDER C, WEGLER U, 2006. Passive image interferometry and seasonal variations of seismic velocities at Merapi Volcano, Indonesia[J]. Geophysical Research Letters, 33:L21302.

SHAPIRO N M, CAMPILLO M, 2004. Emergence of broadband Rayleigh waves from correlations of the ambient seismic noise[J]. Geophysical Research Letters, 31:L07614.

SHAPIRO N M, CAMPILLO M, STEHLY L, et al., 2005. High-resolution surface-wave tomography from ambient seismic noise[J]. Science, 307:1615-1618.

SHAPIRO N M, RITZWOLLER MH, BENSEN G D, 2006. Source location of the 26 sec microseism from cross correlations of ambient seismic noise[J]. Geophysical Research

Letters, 33:L18310.

SHAPIRO N M,RITZWOLLER MH,2002. Monte-Carlo inversion for a global shear velocity model of the crust and upper mantle[J]. Geophysical Research Letters,151:88-105.

SHEN C, WANG A, WANG L,et al., 2015. Resolution equivalence of dispersion-imaging methods for noise-free high-frequency surface-wave data[J]. Journal of Applied Geophysics, 122:167-171.

SHEN W,RITZWOLLER M H, SCHULTE-PELKUM V,et al.,2012. Joint inversion of surface wave dispersion and receiver functions: A Bayesian Monte-Carlo approach[J]. Geophysical Research Letters,192(2):807-836.

SHERIFF R E,1991. Encyclopedic Dictionary of Exploration Geophysics[M]. 3rd ed, Tulsa:Society of Exploration Geophysicists.

SHERIFF R E,GELDART L P,1985. Exploration Seismology (Volume 1): History, Theory, and Data Acquisition[M]. New York:Cambridge University Press.

SHIRAZI H, I ABDALLAH, NAZARIAN S, 2009. Developing artificial neural network models to automate spectral analysis of surface wave method in pavements[J]. Journal of Materials in Civil Engineering,21(12):722-729.

SNIEDER R, 2004. Extracting the Green's function from the correlation of coda waves: a derivation based on stationary phase[J]. Physical Review E, 69:46610.

SNIEDER R, GRÊT A, DOUMA H,et al., 2002. Coda wave interferometry for estimating nonlinear behavior in seismic velocity[J]. Science, 295:2253-2255.

SOCCO L, BOIERO D,2008. Improved monte carlo inversion of surface wave data[J]. Geophysical Prospecting, 56(3):357-371.

SOCCO L, FOTI S, BOIERO D,2010. Surface wave analysis for building near surface velocity models: established approaches and new perspectives[J]. Geophysics, 75(5): A83-A102.

SOCCO L V, STROBBIA C L, 2003. Extensive modeling to study surface wave resolution: Proceedings of the Symposium on the Application of Geophysics to Engineering and Environmental Problems[C]. SAGEEP, San Antonio.

SONG X, GU H, 2007. Utilization of multimode surface wave dispersion for characterizing roadbed structure[J]. Journal of Applied Geophysics, 63(2):59-67.

SONG Y Y,CASTAGNA J P, BLACK R A,et al., 1989. Sensitivity of near-surface shear-wave velocity determination from Rayleigh and Love waves[C]. Technical Program with Biographies, the 59th Annual Meeting of the Society of Exploration Geophysicists, Dallas, Texas:509-512.

STEEPLES D W, MILLER R D, 1990. Seismic-reflection methods applied to engineering, environmental, and ground-water problems[A]. In: Ward, S. H. (Ed.), Geotechnical and Environmental Geophysics 1. Society of ExplorationGeophysicists, Tulsa,

OK, pp: 1-30.

STOKOE II K H, NAZRIAN S, 1983. Effectiveness of ground improvement from spectral analysis of surface waves[C]. Proceedings of the 8th European Conference on Soil Mechanics and Foundation Engineering.

STOKOE II K H, WRIGHT G W, JAMES A B, et al. , 1994. Characterization of geotechnical sites by SASW method [M]// Woods, R. D. (Ed.), Geophysical Characterization of Sites, ISSMFE Technical Committee # 10. New Delhi: Oxford Publishers.

STONELEY R, 1924. Elastic waves at surface of separation of two solids [J]. Proceedings of the Royal Society of London, Series A, 106:416-428.

STRANG G, 1988. Linear Algebra and its Applications[M]. San Diego: Harcourt Brace Jovanovich.

STROBBIA C L, 2003. Surface wave methods for near-surface site characterization[D]. Torino: Politecnico di Torino.

STROBBIA C, FOTI S, 2006. Multi-offset phase analysis of surface wave data (MOPA). Journal of Applied Geophycocs, 59(4):300-313.

TAJUDDIN M, 1984. Rayleigh waves inporoelastic half space[J]. Journal of the Acoustical Society of America, 75(3):682-684.

TANIMOTO T, 2001. Continuous free oscillations: atmosphere-solid earth coupling[J]. Annual Review of Earth and Planetary Sciences, 29:563-584.

TARANTOLA A, 2005. Inverse Problem Theory and Methods for Model Parameter Estimation[R]. Philadelphia, PA: Society for Industrial and Applied Mathematics.

THOMSON W T, 1950. Transmission of elastic waves through a stratified solid medium[J]. Journal of Applied Geophysics, 21(1):89-93.

THORSON J R, CLAERBOUT J F, 1985. Velocity stack and slant stochastic inversion[J]. Geophysics, 50:2727-2741.

THROWER E N, 1965. The computation of elastic waves in layered media[J]. Journal of Sound and Vibration, 2:210 - 226.

TIKHONOV A N, ARSENIN V Y, 1977. Solution of ill-posed Problems [M]. Washington DC: W. H. Winston and Sons.

TOKIMATSU K, 1995. Geotechnical site characterization using surface waves[C]// Proceedings of 1st International Conference on Earthquake Geotechnical Engineering, Vol. 3, Tokyo, Japan, November 14-16; pp: 1333-1368.

TOKSÖZ M N, JOHNSTON D H, 1981. Preface[M]// Toksöz, M. N. , Johnston, D. H. (Eds.), Seismic Wave Attenuation. Tulsa: Society of Exploration Geophysicists.

TOKSÖZ M N, LACOSS R T, 1968. Microseisms: mode structure and sources[J]. Science, 159:872-873.

TONEGAWA T, FUKAO Y, NISHIDA K, et al., 2013. A temporal change of shear wave anisotropy within the marine sedimentary layer associated with the 2011 Tohoku-Oki earthquake[J]. Journal of Geophysical Research, 118(2):607-615.

TRAD D, ULRYCH T, SACCHI M, 2002. Accurate interpolation with high-resolution time-variant Radon transforms[J]. Geophysics, 67(2):644-656.

TRAD D, ULRYCH T, SACCHI M, 2003. Latest views of the sparse Radon transform[J]. Geophysics, 68:386-399.

TRAER J, GERSTOFT P, 2014. A unified theory of microseisms and hum[J]. Journal of Geophysical Research, 119:3317-3339.

TRAMPERT J, WOODHOUSE J H, 1995. Global phase velocity maps of Love and Rayleigh waves between 40 and 150 s[J]. Geophysical Research Letters, 122, 675-690.

TUOMI K E, HILTUNEN D R, 1996. Reliability of the SASW method for determination of the shear modulus of soils[M]// Proceedings of Uncertainty in Geologic Environment: From Theory to Practice, Shacklford: American Society of Civil Engineers.

VERACHTERT R, LOMBAERT G, DEGRANDE G, 2017. Multimodal determination of Rayleigh dispersion and attenuation curves using the circle fit method[J]. Geophysical Journal International, 212(3):2143-2158.

WANG J N, WU G X, CHEN X F, 2019. Frequency-Bessel transform method for effective imaging of higher-mode Rayleigh dispersion curves from ambient seismic noise data[J]. Journal of Geophysical Research-Solid Earth, 124:3708-3723.

WANG L M, LUO Y H, XU Y X, 2012. Numerical investigation of Rayleigh-wave propagation on topography surface[J]. Journal of Applied Geophysics, 86:88-97.

WAPENAAR K, 2003. Synthesis of an inhomogeneous medium from its acoustic transmission response[J]. Geophysics, 68:1756-1759.

WAPENAAR K, 2004. Retrieving the elastodynamic Green's function of an arbitrary inhomogeneous medium by cross correlation[J]. Physical Review Letters, 93:254301.

WAPENAAR K, FOKKEMA J, 2006. Green's function representations for seismic interferometry[J]. Geophysics, 71:SI33-SI46.

WASTON H T, 1970. A note on fast computation of Rayleigh wave dispersion in the multilayered elastic half-space[J]. Bulletin of the Seismological Society of America, 60 (1): 161-166.

WEBB S C, 2007. The Earth's "hum" is driven by ocean waves over the continental shelves[J]. Nature, 445:754-756.

WEBB S C, 2008. The Earth's hum: the excitation of Earth normal modes by ocean waves[J]. Geophysical Journal International, 174:542-566.

WIGGINS R A, 1972, The general linear inverse problem: Implication of surface waves and free oscillations for Earth structure [J]. Reviews Geophysics Space Physics, 10:

251-285.

WISÉN R,CHRISTIANSEN A V,2005. Laterally and mutually constrained inversion of surface wave seismic data and resistivity data [J]. Journal of Environmental and Engineering Geophysics,10(3): 251-262.

XI C Q, XIA J H, MI B B,et al., 2021. Modified frequency-Bessel transform method for dispersion imaging of Rayleigh waves from ambient seismic noise. Geophysical Journal International, 225(2):1271-1280.

XIA J G, XU Y X, MILLER R D,et al.,2010. A trade-off solution between model resolution and covariance in surface-wave inversion[J]. Pure and Applied Geophysics,167 (12):1537-1547.

XIA J H, MILLER R D, PARK C B, 1999. Estimation of near-surface shear-wave velocity by inversion of Rayleigh wave[J]. Geophysics, 64:691-700.

XIA J H, MILLER R D, PARK C B, et al.,2002a, Determining Q of near-surface materials from Rayleigh waves[J]. Journal of Applied Geophysics, 51(2-4):121-129.

XIA J H, MILLER R D, PARK C B, et al.,2002b, A pitfall in shallow shear-wave refraction surveying[J]. Journal of Applied Geophysics, 51(1):1-9.

XIA J H, MILLER R D,PARK C B,et al., 2002c, Comparing shear-wave velocity profiles from multichannel analysis of surface wave with borehole measurements[J]. Soil Dynamics and Earthquake Engineering, 22:181-190,

XIA J H, MILLER R D, PARK C B, et al., 2003, Inversion of high frequency surface waves with fundamental and higher modes[J]. Journal of Applied Geophysics, 52(1) : 45-57.

XIA J H,MILLER R D,XU Y,et al., 2009. High-frequency Rayleigh-wave method[J]. Journal of Earth Science, 20:563-579.

XIA J H, XU Y X, CHEN C, et al., 2006. Simple equations guide high-frequency surface-wave method investigation techniques [J]. Soil Dynamics and Earthquake Engineering, 26:395-403.

XIA J H, XU Y X, MILLER R D, 2007. Generating image of dispersive energy by frequency decomposition and slant stacking[J]. Pure and Applied Geophysics. 164(5): 941-956.

XIA J H, XU Y X, MILLER R D, et al., 2012. Estimation of near-surface quality factors by constrained inversion of Rayleigh-wave attenuation coefficients[J]. Journal of Applied Geophysics, 82:137-144.

XIA J H,2014. Estimation of near-surface shear-wave velocities and quality factors using multichannel analysis of surface-wave methods[J]. Journal of Applied Geophysics, 103:140-151.

XIA J H, CHEN C, TIAN G, et al., 2005. Resolution of High-frequency Rayleigh-wave data[J]. Journal of Environmental and Engineering Geophysics, 10(2):99-110.

XIA J H, CHEN C, LI P H, et al., 2004. Delineation of a collapse feature in a noisy environment using a multichannel surface wave technique[J]. Géotechnique, 54(1): 17-27.

XIA J H, MILLER R D,CAKIR R,et al., 2010. Estimation of near-surface shear-wave velocity using multichannel analysis of Love waves (MALW)[C]. Proceedings of the 4th International Conference on Environmental and Engineering Geophysics (ICEEG), June 14-19, 2010, Chengdu, China:13-24.

XIA J H, XU Y X, LUO Y H,et al., 2012. Advantages of using multichannel analysis of Love waves (MALW) to estimate near-surface shear-wave velocity[J]. Surveys in Geophysics, 33:841-860.

XU X, HE G Q, LI H Q,et al., 2006. Basic characteristics of the Karamay ophiolitic mélange, Xinjiang, and its zircon SHRIMP dating[J]. Geology in China,33:470-475.

XU Y X, XIA J H, MILLER R D, 2006. Quantitative Estimation of Minimum Offset for Multichannel Surface-Wave Survey with Actively Exciting Source[J]. Journal of Applied Geophysics, 59(2): 117-125.

XU Y X, ZHANG B L, LUO Y H, et al., 2014. Surface-wave observations after integrating active and passive source data[J]. The Leading Edge, 32(6):634-637.

XU Z B, XIA J, CHENG F, et al., 2014. Seismic interferometry with very short ambient seismic noise recording[J]. Proceedings of the 6th International Conference on Environmental and Engineering Geophysics, Xi'an, China:157-161.

XU Z J, SONG X D, 2009. Temporal changes of surface wave velocity associated with major Sumatra earthquakes from ambient noise correlation[J]. Proceedings of the National Academy of Sciences, USA, 106(34):14207-14212.

YAMANAKA H,ISHIDA H,1996. Application of genetic algorithms to an inversion of surface-wave dispersion data[J]. Bulletin of the Seismological Society of American,86(2):436-444.

YANG Y J, RITZWOLLER M H, LEVSHIN A L, et al., 2007. Ambient noise Rayleigh wave tomography across Europe[J]. Geophysical Journal International, 168: 259-274.

YAO H J, VAN DERHILST R D, MAARTEN V, 2006. Surface-wave array tomography in SE Tibet from ambient seismic noise and two-station analysis—I[J]. Phase velocity maps, Geophysical Journal International, 166:732-744.

YILMAZ Ö,1987. Seismic Data Processing[R]. Society of Exploration Geophysics.

YILMAZ Ö, ESER M, BERILGEN M, 2006. A case study of seismic zonation in municipal areas[J]. The Leading Edge, 25(3):319-330.

YIN X, J XIA, C SHEN, et al., 2014. Comparative analysis on penetrating depth of high-frequency Rayleigh and Love waves[J]. Journal of Applied Geophysics, 111:86-94.

ZHAN Z, NI S D, HELMBERGER D V, et al., 2010. Retrieval of Moho-reflected shear wave arrivals from ambient seismic noise[J]. Geophysical Journal International, 182: 408-420.

ZHANG C, HUANG X, 1992. The ages and tectonic settings of ophiolites in westJunggar, Xinjiang[J]. Geology Review, 38:509-523.

ZHANG H Y, MI B B, LIU Y, et al., 2021. A pitfall of applying one-bit normalization in passive surface-wave imaging from ultra-short roadside noise[J]. Journal of Applied Geophysics, 187:104285.

ZHANG J, TOKSÖZ M N, 1998. Nonlinear refraction traveltime tomography[J]. Geophysics, 63:1726-1737.

ZHANG S, ZHAO Y, SONG B, et al., 2007. Carboniferous granitic plutons from the northern margin of the North China block: implications for a late Palaeozoic active continental margin[J]. Journal of the Geological Society, 164:451-463.

ZHANG S X, CHAN L S, XIA J, 2004. The selection of field acquisition parameters for dispersion images from multichannel surface wave data[J]. Pure and Applied Geophysics, 161:1-17.

ZHDANOV M S, 2002. Geophysical Inverse Theory and Regularization Problems[M]. Amsterdam: Elsevier Science B. V.

ZHOU C J, XI C Q, PANG J Y, et al., 2018. Ambient noise data selection based on the asymmetry of cross-correlation functions for near surface applications[J]. Journal of Applied Geophysics, 159:803-813.

ZHOU C J, XIA J H, PANG J Y, et al., 2021. Near-surface geothermal reservoir imaging based on the customized dense seismic network[J]. Surveys in Geophysics, 42(3): 673-697.